Préface de la Seconde Édition

La faveur avec laquelle le public a accueilli le présent ouvrage, dont la première édition a été épuisée en quelques mois, a engagé l'auteur à revoir avec soin son travail et à l'enrichir de nombreuses additions de nature à intéresser les ingénieurs et les spécialistes.

Certaines parties du livre ont été notablement remaniées, entr'autres les chapitres relatifs au magnétisme, à la propagation des courants alternatifs, à l'électrométrie et aux machines dynamo-électriques.

Les travaux théoriques et pratiques des plus récents ont été mis à profit dans ces remaniements.

L'auteur tient à remercier le journal « La Lumière Electrique, » qui l'a autorisé à reproduire un certain nombre de ses figures, ainsi que M. De Bast, qui a bien voulu lui prêter le concours le plus efficace dans la correction des épreuves de cette nouvelle édition.

EXTRAIT

de la

Préface de la Première Édition

———

Lorsqu'en *1883*, je reçus la mission d'initier aux progrès de la science électrique et de ses applications industrielles les ingénieurs, les officiers et les élèves qui étaient venus s'asseoir sur les bancs de l'Institut électro-technique nouvellement fondé à l'Université de Liége, il n'existait aucun ouvrage didactique approprié à de telles classes d'auditeurs.

Quelques traités parus à ce moment présentaient les principes de l'électricité sous des développements de calcul qui en rendaient l'étude très ardue pour les jeunes gens pourvus des connaissances mathématiques qui s'acquièrent dans nos écoles spéciales.

D'autres ouvrages, d'une portée moins élevée, ne donnaient guère qu'un répertoire descriptif des applications de la science électrique, sans jeter des bases théoriques suffisantes pour permettre

Leçons

sur

L'Électricité

PROFESSÉES

A L'INSTITUT ÉLECTRO-TECHNIQUE MONTEFIORE

ANNEXÉ A L'UNIVERSITÉ DE LIÉGE

PAR

Eric GERARD

DIRECTEUR DE CET INSTITUT

TOME PREMIER

Théorie de l'Électricité et du Magnétisme. — Électrométrie.
Théorie et Construction
des Générateurs et des Transformateurs électriques

Avec 250 figures dans le texte

DEUXIÈME ÉDITION
REVUE ET NOTABLEMENT AUGMENTÉE

PARIS
GAUTHIER-VILLARS ET FILS
ÉDITEURS
Quai des Grands-Augustins, 55

LIÉGE
Léon de THIER
DÉPOSITAIRE POUR LA BELGIQUE
Boulevard de la Sauvenière, 12

1891

Leçons sur l'Électricité

Liége. — Imprimerie DE THIER, boulevard de la Sauvenière, 12.

A

Monsieur le Sénateur MONTEFIORE

FONDATEUR

DE L'INSTITUT ÉLECTRO-TECHNIQUE DE LIÉGE

Eric GERARD

une étude approfondie de questions telles que la construction des dynamos. C'est dans cet ordre d'idées qu'était conçu le programme du cours d'éléments d'électro-technique, dont j'ai été chargé pendant plusieurs années à l'École des Mines de Liége, et qui a été publié en 1886 (*).

Je me suis donc vu obligé d'étudier, pour les élèves de l'Institut électro-technique, un enseignement nouveau également éloigné des spéculations de la théorie pure et des développements descriptifs que comportent les ouvrages de vulgarisation. Je publie aujourd'hui ces leçons dans l'espoir que mes élèves, ainsi que les personnes qui s'intéressent aux progrès de l'électro-technique, y trouveront quelque profit.

Le présent ouvrage comporte les matières mises au programme de toutes les sections des Écoles spéciales de Liége, le Conseil de perfectionnement de ces Écoles ayant jugé que les ingénieurs, à quelque catégorie qu'ils appartiennent, doivent posséder des notions approfondies de la théorie de l'électricité et de ses principales applications industrielles. Le gouvernement Belge a ratifié cette manière de voir en rendant les mêmes matières obligatoires pour les concours d'admission aux emplois d'ingénieur dépendant du Ministère des Chemins de fer.

Le développement de ce programme forme l'objet de deux volumes; le premier débute par un examen élémentaire de la théorie du potentiel, qui sert de fondement à l'étude des actions électriques et magnétiques. Les chapitres suivants sont consacrés à un exposé du magnétisme et de l'électro-statique basé sur les idées de Faraday, si propres à stimuler les progrès comme l'ont montré les travaux de Maxwell et les découvertes de M. Hertz. Les

---

(*) Éléments d'électro-technique. — Édition française, publiée par M. Léon Demany. Édition allemande, publiée par MM. Kareis et Peukert.

chapitres relatifs à l'électro-dynamique, à l'électro-magnétisme et à l'induction renferment une exposition simple des lois fondamentales qui régissent ces catégories de phénomènes. De nombreux exemples servent à élucider les formules théoriques. Les méthodes électrométriques industrielles et les systèmes de piles et d'accumulateurs sont ensuite examinés successivement. L'étude des machines dynamo-électriques et des transformateurs, qui occupe près de la moitié du premier volume, est appuyée par des exemples numériques destinés à servir de guide aux ingénieurs chargés du projet de ces appareils.

Le second volume contient l'exposé des systèmes de canalisation et de distribution de courants, des moteurs électriques et de leur application à la traction et au transport de l'énergie mécanique et enfin des procédés de l'éclairage électrique et de l'électro-métallurgie.

ERIC GERARD.

Introduction

UNITÉS DE MESURE

> On ne connaît bien un phénomène que lorsqu'il est possible de l'exprimer en nombres.
>
> (Sir W. Thomson.)

1. — Unités fondamentales. — On ramène toutes les actions électriques à des forces et on les exprime par suite à l'aide des trois grandeurs primordiales, la longueur, la masse et le temps.

Les électriciens ont choisi pour mesurer ces grandeurs le *centimètre*, le *gramme* et la *seconde*.

Le centimètre est approximativement la billonième partie du quadrant terrestre; rigoureusement, il est la centième partie du mètre étalon mesuré par Delambre et Borda et conservé à l'établissement international de Sèvres.

Le gramme représente environ la masse d'un centimètre cube d'eau distillée au maximum de densité. Un étalon du kilogramme existe également à Sèvres.

La seconde est la 86 400me partie du jour solaire moyen.

Ces unités, dites *fondamentales*, sont représentées par les symboles [L], [M], [T].

La *valeur numérique* d'une quantité s'exprime par le rapport de celle-ci à l'unité choisie. Une longueur mesurée par un nombre l aura une valeur concrète égale à l [L]. Si l'on adopte une autre unité [L'], il viendra une valeur numérique l', telle que :

$$l' \, [L'] = l \, [L] \ \text{d'où} \ \frac{l}{l'} = \frac{[L']}{[L]}.$$

On voit donc que la valeur numérique d'une quantité est en raison inverse de la grandeur de l'unité choisie.

2. — Unités dérivées. — Pour exprimer les diverses grandeurs physiques, on pourrait choisir des unités arbitraires et indépendantes les unes des autres. Cette méthode, suivie pendant longtemps, ne présente pas d'inconvénient quand les mesures sont *relatives*, c'est à dire lorsque l'on compare directement les quantités avec leurs unités. Mais le plus souvent on évalue les quantités au moyen d'unités d'espèces différentes, en se servant des relations qui unissent les grandeurs entre elles. Une telle mesure est dite *absolue*. Par exemple, pour mesurer une surface, on ne la compare pas directement avec un étalon de surface, mais on détermine ses éléments linéaires, à l'aide de l'unité de longueur, et l'on applique la relation existant entre la surface et ses dimensions.

Pour un carré s, de côté c, la relation est

$$s = kc^2.$$

Si $c = 1$, $s = k$.

Le facteur arbitraire k, qui représente la surface du carré ayant l'unité de côté, peut être égalé à 1. L'unité de surface ainsi déterminée est le carré dont les côtés sont égaux à un centimètre ; elle est liée à l'une des unités fondamentales, et s'appelle pour cette raison *unité dérivée* de surface.

De même l'unité dérivée de volume est le cube ayant un centimètre de côté.

On peut ainsi définir des unités dérivées pour toutes les grandeurs physiques, en débarrassant de leurs coefficients arbitraires les relations qui unissent ces grandeurs entre elles.

Le *système d'unités* déterminé par ce procédé se désigne par les initiales des unités fondamentales choisies.

Le système C. G. S. d'unités, adopté par les électriciens, a pour base le centimètre, le gramme et la seconde.

·3. — Exemple d'une unité dérivée. — La vitesse d'un mobile parcourant un chemin l en un temps t, est donnée par la relation

$$v = k\,\frac{l}{t}.$$

k exprime la vitesse d'un mobile parcourant l'unité de longueur en l'unité de temps. On choisit cette vitesse comme unité, en éliminant de la sorte un facteur incommode dans les calculs. Cette unité est la vitesse d'un *centimètre par seconde;* elle peut s'exprimer sous la forme symbolique

$$[L\,T^{-1}].$$

4. — Dimensions d'une unité dérivée. — Une telle expression, qui montre la dépendance d'une unité dérivée vis à vis des unités fondamentale, met en relief les *dimensions de l'unité dérivée.* Elle permet de suivre la variation de l'unité dérivée lorsqu'on vient à changer d'unités fondamentales. Si par exemple on mesure les temps en heures et les longueurs en mètres, l'unité dérivée de vitesse sera $[L'\,T'^{-1}] = 100 \times 3\,600^{-1}\,[L\,T^{-1}]$, soit la trente-sixième partie de l'unité précédemment définie.

Toute relation entre des grandeurs physiques doit être indépendante des unités choisies pour mesurer celles-ci, ce qui exige qu'elle soit homogène par rapport aux unités fondamentales.

Ainsi l'équation $v = al$, dans laquelle v représente une vitesse, l une longueur et a un nombre abstrait, est inadmissible, car le premier membre varierait seul avec l'unité de temps.

5. — Unités mécaniques dérivées. — En poursuivant le procédé de raisonnement appliqué ci-dessus, on voit sans peine que *l'unité de vitesse angulaire* est la vitesse d'un mobile qui parcourt l'unité d'angle en l'unité de temps. Comme l'unité d'angle ou *radiant* (arc égal au rayon) est défini par un simple rapport numérique, les dimensions de la vitesse angulaire se réduisent à $[T^{-1}]$.

L'unité d'accélération est l'accélération pour laquelle la vitesse s'accroît d'une unité par seconde. Dimensions $[L\,T^{-2}]$.

L'unité de quantité de mouvement est la quantité de mouvement de l'unité de masse se déplaçant avec l'unité de vitesse. Dimensions [L M T⁻¹].

L'*unité de force,* qui a reçu le nom de *dyne,* est la force qui, appliquée à l'unité de masse, lui imprime l'unité d'accélération. Dimensions [L M T⁻²].

L'unité usuelle de force est le *poids du gramme,* c'est à dire la force capable, sous notre latitude, d'imprimer à l'unité de masse une accélération approximativement égale à 981. Le gramme équivaut par conséquent à 981 dynes.

L'unité de travail, appelée *erg,* est le travail accompli par l'unité de force, dans sa propre direction, suivant l'unité de longueur. Dimensions [L² M T⁻²].

L'unité usuelle de travail est le kilogrammètre, qui vaut 981×10^5 ergs.

L'unité de puissance ou *erg par seconde* est la puissance d'un moteur développant l'unité de travail en l'unité de temps. Dimensions [L² M T⁻³].

Les *unités usuelles de puissance* sont le cheval-vapeur, qui équivaut à $75 \times 981 \times 10^5 = 736 \times 10^7$ ergs par seconde, et le poncelet, défini par le Congrès de Mécanique de 1889 comme équivalant à 100 kilogrammètres par seconde, soit 981×10^7 ergs par seconde.

L'unité de densité est la densité d'un corps qui contient l'unité de masse dans l'unité de volume. Dimensions [L⁻³ M].

L'unité de module d'élasticité est le module d'un corps qui, supportant l'unité de force par unité de section, prend un allongement égal à sa longueur primitive. Dimensions [L⁻¹ M T⁻²].

6. — Principe de la conservation de l'énergie. — Un travail appliqué à un système est capable d'effets divers. Il peut être employé : 1°, à accroître la force vive des masses ou, suivant l'expression de Rankine, à développer de *l'énergie cinétique,* représentée par le produit de la demi-somme des masses par le carré de leur vitesse ; 2°, à surmonter les frottements du système ; on a cru pendant longtemps que cet effet représente une perte d'énergie, mais la thermodynamique a appris qu'il y a alors production d'une quantité de chaleur équivalente au travail disparu ; 3°, à vaincre des forces moléculaires, telles que l'élasticité, l'affinité chimique, ou à surmonter des forces naturelles, comme la gravitation, l'attraction magnétique, etc... — Dans ce cas le travail s'emmagasine dans le système à l'état d'*énergie potentielle*, laquelle se transforme de nouveau en force vive ou en chaleur, lorsque l'on abandonne le système à la réaction des forces en jeu.

Supposons, par exemple, qu'on soulève un poids ou qu'on tende un ressort actionnant un mécanisme d'horlogerie. L'énergie potentielle communiquée au poids ou au ressort se transforme en énergie cinétique lorsqu'on dégage le mécanisme, et celle-ci est elle-même réduite en chaleur dans les frottements des rouages.

La tendance de la science moderne est de ramener ces diverses variétés de l'énergie à une seule, l'énergie cinétique : les radiations calorifiques, lumineuses ou électriques par exemple, qui sont pour nous des énergies potentielles, se réduiraient à des modes particuliers de mouvements de l'*éther*.

L'étude des phénomènes physiques a dégagé une loi naturelle de la plus haute importance : *L'énergie d'un système est une quantité qui ne peut être accrue ni diminuée par aucune action mutuelle entre les corps qui composent le système.* Cette loi de la *conservation de l'énergie* domine, avec celle de la *conservation de la matière*, les sciences physiques.

Il résulte de ce principe qu'un système ne peut produire par lui-même qu'une quantité de travail *extérieur* limitée, d'où l'impossibilité du mouvement perpétuel.

La persistance et l'indestructibilité de l'*énergie* font de cet élément une entité physique au même titre que la *matière*, et lui assurent une place prépondérante parmi les grandeurs considérées dans la mécanique. L'énergie prend indifféremment la forme mécanique, électrique, thermique ou chimique. L'expérience montre que les deux premiers modes sont capables de se transformer entièrement dans l'un des deux derniers ; mais qu'une partie seulement de l'énergie thermique ou chimique est susceptible d'affecter le mode mécanique ou électrique.

Quelle que soit la forme qu'elle revête, l'énergie possède un équivalent mécanique ; elle est donc homogène à un travail $[L^2 M T^{-2}]$

et peut se mesurer en unités mécaniques. Il s'ensuit que l'unité C. G. S. de chaleur équivaut à l'erg.

Une *calorie-gramme* représente 4.2×10^7 unités C. G. S. de chaleur.

L'électricien est amené à appliquer constamment le principe de la conservation de l'énergie que nous venons de définir, parce que le rôle essentiel de l'électricité est de servir d'agent de transformation de l'énergie. L'énergie du courant électrique est développée par le travail de l'affinité chimique dans les piles, par une dépense de chaleur dans les couples thermo-électriques ou encore par une absorption de puissance mécanique dans les dynamos.

A son tour l'énergie du courant se transforme en chaleur et en lumière dans les conducteurs et les lampes électriques ; elle est capable de décomposer un électrolyte ou de surmonter la résistance opposée au mouvement d'un électro-moteur.

Cette facilité merveilleuse avec laquelle l'électricité se prête au transport et aux transformations de l'énergie, et qui justifie les applications progressives de cet agent, amène l'électricien à comparer des phénomènes de natures très diverses, dont la mesure exige un système d'unités, tel que le système C. G. S., embrassant toutes les grandeurs physiques.

7. — Multiples et sous-multiples des unités. — L'emploi des unités précédemment décrites conduit parfois à des valeurs numériques très grandes ou très petites. On peut abréger le langage en se servant de multiples ou de sous-multiples désignés par des préfixes telles que kilo, méga (un million de), milli, micro (un millionième de).

$$\text{Ainsi une mégadyne} = 10^6 \text{ dynes,}$$
$$\text{une microdyne} = 10^{-6} \text{ dynes.}$$

8. — Application des dimensions des unités. — Les dimensions des unités servent non-seulement à vérifier l'homogénéité des formules, mais elles permettent, comme l'a montré M. Bertrand, de prévoir la forme d'une fonction lorsqu'on connaît les grandeurs physiques qui la composent. Supposons, par exemple, que l'expérience ait fait reconnaître que la vitesse de propagation d'un mouvement ondulatoire dans un milieu dépend du module d'élasticité et de la densité de celui-ci.

Par suite la vitesse v est fonction de l'élasticité e et de la densité d.

$$v = \varphi\,(e,\,d).$$

Si l'on met en évidence les dimensions des quantités qui entrent dans cette équation, on obtient

$$v\,\mathrm{L}\,\mathrm{T}^{-1} = \varphi\,(e\,\mathrm{L}^{-1}\,\mathrm{M}\,\mathrm{T}^{-2},\,d\,\mathrm{L}^{-3}\,\mathrm{M}\,).$$

Comme M fait défaut dans le premier membre, l'homogénéité de la fonction exige qu'il soit éliminé du second, ce à quoi on arrive en adoptant la forme de rapport

$$v\,\mathrm{L}\,\mathrm{T}^{-1} = \varphi\left(\frac{e\,\mathrm{L}^{-1}\,\mathrm{M}\,\mathrm{T}^{-2}}{d\,\mathrm{L}^{-3}\,\mathrm{M}}\right) = \varphi\left(\frac{e}{d}\mathrm{L}^{2}\mathrm{T}^{-2}\right).$$

Pour amener L et T au même degré dans les deux membres, il est visible que la fonction doit être un radical du second degré. On conclut de ce qui précède que v est une fonction linéaire de

$$\sqrt{\frac{e}{d}}.$$

L'expérience montre en effet que la relation cherchée est

$$v = \sqrt{\frac{e}{d}}.$$

THÉORÈMES GÉNÉRAUX RELATIFS AUX FORCES CENTRALES.

9. — **Définitions.** — On appelle *forces centrales* des forces dont les directions passent par des points définis, appelés centres de force, et dont les intensités sont fonctions des distances qui séparent ces points. Les *forces centrales newtonniennes*, telles que la gravitation, les attractions électriques et magnétiques, sont

inversement proportionnelles au carré des distances entre les centres agissants.

Au point de vue de l'étude des effets de ces forces, il est indifférent qu'elles émanent des centres mêmes ou qu'elles aient leur siège dans le milieu qui sépare ces centres. Ainsi, pour rendre compte de l'attraction universelle, l'idée la plus simple est d'admettre que la force attractive est une propriété des corps graves, lesquels agissent à distance les uns sur les autres. Cette hypothèse a l'avantage de se prêter aisément au calcul. Elle a suffi pour édifier la mécanique céleste.

Cependant elle ne satisfait pas l'esprit. Les procédés usuels employés pour la transmission des forces nous montrent la nécessité d'un intermédiaire, une courroie tendue, l'air ou l'eau sous pression, qui nous permet tout au moins de reculer jusqu'aux espaces intermoléculaires l'hypothèse de l'action à distance. D'un autre côté, l'action directe d'un corps sur un autre suppose son effet instantané. Or les phénomènes physiques, même les plus rapides, ont une durée finie de propagation.

Pour rendre compte des phénomènes observés, les physiciens ont été conduits à supposer l'univers rempli d'un océan *d'éther* dont les vagues, représentant la chaleur, la lumière et l'énergie électrique, se propagent avec une vitesse de 3×10^{10} centimètres par seconde, en sorte qu'elles mettent huit minutes environ à nous parvenir du soleil.

Toutefois, pour la simplicité de l'exposition, nous admettrons *provisoirement* que les forces centrales sont dues aux corps dont elles paraissent émaner ou à un *agent* répandu sur ces corps.

Dans le cas de la *gravité*, c'est à la masse même des corps qu'on attribue les actions observées.

S'agit-il des phénomènes électriques qui se manifestent entre les corps frottés, nous dirons qu'un *agent*, appelé *électricité*, s'est développé sur ces objets, et sans rien présumer de sa nature nous parlerons de *quantité*, *masse* ou *charge* d'agent, ces termes n'exprimant qu'un facteur proportionnel aux effets produits.

Ainsi nous dirons que deux corps possèdent des *quantités* d'agents égales, lorsqu'ils exercent des effets égaux sur un troisième corps. Les quantités d'agents seront doubles, triples, lorsque les forces développées sont doubles ou triples.

La quantité d'agent par unité de surface ou par unité de volume portera le nom de *densité superficielle* ou de *densité cubique*.

10. — Loi élémentaire régissant les forces newtonniennes. — Les définitions précédentes reviennent à dire que la force s'exerçant entre deux quantités d'agent est proportionnelle au produit de ces quantités, attendu qu'elle est proportionnelle à chacune de celles-ci. Elle est aussi une fonction de la distance des masses agissantes. Pour le cas des forces newtonniennes, elle est inversement proportionnelle au carré de la distance.

Il en résulte que si l'on exprime par m, m', deux quantités d'agent, par r leur distance ;
la force

$$f = k\,\frac{m\,m'}{r^2}.$$

L'action exercée sur l'une des masses considérée comme unité aurait pour expression

$$H = k\,\frac{m}{r^2}.$$

Pour rencontrer les cas des actions électriques et magnétiques, nous supposerons que les masses de même nature se repoussent, contrairement à ce qui se passe pour la gravitation,

Si l'on a adopté un système d'unités, la constante k n'est pas un simple facteur numérique. Considérons, par exemple, l'attraction des graves, et remplaçons la force, les masses et la distance, par leurs dimensions ; la condition d'homogénéité exige que k ait les dimensions $[L^3\,M^{-1}\,T^{-2}]$.

11. — Champ de force. — Supposons que des quantités d'agent m, m', m'' soient concentrées en des points physiques, occupant des positions définies dans l'espace. Si dans le voisinage, on amène une masse d'agent égale à l'unité, celle-ci est sollicitée par des forces émanant de m, m', m'', et se composant suivant une résultante ayant une direction et une intensité déterminées. En déplaçant le point chargé de l'unité de masse, on pourra mesurer en chaque point de l'espace la force résultante en grandeur et en signe.

Un espace dans lequel se manifestent des forces semblables s'appelle *champ de force*, et la force résultante, telle que nous venons de la définir, est *l'intensité du champ* au point où se trouve l'unité de masse. La direction de la résultante se nomme *direction du champ*.

La valeur de l'intensité d'un champ se déduit directement de l'application de la loi élémentaire, mais, les calculs auxquels conduit ce procédé deviennent extrêmement compliqués dans le cas d'un certain nombre de masses agissantes, attendu que les éléments à combiner sont des *vecteurs*, c'est à dire des quantités ayant des grandeurs et des directions déterminées et qui se composent suivant le pallélogramme des forces. Ce procédé, est surtout très long lorsqu'on emploie la voie analytique.

On réduit la solution du problème à une simple addition algébrique suivie d'une dérivation, en considérant une fonction nouvelle, définie par Laplace et étudiée par Green et Gauss sous le nom de potentiel.

12. — Potentiel. — Imaginons que l'unité de masse se déplace dans le champ d'une longueur infiniment faible, sous l'action des masses qui la sollicitent. (Fig. 1.)

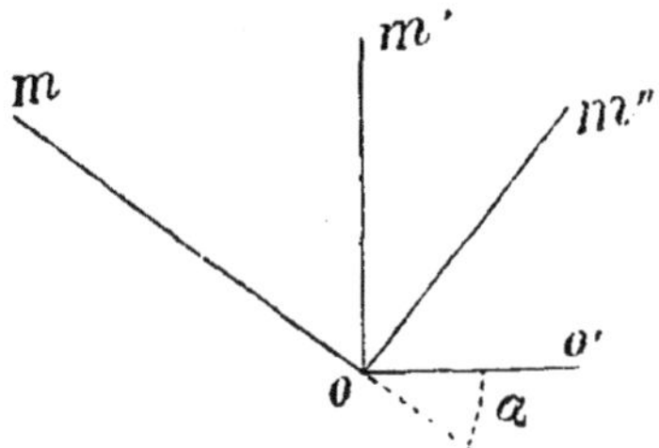

Fig. 1.

Soit $oo' = ds$ le déplacement. La force due à la masse m est $\dfrac{km}{r^2}$, et le travail accompli sous l'action de cette force

$$\frac{km}{r^2}\, ds \ \cos\alpha = \frac{km}{r^2}\, dr.$$

De même le travail produit par m' est

$$\frac{km'}{r'^2}\, dr',$$

par m'',

$$\frac{km''}{r''^2}\, dr''.$$

Ces travaux élémentaires s'ajoutent puisqu'ils sont comptés dans une même direction, le travail total est donc exprimé par

$$k\, \Sigma\, \frac{mdr}{r^2}.$$

Cette somme est la différentielle de la fonction

$$-k\, \Sigma\, \frac{m}{r} + C^{te}.$$

L'expression $+\, k\, \Sigma\, \frac{m}{r}$, dont la différentielle, prise en signe contraire, représente le travail élémentaire des forces du champ, a reçu de Gauss le nom de *potentiel*. Nous la désignerons par la lettre V

$$V = +\, k\, \Sigma\, \frac{m}{r}.$$

Pour un point de l'espace le potentiel est donc proportionnel à la somme des rapports des masses agissantes à leurs distances à ce point.

Le potentiel permet de définir aisément un travail fini des forces du champ.

Si, en effet, on intègre l'expression

$$k\, \Sigma\, \frac{mdr}{r^2} = -\, dV$$

entre deux positions O_1, O_2, occupées par l'unité de masse, on a

$$k\, \Sigma\, m \int_{O_1}^{O_2} \frac{dr}{r^2} = \int_{O_1}^{O_2} -\, dV = V_1 - V_2.$$

Le travail accompli par les forces du champ, entre les points O^1 et O^2, est égal à la différence des valeurs que prend la fonction V, dans laquelle on introduit successivement les coordonnées des points d'indices 1 et 2.

Le *travail* dépend uniquement de la position des points extrêmes, et non du chemin suivi par l'unité de masse entre ces deux points.

Si l'unité de masse passait du point O^1 à une distance infinie des
masses agissantes on aurait

$$k \, \Sigma \, m \int_{O_1}^{\infty} \frac{dr}{r_2} = \int_{O_1}^{\infty} - dV = V_1.$$

Comme on le voit, le *potentiel en un point est mesuré par le travail effectué par les forces du champ pour déplacer l'unité de masse
du point considéré à une distance infinie des masses agissantes;
c'est-à-dire à la limite du champ.*

La fonction potentielle fournit une expression simple de l'intensité du champ.

Soit H la composante de l'intensité dans une direction s. Le
travail élémentaire H ds, a également pour expression la différentielle, prise en signe contraire du potentiel, dans cette direction

$$H \, ds = - \frac{dV}{ds} \, ds$$

d'où

$$H = - \frac{dV}{ds}$$

la *composante de l'intensité du champ dans une direction déterminée
est exprimée par la dérivée, prise en signe contraire, du potentiel
dans cette direction.*

· Pour déterminer le sens de la force, il suffit de remarquer que
celle-ci est dirigée vers les points où le potentiel décroît.

13. — Surfaces équipotentielles. — Posons

$$V = \varphi \, (x, y, z,) = C^{te}$$

x, y et z représentant les points du champ en coordonnées rectangulaires.

Cette équation figure une surface, en chaque point de laquelle
le potentiel a la même valeur. Il s'ensuit que les forces du champ
ont une résultante nulle suivant cette surface, dont la normale
représente en chaque point la direction du champ.

Les surfaces ainsi définies s'appellent *surfaces équipotentielles*
ou *surfaces de niveau*, par analogie avec la surface d'une nappe
liquide, partout normale à la gravité.

En désignant par n, une direction normale à la surface de niveau, l'intensité du champ en un point de la surface s'exprime par

$$H = -\frac{dV}{dn}.$$

On aura une représentation de la distribution des forces du champ, en figurant dans celui-ci une série de surfaces semblables suffisamment rapprochées et correspondant à des potentiels croissant en progression arithmétique.

Une masse libre de se déplacer dans le champ suivra une trajectoire coupant normalement les surfaces de niveau. Cette courbe, dont la tangente représente en chaque point la direction du champ, a reçu de Faraday le nom de *ligne de force*.

L'intensité du champ est sensiblement en raison inverse du segment de ligne de force compris entre deux surfaces équipotentielles consécutives.

14. — **Cas d'une masse unique.** — Le cas d'une seule masse agissante fournit l'exemple d'un champ facile à définir. Les surfaces équipotentielles sont des sphères concentriques, dont les rayons représentent les lignes de force.

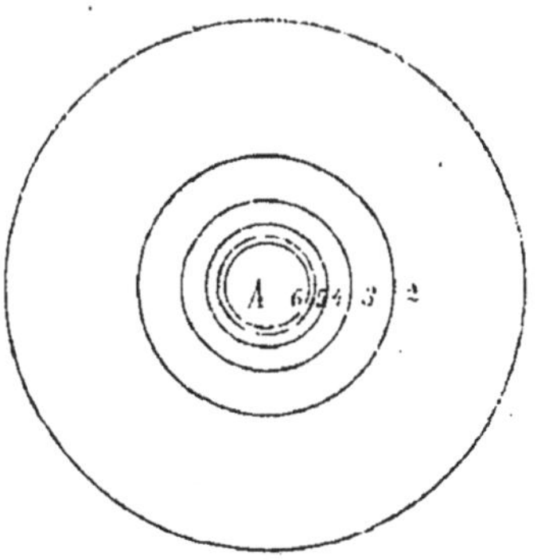

Fig. 2.

Supposons une masse m telle que $km = 6$, concentrée en un point A.

Les cercles concentriques figurent l'intersection, par un plan passant par la masse m, des surfaces de niveau de potentiel 1, 2, 3, 4, 5, 6. Les rayons de ces circonférences sont respectivement 6/1, 6/2, 6/3, 6/4, 6/5, 6/6..

15. — Champ uniforme. — On voit qu'à mesure que le potentiel décroît, les surfaces équipotentielles .successives s'écartent de plus en plus. A une distance suffisamment grande du centre de force, les lignes de force que l'on peut tracer dans une région de peu d'étendue sont sensiblement parallèles, et les surfaces équipotentielles sont assimilables à des plans dans cette région. Dans le cas de la pesanteur, par exemple, on ne commet pas d'erreur sensible en assimilant, dans l'espace d'un laboratoire, les verticales à des droites parallèles.

Un champ ainsi représenté par des plans équipotentiels et des lignes de force rectilignes, dont l'intensité est constante en grandeur et en direction, porte le nom de *champ uniforme*.

16. — Cas de deux masses agissantes. — Considérons deux masses agissantes, telles que pour l'une d'elles $km = 20$ et pour l'autre $km' = 5$.

Pour déterminer l'intersection des surfaces équipotentielles dues aux 2 centres par un plan qui les contient, on commencera par tracer les lignes de niveau circulaires des deux centres considérés isolément.

Soient n_1, n_2, n_3, n_4, n_5... les cercles tracés autour du premier, n'_1, n'_2, n'_3, n'_4... les cercles enveloppant le second.

La ligne équipotentielle d'ordre 5 passera évidemment par les intersections des circonférences n_4, n'_1; n_3, n'_2; n_2. n'_3; n_1, n'_4.

La ligne équipotentielle d'ordre 4 passera par les intersections des circonférences n_3, n'_1; n_2, n'_2; n_1, n'_3, et ainsi de suite.

Les lignes de force seront des trajectoires normales aux lignes équipotentielles obtenues.

Dans la fig. 3, empruntée au *Traité d'électricité et de magnétisme*, de Maxwell, les deux masses susdites sont concentrées aux points A et B. Les lignes pleines sont équipotentielles; les lignes de forces figurent en pointillé.

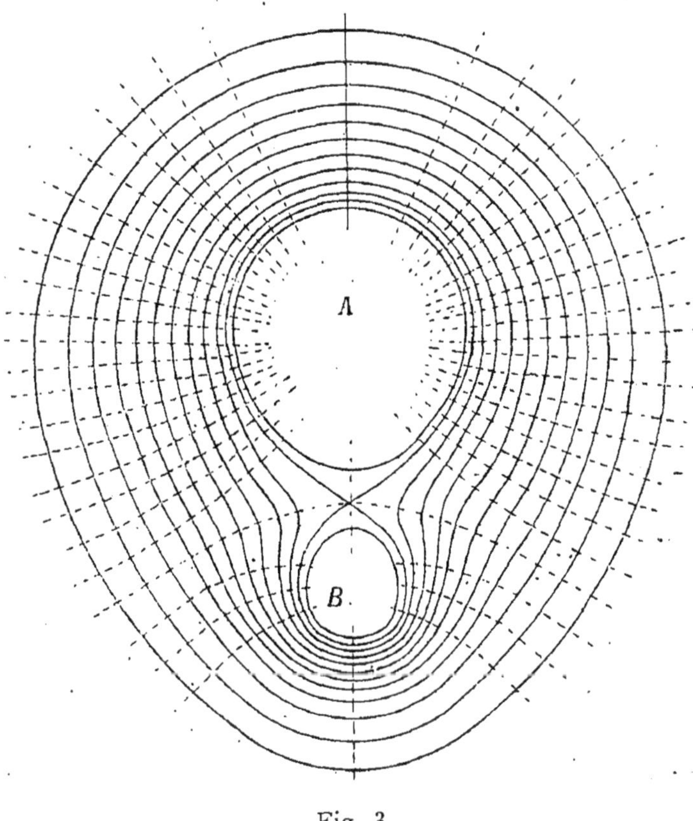

Fig. 3.

17. — **Tubes de force.** — Traçons dans un champ une courbe fermée quelconque, et imaginons que par chaque point de cette courbe passe une ligne de force. L'ensemble de ces lignes forme une surface tubulaire, à laquelle on a donné le nom de tube de force. Dans le cas d'un centre unique, les tubes de force sont coniques. Dans un champ uniforme, ils sont cylindriques.

18. — **Flux de force.** — L'intensité d'un champ quelconque est constante suivant une surface infiniment petite, *ds*. Le produit de cette surface par la composante de l'intensité normale à l'élément porte le nom de *flux de force traversant cet élément.*

α était l'angle de la direction du champ avec la normale, le flux de force sera représenté par

$$dN = H \cos\alpha \, ds.$$

Le flux de force total, traversant un élément de surface finie,
sera donné par

$$N = \int H \cos\alpha \, ds,$$

l'intégration étant étendue à tous les éléments de la surface considérée.

Dans le cas d'une surface fermée, le flux est dit *sortant* lorsque
les lignes de force sont dirigées vers l'extérieur de la surface ; il est
dit *rentrant* dans le cas contraire.

En considérant l'angle α de la direction du champ avec la normale *extérieure* à la surface, le changement de signe de $\cos\alpha$
permet de distinguer le flux sortant du flux rentrant.

19. — Théorème. — *Le flux de force qui traverse un tube de
section infiniment petite est indépendant de l'inclinaison de la section
sur l'axe du tube.*

En effet

$$d N = H \cos\alpha \, ds = H_n \, d\sigma.$$

$d\sigma$ représentant la section du tube normale à l'axe et H_n,
l'intensité du champ dans cette région.

20. — Théorème de Gauss. — Il existe entre les masses d'un
champ et le flux traversant une surface enveloppant ces masses,
une relation simple, d'application très fréquente, ainsi conçue :

*Le flux de force traversant une surface fermée dans un champ
est égal à $4\pi k$ fois la somme des quantités d'agent enveloppées
par cette surface.*

I. Considérons d'abord une masse unique m, concentrée en un
point P, dans une surface fermée qui présente pour plus de généralité une partie rentrante. (Fig. 4.)

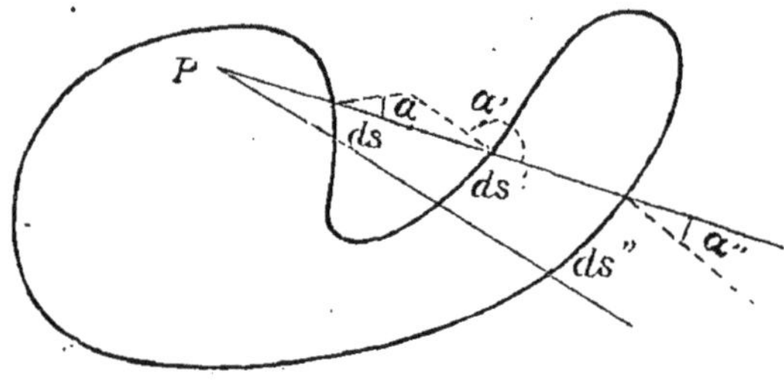

Fig. 4.

Du point P comme sommet, traçons un cône élémentaire correspondant à un angle solide $d\omega$, lequel est mesuré par la surface qu'intercepte le cône sur une sphère de centre P et de rayon égal à l'unité.

Appelons ds, ds' ds'', les surfaces limitées par les intersections du cône avec la surface tracée. Nous dirons que $d\omega$ représente la surface apparente de ces intersections vues du point P. Appelons r, r', r'' les distances des éléments découpés au point P ; et α, α', α'' les angles de l'axe du cône avec les normales aux éléments.

Les flux de force traversant ceux-ci sont respectivement

$$+ \frac{k\,m}{r^2}\cos\alpha\ ds, \qquad - \frac{k\,m}{r'^2}\cos\alpha'\ ds', \qquad + \frac{k\,m}{r''^2}\cos\alpha''\ ds''.$$

Mais

$$\frac{ds\,\cos\alpha}{r^2} = \frac{ds'\,\cos\alpha}{r'^2} = \frac{ds''\,\cos\alpha''}{r''^2} \,;$$

attendu que ces expressions mesurent par définition l'angle solide $d\omega$. Le flux se réduit donc à $k\,m\,d\omega$, quel que soit le nombre des intersections, pourvu que celui-ci soit impair.

Le flux total traversant la surface est donné par la somme des flux traversant tous les cônes élémentaires que l'on peut tracer autour de P ; or

$$\int_0^{4\pi} k\,m\,d\omega = 4\,\pi\,k\,m.$$

$4\,\pi$ représente la surface totale que les cônes découpent sur la sphère de rayon égal à l'unité.

II. Si l'on avait considéré une masse m, hors de la surface fermée, les cônes élémentaires ne pouvant traverser celle-ci qu'un nombre pair de fois auraient donné une résultante nulle.

III. Enfin si l'on suppose dans le champ des masses m_1, m_2, m_3, dont les unes sont à l'intérieur, les autres à l'extérieur de la surface, le flux total à travers celle-ci sera la somme des flux dus aux masses intérieures, $\Sigma\,m$.

$$\int H\,ds\,\cos\alpha = 4\,\pi\,k\,\Sigma\,m.$$

21. — Corollaire I. — Supposons que la surface fermée soit limitée par les parois latérales d'un tube de force et par deux sections, s et s', faites dans celui-ci. Les parois du tube ne coupant aucune ligne de force, le flux de force qui traverse la surface fermée se borne au flux $\int H\,ds - \int H'\,ds'$, ds et ds' étant des sections équipotentielles normales au tube. Par suite,

$$\int H\,ds - \int H'\,ds' = 4\,\pi\,\Sigma\,m.$$

Si le tube ne renferme pas de masses dans la région délimitée

$$\int H\,ds = \int H'\,ds'.$$

Le flux entrant par l'une des bases sort par l'autre, c'est à dire que le *flux est constant dans un tube de force, aussi longtemps que celui-ci ne rencontre pas de masse agissante.*

Cette propriété, rapprochée de celle des courants fluides, qui restent constants dans un canal, tant que ce dernier ne rencontre pas de source, justifie le nom de *flux* donné à l'expression mathématique considérée. Nous verrons que cette propriété, connue sous le nom de *conservation du flux*, joue un rôle important dans les phénomènes électriques et magnétiques.

22. — Corollaire II. — Si le tube de force était infiniment mince, on aurait

$$H\,ds = H'\,ds' = dN,$$

d'où

$$\frac{H'}{H} = \frac{ds}{ds'}.$$

Dans un tube semblable, l'intensité du champ est en raison inverse de la section normale à l'axe. Dans un champ uniforme, les tubes de force sont nécessairement cylindriques.

23. — Corollaire III. — L'expression $H = \dfrac{dN}{ds}$ montre que *l'intensité d'un champ est le flux par unité de surface équipotentielle au point considéré.*

24. — Tube unité. Nombre de lignes de force. — Un tube choisi de manière que l'expression $\int H\,ds = 1$ est un *tube unité.*

Suivant une convention due à Faraday et admise par beaucoup d'auteurs, le nombre de lignes de force d'un champ, qui en réalité est indéfini, se limite au nombre de tubes unités dont elles constituent les axes.

D'après cette convention, le théorème de Gauss s'énonce comme suit : Le nombre de tubes unités ou de lignes de force, traversant une surface fermée dans un champ, est égal à $4\pi k$ fois la somme des quantités d'agents enveloppées par cette surface.

25. — Énergie potentielle des masses soumises à des forces newtonniennes. — Par suite de la répulsion qui s'exerce entre les masses de même nature, il faut dépenser une certaine somme de travail pour amener des masses m, m', m'', en des points voisins o, o', o''. Ce travail s'accumule dans le système à l'état d'énergie potentielle, et il est restitué lorsque les masses, rendues libres, s'écartent indéfiniment sous l'effet de leurs réactions mutuelles.

Cherchons à déterminer l'expression du travail dépensé et, dans ce but, supposons que les masses soient formées à l'aide d'éléments apportés successivement aux points considérés o, o', o''.

Pour amener un élément dm en un point o dont le potentiel est V, il faut par définition dépenser un travail égal à V dm.

Pour les autres points, on obtiendra de même des éléments de travail V' dm', V'' dm''.

Mais à mesure que les masses s'accumulent, le potentiel en chacun des points s'élève. Au point o, par exemple, il passe d'une valeur nulle à la valeur

$$V = \Sigma \frac{m}{r}.$$

On peut admettre que l'accroissement progressif des masses a lieu dans un rapport constant, de manière qu'à un instant donné les masses accumulées aux divers points atteignent le même tantième de leurs valeurs définitives. Dans ces conditions, les potentiels croissent dans le même rapport, et la valeur moyenne du potentiel au point o, est $\frac{V}{2}$, à laquelle correspond un travail élémentaire

$$\frac{V}{2}\, dm.$$

Le travail nécessité pour la formation de la masse m est

$$w = \frac{V}{2} \int_0^m dm = \frac{V\,m}{2}.$$

La somme des travaux relatifs aux diverses masses du système sera

$$W = \frac{1}{2} \sum V\,m.$$

On voit que *l'énergie potentielle du système est la demi somme des produits des masses par leurs potentiels.*

L'hypothèse ci-dessus, relative au procédé d'accroissement des masses, n'enlève rien à la généralité de la conclusion. En effet, l'énergie potentielle est mesurée par le travail restitué, lequel dépend de l'état final du système et nullement du mode de progression des masses qui a conduit à cet état. Voici d'ailleurs une démonstration exempte de toute hypothèse semblable.

Lorsque deux masses m, m', à une distance r, s'écartent d'une longueur dr, l'accroissement d'énergie potentielle est égal et de signe contraire au travail accompli. On a donc

$$dw = -\frac{m\,m'}{r^2}\,dr.$$

Lorsque les masses s'écartent à une distance infinie, le travail représente leur énergie totale, soit

$$w = \frac{m\,m'}{r}.$$

Pour un système de masses, on aura une expression de la forme

$$W = \sum \frac{m\,m'}{r}.$$

Remarquons que

$$\sum \frac{m\,m'}{r} = \frac{1}{2} \sum m \sum \frac{m'}{r},$$

le facteur $\frac{1}{2}$ étant nécessaire pour éviter qu'on ne prenne deux fois chaque couple de quantités.

Mais $\Sigma \dfrac{m'}{r}$ représente le potentiel du point où se trouve la masse m. On a donc

$$W = \tfrac{1}{2} \sum m\, V.$$

APPLICATIONS.

Avant d'aller plus loin, appliquons les propriétés démontrées précédemment à quelques cas simples dont nous trouverons la réalisation dans certaines combinaisons électriques et magnétiques.

26. — I. — Une couche sphérique homogène infiniment mince n'exerce aucune action sur une masse intérieure. — Une masse égale à l'unité étant concentrée en P, traçons, de ce point comme sommet, un cône élémentaire découpant sur la sphère deux surfaces ds et ds', à des distance r, r'. Soit σ la densité superficielle ou quantité d'agent par unité de surface.

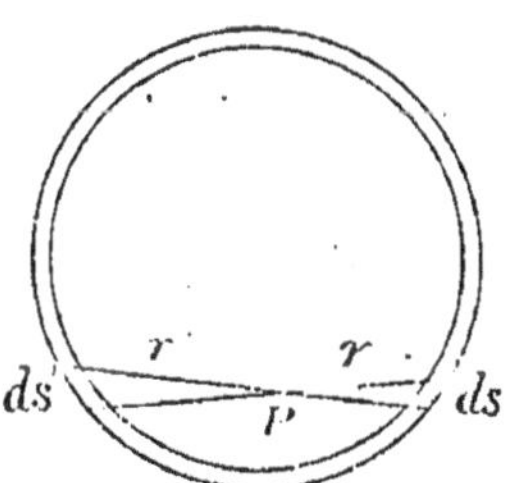

Fig. 5.

Les éléments ds et ds' sont par suite chargés de masses

$$dm = \sigma\, ds$$
$$dm' = \sigma\, ds'.$$

Leur actions sur l'unité de masse en P sont

$$\frac{k\, dm}{r^2} = \frac{k\, \sigma\, ds}{r^2},$$

$$\frac{k\, dm'}{r'^2} = \frac{k\, \sigma\, ds'}{r'^2},$$

Mais les éléments ds et ds', faisant des angles égaux avec l'axe du cône, sont entre eux comme leurs projections perpendiculaires à cet axe, et comme celles-ci sont elles-mêmes proportionnelles au carré de leur distance au sommet du cône, on a

$$\frac{ds}{r^2} = \frac{ds'}{r'^2},$$

d'où

$$\frac{k\,dm}{r^2} = \frac{k\,dm'}{r'^2}.$$

Toute la surface de la sphère pouvant être divisée par couples d'éléments, tels que ds et ds', dont les actions se neutralisent, l'effet total de la couche sur le point P, comme sur tout autre point intérieur, est nul.

On en conclut que le *potentiel est constant en tous les points intérieurs de la couche sphérique.*

Ce potentiel est donc le même que celui du centre, lequel est exprimé par

$$V = k\,\Sigma\,\frac{m}{R} = k\,\frac{M}{R} = 4\,\pi\,k\,R\,\sigma.$$

Corollaires. — *a)* La surface de la couche considérée est équipotentielle.

b) L'énergie potentielle de la couche est $\frac{1}{2}\,k\,\frac{M^2}{R}$.

c) La conclusion tiendrait encore dans le cas d'une série de couches concentriques agissant sur un point intérieur, lequel peut à la limite se trouver sur la face interne de la couche intérieure.

27. — II. — L'action d'une couche sphérique homogène sur un point extérieur est la même que si toute la masse était condensée au centre de la sphère. — L'unité de masse étant concentrée en P, il est évident par raison de symétrie que l'action résultante doit être dirigée suivant O P.

Un élément ds, en A, exerce sur l'unité de masse une force dont la composante suivant O P est

$$dH = k\,\sigma\,\frac{ds}{r^2}\,\cos\alpha.$$

P′ étant le point conjugué de P, tel que $OP' \times OP = R^2$, relions A à P′. Les triangles OAP′ et OAP sont semblables,

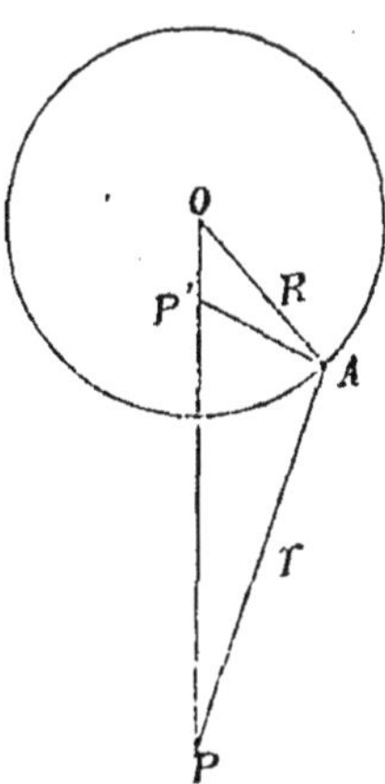

Fig. 6.

car ils ont l'angle AOP commun et les côtés adjacents proportionnels ; d'où

$$\frac{r}{\overline{A\,P'}} = \frac{O\,P}{R}$$

et, en remplaçant

$$dH = k\,\sigma\,\frac{ds\,\cos\alpha}{\overline{A\,P'^2}} \times \frac{R^2}{\overline{O\,P^2}}.$$

Mais

$$\frac{ds\,\cos\alpha}{\overline{A\,P'^2}} = d\omega,$$

ω étant angle solide sous lequel on voit l'élément ds du point P′ ; par suite,

$$dH = k\,\sigma\,d\omega \times \frac{R^2}{\overline{O\,P^2}}.$$

L'action de la couche entière sera

$$H = k\,\sigma \times \frac{R^2}{\overline{O\,P^2}} \int_0^{4\pi} d\omega = \frac{4\,\pi\,k\,R^2\,\sigma}{\overline{O\,P^2}} = \frac{kM}{\overline{O\,P^2}}.$$

Cette action est la même que si la masse entière était concentrée au point O.

Corollaire. — Pour un point infiniment voisin de la surface, l'action de la couche serait $4 \pi k \sigma$.

28. — Action d'une sphère homogène sur un point extérieur. — Si la sphère était composée d'une superposition de couches semblables, la conclusion tiendrait encore. On peut donc dire qu'une *sphère homogène ou formée de couches homogènes agit sur un point extérieur comme si la masse était condensée au centre de la sphère.*

En appelant dans ce cas δ la masse d'agent par unité de volume, on aurait

$$H = \frac{4}{3} \pi k \, R^3 \, \delta \times \frac{1}{\overline{OP}^2}.$$

Cette propriété justifie l'hypothèse de la concentration en des points physiques de masses qui en réalité occupent des volumes définis autour de ces points.

Si, en particulier, le point est à la surface de la sphère, l'expression précédente se réduit à

$$H = \frac{4}{3} \pi k \, R \, \delta.$$

29. — Action d'une sphère homogène sur un point intérieur. — Si le point était à l'intérieur d'une sphère homogène, celle-ci pourrait être divisée en deux parties, séparées par une sphère concentrique passant par le point considéré.

L'action de la partie externe est nulle; l'action de la sphère intérieure est égale à celle d'une masse égale condensée au centre. En appelant r la distance du point P au centre

$$H = \frac{4}{3} \pi k \, r \, \delta.$$

30. — Pression superficielle. — Dans le cas d'une couche sphérique homogène, la composante due à l'élément ds ne dépend que de l'angle solide sous lequel cet élément est vu du point P′. Elle est donc égale à celle de l'élément ds', correspondant à ds.

Il en sera de même pour tous les éléments de la calotte $a\,d\,b$, pris deux à deux avec ceux de la calotte $a\,c\,b$. Le plan projeté en

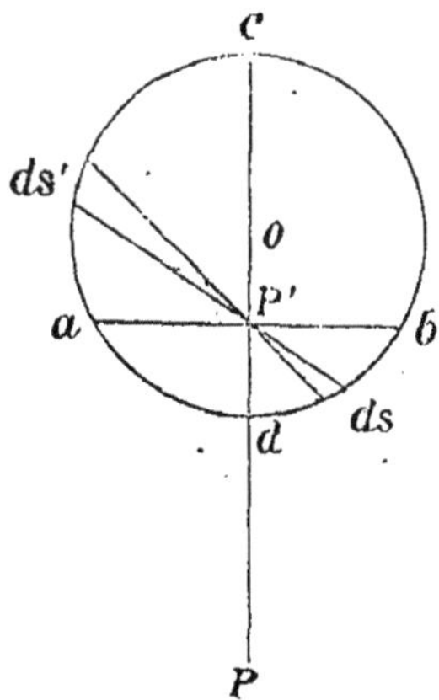

Fig. 7.

$a\ b$ partage la sphère en deux zones exerçant sur P des actions identiques et égales à

$$\frac{2\ \pi\ k\ R^2\ \sigma}{O\ P^2}.$$

Si le point P s'éloigne indéfiniment de la sphère, les deux calottes tendent vers l'égalité. Si, au contraire, le point P s'approche indéfiniment de la couche sphérique, l'une des calottes a pour limite la sphère entière, tandis que l'autre tend vers zéro.

Dans ce dernier cas, l'expression précédente devient $2\ \pi\ k\ \sigma$.

Or nous venons de voir que la couche totale exerce sur l'unité de masse, située infiniment près de la surface, une action égale à $4\ \pi\ k\ \sigma$. Il en résulte que la couche infiniment petite qui avoisine le point exerce une action égale à celle de la sphère entière. Et, en effet, lorsque le point P traverse la couche, la force qui le sollicite devient nulle; pendant ce déplacement élémentaire, l'action de la couche sphérique est restée constante, mais celle de l'élément de surface voisin a changé de signe, de sorte que la résultante est nulle.

Si l'action de la couche sphérique sur l'unité de masse située à la surface est $2\ \pi\ k\ \sigma$, elle sera $2\ \pi\ k\ \sigma^2$ sur la masse σ qui charge l'unité de surface.

Cette force, avec laquelle la couche agit sur la charge de l'unité de surface, s'appelle *pression* superficielle.

L'intensité du champ infiniment près de la surface étant

$$H = 4\,\pi\,k\,\sigma,$$

la tension superficielle est exprimée indifféremment par

$$2\,\pi\,k\,\sigma^2 \qquad \text{ou par} \qquad \frac{H^2}{8\,\pi\,k}.$$

31. — Potentiel dû à un disque infiniment mince uniformément chargé.

Soit σ la densité superficielle d'un disque projeté en AB, fig. 8. Sur un anneau concentrique au disque, de rayon r et d'épaisseur dr, la charge est $2\,\pi\,r\,dr\,\sigma$.

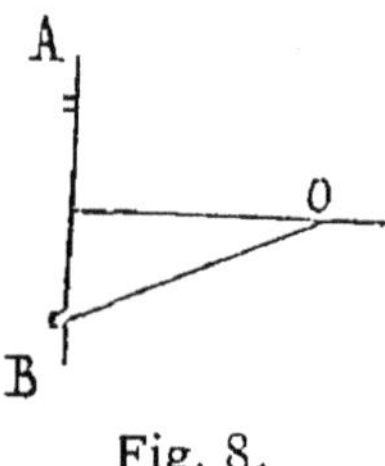

Fig. 8.

Le potentiel dû à cet anneau en un point O de l'axe du disque et à une distance a est

$$dV = \frac{2\,\pi\,k\,r\,dr\,\sigma}{\sqrt{r^2 + a^2}}.$$

Le potentiel dû au disque entier, de rayon R, sera

$$V = \int_0^R \frac{2\,\pi\,k\,r\,dr\,\sigma}{\sqrt{r^2 + a^2}} = 2\,\pi\,k\,\sigma\left(\sqrt{R^2 + a^2} - a\right).$$

L'intensité du champ au point O est

$$H = -\frac{dV}{da} = -2\,\pi\,k\,\sigma\left(\frac{a}{\sqrt{R^2 + a^2}} - 1\right) = 2\,\pi\,k\,\sigma\,(1 - \cos\alpha),$$

α étant l'angle plan et $2\,\pi\,(1 - \cos\alpha)$ l'angle solide sous lesquels on voit le disque du point considéré.

En un point infiniment voisin de la surface du disque on a

$$H = 2\,\pi\,k\,\sigma.$$

Cette expression représente la force due à la charge de l'élément infiniment voisin du point, § 3o. Les autres éléments exercent des forces qui se neutralisent deux à deux.

MAGNÉTISME

PROPRIÉTÉS DES AIMANTS

32. —. Définitions. — On donne le nom d'*aimants* à des corps qui jouissent de la propriété d'attirer la limaille de fer. La pierre d'aimant ou oxyde magnétique de fer possède naturellement cette propriété, qui s'acquiert artificiellement à un degré bien supérieur par le fer et ses dérivés, l'acier et la fonte. L'acier trempé est le corps qui retient au plus haut degré la vertu attractive développée par *l'aimantation*.

Lorsqu'un barreau d'acier aimanté est plongé dans la limaille de fer, on remarque que celle-ci s'attache de préférence sur certaines parties du barreau, désignées sous le nom de *pôles*. Les barreaux présentent généralement deux pôles séparés par une *région neutre* ayant une action faible ou nulle sur la limaille.

33. — Action de la terre sur un aimant. — Lorsqu'on suspend un aimant par son centre de gravité, l'un des pôles se dirige invariablement vers le nord, l'autre vers le sud. Pour cette raison, on appelle le premier *pôle nord* ou *pôle* N ; le second *pôle sud* ou *pôle* S.

34. — **Loi des attractions magnétiques.** — Plusieurs barreaux étant mis en présence, on observe que les pôles du même nom se repoussent et que les pôles de noms contraires s'attirent. L'étude de ces actions présente quelques difficultés, par suite de ce que l'on ne peut étudier isolément l'effet réciproque de deux pôles.

Coulomb remarqua toutefois que les longues tiges aimantées présentent leurs centres d'action vers les extrémités. En rapprochant suffisamment deux des pôles de ces tiges, il arriva à rendre à peu près négligeable l'action des pôles opposés. Il reconnut expérimentalement que les *forces magnétiques décroissent en raison inverse du carré des distances entre les pôles agissants.*

On verra plus loin que cette loi a été vérifiée rigoureusement par Gauss, § 49.

Les actions magnétiques doivent donc être rangées parmi les forces newtonniennes, et l'on peut leur appliquer les théorèmes généraux démontrés dans l'introduction de cet ouvrage, l'agent agissant étant ici le magnétisme.

Nous désignerons par *quantité de magnétisme* ou *masse d'un pôle* une quantité proportionnelle à la force qu'il exerce sur les pôles voisins.

Soient m et m' les quantités de magnétisme de deux pôles : la réaction mutuelle est par définition proportionnelle à m et à m', par conséquent au produit $m\,m'$.

L'expression de la force est donc

$$f = k\,\frac{m\,m'}{r^2},$$

r exprimant la distance des deux pôles.

35. — **Unité de pôle.** — Le coefficient k de l'expression précédente peut être considéré comme arbitraire et pris égal à un. Par suite, l'unité de quantité de magnétisme est la quantité qui repousse une quantité égale située à la distance d'un centimètre avec la force d'une dyne ; ses dimensions sont

$$\left[L^{\frac{3}{2}} M^{\frac{1}{2}} T^{-1} \right].$$

Si les pôles sont de sens contraires, la force devient attractive. Pour déduire ce fait de la formule précédente, il suffit d'affecter de signes opposés les pôles de noms contraires. On convient de donner le signe $+$ au pôle N et le signe $-$ au pôle S.

36. — Définitions. — En spécifiant les définitions générales adoptées dans l'introduction, nous appellerons *champ magnétique* l'espace dans lequel se manifestent des forces magnétiques. *L'intensité en un point du champ* est mesurée par l'action qui s'y exerce sur l'unité de masse N ou positive. La direction de cette action définit la *direction du champ*. Une *ligne de force magnétique* figure la trajectoire d'une masse positive, libre de se mouvoir dans le champ. Celui-ci est caractérisé par un potentiel appelé *potentiel magnétique*, dont l'expression, pour un point situé à des distances r, r', r'' ... de masses m, m', m'' ..., est

$$\mathcal{V} = \Sigma \frac{m}{r},$$

chaque masse étant affectée de son signe propre.

D'après cette définition, les dimensions du potentiel magnétique sont

$$\left[L^{\frac{1}{2}} M^{\frac{1}{2}} T^{-1} \right].$$

Afin d'éviter la confusion entre les grandeurs magnétiques et les grandeurs correspondantes que nous rencontrerons dans l'électrostatique, nous représenterons les premières par des majuscules rondes.

La composante de l'intensité du champ dans une direction s, en un point où le potentiel est $\mathcal{V}$, a pour expression

$$\mathcal{S} = - \frac{d\mathcal{V}}{ds},$$

dimensions

$$\left[L^{-\frac{1}{2}} M^{\frac{1}{2}} T^{-1} \right].$$

Cette expression représente, comme nous l'avons vu au § 23, le flux de force par unité de surface normale à *ds*.

L'intensité de champ a des dimensions différentes de celles d'une force. C'est la force par unité de pôle et ses dimensions sont celles d'une force divisée par celles d'une masse magnétique.

Les champs les plus intenses que l'on ait produit jusqu'à ce jour atteignent environ 30 000 unités C. G. S. ; un tel champ développe une force de 30 000 dynes, soit environ 30 grammes sur l'unité de pôle.

37. — **Action d'un champ uniforme sur un aimant.** — Considérons un champ uniforme, dans lequel l'intensité $\mathfrak{H}$ est constante en grandeur et en direction. L'expérience montre que, dans un champ semblable, un barreau aimanté n'est soumis à aucune force de translation, mais qu'il tend simplement à s'orienter dans une direction déterminée. On en conclut que la somme des masses positives du barreau est égale à la somme des masses négatives, puisque la résultante des actions du champ sur les premières, ou $\mathfrak{H} \Sigma m$, est équilibrée par la résultante $\mathfrak{H} \Sigma (-m)$ sur les secondes.

Ces résultantes sont appliquées en deux points qui, dans la théorie mathématique du magnétisme, prennent plus particulièrement le nom de *pôles*. Il faut toutefois remarquer que les pôles ainsi définis n'ont pas plus d'existence physique que le centre de gravité d'un corps. Une ligne fictive passant par les pôles porte le nom *d'axe magnétique* du barreau. La distance l entre les pôles est la *longueur* vraie de l'aimant.

Le produit de la masse magnétique par la distance des pôles est le *moment magnétique* du barreau.

$$l \Sigma m = \mathcal{M}.$$

Si l'on désigne par α l'angle de l'axe magnétique avec la direction du champ, le couple d'orientation du barreau est exprimé par

$$\mathfrak{H} \, l \sin\alpha \, \Sigma m = \mathfrak{H} \, \mathcal{M} \sin \alpha.$$

Le barreau étant suspendu par son centre de gravité, la durée d'une oscillation double de faible amplitude est

$$t = 2\pi \sqrt{\frac{\Omega}{C}} \, ;$$

où Ω représente le moment d'inertie du barreau et C, le couple maximum égal à $\mathfrak{H} \, \mathcal{M}$.

38. — **Champ magnétique terrestre.** — L'expérience apprend que la durée d'oscillation d'un aimant est constante dans la limite d'une salle d'expérience, à la condition qu'il n'y ait aucune autre masse magnétique dans la salle ou à proximité. On peut donc admettre que, dans un espace peu étendu, la terre développe un champ uniforme. On appelle *méridien magnétique* d'un lieu le plan vertical passant par l'axe d'un aimant librement suspendu.

La *déclinaison* est l'angle de ce plan avec le méridien géographique ; *l'inclinaison*, l'angle de l'axe de l'aimant avec l'horizontale. Dans notre hémisphère, le pôle nord des aimants plonge sous l'horizon en sorte qu'on doit alourdir le pôle sud pour que les oscillations des aiguilles aient lieu dans le plan horizontal. La composante de l'intensité du champ terrestre suivant ce plan s'appelle *composante horizontale*.

Les lignes de force terrestre qui, dans un espace restreint, peuvent être considérées comme parallèles, convergent en réalité vers des points, appelés *pôles magnétiques*, qui oscillent aux environs des pôles géographiques.

Les données numériques suivantes, dues à M. Airy, indiquent les valeurs magnétiques moyennes pour Greenwich, t étant le millésime.

Déclinaison : $19° - 12'$, $1 - (t - 1876) \times 7'$, 38. .

Composante horizontale : $0,1797 + (t - 1876) \times 0'$, 00027.

Inclinaison : $67° - 40'$, $3 - (t - 1876) \times 2'$, 04.   (1).

Comme on le voit, le champ magnétique terrestre ne possède qu'une faible intensité. On démontrera dans la suite qu'il est possible de produire artificiellement des champs magnétiques bien plus intenses à l'intérieur d'une bobine de fil métallique parcourue par un courant électrique. Dans une telle bobine, si la longueur est très grande relativement à la section, le champ peut être considéré comme uniforme.

39. — Hypothèse de Weber. — Lorsqu'on brise un aimant dans la région neutre, on obtient, non pas deux pôles isolés, mais

---

(1) Pour l'étude du magnétisme terrestre consulter :

Gauss, *Allgemeine Theorie des Erdmagnetismus.*

Mascart et Joubert, *Leçons sur l'Électricité et sur le Magnétisme*, t. 1.

deux aimants nouveaux. On peut reconstituer l'aimant primitif en juxtaposant les tronçons ; les pôles qui s'étaient développés aux surfaces de rupture se font équilibre. Ce fait que la division d'un barreau fournit toujours des aimants complets, quelque petits que soient les fragments, a conduit Weber à admettre que la polarisation a son siège dans les molécules composantes, chacune de celles-ci étant un aimant complet possédant deux pôles (1). L'état neutre résulterait du défaut d'orientation des molécules, dont les pôles se neutralisent réciproquement. Mais si un barreau neutre est amené dans un champ, les axes magnétiques des molécules sont sollicités à s'orienter : les pôles N dans la direction du champ, les pôles S en sens inverse. Pour expliquer les variations observées dans le degré d'aimantation, on est obligé d'admettre que les molécules opposent une certaine résistance à l'orientation, variable avec la nature et l'état physique des barreaux, et à laquelle on a donné le nom de *force coercitive.*

Cette résistance, dont on verra plus loin une explication fournie par M. Ewing, est faible dans le fer recuit ou fer doux, de sorte qu'un barreau de ce métal étant introduit dans un champ magnétique d'intensité moyenne s'y aimante fortement. Mais il perd aisément cette aimantation lorsqu'il est enlevé du champ et ne conserve alors que des traces de magnétisme *résiduel* ou *remanent.* On donne le nom de *force magnétisante* à l'intensité du champ qui provoque l'aimantation.

L'écrouissage accroît la force coercitive du fer, mais celle-ci est surtout exaltée par la combinaison avec ce métal de quelques corps étrangers, tels que le carbone, le tungstène et le chrome en faibles proportions ; ainsi que par la trempe obtenue soit par un refroidissement brusque, soit par une compression énergique. Un barreau d'acier trempé s'aimante plus difficilement que le fer, mais il conserve une aimantation remanente ou magnétisme permanent considérable.

Différents faits corroborent l'hypothèse de Weber.

1. — L'aimantation dans un champ d'intensité croissante tend

---

(1) Voir MAXWELL, *Electricity and Magnetism,* t. 2.

vers une limite appelée *saturation*, laquelle correspond probablement au parallélisme des axes moléculaires et de la direction du champ.

2. — Toute cause d'agitation moléculaire favorise l'aimantation d'un barreau soumis à une force magnétisante, et sa désaimantation après qu'il a été retiré du champ. Ainsi, un barreau de fer doux dressé verticalement s'aimante sous l'action de la composante verticale du magnétisme terrestre lorsqu'on le frappe légèrement.

Le barreau conserve son aimantation lorsqu'on change son orientation, à la condition de le soustraire à toute vibration, mais un choc léger suffit pour dissiper son magnétisme. Les vibrations ont particulièrement un effet marqué sur le fer. M. Ewing a montré qu'en soustrayant un barreau de ce métal à toute cause d'agitation, on peut obtenir des aimantations remanentes plus fortes que celles accusées par l'acier; mais la moindre vibration fait évanouir la presque totalité du magnétisme acquis. Un choc violent peut également enlever à un barreau d'acier récemment aimanté plus de la moitié de son moment magnétique, mais les chocs consécutifs ont alors une action de plus en plus faible.

Il en est de même pour les variations de température. Une élévation de température affaiblit la puissance d'un aimant. Au rouge vif, l'aimantation disparaît complètement.

Si l'on recuit un barreau aimanté et trempé à une température de 100°, par exemple, on assure la constance de l'aimantation pour les températures inférieures, c'est à dire que des variations moindres que 100° ne causent qu'un changement temporaire dans le moment du barreau, lequel reprend la même valeur à la même température.

Les variations du moment sont alors sensiblement une fonction linéaire de la température; soient $\mathcal{M}_o$ le moment à $t°$ C, $\mathcal{M}_t$ le moment à $0°$ C,

$$\mathcal{M}_t = \mathcal{M}_o\,(1 - \alpha t).$$

3. — L'aimantation provoque un allongement faible et progressif des barreaux jusqu'à une certaine limite, à partir de laquelle il se manifeste un raccourcissement, comme si les molécules, après s'être orientées, tendaient à se rapprocher en diminuant les espaces intermoléculaires (Bidwell).

Lorsqu'un barreau est soumis à des forces magnétisantes

variables, il produit un bruit que l'on peut attribuer aux ébranlements des molécules d'air causés par les dilatations ou les contractions de l'aimant.

40. — Aimants élémentaires. Intensité d'aimantation. — L'hypothèse que nous venons de développer nous amène à analyser les propriétés des *aimants élémentaires*, dont la longueur est considérée comme infiniment petite par rapport aux distances finies du champ.

On appelle *intensité d'aimantation* d'un aimant élémentaire le rapport de son moment magnétique à son volume.

$$\mathfrak{I} = \frac{\mathfrak{M}}{v}, \text{ dimensions } \left[L^{\frac{1}{2}} M^{\frac{1}{2}} T^{-1} \right].$$

Les aimants élémentaires sont supposés de forme cylindrique avec leurs pôles concentrés sur les faces extrêmes. Dans ces conditions, on appelle *densité* des pôles le rapport de leur masse magnétique à leur surface.

$$\sigma = \frac{m}{s}.$$

Or, en appelant l la longueur de l'aimant, on a

$$m\, l = \mathfrak{M} \qquad s\, l = v;$$

il s'ensuit que la densité et l'intensité d'aimantation ont même expression numérique et mêmes dimensions.

Soit un aimant élémentaire S N, fig. 8, dont les pôles de masse m sont à des distances r, r' d'un point P. Le potentiel magnétique en ce point est

$$\mathfrak{V} = \Sigma\, \frac{m}{r} = m\left(\frac{1}{r'} - \frac{1}{r} \right) = m\, \frac{r - r'}{r r'}.$$

Comme r ne diffère de r' que par une quantité infiniment petite, on peut remplacer $r r'$ par r^2 et $r - r'$ par $l \cos \theta$, θ étant l'angle de

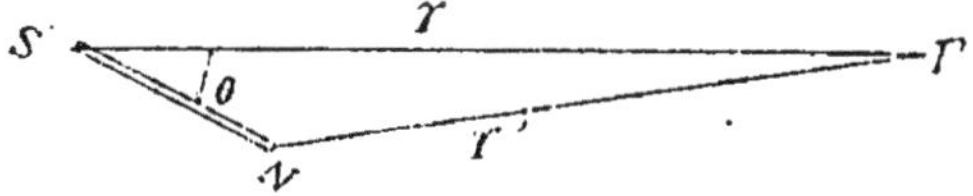

Fig. 8.

l'axe de l'aimant S N avec la droite qui joint celui-ci au point P.
Par suite

$$\mathcal{V} = m\,\frac{l\,\cos 0}{r^2} = \frac{\mathcal{M}\,\cos 0}{r^2}.$$

41. — Filet magnétique ou solénoïdal. — Si l'on met bout à
bout des aimants élémentaires d'égale intensité d'aimantation, les
pôles voisins se neutralisent, et il ne reste que deux pôles résultants
aux extrémités de la chaîne, laquelle porte le nom de filet magnétique ou filet solénoïdal.

Le potentiel en un point P, situé à des distances r et r' des
pôles extrêmes, est

$$\mathcal{V} = m\left(\frac{1}{r'} - \frac{1}{r}\right).$$

expression qui ne dépend pas de la forme du filet, mais seulement
de la position des extrémités. Par suite, un filet formant une chaîne
fermée à un potentiel nul en tous les points extérieurs, c'est à dire
qu'un filet fermé n'exerce aucune action sur les masses magnétiques
voisines.

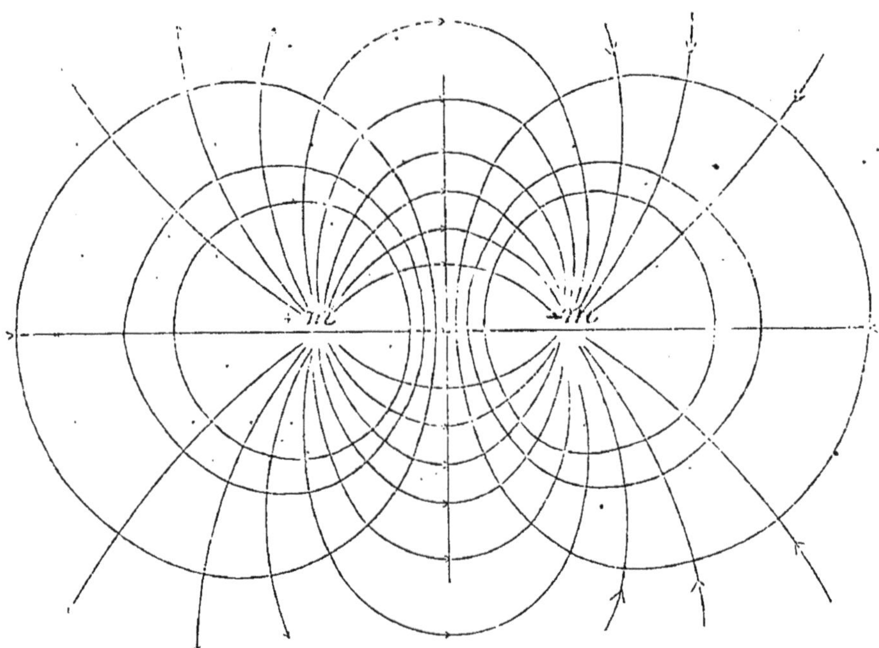

Fig. 9.

L'équation

$$m \left(\frac{1}{r'} - \frac{1}{r} \right) = C^{te},$$

représente une surface équipotentielle.

En adoptant le procédé graphique exposé au § 16, on tracera par points les lignes équipotentielles dans un plan passant par les masses $+ m$, $- m$.

La figure 9 montre les lignes équipotentielles dues à deux masses semblables ; ce sont des courbes ovoïdes enveloppant les pôles. L'axe vertical de symétrie est équipotentiel. Les lignes de force, dont le sens est marqué par des flèches, coupent orthogonalement les premières.

42. — Aimants uniformes. — On peut concevoir un cylindre circulaire droit formé de filets rectilignes égaux et juxtaposés. L'effet d'une telle combinaison, par rapport aux points extérieurs, est le même que celui de deux couches magnétiques de densités égales et contraires, situées aux extrémités du cylindre. L'intensité d'aimantation est constante en tous les points de celui-ci.

L'action d'un cylindre droit, aimanté uniformément, en un point extérieur situé sur le prolongement de l'axe est, en appelant α et α' les angles plans sous lesquels on voit du point considéré les rayons des bases du cylindre, § 31,

$$\mathfrak{J} = 2 \pi \mathfrak{J} (\cos\alpha' - \cos\alpha).$$

On peut également juxtaposer des filets rectilignes d'égale intensité d'aimantation, mais de longueurs différentes, dont les extrémités aboutissent à la surface d'une sphère. Un aimant sphérique ainsi défini présente deux couches hémisphériques de signes contraires.

La densité de ces couches est égale à l'intensité des filets aux extrémités du diamètre N S, où les éléments coupent normalement la surface de la sphère. Aux autres points, la densité décroît comme le cosinus de l'angle α, α représentant l'inclinaison des filets sur les rayons de la sphère. Elle est nulle suivant le grand cercle normal à N S.

Une telle distribution peut se représenter par un glissement infiniment faible d'une sphère positive de centre O, sur une sphère égale et de signe contraire, de centre O', OO' figurant l'épaisseur maximum de la couche magnétique.

Dans la section méridienne représentée dans la fig. 10, les couches limitées par les surfaces de séparation des deux sphères

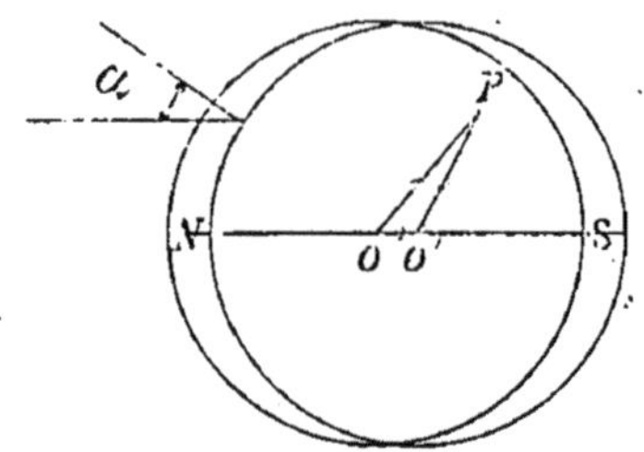

Fig. 10.

ont une épaisseur décroissant comme le cosinus de l'angle α. La région commune est évidemment neutre.

L'effet du système sur un point intérieur P, est égal à la résultante des actions des deux sphères.

Or en appelant δ la densité cubique des masses, l'effet de la sphère O sur l'unité de pôle située en P est, § 29,

$$\frac{4}{3} \pi \delta \times OP.$$

Cette action, dirigée suivant OP, peut être figurée par la grandeur de cette droite. La sphère négative exerce une action égale à

$$- \frac{4}{3} \pi \delta \times O'P,$$

et représentée par PO'.

La résultante de ces deux forces est

$$\frac{4}{3} \pi \delta \times OO';$$

puisque OO' ferme le triangle formé par les composantes OP et PO'. Or $\delta \times OO' = \sigma$ représente la densité magnétique maximum de la couche.

La résultante des actions d'une sphère aimantée uniformément est donc constante en grandeur et en direction, pour tous les points *intérieurs, et égale à $\frac{4}{3}\pi$ multiplié par la densité maximum ou l'intensité d'aimantation de la sphère.*

43. — **Feuillets magnétiques.** — On désigne sous ce nom un aimant lamellaire dont les faces ont des densités égales et opposées. Un feuillet magnétique peut être considéré comme le résultat de la juxtaposition d'aimants élémentaires.

Soit σ la densité des faces, égale à l'intensité d'aimantation des éléments composants ; ε l'épaisseur du feuillet, c'est à dire la longueur de ces éléments.

Le produit $\varepsilon\,\sigma = \Phi$, qui représente le moment du feuillet par unité de surface, porte le nom de *puissance* du feuillet. Les dimensions de cette quantité, dont on comprendra toute l'importance dans l'étude de l'électro-magnétisme, sont

$$\left[L^{\frac{1}{2}} M^{\frac{1}{2}} T^{-1} \right].$$

Soit un feuillet C, fig. 11, de section courbe, la face positive

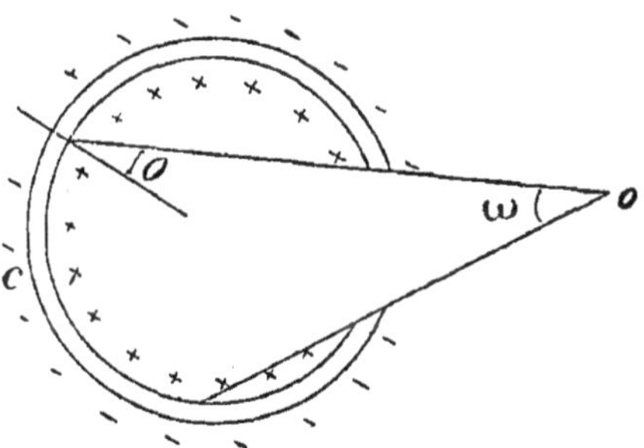

Fig. 11.

étant tournée vers l'intérieur. Le potentiel en un point O est la somme des potentiels dus aux aimants élémentaires composants.

Pour un élément de section ds, dont l'axe fait un angle θ avec la droite qui le joint au point O, situé à une distance r, le potentiel est

$$d\Psi = \frac{\varepsilon\,\sigma\,ds\,\cos\theta}{r^2}$$

mais $\dfrac{ds\,\cos\theta}{r^2}$ représente l'angle solide sous lequel la surface ds est vue du point o. Dans le but d'uniformiser les notations avec celles que nous rencontrerons dans l'électro-magnétisme, nous conviendrons de considérer l'angle solide comme positif lorsque le point *o* regarde le pôle S de l'élément magnétique. On a dans ces conditions

$$d\,\mathcal{V} = -\,\Phi\,d\,\omega.$$

En étendant l'intégration à tous les éléments du feuillet, et en remarquant que les cônes élémentaires qui rencontrent deux fois le feuillet fournissent des éléments de potentiel égaux et contraires, on obtient pour le potentiel total

$$\mathcal{V} = -\,\Phi\,\omega.$$

Le potentiel en un point dû à un feuillet est égal au produit de la puissance de celui-ci par l'angle solide sous lequel on voit, du point considéré, le contour du feuillet.

44. — **Corollaire.** — Si le point O était à l'intérieur du feuillet l'angle solide serait $-(4\pi - \omega')$. Par conséquent, si le point passe

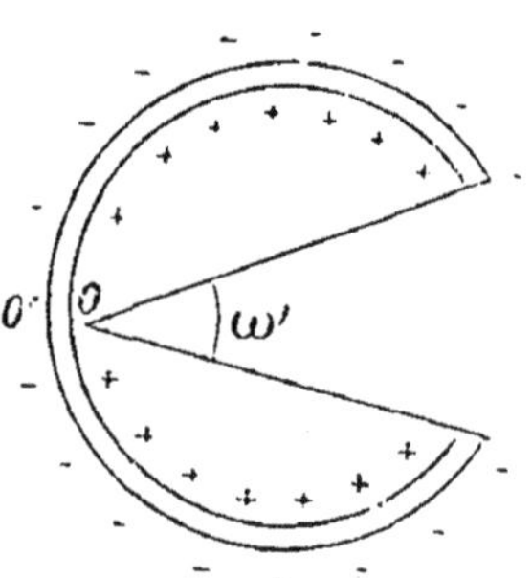

Fig. 12.

d'un point O à un point O' infiniment voisin situé de l'autre côté du feuillet, le potentiel varie de

$$-\Phi\,(4\pi - \omega') \qquad \text{à} \qquad +\Phi\,\omega',$$

soit d'une quantité $4\pi\,\Phi$.

Le travail effectué par l'unité de masse positive, pour passer d'un point de la surface d'un feuillet en un point situé infiniment près de l'autre côté, est égal à 4π multiplié par la puissance du feuillet. Ce travail est du reste indépendant du chemin suivi entre ces deux points, § 12.

45. — Énergie d'un feuillet dans un champ. — Considérons un champ de force dû à un pôle m situé en un point O (fig. 11); le travail dépensé pour amener le feuillet dans sa position actuelle représente l'énergie relative du feuillet et du champ, soit

$$m \, \mathcal{V} = - \, m \, \mathfrak{P} \, \omega.$$

Or $m\omega$ est le flux de force émis par le pôle à travers l'angle solide limité au contour du feuillet.

Nous appellerons ce flux $\mathfrak{K}$, en le considérant comme positif quand il pénètre par la face négative du feuillet et comme négatif quand il pénètre par la face positive.

$$W = - \, \mathfrak{P} \, \mathfrak{K}.$$

Si le champ est produit par plusieurs pôles m, m', m'', l'énergie totale deviendra

$$W = - \, \mathfrak{P} \, \Sigma \, m \, \omega = - \, \mathfrak{P}\mathfrak{K}.$$

L'énergie relative d'un feuillet et d'un champ est donc égale au produit de la puissance du feuillet par le flux limité à son contour.

Si le flux pénètre, comme à la fig. 11, par la face positive, $\mathfrak{K}$ est négatif et le produit prend le signe plus.

Lorsqu'un feuillet est libre de se déplacer dans un champ, il tend à se mouvoir de manière à rendre minimum l'expression de l'énergie potentielle, c'est à dire que le flux pénétrant par la face négative tend vers un maximum. On vérifiera facilement que cette condition est satisfaite dans le cas d'un feuillet et d'un pôle positif, lorsque celui-ci a atteint la face négative. Un feuillet plan, situé dans un champ uniforme, s'orientera normalement à la direction du champ, de telle façon que les lignes de force pénètrent par la face S.

46. — Énergie relative de deux feuillets. — Considérons deux feuillets voisins de puissance $\mathfrak{P}$ et $\mathfrak{P}'$. Soit $\mathfrak{K}'$ le flux de force émanant de $\mathfrak{P}'$ et traversant le contour de $\mathfrak{P}$ en entrant par la face négative de celui-ci. L'énergie du feuillet $\mathfrak{P}$ est, d'après ce que nous venons de dire, exprimée par

$$- \, \mathfrak{P} \, \mathfrak{K}'.$$

L'énergie du feuillet $\mathfrak{P}'$ est de même $- \mathfrak{P}'\mathfrak{K}$, $\mathfrak{K}$ exprimant le flux passant de $\mathfrak{P}$ à $\mathfrak{P}'$. Ces deux quantités sont égales, puisqu'elles représentent le travail dépensé pour amener les feuillets dans leurs positions relatives, d'où

$$W = - \mathfrak{P}\,\mathfrak{X}' = - \mathfrak{P}'\,\mathfrak{X} = - \mathfrak{P}\,\mathfrak{P}'\,\mathfrak{M} \qquad (1)$$

en posant

$$\mathfrak{M} = \frac{\mathfrak{X}}{\mathfrak{P}} = \frac{\mathfrak{X}'}{\mathfrak{P}'}.$$

Lorsque

$$\mathfrak{P} = \mathfrak{P}' = 1$$

on a

$$+ \mathfrak{M} = - W = + \mathfrak{X} = + \mathfrak{X}'.$$

Le facteur $\mathfrak{M}$, appelé *coefficient d'induction mutuelle* des deux feuillets, représente, comme on le voit, l'énergie relative des feuillets, ou encore le flux qui traverse leur contour lorsque leur puissance est égale à l'unité. L'équation (1) montre que les dimensions de $\mathfrak{M}$ se réduisent à [L].

L'énergie relative de deux feuillets est égale au produit pris en signe contraire de leurs puissances, par le flux qui pénétrerait par leur face négative, dans l'hypothèse où les contours et les positions relatives restant les mêmes, les puissances seraient égales à l'unité.

47. — Aimants artificiels. — Au lieu de présenter comme les aimants uniformes une distribution superficielle de magnétisme, les barreaux aimantés possèdent des masses magnétiques libres à l'intérieur. On peut même superposer dans un barreau d'acier des aimantations inverses, en le soumettant successivement à des forces magnétisantes de sens contraire. Lorsqu'on dissout un tel barreau dans un acide, on fait apparaître progressivement les couches aimantées en sens contraires.

Cette expérience prouve que l'aimantation atteint d'abord les couches superficielles du barreau, qui sont d'ailleurs plus fortement trempées que les couches intérieures. De là l'utilité d'employer des plaques minces en acier, aimantées séparément, pour l'obtention des aimants puissants.

On peut montrer d'une manière saisissante la forme du champ magnétique dû à un barreau aimanté en étendant sur celui-ci une feuille de papier, sur laquelle on projette de la limaille de fer. Les grains de limaille s'aimantent par influence, s'orientent suivant les directions du champ, et se disposent suivant des files continues figurant les lignes de force.

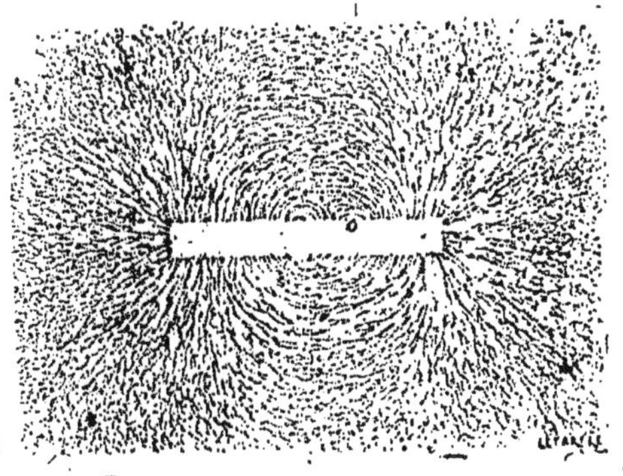

Fig. 13.

L'image ainsi produite, appelée *fantôme magnétique*, peut être fixée, si l'on a soin de choisir un papier photographique sensibilisé, qu'on expose à la lumière actinique lorsqu'il est couvert de limaille. Le développement de l'image donne la trace des ombres produites par la poussière de fer. La fig. 13 est le fac-simile du fantôme dû à un barreau prismatique.

En observant la distribution de la limaille de fer dans le fantôme magnétique d'un aimant simple ou d'une combinaison d'aimants et en constatant les formes curieuses affectées par les grains de limaille, Faraday a été conduit à l'idée que le siège des forces magnétiques se trouve dans le milieu qui sépare les pôles agissants. Suivant lui, les lignes de force ne sont pas une simple conception mathématique, mais elles ont une existence réelle, répondant à un état particulier de l'espace qui environne les pôles. Faraday se représentait ce milieu comme tendu suivant les lignes de force et volontiers il remplaçait celles-ci dans sa pensée par des fils élastiques ayant une tendance à se raccourcir en provoquant le rapprochement des pôles voisins.

Pour expliquer la courbure des lignes de force, Faraday admettait que celles-ci se repoussent lorsqu'elles courent dans la même direction, en sorte que chacune d'elles prend une forme courbe, pour laquelle la tendance à revenir à la forme rectiligne fait équilibre à la répulsion des lignes voisines.

Bien que l'expérience montre qu'un barreau aimanté possède

des masses magnétiques libres à l'intérieur, il est possible d'imaginer une distribution superficielle de magnétisme produisant le même champ extérieur que la distribution réelle. On supposera par exemple le barreau formé de filets magnétiques longitudinaux dont les uns aboutissent aux faces extrêmes et les autres aux parois latérales du barreau. Les pôles des filets constituent alors les charges superficielles du barreau, comme on l'a vu dans le cas de la sphère aimantée, § 42, et les courbes affectées par les grains de limaille dans le fantôme, fig. 13, peuvent être considérées comme le prolongement des axes des filets.

Pour déterminer la distribution fictive de magnétisme donnant les mêmes effets extérieurs que la distribution réelle, on mesure la variation de l'intensité du champ dans le voisinage du barreau, le long de l'axe de celui-ci. Pour cela, on détermine la période d'oscillation d'une petite aiguille aimantée, mobile sur un pivot, que l'on amène successivement aux divers points où l'on cherche l'intensité. Le moyen n'est pas toutefois rigoureux, parce que la force n'est pas la même aux deux pôles de l'aiguille, et que l'aimantation de celle-ci peut être altérée sous l'influence du champ étudié. On reconnaît par ce procédé que le champ décroît rapidement de l'extrémité des barreaux vers le milieu, à moins qu'il n'y ait des pôles intermédiaires ou *conséquents*. Dans les longues aiguiles en acier dur, les pôles sont très voisins des extrémités et la région neutre s'étend sur la plus grande partie de la longueur. Dans tous les cas, le voisinage des arêtes fournit un champ plus intense que le voisinage des faces planes.

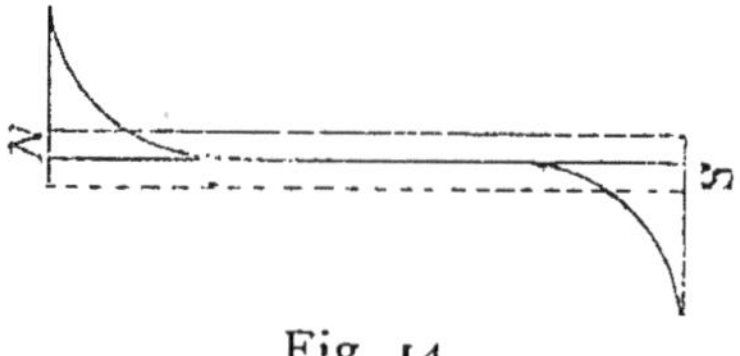

Fig. 14.

La fig. 14 montre les courbes obtenues en portant, sur des normales à l'axe d'un barreau, des longueurs proportionnelles aux composantes du champ suivant ces lignes. Les ordonnées sont inversement proportionnelles au carré des périodes d'oscillation d'une aiguille amenée devant divers points de l'axe à la même distance de celui-ci, et obligée d'osciller dans un plan normal à l'aimant. Ces ordonnées peuvent être considérées comme proportionnelles aux épaisseurs de la couche magnétique d'action extérieure égale à celle de la distribution magnétique réelle.

Les barreaux aimantés subissent une désaimantation lente, qui peut s'expliquer par la répulsion s'exerçant entre les pôles de même nom des molécules voisines. On retarde cet affaiblissement en réunissant les pôles par une pièce de fer doux appelée *armature*. Il se développe dans celle-ci des pôles inverses qui retiennent l'aimantation des barreaux, attendu qu'il se forme des filets magnétiques fermés par l'armature et que les pôles des éléments composant ces filets s'attirent et se neutralisent deux à deux.

Les meilleurs aciers pour la fabrication des aimants permanents sont ceux qui sont susceptibles d'acquérir la trempe la plus dure. L'addition de 3 pour 100 de tungstène accroît très sensiblement la force coercitive de l'acier. La trempe se fait dans l'huile, dans l'eau ou dans le mercure. Le bain doit avoir un volume suffisant pour réduire l'échauffement et les projections du liquide.

Suivant M. Preece, l'intensité d'aimantation permanente que l'on peut communiquer à des prismes de 1 cm de section et de 10 cm de longueur débités dans les bons aciers pour aimants des marques Marchal, Clémandot et Allevard, varie de 100 à 225 unités C. G. S. Ces nombres expriment le rapport du moment permanent des barreaux à leur volume.

48. — Détermination du moment magnétique d'un aimant. Magnétomètre.

Lorsqu'on fait osciller dans le champ magnétique terrestre, suivant l'horizontale, un barreau suspendu par un fil sans réaction de torsion sensible, la durée d'une oscillation double, pour une amplitude suffisamment faible, est

$$t = 2\,\pi\sqrt{\frac{\Omega}{\mathcal{M}\,\mathfrak{H}}},$$

Ω représentant le moment d'inertie du barreau, $\mathcal{M}$, son moment magnétique et $\mathfrak{H}$, la composante horizontale du magnétisme terrestre.

On déduit de là

$$\mathcal{M}\,\mathfrak{H} = \frac{4\,\pi^2\,\Omega}{t^2}. \qquad (1)$$

Si l'on connaît β, on peut déterminer par l'équation précédente le moment du barreau.

Dans le cas contraire, on effectue une seconde expérience. L'aimant étant posé sur un plan horizontal, normalement au méridien magnétique, on suspend à une certaine distance du prolongement de son axe une aiguille aimantée de petites dimensions, fig. 15.

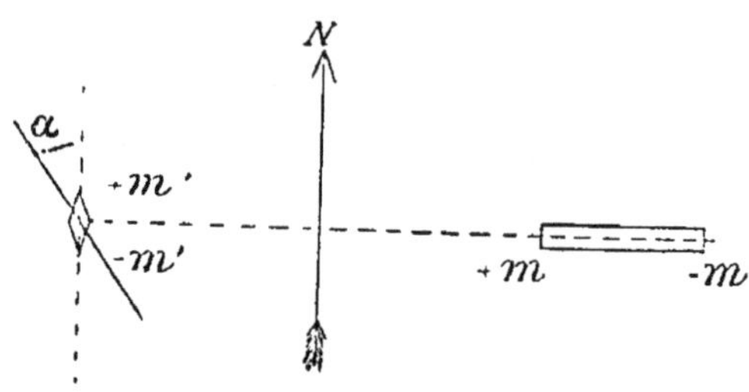

Fig. 15.

Soient $2l$ la distance des pôles du barreau, $2l'$, celle des pôles de l'aiguille, d, la distance du centre de l'aimant à celui de l'aiguille, $+ m$ et $- m$, les pôles de l'aimant, m' et $- m'$, les pôles de l'aiguille.

Les moments magnétiques sont respectivement

$$\mathcal{M} = 2\,m\,l,$$
$$\mathcal{M}' = 2m'\,l'.$$

L'aiguille mobile, sollicitée d'une part par le magnétisme terrestre, d'autre part par l'action normale de l'aimant, prend une position d'équilibre, correspondant à un angle α entre son axe et le méridien magnétique. Vu les petites dimensions de l'aiguille, on peut admettre que les forces exercées sur ses pôles, par ceux de l'aimant, sont égales et opposées et se réduisent à un couple.

Le couple terrestre a pour expression

$$C = \mathcal{M}'\,\beta\,\sin\alpha.$$

Le couple dû au barreau est, en appelant F les forces qu'il développe sur les pôles de l'aiguille,

$$C' = 2\,F\,l'\,\cos\alpha\,;$$

or, en vertu de la loi de Coulomb,

$$F = \frac{mm'}{(d-l)^2} - \frac{mm'}{(d+l)^2} = mm' \times \frac{4\,dl}{(d^2-l^2)^2};$$

par suite

$$C' = 2\,l'\,mm'\,\frac{4\,dl\cos\alpha}{(d^2-l^2)^2} = 2\,\mathcal{M}\mathcal{M}'\,\frac{d\cos\alpha}{(d^2-l^2)^2}.$$

La condition d'équilibre

$$C = C',$$

donne

$$\mathcal{M}'\,\mathcal{H}\sin\alpha = 2\,\mathcal{M}\mathcal{M}'\,\frac{d\cos\alpha}{(d^2-l^2)^2},$$

d'où

$$\frac{\mathcal{M}}{\mathcal{H}}\left(1 - \frac{l^2}{d^2}\right)^{-2} = \frac{d^3\tan\alpha}{2},$$

mais

$$\left(1 - \frac{l^2}{d^2}\right)^{-2} = 1 + 2\,\frac{l^2}{d^2} + 3\,\frac{l^4}{d^4} + \cdots,$$

si l est suffisamment petit, on peut négliger les puissances de $\dfrac{l}{d}$ supérieures à la seconde, et écrire

$$\frac{\mathcal{M}}{\mathcal{H}}\left(1 + 2\,\frac{l^2}{d^2}\right) = \frac{d^3\tan\alpha}{2}. \qquad (2)$$

On ne connaît pas, en général, la distance l réelle des pôles. On peut éliminer cet élément en renouvelant l'expérience de déviation pour un nouvel écartement d' de l'aiguille.

On obtient un angle de déviation α', tel que

$$\frac{\mathcal{M}}{\mathcal{H}}\left(1 + 2\,\frac{l^2}{d'^2}\right) = \frac{d'^3\tan\alpha'}{2} \qquad (3)$$

d'où, en soustrayant (3) de (2), après avoir multiplié (2) par d^2 et (3) par d'^2

$$\frac{\mathcal{M}}{\mathcal{H}} = \frac{d^5\tan\alpha - d'^5\tan\alpha'}{2\,(d^2 - d'^2)}. \qquad (4)$$

Les équations (1) et (4) permettent de déterminer séparément le moment magnétique de l'aimant, et l'intensité horizontale du magnétisme terrestre. L'appareil comprenant l'aiguille aimantée mobile porte le nom de *magnétomètre*, parce qu'il permet de comparer le moment de deux aimants ou les effets d'un même aimant placé dans diverses positions.

49. — **Remarques**. — I. — On aurait pu suspendre l'aiguille suivant une direction normale au milieu de l'aimant. En adoptant le mode de calcul précédent, on aurait obtenu

$$\frac{\mathcal{M}}{\mathcal{J}} = \frac{d^3\, \text{tang } \theta - d'^3.\text{tang } \theta'}{d^2 - d'^2}.$$

II. — Les résultats obtenus dans des expériences semblables concordent rigoureusement avec les calculs basés sur la loi de Coulomb et fournissent la preuve de l'exactitude de cette dernière.

50. — **Mesure des angles.** — Les déterminations précédentes comportent la mesure des angles d'équilibre de l'aiguille. Comme cette mesure se rencontre fréquemment en électro-technique, nous indiquerons quelques procédés de lecture en usage.

L'unité d'angle employée dans les mesures absolues est le radiant, c'est à dire l'arc égal au rayon et correspondant à

$$\frac{360°}{2\pi} = 57°\ 17'\ 44''.$$

Le procédé le plus simple consiste à fixer à l'aiguille un index effilé qui se déplace sur une graduation horizontale. On évite l'erreur de parallaxe en fixant un miroir dans le plan de la graduation et en disposant l'œil de manière à ce que l'index se confonde avec son image dans la glace. La lecture se fait ainsi dans un plan normal à la graduation. Ce mode de lecture ne permet pas une grande précision ; lorsque les angles sont faibles, l'erreur relative peut être considérable.

On obtient plus d'exactitude à l'aide des méthodes par réflexion recommandées par Poggendorff et sir W. Thomson.

Dans la première, désignée sous le nom de *méthode subjective*, on fixe à l'axe de suspension de l'aiguille un petit miroir plan M, fig. 16, et, à une certaine distance variant entre 1 et 3 mètres, on dispose une lunette à réticule, supportée par un trépied à vis calantes. Au-dessus ou au-dessous de la lunette est une échelle horizontale, graduée en divisions métriques. Avant toute mesure, on fait en sorte que le plan vertical passant par l'axe optique de la lunette soit normal à l'échelle et au miroir. Dans ce but on vise

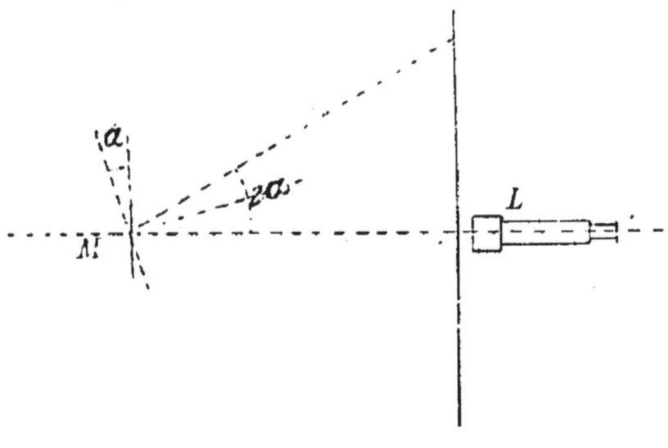

Fig. 16.

le centre du miroir et l'on déplace la lunette et l'échelle jusqu'à ce qu'on lise dans la première la division de l'échelle située dans le plan vertical passant par l'axe optique.

Il résulte de ces dispositions que, pour un angle de déviation α de l'aiguille, on lit dans la lunette une longueur d, telle que

$$\tan 2\,\alpha = \frac{d}{l},$$

l étant la distance du miroir à l'échelle.

On déduit de là

$$\alpha = \frac{1}{2}\,\text{arc tang}\,\frac{d}{l} = \frac{1}{2}\left(\frac{d}{l} - \frac{1}{3}\frac{d^3}{l^3} + \frac{1}{5}\frac{d^5}{l^5} \cdots \right).$$

Si les angles sont inférieurs à $3°$, il suffit de retenir

$$\alpha = \frac{1}{2}\frac{d}{l} - \frac{1}{6}\frac{d^3}{l^3}.$$

On peut éviter ce calcul en adoptant une échelle courbée en arc de cercle de rayon l. On a alors rigoureusement

$$\alpha = \frac{1}{2}\frac{d}{l}.$$

Dans la *méthode objective* de Sir W. Thomson, on remplace le miroir plan par un miroir courbe, et la lunette par une lampe, qui émet un faisceau de lumière à travers un diaphragme traversé par un réticule vertical. L'échelle est placée à une distance du miroir telle que l'image du réticule se forme sur la graduation. Celle-ci peut être tracée sur une échelle en verre dépoli, en toile calque ou en celluloïde ; l'observateur placé derrière l'échelle voit alors l'image par transparence. Lorsque l'on emploie une lampe à incandescence, le filament de la lampe donne une image linéaire d'une grande netteté.

Le miroir mobile peut être plan, comme dans le cas précédent, mais il faut alors intercaler sur le trajet du faisceau lumineux incident une lentille convergente.

AIMANTATION PAR INFLUENCE.

51. — Corps magnétiques et corps diamagnétiques. — Nous avons vu, § 39, que les molécules du fer placées dans un champ tendent à s'orienter suivant les lignes de force magnétiques. Les dérivés du fer, l'acier et la fonte (l'acier manganésifère excepté), ainsi que le cobalt et le nickel manifestent également dans un champ une aimantation énergique. Quelques autres corps, comme l'oxyde magnétique, le perchlorure et le sulfate de fer présentent les mêmes propriétés, mais à un degré beaucoup moindre.

Le bismuth s'aimante aussi dans un champ très intense, mais un barreau de ce métal tend à s'orienter normalement aux lignes de force. Dans les champs suffisamment puissants, tous les corps peuvent manifester des propriétés magnétiques, mais à un degré 4 à 500 000 fois plus faible que le fer.

Les corps dont l'orientation magnétique est la même que celle du fer, sont appelés *ferromagnétiques* ou *magnétiques* ; ceux qui se comportent comme le bismuth sont dits *diamagnétiques*.

52. — Coefficient d'aimantation ou de susceptibilité magnétique. — Le problème de l'aimantation par influence revient à déterminer, pour les diverses parties des barreaux, le rapport de l'intensité d'aimantation à l'intensité du champ ou force magnétisante.

Ce rapport

$$x = \frac{\mathfrak{I}}{\mathfrak{H}},$$

porte le nom de *coefficient d'aimantation* ou de *susceptibilité magnétique*.

Il est facile de voir, par les dimensions de $\mathfrak{I}$ et de $\mathfrak{H}$, § 36, 40, que ce coefficient représente un simple facteur numérique.

Si l'on soumet un corps isotrope, dont le coefficient d'aimantation est le même dans toutes les directions, à une force magnétisante constante en tous les points du corps, celui-ci tend à acquérir également une intensité d'aimantation constante. Mais les pôles magnétiques induits dans le corps modifient le champ, en sorte que si ce dernier était uniforme avant l'introduction du corps, il devient hétérogène par la suite. Il est très difficile dans la plupart des cas de définir le champ résultant et par suite l'intensité réelle de la force magnétisante en chaque point. Ainsi le problème de la distribution du magnétisme dans un cylindre court, dont l'axe est parallèle à la direction du champ, n'a jamais été résolu.

Voici cependant quelques dispositions qui se prêtent à un calcul facile. Le moyen pratique employé pour réaliser un champ uniforme d'une certaine intensité consiste à envoyer un courant électrique dans une bobine cylindrique très allongée à l'intérieur de laquelle on dispose le corps à aimanter, § 141.

53. — **Cas d'une sphère et d'un disque.** — Soit une sphère isotrope placée dans un champ uniforme d'intensité $\mathfrak{H}$. Les divers éléments de la sphère tendent à prendre une orientation magnétique uniforme, en vertu de laquelle il se développe sur les deux hémisphères limitées par un grand cercle normal à la direction du champ, des couches telles que l'action résultante intérieure, sur l'unité de pôle, est constante et égale à

$$\frac{4}{3}\pi\,\mathfrak{I}, \qquad \S\,42.$$

L'intensité du champ à l'intérieur de la sphère est donc constante en grandeur et en direction et égale à

$$\mathfrak{H} - \frac{4}{3}\pi\,\mathfrak{I};$$

par suite

$$\varkappa = \frac{\mathfrak{J}}{\mathfrak{H} - \frac{4}{3}\pi\mathfrak{J}},$$

d'où

$$\mathfrak{J} = \frac{\varkappa\mathfrak{H}}{1 + \frac{4}{3}\pi\varkappa}.$$

La susceptibilité du fer est toujours très supérieure à l'unité. Il en résulte que la valeur de $\mathfrak{J}$ n'est jamais fort différente de $\frac{\mathfrak{H}}{\frac{4}{3}\pi} = \frac{\mathfrak{H}}{4,19}$. Par suite, la forme sphérique est impropre à l'obtention des intensités d'aimantation élevées.

A l'intérieur d'un disque infiniment mince, aimanté transversalement de manière que la densité magnétique des faces, égale à l'intensité d'aimantation, soit $\mathfrak{J}$, la composante de la force due à ces faces est, § 31,

$$+ 2\pi\mathfrak{J} - (- 2\pi\mathfrak{J}) = 4\pi\mathfrak{J}.$$

Par suite, l'intensité d'aimantation devient

$$\mathfrak{J} = \varkappa(\mathfrak{H} - 4\pi\mathfrak{J})$$

d'où

$$\mathfrak{J} = \frac{\varkappa\mathfrak{H}}{1 + 4\pi\varkappa},$$

valeur qui tend vers $\dfrac{\mathfrak{H}}{4\pi}$.

L'aimantation transversale d'un disque de fer est donc toujours très faible.

On démontre qu'il en est de même de l'aimantation d'un cylindre de fer dans une direction normale à son axe.

54. — Cas d'un tore. — Un tore de révolution soumis à des forces magnétisantes constantes en grandeur et dirigées, en chaque point du tore, suivant la tangente au cercle parallèle passant par ce point, prendra une aimantation constante sans pôles libres, attendu que les files de molécules magnétiques formeront des chaînes circulaires fermées.

Le champ primitif ne sera donc pas modifié par la présence du tore au point de vue de sa distribution, et l'intensité d'aimantation sera exprimée simplement par

$$\mathfrak{J} = \varkappa\mathfrak{H},$$

$\mathfrak{H}$ représentant l'intensité du champ.

Nous verrons qu'un conducteur enroulé autour d'un tore en fer, et traversé par un courant électrique, réalise approximativement la condition sus-indiquée. Après la cessation du courant, le noyau annulaire conserve la plus grande partie de son magnétisme à l'état permanent, car, en l'absence de pôles libres, il n'existe aucune force démagnétisante.

55. — Cas d'un cylindre indéfini. — Une troisième solution est fournie par un cylindre indéfini, disposé parallèlement aux lignes de force d'un champ uniforme. L'intensité du champ à l'intérieur du cylindre est la résultante du champ primitif et de l'action des pôles induits aux extrémités du cylindre.

L'aimantation longitudinale que l'on peut communiquer à un cylindre de fer, dont l'axe est placé parallèlement à la direction du champ, croît à mesure que la longueur du cylindre augmente, attendu que l'effet des pôles extrêmes diminue alors de moins en moins l'intensité du champ à l'intérieur du cylindre. Les cylindres courts en acier ne peuvent donc constituer de bons aimants permanents, car ils s'aimantent peu et la réaction des pôles tend à diminuer rapidement l'orientation moléculaire après le retrait de la force magnétisante. Au contraire, les cylindres allongés s'aimantent fortement et conservent leur aimantation.

Lorsqu'un cylindre de fer s'étend indéfiniment en longueur, l'action démagnétisante des pôles devient négligeable pour les points situés dans la région accessible du cylindre où l'intensité d'aimantation est uniforme et exprimée par

$$\mathfrak{J} = \varkappa\, \mathfrak{H}.$$

On démontre expérimentalement que cette formule est encore applicable lorsque la longueur du cylindre est égale à 400 ou 500 fois son diamètre.

56. — Force portante d'un aimant. — Considérons un cylindre indéfini, aimanté parallèlement à son axe. Si l'on imagine une fente étroite creusée normalement à cet axe, les parois opposées se couvriront de masses magnétiques dont la densité est égale à l'intensité d'aimantation, $\sigma = \mathfrak{J}$.

La force avec laquelle l'unité de masse située près de la face de densité $-\sigma$ est attirée par celle-ci, a pour expression $2\pi\,\sigma$, § 31.

Par conséquent la masse $+\,\sigma$ qui couvre l'unité de surface de la section opposée est attirée avec une force

$$2\,\pi\,\sigma^2 = 2\,\pi\,\mathfrak{J}^2.$$

Telle est la force portante de l'aimant par unité de surface.

Si en outre le cylindre est sous l'action d'un champ d'intensité $\mathfrak{H}$, c'est à dire d'un champ capable d'exercer une force $\mathfrak{H}$ sur l'unité de pôle, et dirigé parallèlement à $\mathfrak{J}$, la force portante doit être majorée de

$$\mathfrak{H}\,\sigma = \mathfrak{H}\,\mathfrak{J}.$$

La force portante totale sera alors

$$\mathfrak{H}\,\mathfrak{J} + 2\pi\,\mathfrak{J}^2,$$

par unité de surface ou

$$(\mathfrak{H}\,\mathfrak{J} + 2\,\pi\,\mathfrak{J}^2)\,\mathrm{S},$$

pour une surface S.

Ces expressions fournissent un moyen simple de déterminer l'intensité d'aimantation. Il suffit, dans le premier cas, de fixer à l'un des tronçons du cylindre des poids croissant jusqu'à l'arrachement ; soit p dynes le poids correspondant à la rupture

$$2\pi\,\mathfrak{J}^2\,\mathrm{S} = p,$$

d'où

$$\mathfrak{J} = \sqrt{\frac{p}{2\pi\,\mathrm{S}}}.$$

57. — Variations de l'intensité d'aimantation avec la force magnétisante. Hystérésis. — Lorsqu'on soumet un barreau de fer indéfini, à l'état neutre, et adouci par le recuit, à l'influence d'un champ d'intensité croissante, l'aimantation $\mathfrak{J}$ varie suivant une courbe telle que O A , fig. 17, dont les abscisses représentent les valeurs de $\mathfrak{H}$. On voit que pour de très petites forces l'aimantation croît lentement. Au delà de $\mathfrak{H} = 1$ unité C. G. S., la courbe présente un point d'inflexion à partir duquel les ordonnées croissent rapidement jusqu'à un point correspondant à des valeurs de $\mathfrak{H}$ comprises entre 5 et 10 unités C. G. S., pour lesquelles la courbe présente un coude. L'accroissement des ordonnées est alors de plus en plus faible et le barreau atteint l'état désigné vulgairement sous

le nom de *saturation*, laquelle correspond rigoureusement à
l'ordonnée d'une asymptote horizontale dont la courbe s'approche
indéfiniment. On réalise pratiquement les forces magnétisantes

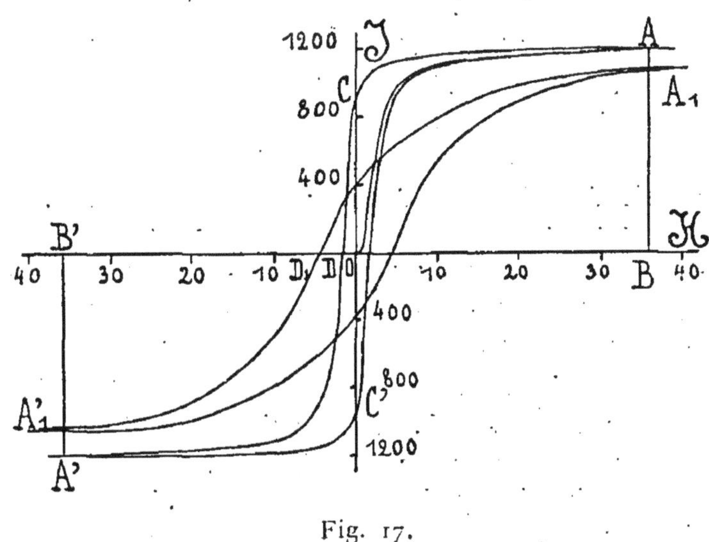

Fig. 17.

indiquées en plaçant le barreau dans une bobine très allongée parcourue par un courant croissant. L'intensité du champ à l'intérieur
de la bobine est proportionnelle à l'intensité du courant.

D'après MM. Ewing et Low, les intensités d'aimantation correspondant à la saturation seraient, en unités C. G. S., pour le fer
forgé 1 700, pour la fonte 1 240 et pour le nickel 515.

L'acier, qui peut atteindre sous des forces magnétisantes intenses
la même aimantation que le fer, n'en garde guère que la moitié au
maximum, sous forme de magnétisme remanent.

La courbe du magnétisme montre que la susceptibilité $x = \dfrac{\Im}{\mathfrak{H}}$
est d'abord très faible; puis elle croît rapidement avec $\mathfrak{H}$ et atteint
pour le fer une valeur variant de 200 à 300. Elle diminue ensuite
progressivement jusqu'à une valeur très minime.

Pour les corps peu magnétiques, la susceptibilité est toujours
inférieure à 0,00001 en valeur absolue; dans ces conditions, on
peut pratiquement la considérer comme nulle vis à vis de celle du
fer, pour les forces magnétisantes moyennes.

Supposons que le barreau, après avoir atteint le point A correspondant à la saturation, soit soumis à des forces magnétisantes décroissant de O B à zéro. L'aimantation ne repasse pas par les états intermédiaires constatés précédemment, mais elle varie suivant une courbe A C, O C correspondant au magnétisme rémanent.

Si la force magnétisante change de sens et prend une valeur négative O B', égale à O B, l'intensité affecte les valeurs successives indiquées par la courbe C A'. Enfin la force magnétisante repassant par les états consécutifs compris entre B' et B, le magnétisme du barreau reviendra à la valeur A B par une courbe A' C' A.

On reproduira indéfiniment le cycle A C A' C' A en faisant varier périodiquement l'intensité du champ entre les valeurs O B et O B', ce qui s'obtient en donnant au courant qui parcourt la bobine magnétisante des valeurs oscillant entre deux limites égales et de signes contraires. Les courbes reliant les points A_1, A_1', fig. 17, montrent les variations de l'état magnétique du même barreau de fer, durci par une traction dépassant la limite d'élasticité du métal. Comme on le voit l'aimantation maximum est moindre que lorsque le métal est recuit. En outre la susceptibilité du métal durci est considérablement réduite.

On peut reconnaître par ce qui précède que l'aimantation d'un barreau est susceptible d'affecter des valeurs très différentes pour une même force magnétisante ; elle dépend non seulement de la force magnétisante actuelle, mais aussi des états magnétiques antérieurs.

Le temps joue en outre un rôle dans l'aimantation. Si l'on soumet un barreau de fer doux à l'action d'un champ, il prend une intensité magnétique momentanée qui s'accroît de quantités de plus en plus faibles ; plusieurs minutes s'écoulent avant que le barreau atteigne un état stable. Il en résulte que si l'on soumet un barreau à des forces qui varient périodiquement entre des valeurs O B et O B', fig. 17, les ordonnées limites A B, A' B', dépendent de la durée de la période de variation du champ.

En résumé, l'intensité d'aimantation d'un noyau est une fonction complexe de la force magnétisante, de la durée de l'action de cette force et de l'état antérieur du barreau.

Pendant la période décroissante de la courbe cyclique, les valeurs de l'intensité d'aimantation sont constamment plus fortes que celles données par la courbe OA, tandis que pendant la période croissante elles sont plus faibles. Ce phénomène, dû à la force coercitive, a été désigné par M. Ewing sous le nom d'*hystérésis* (du grec, *rester en arrière*). (1)

L'ordonnée à l'origine, OC, représente le magnétisme rémanent du barreau. Lorsque le fer doux est soustrait aux vibrations, cette ordonnée équivaut à près des trois quarts de l'ordonnée maximum de la courbe.

M. Hopkinson a désigné spécialement sous le nom de *force coercitive* la force magnétisante, OD, qu'il faut appliquer au barreau pour lui enlever son magnétisme. Le barreau n'est cependant pas alors à l'état neutre, car il possède une susceptibilité très différente de celle constatée à l'origine de l'aimantation, en ce sens qu'il est plus apte à prendre une aimantation négative que lorsqu'il était à l'état neutre. Dans le métal durci la force coercitive, OD_1, est notablement accrue.

La forme de la courbe A C A' C' montre que, pour ramener un barreau à l'état neutre, il faut le soumettre à des forces périodiques d'intensité décroissante. Les cycles décrits se rapprochent alors de plus en plus de l'origine. C'est ainsi que pour désaimanter une montre, on recommande de la soumettre à l'action d'un aimant, dont on l'éloigne progressivement en la faisant tourner de manière à intervertir le sens de la force magnétisante, laquelle s'affaiblit à mesure que la distance à l'aimant augmente.

La fig. 18 est destinée à bien caractériser la différence existant entre l'état neutre et l'aimantation nulle. Un barreau à l'état neutre à été soumis à des forces magnétisantes croissant jusqu'à amener l'état A. On a alors réduit progressivement le champ à zéro, puis on a changé son sens. A un moment donné, un léger retour de la force magnétisante à la valeur nulle, a produit la boucle BC, puis les valeurs du champ ont recommencé à décroître. Un nouveau retour en arrière a eu lieu en un point, D, choisi de manière que la courbe du magnétisme repasse par l'origine. A ce moment

---

(1) Voir Ewing, *Magnetism in iron and others metals*, Electrician, vol. XXIV et XXV.

le barreau n'est pas à l'état neutre. En effet si l'on accroit la force
magnétisante, la courbe se prolonge suivant OE et non suivant OA.

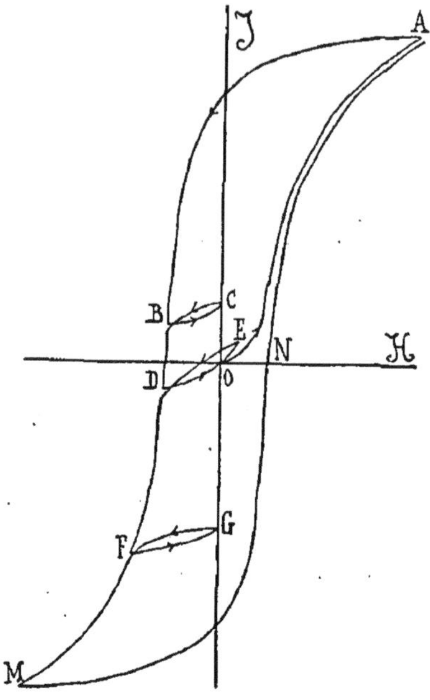

Fig. 18.

En complétant le cycle de l'intensité du champ, on revient en un
point qui ne se confond avec le point A que si ce dernier corres-
pondait à la saturation du barreau.

58. — Formule de M. Frölich. — Divers auteurs ont tenté
de représenter, par des formules empiriques, la variation de l'intensité d'aimantation en fonction de la force magnétisante.

Si l'on suppose que la susceptibilité est proportionnelle à la
différence entre l'intensité d'aimantation maximum et l'intensité
d'aimantation actuelle, on a

$$\varkappa = \frac{\mathfrak{I}}{\mathfrak{H}} = A \left(\mathfrak{I}_m - \mathfrak{I} \right),$$

d'où

$$\mathfrak{I} = \frac{A \, \mathfrak{I}_m \, \mathfrak{H}}{1 + A \, \mathfrak{H}} = \frac{a \, \mathfrak{H}}{1 + b \, \mathfrak{H}},$$

a et *b* étant des constantes pour un barreau donné.

Cette courbe représente une hyperbole passant par l'origine et dont une des asymptotes est parallèle à l'axe des x. En choisissant convenablement les paramétres a et b, on peut, pour les calculs approximatifs, substituer cette courbe à la courbe vraie, déduite de l'expérience. MM. Frölich et Silv. Thompson ont appliqué la formule précécente à la théorie des dynamos.

59. — MM. Müller, von Waltenhofen et Kapp ont adopté une formule de la forme

$$\mathfrak{I} = a \text{ arc tang } b \,\mathfrak{H},$$

qui peut également fournir des valeurs approchées des intensités d'aimantation du fer doux, par un choix convenable des paramètres. Cette formule est moins commode à soumettre au calcul que la première. On remarquera que les équations précédentes représentent des courbes passant par l'origine des coordonnées et qu'elles font par suite abstraction du phénomène d'hystérésis. Elles figurent tout au plus une courbe intermédiaire entre les deux courbes obtenues dans un cycle magnétique.

60. — **Autre manière d'envisager l'aimantation par influence. Induction et perméabilité magnétiques.** — Considérons un champ uniforme, dont l'intensité $\mathfrak{H}$ représente le flux de force par unité de surface équipotentielle. Si l'on dispose un cylindre indéfini parallèlement à la direction du champ, l'espace occupé par le cylindre devient le siège d'un flux différent, ainsi qu'on le démontrera expérimentalement dans l'électro-magnétisme. Ce flux $\mathfrak{B}$ rapporté à l'unité de section s'appelle *induction magnétique* à travers le cylindre.

Le rapport

$$\mu = \frac{\mathfrak{B}}{\mathfrak{H}}, \qquad (1)$$

entre l'induction magnétique et la force magnétisante est le *coefficient de perméabilité* du cylindre. Il résulte de cette définition que la perméabilité du milieu où l'on introduit le noyau, l'air en général, est prise pour unité.

Le coefficient de perméabilité dépend de la nature du noyau et, dans les corps très magnétiques, de l'intensité du champ. Les valeurs de $\mathfrak{B}$ et de μ peuvent se déterminer directement par des mesures électriques. Ce qui rend ces quantités importantes, c'est qu'elles se lient d'une manière simple avec l'intensité et le coefficient d'aimantation (1).

Le flux par unité de surface représente en effet la force qui agit sur l'unité de pôle supposée introduite dans le corps du noyau.

Pour estimer cette quantité, supposons, comme au § 56, qu'une fente infiniment étroite soit pratiquée dans le cylindre normalement à son axe. On peut admettre que cette opération ne modifie pas le flux total à travers le noyau. Les parois de la cavité normales à la direction du cylindre se chargent par induction de couches magnétiques de densité $+\sigma$ et $-\sigma$, telles que

$$\sigma = \mathfrak{I},$$

$\mathfrak{I}$ étant l'intensité d'aimantation du noyau.

L'effet de ces couches sur l'unité de pôle, introduite par la pensée au milieu de la cavité, est de déterminer deux composantes de même sens, égales à

$$2\pi\sigma = 2\pi\mathfrak{I}$$

et dirigées parallèlement à l'axe du cylindre, § 31. En outre, il faudra ajouter à ces composantes la force $\mathfrak{H}$ due au champ. Puisque les deux composantes sont parallèles par hypothèse, la résultante aura pour expression

$$\mathfrak{B} = \mathfrak{H} + 4\pi\mathfrak{I} = \mathfrak{H}(1 + 4\pi\varkappa). \qquad (2)$$

En rapprochant les équations (1) et (2), on voit que

$$\mu = 1 + 4\pi\varkappa. \qquad (3)$$

Il résulte des relations précédentes que l'on peut indifféremment exprimer l'aimantation d'un corps dans un champ par l'intensité d'aimantation ou par l'induction magnétique. Il semble au premier abord que ces expressions font double emploi et ne peuvent qu'introduire de la confusion dans les idées. Mais, comme on le verra

------

(1) THOMSON, *Reprint of papers on Electricity and Magnetism.*

mieux par la suite, il y a des cas où il est plus commode d'employer la première terminologie, et d'autres où la seconde se prête mieux à l'expression des phénomènes. Ainsi lorsqu'il s'agit d'un barreau aimanté dont le moment se détermine par le magnétomètre, § 48, l'intensité d'aimantation est exprimée par le rapport du moment de l'aimant à son volume. Mais si l'on avait affaire à un tore, § 54, dans lequel les lignes de force sont fermées, l'effet magnétique extérieur serait nul, ainsi que le moment, car l'anneau ne présente aucun pôle libre et l'on ne peut faire apparaître le magnétisme qu'en pratiquant une section par un plan passant par l'axe de révolution du tore. Les parois mises à nu présentent des pôles de noms contraires dont la densité représente l'intensité d'aimantation du corps. Entre ces pôles se développe un champ uniforme dans lequel existe par unité de section un flux égal à $4\pi\mathfrak{I}$ qui s'ajoute éventuellement au flux $\mathfrak{H}$ de même direction dû à des causes extérieures. On verra dans l'Électro-Magnétisme que le flux total, appelé induction magnétique à travers le tore, est susceptible d'être déterminé directement. On déduit de cette quantité l'intensité d'aimantation en divisant la valeur trouvée par 4π après en avoir au préalable soustrait la valeur de l'intensité $\mathfrak{H}$.

Rien n'empêche, comme le font quelques auteurs, d'estimer le magnétisme des barreaux aimantés en unités d'induction magnétique. Dans ce cas, on multiplie par 4π la valeur de l'intensité d'aimantation moyenne trouvée à l'aide du magnétomètre.

Tandis que, dans le cas d'un tore, le flux de force magnétique reste dans le fer, dans le cas d'un aimant droit, le flux s'échappe du fer et se ferme à travers l'air ambiant. Dans le premier exemple, le milieu aimanté est homogène, dans le second exemple, il est hétérogène ; il se compose de fer pour une partie et d'air pour l'autre partie. Mais, dans les deux cas, le flux doit être considéré comme continu et fermé sur lui-même. Cette manière de voir a contribué à simplifier la conception des phénomènes magnétiques. La suite montrera tout le parti qu'on en a tiré en étendant aux circuits traversés par les flux magnétiques les relations démontrées pour les circuits parcourus par des courants électriques.

En appliquant les notions d'induction magnétique et de perméabilité à une sphère placée dans un champ magnétique d'intensité $\mathfrak{H}$,

§ 53, on voit qu'elle est traversée, par unité de section normale au champ, par un flux

$$\mathfrak{B} = \mu \left(\mathfrak{H} - \tfrac{4}{3} \pi \mathfrak{I} \right),$$

mais comme d'autre part

$$\mathfrak{B} = 4 \pi \mathfrak{I} + \left(\mathfrak{H} - \tfrac{4}{3} \pi \mathfrak{I} \right),$$

on a

$$\mathfrak{B} = \frac{3 \mu \mathfrak{H}}{\mu + 2}.$$

Si la sphère était formée d'air, le flux serait évidemment identique au flux préexistant $\mathfrak{H}$, ce qui revient à dire que la perméabilité de l'air équivaut à l'unité. L'expérience montre que la perméabilité du vide a sensiblement la même valeur. Les corps magnétiques sont ceux dont la perméabilité dépasse celle de l'air, les corps diamagnétiques, ceux dont la perméabilité est inférieure à celle de l'air ; ce qu'on exprime encore en disant que les corps magnétiques conduisent mieux les lignes de force que l'air, tandis que les corps diamagnétiques les conduisent moins bien.

De la relation

$$\mu = 4 \pi \varkappa + 1$$

on tire

$$\varkappa = \frac{\mu - 1}{4 \pi}.$$

On voit que la susceptibilité des corps magnétiques, pour lesquels $\mu > 1$, est supérieure à zéro, tandis que la susceptibilité des corps diamagnétiques est négative.

La susceptibilité et la perméabilité du fer, du cobalt et du nickel aux températures atmosphériques sont tellement supérieures à celles des autres corps, ou magnétiques ou diamagnétiques, qu'on ne commet pratiquement pas d'erreur en admettant que la perméabilité de ces deux dernières catégories de corps est égale à l'unité et que leur susceptibilité est nulle. Le corps le plus diamagnétique qui existe, le bismuth, a une perméabilité égale à 0,9991.

61. — Travail d'aimantation. — L'aimantation d'un barreau communiquant à celui-ci une certaine quantité d'énergie potentielle amène nécessairement une dépense de travail. On démontrera au § 171bis que ce travail est exprimé, pour l'unité de volume du barreau, par

$$\frac{1}{4\cdot\pi}\int \mathfrak{H}\, d\,\mathfrak{W} = \frac{1}{4\,\pi}\int \mu\, \mathfrak{H}\, d\,\mathfrak{H},$$

l'intégrale étant étendue aux limites entre lesquelles on porte l'induction du barreau. Si les valeurs de l'induction rapportées à l'intensité du champ sont représentées par la courbe OA, fig. 19, et que le magnétisme atteint l'état caractérisé par le point A, le travail

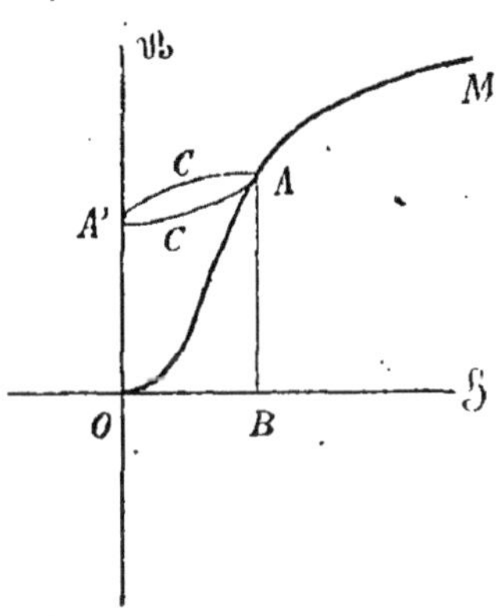

Fig. 19.

dépensé sera représenté par l'aire, divisée par $4\,\pi$, de la surface comprise entre la courbe, l'axe des ordonnées et une parallèle menée par A à l'axe des abscisses.

Si μ était un facteur constant, comme c'est le cas pour les substances peu magnétiques, l'intégrale se réduirait à

$$\mu\, \frac{\mathfrak{H}^2}{8\,\pi},$$

pour une variation s'étendant entre o et $\mathfrak{H}$.

Supposons qu'un barreau indéfini, après avoir atteint l'état magnétique A, parcourt un cycle A C A' C' A, fig. 19, l'intensité du champ passant de la valeur OB à o, et revenant ensuite à OB.

L'intégrale

$$\frac{1}{4\pi} \int_{\mathfrak{v}\,=\,AB}^{\mathfrak{v}\,=\,AB} \mathfrak{H}\, d\,\mathfrak{v}$$

représentant l'aire de la surface A′ C′ A C divisée par 4π, exprime le travail dépensé pour faire parcourir à l'unité de volume du barreau le cycle considéré. Ce travail se traduit par un échauffement du barreau. C'est la perte due à l'hystérésis.

Dans le cas où le cycle parcouru par le barreau est produit par des forces oscillant entre des valeurs OB et OB′, fig. 20, la perte par hystérésis est représentée par l'aire A C A′ C′ A.

Dans le cas d'un cycle fermé, l'expression de l'énergie dissipée est susceptible d'une forme plus simple. En effet, en remplaçant $\mathfrak{v}$ par $4\pi\,\mathfrak{I} + \mathfrak{H}$, on a

$$\frac{1}{4\pi} \int \mathfrak{H}\, d\,\mathfrak{v} = \int \mathfrak{H}\, d\,\mathfrak{I} + \frac{1}{4\pi} \int \mathfrak{H}\, d\,\mathfrak{H}.$$

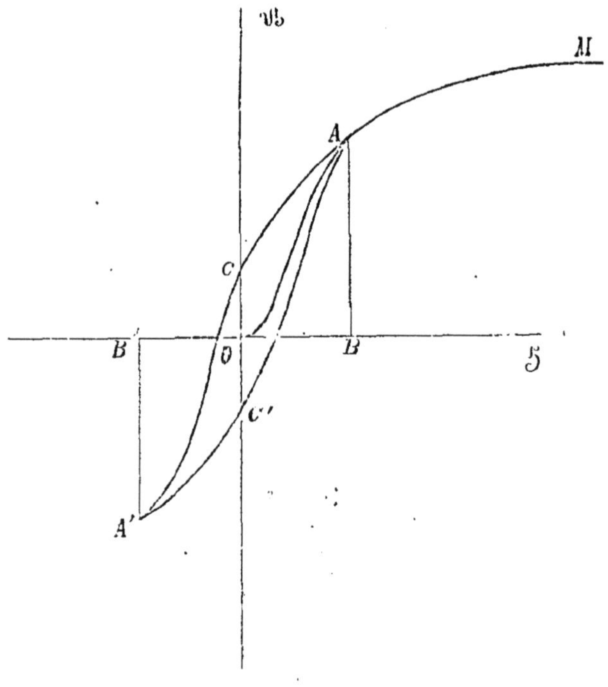

Fig. 20.

Or, la seconde intégrale s'annule pour un cycle fermé et l'énergie s'exprime alors par

$$\int \mathfrak{H}\, d\,\mathfrak{I}.$$

Il est facile de voir que la perte croît avec la force coercitive représentée par l'abcisse à l'origine de la courbe A C A' et avec l'intensité d'aimantation maximum.

Lorsqu'un barreau est à l'état de repos, la perte est plus grande qu'à l'état dynamique, surtout pour le fer doux, car nous avons vu que la force coercitive est diminuée par les vibrations du noyau.

Lorsque le cycle de la force magnétisante est parcouru très rapidement, le magnétisme atteint par le barreau est diminué, ainsi que la perte par hystérésis. Ainsi, M. Tanakadaté a trouvé que, quand la durée du cycle est comprise entre $\dfrac{1}{28}$ et $\dfrac{1}{400}$ de seconde, la perte ne représente que les 8 dixièmes de celle observée dans le cas de cycles parcourus lentement.

62. — Résultats numériques. — La relation (3) montre que les valeurs de la perméabilité d'un barreau de fer passent par des variations analogues à celles de sa susceptibilité. D'abord très faible pour de petites valeurs de la force magnétisante, la perméabilité croît rapidement vers un maximum, puis elle diminue indéfiniment vers une valeur peu différente de celle de l'air.

Les courbes, fig. 17 et 18, exprimant les variations de l'intensité d'aimantation d'un barreau en fonction de la force magnétisante, figurent très sensiblement l'induction magnétique rapportée à cette même force si l'on a soin de considérer l'unité de l'échelle des ordonnées comme représentant le nombre $4\,\pi$.

Le fer doux de grande pureté est le métal qui accuse les perméabilités les plus élevées. Viennent ensuite dans l'ordre descendant les aciers doux (Thomas et Bessemer); la fonte malléable et la fonte grise, dont les qualités magnétiques sont assez variables suivant la composition. L'acier trempant, dans lequel le fer est dans un état spécial, a une perméabilité très inférieure. L'acier contenant 12 pour 100 de manganèse n'est guère plus magnétique que l'air.

Les courbes ci-après représentent la perméabilité en fonction

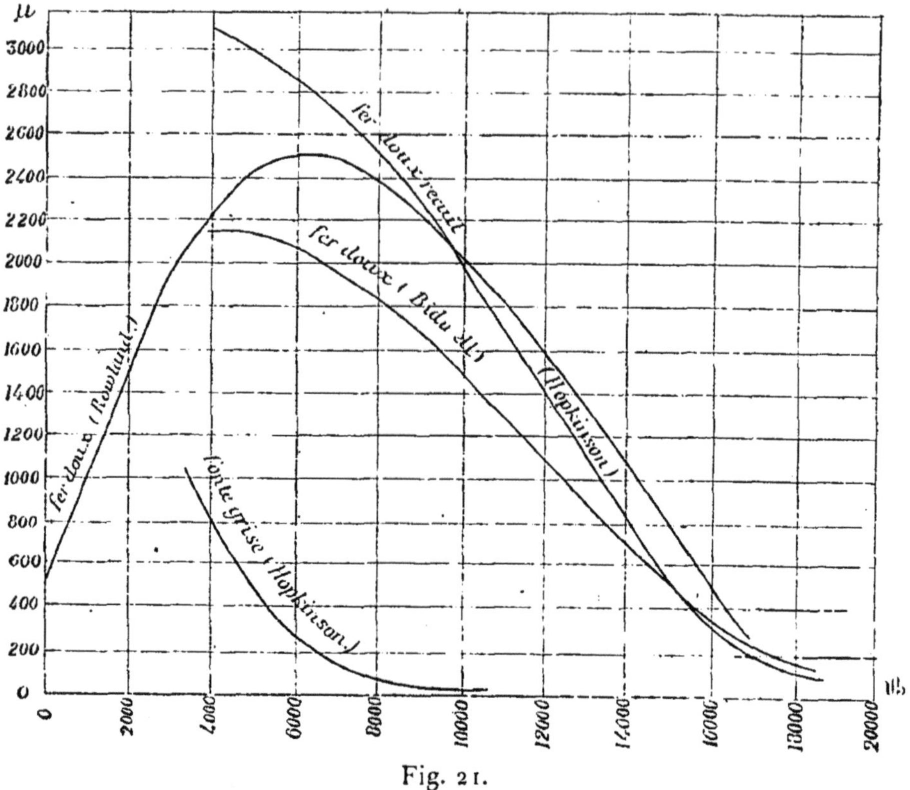

Fig. 21.

de l'induction magnétique pour divers échantillons de fer essayés par MM. Rowland, Hopkinson et Bidwell.

La force coercitive, mesurée par l'abscisse à l'origine de la courbe du magnétisme, n'est guère que 2 pour le fer doux , elle atteint 40 pour l'acier au chrome, trempé dans l'huile, et 5o pour l'acier contenant 3 à 4 pour 100 de tungstène. Ce résultat montre que ce dernier acier est spécialement applicable à la confection des aimants permanents.

L'énergie dissipée par hystérésis est en rapport avec l'induction maximum à laquelle le métal est soumis et avec sa force coercitive. Alors que cette énergie varie entre 10 000 et 15 000 ergs pour les échantillons de fer et d'acier doux soumis à des forces magnétisantes oscillant entre des valeurs assez élevées pour amener la saturation , elle atteint 216 000 ergs dans l'acier au tungstène (Hopkinson).

La fig. 22 présente une courbe déterminée par M. Ewing et
montrant la perte dans un barreau de fer doux soumis à des forces
magnétisantes alternatives croissantes. Les ordonnées de la courbe
expriment des ergs et les abscisses donnent en unités C. G. S. les
valeurs extrêmes, positives et négatives, de l'induction magnétique
à travers le métal.

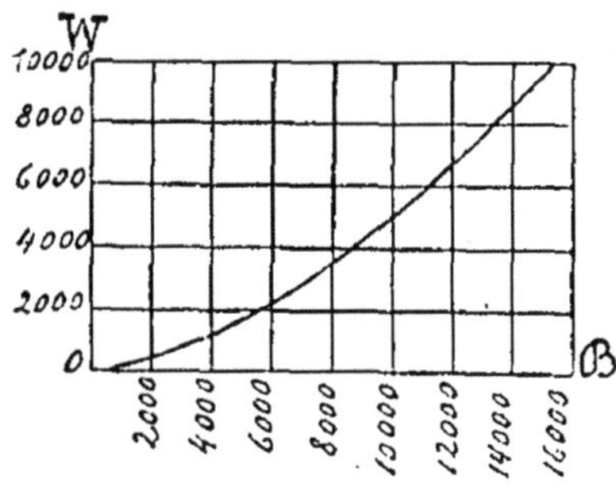

Fig. 22.

Avec les forces magnétisantes dont on dispose dans les machines
dynamo-électriques, le fer de celles-ci ne dépasse guère une induction magnétique de 20 000 unités C. G. S. Mais en produisant des
champs particulièrement puissants, MM. Ewing et Low sont
arrivés à communiquer au fer très doux une induction de
45 000 unités C. G. S. Sous ces inductions élevées, l'intensité
d'aimantation a une valeur constante d'environ 1 700 unités C. G.
S., correspondant à la saturation, et la perméabilité descend à une
valeur constante comprise entre 1 et 2.

On a alors la relation

$$\mathfrak{B} = \mathfrak{H} + 4\,\pi\,\mathfrak{I} = \mathfrak{H} + C^{te}.$$

Ajoutons que dans des champs intenses, le cobalt est susceptible
d'atteindre la même intensité d'aimantation maximum que la fonte,
soit environ les trois quarts de l'aimantation du fer doux. Le
nickel ne dépasse jamais le tiers de l'intensité d'aimantation
maximum du fer doux.

Lord Rayleigh a trouvé que, dans les champs très peu intenses,
la perméabilité peut être exprimée par une formule telle que

$$\mu = a + b\,\mathfrak{H}.$$

Pour un échantillon de fer doux, il a trouvé $a = 81$ et $b = 64$.

Lord Rayleigh a constaté l'absence de l'hystérésis lorsqu'on soumet un barreau à des forces magnétisantes variant entre des limites très étroites, soit que le barreau ait une aimantation préalable, soit qu'il ait été pris à l'état neutre. Dans ces conditions, la perméabilité est constante. Lorsque les petites variations s'opèrent au voisinage d'une force magnétisante de 29 unités C. G. S., le physicien anglais a trouvé que la perméabilité du fer doux n'est que 80 pour 100 de la perméabilité au voisinage de l'état neutre.

62bis. — Effet de la température sur le magnétisme. Recalescence. — Il a déjà été fait allusion à l'influence de la température sur le magnétisme du fer et de ses dérivés, l'acier et la fonte, dont l'aimantation disparaît complètement au rouge vif.

M. Hopkinson, auquel on doit des expériences précises sur l'effet thermique (1), a reconnu que, dans un champ faible et constant égal à 0,3 unité C. G. S., la perméabilité d'un barreau de fer doux chauffé graduellement croît progressivement de 500 à 11000. Mais à la température de 775° C, la perméabilité tombe brusquement à une valeur très voisine de 1.

Lorsque l'intensité du champ augmente, l'accroissement de perméabilité est beaucoup moins sensible et la chute moins brusque. Enfin, dans un champ intense, la perméabilité décroît d'une manière continue avec la température. Dans tous les cas, le fer se désaimante complètement à une température voisine de 785° C; M. Hopkinson a appelé ce point thermique *température critique* du métal.

Pour le fer exceptionnellement doux, la température critique peut s'élever jusque 880° C, tandis que dans l'acier elle tombe à 690°. Pour le nickel, la température critique est voisine de 310° C.

La température critique paraît correspondre à un changement moléculaire des corps accusé également par d'autres phénomènes. M. Kohlrausch a reconnu qu'à cette température la résistance électrique du fer manifeste une variation soudaine. D'après M. Tait, le pouvoir thermo-électrique du fer, § 247, est également modifié

---

(1) Voir Hopkinson, *Magnetism, Journal of the Institution of Electrical engineers,* vol. XIX.

d'une manière profonde vers ce point. Enfin M. Barrett a découvert un effet très caractéristique, auquel il a donné le nom de
recalescence. Si on laisse refroidir une barre de fer ou d'acier
après l'avoir chauffée au rouge vif, il arrive un moment où l'abaissement de température cesse et où il se manifeste un léger réchauf-
fement de la barre, après quoi la décroissance de température
reprend régulièrement. La recalescence s'accuse dans l'acier dur
par un effet lumineux très visible, la couleur du métal passant du
rouge sombre à un rouge plus vif au moment où la température
critique est atteinte. L'expérience réussit très bien à l'aide d'une
aiguille à tricoter que l'on chauffe au préalable au rouge vif en y
faisant passer un courant électrique.

Il est extrèmement surprenant que les qualités magnétiques ne
soient nettement accusées que par trois métaux, le fer, le nickel
et le cobalt. Les autres corps simples s'aimantent tellement peu
qu'on a coutume de les considérer comme non magnétiques. Peut
être n'y a-t-il là qu'une simple question de température, les trois
métaux cités étant les seuls qui manifestent des propriétés magnétiques caractérisées aux températures ordinaires. C'était l'opinion
de Faraday, qui pensait que toutes les substances deviennent
magnétiques à une température suffisamment basse. Le fait
suivant découvert par M. Hopkinson semble venir à l'appui de
cette opinion.

L'alliage de fer contenant 25 pour 100 de nickel est non magnétique comme tous les alliages. Mais si on refroidit cette substance
un peu en dessous de 0° C, elle est susceptible de s'aimanter
d'une façon très accusée. Elle possède donc une température critique inférieure. Si alors on réchauffe l'alliage, il reste magnétique,
et sa susceptibilité augmente jusque vers 525° C. A ce moment
la susceptibilité retombe rapidement et devient nulle à 580° C. En
refroidissant la barre, on constate qu'elle ne reprend sa susceptibilité que sous 0° C.

**62ᵗᵉʳ. — Complément donné à l'hypothèse de Weber par
M. Ewing.** (1) — Pour expliquer, dans l'hypothèse de Weber sur la

---

(1) EWING, *Contributions to the molecular theory of induced magnetism,*
Royal Society, 1890.

constitution moléculaire des aimants, § 39, la force coercitive et la
perte due à l'hystérésis, on a admis que les aimants élémentaires manifestent une résistance à l'orientation de la nature d'un
frottement et que c'est le travail de ce frottement qui constitue la perte
par hystérésis. L'existence d'une telle résistance passive permet
jusqu'à un certain point de rendre compte de l'effet des vibrations
et de la température sur les aimants, mais elle n'explique nullement les changements de susceptibilité particulièrement accusés
dans les régions A, B et C de la courbe du magnétisme, fig. 23.

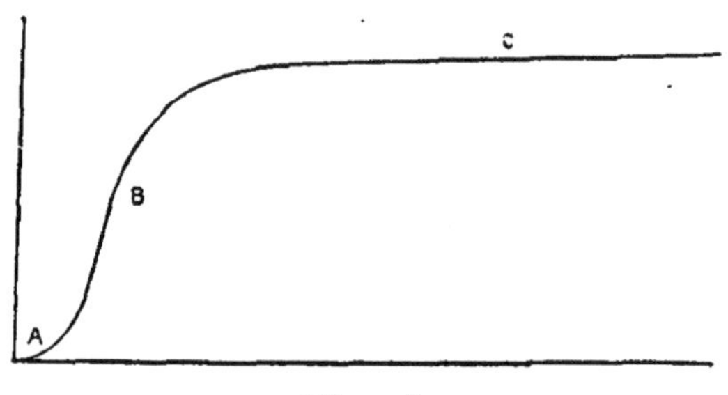

Fig. 23.

M. Ewing a reconnu expérimentalement que les phénomènes
observés s'expliquent sans faire intervenir de frottement, par le
simple jeu des réactions mutuelles des aimants élémentaires. Il est
arrivé à cette conclusion en examinant la façon dont se comporte
un système d'aiguilles aimantées, rangées régulièrement les unes
près des autres de manière à pouvoir osciller dans un même plan
horizontal sans se toucher. Ces aiguilles sont soumises à une force
magnétisante obtenue en enroulant autour de la caisse qui les
contient des spires de fil dans lesquelles on fait passer un courant
électrique. Lorsque les aiguilles sont abandonnées à leurs propres
réactions, c'est à dire lorsque le champ produit par le courant
neutralise le champ terrestre, on observe qu'elles forment entr'elles
des combinaisons géométriques plus ou moins complexes en
équilibre stable. Si, en effet, on écarte légèrement l'un des éléments
d'une combinaison de sa position, il y revient immédiatement,
mais si l'écart est considérable, la combinaison ne se reforme plus,
et il se produit des arrangements nouveaux entre les aimants
voisins. Si, à un tel système, on applique une force directrice
progressivement croissante, on constate que les diverses combinai·

sons sont d'abord légèrement déformées , sans être détruites. Cette déformation que l'on peut qualifier d'élastique , puisqu'elle est réversible par le retrait de la force magnétisante, est comparable à l'état des molécules d'un barreau dans la région A de la courbe du magnétisme, fig. 23.

Si l'on continue à faire progresser le courant dans les spires agissantes, il arrive un moment où l'une des combinaisons d'aimants dépasse la déformation limite dont elle est susceptible Il se produit alors un changement brusque dans cette combinaison, et, par réaction, le système entier entre dans un état d'équilibre instable, de sorte qu'un assez faible accroissement de la force directrice suffit pour orienter tous les aimants dans une direction voisine de celle de la force elle-même. Cette période correspond à la région B de la courbe du magnétisme. La vue de la propagation de proche en proche des nouveaux groupements est éminemment suggestive au point de vue de l'explication de la nécessité d'un intervalle de temps défini, pour que les molécules d'un aimant prennent leurs positions d'équilibre, sous l'action de la force magnétisante.

Lorsqu'ensuite on poursuit les applications de forces croissantes, on constate que les réactions mutuelles des aimants sont vaincues de plus en plus et que ceux-ci s'orientent dans une direction qui finit par coïncider avec celle du champ agissant. C'est l'état désigné sous le nom de saturation et figuré en C sur la courbe.

Les fig. 24, 25 et 26 montrent trois états successifs du système d'aimants ; la fig. 24 correspondant à la fin de l'état A , la fig. 25 à la fin de l'état B, et la fig. 26 à la fin de l'état C. Si l'on fait décroître l'intensité du champ, les aimants persistent dans leur orientation générale, mais ils se déplacent légèrement par l'effet de leurs propres réactions. Lorsque le champ dirigeant s'annule, les aimants restent plus ou moins orientés dans la direction de celui-ci, ce qui rend compte du magnétisme remanent. Mais si le champ dirigeant change de signe et croît en sens inverse, on ne tarde pas à constater le retour brusque à l'état d'équilibre instable, puis à une orientation de sens opposé.

Si, au lieu de ranger les aimants régulièrement, on leur donne des écartements variables, on constate que la durée de l'état correspondant à l'équilibre instable (B) est accrue. C'est ce que l'on constate dans le fer écroui, dont l'arrangement des molécules a été contrarié par des efforts mécaniques. Les diverses combinaisons d'éléments qui se forment dans un cas semblable sont plus indé-

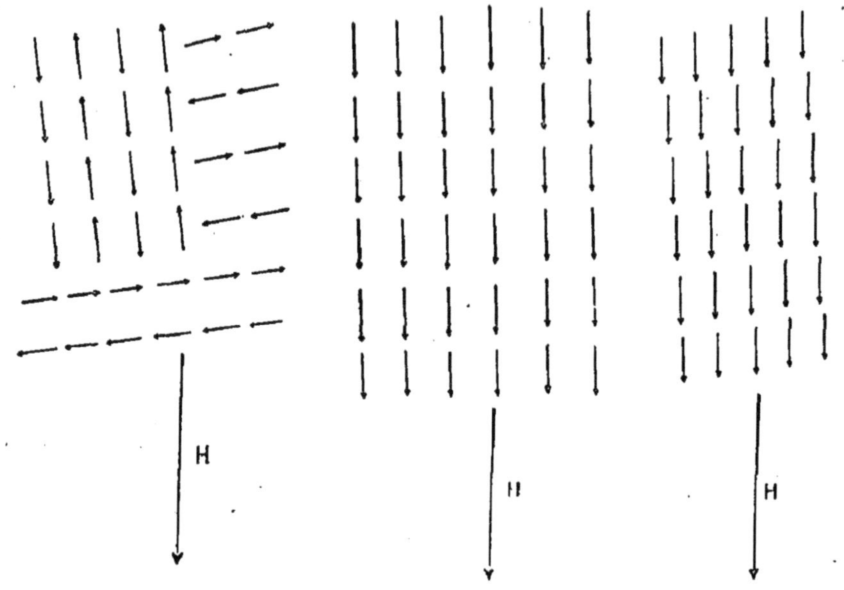

Fig. 24, 25 et 26.

pendantes les unes des autres que dans le métal homogène et l'une d'elles peut être modifiée sans influencer les groupements voisins.

Dans l'acier et la fonte où l'état B présente une grande extension, les groupements de molécules sont influencés par la présence de corps étrangers.

D'après M. Ewing, l'échauffement par hystérésis correspond aux oscillations des aimants au passage d'une position d'équilibre stable à une autre.

Les vibrations diminuent la stabilité des combinaisons et facilitent, par suite, l'orientation des aimants placés sous l'action du champ, ainsi que leur retour à l'état neutre lorsque la force magnétisante a cessé d'agir.

Une élévation de température amène des effets analogues lorsque la force magnétisante est faible. On a vu toutefois que l'échauffement réduit la perméabilité lorsque la force magnétisante est intense. M. Ewing explique ce fait en admettant que l'agitation moléculaire causée par l'élévation de température correspond à des oscillations des aimants autour de leurs axes. Lorsque les aimants sont déjà orientés, ces oscillations ont pour effet de diminuer l'action extérieure moyenne du système. On peut également admettre avec M. Hopkinson que le moment magnétique des aimants élémentaires diminue lorsque la température augmente.

63. — Équilibre d'un corps dans un champ magnétique. — On a vu, § 45, qu'un feuillet libre de se déplacer dans un champ magnétique se meut de manière que le flux entrant par sa face négative soit maximum. Cette conclusion s'étend à un corps aimanté quelconque que l'on peut considérer comme formé de feuillets superposés.

Ainsi, dans un champ uniforme, l'axe d'un cylindre de fer de forme allongée s'oriente parallèlement aux lignes de force du champ, de manière que le flux de force entre par le pôle sud induit. On a vu, en effet, § 53, 55, que cette position correspond à une aimantation plus intense du barreau que toute autre. Dans un champ uniforme, une sphère isotrope est en équilibre dans toutes les positions, tandis qu'une sphère anisotrope, dont la perméabilité varie dans les diverses directions, s'oriente de manière que la direction du champ soit parallèle à l'axe de perméabilité maximum.

Les mêmes considérations montrent que, dans le voisinage d'un aimant où le champ est variable, les corps magnétiques tendent à se déplacer vers les pôles de telle sorte que le flux qui les traverse soit maximum.

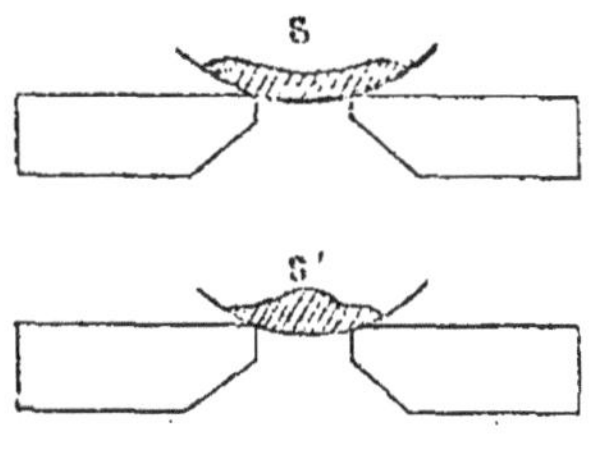

Fig. 27.

Ces mouvements s'accusent nettement dans un liquide placé dans un verre de montre sur les pôles d'un électro-aimant puissant. Une solution de sulfate de fer, S, fig. 27, présentera une concavité vers le centre.

Les corps diamagnétiques paraissent au contraire repoussés par les pôles ; ainsi un barreau de bismuth se place en croix avec l'électro-aimant ; une solution de bisulfure de carbone S', fig. 27, est refoulée au milieu du récipient.

Becquerel et Faraday ont trouvé une explication simple des répulsions diamagnétiques en procédant par comparaison avec l'action de la gravité sur les corps plongés dans un liquide plus dense qu'eux-mêmes. Ces corps sont en apparence repoussés par la terre ; de même, il se peut que l'action des aimants sur les substances diamagnétiques soit simplement due au fait qu'elles sont moins magnétiques que l'air ou le milieu qui les environne. D'après cette manière de voir, il n'existerait pas, à proprement parler, de substances diamagnétiques, mais seulement des degrés de perméabilité. Cette hypothèse, combattue par Tyndall, a été confirmée récemment par MM. Parker et Duhem.

ÉLECTRICITÉ

PROPRIÉTÉS DES CORPS ÉLECTRISÉS.

64. — Phénomène d'électrisation. — Lorsqu'on frotte un bâton de verre ou de résine avec une pièce d'étoffe de laine, on constate qu'il attire les corps légers. L'expérience peut se faire en suspendant une balle de moelle de sureau à un fil de soie. La balle est d'abord attirée par le bâton frotté, puis elle est repoussée après avoir touché celui-ci. Toutefois, si l'on approche de la balle repoussée par un bâton de verre un bâton de résine frotté, on remarque qu'elle est attirée de nouveau.

Les corps entre lesquels se manifestent des actions semblables sont dits *électrisés*, et l'on donne le nom *d'électricité* à l'agent inconnu qui produit ces phénomènes.

L'observation montre que les propriétés électriques reconnues au verre et à la résine sont générales. Deux corps quelconques A et B s'attirent après avoir été frottés l'un contre l'autre. Mais deux corps de même nature A et A' se repoussent après avoir été frottés par un troisième.

Pour interpréter ces propriétés, on convient d'attribuer des électrisations opposées aux corps après frottement; ceux qui se comportent comme le verre vis-à-vis de la laine sont dits électrisés positivement ou chargés *d'électricité positive*; ceux qui agissent comme la résine sont dits électrisés négativement ou chargés *d'électricité négative*. Les actions électriques sont résumées dans la règle suivante :

Les corps chargés d'électricité de même nom se repoussent et ils attirent ceux qui sont chargés d'électricité de nom contraire.

Il importe de remarquer que ces dénominations n'impliquent pas l'existence de deux espèces distinctes d'électricité, mais qu'elles ne sont que des formes de langage destinées à marquer des états différents d'électrisation.

Suivant une hypothèse suggérée par Franklin, l'électricité est généralement assimilée à un fluide impondérable, dont chaque corps contient une quantité normale. Si la charge dépasse cette quantité, il y a électrisation positive. Dans le cas contraire, l'électrisation est négative. Un corps est à l'état neutre lorsqu'il possède sa dose normale d'électricité. D'après des physiciens éminents, Clausius entr'autres, l'électricité ne serait autre que l'éther dans lequel baignent les molécules de tous les corps et qui remplit les espaces interplanétaires.

65. — Conducteurs et isolants. — Les corps se comportent différemment vis-à-vis de l'électricité. Lorsqu'on électrise par le frottement une des extrémités d'une tige métallique, aussitôt toutes les parties de la tige manifestent des propriétés attractives. Sur un bâton de résine au contraire, cette propagation du phénomène est extrêmement lente. Les corps qui propagent rapidement les actions électriques sont appelés *conducteurs*, les autres sont dits *isolants*.

Les conducteurs, qui comprennent tous les métaux et les alliages, doivent être supportés par des isolants pour retenir leurs propriétés attractives. Au point de vue des expériences que nous examinons, le sol et tous les corps imprégnés ou couverts d'humidité se comportent comme des conducteurs. Le choix des supports isolants est donc important pour le succès de ces expériences. Les meilleurs isolants sont le vide, les gaz et les vapeurs. Toutefois, il faut empêcher celles-ci de se condenser sur les isolants solides qui supportent les conducteurs électrisés, car elles peuvent y produire un dépôt humide conducteur. Si l'on a soin de placer un conducteur électrisé sur un support dont le pied traverse une atmosphère desséchée par l'acide sulfurique concentré, fig. 28, on pourra conserver la charge électrique pendant des semaines entières.

Fig. 28.

Parmi les solides, les isolants les plus employés sont le verre, la porcelaine vitrifiée, le caoutchouc, l'ébonite ou caoutchouc durci par sa combinaison avec le soufre, la gutta-percha, la paraffine, la soie, la cellulose et la gomme-laque. Quelques-unes de ces substances, comme le verre et la cellulose, sont hygroscopiques. Elles doivent être revêtues d'une couche de vernis isolant ou imprégnées de paraffine.

66. — Électrisation par influence. — L'expérience faite avec la balle de sureau, § 64, nous a montré qu'un corps peut s'électriser par le contact. L'approche seule d'un corps électrisé suffit pour produire des manifestations électriques sur un conducteur voisin.

Ainsi une sphère A chargée d'électricité positive, étant amenée au-dessus d'un conducteur BC, fig. 29, on constate que les extré-

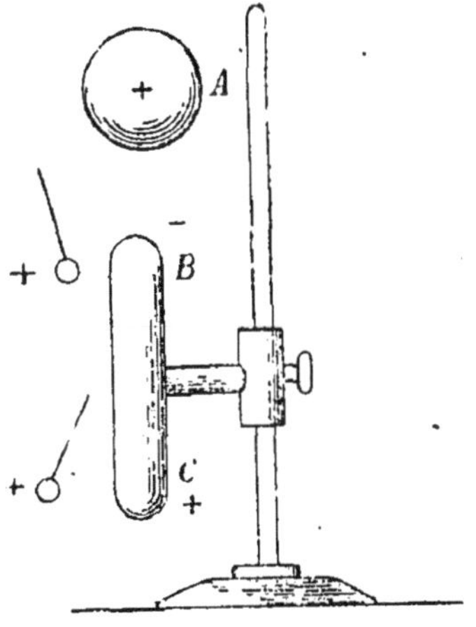

Fig. 29.

mités de celui-ci agissent sur une balle de sureau librement suspendue. Si cette balle est pourvue au préalable d'une charge
positive, on reconnaît qu'elle est attirée par l'extrémité B et
repoussée par l'extrémité C. On en conclut que la première est
électrisée négativement, la seconde positivement. Lorsqu'on retire
la sphère influençante A, le conducteur B C n'exerce plus d'action
sur une balle à l'état neutre ; ce qui montre que les électricités
contraires, accumulées en B et C, ont reproduit l'état neutre en se
recombinant.

Si le conducteur B C est relié un instant au sol pendant qu'il est
sous l'influence de A, on constate qu'après l'enlèvement de A,
toutes les parties de B C sont chargées négativement.

Ce mode de chargement du conducteur B C s'appelle électrisation par influence.

67. — Électroscopes et électromètres. — La balle de sureau
suspendue à un fil qui nous a servi jusqu'à présent à déceler l'électrisation des corps, et qui s'appelle pour cette raison *électroscope*
à balle de sureau, présente peu de sensibilité et ne permet pas de
mesurer les charges. Dans ce but, on emploie les *électromètres*, dont
le plus connu est l'électromètre à quadrants de sir W. Thomson.

Cet appareil, dont la fig. 30 montre en coupe un modèle dû à
M. Edelmann et modifié par nous, est représenté en plan par le
diagramme 31. Un cylindre de cuivre *c c* est divisé en quatre quadrants A B C D. Les quadrants opposés sont réunis entr'eux à
l'aide de fils métalliques. Un autre fil supporte librement deux
palettes cylindriques en cuivre ou en aluminium réunies à la partie
supérieure et à la partie inférieure par des entretoises de même
métal. Les déviations du cadre E ainsi formé sont accusées par la
méthode de réflexion, § 50. Dans sa position normale, le plan de
symétrie du cadre passe par une des lignes de séparation des
quadrants. La figure 30 représente divers détails sur lesquels on
reviendra plus loin, § 216.

Supposons qu'on relie le cadre au sol, par l'intermédiaire du fil
de suspension, et qu'on électrise les deux paires de quadrants
également, mais en sens inverse. Le cadre s'électrisera par influence ;
il sera sollicité également dans les deux sens et restera immobile.
Mais si le cadre reçoit une charge positive, il se déplacera aussitôt

vers les quadrants négatifs. Si sa charge est négative, la déviation aura lieu vers les quadrants positifs. Nous démontrerons, § 92, que la déviation du cadre est proportionnelle à la charge qu'on lui

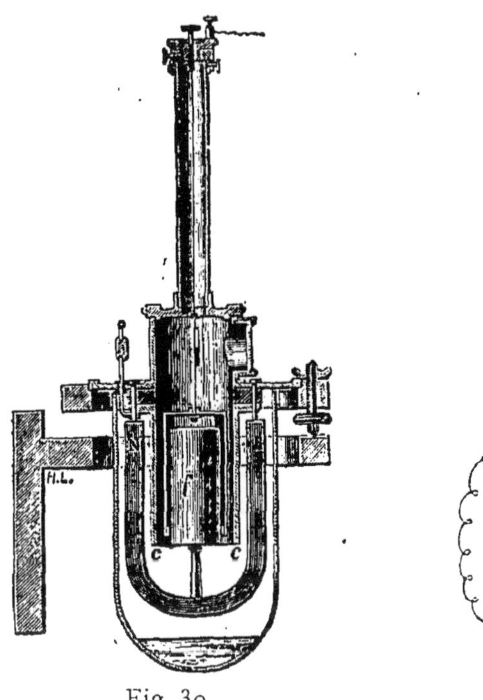

Fig. 3o.

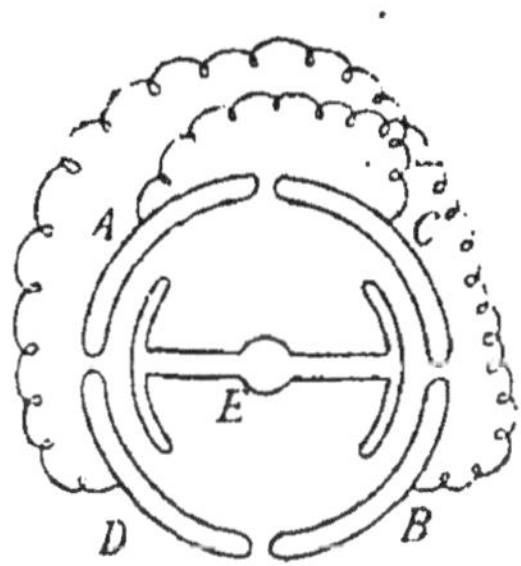

Fig. 31.

a communiquée. Nous verrons aussi que, pour donner aux quadrants des charges égales et contraires, il suffit de les relier aux pôles d'une pile.

Cet appareil, qui se prête à la mesure des électrisations faibles, va nous permettre de procéder à quelques expériences fondamentales.

68. — Expériences. — Considérons un cylindre métallique. A ouvert par le haut et supporté par un pied isolant. Relions le cylindre au cadre C de l'électromètre par un fil métallique mince, les deux paires de quadrants étant électrisées de la manière indiquée au paragraphe précédent.

Si le cylindre est à l'état neutre, le cadre n'éprouve aucune déviation.

I. Introduisons dans le cylindre un conducteur B, supporté par un fil de soie et chargé d'électricité positive. Nous savons, en vertu du phénomène d'influence, que la paroi intérieure du cylindre prendra une charge négative et que l'électricité de même signe que celle de B sera repoussée vers la paroi extérieure et sur le cadre C. Celui-ci accusera une déviation qui ira croissant au fur et à mesure de la descente du conducteur B, jusqu'à ce que ce dernier ait atteint une certaine profondeur dans le cylindre. A partir de ce niveau, l'écartement du cadre reste invariable, quelle que soit la position de B. Si même on met B en contact avec le cylindre, l'électromètre conserve sa déviation. En retirant le corps après ce contact, on peut constater avec l'électroscope à balle de sureau ou à l'aide d'un second électromètre à quadrants, qu'il est revenu à l'état neutre. On en conclu que la charge positive qu'il a cédée au cylindre a été neutralisée par la charge négative qui s'était développée par influence, le cylindre conservant sa charge positive induite.

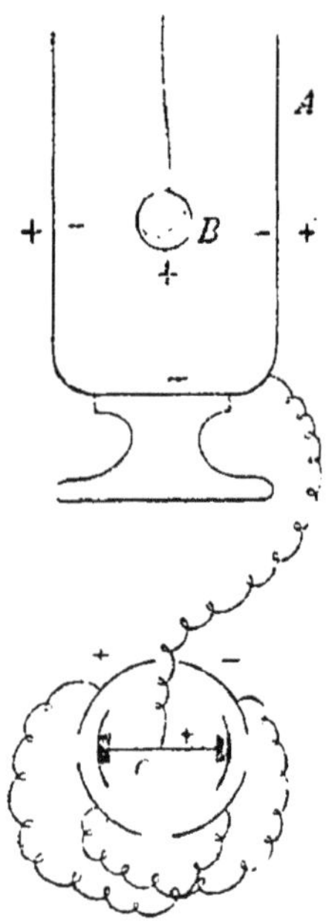

Fig. 32.

Si la charge de B avait été négative, l'électromètre aurait accusé une déviation de sens contraire.

II. Apportons dans le cylindre une sphère métallique chargée d'électricité et donnant une déviation x. Touchons cette sphère avec une sphère égale à l'état neutre. Les deux sphères, portées successivement dans le cylindre, donneront des déviations égales à $\alpha/2$.

III. Suspendons dans le cylindre deux corps isolés à l'état neutre et frottons-les l'un contre l'autre. L'aiguille restera immobile après comme avant la friction.

IV. Si l'on introduit séparément dans le cylindre plusieurs corps B, D, E, chargés d'électricité, on obtient des déviations dont les unes sont positives, les autres négatives, suivant les signes des charges.

En introduisant simultanément B, D et E, la déviation obtenue est la somme algébrique des écarts précédents et elle reste invariable, si même on met les corps en contact et si on les frotte les uns contre les autres.

On conclut de ces expériences que les charges électriques sont des quantités susceptibles de mesure. On pourrait prendre une charge donnée comme unité et considérer comme double, triple, les charges occasionnant une déviation double ou triple dans l'électromètre relié au cylindre.

Les deux dernières expériences montrent que la charge totale d'un système de corps électrisés est invariable et que le frottement développe sur les corps des électricités égales et opposées susceptibles de se neutraliser.

Si, par exemple, dans une salle on électrise un bâton de résine à l'aide d'une pièce d'étoffe, il se produit sur celle-ci et sur les conducteurs voisins unis par des liaisons conductrices, tels que le corps de l'opérateur, la table d'expérience et les murs de la salle, une quantité d'électricité égale et opposée à celle qui charge le bâton.

69. — Dans le cas d'un conducteur en équilibre, l'électricité se porte sur la surface extérieure. — Cette propriété importante peut se démontrer par divers moyens.

I. Soit, par exemple, une sphère métallique creuse A, fig. 33. Touchons la surface extérieure de la sphère à l'aide d'un plan d'épreuve formé par un disque de clinquant, porté par un manche isolant. Le disque prendra une charge électrique que l'on pourra déceler au moyen d'un électroscope ou d'un électromètre.

Si, au contraire, le point touché appartient à la surface interne de la sphère, le disque ne manifestera aucune électrisation.

La méthode du plan d'épreuve, quoique peu précise, est susceptible d'être employée pour comparer les charges électriques sur les différentes parties d'un corps. Si l'on touche successivement divers points de la surface d'une sphère électrisée, on reconnaît que la

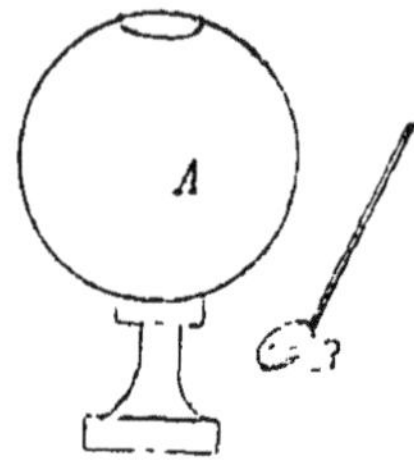

Fig. 33.

charge emportée dans chaque opération est constante, c'est à dire que la sphère est chargée uniformément. Pour un corps de forme ovoïde, on constate que la charge croît inversement au rayon de courbure de la surface.

II. Le fait de la distribution extérieure de la charge d'un conducteur a été mis hors de doute par Faraday, lequel fit construire une chambre de quatre mètres de côté, posée sur des supports isolants et garnie de feuilles métalliques. Faraday pénétra dans la chambre pendant que l'on électrisait celle-ci, et il ne parvint pas, en employant les électromètres les plus délicats, à déceler la moindre trace d'électricité sur les parois intérieures.

70. — Loi des actions électriques. — L'ensemble des faits précédents montre que les actions entre les corps électrisés doivent être rangées parmi les forces centrales et que l'on peut définir par *quantité d'électricité*, masse ou charge électrique d'un corps, une quantité proportionnelle à la force qu'il exerce sur les corps électrisés voisins.

La densité superficielle est la charge par unité de surface.

En vertu de cette définition, la loi élémentaire de l'action entre deux masses électriques q et q' à une distance r, sera de la forme

$$f = \mathrm{K}\, q\, q'\, \varphi\,(r).$$

La fonction $\varphi\,(r)$ est déterminée par ce fait que l'action électrique est nulle à l'intérieur d'un conducteur électrisé en équilibre, § 69.

La réciproque du théorème démontré au § 26 montre en effet que, pour qu'une couche sphérique homogène n'ait aucune action sur un point intérieur, il faut que la force soit en raison inverse du carré de la distance.

La loi des attractions et des répulsions électriques est donc

$$f = \mathrm{K}\,\frac{qq'}{r^2},$$

dans laquelle nous considérons la force f comme répulsive ou attractive suivant que les masses q, q' sont de même signe ou de signes contraires.

Cette loi, démontrée par Coulomb, nous permet d'appliquer aux attractions électriques les propriétés générales des forces centrales newtonniennes.

71. — Définitions. Champ électrique. Potentiel électrique. — Nous entendrons par *champ électrique* un espace dans lequel prennent naissance des forces électriques. L'*intensité* en un point du champ électrique est la résultante des forces qui s'y exercent sur une masse positive prise pour unité. La *direction* de cette résultante s'appelle direction du champ.

Les forces électriques sont définies à l'aide d'un potentiel, § 12, appelé *potentiel électrique*, lequel a pour expression

$$\mathrm{V} = \mathrm{K}\,\Sigma\frac{q}{r}.$$

L'intensité du champ dans une direction s s'exprime en fonction du potentiel par

$$\mathrm{H} = -\frac{d\mathrm{V}}{ds}.$$

Pour éviter toute confusion, nous exprimerons les quantités qui servent à définir les forces électriques par des caractères romains, tandis que les grandeurs correspondantes *mais essentiellement distinctes* de la théorie du magnétisme ont été représentées par des majuscules rondes.

72. — Potentiel d'un conducteur en équilibre. — La force étant nulle à l'intérieur d'un conducteur portant une charge électrique en équilibre, § 69, le potentiel électrique a la même valeur en tous les points intérieurs ; la surface du conducteur est équipotentielle et les lignes de force sont normales à cette surface.

Cette valeur constante s'appelle potentiel du conducteur.

La notion de potentiel peut être distinguée de la notion de charge par l'expérience suivante. La méthode du plan d'épreuve démontre que la charge est variable aux divers points d'un conducteur de forme irrégulière. Cependant, si l'on relie successivement ces points par un fil métallique au cadre de l'électromètre, la déviation reste constante, car la force qui sollicite l'électricité à passer du conducteur sur l'électromètre ne dépend que du potentiel qui est invariable.

Dans le cas d'une sphère métallique de rayon R, électrisée à la densité σ, le potentiel au centre est

$$V = K \frac{Q}{R} = K \frac{4 \pi R^2 \sigma}{R} = 4 K \pi R \sigma, \qquad \S\ 26.$$

Cette quantité est le potentiel de la sphère.

73. — Potentiel du sol. — Les forces électriques ne dépendent nullement des valeurs absolues du potentiel, mais seulement de sa variation. Ainsi la force qui sollicite l'électricité d'un conducteur à se porter sur un conducteur voisin, tel que la terre, dépend de la différence entre les potentiels des corps considérés ; l'électricité positive est sollicitée à se déplacer dans le sens des potentiels décroissants. Le sol et les murs d'une salle d'expérience étant conducteurs, il n'y a aucun inconvénient à admettre que leur potentiel est nul et à considérer comme positifs les potentiels supérieurs à ceux du sol, les potentiels étant négatifs dans le cas contraire.

74. — Théorème de Coulomb. — *L'intensité du champ en un point infiniment voisin d'un conducteur en équilibre est égale à $4 \pi K$, multiplié par la densité superficielle au voisinage de ce point.*

Considérons un élément ds de la suface, chargé d'une quantité d'électricité égale à $\sigma\ ds$, σ étant la densité. Par le contour de ds, imaginons un tube de force limité extérieurement à une surface équipotentielle infiniment voisine V_1 et fermé à l'intérieur du conducteur par une surface quelconque C. Appliquons le théorème de Gauss ($\S$ 20) au volume ainsi borné. Le flux de force est nul à travers la surface C, attendu qu'il n'y a pas de force électrique à l'intérieur d'un conducteur en équilibre. Comme il n'existe aucune composante à travers les parois latérales du tube, le flux sortant du volume considéré se borne au flux traversant la surface équipotentielle V_1.

Soit H l'intensité du champ normalement à cette surface, le flux H ds est égal à 4π K multiplié par la quantité d'électricité $\sigma\,ds$.

Par conséquent

$$H = 4\,\pi\,K\,\sigma.$$

L'intensité du champ ayant le même signe que la densité est dirigée vers l'extérieur pour une densité positive, vers l'intérieur dans le cas d'une densité négative.

On a du reste

$$H = -\frac{d\,V}{dn},$$

V étant le potentiel du conducteur, n une direction normale à la surface.

On voit que la propriété que nous avons démontrée dans le cas de la sphère, § 27, est générale pour tous les conducteurs électrisés en équilibre.

75. — Pression électro-statique. — Le mode de raisonnement appliqué à la fin du § 30 montre que la force exercée par la charge entière d'un conducteur en équilibre sur l'électricité qui couvre l'unité de surface est égale à 2π K multiplié par le carré de la densité au point considéré.

$$P = 2\,\pi\,K\,\sigma^2.$$

Cette force, appelée pression électro-statique, est toujours positive quel que soit le signe de σ. Il en résulte que l'électricité a une tendance à s'échapper du conducteur pour pénétrer dans le milieu ambiant. Si le conducteur est mobile, il peut être entraîné dans le sens des pressions maxima. Ainsi, lorsque deux conducteurs sont électrisés en sens inverse, la densité électrique est, en vertu du phénomène d'influence, plus grande vers les faces voisines que vers les faces opposées; les pressions électro-statiques tendent donc à pousser les conducteurs l'un vers l'autre.

Lorsque les corps sont chargés d'électricité de même signe, les densités maxima sont sur les faces opposées et les pressions résultantes sont dirigées de manière à éloigner les conducteurs. De même si une bulle de savon est électrisée, elle se dilate jusqu'à ce que l'accroissement de la tension superficielle de la couche liquide fasse équilibre à la pression électro-statique.

76. — Éléments correspondants. — Supposons qu'un tube de force, traversant un champ électrique, soit limité à deux conducteurs électrisés sur lesquels il découpe des surfaces s, s' appelées *éléments correspondants*. Soient q et q' les charges de ces surfaces. En appliquant le théorème de Gauss, § 20, au volume limité par le tube et par deux surfaces quelconques considérées à l'intérieur des conducteurs, il est facile de voir que le flux sortant est nul, attendu que la force électrique n'a aucune composante dans l'intérieur des conducteurs, ni à travers les parois latérales du tube.

Par suite

$$4 \pi K (q + q') = 0,$$

d'où

$$q = - q'.$$

On en conclut que les *éléments correspondants supportent des quantités d'électricité égales et contraires*. Les lignes de force qui les réunissent prennent naissance aux points chargés d'électricité positive et se terminent en des points couverts d'électricité négative.

Les lignes de force qui s'échappent d'un corps électrisé trouvent donc nécessairement dans le voisinage une charge électrique opposée. Cette charge est répartie sur les conducteurs voisins, sur la table qui supporte le corps, sur les murs de la salle d'expériences. C'est là la véritable manière d'envisager le phénomène d'influence, § 66, les lignes de force qui émanent du corps inducteur aboutissant au corps induit.

77. — Pouvoir des pointes. — Si le corps inducteur est muni d'une pointe, les lignes de force émergeant de celle-ci forment un tube conique. Le sommet du cône porte une charge égale à celle de la base, en sorte que la densité acquiert sur la pointe une valeur excessive et la pression électro-statique sollicite les électricités contraires à se recombiner à travers le milieu qui les sépare.

78. — Écran électrique. — Un conducteur creux entouré de corps électrisés prendra à sa surface une distribution d'électricité induite ; son potentiel acquerra une valeur constante et égale à celle du potentiel de tous les points intérieurs, § 72. Par suite, aucune force électrique n'existera dans le conducteur, et les objets qu'il pourra contenir seront complètement soustraits à l'action des charges extérieures. Le conducteur creux sert d'*écran* aux corps qu'il enveloppe. L'expérience de Faraday, § 69, est une confirmation de cette propriété.

Maxwell a démontré que l'écran ne doit pas nécessairement être continu. Une toile métallique constitue un écran efficace.

On fait usage de protections semblables pour soustraire les électromètres aux influences extérieures.

79. — Paratonnerres. — Les deux propriétés que nous venons d'examiner sont utilisées dans la préservation des édifices contre la foudre. Le meilleur paratonnerre serait une garniture métallique enveloppant l'édifice de toutes parts. Comme ce moyen est difficilement applicable, on se contente, à l'exemple de Melsens, de revêtir les constructions d'un réseau de conducteurs reliés à toutes les parties métalliques du bâtiment.

Ce réseau communique avec le sol par l'intermédiaire des conduites d'eau ou de gaz et par des plaques métalliques plongeant dans des nappes d'eau ou dans la terre humide. Aux arêtes supérieures du bâtiment, on fixe des tiges pointues ou des aigrettes métalliques reliées au réseau général.

Ces pointes permettent à l'électricité du sol, induite par les nuages, de s'écouler graduellement, et elles empêchent, dans la plupart des cas, les accumulations de charges qui produisent les coups de foudre. Leur effet préventif s'ajoute donc à l'action préservatrice du réseau.

CONDENSATEURS. — DIÉLECTRIQUES.

80. — Capacité des conducteurs. — Imaginons un conducteur isolé A, voisin d'autres conducteurs B, C, D, maintenus à un potentiel constant par un artifice quelconque, par exemple par une communication avec le sol. Si l'on donne à A une charge électrique Q, les autres conducteurs prennent des charges induites qui se distribuent suivant une loi déterminée par la forme de ces corps, par leurs positions relatives et, comme nous le verrons, par le milieu qui les sépare. La somme de ces charges est égale et contraire à Q. Le potentiel de A sera exprimé par

$$V = K \, \Sigma \, \frac{q}{r}.$$

Si l'on accroît la charge de A, les charges induites augmentent dans la même proportion; les nouvelles couches induites se superposent aux premières, et si les distances relatives restent les mêmes, le potentiel de A croît proportionnellement à sa charge.

Par suite, le rapport entre la charge de A et son potentiel est une constante qui ne dépend que de la forme et des positions relatives des conducteurs composant le système, ainsi que du milieu qui les sépare.

Cette constante

$$c = \frac{Q}{V},$$

s'appelle *capacité du conducteur* A.

Si en particulier $V = I$, $c = Q$. La capacité d'un corps est donc mesurée par la charge qui élève son potentiel d'une unité au-dessus du potentiel des conducteurs environnants. Toutefois la capacité n'est pas une charge, pas plus que la contenance d'un vase susceptible de recevoir un liquide ne représente une quantité de celui-ci.

81. — Condensateurs. Condensateur sphérique. — Comme application de ce qui précède, considérons une sphère métallique enveloppée par une sphère creuse concentrique, cette dernière étant reliée à la terre.

Un tel dispositif constitue un *condensateur* dont les sphères sont les *armatures*, l'isolant qui les sépare le *diélectrique*.

Lorsque l'on communique une charge $+ q$ à la sphère intérieure, la paroi interne de l'autre sphère prend une charge $- q$, par influence, § 76, et l'électricité de même nom que celle de la sphère intérieure s'écoule dans le sol.

Si l'on désigne par r et r' les rayons des deux couches électriques, le potentiel au centre des deux sphères est

$$V = K \left(\frac{q}{r} - \frac{q}{r'} \right) = q \, \frac{K \, (r' - r)}{r \, r'}.$$

D'après la définition ci-dessus, § 80, la capacité de l'armature intérieure, appelée aussi *capacité du condensateur*, est

$$c = \frac{q}{V} = \frac{r \, r'}{K \, (r' - r)}.$$

On voit que la capacité du condensateur croît inversement à la distance des armatures.

Si le rayon r' augmentait indéfiniment, on aurait à la limite une sphère isolée dont la capacité serait

$$c = \frac{r}{K}.$$

82. — Condensateur plan. — Considérons un condensateur formé de deux disques parallèles, à bords arrondis, A, B ; A étant électrisé, pendant que B est relié à la terre. Les faces voisines de A et de B prennent des couches électriques égales et opposées et les lignes de force courent normalement d'une face à l'autre, sauf sur les bords où ces lignes s'infléchissent de manière à rester normales aux parois. On peut donc admettre que, dans la région médiane, le champ électrique est uniforme.

L'intensité du champ a pour expression

$$H = - \frac{dV}{dn},$$

n étant la direction d'une ligne de force. Comme l'intensité est constante suivant cette direction, on a, en représentant par V le potentiel de A et par r l'écartement des armatures,

$$H \int_0^r dn = \int_V^0 - dV,$$

d'où

$$H \, r = V \qquad \text{et} \qquad H = \frac{V}{r}.$$

Mais le champ a aussi pour expression $H = 4\pi K \sigma$, § 74, σ étant la densité superficielle.

Par suite

$$\frac{V}{r} = 4\pi K \sigma,$$

d'où

$$\sigma = \frac{V}{4\pi K r}.$$

La charge sur une surface s, prise dans la région médiane, sera

$$q = \frac{Vs}{4\pi K r}.$$

La capacité du condensateur rapportée à cette surface aura pour expression

$$\frac{q}{V} = \frac{s}{4\pi K r}.$$

Nous avons négligé la charge que prend l'armature A sur sa face postérieure; mais si r est faible, cette quantité est négligeable devant celle qui couvre la face antérieure.

On obtient un condensateur de grande capacité en superposant des feuilles d'étain, séparées par des feuilles de papier paraffiné ou de mica et réunies en deux séries, la première comprenant les feuilles de rang pair, la seconde, celles de rang impair. Les armatures d'un tel condensateur ne peuvent pas être chargées à des potentiels très différents de crainte de percer le diélectrique par des étincelles.

83. — Condensateur à anneau de garde. — Sir W. Thomson a réalisé une armature plane uniformément chargée, en découpant

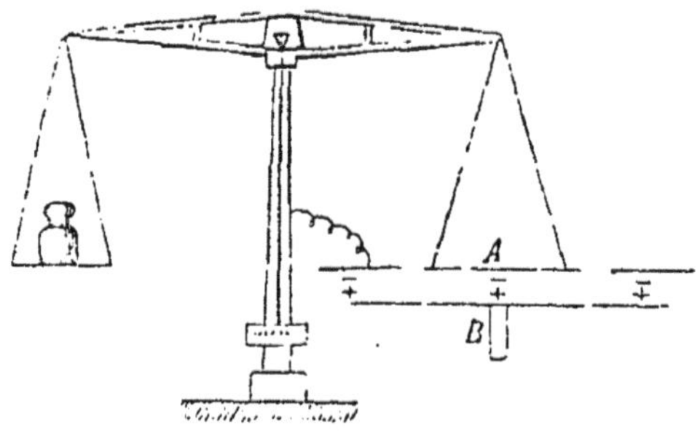

Fig. 34.

dans l'armature A, fig. 34, une rainure circulaire étroite, et en réunissant électriquement le disque intérieur avec l'anneau extérieur, dit anneau de garde, à l'aide d'un fil métallique mince. On peut admettre que la rainure n'a pas modifié sensiblement l'uniformité du champ, de sorte que la capacité du disque A, de surface s, est rigoureusement

$$\frac{s}{4\,\pi\,K\,r}.$$

84. — Électromètre absolu. — La pression qui s'exerce par unité de surface sur le disque A est, § 75,

$$2\,\pi\,K\,\sigma^2,$$

la pression sur une surface s sera

$$p = 2\,\pi\,K\,\sigma^2\,s;$$

or

$$\sigma = \frac{V}{4\,\pi\,K\,r},$$

d'où

$$p = \frac{V^2\,s}{8\,\pi\,K\,r^2}.$$

Si l'on supporte le disque A par un fléau de balance, fig. 34, on pourra équilibrer l'attraction des deux disques par un poids connu. En exprimant ce poids en dynes, on déduira de l'équation précédente la différence de potentiel des armatures opposées.

$$V = \sqrt{\frac{8\,\pi\,K\,p\,r^2}{s}}.$$

C'est là le principe de l'électromètre absolu de Sir W. Thomson.

85. — Condensateur cylindrique. — Soit un condensateur formé de deux cylindres concentriques indéfinis ; le cylindre intérieur de rayon r_1 ayant une charge q, le cylindre extérieur de rayon r_2, relié à la terre, prendra une charge $-q$. Un tel condensateur se trouve réalisé par un fil conducteur revêtu d'une couche isolante uniforme et plongé dans l'eau, celle-ci servant d'armature extérieure.

Le diélectrique peut être divisé par des surfaces équipotentielles qui sont concentriques avec le conducteur par raison de symétrie.

Les tubes de force sont limités par des plans passant par l'axe des cylindres.

Considérons un tube d'ouverture α, borné par deux plans normaux à l'axe et distants d'un centimètre.

Le flux de force est constant dans le tube, § 21.

En exprimant par s une section faite dans le tube par une surface équipotentielle de rayon r, on a

$$\mathrm{H}\, s = \mathrm{H} \times \alpha\, r = \mathrm{C^{te}},$$

d'où, en désignant par H_1 l'intensité du champ infiniment près de l'armature intérieure, on a

$$\mathrm{H}\, r = \mathrm{H}_1\, r_1 = 4\pi\, \mathrm{K}\, \sigma\, r_1, \qquad \S\, 74.$$

La capacité par unité de longueur est

$$c = \frac{q}{\mathrm{V}} = \frac{2\,\pi\, r_1\, \sigma}{\mathrm{V}}.$$

Mais

$$\mathrm{H} = -\frac{d\mathrm{V}}{dr},$$

d'où

$$\int_{\mathrm{V}}^{0} -d\mathrm{V} = \int_{r_1}^{r_2} \mathrm{H}\, dr = \int_{r_1}^{r_2} \frac{4\pi\,\mathrm{K}\,\sigma\,r_1\,dr}{r};$$

ce qui donne

$$\mathrm{V} = 4\,\pi\,\mathrm{K}\,\sigma\,r_1\, \log_e \frac{r_2}{r_1},$$

et, par suite,

$$c = \frac{q}{\mathrm{V}} = \frac{1}{2\,\mathrm{K}\, \log_e \dfrac{r_2}{r_1}}.$$

Cette expression montre qu'il faut éviter, lorsqu'on relie les condensateurs à une source d'électricité, d'employer des fils isolés en contact avec des surfaces conductrices. Il se produit entre les fils et celles-ci une condensation qui peut fausser les résultats. Il convient d'employer des fils minces, très éloignés des surfaces conductrices, de façon à obtenir une capacité négligeable.

86. — Dans les calculs précédents, on a admis que l'une des armatures du condensateur est reliée à la terre, de manière à conserver un potentiel constant qui, dans ce cas, est nul. Si les armatures étaient portées à des potentiels V_1 et V_2, la capacité aurait pour expression

$$c = \frac{q}{V_1 - V_2}.$$

87. — **Bouteille de Leyde.** — Si, dans la formule du condensateur sphérique, on suppose les rayons r et r' très peu différents, on a approximativement

$$c = \frac{r^2}{K\,d},$$

d étant la distance des sphères,
d'où

$$c = \frac{4\,\pi\,r^2}{4\,\pi\,K\,d} = \frac{s}{4\,\pi\,K\,d}.$$

Cette formule, identique à celle du condensateur plan, est applicable à un condensateur de forme quelconque à la condition que les armatures soient suffisamment rapprochées et leur courbure assez faible pour qu'on puisse considérer comme uniforme le champ à l'intérieur du diélectrique.

Lorsqu'une grande exactitude n'est pas nécessaire, on admet qu'il en est ainsi dans le cas de la *bouteille de Leyde*. A l'inverse du condensateur à feuilles d'étain, décrit au paragraphe 82, ce condensateur peut supporter des différences de potentiels considérables. Il consiste en un flacon ou un bocal en verre verni à la gomme-laque et dont les surfaces externe et interne sont garnies de feuilles d'étain jusqu'à une certaine distance de l'ouverture. Une tige métallique traversant le goulot et terminée par un bouton permet de relier l'armature interne avec une source d'électricité.

Pour obtenir de grandes capacités, on peut réunir plusieurs bouteilles *en surface*, les armatures internes communiquant entre elles, de même que les armatures externes.

88. — **Énergie des conducteurs électrisés.** — Soit un système de masses électriques q, q', q''... à des potentiels V, V', V''....

En vertu des propriétés démontrées pour les forces newtonniennes, § 25, l'énergie potentielle du système est

$$W = \tfrac{1}{2} \Sigma\, q\, V.$$

On remarquera que les conducteurs reliés au sol, dont le potentiel est nul, ne fournissent aucun élément à cette somme, lors même qu'ils portent des charges électriques.

Dans le cas d'un condensateur dont l'une des armatures communique avec la terre, q et V étant respectivement la charge et le potentiel de l'autre armature,

$$W = \tfrac{1}{2}\, q\, V.$$

Si l'on désigne par c la capacité du condensateur,

$$q = c\, V,$$

d'où

$$W = \tfrac{1}{2}\, q\, V = \tfrac{1}{2}\, c\, V^2 = \tfrac{1}{2}\, \frac{q^2}{c}.$$

89. — Travail accompli pendant le déplacement des conducteurs électrisés. Cas des charges constantes. — L'énergie d'un système de corps électrisés représente le travail qu'ils peuvent développer lorsqu'ils se déplacent sous l'effet des forces qui les sollicitent. Si, pendant le déplacement, les corps restent isolées les uns des autres et du sol, leurs charges sont constantes ; mais comme l'énergie potentielle a diminué d'une quantité égale au travail accompli, il en résulte que les potentiels des charges ont nécessairement diminué. Si, au contraire, on vainc les forces électriques agissantes par une dépense de travail, on accroît le potentiel des charges. C'est ainsi que deux corps frottés, qui présentent des couches électriques égales et opposées en contact, prennent des potentiels croissant à mesure qu'on les éloigne l'un de l'autre. D'une manière générale, la variation de l'énergie potentielle dW est égale et opposée au travail des forces dt. On a donc

$$dW = -\, dt = \tfrac{1}{2} \Sigma\, q\, dV + \tfrac{1}{2} \Sigma\, V\, dq.$$

Si les charges sont isolées, dq est nul, et par suite

$$dW = -\, dt = \tfrac{1}{2} \Sigma\, q\, dV.$$

90. — Cas du déplacement de conducteurs dont les potentiels restent constants. — Supposons que deux conducteurs A, B, soient reliés par des fils longs et minces aux armatures d'un condensateur de capacité c infiniment grande, la différence de potentiel V des armatures étant constante. Admettons, pour préciser, que l'armature positive soit reliée à la terre et que l'armature négative ait un potentiel V. En désignant par $-q$ la charge du conducteur A, chargé au potentiel négatif $-V$, l'énergie potentielle du système A, B, sera

$$w = \tfrac{1}{2} q \, V ;$$

Celle du condensateur est

$$W = \tfrac{1}{2} Q \, V.$$

Remarquons que, comme

$$c = \frac{Q}{V} = C^{te},$$

on a

$$V \, d Q = Q \, dV.$$

Si les corps A et B se rapprochent sous l'action de la force électrique, ils accomplissent un travail aux dépens de l'énergie du condensateur, dont les armatures cèdent une partie de leur charge aux corps A, B. Or, la variation d'énergie du condensateur est

$$- dW = - \tfrac{1}{2} Q \, dV - \tfrac{1}{2} V \, dQ.$$

On remarquera que, bien que la différence de potentiel V soit constante, le premier terme du second membre n'est pas nul, puisque Q est infini par hypothèse. Les deux termes sont d'ailleurs égaux.

Comme la perte de charge du condensateur est nécessairement égale au gain des corps A, B, on a

$$dw = \tfrac{1}{2} V \, dq = \tfrac{1}{2} V \, dQ,$$

c'est à dire que l'énergie potentielle des corps A, B, s'accroit d'une quantité égale à la moitié de l'énergie perdue par le condensateur, l'autre moitié est dépensée dans le travail effectué dans le déplacement des deux corps.

On voit donc que *lorsque des conducteurs électrisés se déplacent, leurs potentiels restant constants, grâce à des sources extérieures, leur énergie potentielle s'accroît d'une quantité égale au travail accompli.* Les sources extérieures fournissent par conséquent une énergie égale au double de ce travail.

91. — Application à la théorie des électromètres à quadrants. — Le cadre cylindrique de l'électromètre à quadrants, § 67, fig. 35, constitue avec chacun des quarts de cylindre un condensateur où

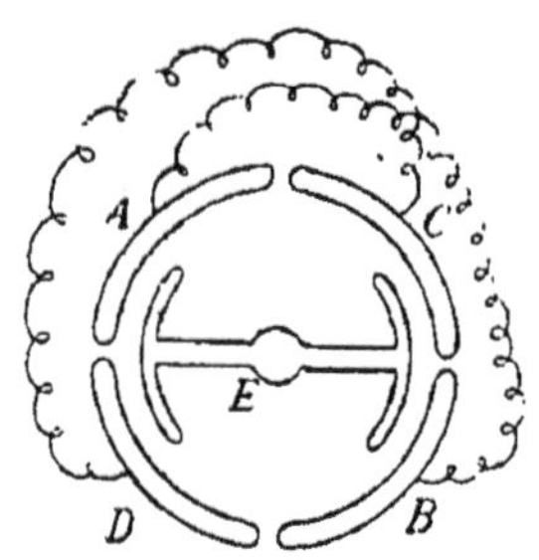

Fig. 35.

l'on peut distinguer deux régions ; l'une, située vers les bords des armatures, sur laquelle la distribution d'électricité est irrégulière ; l'autre comprenant la partie médiane, et présentant une distribution uniforme. Les quarts de cylindre étant réunis deux à deux, on n'a à considérer que les phénomènes de condensation développés entre le cadre et chacune des paires de quadrants A, B ; C, D.

Lorsque le cadre tourne légèrement autour de son axe de suspension, dans le sens des aiguilles d'une montre par exemple, la capacité du condensateur $E - A, B$ augmente ; celle du condensateur $E - C, D$ diminue ; mais cette variation porte simplement sur l'étendue de la région où la distribution des charges est uniforme.

Appelons V le potentiel du cadre ,

   V_1 celui des quadrants A , B ,

   V_2 celui des quadrants C , D .

Désignons par c la capacité des condensateurs pour une surface correspondant à l'unité d'angle, dans la région où la distribution est régulière ; pour une petite déviation θ, l'accroissement de la charge est d'une part

$$c\,\theta\,(V - V_1),$$

la diminution d'autre part

$$c\,\theta\,(V - V_2).$$

La variation d'énergie potentielle du système est donc

$$\tfrac{1}{2}\,c\,\theta\,(V - V_1)^2 - \tfrac{1}{2}\,c\,\theta\,(V - V_2)^2.$$

Cette variation est égale au travail du couple résistant, constitué par la torsion du fil. Coulomb a démontré que, entre certaines limites, celle-ci est proportionnelle à l'angle de torsion.

En appelant τ le facteur de proportionnalité, pour l'angle θ le couple est $\tau\theta$, et le travail acompli sera

$$\int_0^\theta \tau\,\theta\,d\theta = \frac{\tau\,\theta^2}{2}.$$

Par suite

$$\frac{\tau\,\theta^2}{2} = \tfrac{1}{2}\,c\,\theta\left\{ (V - V_1)^2 - (V - V_2)^2 \right\},$$

d'où

$$\theta = 2\,\frac{c}{\tau}\left(V_2 - V_1 \right)\left(V - \frac{V_2 + V_1}{2} \right).$$

Cette formule montre que la déviation est nulle, lorsque les quadrants sont au même potentiel.

92. — 1° Lorsque le potentiel de l'aiguille est très grand relativement à celui des quadrants, la formule se réduit à

$$\theta = 2\,\frac{c}{\tau}\,(V_2 - V_1)\,V.$$

2° Si l'on fait communiquer le cadre avec une des paires de quadrants C, D, par exemple, on a

$$V = V_2,$$

d'où

$$\theta = 2\,\frac{c}{\tau}\left(V - V_1 \right)\left(V - \frac{V + V_1}{2} \right) = \frac{c}{\tau}\left(V - V_1 \right)^2.$$

La déviation est alors proportionnelle au carré de la différence de potentiel du cadre et de A, B.

7

3° Dans le cas où les quadrants sont maintenus à des potentiels égaux et opposés , $V_1 = - V_2$, ce qu'on peut obtenir comme on le verra en les reliant aux pôles d'une pile, on a

$$0 = 4\,\frac{c}{\tau}\,V\,V_2.$$

La déviation est proportionnelle au potentiel du cadre.

M. Gouy (1) a montré que la formule précédente est en défaut lorsque les potentiels des quadrants sont considérables relativement à celui de l'aiguille. Il existe alors un couple directeur électrique qui agit en même temps que le couple de torsion et dont l'action doit entrer en ligne de compte.

Il faut remarquer, en outre, que, si l'aiguille n'est pas de même métal que les quadrants, il naît une différence de potentiel de con-tact, § 97, qui altère légèrement les résultats et qu'on élimine en faisant deux expériences successives dans lesquelles la différence de potentiel parasite produit des effets égaux et contraires. La moyenne des déviations obtenues constitue le résultat cherché.

93. — Pouvoir inducteur spécifique des diélectriques. — Nous n'avons pas jusqu'à présent eu égard au diélectrique séparant les armatures des condensateurs. Afin d'étudier cet élément, consi-dérons deux condensateurs plans identiques, le diélectrique du premier étant l'air, celui du second la paraffine.

Les armatures semblables étant reliées à la terre, électrisons l'armature libre du premier au potentiel V, et mettons-la en communication avec le cadre de l'électromètre, dont les quadrants sont supposés à des potentiels égaux et contraires. Soit α la déviation du cadre. Réunissons ensuite les armatures libres des deux condensateurs par un fil. Comme la charge initiale q se répartit sur les deux condensateurs, le potentiel diminue et devient V', la déviation de l'électromètre tombe à α'. En appelant c et c' les capacités des deux condensateurs, on a la condition

$$q = c\,V = (c + c')\,V',$$

---

(1) *Journal de Physique,* 1888.

d'où

$$\frac{V}{V'} = \frac{c + c'}{c}; \quad \text{mais } \frac{V}{V'} = \frac{\alpha}{\alpha'},$$

par suite

$$\frac{c'}{c} = \frac{\alpha}{\alpha'} - 1.$$

Le rapport $\frac{c'}{c}$ s'appelle *pouvoir inducteur spécifique* ou *capacité inductive spécifique* de la paraffine par rapport à l'air. Ce rapport est environ 2,3 dans le cas actuel.

On pourrait rapporter les capacités des diélectriques à celle du vide, en disposant l'un des condensateurs dans une chambre à vide. Voici, d'après M. Boltzmann, quelques valeurs ainsi obtenues :

$$
\begin{array}{ll}
\text{Soufre} & 3,84. \\
\text{Verre.} & 5,83 \text{ à } 6,34. \\
\text{Paraffine} & 2,32. \\
\text{Ebonite.} & 2,21 \text{ à } 2,76. \\
\text{Essence de térébenthine} & 2,21. \\
\text{Air.} & 1,00059. \\
\text{Anhydride carbonique.} & 1,000946.
\end{array}
$$

La comparaison de ces valeurs avec les indices de réfraction des mêmes substances pour la lumière montre que les premières sont sensiblement proportionnelles au carré des seconds.

Comme l'indice de réfraction d'un milieu est inversement proportionnel à la vitesse de la lumière dans celui-ci, il en résulte que les capacités inductives spécifiques des corps sont inversement proportionnelles au carré de la vitesse de la lumière dans ces corps.

94. — Nature du coefficient K de la loi de Coulomb. — Etant donné un condensateur à air, chargé d'une quantité d'électricité q au potentiel

$$V = K \, \Sigma \, \frac{q}{r},$$

la capacité est

$$c = \frac{q}{V}.$$

Substituons à l'air un autre diélectrique, en maintenant la charge constante, on aura une nouvelle capacité

$$c' = \frac{q}{V'},$$

le potentiel variant nécessairement et devenant

$$V' = K' \, \Sigma \frac{q}{r}.$$

De là on tire

$$\frac{c}{c'} = \frac{V'}{V} = \frac{K'}{K}.$$

Or le rapport des capacités $\dfrac{c}{c'}$ est le même que celui des capacités inductives spécifiques.

Par suite, le coefficient de la loi de Coulomb est inversement proportionnel à la capacité inductive du diélectrique qui sépare les corps électrisés, et, si les déductions du dernier paragraphe sont vraies, ce coefficient est aussi proportionnel au carré de la vitesse de la lumière dans le diélectrique.

C'est parce que le coefficient K n'est pas un facteur arbitraire, mais bien une quantité physique, que nous l'avons conservé dans les formules. On verra l'importance de ce coefficient dans la comparaison des unités électriques.

95. — Rôle des diélectriques. Déplacement. — Ce que nous venons de voir montre l'importance du rôle du diélectrique dans les actions électro-statiques. Voici une expérience qui amène à envisager le phénomène de la condensation sous un jour nouveau.

Un condensateur, formé de trois parties démontables, un gobelet de verre et deux armatures métalliques, est chargé à la manière ordinaire. On sépare les trois pièces et on relie les armatures avec le sol; puis on recompose le condensateur, que l'on peut décharger comme s'il était resté intact.

Cette expérience démontre que la charge résidait tout au moins en partie sur le diélectrique.

Faraday a déduit de là une hypothèse ingénieuse. Selon lui, les diélectriques présentent une polarisation qui rappelle celle que nous avons rencontrée dans les phénomènes d'aimantation. Cette polarisation se fait suivant les lignes et les tubes de force qui relient les armatures des condensateurs et en général les corps électrisés.

Considérons entre deux conducteurs A et B un tube élémentaire réunissant des éléments correspondants, ds_1, ds_2, chargés aux densités σ_1, σ_2, § 76.

Ce tube peut être subdivisé par des sections équipotentielles en éléments de volume présentant sur les faces terminales opposées des charges égales et contraires qui se font équilibre. Aux extrémités du tube existent des quantités d'électricité libre

$$+ q = \sigma_1\, ds_1$$
$$- q = \sigma_2\, ds_2$$

qui chargent les conducteurs, ceux-ci n'ayant d'autre fonction que de limiter le diélectrique.

Dans cette hypothèse, le produit $\sigma\, ds$ est constant le long du tube; mais, comme à la surface des conducteurs, § 74, on a

$$\sigma_1 = \frac{H_1}{4\,\pi\,K}$$

et comme le produit $H\, ds$ est constant dans le tube, § 21, on en conclut qu'en un point quelconque du champ, la quantité d'électricité déplacée par unité de surface équipotentielle est égale à l'intensité du champ en ce point, divisée par le facteur $4\,\pi\,K$.

$$\sigma = \frac{H}{4\,\pi\,K}.$$

Maxwell appelle cette expression le *déplacement d'électricité* dans le diélectrique.

On reconnaîtra l'analogie qui existe entre l'induction électrique ainsi interprétée et l'induction magnétique, le déplacement électrique correspondant à l'intensité d'aimantation et le pouvoir inducteur spécifique au coefficient d'aimantation.

Cette manière de voir fournit une explication de l'énergie des conducteurs électrisés.

On conçoit en effet qu'il puisse résulter de la polarisation des molécules diélectriques un état de tension suivant les lignes de force, en vertu duquel celles-ci tendent à se raccourcir en provoquant le rapprochement des conducteurs limitant le diélectrique.

Cette tension, qui est comparable à celle d'un corps élastique, assimile l'énergie du diélectrique à l'énergie d'un ressort.

Il est facile de vérifier que, si le champ électrique est uniforme entre les armatures d'un condensateur, tel qu'un condensateur à anneau de garde, l'énergie totale a pour expression le volume du diélectrique multiplié par $\dfrac{H^2}{8\,\pi\,K}$, H étant l'intensité du champ.

En effet, en conservant les notations précédentes,

$$W = \tfrac{1}{2}\frac{q^2}{c} = \tfrac{1}{2}\frac{s^2\,\sigma^2}{\dfrac{s}{4\,\pi\,K\,d}} = \tfrac{1}{2} \times \text{volume} \times 4\,\pi\,K\,\sigma^2,$$

or,

$$\sigma = \frac{H}{4\,\pi\,K},$$

d'où

$$W = \tfrac{1}{2} \times \text{volume} \times \frac{H^2}{4\,\pi\,K}.$$

Dans le cas d'un champ uniforme, l'énergie du diélectrique par unité de volume est donc exprimée par

$$\frac{H^2}{8\,\pi\,K}.$$

Maxwell a démontré qu'il en est de même dans le cas d'un champ quelconque et que la loi des attractions et des répulsions des corps électrisés peut s'établir en admettant, suivant les lignes de force, une tension de $\dfrac{H^2}{8\,\pi\,K}$ par unité de surface normale au champ (1).

96. — Charge résiduelle d'un condensateur. — L'état de polarisation d'un diélectrique solide ne cesse pas toujours après la décharge des armatures.

Supposons qu'on électrise une bouteille de Leyde, dont l'armature intérieure communique avec le cadre de l'électromètre à quadrants, tandis que l'armature extérieure est reliée au sol. Au moment où l'on décharge la bouteille, l'électromètre revient au

---

(1) Maxwell, *Electricity and magnetism*, t. I.

zéro, mais l'aiguille reprend graduellement une déviation peu différente de la première. L'expérience de décharge peut être répétée un certain nombre de fois avant que l'aiguille reste au zéro.

Ce phénomène s'explique par une pénétration de l'électricité au sein du diélectrique. Il s'observe particulièrement avec les diélectriques impurs, tels que le verre, la gutta-percha, le caoutchouc. Le soufre, la paraffine présentent le phénomène à un degré beaucoup moindre.

On a appelé *charge résiduelle* l'électrisation des armatures après une première décharge. La charge résiduellle varie avec la durée de l'électrisation du condensateur, tandis que la *charge disponible*, que l'on soustrait au moment du premier contact entre les armatures, est indépendante de cette durée. Pour cette raison, on convient d'appeler capacité d'un condensateur le rapport de la charge disponible à la différence de potentiel des armatures.

97. — Force électro-motrice de contact. — Volta a découvert que deux métaux, tels que le zinc et le cuivre, prennent au contact une différence de potentiel déterminée.

A l'exemple de sir W. Thomson, composons un demi-disque de deux parties, l'une de cuivre, l'autre de zinc, et suspendons au-dessus de la ligne de contact une feuille métallique mince. Lorsqu'on électrise positivement la feuille, elle se déplace vers le cuivre ; électrisée négativement, elle est attirée vers le zinc.

On pourra de même constituer l'électromètre, § 67, à l'aide de deux quadrants A, B, en zinc et deux quadrants C, D, en cuivre. En reliant les quadrants de cuivre à ceux de zinc par des fils de cuivre, on obtiendra une déviation du cadre vers le zinc ou vers le cuivre, suivant que sa charge sera négative ou positive.

Cette expérience démontre qu'au contact le zinc se charge positivement, le cuivre négativement. En vertu de ces charges, les deux métaux prennent des potentiels opposés, dont la différence s'appelle *force électro-motrice de contact.*

Des forces électro-motrices semblables naissent probablement au contact de tous les corps hétérogènes. Elles seraient dues, suivant Helmholtz, à des attractions spécifiques différentes des corps pour l'électricité. Ceux, dont l'attraction est la plus grande, prendraient de l'électricité en excès, c'est à dire une charge positive. A la surface de séparation, il se produirait deux couches électriques inverses, occasionnant la différence de potentiel constatée.

Cette hypothèse rend compte du fait, démontré par l'expérience, qu'un même corps est susceptible de prendre des charges opposées suivant la nature des corps mis en contact avec lui. Le cuivre, par exemple, est négatif vis-à-vis du zinc et positif par rapport à l'argent.

D'une manière générale, on réserve le nom de force électromotrice à toute cause de déplacement de l'électricité. Une différence de potentiel est toujours produite par une force électro-motrice dont elle sert à mesurer la grandeur.

La force électro-motrice de contact fournit une explication du développement de l'électricité par le frottement, lequel n'aurait d'autre effet que de rendre plus intime le contact entre les corps frottés.

Les potentiels élevés qu'acquièrent les corps frottés s'expliquent par la séparation des charges inverses. Considérons, par exemple, deux disques, l'un de zinc, l'autre de cuivre, en contact. Les potentiels que prennent ces deux métaux dépendent des charges et des distances relatives de celles-ci. Pour un point du disque de zinc par exemple, le potentiel, qui est constant dans toute la masse homogène, est donné par la somme des rapports des charges positives du disque à leurs distances à ce point, diminuée de la somme des rapports des charges négatives, distribuées sur le disque voisin, aux distances correspondantes.

Si l'on éloigne les deux disques, le terme soustractif diminue très rapidement, en sorte que le potentiel positif du zinc devient considérable, ainsi que le potentiel négatif du cuivre.

L'accroissement d'énergie potentielle

$$W = \tfrac{1}{2} \Sigma\, q\, V$$

qui en résulte est égal au travail dépensé pour séparer les charges opposées.

98. — Électrophore. — C'est là le principe de l'électrophore de Volta, dont nous donnons ci-après le modèle perfectionné par Phillips.

Un disque d'ébonite A, fig. 36, percé d'un trou, repose sur un

disque de laiton B portant une goupille, laquelle n'affleure pas tout
à fait la surface supérieure de l'ébonite. On électrise négativement

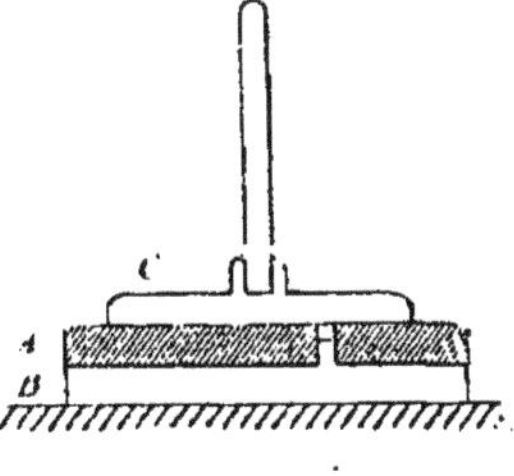

Fig. 36.

cette surface en la frottant avec un morceau d'étoffe de laine. Après
l'enlèvement de la pièce d'étoffe, la charge positive s'accumule en
grande partie sur la surface supérieure du disque B, en passant par
la main de l'opérateur, le sol et la table d'expérience. Supposons
qu'on amène sur le disque A un plateau métallique C supporté par
un manche isolant; aussitôt l'électricité positive passe de B en C
en franchissant, sous forme d'étincelle, l'intervalle entre la goupille
et le plateau.

Si on enlève ce dernier, il emporte sa charge positive et son
potentiel s'élève rapidement à mesure qu'il s'éloigne. On peut
décharger le plateau et répéter l'expérience un grand nombre de
fois, le disque d'ébonite conservant très longtemps son électrisation.

**99. — Machines électro-statiques à frottement. Machine de
Bornhardt.** — L'électrisation par le frottement forme la base d'un
certain nombre de machines destinées à l'obtention de potentiels
électriques considérables. Nous n'indiquerons que la machine de
Bornhardt, encore employée pour le tirage des mines par l'électricité, fig. 37.

Elle comprend un disque d'ébonite B, dont l'axe est mû par
une manivelle et qui tourne à frottement entre des coussins, c,
bourrés de crin. Ces coussins communiquent avec l'armature extérieure d'une bouteille de Leyde, e, § 87, dont le diélectrique est
également l'ébonite. L'électricité négative développée sur le disque
par le frottement est recueillie par des peignes métalliques d reliés
à l'armature intérieure. Les dents des peignes sont voisines du
disque, et elles cèdent, en vertu du pouvoir des pointes, leur élec-

tricité positive qui neutralise l'électrisation de l'ébonite. Les peignes conservent une charge négative qui se porte sur le condensateur.

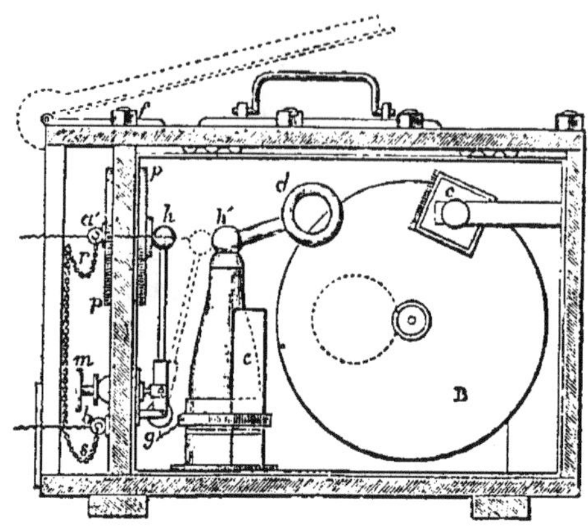

Fig. 37.

Après quelques tours de la manivelle, la bouteille est chargée. On la décharge à travers des fils métalliques reliés à des cartouches de mine et interrompus au milieu de capsules au fulminate de mercure contenues dans ces cartouches. L'étincelle qui nait aux points d'interruption produit l'explosion du fulminate. La machine de Bornhardt est renfermée dans une caisse en bois contenant des substances desséchantes.

Les machines à frottement sont des appareils défectueux au point de vue du rendement, car la force électro-motrice étant due au simple contact, § 97, on comprend que le travail des frottements est transformé pour la plus grande partie en chaleur.

Les machines électro-statiques ont fait un progrès considérable par l'invention des machines à influence.

100. — Machines à influence. Replenisher de sir W. Thomson. Allumoir à gaz. — Deux segments de cylindre métalliques, I et I', fig. 38, appelés inducteurs, enveloppent une pièce mobile formée de deux lames cylindriques, p et p', isolées l'une de l'autre. Les lames p et p', appelées porteurs touchent, pendant leur révolution autour de l'axe, quatre ressorts métalliques, dont deux, r_1, r_2, appartiennent aux inducteurs, les deux autres, r_3, r_4, étant reliés directement entr'eux.

Supposons que l'inducteur I possède une charge positive initiale.

Le porteur p, tournant dans le sens de la flèche, s'électrise par influence et cède au passage sa charge positive au ressort r_3, en conservant son électricité négative qu'il porte sur l'inducteur I' par

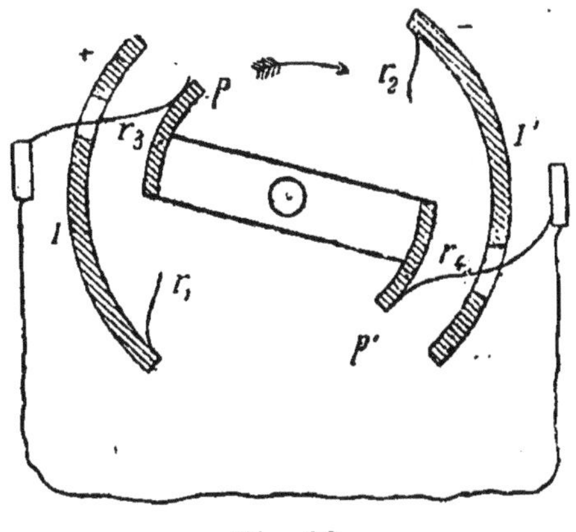

Fig. 38.

l'intermédiaire de r_2. Mais en touchant r_4, sous l'influence de I', il s'électrise positivement et transmet sa nouvelle charge à I, au moment où il rencontre le ressort r_1.

Le porteur p' ajoute son action à celle de p pour accroître l'électrisation des inducteurs. Ceux-ci peuvent être mis en communication avec les armatures d'un condensateur, afin de permettre l'emmagasinement de grandes quantités d'électricité. En tournant les porteurs en sens inverse, on déchargera le condensateur. La charge initiale des inducteurs est souvent donnée aux inducteurs par le contact de ceux-ci avec leurs supports isolants, § 97.

Ce petit appareil était destiné par sir W. Thomson à charger le cadre mobile de l'électromètre à quadrants. Il a été modifié par M. Clarke, qui l'a renfermé avec un condensateur dans le manche d'un allumoir à gaz. Dans le bec de celui-ci aboutissent deux conducteurs, reliés aux armatures du condensateur, et entre lesquels on fait jaillir un flot continu d'étincelles destinées à provoquer l'inflammation d'un jet de gaz.

101. — Machine de Wimshurst. — La machine de Wimshurst présente deux disques parallèles en verre ou en ébonite, fig. 39, tournant en sens inverse. Ces disques portent des secteurs d'étain qui, dans leur rotation, passent devant des peignes, puis arrivent en contact avec des brosses métalliques communiquant deux à deux par un conducteur diamétral.

Fig. 39.

On peut comparer cette machine au replenisher, fig. 38, les brosses jouant le rôle des ressorts r_3, r_4, et les peignes, celui des ressorts r_1, r_2, en vertu du pouvoir des pointes. Enfin les secteurs d'étain d'un plateau servent d'inducteurs par rapport à ceux du plateau voisin et inversement. Des conducteurs reliés aux peignes permettent de recueillir les charges développées par influence.

Les résistances nuisibles des machines de ce genre étant limitées au frottement des coussinets sur leurs axes, on obtient des effets utiles bien supérieurs à ceux des machines du genre Bornhardt.

Les machines électrostatiques ont été peu étudiées au point de vue du rendement, parce que leurs applications se bornent aux expériences de laboratoire.

DÉCHARGES ET COURANTS ÉLECTRIQUES.

Jusqu'à présent nous avons étudié les propriétés des conducteurs chargés de couches d'électricité retenues par les diélectriques et supposées en équilibre. Abordons l'étude du cas de la rupture d'équilibre et des manifestations résultant de cette rupture.

102. — Décharge convective. — L'armature extérieure d'une bouteille de Leyde chargée, fig. 40, communique avec un bouton métallique b', voisin du bouton b de l'armature intérieure. Une balle de sureau, s, étant suspendue par un fil de soie entre les

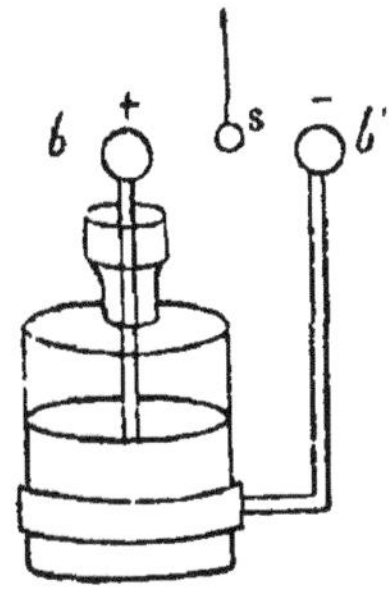

Fig. 40.

deux boutons, s'électrise par influence et est attirée par le bouton le plus voisin, au contact duquel elle prend une charge de même signe. Elle se porte alors sur le bouton opposé et continue à osciller d'un bouton à l'autre en transportant de petites charges électriques jusqu'à ce que les électricités contraires des armatures soient neutralisées.

Le phénomène peut s'interpréter comme un transport d'électricité positive de b à b' et un transport d'électricité négative en sens inverse. Dans l'hypothèse d'un seul fluide le transport se produit tout entier de b à b'.

L'énergie potentielle, $\frac{1}{2}\,\Sigma\,q\,\mathrm{V}$, de la bouteille est ramenée peu à peu à o; elle s'épuise dans les chocs de la balle mobile contre les boutons b et b' et les frottements de la balle contre l'air; il y a donc transformation d'énergie électrique en chaleur.

Cette décharge de la bouteille de Leyde est dite *convective*, parce que le déplacement d'électricité est lié au mouvement du corps qui la porte.

103. — Décharge conductive. Courant électrique. — On provoque la recombinaison immédiate des électricités contraires qui chargent les armatures, en réunissant celles-ci à l'aide d'un fil conducteur. On constate alors la disparition instantanée des électrisations sans déplacement du conducteur, mais on peut montrer que, dans ce cas encore, il y a transformation d'énergie électrique en chaleur au sein du conducteur.

Dans ce but on fait usage du thermomètre de Riess, consistant

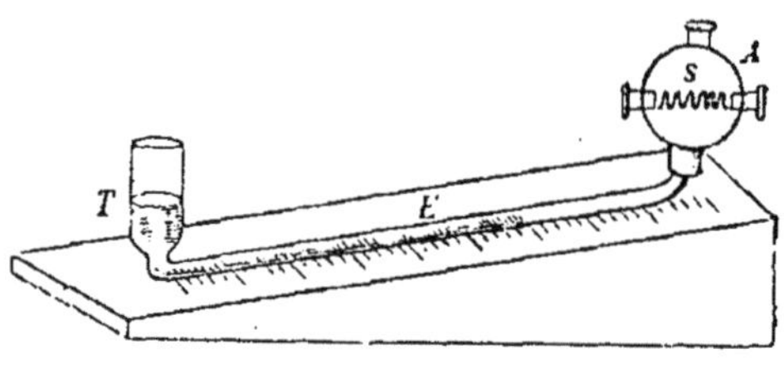

Fig. 41.

en une boule de verre A traversée par une spirale de platine s. La boule communique avec un tube de verre E incliné et terminé par un tube vertical T contenant un liquide coloré. Lorsqu'on effectue la décharge à travers le boudin de platine, la chaleur développée dans celui-ci se communique à l'air de la boule et provoque un déplacement subit du liquide dans le tube incliné. La dilatation de l'air permet de calculer la chaleur dégagée.

Si l'on néglige les pertes par rayonnement, en désignant par c, la chaleur spécifique du platine, m, la masse du fil, d, la dénivellation du liquide, a et b des constantes, la chaleur cherchée est

$$W = a\,d\,(mc + b).$$

Le mécanisme de la décharge conductive s'explique comme celui de la décharge convective, en admettant que les molécules du conducteur jouent le rôle de la balle de sureau ; les échanges d'électricité se produisent de molécule à molécule par le déplacement de celles-ci. L'accroissement d'activité moléculaire correspond au développement de chaleur constaté.

Il ne faut du reste pas perdre de vue qu'avant l'introduction du conducteur entre les armatures, le siège de l'énergie était le diélectrique, § 95. Le transfert de l'énergie de celui-ci dans le conducteur suppose qu'au moment de l'établissement de la communication métallique, les lignes de force se condensent dans le conducteur au sein duquel il se produit une polarisation suivie d'échanges d'électricité dus à l'agitation moléculaire.

Toutefois, il reste à expliquer le mécanisme de ce transfert. Nous verrons, lors de l'étude de courants variables, que le développement de chaleur se produit d'abord dans les couches extérieures du conducteur et que, lorsque le phénomène est suffisamment rapide, il peut ne pas atteindre le milieu de celui-ci.

Une autre manière de voir, peut être moins exacte, mais plus commode, parce qu'elle évoque l'image des phénomènes hydrodynamiques, consiste à admettre, dans le conductenr reliant les armatures, un simple transport ou *courant de fluide électrique* de la tige positive à la tige négative. La chaleur produite dans le conducteur s'explique alors de la même manière que celle que provoque un fluide pondérable frottant contre les parois d'une conduite ; le mouvement du fluide électrique se communique aux molécules du conducteur qu'il échauffe.

On appelle *intensité du courant*, la quantité d'électricité qui passe par seconde à un moment donné à travers la section du conducteur. On convient d'admettre que le courant est dirigé de l'armature positive à l'armature négative.

104. — Décharge disruptive. — Si l'on adopte la manière de voir de Faraday et de Maxwell, on conçoit qu'en augmentant graduellement la différence de potentiel des armatures d'un condensateur, il arrive un instant où la tension du diélectrique n'est plus équilibrée par sa tenacité, en sorte qu'il se produit une rupture. C'est, en effet, ce que l'expérience démontre. Le diélectrique d'un condensateur est percé lorsque la tension dépasse une certaine limite, et il se produit alors un retour brusque à l'état neutre, en même temps qu'on constate une étincelle entre les armatures.

Cette décharge est appelée *disruptive*.

105. — Étincelle et aigrette électriques. Leurs effets. — Dans les gaz, l'étincelle éclate à une tension beaucoup moindre que dans les diélectriques solides. La longueur d'étincelle, pour une tension donnée, dépend naturellement de la forme des conducteurs mis en présence, attendu que la pression électro-statique varie proportionnellement au carré de la densité sur les conducteurs, § 75. Elle varie, en outre, avec la pression du gaz ; la raréfaction accroît l'étincelle jusqu'à une certaine limite à partir de laquelle la décroissance est rapide. Dans le vide, la décharge disruptive cesse complètement.

La matière est donc nécessaire au transport de l'électricité, ce qui semble montrer que ce sont les molécules matérielles qui lui servent de véhicule comme dans le cas de la décharge convective.

Dans un gaz sous pression constante et avec des électrodes pointues, la longueur d'étincelle croît beaucoup plus vite que la différence de potentiel des conducteurs ; ce qui induit à penser que les grandes étincelles dues aux nues orageuses ne sont pas causées par des potentiels hors de proportions avec ceux de nos machines électro-statiques.

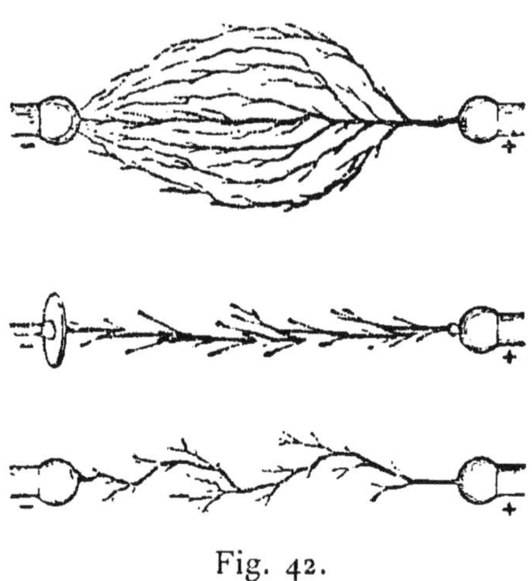

Fig. 42.

L'étincelle affecte des aspects très divers suivant la nature du gaz au sein duquel elle se produit et la forme des conducteurs.

Lorsqu'elle éclate dans l'air à la pression ordinaire entre de gros conducteurs chargés de quantités d'électricité considérables, elle affecte la forme d'un trait incandescent droit, courbe ou en zigzag, et elle produit une détonation violente.

La photographie de cette étincelle montre qu'elle est composée d'un très grand nombre de traits lumineux en faisceaux enchevêtrés et marqués de points plus brillants.

Lorsque les conducteurs ont des dimensions très différentes, l'étincelle semble souvent se ramifier du petit conducteur vers le plus gros.

La durée de l'étincelle de nos machines est extrêmement faible, car l'illumination qu'elle produit permet de photographier des corps animés de mouvements très rapides tels que des projectiles.

Mais les éclairs qui éclatent pendant les orages ont souvent une durée suffisante pour permettre de distinguer la nuit le tremblotement des feuilles d'arbres.

L'examen spectroscopique montre que l'étincelle présente les raies des métaux constituant les conducteurs et des gaz au sein desquels elle se produit, ce qui doit faire attribuer l'éclat de l'étincelle à l'incandescence des particules arrachées violemment et volatilisées. Lorsque les conducteurs sont de natures différentes, on reconnaît qu'il y a transport de matière de l'un à l'autre dans les deux sens, ce qui témoigne d'une oscillation dans le courant de décharge. On verra plus loin la confirmation de cette déduction.

Lorsque l'un des conducteurs présente des arêtes aiguës ou des pointes, la décharge est continue, et elle affecte la forme d'une *aigrette* phosphorescente violacée, accompagnée d'un bruissement particulier et d'un courant d'air appelé vent électrique. Faraday a expliqué ce courant par le déplacement de molécules gazeuses qui s'électrisent au contact de la pointe, puis sont rejetées vers les conducteurs voisins, ce qui montre bien la nature convective du phénomène.

L'agitation moléculaire causée par l'étincelle électrique est particulièrement favorable aux réactions chimiques ; la combinaison de l'oxygène avec l'hydrogène, la production de l'ozone, dont l'odeur accompagne l'étincelle, sont des manifestations bien connues.

Une autre propriété, mise récemment en évidence par M. O. Lodge, est la condensation des vapeurs, fumées ou poussières, dans un milieu traversé par l'étincelle. Si des décharges électriques se produisent dans une atmosphère chargée de particules en suspension, il naît des tourbillons suivis de la précipitation des particules sur les parois environnantes. On a proposé d'appliquer ce phénomène à la condensation des poussières métalliques dans les carneaux des fours à plomb ou à zinc, voire même à la condensation des brouillards épais qui se forment sur certaines villes.

LOIS DU COURANT ÉLECTRIQUE.

106. — Après avoir passé en revue les différents aspects de la décharge des corps électrisés, cherchons à préciser la loi du mouvement de l'électricité dans les corps conducteurs.

Lorsqu'on réunit les armatures d'un condensateur par un fil métallique, la décharge est tellement rapide qu'on ne peut suivre le phénomène par aucune méthode expérimentale connue. L'analyse en est également fort difficile par suite des effets d'induction électro-magnétique qui se produisent dans le fil, comme nous le verrons plus loin.

La complication du cas d'un flux électrique, dans un conducteur dont les extrémités sont à une différence de potentiel variable, amène à étudier en premier lieu le cas d'un conducteur dont les extrémités sont maintenues à une différence de potentiel constante.

Examinons d'abord les moyens d'arriver à un semblable résultat.

107. — Loi des contacts successifs. — Nous avons vu, § 97, que deux corps hétérogènes fournissent au contact une différence de potentiel appelée force électro-motrice de contact, qu'on constate à l'aide d'un électromètre.

Lorsque plusieurs conducteurs A, B, C, D, à la même température, forment une chaîne ouverte, les forces électro-motrices entre les corps en contact s'ajoutent ou se retranchent suivant leur sens, et leur somme algébrique constitue la différence de potentiel entre les extrémités de la série. Si l'on réunit ces extrémités de manière à former une chaîne fermée de conducteurs, la somme algébrique des forces électro-motrices doit être nulle, sinon il se produirait dans le *circuit* un courant d'électricité permanent, lequel ne correspondrait à aucune dépense d'énergie.

En désignant par A | B, B | C, C | D les différences de potentiel successives, on doit avoir

$$A \mid B + B \mid C + C \mid D + D \mid A = 0.$$

d'où

$$A \mid B + B \mid C + C \mid D = - D \mid A = A \mid D.$$

On voit donc que, dans une série de conducteurs reliés les uns aux autres, la différence de potentiel des conducteurs extrêmes est la même que s'ils étaient unis directement.

La soudure qui réunit deux métaux est donc sans effet sur leur différence de potentiel.

108. — Forces électro-motrices thermiques et chimiques. Moyens de maintenir une différence de potentiel constante dans un conducteur. — La loi précédente est en défaut dans deux cas :

1° Lorsque les contacts successifs sont maintenus à des températures différentes.

2° Lorsque les conducteurs successifs agissent chimiquement les uns sur les autres.

Le premier cas a été découvert par Seebeck.

Considérons un fil de cuivre formant un *circuit fermé* avec un fil de zinc. Quand on chauffe une des jonctions, il se produit un flux ou courant électrique allant du cuivre au zinc à travers la soudure chaude. Si l'on dispose d'un électromètre suffisamment délicat, on peut reconnaître que dans chacun des fils les extrémités sont à une différence de potentiel constante, la température de ces extrémités restant invariable.

La découverte du second cas est due à Volta.

Formons un circuit en bouclant un fil de zinc à un fil de cuivre et en plongeant leurs extrémités libres dans de l'acide sulfurique dilué qui *ferme* le circuit. Un courant électrique se produit dans les conducteurs, car l'électromètre accuse dans le fil de cuivre des potentiels décroissant vers le zinc, et dans le fil de zinc, des potentiels décroissant vers l'acide.

Ces deux expériences, qui constituent le fondement des piles thermo-électriques et des piles hydro-électriques sur lesquelles nous reviendrons, fournissent le moyen de maintenir une différence de potentiel constante entre les extrémités d'un fil conducteur intercalé dans le circuit. Nous appellerons forces électro-motrices thermiques ou chimiques celles qui font exception à la loi des contacts successifs.

109. — Loi d'Ohm. — Soit un conducteur homogène, de forme quelconque, dont deux points A et B sont ainsi maintenus à des potentiels différents et constants.

Il se forme dans le conducteur un champ électrique dont les lignes de force vont du point dont le potentiel est le plus élevé, A par exemple, vers le point au potentiel le plus faible.

L'électricité pouvant se déplacer suivant les lignes de force, puisque le champ est conducteur, il est naturel d'admettre qu'il se produit dans chaque tube de force un transport d'électricité proportionnel au flux de force correspondant.

Si, en un élément de surface équipotentielle le flux de force est H ds, le flux d'électricité par seconde sera représenté par $cHds$, c étant une constante pour un conducteur isotrope.

Le flux total d'électricité par seconde, à travers une section équipotentielle du conducteur, sera la somme des flux élémentaires, tels que $cH\,ds$. Comme l'électricité ne peut pénétrer dans le diélectrique ambiant, il en résulte que la surface du conducteur est un tube de force, dans lequel le flux de force ainsi que le flux d'électricité sont constants.

Le flux d'électricité par seconde à travers une section du conducteur s'appelle *intensité du courant*. On convient de considérer comme *sens du courant* le sens du déplacement de l'électricité positive. Le facteur c s'appelle *conductibilité spécifique*.

110. — Cas d'un conducteur à section constante. — Les extrémités d'un conducteur cylindrique homogène étant maintenues à des potentiels constants $V_1 > V_2$, les lignes de force sont parallèles à l'axe du cylindre.

En un point quelconque

$$H = -\frac{dV}{dl},$$

dl désignant un élément parallèle à l'axe.

Comme H est constant le long du cylindre, on a

$$H \int_0^l dl = - \int_{V_1}^{V_2} dV,$$

ou

$$H\,l = V_1 - V_2;$$

par conséquent l'intensité du courant

$$I = \int c\,H\,ds = c\,\frac{V_1 - V_2}{l} \int ds,$$

où le signe $\int$ doit être étendu à toute la section du conducteur; par suite

$$I = \frac{c\,(V_1 - V_2)\,s}{l} = \frac{V_1 - V_2}{\dfrac{l}{cs}}.$$

On peut appliquer le même mode de raisonnement à un conducteur de forme et de section quelconque, à la condition que cette dernière soit constante.

Le rapport $\dfrac{l}{c\,s}$ s'appelle *résistance du conducteur*; $\dfrac{1}{c}$, qui mesure la résistance d'un conducteur ayant l'unité de longueur et l'unité de section, est la *résistance spécifique*.

On voit que la résistance spécifique est l'inverse de la conductibilité spécifique, de même que la résistance d'un conducteur est l'inverse de sa conductibilité.

La relation précédente a été découverte par Ohm. Elle s'énonce comme suit :

L'intensité du courant entre deux points d'un conducteur de forme quelconque, mais de section constante, est proportionnelle à la différence de potentiel et inversement proportionnelle à la résistance entre ces points.

En vertu de la définition donnée de l'intensité du courant, la quantité d'électricité qui passe à travers une section du conducteur en un temps t est

$$q = \mathrm{I}\,t.$$

Cette relation évidente est parfois appelée loi de Faraday.

111. — Représentation graphique de la loi d'Ohm. — La loi d'Ohm montre que dans un conducteur à section constante les potentiels décroissent uniformément, car la relation

$$d\mathrm{V} = \mathrm{I}\,\frac{d\,l}{c\,s},$$

indique que la variation du potentiel est proportionnelle à la variation de longueur.

Portons sur une horizontale O x une longueur O A mesurant à une certaine échelle la résistance R d'un conducteur.

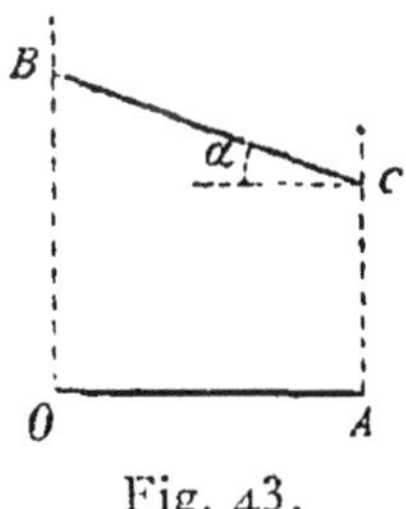

Fig. 43.

Sur les normales aux extrémités de OA, prenons des segments de droites OB et AC figurant les potentiels V_1 et V_2 des extrémités du conducteur. Les ordonnées de la droite BC représentent les potentiels aux points intermédiaires du conducteur.

L'intensité du courant est mesurée par la tangente de l'inclinaison de B C sur OA, car on a

$$\tan \alpha = \frac{OB - AC}{OA} = \frac{V_1 - V_2}{R}.$$

112. — Période variable du courant. — Considérons un conducteur parcouru par un courant et enveloppé d'une gaîne diélectrique, laquelle est entourée d'une couche conductrice. Tel est le cas d'un conducteur isolé et plongé dans l'eau. Si la couverture conductrice est reliée à la terre, son potentiel est nul, et il se forme dans le diélectrique un *champ électrique* dont les lignes de force vont du conducteur intérieur à l'enveloppe ou inversement, suivant que les potentiels du conducteur sont plus grands ou plus petits que zéro.

Ces lignes de force relient des points supportant des charges opposées, § 76, en sorte que les surfaces en regard du diélectrique prennent des électrisations contraires, comme dans le cas d'un condensateur. Toutefois, la charge par unité de longueur variera aux divers points du conducteur. Si, par exemple, les potentiels décroissent uniformément dans le conducteur de V à o, la charge décroîtra aussi d'une manière régulière d'une extrémité à l'autre et la charge totale du conducteur sera égale à la capacité du condensateur multipliée par la différence de potentiel moyenne des deux armatures.

Pour expliquer ce phénomène de condensation, on doit admettre qu'au moment où une différence de potentiel naît dans le conducteur, un flux momentané d'électricité traverse la paroi de celui-ci pour produire la distribution superficielle. Cette *période variable* est suivie du *régime permanent*, pendant lequel le flux électrique est constant et s'écoule tout entier parallèlement aux parois.

113. — Application de la loi d'Ohm à la période variable du courant dans les corps peu conducteurs. — Lorsque les armatures d'un condensateur sont réunies par un isolant imparfait, tel que le caoutchouc, la gutta-percha, on constate qu'elles perdent peu à peu leur électrisation. On peut attribuer la perte à une certaine conduction à travers la masse et appliquer la loi d'Ohm à ce cas particulier de période variable. Soit c la capacité du condensateur, R sa résistance, V la différence de potentiel des armatures.

A un moment quelconque, le courant I est le rapport de la différence de potentiel à la résistance.

$$I = \frac{V}{R}.$$

La quantité d'électricité qui passe pendant un temps dt est

$$- dq = I\, dt,$$

à cet instant.

Mais

$$q = cV, \qquad \S\ 80.$$

Par suite

$$dq = c\, dV,$$

d'où

$$I = \frac{V}{R} = - c\, \frac{dV}{dt}.$$

Le temps que la différence de potentiel met à passer de V_1 à V_2 est

$$\int_0^t dt = - c\, R \int_{V_1}^{V_2} \frac{dV}{V},$$

ou

$$t = c\, R \log_e \frac{V_1}{V_2}.$$

114. — Application de la loi d'Ohm au cas d'un circuit hétérogène. — Considérons deux conducteurs $a\,b$, $b\,c$, de résistances R_1 et R_2, en contact au point b, et dont les extrémités libres, a et c, sont maintenues à des potentiels constants V_1 et V_2 par un artifice quelconque. Un courant naîtra du point au potentiel le plus élevé vers le point au potentiel le plus faible. Soit

$$V_1 > V_2.$$

Au point de contact b, il se produit une force électro-motrice E, mesurée par la différence des potentiels V'_1, V'_2, des deux côtés de la surface de séparation.

Soit

$$V'_1 > V'_2,$$

on a

$$E = V'_1 - V'_2.$$

Appliquons la loi d'Ohm aux deux tronçons $a\,b$, $b\,c$, en remarquant que l'électricité, ne pouvant être ni accumulée ni soustraite au point b pendant le régime permanent, l'intensité du courant doit nécessairement être la même dans les deux conducteurs.

On aura donc

$$I = \frac{V_1 - V'_1}{R_1} = \frac{V'_2 - V_2}{R_2} = \frac{V_1 - V_2 - (V'_1 - V'_2)}{R_1 + R_2} = \frac{V_1 - V_2 - E}{R_1 + R_2}.$$

Dans le cas où

$$V'_2 > V'_1,$$

$$I = \frac{V_1 - V_2 + E}{R_1 + R_2}.$$

D'une manière générale on aura la relation

$$I = \frac{V_1 - V_2 \pm E}{R_1 + R_2},$$

la force électro-motrice E étant prise avec le signe $+$ ou le signe $-$, suivant qu'elle produit un relèvement ou un abaissement de potentiel dans le sens du courant, c'est à dire suivant qu'elle tend à accroître ou à diminuer l'intensité.

Par extension, s'il y a plusieurs conducteurs en contact, E_1, E_2, E_3... étant les forces électro-motrices, R_1, R_2, R_3..., les résistances, on aura

$$I = \frac{V_1 - V_2 + \Sigma E}{\Sigma R},$$

les signes des forces électro-motrices étant déduits de la règle précédente.

Si l'on relie directement les conducteurs extrêmes, on aura

$$I = \frac{\Sigma E}{\Sigma R}.$$

Nous savons que ΣE est nul, à moins qu'il y ait aux points de jonction des inégalités de température ou des actions chimiques, § 108.

115. — Représentation graphique. — Considérons le cas de trois conducteurs. Portons successivement sur l'axe des x des longueurs proportionnelles à leurs résistances R_1, R_2, R_3.

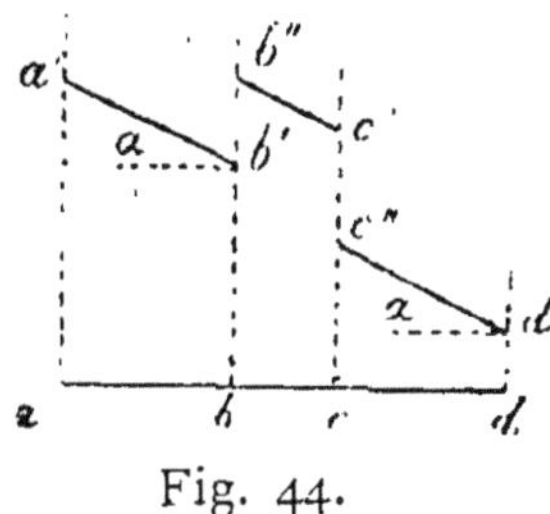

Fig. 44.

Soit $a\,a' = V_1$, fig. 44. Du point a' tirons la droite $a'\,b'$ inclinée d'un angle α, tel que

$$\text{tang } \alpha = I.$$

Si la force électro-motrice de contact E_1 est positive, portons-la suivant $b'\,b''$ et de b'' menons la parallèle $b''\,c'$ à $a'\,b'$.

La force électro-motrice E_2, supposée négative, sera portée en $c'\,c''$ et la nouvelle ligne $c''\,d'$ limitera le potentiel dd' du point d.

116. — Lois de Kirchhoff. — On entend sous le nom de lois de Kirchhoff deux règles, l'une évidente lorsqu'on assimile le courant électrique à un courant fluide, l'autre déduite de la loi d'Ohm, qui permettent de résoudre le cas des circuits électriques les plus compliqués.

Première loi. — En tout nœud d'un réseau de courants la somme algébrique des intensités est nulle.

Cette règle exprime simplement le fait que l'électricité ne peut être ni accumulée, ni soustraite aux points de concours des conducteurs. Les courants sont considérés comme de signes contraires suivant qu'ils s'approchent ou s'éloignent d'un nœud.

Deuxième loi. — Dans tout circuit fermé, la somme algébrique des forces électro-motrices est égale à la somme algébrique des produits des intensités par les résistances des conducteurs.

Soit un circuit *abcd* pris dans un réseau de conducteurs.

Représentons par i_1, i_2, i_3, i_4, les courants dont les sens sont marqués par les flèches, par r_1, r_2, r_3, r_4, les résistances, et par e_1, e_2,

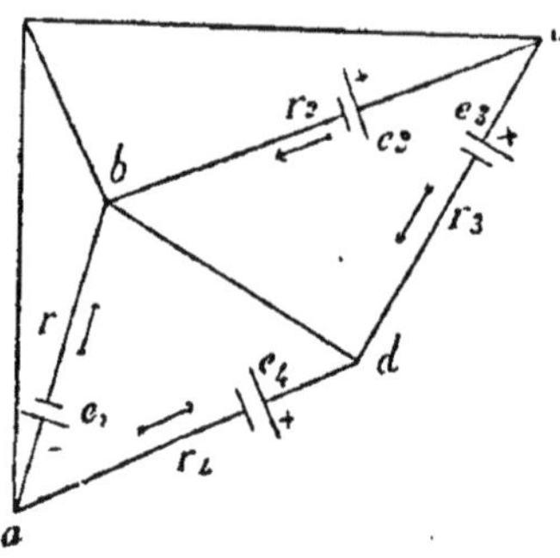

Fig. 45.

e_3, e_4, les forces électro-motrices figurées par des traits parallèles inégaux.

Le signe $+$ indique le côté vers lequel chaque force électro-motrice tend à produire un accroissement de potentiel.

Soient v_1, v_2, v_3, v_4, les potentiels aux nœuds a, b, c, d; on aura, en vertu du § 114,

$$i_1 r_1 = v_1 - v_2 - e_1$$
$$i_2 r_2 = v_3 - v_2 - e_2$$
$$i_3 r_3 = v_3 - v_4 - e_3$$
$$i_4 r_4 = v_1 - v_4 + e_4$$

d'où

$$i_1 r_1 - i_2 r_2 + i_3 v_3 - i_4 v_4 = - e_1 + e_2 - e_3 - e_4,$$

ou

$$\Sigma\, i\, r = \Sigma\, e.$$

Les signes à attribuer aux intensités et aux forces électro-motrices se déterminent aisément : on suit le circuit dans le sens du mouvement des aiguilles d'une montre ; on affecte du signe $+$ les courants dirigés dans ce sens et du signe $-$ ceux dirigés en sens contraire. Quant aux forces électro-motrices, on leur attribue des signes $+$ ou $-$, suivant qu'elles donnent lieu, dans le sens adopté, à un accroissement ou à une diminution du potentiel.

L'application des lois de Kirchhoff à une combinaison de n

conducteurs conduit à n équations distinctes entre les intensités, les résistances et les forces électro-motrices, d'où l'on pourra déduire n de ces quantités si les autres sont connues.

Cette méthode permettra, par exemple, de déterminer les intensités avec leurs signes. On commencera par admettre des sens de courant arbitraires. Les sens réels résulteront du calcul; une valeur positive indiquera que le sens supposé était exact; une valeur négative que le courant était de sens opposé.

117. — Application aux courants dérivés. — Le réseau de circuits, représenté fig. 46, comprend des conducteurs homogènes de résistances r_1, r_2, r_3, aboutissant aux mêmes points a et b,

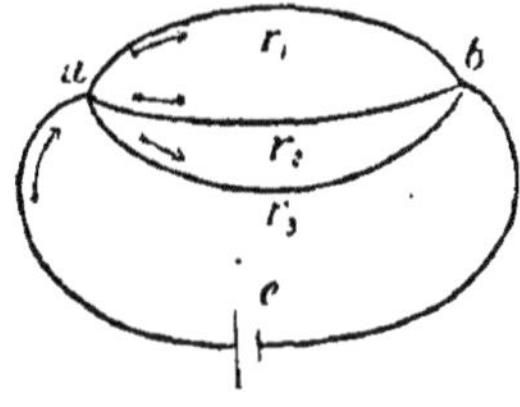

Fig. 46.

lesquels sont reliés par un conducteur de même nature comprenant une force électro-motrice, chimique e. Soit ρ la résistance de cette partie de circuit.

La force électro-motrice produit un courant total I, qui se bifurque suivant les trois branches *dérivées* r_1, r_2, r_3, en trois courants partiels i_1, i_2, i_3, tels que

$$I = i_1 + i_2 + i_3 \qquad \S\ 116.$$

La seconde loi de Kirchhoff fournit les relations

$$I\rho + i_1 r_1 = e$$
$$i_1 r_1 - i_2 r_2 = 0$$
$$i_1 r_1 - i_3 r_3 = 0$$

En éliminant successivement i_1, i_2 et i_3 de ces quatre équations, il vient

$$I = \cfrac{e}{\rho + \cfrac{1}{\cfrac{1}{r_1} + \cfrac{1}{r_2} + \cfrac{1}{r_3}}}\cdot$$

L'expression

$$\frac{1}{\dfrac{1}{r_1} + \dfrac{1}{r_2} + \dfrac{1}{r_3}}$$

représente la résistance combinée de trois conducteurs dérivés r_1, r_2 et r_3.

D'une manière générale, *l'inverse de la résistance combinée de plusieurs conducteurs en dérivation est égal à la somme des inverses des résistances des conducteurs composants.*

118. — Pont ou parallélogramme de Wheatstone. — La disposition de la fig. 47 a été imaginée par Wheatstone dans le but de mesurer les résistances électriques.

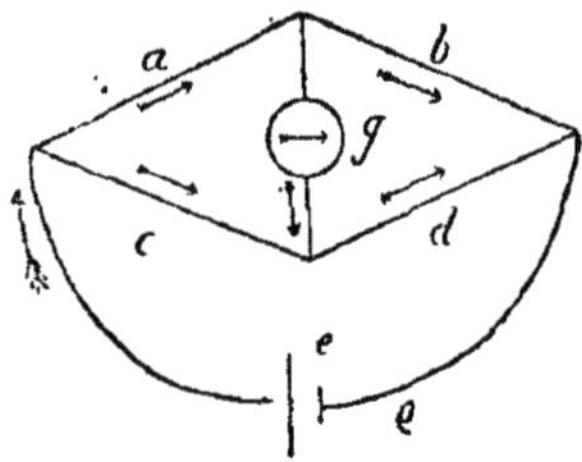

Fig. 47.

Soient 6 conducteurs de résistances a, b, c, d, g, ρ. La branche ρ contient une force électro-motrice e, la branche g un appareil destiné à constater le passage d'un courant.

Le courant total I se divise en courants partiels que nous désignerons par les majuscules A, B, C, D, G.

L'application des lois de Kirchhoff fournit les six équations suivantes :

$$\begin{aligned}
I - A - C &= 0 \\
A - G - B &= 0 \\
C + G - D &= 0 \\
a A + g G - c C &= 0 \\
b B - d D - g G &= 0 \\
a A + b B + \rho I &= e.
\end{aligned}$$

En éliminant A, B, C, D, il vient

$$G = \frac{I\,(ad - bc)}{g\,(a + b + c + d) + (a + c)\,(b + d)}.$$

Pour que le courant G soit nul, il suffit que l'on ait

$$ad = bc \quad \text{ou} \quad \frac{a}{b} = \frac{c}{d}.$$

ÉNERGIE DU COURANT ÉLECTRIQUE.

119. — Expression générale. — En vertu de la définition du potentiel électrique, lorsqu'une quantité d'électricité q passe d'un potentiel V_1 à un potentiel V_2 plus faible, le travail accompli est

$$(V_1 - V_2)\, q.$$

Dans le cas où un courant d'intensité I circule entre les points considérés, le travail par seconde, c'est à dire la puissance électrique développée par le courant, est donc

$$(V_1 - V_2)\, I.$$

Si $V_1 - V_2$ mesure une force électro-motrice E, thermique ou chimique, la puissance aura pour expression

$$E\, I.$$

120. — Application au cas d'un conducteur homogène. Effet Joule. — Si l'on considère un conducteur homogène de résistance R parcouru par un courant constant I, on a

$$(V_1 - V_2)\, I = I^2\, R, \qquad \S\ 110.$$

Le travail développé en un temps t est

$$W = I^2\, R\, t.$$

Joule a vérifié expérimentalement que ce travail est entièrement transformé en chaleur au sein du conducteur.

Une des plus belles illustrations de l'effet Joule est la lampe électrique à incandescence, dans laquelle le courant échauffe un filament de charbon, placé dans une ampoule en verre privée d'air afin d'éviter la combustion.

121. — Cas des conducteurs hétérogènes. Effet Peltier. — Soient plusieurs conducteurs R_1, R_2, R_3, § 115, sans action chimique les uns sur les autres ; appelons I l'intensité du courant qui les traverse, E_1 et E_2 les forces électro-motrices de contact. En vertu de la loi de Joule, la chaleur développée par seconde dans chacun des conducteurs est respectivement $I^2 R_1$, $I^2 R_2$, $I^2 R_3$.

Aux points de jonction, il y a, en outre, des variations brusques de potentiel E_1, E_2, qui correspondent à des puissances électriques $E_1 I$, $E_2 I$. L'accroissement de puissance du courant sera négatif si les potentiels s'abaissent dans le sens du courant, il sera positif dans le cas contraire.

Peltier a constaté dans le premier cas un échauffement du point de jonction ; dans le second, un refroidissement. Ces variations calorifiques sont égales et contraires aux variations d'énergie du flux électrique. Ce phénomène, connu sous le nom d'effet Peltier, permet de mesurer exactement la force électro-motrice de contact. A l'inverse de l'effet Joule, on voit que l'effet Peltier dépend du sens du courant et qu'il change de signe avec ce dernier.

Pour montrer l'effet Peltier, il faut éviter que la chaleur développée dans les conducteurs, en vertu de l'effet Joule, ne masque les variations de température, généralement faibles, aux points de jonction. On y parvient en employant des courants peu intenses et en enduisant les points de jonction d'un corps très fusible, comme la cire. On constate la fusion pour un courant de sens déterminé et la solidification pour un courant inverse.

Il résulte de la loi des contacts successifs, § 107, que dans un circuit fermé où l'on ne maintient pas des différences de température par des sources de chaleur, la somme algébrique des forces électromotrices de contact est nulle et que, par suite, la somme des effets Peltier l'est également.

122. — Effet chimique du courant. Lois de Faraday et de Becquerel. — Lorsque le courant électrique traverse un composé liquide, grâce à des *électrodes* ou conducteurs plongés dans celui-ci et maintenus à des potentiels différents, on observe, outre les échauffements dus aux effets Joule et Peltier, une décomposition du liquide.

Les éléments séparés se portent sur les électrodes avec lesquelles ils se combinent dans certains cas.

Cette décomposition s'appelle *électrolyse* et le corps décomposé, *électrolyte*. L'électrode au potentiel le plus élevé, par laquelle le courant entre, est l'électrode positive ou l'*anode ;* l'autre est l'électrode négative ou *cathode*. Les produits de la décomposition sont les *ions*.

L'électrolyse est régie par les lois de Faraday :

I. — *Les poids des ions déposés et de l'électrolyte décomposé sont proportionnels aux quantités d'électricité qui ont traversé le liquide.*

II. — *Lorsque plusieurs électrolytes sont traversés par le même courant, les poids des divers ions mis en liberté sont entre eux comme les équivalents chimiques de ces ions.*

L'*équivalent électro-chimique* d'un ion ou d'un électrolyte est le poids de ce corps déposé ou décomposé par l'unité de quantité d'électricité.

Loi de Becquerel. — Dans le cas où deux corps forment entr'eux des combinaisons multiples, la décomposition de celles-ci est gouvernée par l'élément négatif. Ainsi, dans l'électrolyse des combinaisons $P\,N$, $P\,N^2$, $P^2\,N^3$ où P est un métal et N un métalloïde, une unité de quantité d'électricité dégage un équivalent électro-chimique de N et des poids égaux à un équivalent électro-chimique de P multiplié par 1, $^1/_2$, $^2/_3$.

123. — **Hypothèse de Grotthus.** — La nécessité de la décomposition d'un électrolyte, pour que celui-ci livre passage au courant, a suggéré l'idée que les ions jouent le rôle de la balle de sureau dans la décharge convective.

Si l'on admet que les molécules de l'électrolyte sont formées de groupes d'éléments portant des charges d'électricité contraires, pouvant, d'après Maxwell, être dues à la force électro-motrice de contact, au moment de l'introduction des électrodes les éléments ou ions positifs s'orienteront vers la cathode, les éléments négatifs vers l'anode. Cette polarisation se produira suivant les lignes de force du champ créé au sein du liquide par les électrodes. Si l'intensité du champ est suffisante pour vaincre l'affinité chimique du composé, les ions voisins des électrodes sont libérés, tandis que, dans les molécules intermédiaires du liquide, il y a simplement échange d'éléments. On s'explique ainsi pourquoi les produits de la décomposition n'apparaissent qu'aux points d'entrée et de sortie du courant.

La charge électrique amenée par seconde par les ions positifs sur la cathode représente l'intensité du courant, ce qui rend compte de la première loi de Faraday. Pour justifier la seconde loi, il suffit d'admettre que les éléments électro-négatifs de divers électrolytes ont tous la même charge électrique.

D'après la théorie cinétique de Clausius, les molécules sont animées de mouvements et leurs chocs provoquent la dissociation en atomes composants. Mais ceux-ci se recombinent aux atomes libérés des molécules voisines, en sorte qu'il y a des échanges continuels dans toutes les directions. Le courant électrique oriente ces mouvements et amène une décomposition définitive aux électrodes.

124. — Application de la conservation de l'énergie à l'électrolyse. Pile voltaïque. — On peut envisager le phénomène de l'electrolyse au point de vue de la conservation de l'énergie.

Dans une réaction électrolytique endothermique, qui absorbe de l'énergie, comme c'est le cas lorsqu'on décompose l'eau acidulée entre des électrodes de platine, l'énergie disponible du courant est diminuée; il y a dans le sens du courant un abaissement de potentiel mesurant ce qu'on appelle la *force électro-motrice de polarisation* de l'électrolyte. Cette force électro-motrice est négative, § 114, et elle tend à produire un courant inverse. On pourra constater l'existence de cette force électro-motrice en réunissant, aussitôt après l'électrolyse, les conducteurs de platine à un appareil permettant de déceler le passage d'un courant et fermant le circuit. On observera un courant dirigé de la cathode à l'anode dans l'électrolyte, et en même temps les éléments libérés, oxygène et hydrogène, se recombineront.

Sir W. Thomson a montré que l'on peut calculer la force électro-motrice de polarisation, lorsqu'on connaît l'énergie de combinaison de l'électrolyte. En effet, s'il ne se produit *aucune action secondaire,* la puissance électrique absorbée, représentée par le produit ei de la force électro-motrice de polarisation par l'intensité du courant, est égale à la chaleur de combinaison, exprimée en unités absolues, du poids d'électrolyte décomposé par seconde.

Soient p l'équivalent électro-chimique de l'électrolyte, c la chaleur de combinaison de l'unité de poids de celui-ci ; on a

$$ei = p\,c\,i,$$

d'où

$$e = p\,c.$$

Cette expression donne la différence de potentiel minimum des électrodes nécessaire pour produire la décomposition.

On déduit de ces considérations un moyen de séparer les éléments de divers électrolytes mélangés. Soit, par exemple, une solution contenant du sulfate de zinc et du sulfate de cuivre ; comme la chaleur de combinaison du second sel est moindre que celle du premier, on pourra, en graduant convenablement la différence de potentiel des électrodes, déposer d'abord le cuivre, puis le zinc, sur la cathode.

Il y a des cas où les ions réagissent sur les électrodes, en donnant lieu à des composés nouveaux. L'énergie dégagée par ces réactions doit entrer en ligne de compte dans le calcul de la force électro-motrice nécessaire à la décomposition.

Considérons l'exemple de l'électrolyse d'une dissolution de sulfate de cuivre entre des électrodes de cuivre. Le cuivre libéré se portera sur la cathode et l'acide sur l'anode, qu'il dissoudra équivalent pour équivalent. La réaction aux électrodes neutralise ainsi l'effet chimique du courant, en sorte que la force électro-motrice de décomposition est nulle. Toute l'énergie du courant se traduit par l'effet Joule, c'est à dire par l'échauffement du bain.

Supposons que l'eau acidulée d'acide sulfurique soit décomposée entre une anode de zinc et une cathode de cuivre. L'hydrogène se déposera sur celui-ci, l'oxygène formera avec l'anode de l'oxyde de zinc qui se dissoudra à l'état de sulfate de zinc. Mais comme la chaleur de combinaison du sulfate de zinc est supérieure à celle de l'acide sulfurique, il en résulte une quantité d'énergie libérée qui se traduit par un accroissement de potentiel dans le sens du courant mesurant la force électro-motrice disponible.

Cette force électro-motrice est $E = p\,c - p'\,c'$, $p\,c$ exprimant la chaleur de formation d'un équivalent électro-chimique de sulfate de zinc, $p'\,c'$ celle d'un équivalent d'acide sulfurique.

Une telle combinaison, appelée *couple* ou *élément voltaïque*, est une source d'électricité. En effet, si l'on réunit les deux électrodes par un fil de cuivre, on constate que celui-ci est traversé par un courant qui va du zinc au cuivre dans l'électrolyte et du cuivre au zinc dans le *circuit extérieur* formé par le fil.

Le sens du courant dans le circuit extérieur montre que le cuivre est à un potentiel plus élevé que le zinc, d'où le nom de *pôle positif* ou *plaque positive* donné à la lame de cuivre. Par opposition, la lame de zinc s'appelle *plaque négative* ou *pôle négatif*.

L'intensité du courant est

$$I = \frac{E}{R}$$

où E représente la force électro motrice et R la résistance du circuit comprenant la résistance du liquide, ainsi que celle du fil et des électrodes.

ÉLECTRO-MAGNÉTISME

125. — **Découverte d'Oersted.** — Oersted constata en 1820 l'action d'un courant électrique sur l'aiguille aimantée. Cette découverte fut le point de départ de la théorie de l'électro-magnétisme établie presque entièrement par Ampère. Suivant la règle pratique indiquée par ce physicien, le pôle nord de l'aiguille tend

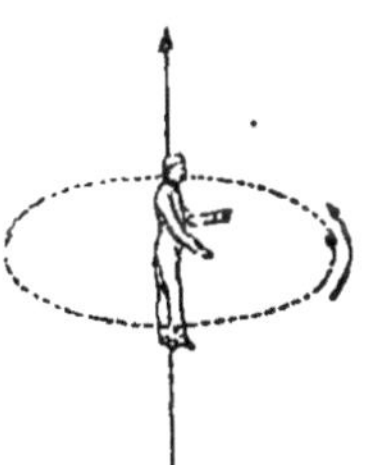

Fig. 48.

à s'orienter vers la gauche d'un observateur regardant l'aiguille et couché suivant le courant, de manière que celui-ci lui entre par les pieds, fig 48. Cette action fondamentale montre que le courant produit un champ magnétique, ce qu'on peut mettre en évidence par la méthode des fantômes, § 47.

En saupoudrant de limaille de fer une feuille de papier traversée par un courant perpendiculaire au plan de la feuille, on reconnaît que les grains forment des circonférences dont le centre est sur l'axe du conducteur. Un pôle magnétique, libre de se mouvoir dans le voisinage du courant, tendrait par conséquent à tourner autour de celui-ci. Le sens de ce mouvement se détermine, soit par la règle d'Ampère, soit par celle de Maxwell, d'une application

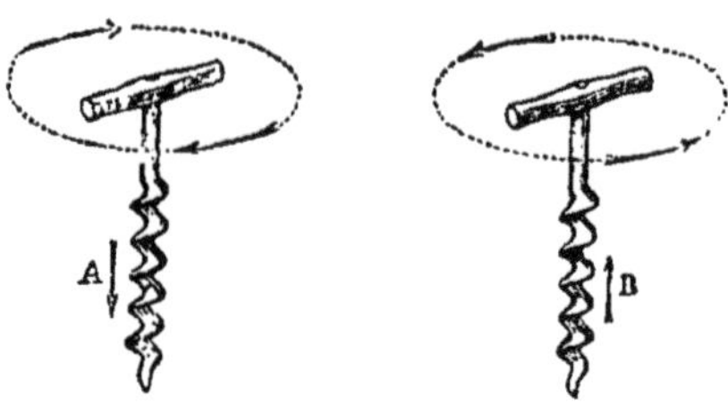

Fig. 49.

souvent plus commode. Le sens de la rotation du pôle nord et le sens du courant sont indiqués par les mouvements relatifs de rotation et de translation d'un tire-bouchon.

La forme circulaire des lignes de force magnétiques dues à un courant rectiligne explique pourquoi une aiguille aimantée tend à se placer en croix avec celui-ci de manière que son axe magnétique soit tangent à la ligne de force qui passe par son point d'appui.

126. — Champ magnétique dû à un courant rectiligne indéfini. — On peut étudier l'intensité aux différents points du champ par la méthode des oscillations, § 47. En appliquant ce procédé, Biot et Savart ont reconnu que l'intensité du champ dû à un courant rectiligne, assez long et assez distant du reste du circuit pour pouvoir être considéré comme indéfini, est proportionnelle à l'intensité du courant et inversement proportionnelle à la distance au conducteur. La direction du champ est normale au plan passant par le conducteur et le point considéré. La force qui s'exerce sur un pôle positif m peut donc s'exprimer par

$$f = \frac{kim}{r}.$$

L'intensité du champ à une distance r est, par suite,

$$\mathfrak{H} = \frac{ki}{r}.$$

Cette expression est constante avec la distance, d'où il résulte que les lignes de force sont circulaires et que les surfaces équipotentielles sont des plans passant par l'axe du conducteur.

Comme la réaction est égale et contraire à l'action, un pôle m exerce sur le courant une force égale à

$$\frac{kim}{r}.$$

Cette force est dirigée vers la *droite* du bonhomme d'Ampère quand il regarde le pôle.

127. — Loi de Laplace. — Biot étudia l'action d'un courant traversant deux conducteurs rectilignes indéfinis A B, A C, disposés

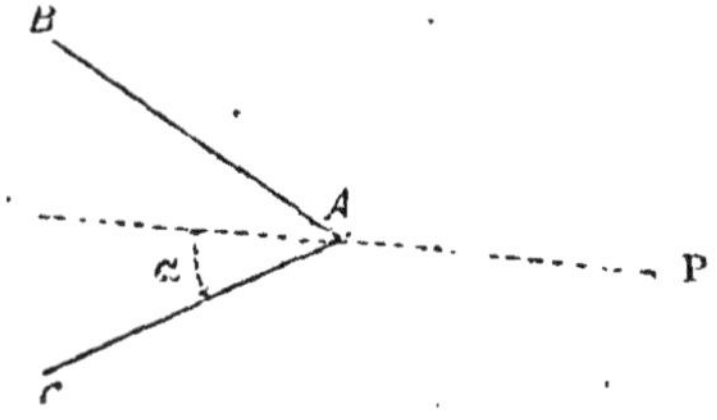

Fig. 5o.

angulairement, sur un pôle m situé sur la bissectrice de l'angle, fig. 5o. Il trouva que la force peut être représentée par

$$f = k\,\frac{im}{r}\,\text{tang}\ \tfrac{1}{2}\ \alpha.$$

k étant un coefficient de proportionnalité, r la distance du pôle P au sommet A, α le demi angle des deux conducteurs.

La direction de la force est normale au plan des deux conducteurs. Laplace déduisit de cette expression l'action d'un élément de courant sur un pôle (1).

Par raison de symétrie, l'effet de l'une des branches A B est

$$f = \frac{k}{2}\,\frac{im}{r}\,\text{tang}\ \tfrac{1}{2}\ \alpha = k'\,\frac{im}{r}\,\text{tang}\ \tfrac{1}{2}\ \alpha, \qquad (1)$$

α désignant l'angle de la direction A B avec la direction P A.

---

(1) La démonstration suivante est due à M. de Weydlich, assistant à l'Institut électro-technique de Liége.

Prolongeons la branche B A d'une quantité A A′ $= ds$ et recherchons l'action de cet élément de courant sur le pôle situé en P.

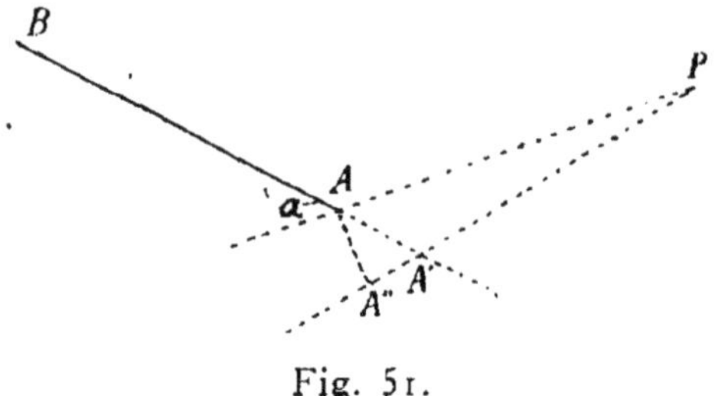

Fig. 51.

On remarquera que f est une fonction de deux variables, r et α, qui déterminent les positions relatives de m et de ds. On peut donc écrire l'identité

$$df = \frac{df}{ds}\, ds = \left(\frac{df}{d\alpha}\frac{d\alpha}{ds} + \frac{df}{dr}\frac{dr}{ds}\right) ds. \qquad (2)$$

Pour obtenir l'expression de df, il suffira de substituer dans (2) les valeurs des quatre dérivées, en déduisant celles-ci de résultats d'expériences et de considérations géométriques. En traçant du point P comme centre l'arc de cercle AA″ et en remarquant que l'angle APA′ $= d\alpha$, puisqu'il est l'accroissement de l'angle des directions AB et PA, on aura dans le triangle infiniment petit AA′A″

$$AA'' = ds \sin \alpha = r\, d\alpha,$$

d'où

$$\frac{d\alpha}{ds} = \frac{\sin \alpha}{r},$$

et

$$A'\,A'' = -\, dr = ds \cos\alpha,$$

d'où

$$\frac{dr}{ds} = -\cos\alpha.$$

D'autre part, l'équation (1) donne directement

$$\frac{df}{d\alpha} = \frac{1}{2}\frac{k'\,i\,m}{r}\frac{1}{\cos^2\frac{\alpha}{2}},$$

$$\frac{df}{dr} = -\frac{k'\,i\,m}{r^2}\operatorname{teng}\frac{\alpha}{2}.$$

En substituant ces expressions dans (2), on trouve

$$df = \frac{k'\,i\,m}{r^2}\left(\frac{1}{2}\,\frac{1}{\cos^2\frac{\alpha}{2}}\,\sin\alpha \;+\; \tang\frac{\alpha}{2}\,\cos\alpha\right)ds$$

$$= \frac{k'\,i\,m}{r^2}\cdot\tang\frac{\alpha}{2}\,(1 + \cos\alpha)\,ds$$

$$= \frac{k'\,i\,m}{r^2}\,\sin\alpha\,d\,s = \frac{k'\,i\,m}{r^2}\,ds\,\sin(r,\,ds).$$

La force élémentaire est, du reste, normale au plan du courant et du pôle. Si l'on considère la réaction du pôle sur l'élément ds, celle-ci est dirigée vers la droite du bonhomme d'Ampère couché suivant le courant et regardant le pôle, § 126, ou vers sa gauche, s'il a le regard tourné dans le sens des lignes de force produites par le pôle.

128. — Action d'un champ magnétique sur un élément de courant. — On remarquera que, dans la loi de Laplace, le facteur $\frac{m}{r^2}$ représente l'intensité du champ $\mathfrak{H}$ dû au pôle m, au point où se trouve l'élément de courant. On peut donc écrire

$$df = k\,i\,\mathfrak{H}\,ds\,\sin(\mathfrak{H},\,ds).$$

Il est facile de généraliser la loi dans le cas de plusieurs pôles.

La force totale dF est le produit de $kids$ par la résultante des termes tels que

$$\frac{m}{r^2}\,\sin(r,\,ds),$$

laquelle représente le produit de l'intensité du champ $\mathfrak{H}$, par le sinus de l'angle de la direction du champ avec la direction de l'élément, attendu que la projection de la résultante est égale à la somme des projections des composantes.

Par suite, la résultante est, en valeur absolue,

$$dF = ki\,ds\,\mathfrak{H}\,\sin(\mathfrak{H},\,ds).$$

D'après ce que nous avons vu au paragraphe précédent, cette force, appliquée à l'élément de courant, est normale au plan du courant et du champ, et dirigée vers la *gauche* du bonhomme d'Ampère quand il regarde dans le sens des lignes de force du champ.

129. — Travail dû au déplacement d'un élément de courant sous l'action d'un pôle. — Soit un élément de courant $ds = ab$, fig. 52, sollicité par un pôle m situé en un point P.

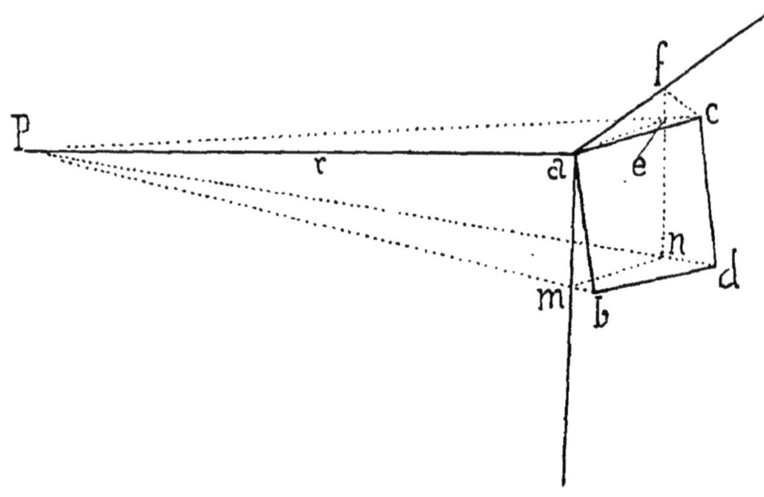

Fig. 52.

La force électro-magnétique tend à déplacer l'élément ds normalement au plan r, ds suivant une direction af. Le travail accompli pendant un déplacement $ds' = ac$ de l'élément ds est égal au produit de la force par la projection du déplacement sur la direction de celle-ci.

On a donc

$$dt = \frac{k\,i\,m}{r^2}\,ds \sin(P\,a\,b)\,ds' \cos(c\,a\,f). \qquad (1)$$

Construisons un parallélogramme sur ac et ab; menons ensuite par af un plan $f\,a\,m$ normal à r et déterminons les intersections e, n, de ce plan avec les droites c P, d P.

Comme ac et ab sont infiniment petits par rapport à r, le plan $c\,d$ P est normal à $f\,a\,m$ et contient la droite $c\,f$ qui projette $a\,c$ sur $a\,f$.

L'équation (1) peut, par suite, s'écrire

$$dt = \frac{k\,i\,m}{r^2} \times \overline{am} \times \overline{af}.$$

Mais le produit $\overline{am} \times \overline{af}$ mesure la surface du parallélogramme

$a\,e\,n\,m$, dont $a\,f$ est la hauteur, ce parallélogramme pouvant être considéré comme la projection de $a\,c\,d\,b$ sur une sphère de centre P et de rayon r.

En divisant cette projection par r^2, on obtient la projection sur une sphère de l'unité de rayon, soit l'angle solide sous lequel on voit du point P le parallélogramme $a\,c\,d\,b$ c'est-à-dire l'aire décrite par l'élément ds. En appelant $d\omega$ cet angle solide

$$dt = k\,i\,m\,d\omega.$$

130. — Travail dû au déplacement d'un circuit sous l'action d'un pôle. — Pour obtenir le travail effectué par un courant de longueur finie se déplaçant sous l'action d'un pôle, il suffit de considérer la somme des termes tels que $kimd\omega$. On trouve le produit de kim par l'angle solide sous lequel on voit du pôle la surface balayée par le courant considéré.

Dans le cas d'un circuit fermé $a\,b\,c\,d$, fig. 53, qui prend une position $a'\,b'\,c'\,d'$ sous l'action d'un pôle situé vers le lecteur, on

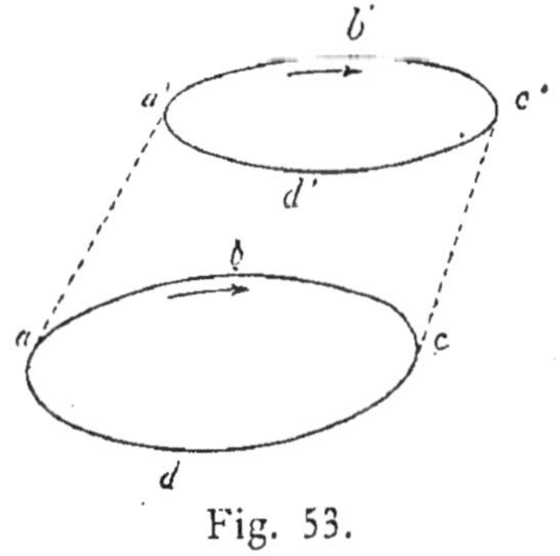

Fig. 53.

peut considérer séparément les segments $a\,b\,c$, $c\,d\,a$ parcourus par des courants opposés. Le travail accompli par $a\,b\,c$ est proportionnel à l'angle solide sous lequel on voit l'aire $a\,a'\,b'\,c'\,c\,b$; celui de $a\,d\,c$ est proportionnel à la surface apparente de $a\,a'\,d'\,c'\,c\,d$. Le travail résultant sera proportionnel à la différence de ces surfaces apparentes, c'est-à-dire à la différence des angles solides sous lesquels on voit les deux contours $a'\,b'\,c'\,d'$, $a\,b\,c\,d$ du circuit.

Il résulte de ce qui précède que, pour amener un pôle m de l'infini en un point d'où l'on voit le contour du circuit sous un angle ω, le travail accompli est

$$- k\,i\,m\,\omega,$$

ω étant l'angle solide sous-tendu par la face du courant qui attire le pôle positif.

Cette expression représente donc l'énergie relative du courant et du pôle. Si celui-ci était l'unité de pôle, le travail serait $-k\,i\,\omega$.

131. — Potentiel magnétique dû à un circuit. Unité de courant. Hypothèse d'Ampère sur la nature du magnétisme. — On remarquera que l'expression $-ki\,\omega$ répond à la définition du potentiel par le travail, § 12. On est d'ailleurs autorisé à définir les forces magnétiques dues au courant électrique par un potentiel, puisque le travail accompli dans le champ du courant est une fonction des coordonnées du circuit parcouru par le courant et du point où l'on suppose situé le pôle magnétique. L'expression $-k\,i\,\omega$ peut donc être appelée le potentiel magnétique dû au courant, au point considéré où se trouve l'unité de pôle :

$$\mathcal{V} = -k\,i\,\omega \qquad (1).$$

En rapprochant le potentiel $-ki\omega$ dû au courant, du potentiel $-\mathcal{P}\,\omega$ dû à un feuillet magnétique, § 43, on reconnaît l'identité de forme des deux expressions. Un courant donne le même potentiel et produit par conséquent les mêmes forces magnétiques qu'un feuillet de même contour, dont la puissance $\mathcal{P}$ serait mesurée par ki. Pour préciser le sens des forces et le signe du potentiel, il est nécessaire de distinguer les deux faces du circuit. D'après la règle d'Ampère, § 125, la face du circuit produisant la même action que le côté négatif du feuillet, c'est à dire celle qui attire un pôle nord, est celle suivant laquelle le courant paraît tourner dans le sens des aiguilles d'une montre. C'est là la face négative ou S du courant. L'autre est la face positive ou N.

Le coefficient numérique k de l'équation (1) dépend de l'unité choisie pour mesurer les courants. On pourra l'égaler à un et définir l'unité de courant, le courant qui produit l'unité de potentiel magnétique en un point d'où le circuit est vu sous l'unité d'angle solide. L'unité ainsi choisie a les mêmes dimensions que l'unité de puissance d'un feuillet

$$L^{\frac{1}{2}}\,M^{\frac{1}{2}}\,T^{-1}.$$

C'est celle que nous adopterons à l'avenir pour exprimer les intensités de courant; nous en verrons d'autres définitions plus tangibles.

Ampère, qui a découvert l'identité d'effets d'un feuillet et d'un courant, expliquait cette identité de la manière suivante : L'expérience montre qu'un petit courant fermé agit comme un petit aimant normal au plan du courant à la condition que le moment de l'aimant soit égal à l'intensité du courant multipliée par la surface du circuit. Supposons un circuit fini quelconque divisé par des lignes menées à l'intérieur en un réseau d'un nombre infini de mailles et admettons que les contours des mailles soient parcourus par des courants égaux et de même sens. Il s'en suivra dans les lignes intérieures du réseau des courants qui s'annuleront deux à deux, le contour extérieur du circuit sera seul le siège d'un courant. En remplaçant chaque maille par un aimant élémentaire équivalent, la réunion de ces éléments forme un feuillet magnétique dont l'effet est identique à celui du courant de même contour.

Ampère a déduit de l'assimilation précédente une hypothèse tendant à ramener les phénomènes magnétiques à des phénomènes électriques. Il suffit pour sela d'admettre que chaque atome d'un aimant est le siège d'un courant circulaire. L'orientation de ces courants déterminera des effets identiques à ceux des aimants. Il faut alors adopter en postulat qu'un tel courant élémentaire peut exister sans dépense de travail, c'est à dire que la résistance électrique n'apparaît qu'à la traversée des espaces interatomiques (1).

Il y a, toutefois, une distinction à établir entre le potentiel dû à un courant et celui que donne un feuillet. Supposons qu'une masse magnétique positive et égale à l'unité soit située contre la face positive du feuillet. Elle sera repoussée, suivra une trajectoire courbe, appelée ligne de force, et viendra contre la face négative, où elle sera en équilibre stable. Le travail accompli pendant cette révolution est $4\pi\Phi$, § 44.

Dans le cas d'un courant, le pôle N suivra également une ligne de force, mais comme celle-ci est une courbe continue, le pôle gravitera dans cette orbite autant que durera le courant. Chaque

---

(1) Voir AMPÈRE, *Mémoires publiés par la Société de physique.*

révolution accroîtra le travail produit par le circuit de $4\,\pi\,i$, et, par suite, en vertu de la définition du potentiel, celui-ci devra être exprimé par

$$\mathcal{V} = -\,i\,(\omega \pm 4\,\pi\,n),$$

n représentant le nombre de révolutions décrites par le pôle unité. Si le travail a été effectué par la force magnétique due au courant, il faudra prendre le signe $+$, car alors le potentiel aura décru ; dans le cas contraire, c'est-à-dire quand on aura forcé le pôle à se mouvoir en sens inverse, c'est le signe $-$ qui sera choisi.

Il résulte de ce qui précéde que le potentiel magnétique dû au courant présente une constante de plus que le potentiel d'un feuillet. Toutefois, au point de vue de la détermination des forces, cette constante s'élimine, attendu que l'intensité du champ magnétique du courant est, dans une direction s,

$$\mathfrak{H} = -\,\frac{d\mathcal{V}}{ds} = +\,i\,\frac{d\omega}{ds}.$$

On peut donc dire qu'en ce qui regarde les actions magnétiques extérieures, un courant i est assimilable à un feuillet $\mathcal{P}$ de même contour.

Le flux magnétique total produit par le courant est la somme des termes de même signe, tels que $\mathfrak{H}\,ds$, que l'on peut former dans une surface équipotentielle.

On résume l'action électro-magnétique du courant, en disant que ce dernier aimante le milieu qui l'entoure et développe un flux de force magnétique en rapport avec l'intensité du flux électrique et la perméabilité du milieu. Un courant entouré de fer produira un flux beaucoup plus considérable que s'il était entouré d'air ou d'un corps peu magnétique.

132. — Énergie d'un courant dans un champ magnétique. — Règle de Maxwell. — En poursuivant l'assimilation des feuillets et des circuits électriques, et en étendant l'expression $-\,im\,\omega$ trouvée pour l'énergie relative d'un courant et d'un pôle, il est facile de voir que l'énergie relative d'un courant et d'un champ est

$$\mathrm{W} = -\,i\,\mathfrak{N},$$

$\mathfrak{N}$ exprimant le flux de force traversant la face négative du circuit.

Si le courant se déplace dans le champ, le travail accompli est mesuré par la variation de l'énergie potentielle. Lorsque celle-ci devient minimum, le circuit atteint une position d'équilibre stable, laquelle correspond à un maximum du flux de force pénétrant dans le courant par sa face négative. D'où la règle de Maxwell :

Un courant mobile dans un champ magnétique est sollicité à se déplacer de manière à embrasser le plus grand flux de force possible par sa face négative.

C'est ainsi qu'un courant circulaire mobile autour d'un de ses diamètres, supposé vertical, tourne de manière à orienter sa face positive vers le nord. Les lignes de force du champ terrestre pénètrent alors normalement par sa face négative.

133. — Énergie relative de deux courants. — Pour compléter l'identification des courants et des feuillets, l'énergie relative de deux circuits parcourus par des courants i, i' doit avoir pour expression

$$W = - i\, i'\, \mathfrak{M}, \qquad \S\, 46,$$

où

$$\mathfrak{M} = \int \int \frac{ds\, ds'\, \cos \varepsilon}{r}.$$

$\mathfrak{M}$ est le flux qui traverse les faces négatives des circuits, lorsque les courants sont égaux à l'unité. Ce facteur a les dimensions d'une longueur, $\S\, 46$, et s'appelle le *coefficient d'induction mutuelle* des deux circuits.

Cette dernière conséquence n'était pas évidente à priori, car de ce que deux courants agissent sur un pôle, il ne s'ensuit pas nécessairement qu'ils ont une action mutuelle; ainsi deux pièces de fer doux agissent sur un aimant, mais, prises séparément, elles n'ont aucune influence entr'elles. C'est Ampère qui a découvert l'existence des forces entre courants appelées *électro-dynamiques*.

134. — Énergie intrinsèque d'un courant. — Un circuit isolé parcouru par un courant est traversé par les lignes de force qu'il engendre et qui forment des courbes fermées embrassant le conducteur. On peut développer le fantôme produit par ces lignes dans un plan, à l'aide de limaille de fer versée sur une feuille de papier traversée par le circuit. Ce fantôme est analogue à celui d'un aimant lamellaire de même contour et aimanté sur ses faces opposées.

Appelons $\mathcal{L}$ le flux de force passant dans le circuit lorsque le courant est égal à l'unité. Pour un courant i, le flux sera

$$\mathcal{L} i = \mathcal{M}.$$

Or, un courant traversé par un flux possède une réserve d'énergie potentielle, dont la variation mesure un travail effectué. Dans le cas que nous considérons, le flux est lié au courant ; il est nécessaire, pour trouver l'expression de l'énergie, d'adopter le mode de raisonnement employé à l'occasion des phénomènes d'électrisation ou d'aimantation, § 25.

Lorsque le courant varie de di, le flux varie de $d\mathcal{M}$ et l'énergie potentielle de

$$i\, d\mathcal{M} = \mathcal{L} i\, di.$$

Cette énergie est essentiellement positive, car l'établissement du courant exige une dépense de travail.

Si donc le courant passe de o à i, l'énergie, d'abord nulle, devient

$$\int_0^i \mathcal{L} i\, di,$$

ou

$$\frac{\mathcal{L} i^2}{2}.$$

Cette expression représente l'*énergie intrinsèque du courant*.

Nous verrons plus loin que lors de la rupture d'un circuit il naît un *extra-courant* dont le travail équivaut à l'énergie intrinsèque latente. On ne sait sous quelle forme s'emmagasine cette dernière. Suivant les idées modernes, le milieu ambiant, air, fer, etc..., aimanté par le courant, est dans un état de tension particulier qui donne lieu à une réaction élastique représentée par l'extra-courant lors de l'ouverture du circuit ; de même que dans un autre ordre de phénomènes, l'état de contrainte du diélectrique d'un condensateur provoque aussi une réaction, sous forme de courant entre les armatures, pendant la décharge.

Le coefficient $\mathcal{L}$, dont les dimensions, comme celles du coefficient d'induction mutuelle, se réduisent à une longueur, s'appelle le *coefficient de self-induction du circuit*.

135. — Règle de Faraday. — Avant de passer aux applications de ces diverses formules, retournons en arrière, afin de déterminer une expression autre que celle de Maxwell, § 130, du travail produit par les déplacements d'un circuit dans un champ. Maxwell considère l'ensemble du circuit et il renferme dans une formule simple le travail accompli par une déformation ou un déplacement global des conducteurs.

Il est souvent utile d'analyser séparément l'action des diverses parties d'un circuit et de déterminer la part qui revient à chacune d'elles dans le travail accompli.

Reprenons dans ce but l'expression du travail d'un élément de courant ds, § 129, qui se déplace de ds' dans un champ d'intensité $\mathfrak{H} = \dfrac{m}{r^2}$, dû à un pôle m,

$$dt = i\,\mathfrak{H}\,ds\,\sin(r,\,ds)\,ds'\,\cos(df,\,ds').$$

Or le produit

$$\mathfrak{H}\,ds\,\sin(r,\,ds)\,ds'\,\cos(df,\,ds'),$$

qui représente le produit de l'intensité du champ par la projection de l'aire décrite par l'élément de courant sur un plan normal à la direction du champ, n'est autre que le flux de force balayé par le conducteur, car $\mathfrak{H}$ est le flux par unité de surface équipotentielle.

Il est facile d'étendre cette remarque à un conducteur de longueur finie et d'arriver à la règle suivante indiquée en premier lieu par Faraday.

Le travail accompli par un conducteur qui se déplace dans un champ est égal au produit de l'intensité du courant par le flux de force (ou nombre de lignes de force) coupé par le conducteur.

Rappelons d'ailleurs que le courant est sollicité à se déplacer vers la gauche du bonhomme d'Ampère qui regarde dans la direction du champ. Si le conducteur est mû de manière à ne pas couper les lignes de force, le travail accompli est nul. C'est le cas, lorsque le conducteur est déplacé parallèlement à la direction du champ.

APPLICATIONS RELATIVES AU POTENTIEL MAGNÉTIQUE DU COURANT.

136. — Cas d'un courant rectiligne indéfini. — Vérifions si l'application de la notion du potentiel conduit à l'expression de la force électro-magnétique trouvée par Biot et Savart, § 126, dans le

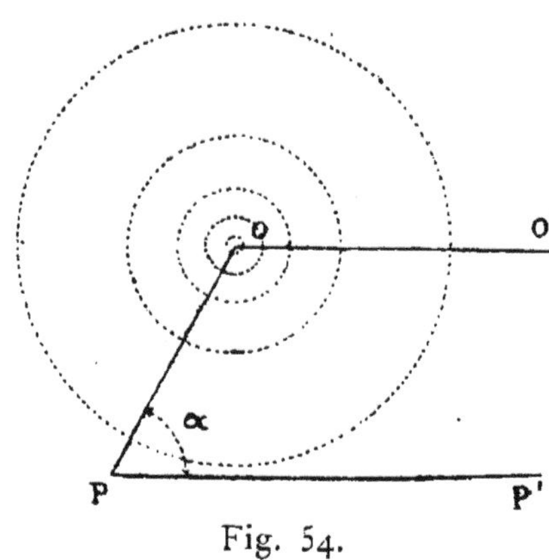

Fig. 54.

cas d'un courant rectiligne indéfini agissant sur un pôle voisin.

Un tel courant projeté en O peut être considéré comme la limite d'un circuit plan qui se projette suivant OO′, et qui s'étend indéfiniment vers la droite. Les conducteurs qui complètent le circuit étant infiniment éloignés du pôle, supposé en P, n'ont aucune action sur celui-ci.

Interprétons l'expression du potentiel

$$\mathcal{V} = - i\,(\omega \pm 4\,\pi\,n).$$

L'angle solide ω sous lequel on voit le circuit du point P s'obtient en découpant la sphère de rayon égal à un, tracée autour de P, par un plan diamétral O P qui renferme toutes les droites réunissant le point P au conducteur projeté en O, et par un second plan P P′ qui renferme également toutes les droites menées du point P à la limite infiniment éloignée du circuit idéal considéré. La portion de surface sphérique ainsi découpée est un fuseau qui a pour mesure le double de l'angle dièdre α des deux plants O P, P P′.

On a donc

$$\mathcal{V} = - i \left(\pm 2\,\alpha \pm 4\,\pi\,n \right);$$

le signe de $2\,\alpha$ étant positif ou négatif suivant que le courant circule de bas en haut ou de haut en bas.

Le potentiel a, par suite, une valeur constante dans le plan OP, qui est équipotentiel.

L'intensité du champ magnétique produit par le courant est

$$\mathfrak{H} = - \frac{d\mathcal{V}}{ds}.$$

En un point quelconque du plan O P, les forces du champ sont dirigées normalement à ce plan ; cherchons la valeur de l'intensité dans cette direction.

Soit

$$OP = r;$$

on a

$$ds = r\, d\,(\pi - \alpha) = - r\, d\alpha$$

d'où

$$\mathfrak{H} = \mp \frac{2\,i\,d\alpha}{r\,d\alpha} = \mp \frac{2\,i}{r}.$$

Cette expression est conforme à la loi de Biot et Savart. Si le courant O circule de bas en haut, P tend à se rapprocher du feuillet, et le signe de la force est négatif; le signe est positif dans le cas contraire.

Les circonférences pointillées autour du point O figurent des lignes de force qui correspondent à des intensités de champ décroissant en progression géométrique.

137. — **Cas d'un courant circulaire. Galvanomètre des tangentes.** — Un courant circulaire de rayon R se voit, d'un point P situé sur l'axe O P, sous un angle solide ω, mesuré par la calotte sphérique

$$+ 2\pi\,(1 - \cos\alpha).$$

Si, pour l'observateur placé en P, le mouvement du courant est de même sens que celui des aiguilles d'une montre, le potentiel au point P est

$$\mathcal{V} = - i\,(\omega \pm 4\,\pi\,n) = - 2\pi\,i\,(1 - \cos\alpha \pm 2n).$$

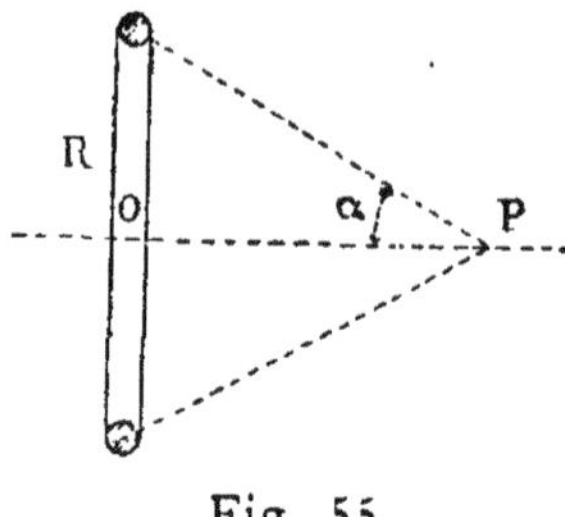

Fig. 55.

L'intensité du champ dû au courant doit être dirigée suivant
l'axe OP, par raison de symétrie ; elle a donc pour expression

$$\mathfrak{H} = -\frac{d\mathcal{V}}{dr} = +\frac{d}{dr} 2\pi i \left(1 - \frac{r}{\sqrt{r^2 + R^2}} \pm 2n \right) = -2\pi i \frac{R^2}{\left(r^2 + R^2\right)^{\frac{3}{2}}}.$$

En effet, dans l'hypothèse mentionnée, il se produit une attraction de P vers O.

Si le point P était au centre du cercle, l'intensité deviendrait

$$\mathfrak{H}' = \frac{2\pi i}{R} = \frac{li}{R^2},$$

l désignant la longueur du courant.

S'il y avait n courants circulaires assez rapprochés pour que
leurs distances mutuelles fussent négligeables devant le rayon R,
l'intensité serait au centre

$$\mathfrak{H}'' = \frac{2\pi n i}{R}.$$

La fig. 56 montre la distribution des lignes équipotentielles et
des lignes de force (marquées par des flèches) dans un champ dû
à un courant circulaire. L'intensité varie en raison inverse de l'écart
des lignes équipotentielles et en proportion de la densité des lignes
de force.

Supposons qu'une aiguille aimantée de très petites dimensions
soit suspendue par un fil de cocon de torsion négligeable au centre
d'un cadre circulaire vertical, sur lequel on a enroulé n spires très
rapprochées de fil métallique.

Admettons, en outre, que le cadre soit orienté dans le plan du
méridien magnétique.

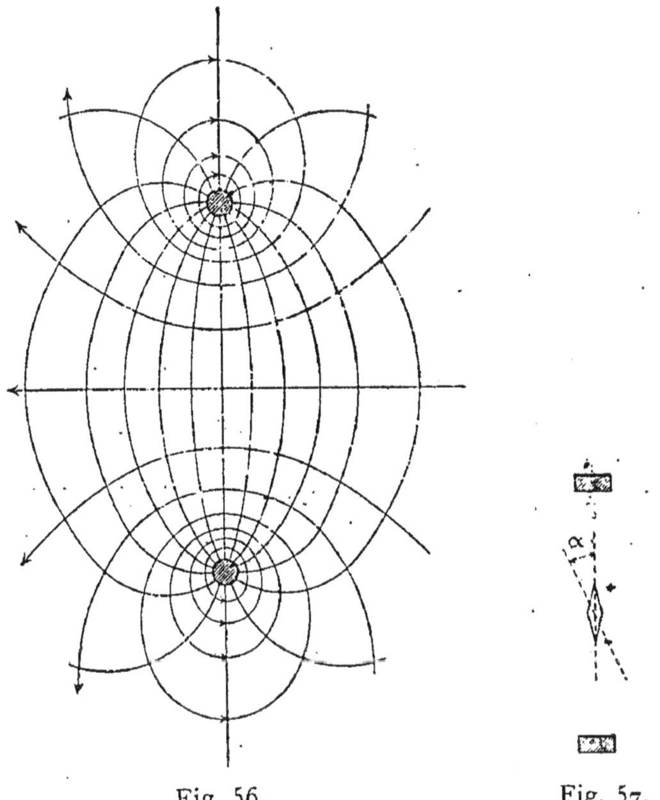

Fig. 56.   Fig. 57.

Lorsqu'on envoie dans le fil un courant d'intensité i, l'aiguille est sollicitée d'une part par la force électro-magnétique, qui tend à la mettre en croix avec le courant; de l'autre, par le magnétisme terrestre, dont l'action s'oppose au mouvement.

Sous l'influence de ces actions contraires, l'aiguille prend une position d'équilibre correspondant à un angle α avec le méridien.

En appelant $\mathcal{M}$ le moment magnétique de l'aiguille, $\mathfrak{H}$ la composante horizontale du magnétisme terrestre, le couple terrestre est

$$\mathcal{M} \, \mathfrak{H} \sin \alpha, \qquad \S\,37.$$

Le couple dû au courant est

$$\mathcal{M} \, \mathfrak{H}'' \cos\alpha = \mathcal{M} \, \frac{2\,\pi\,ni}{R} \cos\alpha.$$

Comme il y a équilibre entre ces deux couples

$$\frac{2\pi\,n\,i}{R}\cos\alpha = \mathfrak{H}\sin\alpha,$$

d'où

$$i = \frac{R\,\mathfrak{H}}{2\pi\,n}\,\operatorname{tang}\alpha.$$

Connaissant $\mathfrak{H}$, R et n et mesurant α par une des méthodes étudiées au paragraphe 50, on déduira de la relation précédente l'expression de l'intensité du courant traversant le cadre. L'appareil porte le nom de *galvanomètre des tangentes*. La bobine de fil s'appelle cadre galvanométrique ou multiplicateur. La quantité $\dfrac{R}{2\,\pi\,n}$ est le *facteur de réduction* du galvanomètre.

138. — Galvanomètres Thomson. — L'application de la formule simple trouvée plus haut nécessite un écart tel, entre le cadre et les pôles de l'aiguille, que le galvanomètre des tangentes présente peu de sensibilité.

Pour mesurer des courants faibles, on est obligé d'enrouler le multiplicateur très près de l'aiguille. Afin de déterminer la meilleure forme à lui donner en vue d'économiser le fil et de diminuer la résistance de ce dernier, reprenons l'expression de l'action d'un courant circulaire sur l'unité de pôle située en o, fig. 58,

$$\mathfrak{H} = 2\,\pi\,i\,\frac{R^2}{\left(r^2 + R^2\right)^{\frac{3}{2}}}.$$

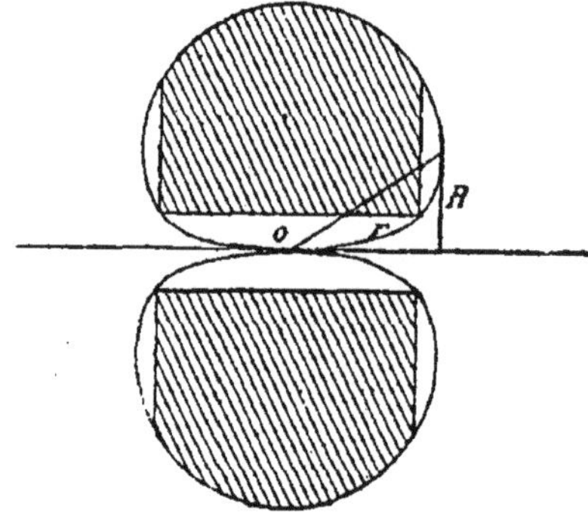

Fig. 58.

Si l'on pose $\beta = C^{te}$, et si l'on considère r et R comme variables, on obtient l'équation d'une courbe présentant 2 parties symétriques par rapport à O, fig. 58.

L'aire limitée par cette courbe est la section méridienne d'un volume de révolution suivant lequel on peut enrouler le fil. Toutes les spires composant un tel volume auront, sur l'unité de pôle, une action au moins égale à β. Toutes les spires extérieures à ce volume auront une action moindre. La section hachurée, qui ménage une cavité cylindrique pour loger l'aiguille, représente donc la forme rationnelle de la bobine d'un galvanomètre de grande sensibilité. Sir W. Thomson s'est rapproché le plus possible de cette forme dans la construction de ses galvanomètres.

Pour accroître la sensibilité, on peut, en outre, diminuer l'action de la terre sur l'aiguille. Deux moyens sont employés à cette fin. La tige qui supporte l'aiguille et qui traverse le

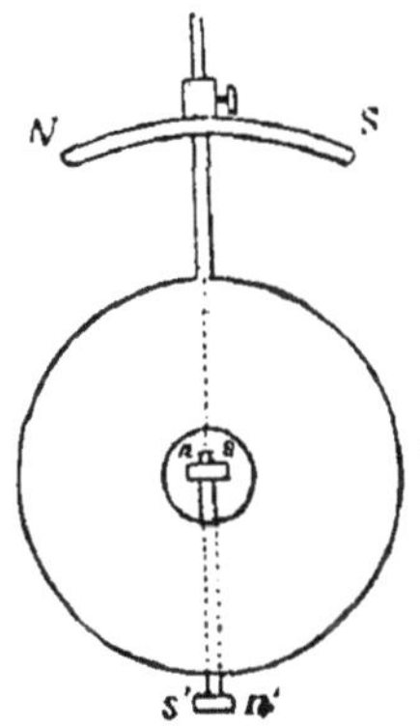

Fig. 59.

multiplicateur soutient une seconde aiguille n' s' orientée en sens inverse de la première, fig. 59. En choisissant des aiguilles de moments magnétiques peu différents, on diminue autant qu'on le veut le couple directeur dû à la terre. Un tel système d'aiguilles est dit *astatique*. L'action terrestre peut également être modifiée par un *aimant directeur* N S, fixé au-dessus de l'aiguille. En changeant la position et l'orientation de cet aimant, il est possible de diminuer ou d'augmenter à volonté l'effort directeur.

Ces divers moyens sont souvent associés dans les galvanomètres de sir W. Thomson.

Par suite de la forme complexe du multiplicateur et du rapprochement du courant et des pôles de l'aiguille, l'intensité i n'est pas liée à la déviation α par une formule simple, comme dans le cas du galvanomètre des tangentes.

La fonction i de α étant développée suivant la série de Maclaurin prendra la forme

$$i = f(\alpha) = f(0) + \frac{\alpha}{1} f'(0) + \frac{\alpha^2}{1.2} f''(0) + \ldots$$

La fonction doit s'annuler avec α, d'où il résulte que

$$f(0) = 0.$$

De plus, si la déviation est très faible, on est autorisé à négliger le troisième terme et les suivants et à admettre que l'intensité est proportionnelle à la déviation

$$i = k\,\alpha.$$

Le coefficient k qui constitue le facteur de réduction se détermine en envoyant dans le galvanomètre un courant d'intensité connue.

La dernière formule est admissible pour des déviations inférieures à $3°$. Les lectures se font nécessairement par la méthode de réflexion, § 50.

139. — Shunt. — Lorsque la déviation dépasse cette limite, on la réduit en dérivant par rapport au galvanomètre une résistance artificielle appelée *shunt*.

Le courant dérivé dans le galvanomètre est alors, en désignant par g la résistance de cet appareil et par s celle du shunt, § 116,

$$i_g = i\,\frac{s}{s+g};$$

d'où

$$i = i_g\,\frac{s+g}{s} = m\,i_g.$$

Le facteur m s'appelle *pouvoir multiplicateur du shunt*. C'est le rapport par lequel il faut multiplier la valeur de l'intensité mesurée au galvanomètre pour obtenir le courant total.

140. — Mesure d'une décharge instantanée. — Supposons qu'une quantité d'électricité q traverse le multiplicateur d'un galvanomètre des tangentes avec une rapidité telle que l'aiguille ne se déplace pas d'une quantité appréciable pendant la décharge. Admettons, en outre, que le mouvement de l'aiguille ne soit pas amorti, de manière à obtenir une durée d'une oscillation double

$$T = 2\pi \sqrt{\frac{\Sigma\, m\, r^2}{\mathfrak{H}\,\mathcal{M}}}, \quad \S\, 37 \quad (1).$$

Exprimons que la force vive de l'aiguille est égale au travail du couple terrestre et que sa quantité de mouvement représente l'impulsion qui lui a été communiquée.

Dans l'expression de ces faits, on se souviendra que les équations relatives aux mouvements de translation sont applicables aux mouvements de rotation, si l'on a soin de remplacer les masses par les moments d'inertie, les forces par les couples et les vitesses linéaires par les vitesses angulaires.

Soit ω la vitesse angulaire initiale et α_1 l'élongation maximum de l'aiguille. Le couple terrestre est, pour un angle α,

$$\mathcal{M}\,\mathfrak{H}\,\sin\alpha.$$

L'équation des forces vives donne

$$(\Sigma\, m\, r^2)\,\frac{\omega^2}{2} = \int_0^{\alpha_1} \mathcal{M}\,\mathfrak{H}\,\sin\alpha\, d\alpha = \mathcal{M}\,\mathfrak{H}\,(1 - \cos\alpha_1) = 2\,\mathcal{M}\,\mathfrak{H}\,\sin^2\frac{\alpha_1}{2} \quad (2).$$

Soit i l'intensité du courant de décharge ; son action sur l'aiguille produit un couple

$$\mathcal{M}\,i\,\frac{2\,\pi\,n}{R}, \quad \S\, 137.$$

L'impulsion communiquée à l'aiguille est

$$\int_0^{\tau} \mathcal{M}\,\frac{2\,\pi\,n}{R}\,i\, dt = (\Sigma\, m\, r^2)\,\omega \quad (3),$$

τ représentant la durée de la décharge.

Or

$$\int_0^\tau i\, dt,$$

est la quantité d'électricité q de la décharge.

En éliminant $\Sigma\, m\, r^2$ et ω entre les équations (1), (2) et (3) on obtient

$$q = \frac{T}{\pi}\,\frac{R\,\beta}{2\,\pi\,n}\,\sin\frac{\alpha_1}{2}.$$

Dans le cas d'une déviation très faible, on a simplement

$$q = \frac{T}{\pi}\,\frac{R\,\beta}{2\,\pi\,n}\,\frac{\alpha_1}{2} = A\,\alpha_1.$$

La quantité d'électricité est alors proportionnelle à l'arc d'élongation de l'aiguille. Sous la réserve que les déviations soient faibles, cette formule peut être étendue à un galvanomètre à réflexion de forme quelconque.

Afin de satisfaire à la condition posée au début de ce paragraphe, on choisit, pour mesurer les décharges, des galvanomètres à aiguille lourde et à moment d'inertie considérable. Ces aiguilles se déplacent lentement et permettent de lire exactement la déviation limite.

141. — Solénoïde. Bobine cylindrique. — Ampère a défini sous le nom de solénoïde une série de courants circulaires égaux, très rapprochés et normaux à un axe rectiligne ou curviligne passant par les centres de gravité des surfaces limitées à leurs contours.

Appelons s la surface des circuits, ε leur distance et i leur intensité. Chacun d'eux peut être remplacé par un feuillet de même contour et de puissance i. En désignant par σ la densité magnétique des faces des feuillets, et en remarquant que

$$\varepsilon\,\sigma = i,$$

on a

$$\sigma = \frac{i}{\varepsilon} = i n_1,$$

n_1 représentant le nombre de courants par unité de longueur.

Les faces en regard des feuillets voisins s'équilibrent, et il reste , aux extrémités de la série , des pôles dont la masse est

$$m = i n_1 s.$$

Une bobine formée d'une couche de fil métallique isolé et enroulé sur un noyau cylindrique peut être considérée comme un solénoïde, lorsqu'un courant traverse le fil. Il résulte toutefois de l'obliquité

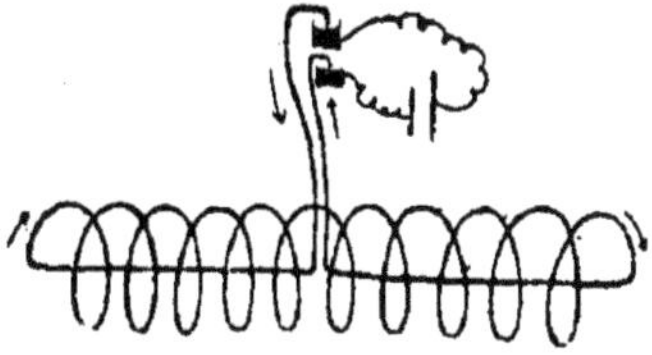

Fig. 60.

des spires de la bobine une action extérieure qui peut être annulée en ramenant les extrémités du fil dans l'axe de la bobine , fig. 60.

S'il y a sur le noyau un nombre pair de couches dont les spires sont inclinées en sens inverse , les effets dus à l'obliquité sont également compensés.

En supposant l'épaisseur des couches négligeable devant leur diamètre , les pôles résultants de cette bobine sont donnés par

$$m = \pm i\, n_1\, s,$$

n_1 étant le nombre de spires par unité de longueur et s leur surface moyenne.

Une telle bobine jouit de toutes les propriétés magnétiques d'un aimant cylindrique uniforme , § 42.

On met en évidence l'action terrestre sur la bobine en suspendant celle-ci par les extrémités du fil , plongées dans des godets de mercure, servant de pivots, en même temps qu'ils donnent accès au courant d'une pile , fig. 60. On constate de cette manière que la face positive de la bobine se tourne vers le nord.

Pour déterminer l'intensité du champ dû à la bobine , il suffit de se rappeler que celle-ci peut être remplacée par un aimant cylindrique uniforme.

L'action sur l'unité de pôle située sur l'axe, en un point extérieur, a pour expression

$$\mathfrak{H} = \sigma\,(\omega - \omega') \quad \S\,31,$$

ω et ω' étant les angles solides sous lesquels on voit du point considéré les bases du cylindre.

Si l'unité de pôle se trouve dans le plan de l'une des bases, l'équation ci-dessus devient

$$\mathfrak{H} = \sigma\,(2\,\pi - \omega').$$

Enfin pour obtenir l'expression du champ en un point intérieur du solénoïde, on admettra que ce dernier est scindé en deux tronçons par une section plane contenant le point considéré. L'action totale est la somme des actions dues aux deux tronçons. Or, l'effet du premier est

$$\sigma\,(2\,\pi - \omega),$$

celui du second

$$\sigma\,(2\,\pi - \omega').$$

Comme ces effets s'ajoutent, l'action résultante est

$$\mathfrak{H} = \sigma\,(2\,\pi - \omega) + \sigma\,(2\,\pi - \omega').$$

Dans le cas particulier où le cylindre s'étend considérablement des deux côtés du point, les angles ω et ω' deviennent négligeables devant $2\,\pi$ et l'action est exprimée par

$$\mathfrak{H} = 4\,\pi\,\sigma = 4\,\pi\,n_1\,i.$$

Cette expression représente le flux par unité de section normale au cylindre. Le flux total est

$$4\,\pi\,n_1\,i\,s.$$

Ce flux reste constant dans le cylindre jusqu'à une certaine distance des extrémités. Lorsqu'on s'approche de celles-ci, l'intensité du champ diminue, puisque l'un des angles solides ω ou ω' prend une valeur croissante. Le flux intérieur décroît en conséquence et, comme dans le cas d'un aimant, des lignes de force sortent par la paroi latérale du cylindre. Le flux total $4\,\pi\,n_1\,i\,s$ se divise par suite en deux parties, l'une émergeant du cylindre par la face positive, l'autre sortant par le côté. Ces deux faisceaux de lignes de force se répandent dans l'espace et rentrent de la même manière par la face négative du cylindre et la paroi latérale voisine.

On conclut de ce qui précède qu'à l'intérieur d'une bobine cylindrique de grande longueur, il se produit un champ magnétique uniforme dirigé parallèlement à l'axe du cylindre de la face S à la face N ; l'intensité du champ est mesurée par $4\,\pi$ multiplié par le produit de l'intensité du courant par le nombre de spires comprises dans l'unité de longueur.

Une bobine semblable fournit, par conséquent, le moyen pratique d'obtenir un champ uniforme dont l'intensité n'est limitée que par l'échauffement du fil par le courant.

L'identité des effets extérieurs des solénoïdes et des aimants a fait conclure à l'analogie des effets intérieurs, lesquels ne peuvent être déterminés par voie directe dans le cas des aimants. On sait en effet que, si l'on creuse un aimant, les parois de la cavité forment des pôles dont l'effet s'ajoute à celui des pôles extrêmes. Il faut, du reste, se garder de confondre l'action intérieure d'une bobine avec celle d'un aimant tubulaire, car, dans un tel aimant, les lignes de force ont le même sens à l'extérieur et à l'intérieur, le retour des lignes de force se faisant dans l'épaisseur du tube.

En résumé, on admet que les aimants comme les solénoïdes donnent un flux total constant et continu qui sort par l'extrémité N et revient au point de départ en rentrant par l'extrémité S. Nous verrons que cette considération a conduit à comparer les flux magnétiques aux flux électriques, et à les traiter par des relations analogues.

142. — Électro-dynamomètre. — Les propriétés magnétiques des solénoïdes ont été vérifiées soigneusement par Weber, qui a répété, au moyen de ces appareils, les expériences de Gauss relatives au magnétisme, § 48. Pour donner la mobilité voulue à l'une des bobines, celle-ci est suspendue par deux fils minces qui servent en même temps à l'entrée et à la sortie du courant.

La bobine peut être supportée par les deux fils placés côte à côte ; dans ce cas, le couple de torsion, qui fait équilibre à l'action mutuelle des deux bobines, est proportionel au sinus de l'angle de torsion. Si les fils de suspension sont l'un au-dessus, l'autre en dessous de la bobine, dans le prolongement l'un de l'autre, le moment de torsion est simplement proportionnel à l'angle de torsion et l'un des fils supporte seul le poids de la bobine mobile.

L'action mutuelle des deux bobines est proportionnelle au produit de leurs moments magnétiques et, par suite, au produit des courants qui les traversent. Si le même courant passe dans les deux bobines, le couple déviant est proportionel au carré de l'intensité.

Weber a mis ces propriétés à profit dans la construction de *l'électro-dynamomètre*. Dans cet appareil, qui sert à mesurer l'intensité des courants, la bobine mobile est suspendue au centre de la bobine fixe et à angle droit avec cette dernière.

Le courant dont on cherche l'intensité passe successivement dans les deux bobines dont les axes sont alors sollicités à se placer parallèlement. Le couple déviant, équilibré par la torsion des fils de suspension, est proportionnel au carré de l'intensité du courant. Cette propriété permet d'appliquer l'appareil à la mesure des courants dont le flux varie périodiquement de sens, puisque l'action mutuelle des bobines conserve le même signe, quel que soit le signe du courant.

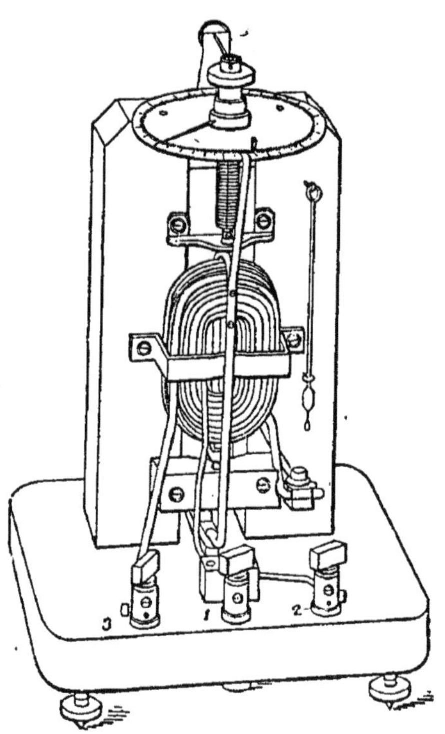

Fig. 61.

Il faut tenir compte de l'action du magnétisme de la terre sur la bobine mobile. Toutefois, celle-ci peut être réduite à un très petit nombre de spires de manière à rendre cet effet peu sensible.

Un moyen plus exact consiste à orienter au préalable la bobine mobile de manière que son axe soit dans le méridien magnétique, l'extrémité positive tournée vers le nord. Lorsque la bobine est déviée sous l'influence du courant fixe, on la ramène à sa position initiale par une torsion donnée à la partie supérieure du fil de suspension. L'angle de torsion permet de mesurer le couple déviant, le couple terrestre étant nul.

Siemens a donné à l'électro-dynamomètre une forme industrielle, fig. 61. La bobine mobile, placée à l'extérieur de la bobine fixe, est réduite à une spire suspendue par un ressort à boudin en maillechort ou en bronze et par un fil de cocon axial. Le courant pénètre dans la spire par des godets à mercure superposés dans l'axe de rotation.

Un micromètre de torsion et une graduation permettent de lire la torsion donnée au boudin pour ramener un index, porté par la bobine, devant un point de repère.

L'angle de torsion θ est proportionnel au carré de l'intensité du courant qui traverse les deux bobines

$$\theta = k\, i^2.$$

143. — Cas d'une bobine annulaire. — Considérons une couche de fil enroulée de manière à former un anneau de révolution de section rectangulaire, fig. 62, chaque spire étant située dans une section méridienne. L'effet magnétique d'une telle bobine parcourue par un courant est nul en tous les points extérieurs. Le

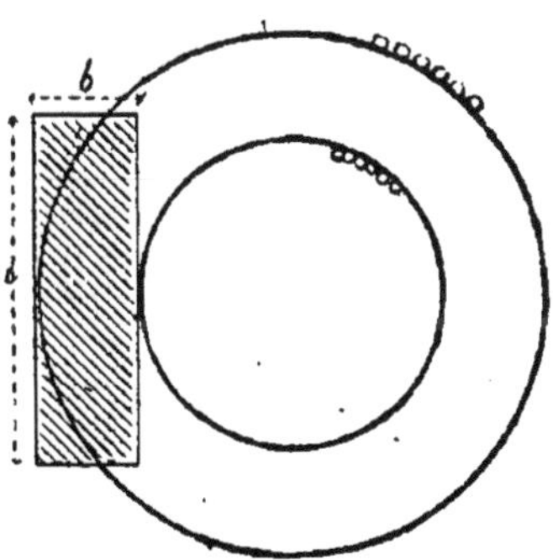

Fig. 62.

flux de force intérieur créé par le système se compose de lignes de force concentriques à l'anneau. Ce système est équivalent à un aimant formé de filets magnétiques fermés sur eux-mêmes.

Le champ est variable dans une section méridienne de l'anneau. Il est facile de voir, en effet, que le nombre de spires par unité de longueur périphérique est plus petit vers le bord extérieur que vers le bord intérieur. Il en résulte que le champ à l'intérieur de l'anneau est plus intense à la périphérie intérieure qu'à la périphérie extérieure.

Afin de déterminer l'intensité du champ intérieur, appelons n' le nombre de spires comprises entre deux plans méridiens dont l'ouverture angulaire est égale à un radiant. A une distance r de l'axe, l'écartement de deux spires successives est $\varepsilon = \dfrac{r}{n'}$. L'intensité d'aimantation du solénoïde magnétique équivalent est

$$\mathfrak{I} = \frac{i}{\varepsilon} = \frac{n'\,i}{r};$$

à cette intensité correspondant par unité de surface un flux égal à

$$4\,\pi\,\mathfrak{I} = 4\,\pi\,\frac{n'\,i}{r}.$$

A travers l'élément de section ds, situé à la distance r de l'axe, le flux est

$$d\mathfrak{K} = 4\,\pi\,n'\,i\,\frac{ds}{r}.$$

Le flux total à travers la section de l'anneau de hauteur a, d'épaisseur b et de rayon intérieur R, est

$$\mathfrak{K} = 4\,\pi\,n'\,i\int_{R}^{R+b}\frac{ds}{r} = 4\,\pi\,n'\,i\int_{R}^{R+b}\frac{a\,d\,r}{r} = 4\,\pi\,n'\,i\,a\,\log_e\frac{R+b}{R}.$$

En appelant n le nombre total de spires et n_1 le nombre par unité de longueur comptée sur le bord intérieur de l'anneau, on a

$$n' = \frac{n}{2\,\pi} = n_1\,R,$$

d'où

$$\mathfrak{K} = 2\,n\,i\,a\,\log_e\frac{R+b}{R} = 4\,\pi\,n_1\,i\,R\,a\,\log_e\frac{R+b}{R}.$$

L'intensité du champ moyenne à l'intérieur de l'anneau est

$$\mathfrak{H}_m = \frac{\mathfrak{K}}{a\,b} = \frac{4\,\pi\,n_1\,i\,R}{b}\,\log_e\left(1 + \frac{b}{R}\right).$$

Il est facile de vérifier que cette expression devient $4\,\pi\,n_1\,i$ pour un anneau de très grand diamètre intérieur.

En effet, en développant le logarithme en série, on a

$$\mathfrak{H}_m = 4\,\pi\,n_1\,i\,\frac{R}{b}\left(\frac{b}{R} - \frac{b^2}{2\,R^2} + \frac{b^3}{3\,R^3} + \cdots\right)$$

$$= 4\,\pi\,n_1\,i\left(1 - \frac{b}{2\,R} + \frac{b^2}{3\,R^2} + \cdots\right)$$

Si b est négligeable devant R, on a simplement

$$\mathfrak{H}_m = 4\,\pi\,n_1\,i.$$

Dans le cas d'un anneau en forme de tore dont le rayon de l'axe circulaire est R et celui de la section méridienne a, on obtient

$$\mathfrak{K} = 4\,\pi\,n_1\,i\,R\int_{R-a}^{R+a}\frac{ds}{r} = 8\,\pi^2\,n_1\,i\,R\left(R - \sqrt{R^2 - a^2}\right).$$

D'où une intensité intérieure moyenne égale à

$$\mathfrak{H}_m = \frac{8\pi\,n_1\,i\,R}{a^2}\left(R - \sqrt{R^2 - a^2}\right).$$

En développant le radical en série et en négligeant le rapport $\frac{a}{R}$, dans le cas d'un tore de grand diamètre, on aurait simplement

$$\mathfrak{H}_m = 4\,\pi\,n_1\,i.$$

ROTATIONS ET DÉPLACEMENTS ÉLECTRO-MA-GNÉTIQUES.

144. — Un système invariable de courants électriques n'est pas capable de produire la rotation d'un aimant, car si celui-ci revient à sa position initiale après avoir traversé un courant i, le travail accompli par ses pôles de masse $+\,m$ et $-\,m$ est

$$+\,4\,\pi\,mi - 4\,\pi\,m'i = 0, \qquad \S\ 131.$$

Si l'aimant ne traverse pas le courant, le travail est également nul, de sorte qu'en aucun cas les résistances de frottement ne peuvent être vaincues.

Mais on détermine des rotations par divers artifices, par exemple en rendant mobile une partie seulement du système électrique ou magnétique, en changeant périodiquement le sens des courants, etc.

145. — Rotation d'un courant par un aimant. — Un aimant vertical sert de pivot à un conducteur équilibré dont la branche infé-

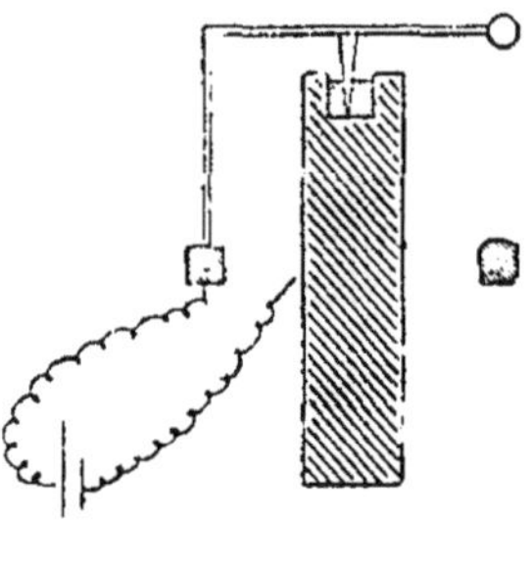

Fig. 63.

rieure plonge dans un godet de mercure circulaire, entourant le milieu de l'aimant. Une pile voltaïque est insérée entre le godet circulaire et l'aimant de manière à fournir un courant permanent. Suivant la règle de Faraday, § 135, le conducteur mobile est sollicité à se déplacer de manière à couper les lignes de force de l'aimant.

Pendant une révolution, le conducteur coupe toutes les lignes de force émanant d'un des pôles m, soit $4\,\pi\,m$ d'après le théorème de Gauss. Le travail accompli est donc, § 135,

$$t = i \times 4\,\pi\,m.$$

Le couple qui sollicite le conducteur a pour valeur

$$\frac{t}{2\,\pi} = 2\,m\,i.$$

146. — Cette expérience peut être répétée à l'aide d'une décharge électrique en forme d'effluve, obtenue en maintenant deux conducteurs a, b à une différence de potentiel considérable au sein d'une cloche contenant de l'air raréfié. Si le conducteur a entoure le

milieu d'un aimant *n s*, on voit la bande d'effluve tourner autour
de celui-ci en vertu de la force électro-magnétique qui la sollicite.

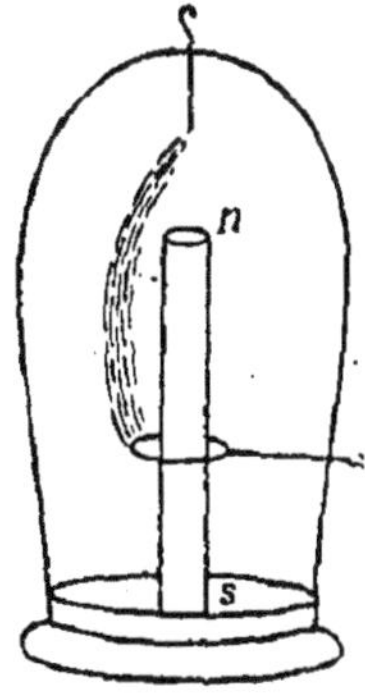

Fig. 64.

Un liquide traversé par un courant et situé dans un champ magnétique prendra de même un mouvement normal aux lignes de force
du champ.

147. — **Roue de Barlow.** — Cet appareil fournit un autre
exemple de la rotation d'un courant sous l'influence d'un aimant.

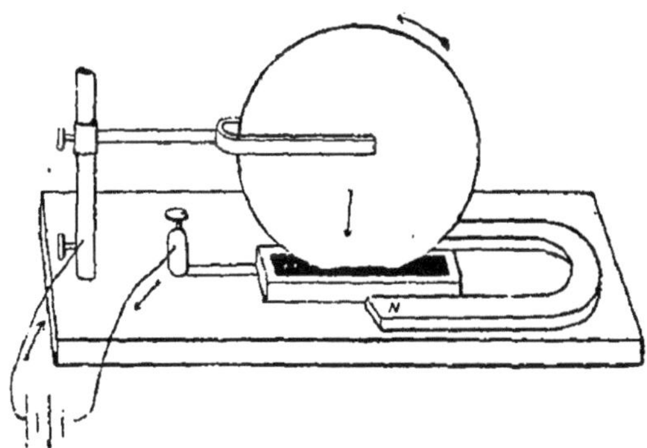

Fig. 65.

Il comporte une roue en cuivre dont l'axe métallique donne accès
à un courant, lequel sort par un godet de mercure baignant le bord
inférieur de la roue.

La partie de la roue traversée par le courant est embrassée par
les branches d'un aimant en fer à cheval N. La force électro-magné-

tique tend à faire tourner la roue dans le sens de la flèche. En vertu de la règle de Faraday, § 135, le travail par révolution est

$$t = \mathcal{S}\, s\, i,$$

$\mathcal{S}$ désignant l'intensité moyenne du champ coupé par la roue, s la surface décrite par un des rayons, c'est-à-dire la surface de la roue elle-même et i l'intensité du courant.

148. — Rotation produite par interversion d'un courant. — Les divers exemples précédents ne supposent aucune variation dans le sens du courant. Voici un cas où ce changement de sens motive le mouvement rotatif. Soit une bobine mobile autour d'un axe perpendiculaire au sien, dans un champ que, pour plus de simplicité, nous supposerons uniforme.

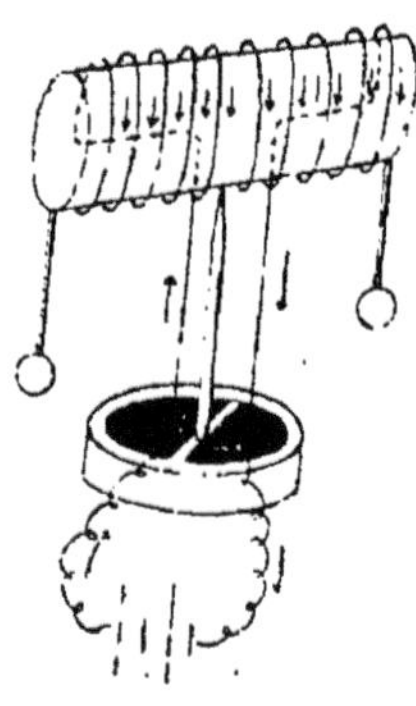

Fig. 66.

Les extrémités du fil conducteur isolé, enroulé sur la bobine, plongent dans un godet divisé, par une cloison parallèle à la direction du champ, en deux compartiments remplis de mercure. Si, par l'intermédiaire du mercure, on fait passer un courant dans la bobine, celle-ci tend à s'orienter de manière à embrasser le plus grand flux possible par sa face négative, § 132. Mais, au moment où cette position est atteinte, les contacts glissants franchissent le bord de la cloison en vertu de la vitesse acquise; le courant est alors interverti dans la bobine, le couple électro-magnétique conserve le même signe et le mouvement continue aussi longtemps que le courant.

En désignant par s la surface moyenne des spires, par n leur nombre et par $\mathfrak{H}$ l'intensité du champ, le travail accompli en une révolution est, § 132,

$$i \times 4 \, \mathfrak{H} \, n \, s.$$

149. — Action mutuelle des courants. — Étant donnée la forme du champ produit par un courant, il suffit d'appliquer la règle d'Ampère, § 125, pour prévoir les réactions de deux courants. On reconnaît sans peine que deux courants parallèles s'attirent lorsqu'ils ont le même sens et se repoussent s'ils sont de sens opposés.

En vertu de cette action, les spires d'une bobine tendent à se rapprocher quand elles sont le siège d'un flux électrique.

Deux courants angulaires s'attirent ou se repoussent suivant qu'ils sont dirigés dans le même sens ou en sens opposés par rapport au sommet de l'angle.

Considérons le cas particulier de deux courants parallèles i, i', l'un de longueur finie l, l'autre indéfini; soit r leur distance. Le champ dû au courant indéfini i, en tous les points du conducteur voisin, a pour intensité

$$\mathfrak{H} = \frac{2i}{r}, \text{ § 136.}$$

La force électro-magnétique, dirigée suivant r, donnera pour un déplacement dr du courant i' un élément de travail

$$dt = i' \, \mathfrak{H} \, l \, dr, \text{ § 135,}$$

par suite la force agissant entre les deux courants est

$$f = \frac{dt}{dr} = i' \, \mathfrak{H} \, l = 2 \, \frac{i \, i'}{r} \, l.$$

150. — Réaction produite dans un circuit parcouru par un courant. — Les lignes de force créées par un courant à travers son propre circuit, pénètrent naturellement par la face négative, et leur action électro-magnétique sur le courant tend par suite à accroître la surface limitée par les conducteurs.

Si donc un circuit de forme irrégulière est parcouru par un courant, les conducteurs sont sollicités à prendre la forme circulaire qui correspond à la surface maximum. Pour que cet effet apparaisse, il faut toutefois que le courant soit suffisamment intense pour échauffer les fils au point de les assouplir et de leur permettre d'obéir aux forces électro-magnétiques.

On peut montrer d'une autre manière la réaction d'un courant sur lui-même. Un circuit, fig. 67, est complété à l'aide d'un cavalier

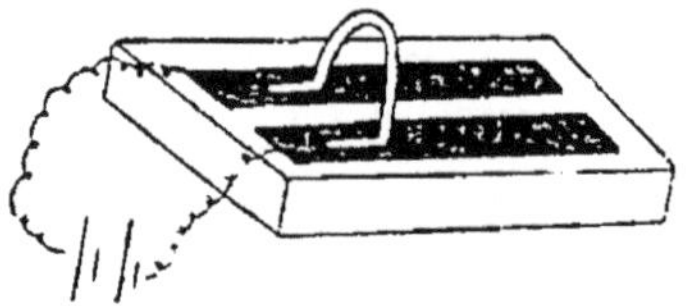

Fig. 67.

flottant sur le mercure contenu dans deux godets allongés. Quand on établit le courant, le cavalier se déplace vers la droite de manière à étendre la surface du circuit.

151. — Explication des déplacements électro-magnétiques basée sur les propriétés des lignes de force. — Faraday rendait compte des actions magnétiques ou électro-magnétiques en attribuant certaines propriétés aux lignes de force magnétiques (1). Au lieu d'admettre, comme les physiciens qui l'ont précédé, que les courants et les aimants agissent à distance, sans intermédiaire, il était convaincu que les réactions se produisent grâce à un milieu dans un état de tension ou de mouvement tel que les courants et les aimants y subissent les actions observées.

Ainsi qu'on l'a vu au § 47, Faraday se représentait le milieu comme tendu suivant les lignes de force, qu'il remplaçait dans sa pensée par des fils élastiques *ayant une propension à se raccourcir tout en choisissant le chemin le plus perméable* au point de vue magnétique.

Les formes courbes des lignes de force s'expliquent dans cette hypothèse par une *répulsion mutuelle des lignes voisines de même sens. Si* au contraire *les lignes voisines sont de sens opposés, elles s'attirent et tendent à se confondre.*

----

(1) FARADAY. *Experimental Researches.*

Ces règles pratiques suffisent pour prévoir toutes les actions électro-magnétiques. Etant donné un système d'aimants et de courants, il est toujours possible de se représenter par la pensée la distribution des lignes de force due à chacun des éléments du système. En combinant ensuite ces lignes d'après les indications ci-dessus, on obtient la forme du champ résultant auquel il suffit d'appliquer la première règle énoncée pour préjuger le sens du déplacement à intervenir.

Mais il est plus facile d'obtenir directement le champ résultant en appliquant le procédé des fantômes magnétiques, § 47. Les grains de limaille de fer indiquent la distribution des lignes de force qui sont figurées par des courbes fermées autour des courants et des lignes interrompues entre les aimants. En vertu de la tendance au raccourcissement, les premières sont sollicitées à prendre la forme circulaire, de périmètre minimum, et les secondes, la forme rectiligne. D'après le fantôme magnétique, on prévoira ainsi nettement les mouvements du système.

Comme exemple d'application, considérons un petit aimant droit pouvant pivoter entre les branches d'un aimant en fer à cheval, fig. 68. Le fantôme magnétique montre que les lignes de force de l'aimant en fer à cheval sont infléchies et qu'une partie d'entr'elles pénètre dans le petit aimant par son extrémité s, en sortant par son extrémité n. La tendance au raccourcissement amène le petit barreau à se placer dans la direction de la ligne des pôles du barreau courbe.

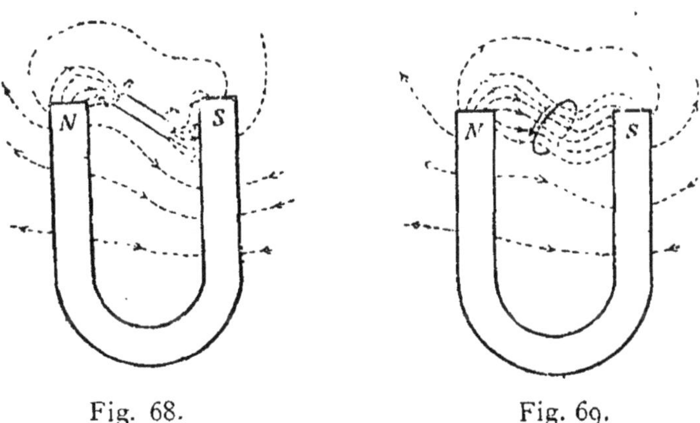

Fig. 68.   Fig. 69.

Il en sera de même si l'on remplace le barreau droit par un courant circulaire, fig. 69. Les lignes de force de l'aimant en fer à

cheval traverseront le courant par sa face négative et l'obligeront
à se placer normalement à la ligne des pôles.

Dans le cas de la roue de Barlow, § 147, les lignes de force
de l'aimant sont déviées par celles du courant qui parcourt la
roue. Il en résulte un champ dont les lignes embrassent le disque
mobile et l'entraînent dans un sens ou dans l'autre, suivant la
direction du courant.

De même deux courants parallèles et de même sens combinent
leurs champs de manière à donner des lignes qui embrassent les
deux conducteurs et obligent ceux-ci à se rapprocher, fig. 70. Si les

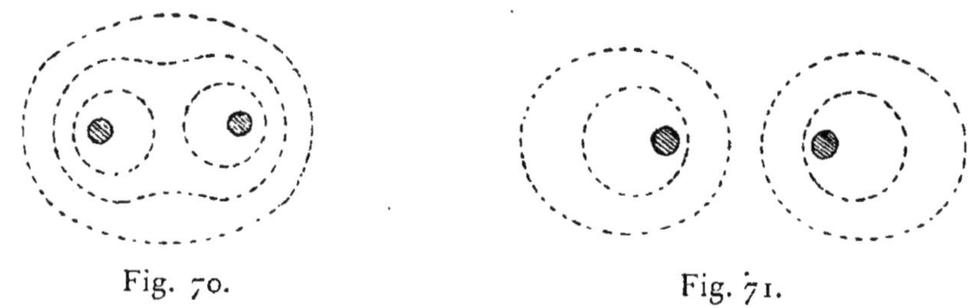

Fig. 70.   Fig. 71.

courants sont de sens inverse, les lignes de force circulaires
entourant chaque conducteur prennent une forme oblongue.
Pour que les lignes reviennent à la forme circulaire, il est nécessaire que les courants s'écartent l'un de l'autre.

ÉLECTRO-AIMANTS.

152. — Le courant électrique étant apte à produire des champs
magnétiques intenses, ainsi qu'il résulte de l'étude des bobines
droites ou annulaires, § 141, permet d'obtenir des aimants permanents ou temporaires d'une puissance magnétique considérable.
Ainsi un noyau de fer doux, entouré d'une bobine de fil conducteur
isolé, forme un aimant temporaire lorsqu'un courant parcourt la
bobine. Un noyau d'acier conserve après le passage du courant une
aimantation permanente en rapport avec le degré de dureté du
métal.

On désigne sous le nom d'*électro-aimant* le système composé du
noyau et de la bobine. Les pôles de l'électro-aimant sont de mêmes

signes que ceux qui leur correspondent dans la bobine magnétisante. Si l'on réunit deux *électro-aimants droits*, parallèles et

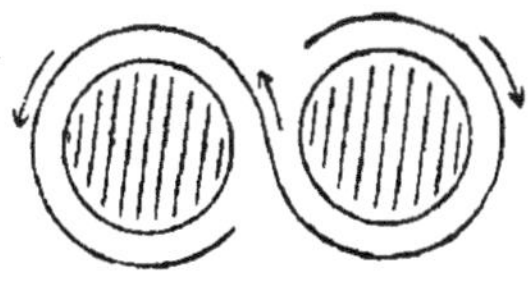

Fig. 72.

orientés en sens inverse, par une pièce de fer doux appelée *culasse*,
on obtient un *électro-aimant en fer à cheval*.

L'intensité d'aimantation du noyau dépend en chaque point de
la force magnétisante, laquelle est le résultat de l'action de la bobine
et du magnétisme induit, § 52.

Il s'ensuit qu'on ne peut guère calculer le magnétisme du noyau
que dans quelques cas simples. Si par exemple la bobine est
droite et indéfinie, ainsi que le noyau, le champ dû à la bobine
est constant dans la région médiane, et l'effet des pôles induits
vers les extrémités du noyau est nul dans cette région.

Si l'on appelle n_1 le nombre de spires par unité de longueur
suivant l'axe de la bobine, i l'intensité du courant, le champ dû
au courant a pour expression, § 141,

$$\mathfrak{H} = 4\,\pi\,n_1\,i.$$

L'induction magnétique dans le noyau est, § 61,

$$\mathfrak{B} = \mu\,\mathfrak{H} = (1 + 4\,\pi\,\varkappa)\,\mathfrak{H}.$$

Soit S la section de la bobine, S' celle du noyau ; le flux total à
travers la bobine a pour expression

$$\mathfrak{N} = 4\,\pi\,n_1\,i\,(S + 4\,\pi\,\varkappa\,S').$$

Dans le cas d'un noyau annulaire, § 143, on a une expression
identique, lorsque l'épaisseur de l'anneau est faible relativement à
son rayon.

Vers les extrémités d'un électro-aimant droit le flux à travers les
différentes sections normales n'est pas constant ; l'intensité d'aimantation du noyau y est plus faible qu'au milieu à cause de l'action
démagnétisante des pôles. C'est ce qu'on peut mettre en relief par

les fantômes magnétiques qui montrent des lignes de force émergeant latéralement du noyau à partir d'une certaine distance des extrémités.

153. — Énergie dépensée dans les électro-aimants. — Nous avons vu que l'énergie intrinsèque d'un courant est exprimée par

$$\frac{\mathcal{L}\, i^2}{2}, \quad \S\ 134,$$

$\mathcal{L}$ désignant le flux qui traverse le circuit pour une intensité égale à l'unité.

Dans le cas d'une bobine très longue, le flux à travers une des spires est $4\,\pi\,n_1\,s$. S'il y a n spires et si l'on néglige les irrégularités du champ vers les extrémités, on obtient

$$\mathcal{L} = 4\,\pi\,n_1\,n\,s.$$

L'énergie intrinsèque a pour expression

$$2\,\pi\,n_1\,n\,s\,i^2.$$

Lorsqu'on introduit un noyau en fer de section s', le flux correspondant à l'unité de courant devient approximativement

$$\mathcal{L} = 4\,\pi\,n_1\,n\,(s + 4\,\pi\,\varkappa\,s')$$

et l'énergie

$$2\,\pi\,n_1\,n\,(s + 4\,\pi\,\varkappa\,s')\,i^2.$$

La différence

$$2\pi\,n_1\,n\,(4\,\pi\,\varkappa\,s')\,i^2 = \tfrac{1}{2}\,\varkappa\,\mathcal{H}^2 \times s'\,l'.$$

correspond au travail d'aimantation du noyau.

A partir du moment où le noyau a acquis son aimantation normale, laquelle dépend de l'intensité du courant et des états magnétiques antérieurs, § 57, l'effet du courant se borne au maintien du magnétisme, c'est-à-dire de l'orientation moléculaire du noyau, ainsi qu'à l'échauffement de la bobine.

Il est à remarquer qu'une bobine de volume déterminé peut être composée d'un petit nombre de spires de gros fil ou d'un grand nombre de spires de fil fin. Si l'on néglige les espaces occupés par l'isolant qui entoure le fil, ainsi que les interstices entre les spires, on constate que l'action électro-magnétique et l'échauffement sont constants aussi longtemps que l'intensité du courant reste proportionnelle à la section du fil. En effet, la force magnétisante est proportionnelle au produit du nombre de tours par l'intensité du courant; or, la première de ces quantités est en raison inverse de la section du fil, tandis que la seconde est proportionnelle à celle-ci. D'autre part, l'échauffement en une seconde est mesuré par le produit du carré de l'intensité du courant par la résistance de la bobine ; mais, à volume constant, la résistance de la bobine est en raison inverse du carré de la section du fil ; par suite, le produit reste constant.

La force magnétisante et l'échauffement d'une bobine ne dépendent donc pas de la section du fil, mais de la *densité* du courant, c'est-à-dire du courant par unité de section du conducteur.

154. — Circuit magnétique. Force magnéto-motrice. Résistance magnétique. — La connaissance de l'induction magnétique à travers les électro-aimants est très importante au point de vue de l'application de ces appareils à la construction des machines.

Pour déterminer le flux de force magnétique, il convient de se rappeler que les lignes de force créées par un courant sont des courbes continues fermées sur elles-mêmes dans un milieu homogène ou hétérogène, § 141. Quand il s'agit d'un noyau annulaire, complètement entouré par un solénoïde, les lignes sont concentrées dans le noyau, § 143. Dans le cas d'un électro-aimant droit, le flux de force traverse la bobine, sort par la région positive et revient par la région négative après s'être diffusé dans l'espace ambiant.

La loi de continuité à laquelle obéit le flux magnétique, de même que le flux ou courant électrique, sollicite à rechercher si des lois analogues ne régissent pas les deux catégories de phénomènes. Nous avons vu que les différentes substances conduisent diversement les lignes de force magnétique et nous avons désigné sous le nom de *perméabilité* le coefficient qui caractérise un corps à cet égard. MM. Hopkinson et Kapp ont rapproché ce coefficient du coefficient de conductibilité relatif au flux électrique. Ils ont ainsi été amenés à appliquer au *circuit magnétique*, traversé par un flux plus ou moins grand suivant sa perméabilité, une relation semblable à celle qui gouverne le courant dans un circuit électrique.

Soit le cas simple d'un circuit homogène formé par un anneau de fer entouré complètement par une bobine que traverse un courant. L'induction magnétique est

$$\mathfrak{B} = \mu\,\mathfrak{H}, \qquad \text{où} \qquad \mathfrak{H} = 4\,\pi\,n_1\,i, \qquad \S\ 143.$$

Le flux total à travers le noyau de section s est

$$\mathfrak{N} = \mathfrak{B}\,s = 4\,\pi\,n_1\,i\,\mu\,s.$$

En appelant l la longueur de l'axe circulaire de l'anneau, n le nombre total de spires de la bobine

$$n_1 = \frac{n}{l},$$

d'où

$$\mathfrak{N} = \frac{4\,\pi\,n\,i}{\dfrac{l}{\mu\,s}}. \qquad (1)$$

Cette formule est analogue à la loi d'Ohm ; le flux magnétique est proportionnel à l'expression $4\pi ni$ qu'on appelle par similitude *force magnéto-motrice*, et inversement proportionnel à $\dfrac{l}{\mu s}$ qui reçoit le nom de *résistance magnétique* du circuit, par suite du rapprochement avec la résistance électrique, § 110.

M. Heaviside, s'appuyant sur le fait qu'il n'existe dans le magnétisme rien d'analogue à l'effet Joule, lequel est un travail effectué par le courant électrique pour vaincre la résistance électrique, a substitué à l'expression résistance magnétique celle de *reluctance*.

On peut arriver à l'équation (1) par un procédé direct. Nous avons vu, § 131, que le travail effectué par un pôle unité, en se déplaçant à travers un circuit, est égal à $4\,\pi\,i$ fois le nombre de révolutions effectuées, $4\,\pi\,i$ représentant la différence de potentiel magnétique entre les deux faces du circuit. Or, si l'unité de pôle se meut suivant l'axe intérieur de l'anneau, il traverse en un tour n fois le courant. Le travail $4\,\pi\,ni$ effectué a aussi pour expression le produit de l'intensité moyenne $\mathfrak{H}$ par le chemin l, parcouru par l'unité de pôle, d'où

$$4\,\pi\,ni = \mathfrak{H}\,l\,;$$

mais

$$\mathfrak{H} = \frac{\mathfrak{N}}{\mu\,s},$$

d'où

$$\mathcal{H} = \frac{4\,\pi\,ni}{\dfrac{l}{\mu\,s}}.$$

La force magnéto-motrice $4\,\pi\,ni$ est donc mesurée par la somme des différences de potentiel magnétique produites dans la bobine.

Si le noyau était composé de divers tronçons ayant des longueurs l, l', l'', des sections s, s', s'' et des perméabilités μ, μ', μ'', on aurait

$$4\,\pi\,ni = \mathcal{H}\left(\frac{l}{\mu\,s} + \frac{l'}{\mu'\,s'} + \frac{l''}{\mu''\,s''}\right).$$

Il y a toutefois une distinction essentielle à faire entre le circuit électrique et le circuit magnétique. La résistance du premier est indépendante de l'intensité du courant, tandis que celle du second est une fonction de la perméabilité, laquelle dépend non seulement du flux actuel, mais encore des flux antérieurs, § 57. D'autre part, le flux et la quantité de magnétisme ne sont pas reliés par une loi semblable à celle qui unit la quantité d'électricité au courant et au temps. Il faut donc se garder de conclure de l'analogie de forme à une analogie de fait et ne considérer l'extension de la loi d'Ohm au circuit magnétique que comme un artifice destiné à faciliter l'examen de la question, ainsi que les calculs qui en dépendent.

On peut, dans cet ordre d'idées, pousser plus loin l'assimilation et traiter les cas de circuits magnétiques complexes par les lois de Kirchhoff.

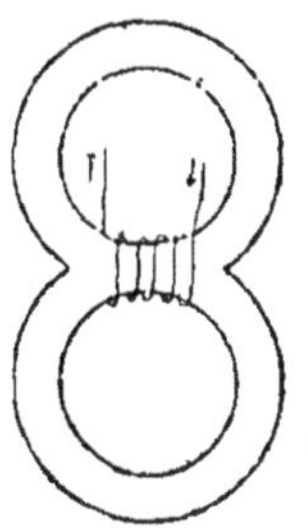

Fig. 73.

Considérons un circuit magnétique plongé dans un milieu supposé imperméable aux lignes de force et divisé en deux parties. Le flux $\mathfrak{F}$ créé par une bobine renfermant n spires, traversées par un courant i, se bifurque en deux flux dérivés $\mathfrak{F}'$ et $\mathfrak{F}''$.

On aura

$$\mathfrak{F} = \mathfrak{F}' + \mathfrak{F}''.$$

Soit l la longueur de la branche commune, s sa section moyenne et μ sa perméabilité.

Soient l', s', μ' ; l'', s'', μ'' les éléments correspondants pour les branches dérivées.

La seconde loi de Kirchhoff fournira les équations

$$4\pi ni = \mathfrak{F}\,\frac{l}{\mu s} + \mathfrak{F}'\,\frac{l'}{\mu' s'}$$

$$4\pi ni = \mathfrak{F}\,\frac{l}{\mu s} + \mathfrak{F}''\,\frac{l''}{\mu'' s''}.$$

Le cas que nous venons de considérer est fictif, car il n'existe pas de milieu imperméable aux lignes de force. Dans les phénomènes du courant, on considère pratiquement l'air à la pression ordinaire comme un isolant parfait pour le flux électrique. Mais il n'en est pas de même dans les phénomènes magnétiques. Si la perméabilité de l'air et des gaz est négligeable devant celle du fer traversé par une induction magnétique moyenne, elle devient tout à fait comparable à celle du fer traversé par des flux magnétiques intenses. Il s'ensuit que, dans le cas de la fig. 73 par exemple, une partie du flux créé par la bobine magnétisante sera dérivée dans le milieu ambiant. Le rapport du flux dérivé dans l'air au flux traversant les anneaux de fer croîtra avec le courant de la bobine, par suite de l'affaiblissement graduel de la perméabilité du fer et de la constance de celle de l'air.

Le cas n'est pas sans analogie avec celui d'un circuit électrique plongé au sein d'un liquide ayant une certaine conductibilité relative. Une partie du courant fourni par le générateur électrique passera par le liquide sans suivre le contour métallique du circuit. Nous verrons dans l'étude des dynamos comment on peut estimer expérimentalement les dérivations du flux magnétique dans le milieu ambiant.

155. — Formes et usages des électro-aimants. — Les électro-aimants sont fréquemment employés pour provoquer des mouvements alternatifs. La fig. 74 montre un relais télégraphique dans lequel un électro-aimant E agit sur une armature en fer D, pivotant autour d'un axe I et oscillant entre deux buttoirs. Le passage d'un

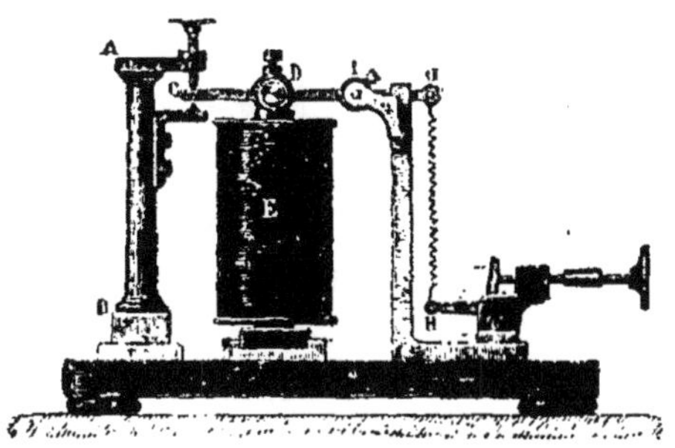

Fig. 74.

courant dans l'électro-aimant détermine l'attraction de l'armature. La cessation du courant permet au ressort antagoniste G H de ramener la palette mobile contre le buttoir supérieur.

Pour obtenir une attraction énergique, on emploie un électro-aimant en fer à cheval, comprenant deux *noyaux* droits recouverts de fil et réunis à la base par une *culasse* en fer. Les pôles libres attirent l'*armature*, qui, avec l'intervalle d'air ou *entrefer*, complète le circuit magnétique.

La force attractive est proportionnelle au carré du flux qui traverse le circuit, c'est à dire au carré de la conductibilité magnétique de celui-ci, § 56. Il y a donc intérêt à former les électro-aimants de pièces courtes et massives.

Au lieu d'employer la forme en fer à cheval, en vue d'obtenir un circuit fermé, on peut entourer la bobine d'un électro-aimant droit d'une gaîne en fer réunie au noyau d'une part par la culasse et d'autre part par l'armature abaissée. Cette forme est très compacte, mais elle ne se prête pas à l'emploi des courants intenses, car le rayonnement de la chaleur produite dans la bobine par l'effet Joule se fait moins bien que dans le premier cas.

Lorsque l'armature est écartée des pôles, la force attractive diminue très rapidement. En effet, l'attraction est inversement proportionnelle au carré de la distance entre les pôles en présence et les pôles eux-mêmes décroissent avec le flux magnétique, lequel diminue brusquement par suite de la faible perméabilité de l'air.

Il résulte de là qu'à une distance assez faible, l'attraction exercée par les noyaux sur l'armature devient négligeable. On est, par suite, limité dans la course qu'on peut donner à la pièce mobile.

Dans beaucoup d'applications, il est nécessaire d'allonger cette course. On y arrive très simplement en donnant à l'armature, au lieu d'un mouvement perpendiculaire à la ligne des pôles, un mouvement oblique qui augmente la course sans modifier le travail dû au déplacement. Une autre solution consiste à pourvoir l'armature de cônes saillants, qui pénètrent dans des trous coniques creusés dans les noyaux.

Si l'on cherche à obtenir des déplacements considérables, avec une faible variation de la force attractive, on doit recourir à l'effort de succion d'un solénoïde allongé sur un noyau cylindrique présenté à l'entrée de la bobine. Le noyau tend à se placer vers le milieu du solénoïde où le champ a son intensité maximum, § 141. L'attraction est la plus grande lorsque le noyau est à l'entrée ; elle décroît progressivement à mesure qu'il pénètre dans la bobine. On n'obtient pas toutefois par ce procédé des flux aussi intenses et, par suite, des attractions aussi énergiques que dans le cas des circuits magnétiques à peu près complètement en fer.

La variation de la force attractive est moindre encore si l'on fait usage d'un noyau conique pénétrant par sa pointe dans un solénoïde.

Il est à remarquer que si l'on cherche à donner à l'armature d'un électro-aimant en fer à cheval un mouvement de va-et-vient rapide, comme c'est le cas dans les applications télégraphiques, il est nécessaire d'éviter que l'armature vienne en contact direct avec les noyaux, car alors le magnétisme rémanent est très intense et le ressort antagoniste a beaucoup de peine à détacher la pièce mobile, après que le courant a cessé. On évite cet inconvénient en collant sur les pôles une feuille de papier ou de laiton.

Dans le même ordre d'idées, il est nécessaire que le mouvement de l'armature commence dès les premières traces de courant dans les bobines de l'électro-aimant. Or, si les noyaux sont à l'état neutre, on sait, par la forme de la courbe du magnétisme, § 57, que leur perméabilité est très faible et qu'une partie du courant est pour ainsi dire perdue pour l'aimantation. Pour tourner la difficulté, on donne aux noyaux une aimantation préalable en les appuyant sur les pôles d'un aimant permanent. Le courant le plus faible qui traverse alors les bobines suffit pour modifier sensiblement l'aimantation des noyaux et provoquer des variations appréciables dans la force attractive produite sur l'armature. Les relais polarisés sont aussi moins sensibles aux effets du magnétisme remanent, qui sont très variables dans un électro-aimant à noyaux neutres.

La forme donnée à l'armature d'un électro-aimant possède une influence marquée sur la force portante de ce dernier, laquelle est exprimée par $(\mathfrak{H}\, \mathfrak{I} + 2\pi\, \mathfrak{I}^2)\, S$, § 56, S étant la surface du contact de l'armature et des pôles et $\mathfrak{I}$ l'intensité d'aimantation induite vers cette surface. Si l'on diminue celle-ci, on accroît l'intensité d'aimantation induite, car les lignes de force ayant une propension à se frayer leur chemin à travers le fer plutôt qu'à travers l'air ambiant, se porteront de plus en plus vers cette surface à mesure que celle-ci diminue. L'intensité d'aimantation augmentera donc dans cette région. Il en résulte que le produit $\mathfrak{I}^2\, S$, dont dépend particulièrement la force portante, sera maximum pour une valeur dé S généralement beaucoup plus petite que la section des noyaux. C'est pourquoi on donne fréquemment aux armatures une forme bombée dans la partie avoisinante des pôles.

156. — Aimantation d'un conducteur. — Lorsqu'un courant électrique permanent traverse un fil de fer ou d'acier, les molécules situées à la surface de celui-ci s'orientent circulairement suivant les lignes de force créées par le flux électrique intérieur, en formant des filets magnétiques fermés sans action extérieure. Pour mettre en évidence cette aimantation transversale, il suffit de creuser dans le fil une rainure longitudinale : les arêtes de celle-ci manifestent des polarités inverses.

157. — Modifications des propriétés des corps dans un champ magnétique. — Un champ magnétique provoque des perturbations dans la propagation de la lumière au sein des corps qu'il renferme. Cette découverte, due à Faraday, se vérifie à l'aide de la lumière polarisée, dont le plan de polarisation tourne quand elle traverse, suivant les lignes de force, une substance solide, liquide ou gazeuse placée dans un champ magnétique.

Faraday faisait usage de l'appareil de démonstration représenté dans la fig. 75. C'est un électro-aimant dont les noyaux sont creusés suivant l'axe et réunis par des équerres et un socle en fer.

Fig. 75.

La substance essayée est placée entre les pôles de l'électro-aimant.

Les noyaux sont traversés par un faisceau de lumière polarisée par son passage dans un nicol, figuré à la droite du dessin. A la sortie des noyaux, le rayon est éteint par un analyseur. Lorsqu'on lance le courant dans l'électro-aimant, le rayon réapparaît. On peut l'éteindre de nouveau en donnant à l'analyseur une rotation qui mesure l'angle dont le plan de polarisation a tourné.

Verdet a montré que cet angle est proportionnel à la différence des potentiels magnétiques aux points extrêmes du parcours du rayon dans la substance influencée. Le sens de la rotation est, du reste, indépendant du sens du rayon lumineux, mais il est différent . dans les corps magnétiques et dans les corps diamagnétiques.

L'expérience peut aussi se faire à l'aide d'une bobine traversée par un courant et suivant l'axe de laquelle on dispose un tube, fermé par des glaces, dans lequel on a versé le liquide soumis à l'essai. Le polariseur est placé à l'une des extrémités du tube et l'analyseur à l'autre extrémité.

Si la longueur du tube dépasse beaucoup celle de la bobine, le potentiel magnétique est sensiblement nul vers les extrémités, § 141; la différence de potentiel magnétique est égale au travail accompli par l'unité de pôle en se déplaçant entre ces extrémités, soit $4\pi ni$; n désignant le nombre total de spires et i l'intensité du courant.

a étant une constante, appelée constante de Verdet, pour un corps donné à une température déterminée, la rotation du plan de polarisation est

$$\theta = a \times 4\,\pi\,n\,i.$$

Cette relation fournit le moyen de mesurer l'intensité du courant en fonction de la déviation du rayon polarisé.

158. — Phénomène de Hall. — M. Hall a découvert un phénomène qui, comme le précédent, doit probablement son origine à une modification physique des corps situés dans un champ.

Si l'on relie aux pôles d'une pile les points a et b, fig. 76, d'une plaque conductrice mince de forme circulaire, on peut tracer des lignes équipotentielles et des lignes de flux électrique distribuées

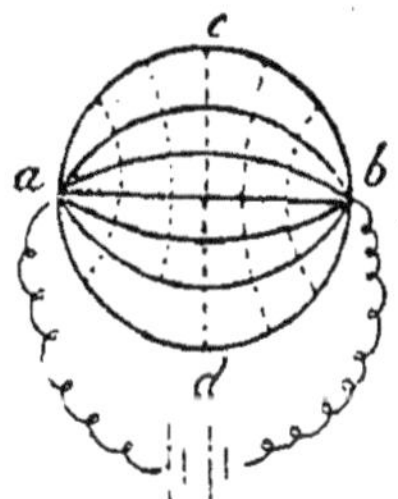

Fig. 76.

comme l'indique la figure. Pour obtenir une des lignes équipotentielles, il suffit de fixer en un point de la plaque l'extrémité d'un fil relié à un galvanomètre et de promener sur la plaque un autre fil relié à la seconde borne de cet appareil. Chaque fois que l'on rencontrera un point au même potentiel que le premier, le galvanomètre n'accusera aucune déviation.

Les lignes équipotentielles, figurées en pointillé, sont symétriques par rapport au diamètre $c\,d$, dont les extrémités sont au même potentiel.

Supposons maintenant que le disque soit placé entre les pôles d'un électro-aimant de manière que les lignes de force magnétique le traversent normalement.

Aussitôt les points c et d cessent d'être au même potentiel et il se produit une nouvelle distribution des lignes de flux indiquée par la fig. 77.

Au premier abord, il semble que le déplacement des lignes de flux doivent être attribué à l'action directe, régie par la règle d'Ampère, de la force magnétique sur le courant électrique.

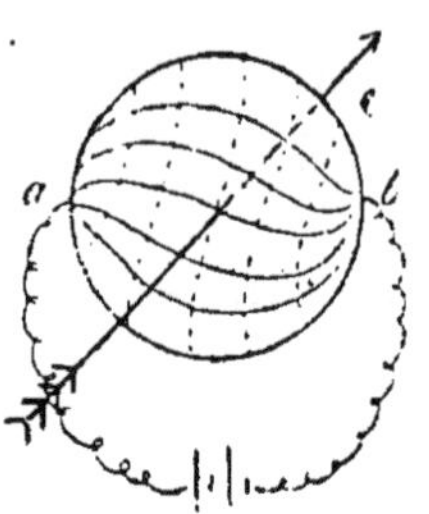

Fig. 77.

Mais l'expérience montre que les déviations ne sont pas de même sens dans les divers corps. La déformation des lignes de flux suit la règle d'Ampère dans le fer et le zinc par exemple, elle est inverse dans le bismuth et le nickel.

En même temps que la déviation signalée, on constate un accroissement apparent de la résistance électrique du conducteur, attribuable à ce fait que les lignes moyennes de flux sont allongées par la torsion. Cet accroissement de résistance, qui est plus manifeste dans des conducteurs de forme allongée placés normalement aux lignes de force, peut servir, comme l'a montré M. Leduc, à mesurer l'intensité d'un champ magnétique.

UNITÉS ÉLECTRO-MAGNÉTIQUES.

159. — **Quantités magnétiques.** — L'existence de l'action magnétique du courant permet d'établir un système d'unités dans lequel toutes les grandeurs électriques et magnétiques sont définies en fonction d'un pôle.

L'unité de pôle magnétique, définie par la loi de Coulomb, § 35, est le pôle qui repousse un pôle égal situé à la distance d'un centimètre avec la force d'une dyne.

$$\text{Dimensions} \left[L^{\frac{3}{2}} M^{\frac{1}{2}} T^{-1} \right].$$

Les autres grandeurs magnétiques se mesurent à l'aide d'unités dérivées, définies par leurs relations avec l'unité de pôle.

Nous ne ferons que rappeler ces relations et les dimensions que nous en avons déduites, en conservant les notations adoptées précédemment.

Potentiel magnétique $\quad \varphi = \Sigma \dfrac{m}{r}$ Dimensions $\left[L^{\frac12} M^{\frac12} T^{-1}\right]$ §36.

Intensité de champ $\quad \mathfrak{H} = -\dfrac{d\,\varphi}{ds}$ » $\left[L^{-\frac12} M^{\frac12} T^{-1}\right]$ §36.

Moment magnétique $\quad \mathfrak{M} = l\,\Sigma\,m$ » $\left[L^{\frac52} M^{\frac12} T^{-1}\right]$ §37.

Intensité d'aimantation $\quad \mathfrak{I} = \dfrac{\mathfrak{M}}{\nu}$ » $\left[L^{-\frac12} M^{\frac12} T^{-1}\right]$ §40.

Densité superficielle $\quad \sigma = \dfrac{m}{s}$ » $\left[L^{-\frac12} M^{\frac12} T^{-1}\right]$ §40.

Puissance d'un feuillet $\quad \mathfrak{P} = \sigma\,\varepsilon$ » $\left[L^{\frac12} M^{\frac12} T^{-1}\right]$ §43.

Flux de force magnétique $\mathfrak{N} = m\,\omega$ » $\left[L^{\frac32} M^{\frac12} T^{-1}\right]$ §45.

Coefficient d'induction $\quad \mathfrak{M} = \dfrac{\mathfrak{N}}{\mathfrak{P}}$ » $[L]$ §46.

Coefficient d'aimantation

ou de susceptibilité $\quad x = \dfrac{\mathfrak{I}}{\mathfrak{H}}$ » 1 §52.

Coefficient de perméabilité $\mu = 1 + 4\pi x$ » 1 §60.

160. — Quantités électriques. — Nous avons reconnu, § 131, que l'effet magnétique d'un courant est identique à celui d'un feuillet de même contour, de puissance égale à l'intensité du courant, et qu'on peut définir la grandeur et les dimensions d'un courant comme celles d'un feuillet.

Un courant circulaire, par exemple, développe, sur l'unité de pôle placée au centre, une force, § 137,

$$\mathfrak{H} = \dfrac{l\,i}{r^2}.$$

On déduit de cette relation que l'unité d'intensité est l'intensité d'un courant circulaire de rayon unité produisant, par unité de longueur, l'unité de force sur l'unité de pôle placée au centre de l'arc.

$$\text{Dimensions} \left[L^{\frac{1}{2}} M^{\frac{1}{2}} T^{-1} \right].$$

L'unité de quantité d'électricité se déduit de la relation

$$q = i\,t.$$

C'est la quantité transportée par l'unité de courant en l'unité de temps.

$$\text{Dimensions} \left[L^{\frac{1}{2}} M^{\frac{1}{2}} \right].$$

La résistance électrique est liée à l'intensité du courant par la loi de Joule

$$W = i^2\, r\, t.$$

L'unité de résistance est, par suite, celle d'un conducteur dans lequel l'unité d'intensité développe l'unité de chaleur en l'unité de temps.

$$\text{Dimensions } [L\, T^{-1}].$$

Le potentiel électrique, qui sert de mesure à la force électro-motrice, trouve dans la loi d'Ohm une relation avec l'intensité et la résistance

$$V - V' = e = i\,r.$$

L'unité de force électro-motrice ou de différence de potentiel produit l'unité de courant dans un conducteur ayant l'unité de résistance.

$$\text{Dimensions} \left[L^{\frac{3}{2}} M^{\frac{1}{2}} T^{-2} \right].$$

La capacité d'un corps s'exprime en fonction de la charge et du potentiel par la formule

$$c = \frac{q}{v}.$$

L'unité de capacité est représentée par la capacité d'un conduc - teur qui contient l'unité de charge sous l'unité de potentiel.

$$\text{Dimensions } [L^{-1}\, T^2].$$

161. — Système électro-statique. — Si l'on introduit les dimensions des quantités précédemment définies dans l'expression de la loi de Coulomb relative aux phénomènes électro-statiques,

$$f = \mathrm{K}\,\frac{qq'}{r^2},$$

on trouve que K a pour dimensions

$$[\mathrm{L}^2\,\mathrm{T}^{-2}] = [\text{vitesse}]^2.$$

Cette déduction concorde avec le résultat trouvé par la comparaison des capacités inductives spécifiques avec les indices de réfraction des diélectriques, § 94, à savoir que le coefficient de la loi de Coulomb est proportionnel au carré de la vitesse de la lumière dans le diélectrique, soit environ, pour l'air,

$$[3 \times 10^{10} \text{ centimètres par seconde}]^2.$$

Ainsi interprétée, la loi élémentaire des phénomènes électro-statiques admet les unités électro-magnétiques.

Il est toutefois possible de fonder un système d'unités en supposant que, dans la loi de Coulomb, le coefficient K est arbitraire et en égalant ce facteur à un. L'unité dérivée de quantité d'électricité est alors la quantité qui repousse une quantité égale placée à l'unité de distance, non pas avec une force inversement proportionnelle au carré de la vitesse de la lumière, mais simplement avec une force égale à l'unité. Les dimensions qui découlent de cet énoncé sont

$$\left[\mathrm{L}^{\frac{3}{2}}\,\mathrm{M}^{\frac{1}{2}}\,\mathrm{T}^{-1} \right].$$

La nouvelle unité, dite électro-statique, est égale à l'unité électro-magnétique de quantité divisée par 3×10^{10}, car il résulte de la loi de Coulomb que la masse électrique est inversement proportionnelle à la racine carrée du coefficient K. Les valeurs numériques des quantités d'électricité, exprimées dans le système électro-statique, sont par suite 3×10^{10} fois plus grandes que lorsque celles-ci sont exprimées dans le système électro-magnétique, § 1.

Il est possible de mesurer une même quantité d'électricité dans les deux systèmes. Ainsi, la charge d'un condensateur à anneau de garde pourra se déterminer, d'une part, à l'aide de l'électromètre absolu, § 84, dans la formule duquel on fera $K = 1$, et, d'autre part, au moyen du galvanomètre balistique, § 140, dans lequel on déchargera le condensateur.

Le rapport des valeurs numériques ainsi obtenues se trouve être égal à la vitesse de la lumière ou 3×10^{10} centimètres par seconde. Ce résultat apporte une nouvelle preuve à l'appui de l'interprétation du coefficient de la loi de Coulomb.

Les relations

$$i = \frac{q}{t}, \quad r = \frac{W}{i^2 t}, \quad e = i\,r, \quad c = \frac{q}{e},$$

permettent de définir des unités électro-statiques d'intensité, de résistance, de force électro-motrice et de capacité.

Les dimensions ainsi obtenues dans le système électro-statique sont :

Intensité $\left[L^{\frac{3}{2}} \, M^{\frac{1}{2}} \, T^{-2} \right]$.

Résistance $[L^{-1} \, T]$.

Force électro-motrice $\left[L^{\frac{1}{2}} \, M^{\frac{1}{2}} \, T^{-1} \right]$.

Capacité $[L]$.

En désignant par
$$q_s, \; i_s, \; r_s, \; e_s, \; c_s,$$
$$q_m, \; i_m, \; r_m, \; e_m, \; c_m,$$

les unités de quantité, d'intensité, de résistance, de force électro-motrice et de capacité dans les deux systèmes, on déduit des valeurs des dimensions le rapport de ces unités

$$\frac{q_m}{q_s} = \frac{i_m}{i_s} = \frac{e_s}{e_m} = \sqrt{\frac{r_s}{r_m}} = \sqrt{\frac{c_m}{c_s}} = 3 \times 10^{10}.$$

Les rapports des valeurs numériques des mêmes grandeurs exprimées dans les deux systèmes sont inverses.

Il est à remarquer que les valeurs numériques des grandeurs électriques se confondraient dans les deux systèmes si l'on prenait, pour unité de longueur, la longueur parcourue par la lumière en une seconde.

Les unités électro-statiques ne sont guère employées que pour faciliter les calculs basés sur la loi de Coulomb.

Ainsi, la capacité d'une sphère isolée est mesurée en unités

électro-statiques par son rayon, tandis qu'en unités électro-magnétiques, § 81, le rayon doit être divisé par K, soit par

$$(3 \times 10^{10})^2.$$

La capacité d'un condensateur cylindrique, § 85, est

$$\frac{1}{2 \log_e \frac{r'}{r}},$$

en unités électro-statiques. Elle est K fois plus petite en unités
électro-magnétiques.

Mais dans les applications industrielles de l'électricité, les unités
électro-magnétiques sont exclusivement employées ; aussi quand
on parle d'unités électriques C. G. S., sans autre indication, on
entend le système électro-magnétique d'unités.

162. — Unités pratiques. — Les unités électro-magnétiques
sont représentées par des quantités qui diffèrent beaucoup en
général des grandeurs que l'on rencontre dans les applications.
Ainsi la résistance électrique de 100^m de fil de fer de 4^{mm} de
diamètre équivaut à environ un milliard d'unités de résistance.

Afin de n'être pas obligé d'employer des nombres trop forts ou
trop faibles pour exprimer les grandeurs usuelles, on a adopté des
unités pratiques représentées par des multiples des unités C. G. S.
C'est pour une raison semblable que l'unité de longueur du système
métrique, définie par la Convention nationale, est, non pas le
quadrant terrestre, mais sa $\frac{1}{10^7}^e$ partie.

L'unité pratique de résistance, qui a reçu le nom d'*ohm*, est égale
à 10^9 unités C. G. S. de résistance. Cette unité est représentée par
un étalon constitué au moyen d'une colonne de mercure d'un
millimètre carré de section. Des expériences poursuivies jusqu'en
1884 ont établi que la longueur de la colonne correspondant à la
résistance d'un ohm est, à la température de 0^oC, voisine de
106 centimètres, ce qui a fait proposer cette longueur pour la
définition de l'*ohm légal*, faisant foi dans les transactions commerciales. Toutefois, cette proposition n'a pas rencontré jusqu'à présent
la sanction des états. Comme d'ailleurs des expériences plus précises exécutées depuis 1884 ont montré que l'*ohm vrai* est repré-

-senté, avec une approximation de 1/5000, par la résistance à 0°C d'une colonne mercurielle de 106,3 cm de longueur, il est possible que ce soit cette dernière définition qui reçoive la sanction légale. Les auteurs français emploient d'ordinaire l'ohm légal (106 cm) pour la mesure des résistances, tandis que dans les autres pays les physiciens expriment celles-ci en ohms, en attribuant à cette unité la valeur la plus exacte possible, soit actuellement 106,3 cm (1891).

L'unité pratique d'intensité, appelée *ampère*, est égale au dixième de l'unité C. G. S.

Les recherches expérimentales ont montré qu'un courant de cette intensité dépose, en une seconde, 1,118 mmg. d'argent et 0,327 mmg. de cuivre, en décomposant un sel de ces métaux.

L'unité pratique de force électro-motrice, qui se déduit des précédentes par la loi d'Ohm, équivaut à 10^8 unités C. G. S. Elle a reçu le nom de *volt*.

En appliquant les relations connues entre les grandeurs électriques, on déduit de ces trois unités les autres unités du système pratique.

L'unité de quantité, le *coulomb*, est égale au dixième de l'unité C. G. S. L'unité de capacité, le *farad*, équivaut à 10^{-9} unités C. G. S. de capacité.

L'unité pratique de travail ou d'énergie électrique, correspondant à 1 volt-coulomb, s'appelle *joule*.

$$1 \text{ joule} = 10^7 \text{ ergs.}$$

$$= \frac{1}{9,81} \text{ kilogrammètre.}$$

L'unité pratique de puissance électrique, qui représente le volt-ampère, a reçu le nom de *watt*.

Le kilowatt vaut 1,36 chevaux-vapeur. L'emploi de cette unité est recommandé pour désigner la puissance des machines motrices, concurremment avec le *poncelet*, lequel équivaut à 100 kilogrammètres par seconde ou 0,981 kilowatt environ.

Il est à remarquer que les unités pratiques pourraient se déduire directement des équations entre les grandeurs électriques à la condition de choisir comme unités fondamentales, au lieu du centimètre ou du gramme, 10^9 centimètres, soit environ la longueur du quadrant terrestre, et la $\dfrac{1}{10^{11}}^e$ partie du gramme ; la seconde étant conservée pour l'unité de temps.

La nécessité d'employer une unité de longueur aussi grande et une unité de masse aussi faible pour arriver directement aux grandeurs électriques usuelles, suggère l'idée que les phénomènes électriques sont causés par les déplacements de masses très petites à des vitesses considérables.

Le coefficient de self-induction d'un circuit étant homogène à une longueur sera exprimé en centimètres dans le système C. G. S. et en *quadrants* dans le système pratique. On a aussi proposé de désigner cette unité pratique sous le nom de seconde-ohm ou *secohm* ; le produit d'une résistance par un temps étant également homogène à une longueur dans le système électro-magnétique.

163. — **Comparaison des diverses unités électriques.** — Nous résumons dans le tableau suivant les valeurs comparatives des diverses unités électriques :

$$1 \text{ ohm} \quad = 10^9 \begin{array}{c}\text{unités}\\ \text{électro-}\\ \text{magnétiques}\end{array} = \dfrac{10^9}{3^2 \times 10^{20}} \begin{array}{c}\text{unités}\\ \text{électro-}\\ \text{statiques.}\end{array}$$

$$1 \text{ ampère} = 10^{-1} \quad \text{id.} \quad = 10^{-1} \times 3 \times 10^{10} \quad \text{id.}$$

$$1 \text{ volt} \quad = 10^8 \quad \text{id.} \quad = \dfrac{10^8}{3 \times 10^{10}} \quad \text{id.}$$

$$1 \text{ coulomb} = 10^{-1} \quad \text{id.} \quad = 10^{-1} \times 3 \times 10^{10} \quad \text{id.}$$

$$1 \text{ farad} \quad = 10^{-9} \quad \text{id.} \quad = 10^{-9} \times 3^2 \times 10^{20} \quad \text{id.}$$

164. — **Exemples de transformations d'unités.**

Capacité de la terre en microfarads. En unités électro-statiques, la capacité de la terre est mesurée par son rayon, soit approximativement par $\dfrac{2 \times 10^9}{\pi}$.

Or une unité électro-statique de capacité vaut $\dfrac{1}{9 \times 10^5}$ microfarads. En microfarads la capacité est donc $\dfrac{2 \times 10^9}{\pi \times 9 \times 10^5} = 708$.

Capacité en microfarads d'un kilomètre de câble immergé dans l'eau, le conducteur ayant $0,1$ cm de diamètre, l'enveloppe isolante

*. 0,3 cm de diamètre extérieur et le pouvoir inducteur de cette enve-
loppe (rapporté à l'air) étant 3.*

En unités électro-statiques, la capacité est, par kilomètre,

$$\frac{3 \times 10^5}{2 \, \log_e \dfrac{0,3}{0,1}} = \frac{3 \times 10^5}{2 \times 2,3026 \times \mathrm{Log}\, 3} \, ;$$

en microfarads on aura

$$\frac{3 \times 10^5}{2 \times 2,3026 \times \mathrm{Log}\, 3 \times 9 \times 10^5} = 0,268.$$

*Expression en volts de la force électro-motrice développée dans
une pile dont les réactions libèrent une quantité d'énergie égale à
n calories-gramme par équivalent électro-chimique.*

On a vu au § 124 que la force électro-motrice a la même expression numérique que la chaleur de combinaison rapportée à l'équivalent électro-chimique.

Or, une calorie-gramme équivaut à $4,2 \times 10^7$ ergs ou $4,2$ joules.
Par suite, la force électro-motrice cherchée est $4,2 \times n$ volts. Dans
le cas où la chaleur de réaction n' est rapportée à l'*équivalent chimique*, mesuré en grammes, la force électro-motrice est exprimée
par $4,2 \times 0,0000103 \times n' = 0,000043 n'$ volts.

*Valeur de l'intensité du champ magnétique au milieu d'une bobine
cylindrique de grande longueur, parcourue par un courant de
10 ampères et présentant.25 spires par unité de longueur.*

En unités C. G. S. on a

$$\mathfrak{H} = 4 \pi n_1 \, i,$$

où

$$n_1 = 25 \quad \text{et} \quad i = 10 \times 10^{-1}.$$

Par suite

$$\mathfrak{H} = 314,26.$$

On voit qu'une bobine cylindrique est susceptible de produire
un champ uniforme dont l'intensité est bien plus grande que celle
du champ terrestre, qui n'atteint pas une demi-unité C. G. S.

INDUCTION ÉLECTRO-MAGNÉTIQUE

LOIS DE L'INDUCTION ÉLECTRO-MAGNÉTIQUE.

164. — Courants induits. — Faraday a découvert, en 1831, une catégorie de phénomènes, appelés phénomènes d'*induction électro-magnétique*, consistant dans la production de courants à travers les conducteurs qu'on déplace dans un champ magnétique ou qui sont maintenus dans un champ magnétique variable.

On résume de la manière suivante les circonstances qui donnent naissance aux *courants d'induction* :

I. Soient deux circuits voisins *a* et *b*, tels que deux bobines concentriques. Lorsqu'un courant prend naissance dans *a*, un courant inverse passe dans *b*.

Le premier courant est qualifié *d'inducteur*, le second *d'induit*. Le courant inducteur ayant atteint une intensité constante, le courant induit cesse. Si le courant inducteur diminue graduellement jusqu'à l'extinction, il se produit dans le circuit *b* un nouveau courant induit, cette fois de même sens que le courant inducteur et cessant encore avec lui. Les deux courants induits sont appelés respectivement courant induit inverse ou de fermeture, et courant induit direct ou d'ouverture.

Approchons d'un conducteur *b* un conducteur *a*, traversé par un courant constant; *b* devient le siège d'un courant induit inverse qui dure aussi longtemps que le mouvement. Si nous éloignons a, il naît dans b un courant induit direct.

En résumé, il y a courant induit chaque fois et aussi longtemps que l'intensité ou la position du courant inducteur varie.

II. Un aimant pouvant être assimilé à un solénoïde, il est facile de prévoir que toute variation de position ou d'intensité d'un aimant crée dans un circuit voisin des courants induits, dont le sens se détermine en substituant à l'aimant un solénoïde équivalent dont la position ou l'intensité éprouve des variations correspondantes.

III. Dans un circuit, toute variation de forme ou d'intensité du courant donne lieu à des phénomènes d'induction.

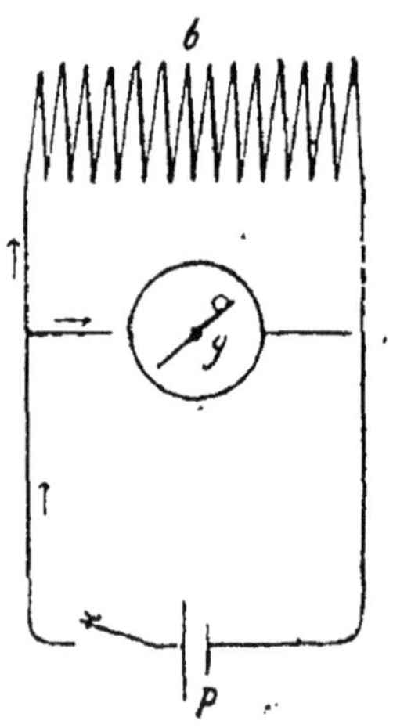

Fig. 78.

Soit un circuit comprenant une bobine b, avec ou sans noyau en fer, fig. 78. Un galvanomètre g placé en dérivation marque un angle d'équilibre α, quand la clef d'interruption du courant est fermée.

Arrêtons l'aiguille dans cette position par un buttoir qui ne lui permet pas de revenir en arrière et, après avoir interrompu le courant, fermons-le de nouveau. L'aiguille est vivement projetée au-delà de l'angle α, ce qui accuse un courant s'ajoutant au courant normal dans le galvanomètre, et pouvant être considéré comme le courant induit inverse de la bobine.

Ramenons l'aiguille au zéro en l'y maintenant, pendant le passage du courant, par le buttoir placé cette fois du côté où la déviation tend à se produire.

Au moment de l'ouverture du circuit de la pile, nous constaterons une impulsion dans le sens opposé à α, attribuable à un courant induit direct développé dans la bobine.

Ces effets d'induction, qui sont très prononcés quand la bobine présente un grand nombre de spires et surtout quand elle est pourvue d'un noyau de fer, sont appelés *extra-courant inverse* et *extra-courant direct*. Ces extra-courants s'accusent nettement par leurs effets physiologiques. Ainsi la tension produite par un seul élément voltaïque est insensible au toucher. Mais, si l'on forme un circuit comprenant un élément de pile et un électro-aimant, et si l'on touche les deux bornes de ce dernier avec les doigts, on sent, lors de l'ouverture du circuit, une légère secousse due à l'extra-courant de rupture dérivé à travers la main.

165. — Loi de Lenz. — En analysant ces diverses catégories de phénomènes, on constate que toute circonstance qui détermine un courant d'induction entraîne une modification du flux de force magnétique qui traverse le circuit induit.

Le cas d'induction par déplacement d'un circuit dans un champ magnétique peut être considéré comme la contre-partie du déplacement d'un courant sous l'action d'un champ. Ce rapprochement a été étudié par Lenz, qui a indiqué la loi suivante régissant l'induction produite par le mouvement.

Tout déplacement relatif d'un circuit et d'un champ, développe un courant induit qui tend à s'opposer au mouvement, en vertu des réactions électro-magnétiques.

Ainsi, lorsqu'un conducteur est déplacé dans un champ, par exemple vers la gauche d'un bonhomme couché sur le conducteur et regardant dans le sens des lignes de force, le courant induit va de la tête aux pieds de l'indicateur; le courant qui produirait le même mouvement irait des pieds à la tête.

166. — Loi générale de l'induction. — Sir W. Thomson et Helmholtz ont déduit du principe de la conservation de l'énergie une loi qui gouverne, dans tous les cas, le sens et l'intensité du courant induit.

Supposons qu'un circuit, placé dans un champ magnétique, contienne une pile de force électro-motrice e. Appelons r la résistance totale du circuit; le courant normal est, en vertu de la loi d'Ohm,

$$I = \frac{e}{r}.$$

Dans ces conditions, l'énergie du courant se transforme en chaleur, de telle manière qu'en un temps dt

$$e\, I\, dt = I^2\, r\, dt.$$

Mais, par suite de la réaction du champ sur le courant, il naît une force électro-magnétique qui tend à déplacer le courant et à lui faire produire un travail dT, pendant le temps dt. Ce travail s'accomplit nécessairement aux dépens de l'énergie de la pile, la seule source d'énergie disponible, et comme e et r sont constantes par hypothèse, il s'ensuit que le courant a dû prendre une nouvelle valeur i, telle que

$$e\, i\, dt = i^2\, r\, dt + dT.$$

Mais on a vu, § 132, que le travail électro-magnétique est égal et de signe contraire à la variation de l'énergie $-\, i\, \mathfrak{H}$ du courant dans le champ. Par suite

$$d\, T = -\, d\, w = i\, d\, \mathfrak{H},$$

donc

$$e\, i\, dt = i^2\, r\, dt + i\, d\, \mathfrak{H},$$

d'où

$$i = \frac{e - \dfrac{d\mathfrak{H}}{dt}}{r}. \qquad (1)$$

On voit que le terme $-\dfrac{d\,\mathfrak{H}}{dt}$ joue le rôle d'une force électro-motrice qui tend à diminuer l'intensité du courant; c'est l'expression générale de la *force électro-motrice d'induction*.

Si l'on supprime la pile et si l'on déplace le circuit de la même manière qu'auparavant, par une dépense d'énergie mécanique, il se développe une force électro-motrice d'induction $-\dfrac{d\,\mathfrak{H}}{dt}$ qui produit un courant induit mesuré par

$$i = \frac{-\dfrac{d\mathfrak{H}}{dt}}{r}. \qquad (2)$$

L'équation (2) montre qu'un circuit immobile, traversé par un flux magnétique variable, est également le siège d'une *force électro-motrice d'induction qui, dans tous les cas, est égale et de signe contraire au taux de variation du flux rapporté au temps.*

167. — Règle de Maxwell. — Le sens de la force électro-motrice se déduit aisément de la règle de Maxwell, § 125. Si l'on suppose qu'un tire-bouchon avance en tournant dans la direction du champ, le sens de la rotation indique le sens positif de la force électro-motrice. Or lorsque le flux ou le nombre de lignes de force diminue, la force électro-motrice $-\dfrac{d\mathfrak{N}}{dt}$ est positive. Si le flux augmente, la force électro-motrice est négative, c'est-à-dire qu'elle est orientée en sens inverse du mouvement de rotation du tire-bouchon.

Appliquons cette règle à une bobine dans laquelle on enfonce un aimant par son extrémité N. Le flux de force augmente à travers la bobine ; par suite la force électro-motrice est négative. Lorsque l'on retire le barreau, le flux diminue et la force électro-motrice devient positive.

168. — Règle de Faraday. — Dans le cas de l'induction par déplacement, il est souvent utile de préciser la force électro-motrice due au mouvement des diverses parties du circuit induit. Or, on se souvient, § 135, que la variation totale du flux à travers un circuit est la somme algébrique des flux élémentaires coupés par ses diverses parties.

On peut donc interpréter la loi générale de l'induction en disant que la *force électro-motrice qui naît dans un conducteur est mesurée à chaque instant par le flux de force coupé en l'unité de temps.* En d'autres termes, la force électro-motrice est égale à la longueur du conducteur multipliée par l'intensité du champ et par la projection normale aux lignes de force du déplacement effectué dans l'unité de temps.

Le sens de la force électro-motrice se déduit de la loi de Lenz, § 165.

Ainsi l'essieu d'un wagon, qui, dans l'hémisphère nord, se déplace de l'est à l'ouest en coupant les lignes de force terrestres,

est le siège d'une force électro-motrice d'induction dirigée du nord
au sud. Pour trouver ce sens, il suffit de coucher un bonhomme le
long de l'essieu de manière à ce qu'il regarde vers le bas (puisque
dans l'hémisphère nord les lignes de force sont plongeantes) et
qu'il se déplace vers sa gauche; le courant induit tend alors à
passer de sa tête à ses pieds.

La règle de Faraday a l'avantage sur celle de Maxwell de s'appliquer même au cas d'un circuit électrique ouvert et de montrer que
la force électro-motrice d'induction réside dans les conducteurs
traversant les lignes de force d'un champ magnétique.

Il résulte des deux règles précédentes que, si un circuit se déplace
dans un champ, de telle manière que le flux embrassé reste constant,
ou encore lorsqu'un conducteur se meut parallèlement aux lignes
de force d'un champ, il n'y a pas production de courants induits.

169. — Siège de la force électro-motrice d'induction. — La
force électro-motrice prend naissance dans toutes les parties du
circuit qui coupent des lignes de force, mais dans celles-là
seulement. Supposons qu'un barreau aimanté soit déplacé suivant
l'axe d'un anneau métallique. Tous les éléments de l'anneau
coupent à chaque instant le même nombre de lignes de force et
dans chaque élément de résistance dr naît une force électro-
motrice de et un courant

$$i = \frac{de}{dr}.$$

Par raison de symétrie, il ne peut pas y avoir de différence de potentiel dans l'anneau. Mais si l'on interrompt celui-ci, il naît aussitôt
aux points de séparation une différence de potentiel représentant
la somme des forces électro-motrices des divers éléments. Ce cas
montre qu'une force électro-motrice peut exister sans différence de
potentiel.

L'hydrodynamique offre des exemples analogues : un canal
circulaire rempli d'eau, dans lequel tournerait un anneau solide,
présenterait un courant dû au frottement du liquide contre l'anneau;
la force motrice, étant uniformément distribuée, n'engendrerait
aucune différence de niveau entre les divers points du canal.

170. — Flux de force produisant l'induction. — Il importe de préciser l'expression du flux qui traverse un circuit induit.

D'une manière générale, le flux peut être décomposé en deux parties, la première due au courant même qui traverse le circuit, la seconde, au champ extérieur produit par des courants ou des aimants.

On a défini, § 134, sous le nom de coefficient de self-induction d'un circuit, le flux qui traverse celui-ci lorsque le courant est égal à l'unité. Ce coefficient dépend de la forme du circuit et du milieu dans lequel il est plongé. En effet, le flux de force magnétique créé est proportionnel à la perméabilité du milieu ambiant. Si le circuit est entouré complètement de fer, ou s'il contient simplement un noyau de ce métal, le flux de force a une valeur considérablement plus élevée que si le circuit est simplement plongé dans l'air; la perméabilité du fer pour les inductions moyennes étant beaucoup plus grande que celle de l'air.

Si donc on désigne par $\mathcal{L}i$ le flux de force produit par le courant à travers son propre circuit, le coefficient de self-induction $\mathcal{L}$ n'a une valeur constante qu'à la condition que le circuit soit invariable de forme et plongé dans un milieu peu magnétique. Dans le cas où le circuit est voisin de corps très magnétiques, son coefficient $\mathcal{L}$ devient variable avec l'intensité du courant.

On ne peut donc définir le coefficient de self-induction d'un électro-aimant sans spécifier l'intensité du courant qui traverse la bobine, ainsi que l'état magnétique antérieur du noyau.

Comme application de ce qui précède, considérons une bobine annulaire dont l'épaisseur de la section est négligeable devant le diamètre, § 143.

En appelant n_1 le nombre de spires par centimètre suivant l'axe circulaire de la bobine et s la section de celle-ci, le flux magnétique intérieur est exprimé, pour un courant égal à l'unité, par

$$\mathfrak{H} s = 4\,\pi\,n_1\,s.$$

Ce flux traverse successivement les n spires de la bobine; par suite, le coefficient de self-induction est

$$\mathcal{L} = 4\,\pi\,n_1\,n\,s.$$

Une telle bobine ayant 20 spires par unité de longueur et une section de 100 cm² aurait un coefficient de self-induction par centimètre égal à 160 000 π unités C. G. S. ou $0,503 \times 10^{-3}$ quadrants.

S'il y a dans la bobine un noyau annulaire en fer de perméabilité actuelle μ, le coefficient devient

$$\mathcal{L} = 4\,\pi\,n_1\,n\,\mu\,s.$$

Le coefficient de perméabilité dépasse parfois 3 000, ce qui explique pourquoi un électro-aimant produit des extra-courants très supérieurs à ceux d'une bobine sans noyau.

L'expression précédente représente aussi le coefficient de self-induction d'un électro-aimant droit de grande longueur, si l'on néglige l'influence des extrémités.

Lorsqu'on enroule une bobine au moyen d'un fil plié en double, un générateur d'énergie électrique y détermine des courants héliçoïdaux de sens contraires dont l'effet magnétique résultant est nul sur un noyau intérieur, de même que sur le milieu ambiant. Il en résulte qu'une bobine semblable présente un coefficient de self-induction négligeable.

De même, deux conducteurs droits rapprochés ou deux fils cordés ensemble ne donnent pas lieu à des effets d'induction latérale quand ils sont traversés par des courants égaux de sens opposés.

Lorsque l'intensité du courant qui passe dans un électro-aimant n'excède pas la valeur correspondant au coude de la courbe du magnétisme du noyau, § 57, on est autorisé dans les calculs approximatifs à admettre que la perméabilité est constante, ainsi que le coefficient de self-induction.

D'après Lord Rayleigh, cette hypothèse est toujours fondée, quelle que soit l'aimantation du noyau, lorsqu'on considère des écarts faibles de la force magnétisante, c'est à dire de l'intensité du courant.

En résumé, à travers un circuit isolé parcouru par un courant i, le flux total est donc

$$\mathcal{N} = \mathcal{L}\,i.$$

Si le courant varie, il naît une force électro-motrice de self-induction égale à

$$-\frac{d\mathcal{N}}{dt} = -\frac{d}{dt}(\mathcal{L}\,i)$$

où simplement

$$-\mathcal{L}\frac{di}{dt},$$

si $\mathcal{L}$ est constant.

Lorsque le courant croît, di est positif et la force électro-motrice est négative; d'où un extra-courant inverse. Quand le courant décroît, la force électro-motrice est positive et elle donne lieu à un extra-courant direct.

Si le circuit, au lieu d'être isolé, est voisin d'aimants ou de courants, au flux dû au courant lui-même s'adjoint un flux supplémentaire, comprenant des lignes de force du champ magnétique produit par ces causes extérieures.

Dans le cas de courants, on a défini, § 133, sous le nom de *coefficient d'induction mutuelle* de deux circuits, le flux de force produit à travers l'un d'eux par l'autre circuit. qu'on suppose parcouru par un courant égal à l'unité. Il conviendra toutefois d'introduire ici la même réserve que dans le cas de la self-induction, à savoir que la perméabilité du milieu est supposée constante. Dans l'hypothèse contraire, $\mathfrak{M}$ varie avec l'intensité des courants considérés.

Soit un circuit, dont le flux propre est $\mathcal{L}\,i$ et qui est voisin d'un autre circuit dont le coefficient d'induction mutuelle et le courant sont respectivement $\mathfrak{M}$ et i'. Le flux total aura pour valeur

$$\mathfrak{N} = \mathcal{L}\,i + \mathfrak{M}\,i'.$$

La force électro-motrice d'induction sera exprimée dans ce cas par

$$e = -\frac{d\mathfrak{N}}{dt} = -\frac{d}{dt}(\mathcal{L}\,i + \mathfrak{M}\,i').$$

Si les deux circuits sont de forme invariable, et si l'on suppose que la perméabilité du milieu qui les entoure est constante, $\mathcal{L}$ et $\mathfrak{M}$ sont des facteurs constants, et l'on a

$$e = -\mathcal{L}\frac{di}{dt} - \mathfrak{M}\frac{di'}{dt}.$$

Le circuit induit peut, en outre, être situé dans un champ produit par la terre et par des aimants. Si l'on désigne par $\mathfrak{H}s + \Sigma\,(m\,\omega)$ le flux provoqué par ces causes à travers le circuit, on a l'expression générale

$$\mathfrak{N} = \mathcal{L}\, i + \mathfrak{M}\, i' + \mathfrak{H}\, s + \Sigma\,(m\omega),$$

d'où

$$e = -\frac{d}{dt}\Big[\mathcal{L}i + \mathfrak{M}\, i' + \mathfrak{H}\, s + \Sigma\,(m\omega)\Big].$$

Remarque. — Reprenons pour un instant le cas d'une bobine annulaire, pourvue d'un noyau en fer fermé sur lui-même et parcourue par des courants dont le sens varie périodiquement, l'intensité passant de $+\,i$ à $-\,i$ et inversement. A chaque changement de sens, l'aimantation du noyau est renversée et le coefficient d'induction de la bobine prend la valeur

$$\mathcal{L} = 4\pi\, n\, n_1\, \mu\, s.$$

Mais si les courants qui traversent la bobine varient de o à une valeur i, sans prendre des valeurs négatives, c'est à dire s'il y a simplement intermittence dans le courant, les filets magnétiques formés dans le noyau restent polarisés en vertu de la force coercitive et le coefficient de self-induction de la bobine a, pour les courants qui suivent le premier, la même valeur que si le noyau n'existait pas.

Lorsque le noyau présente une solution de continuité, il ne se forme pas de filets fermés, en sorte que l'effet de la force coercitive est considérablement atténué.

171. — Quantité d'électricité induite. — Supposons que le flux qui traverse un circuit varie de o à une quantité $\mathfrak{N}$. L'intensité du courant induit est, à un instant quelconque,

$$i = \frac{-\dfrac{d\mathfrak{N}}{dt}}{r}$$

et la quantité totale d'électricité induite

$$\int_o^t i\, dt = \int_o^{\mathfrak{N}} -\frac{d\mathfrak{N}}{r} = -\frac{\mathfrak{N}}{r}.$$

Si le flux revient ensuite à o, la quantité d'électricité est

$$\int_{\mathfrak{N}}^{o} - \frac{d\mathfrak{N}}{r} = \frac{\mathfrak{N}}{r};$$

elle est égale à la précédente et se déplace en sens inverse.

APPLICATIONS DES LOIS DE L'INDUCTION.

172. — Conducteur mobile dans un champ uniforme. — Supposons qu'un conducteur de longueur l, tel que l'essieu d'une voiture de chemin de fer, se déplace horizontalement avec une vitesse v. Il coupe les lignes de force terrestres et la force électro-motrice d'induction est, en appelant $\mathfrak{H}$ la composante verticale du champ magnétique,

$$e = - \frac{d\mathfrak{N}}{dt} = - l\,v\,\mathfrak{H}.$$

Le sens de la force électro-motrice est donné par la règle de Faraday, § 168.

Soient $l = 150$ cm,

$\qquad v = 1666$ cm par seconde,

$\qquad \mathfrak{H} = 0,44.$

On a $e = 150 \times 1666 \times 0,44$ unités C. G. S. ou 0,0011 volt.

173. — Disque de Faraday. — Si l'on fait tourner la roue de Barlow, § 147, il naît une force électro-motrice dirigée de la périphérie au centre ou inversement, suivant le sens de la rotation.

En conservant les notations du susdit paragraphe et en désignant par n le nombre de tours de la roue par seconde et par ω la vitesse angulaire

$$\omega = 2\,\pi\,n;$$

la force électro-motrice d'induction est

$$e = \mathfrak{H}\,s\,n = \frac{\mathfrak{H}\,r^2\,\omega}{2}.$$

Faraday, auquel on doit cette expérience, a réalisé de la sorte la machine d'induction la plus simple connue. C'est à lui qu'on doit également la disposition suivante, qui constitue le principe des machines dites unipolaires.

Considérons l'appareil représenté dans la fig. 63 et supposons qu'on supprime la pile en reliant directement le godet circulaire au milieu de l'aimant. Si alors on fait tourner le conducteur, il est le siège d'une force électro-motrice d'induction dont la valeur est, en appelant ω la vitesse angulaire du conducteur, n le nombre de tours par seconde et m la masse magnétique du pôle servant de pivot,

$$e = 4\,\pi\,m \times n = 2\,m\,\omega.$$

Edlung a fait remarquer qu'en laissant le conducteur immobile et en faisant tourner l'aimant, on observe également un courant induit. Celui-ci ne peut être attribué qu'au développement d'une force électro-motrice d'induction dans l'aimant même par suite de la rotation de celui-ci dans son propre champ.

174. — Mesure de l'intensité d'un champ magnétique par la quantité d'électricité induite. — Soit un champ uniforme assez étendu pour qu'une bobine plate puisse y tourner sur elle-même, l'axe de rotation étant dirigé suivant un diamètre normal à la direction du champ. Les extrémités du fil de la bobine communiquent, grâce à des contacts glissants, avec un galvanomètre balistique, § 140.

Soient R la résistance totale du circuit, $\mathfrak{H}$ l'intensité du champ. Si l'on fait effectuer à la bobine, contenant n spires de surface a, une demi-révolution, à partir d'une position de son plan normale à la direction du champ, le flux qui la traverse passe de $\mathfrak{H}\,a\,n$ à o, puis de o à $-\mathfrak{H}\,an$. La variation totale est $2\mathfrak{H}an$, et la quantité d'électricité induite, § 171,

$$q = \frac{2\,\mathfrak{H}\,an}{R}.$$

D'autre part, en appelant α l'élongation du galvanomètre, K une constante,

$$q = K\,\alpha;$$

d'où

$$\mathcal{S} = \frac{K \alpha R}{2\, an}.$$

L'inclinomètre de Weber qui sert à déterminer l'intensité du champ magnétique terrestre est basé sur cette méthode.

Si l'on fait glisser par petites impulsions égales une bobine d'essai enserrant exactement un aimant, on obtiendra dans un galvanomètre balistique relié à là bobine, des élongations proportionnelles à l'intensité du champ suivant les diverses régions de l'aimant. C'est là un moyen commode pour dresser la courbe de répartition du magnétisme dans un aimant, § 47.

175. — Self-induction dans un circuit de conducteurs linéaires. Cas d'une force électro-motrice constante. — Lorsqu'on ferme un circuit comprenant une pile de force électro-motrice constante, l'intensité n'atteint pas instantanément sa valeur normale, surtout si le circuit contient un électro-aimant.

De même, lorsqu'on rompt le circuit, le courant ne cesse pas brusquement, mais il se prolonge par l'extra-courant qui apparaît dans l'étincelle produite au point d'interruption. Faraday avait déjà fait ressortir l'analogie existant entre ces phénomènes et ceux causés par l'inertie des fluides. Un courant liquide ne peut ni s'établir ni cesser brusquement dans une conduite, et lors de l'arrêt on observe un coup de bélier dû à la force vive du fluide en mouvement. Mais il y a entre les deux cas des divergences profondes.

Alors que le coup de bélier est diminué par les coudes d'une conduite, l'extra-courant est beaucoup plus accentué dans une bobine que dans un fil droit d'égale longueur. On verra qu'on explique cette différence en plaçant le siège de l'énergie du courant dans le milieu qui environne les conducteurs.

Il existe toutefois, dans l'expression même des phénomènes, des analogies qu'il n'est pas inutile de faire ressortir.

Ainsi lorsqu'on sollicite un fluide à se mouvoir dans une conduite, la force dépensée est utilisée d'une part à vaincre les frottements contre les parois, de l'autre à accroître la quantité de mouvement de la masse mobile. Si la vitesse v est faible, les frottements peuvent s'exprimer par $A\, v$, où A est une constante.

L'accroissement de la quantité de mouvement de la masse m est en l'unité de temps $m\,\dfrac{dv}{dt}$. La force totale est donc

$$F = A\,v + m\,\frac{dv}{dt}. \qquad (1)$$

Revenons au cas d'un circuit de résistance r, dont le coefficient de self-induction $\mathcal{L}$ est constant, § 170, et qui comprend une pile de force électro-motrice E.

Au moment de la fermeture du circuit, il naît une force électro-motrice d'induction $-\,\mathcal{L}\dfrac{di}{dt}$, en sorte que le courant est donné par l'équation

$$i = \frac{E - \mathcal{L}\dfrac{di}{dt}}{r}.$$

On déduit de là

$$E = ri + \mathcal{L}\frac{di}{dt}, \qquad (2)$$

expression analogue à (1). ri représente aussi la fraction de force électro-motrice utilisée pour vaincre les frottements du conducteur et $\mathcal{L}\,\dfrac{di}{dt}$ la fraction destinée à accroître l'énergie intrinsèque du circuit, car on a

$$\mathcal{L}\frac{di}{dt} = \frac{d}{dt}\left(\frac{\mathcal{L}\,i^2}{2}\right).$$

On admet implicitement dans la formule (2) que la répartition du courant est uniforme dans la section du conducteur et que la résistance opposée par celui-ci à un courant variable est la même que pour un courant permanent. On verra plus loin qu'il n'en est ainsi que pour les conducteurs linéaires, c'est à dire ceux dont la section est très petite.

Au bout d'un temps t, le courant atteindra une valeur i donnée par l'intégration de l'équation différentielle (2). On a

$$\int_0^i \frac{di}{E - ir} = \int_0^t \frac{dt}{\mathcal{L}},$$

d'où

$$- \frac{1}{r} \log_e \frac{E - ir}{E} = \frac{t}{\mathcal{L}},$$

et enfin

$$i = \frac{E}{r}\left(1 - e^{-\frac{rt}{\mathcal{L}}} \right),$$

équation dans laquelle e représente la base des logarithmes népériens.

Théoriquement le courant n'atteint son intensité normale $\frac{E}{r}$ qu'après un temps infini, mais comme la valeur de $e^{-\frac{rt}{\mathcal{L}}}$ décroît rapidement, ce terme est négligeable devant l'unité après un temps assez court.

Le rapport $\frac{\mathcal{L}}{r}$, qui est homogène à un temps, s'appelle parfois la *constante de temps* du circuit; nous le désignerons par τ.

Soit, par exemple, une bobine annulaire de section égale à 100 cm², présentant 20 spires par centimètre suivant l'axe et dont la longueur développée est 100 cm. La résistance de la bobine étant 1 ohm ou 10^9 unités C. G. S., le facteur exponentiel prend la valeur

$$e^{-\dfrac{10^9\, t}{4\,\pi \times 20 \times 2000 \times 100}} = e^{-\dfrac{10^3\, t}{16\,\pi}}.$$

On voit que, pour une valeur de t assez faible, ce terme peut être négligé.

La quantité d'électricité qui passe dans le circuit pendant la période variable du courant est

$$q = \int_0^t i\, dt = \int_0^t \frac{E}{r}\left(1 - e^{-\frac{t}{\tau}} \right) dt = \frac{E}{r} t - \frac{E}{r} \int_0^t e^{-\frac{t}{\tau}}\, dt$$

$$= \frac{E}{r}(t - \tau) + \frac{E}{r}\tau e^{-\frac{t}{\tau}}.$$

A partir d'une certaine valeur de t, le second terme devient négligeable et l'on a simplement

$$q = \frac{E}{r}(t - \tau).$$

$\dfrac{E}{r}\,t$ est la quantité d'électricité qui aurait passé pendant le temps t, si le courant avait pris instantanément son régime permanent. Le terme $\dfrac{E}{r}\,\tau$ représente la quantité d'électricité due à l'extra-courant inverse ou de fermeture.

Arrivons à l'extra-courant d'ouverture et, pour simplifier le calcul, supposons que la résistance du circuit soit maintenue constante par la substitution à la pile d'un fil ayant la même résistance que celle-ci.

L'extra-courant d'ouverture est donné par l'équation

$$i = \frac{-\mathcal{L}\,\dfrac{di}{dt}}{r}.$$

En intégrant entre $\dfrac{E}{r}$ et i, on trouve

$$i = \frac{E}{r}\,e^{-\frac{t}{\tau}}.$$

Il est facile de voir que ce courant décroît rapidement.

La quantité d'électricité transportée par l'extra-courant est

$$q' = \int_0^t i\,dt = \frac{E}{r}\int_0^t e^{-\frac{t}{\tau}}\,dt = \frac{E}{r}\,\tau\left(1 - e^{-\frac{t}{\tau}}\right);$$

pour une valeur de t suffisante

$$q' = \frac{E}{r}\,\tau.$$

On voit que la quantité d'électricité due à l'extra-courant d'ouverture est la même que celle transportée par l'extra-courant de fermeture.

La quantité totale d'électricité développée par la pile est, du reste, la même que s'il n'y avait pas eu d'effets d'induction, car

$$Q = q + q' = \frac{E}{r}\,(t - \tau) + \frac{E}{r}\,\tau = \frac{E}{r}\,t.$$

On trouverait directement l'expression de la quantité d'électricité induite en appliquant l'équation

$$q = \mp \frac{\mathfrak{IC}}{r}, \quad \S\ 171,$$

et en remarquant que $\mathfrak{IC}$ est ici le produit de l'intensité du courant permanent par le coefficient de self-induction.

On voit que les phénomènes d'induction qui s'accomplissent dans un circuit pendant la *période variable* du courant ont pour effet de provoquer un accroissement apparent de la résistance des conducteurs. La quantité totale d'électricité mise en mouvement est toutefois la même quel que soit le coefficient de self-induction, car l'extra-courant direct restitue la quantité d'électricité fournie en moins lors de l'établissement du courant.

175bis. — Expression du travail absorbé par l'aimantation. — Perte due à l'hystérésis. — Considérons un électro-aimant annulaire, § 143, de diamètre suffisant pour qu'on puisse admettre que le champ intérieur est uniforme et exprimé par

$$\mathfrak{H} = 4\,\pi\,n_1\,i,$$

n_1 étant le nombre de spires par unité de longueur.

Le travail dépensé pour aimanter l'électro-aimant est nécessairement équivalent à l'énergie restituée par ce dernier sous forme d'extra-courant. Or, le travail de ce dernier est donné par

$$w = \int_i^0 ei\,dt = \int_i^0 -\frac{d\mathfrak{IC}}{dt}\,i\,dt = \int_i^0 -\,i\,d\mathfrak{IC}.$$

Mais, en appelant s la section de l'électro-aimant, l sa longueur moyenne et $\mathfrak{B}$ l'induction qui le traverse, on a

$$\mathfrak{IC} = n_1\,l\,s\,\mathfrak{B}.$$

En remplaçant $\mathfrak{IC}$ par cette valeur et i par $\dfrac{\mathfrak{H}}{4\,\pi\,n_1}$, on a

$$w = -\frac{1}{4\,\pi}\,ls \int_{\mathfrak{H}}^0 \mathfrak{H}\,d\mathfrak{B}.$$

L'énergie dépensée par unité de volume sera

$$-\frac{1}{4\pi}\int_{\mathfrak{H}}^{0}\mathfrak{H}\,d\mathfrak{B}.$$

Or $\mathfrak{B}=\mathfrak{H}+4\pi\mathfrak{I}$,

d'où

$$-\frac{1}{4\pi}\int_{\mathfrak{H}}^{0}\mathfrak{H}\,d\mathfrak{B}=-\frac{1}{4\pi}\int_{\mathfrak{H}}^{0}\mathfrak{H}\,d\mathfrak{H}-\int_{\mathfrak{H}}^{0}\mathfrak{H}\,d\mathfrak{I}.$$

L'intégrale

$$-\frac{1}{4\pi}\int_{\mathfrak{H}}^{0}\mathfrak{H}\,d\mathfrak{H}=\frac{\mathfrak{H}^{2}}{8\pi}$$

représente l'énergie restituée par le solénoïde, c'est à dire l'énergie intrinsèque de ce dernier.

L'intégrale

$$-\int_{\mathfrak{H}}^{0}\mathfrak{H}\,d\mathfrak{I}$$

est donc l'énergie restituée par la désaimantation du noyau.

Si la force magnétisante passait entre des valeurs $\mathfrak{H}_1$ et $\mathfrak{H}_2$, cette dernière énergie serait

$$-\int_{\mathfrak{H}_1}^{\mathfrak{H}_2}\mathfrak{H}\,d\mathfrak{I}.$$

Elle serait représentée par l'aire comprise entre la courbe $\mathfrak{I}=f(\mathfrak{H})$, l'axe des $\mathfrak{I}$ et deux parallèles à l'axe des abscisses menées par les points de la courbe correspondant à $\mathfrak{H}_1$ et $\mathfrak{H}_2$.

Dans le cas où le courant prend successivement des valeurs $+\,i,\ -\,i$, l'énergie restituée par le solénoïde est équivalente à l'énergie absorbée, car on a

$$-\frac{1}{4\pi}\int_{\mathfrak{H}}^{\mathfrak{H}}\mathfrak{H}\,d\mathfrak{H}=0.$$

Mais l'intégrale

$$-\int_{\mathfrak{H}}^{\mathfrak{H}}\mathfrak{H}\,d\mathfrak{I}$$

est différente de zéro, puisqu'elle représente l'aire comprise entre les courbes A C A' et A' C' A de la fig. 79.

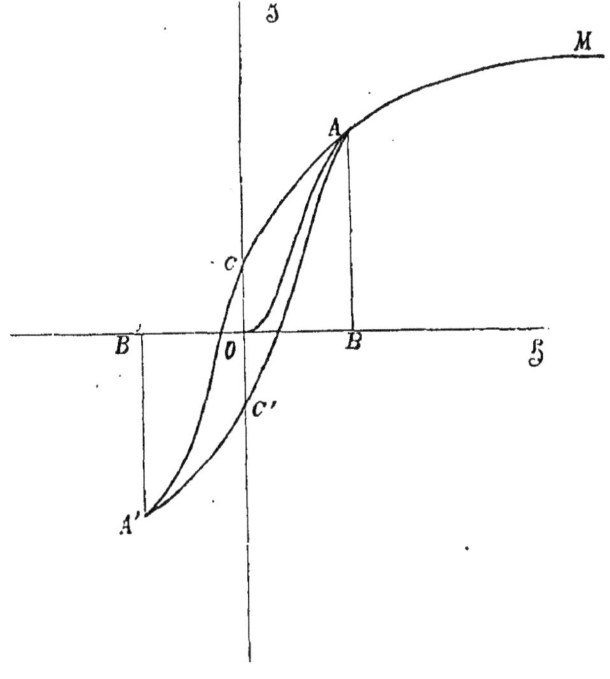

Fig. 79.

Cette intégrale exprime la perte par cycle et par cm³ du noyau.

176. — Travail accompli pendant la période variable. — En vertu de la loi de Joule, le travail accompli pendant la période variable de fermeture a pour expression

$$W_1 = \int_0^t i^2\, r\, dt = r \int_0^t \frac{E^2}{r^2}\left(1 - e^{-\frac{t}{\tau}}\right)^2 dt$$

$$= \frac{E^2}{r}\, t. - \frac{3}{2}\frac{E_2}{r}\tau + \frac{E^2}{r}\tau\left(2\, e^{-\frac{t}{\tau}} - \frac{1}{2}\, e^{-\frac{2t}{\tau}}\right).$$

Si t est assez grand, on a simplement

$$W_1 = \frac{E^2}{r}\left(t - \frac{3}{2}\tau\right).$$

Or, la pile produit, pendant la période variable, une quantité d'énergie totale

$$W = E\,q = \frac{E^2}{r}\left(t - \tau\right).$$

Cette quantité surpasse l'effet Joule de

$$\frac{E^2\,\mathcal{L}}{2\,r^2} = \frac{\mathcal{L}\,I^2}{2},$$

en désignant par I le courant de régime. Cette différence représente l'énergie intrinsèque du circuit parcouru par le flux électrique, § 134.

On voit donc que, lors de la naissance d'un courant dans un circuit, l'énergie fournie par la pile se compose de deux parties, l'une transformée immédiatement en chaleur par l'effet Joule, l'autre emmagasinée à l'état potentiel.

Cette énergie intrinsèque se transforme à son tour en chaleur pendant l'extra-courant de rupture, car à cette période correspond un effet Joule représenté par

$$W_2 = \int_0^\infty i^2\, r\, dt = \frac{E^2}{r} \int_0^\infty e^{-\frac{2t}{\tau}}\, dt = \frac{\mathcal{L}\,I^2}{2}.$$

L'énergie potentielle du courant réside suivant les idées actuelles dans un état spécial de tension ou de mouvement du champ magnétique.

Elle correspond, comme on l'a vu, à la force vive d'une masse en mouvement, § 175.

Autre démonstration. L'expression de l'énergie intrinsèque d'un circuit, mesurée par la différence entre l'énergie fournie par la pile et celle absorbée par l'effet Joule durant la période variable, peut se déduire directement de la loi générale de l'induction

$$i = \frac{E - \mathcal{L}\dfrac{di}{dt}}{r};$$

car on peut écrire cette équation sous la forme

$$\int_0^t \mathrm{E}\, i\, dt - \int_0^t i^2\, r\, dt = \int_0^{\mathrm{I}} \mathcal{L}\, i\, di = \frac{\mathcal{L}\, \mathrm{I}^2}{2}.$$

177. — Application au cas des courants dérivés. — Considérons deux conducteurs en dérivation, le coefficient de self-induction du premier étant $\mathcal{L}$, celui du second ayant une valeur négligeable. Supposons de plus que les deux branches dérivées n'exercent aucune induction mutuelle l'une sur l'autre. Lorsqu'on envoie le courant d'une pile dans les deux conducteurs, dont les résistances sont r_1 et r_2, le partage de l'électricité est influencé par la réaction de self-induction dans l'un d'eux. Soient i_1 le courant dans celui-ci à un moment quelconque de la période variable, et i_2 l'intensité dans l'autre conducteur au même instant.

Le premier est le siège d'une force électro-motrice $-\mathcal{L}\dfrac{di_1}{dt}$, de sorte qu'en appliquant la seconde loi de Kirchhoff au circuit fermé comprenant r_1 et r_2, on obtient

$$i_1\, r_1 - i_2\, r_2 = -\mathcal{L}\frac{di_1}{dt};$$

d'où

$$r_1 \int i_1\, dt - r_2 \int i_2\, dt = -\mathcal{L} \int di_1,$$

l'intégration étant comprise entre des limites de temps et de courant correspondantes.

Si l'on ferme le circuit de la pile en l'ouvrant ensuite, les intensités initiale et finale sont nulles dans la branche r_1, par suite, le second membre

$$-\mathcal{L}\int_0^0 di_1 = 0,$$

et

$$r_1\, q_1 = r_2\, q_2,$$

q_1 et q_2 désignant les quantités d'électricité qui ont traversé les deux branches.

Ces quantités sont exactement les mêmes que s'il n'y avait eu aucun effet d'induction dans les branches dérivées.

Le même effet se produirait si l'on déchargeait un condensateur à travers les branches. La répartition se ferait comme s'il n'y avait pas de courants de self-induction dans l'une d'elles.

Il est bien entendu que ces déductions supposent aux conducteurs une section assez faible pour que la répartition du courant soit uniforme dans toute l'étendue de la section pendant la période variable.

178. — Décharge d'un condensateur dans un galvanomètre pourvu d'un shunt. — On ne peut appliquer sans réserve le calcul précédent au cas d'une décharge de condensateur dans un galvanomètre pourvu d'un shunt. Si l'aiguille du galvanomètre reste immobile pendant toute la durée de la décharge, le partage des quantités d'électricité se fait suivant la loi simple ci-dessus. Mais il arrive fréquemment que l'aiguille commence déjà à se déplacer avant la fin de la décharge. Alors elle détermine, dans le cadre du galvanomètre, un courant induit qui, en vertu de la loi de Lenz, est de sens contraire à celui du courant capable de déterminer le mouvement. Il en résulte que la quantité totale d'électricité qui traverse le cadre est diminuée.

Pour estimer cette diminution, on peut admettre, avec M. L. Clark, que le flux de force magnétique produit par l'aiguille à travers le multiplicateur du galvanomètre est proportionnel au sinus de l'angle décrit.

Appelons i_1, g, $\mathcal{L}$, l'intensité du courant dans le galvanomètre, la résistance et le coefficient de self-induction de celui-ci; i_2, s, l'intensité dans le shunt et la résistance de ce dernier que nous supposons formé d'un fil droit ou d'une bobine à double enroulement. La seconde loi de Kirchhoff montre que

$$i_2\,s - i_1\,g = \mathcal{L}\,\frac{di_1}{dt} + K\,\frac{d.\,\sin\alpha}{dt},$$

d'où

$$s\int_0^t i_2\,dt - g\int_0^t i_1\,dt = \mathcal{L}\int_0^0 di_1 + K\int_0^\delta d.\,\sin\alpha.$$

Le courant dans le galvanomètre est nul au commencement et à la fin de la décharge de durée t et la limite supérieure de α est l'élongation δ de l'aiguille.

Soit

$$\int_0^t i_1\, dt = q_1, \qquad \int_0^t i_2\, dt = q_2,$$

on aura

$$s\, q_2 - g\, q_1 = \mathrm{K} \sin \delta.$$

Mais, d'après la théorie du galvanomètre balistique, § 140, si l'arc d'impulsion est assez petit

$$\sin \delta = 2 \sin \frac{\delta}{2} = a\, q_1,$$

a étant une constante.

Par suite,

$$s\, q_2 - g\, q_1 = a\, \mathrm{K}\, q_1.$$

En appelant Q la décharge totale égale à $q_1 + q_2$,

$$s\, (\mathrm{Q} - q_1) - g\, q_1 - a\, \mathrm{K}\, q_1 = 0,$$

d'où

$$\mathrm{Q} = \frac{q_1\, (g + s + a\, \mathrm{K})}{s}.$$

La constante a K se détermine une fois pour toutes.

179. — Self-induction dans un circuit de conducteurs linéaires où agit une force électro-motrice périodique ou ondulatoire. — Un cas d'induction très important, au point de vue des applications, se manifeste lorsqu'on fait tourner une ou plusieurs spires de fil conducteur dans un champ magnétique.

Supposons, pour plus de simplicité, qu'une spire $a\,b\,c\,d$ tourne autour de l'axe bd en sens inverse du mouvement des aiguilles d'une montre, fig. 80, dans un champ uniforme dont la direction est normale au plan de la spire dans sa position actuelle. Pendant une demi-révolution, la partie $b\,c\,d$ de la spire coupera les lignes de force dans un sens, et la partie $b\,a\,d$ en sens contraire. Les forces électro-motrices produites s'ajouteront dans la spire pour y déterminer un courant d'induction. Pendant la demi-révolution suivante,

le sens du déplacement des deux moitiés de la spire sera renversé,
et par suite le courant induit changera de direction dans celle-ci.

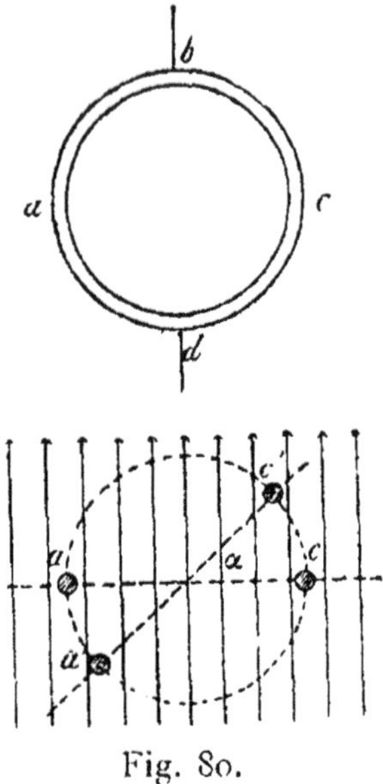

Fig. 80.

En une révolution complète, le courant est donc renversé deux
fois dans la spire. Il est facile de voir que la force électro-motrice
est maximum au moment où les lignes de force sont coupées normalement, c'est à dire lorsque le plan de la spire est parallèle à
la direction du champ.

Appliquons à ce cas la loi générale de l'induction.

Soient $\mathfrak{H}$ l'intensité du champ, S la surface de la spire, $a = \dfrac{d\alpha}{dt}$
sa vitesse angulaire supposée constante. L'angle décrit en un temps
t sera $\alpha = a\,t$.

Lorsque le plan de la spire fait un angle α avec la direction
normale au champ, le flux qui traverse la boucle est

$$S\,\mathfrak{H}\,\cos\alpha = \mathfrak{N}.$$

La force électro-motrice due au champ a pour expression

$$E = -\frac{d\mathfrak{N}}{dt} = S\,\mathfrak{H}\,\sin\alpha\,\frac{d\alpha}{dt} = S\,\mathfrak{H}\,a\,\sin\alpha = S\,\mathfrak{H}\,a\,\sin at.$$

Soient T la *période*, c'est à dire la durée d'une révolution complète de la spire correspondant à un angle 2π, et n la *fréquence* ou le nombre de périodes par seconde. On pourra écrire indifféremment

$$E = S \, \mathfrak{H} \, a \sin at = S \, \mathfrak{H} \, a \sin \frac{2\pi}{T} t = S \, \mathfrak{H} \, a \sin 2\pi n t.$$

Pour les valeurs

$$t = \frac{T}{4}, \; \frac{3T}{4}, \; \frac{5T}{4},$$

on a

$$\sin \frac{2\pi}{T} t = +1, \; -1, \; +1.$$

La force électro-motrice passe successivement par des maxima

$$E_0 = S \, \mathfrak{H} \, a,$$

et des minima

$$-E_0 = -S \, \mathfrak{H} \, a.$$

L'expression représentant la variation de la force électro-motrice en fonction du temps peut donc se mettre sous la forme

$$E = E_0 \sin at \qquad (1)$$

Le courant dans la spire est dû à la combinaison de la force électro-motrice due au champ et de la force électro-motrice produite par la self-induction, $\mathcal{L}$, de la spire dont la résistance est r ; on a, par suite,

$$i = \frac{E - \mathcal{L} \dfrac{di}{dt}}{r} = \frac{E_0 \sin at - \mathcal{L} \dfrac{di}{dt}}{r}, \qquad (2)$$

d'où

$$di + \frac{r}{\mathcal{L}} i \, dt = \frac{E_0}{\mathcal{L}} \sin at \, dt. \qquad (3)$$

Si l'on pose $i = uv$, u et v étant des variables arbitraires, on obtient

$$u \left(dv + \frac{r}{\mathcal{L}} v \, dt \right) + v \, du = \frac{E_0}{\mathcal{L}} \sin at \, dt. \qquad (4)$$

Établissons l'équation de condition

$$dv + \frac{r}{\mathcal{L}} v \, dt = 0,$$

et posons pour simplifier $\dfrac{r}{\mathcal{L}} = b$, il viendra

$$\log_e v = - \int b\, dt + \log_e \mathrm{K},$$

$\log_e \mathrm{K}$ étant une constante d'intégration; d'où

$$v = \mathrm{K}\, e^{-\int b\, dt}. \qquad (5)$$

D'autre part, l'équation (4), réduite à

$$v\, du = \frac{\mathrm{E}_0}{\mathcal{L}} \sin at\, dt,$$

donne

$$du = \frac{1}{\mathrm{K}}\, e^{\int b\, d t}\, \frac{\mathrm{E}_0}{\mathcal{L}} \sin at\, dt,$$

d'où

$$u = \mathrm{K}' + \frac{1}{\mathrm{K}} \int e^{\int b\, dt}\, \frac{\mathrm{E}_0}{\mathcal{L}} \sin at\, dt;$$

et en posant

$$\mathrm{K}\, \mathrm{K}' = \mathrm{C},$$

$$i = uv = e^{-bt} \left\{ \int e^{bt}\, \frac{\mathrm{E}_0}{\mathcal{L}} \sin at\, dt + \mathrm{C} \right\}$$

$$= e^{-bt}\, \frac{\mathrm{E}_0}{\mathcal{L}} \int e^{bt} \sin at\, dt + \mathrm{C}\, e^{-bt}.$$

En intégrant par parties, on a

$$\int e^{bt} \sin at\, dt = \frac{e^{bt}}{a^2 + b^2} (b \sin at - a \cos at),$$

d'où

$$i = \frac{\mathrm{E}_0}{\mathcal{L}\, (a^2 + b^2)} (b \sin at - a \cos at) + \mathrm{C}\, e^{-bt}. \qquad (6)$$

On peut remplacer la différence

$$-\frac{b}{\sqrt{a^2 + b^2}} \sin at - \frac{a}{\sqrt{a^2 + b^2}} \cos at$$

par $\sin(at - \varphi)$, la valeur de φ étant déterminée par la condition que l'égalité

$$\frac{b}{\sqrt{a^2 + b^2}} \sin at - \frac{a}{\sqrt{a^2 + b^2}} \cdot \cos at = \sin(at - \varphi)$$

soit vérifiée pour toutes les valeurs de t.

Or pour

$$t = 0 \quad \text{on a} \quad \sin \varphi = \frac{a}{\sqrt{a^2 + b^2}},$$

pour

$$t = \frac{\pi}{2a} \qquad \cos \varphi = \frac{b}{\sqrt{a^2 + b^2}},$$

donc

$$\varphi = \text{arc tang} \frac{a}{b} = \text{arc tang} \frac{a \cdot \ell}{r}.$$

Le terme $C\, e^{-\frac{b}{\ell} t}$ de l'équation (6) exprime l'accroissement du courant pendant les premiers moments de l'action de la force électro-motrice. Après quelques instants, ce terme devient négligeable et l'intensité est donnée par

$$i = \frac{E_0}{\ell \sqrt{a^2 + b^2}} \sin(at - \varphi). \qquad (7)$$

En remplaçant a et b par leurs valeurs, on obtient définitivement

$$i = \frac{E_0}{\sqrt{r^2 + \dfrac{4\,\pi^2\,\ell^2}{T^2}}} \sin\left(\frac{2\,\pi\,t}{T} - \varphi\right), \qquad (8)$$

avec la condition

$$\varphi = \text{arc tang} \frac{2\pi\,\ell}{r\,T}. \qquad (9)$$

On peut encore donner à l'équation (8) la forme

$$i = \frac{E_0}{r\sqrt{1 + \text{tang}^2 \varphi}} \sin\left(\frac{2\,\pi\,t}{T} - \varphi\right) = \frac{E_0 \cos \varphi}{r} \sin\left(\frac{2\pi\,t}{T} - \varphi\right). \qquad (10)$$

L'équation (10) montre que l'intensité du courant maximum est

$$\frac{E_0 \cos \varphi}{r} = I.$$

On voit que la force électro-motrice de self-induction réduit le courant maximum, qui serait $\dfrac{E_0}{r}$ si $\mathcal{L}$ était nul.

$E_0 \cos \varphi$ représente la force électro-motrice maximum effective, résultant de la combinaison de la force électro-motrice E_0 et de la réaction de self-induction. Le terme soustractif φ qui n'existe pas dans l'équation de la force électro-motrice (1) apprend qu'il existe un retard de phase entre les valeurs maxima du courant et de la force électro-motrice due au champ. La durée du retard a pour expression $\dfrac{T}{2\pi}\varphi$.

En désignant par τ la constante de temps du circuit égale à $\dfrac{\mathcal{L}}{r}$, le résultat peut encore se mettre sous la forme

$$i = \frac{E_0}{r\sqrt{1 + a^2\tau^2}}\sin(at - \varphi),$$

$$\varphi = \text{arc tang } a\tau.$$

Ces formules montrent que la résistance apparente et le retard de phase dépendent essentiellement de la constante de temps. Un grand coefficient de self-induction peut ne produire qu'un accroissement apparent de résistance minime, si cette dernière est elle-même considérable.

Remarques. — I. Ces divers résultats sont applicables à une bobine constituée par plusieurs spires, et pour les calculs approchés, à une bobine renfermant un noyau de fer doux, à la condition que l'aimantation soit assez faible pour que la perméabilité puisse, sans grande erreur, être considérée comme constante.

II. On appelle *résistance apparente* du circuit le radical

$$\sqrt{r^2 + \frac{4\pi^2\mathcal{L}^2}{T^2}},$$

par lequel il faut diviser la force électro-motrice pour obtenir l'intensité du courant. Quelques auteurs anglais désignent cette expression sous le nom d'*impédance* du circuit. On remarquera que ce radical est homogène à une résistance et peut s'exprimer en ohms.

180. — **Représentations graphiques**. — L'axe Oy représentant la direction du champ uniforme qui développe l'induction dans

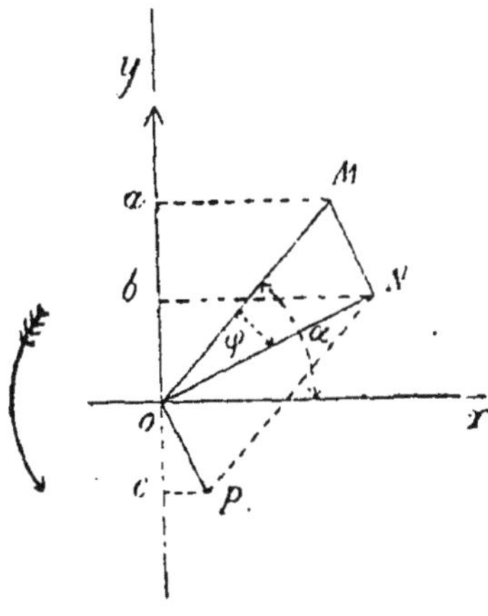

Fig. 81.

une spire tournant dans le sens de la flèche, figurons par la droite OM, qui fait un angle $\alpha = \dfrac{2\pi\, t}{T}$ avec Ox, la force électro-motrice maxima E_0.

La force électro-motrice effective maxima $E_0 \cos \varphi$ est représentée par O N, projection de OM sur une droite faisant avec celle-ci un angle φ.

Or, comme la force électro-motrice effective est la résultante de E_0 et de la force électro-motrice de self-induction, le maximum de cette dernière sera figuré par la droite $OP = E_0 \sin \varphi$, qui complète le parallélogramme OMNP. Les projections de OM, ON et OP sur Oy représentent les valeurs des différentes forces électro-motrices à l'instant de la rotation où la spire fait un angle α avec Ox.

La force électro-motrice effective actuelle est

$$Ob = ON \sin (\alpha - \varphi) = E_0 \cos \varphi \sin (\alpha - \varphi);$$

elle est plus faible que la force électro-motrice O a due au champ, d'une quantité $ab = O\, c$ mesurant la réaction de self-induction.

Mais lorsque la spire OM a dépassé l'axe Oy d'un angle φ, OP vient au-dessus de l'axe des x et la projection de la résultante ON est plus grande que la projection de OM, car la réaction de self-induction s'ajoute alors à la force électro-motrice due au champ.

En faisant tourner le parallélogramme O M N P autour du point O, les projections de OM, ON et OP sur Oy montrent à chaque instant les valeurs relatives des diverses forces électro-motrices agissantes.

L'intensité du courant dans la spire est donnée, à un instant quelconque, par le rapport de la longueur Ob à la résistance r de la spire.

On peut aussi figurer les variations des forces électro-motrices en fonction du temps, en traçant les courbes représentées par les équations

$$E = E_0 \sin \frac{2\pi t}{T} = E_0 \sin at$$

$$e = -\mathcal{L}\frac{di}{dt} = -E_0 \sin\varphi \cos(at-\varphi)$$

$$E' = E_0 \cos\varphi \sin(at-\varphi).$$

On obtiendra de la sorte trois sinusoïdes analogues à celles de la fig. 82; la sinusoïde E représente la force électro-motrice due

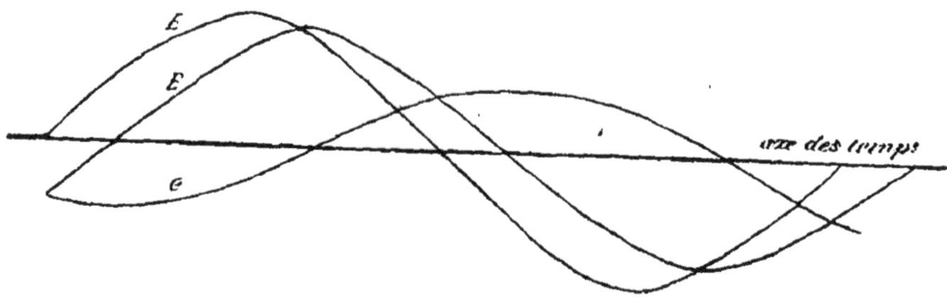

Fig. 82.

au champ; e est la force électro-motrice de self-induction et E' la force électro-motrice effective ou résultante. Les ordonnées de E' sont les différences entre celles de E et de e.

Le courant s'obtient à chaque instant en divisant les ordonnées de la courbe E' par la résistance du circuit. La phase du courant coïncide d'ailleurs avec celle de E′. Le retard de la phase du courant sur celle de la force électro-motrice due au champ est

$$\varphi \, \frac{T}{2\pi} = \theta,$$

où

$$\varphi = \operatorname{arctang} \frac{a\,\mathcal{L}}{r}.$$

Le retard maximum possible correspond à

$$\frac{a\,\mathcal{L}}{r} = \infty.$$

On a alors

$$\varphi = \frac{\pi}{2} \text{ et } \theta = \frac{T}{4}.$$

On remarquera que la courbe e est en retard d'un quart de phase ou de $\dfrac{T}{4}$ sur la courbe E′. Par suite, si celle-ci retarde elle même de $\dfrac{T}{4}$ par rapport à E, les ondes positives de E seront exactement opposées aux ondes négatives de e.

181. — Intensité moyenne et intensité efficace du courant. Mesure du courant par l'électro-dynamomètre. — La quantité d'électricité qui traverse le circuit pendant une demi-période est indépendante du retard ; elle s'exprime par

$$q = \int_0^{\frac{\pi}{a}} i\,dt = \frac{E_0}{\sqrt{r^2 + a^2\,\mathcal{L}'^2}} \int_0^{\frac{\pi}{a}} \sin at\,dt = \frac{2\,E_0}{a\,\sqrt{r^2 + a^2\,\mathcal{L}'^2}}.$$

Le courant moyen pendant la demi-période est

$$i_m = \frac{q}{\dfrac{\pi}{a}} = \frac{2}{\pi} \times \frac{E_0}{\sqrt{r^2 + a^2\,\mathcal{L}'^2}} = \frac{2}{\pi}\,I,$$

I étant le courant maximum.

L'*intensité moyenne* du courant, que l'on peut représenter par

$$\frac{1}{\frac{1}{2}T} \int_0^{\frac{1}{2}T} i\,dt,$$

est donc égale, dans le cas considéré, au produit du courant maximum par le facteur $\dfrac{2}{\pi}$.

Il est à remarquer que l'aiguille d'un galvanomètre ne donne aucune déviation lorsque le cadre de l'appareil est traversé par un courant alternatif de courte période, car elle reçoit alors des impulsions égales et contraires; mais il est possible de faire usage de l'électro-dynamomètre, § 142, dont les indications sont proportionnelles au carré de l'intensité du courant.

On obtient dans cet instrument une déviation proportionnelle à la moyenne des carrés des valeurs de l'intensité.

Cette moyenne a pour expression

$$\frac{1}{T}\int_0^T i^2\, dt,$$

et sa racine carrée a reçu le nom d'*intensité efficace* du courant, parce que c'est d'elle que dépendent les effets lumineux du courant utilisés dans les lampes électriques.

La *force électro-motrice efficace* est de même définie par la racine carrée du carré moyen de la force électro-motrice.

La *résistance apparente* ou *impédance* du circuit est le facteur par lequel il faut multiplier l'intensité efficace pour avoir la force électro-motrice efficace. On donne parfois le nom de *résistance inductive* à une résistance pourvue d'un coefficient de self-induction.

Dans le cas présent, le carré moyen du courant est

$$\frac{1}{\frac{1}{2}T}\int_0^{\frac{1}{2}T} i^2\, dt = \frac{\displaystyle\int_0^{\frac{\pi}{a}} i^2\, dt}{\dfrac{\pi}{a}} = \frac{\dfrac{E_0^2}{r^2 + a^2 L^2}\displaystyle\int_0^{\frac{\pi}{a}} \sin^2 at\, dt}{\dfrac{\pi}{a}} = \frac{E_0^2}{r^2 + a^2 L^2} \times \frac{1}{2}.$$

On remarquera que la racine carrée du moyen carré est différente de l'intensité moyenne

$$\frac{i_m}{\sqrt{(i^2)_m}} = \frac{2\sqrt{2}}{\pi} = 0,9\,;$$

par suite

$$i_\mathrm{m} = 0,9 \sqrt{\overline{(i^2)_\mathrm{m}}},$$

c'est à dire que les indications de l'électro-dynamomètre doivent être réduites d'un dixième pour donner le courant moyen.

Si l'on désigne par E_0 et I la force électro-motrice et le courant maxima, il est facile d'exprimer en fonction de ces quantités, d'une part, la force électro-motrice et le courant moyens, d'autre part, la force électro-motrice et le courant efficaces.

On a en effet :

Force électro-motrice moyenne, $e_\mathrm{m} = \dfrac{2}{\pi} E_0$.

Intensité moyenne, $\qquad\qquad i_\mathrm{m} = \dfrac{2}{\pi} I$.

Force électro-motrice efficace, $\quad \sqrt{\overline{(e^2)_\mathrm{m}}} = E_\mathrm{eff} = \dfrac{E_0}{\sqrt{2}}$.

Intensité efficace, $\quad \sqrt{\overline{(i^2)_\mathrm{m}}} = I_\mathrm{eff} = \dfrac{I}{\sqrt{2}} = \dfrac{E_\mathrm{eff}}{\sqrt{r^2 + \dfrac{4\pi^2 \mathcal{L}^2}{T^2}}}$.

Résistance apparente, $\qquad \sqrt{r^2 + \dfrac{4\pi^2 \mathcal{L}^2}{T^2}}$.

Il ne faut pas perdre de vue que ces diverses relations ne se vérifient que dans le cas où la force électro-motrice périodique est une fonction sinusoïdale simple du temps et où le coefficient de self-induction $\mathcal{L}$ est constant; ce qui exige que la perméabilité du milieu qui entoure le circuit mobile soit invariable.

Si la fonction périodique était plus complexe, elle pourrait, suivant le théorème de Fourrier, se représenter par une somme de sinusoïdes, mais les coefficients de réduction ci-dessus seraient changés.

La *chaleur moyenne* développée par le courant en une seconde est

$$\frac{1}{T} \int_0^T i^2 r \, dt = r \times \frac{1}{T} \int_0^T i^2 \, dt;$$

c'est le produit de la résistance réelle du circuit par le carré de l'intensité efficace. On a

$$p_\mathrm{m} = \frac{1}{\frac{\pi}{a}} \int_0^{\frac{\pi}{a}} i^2\, r\, dt = \frac{1}{2} \frac{E_0^2\, r}{r^2 + a^2 \mathcal{L}^2} = \frac{1}{2} E_0\, I \frac{r}{\sqrt{r^2 + a^2 \mathcal{L}^2}} = \frac{1}{2} E_0\, I \cos\varphi ;$$

d'où

$$p_\mathrm{m} = \sqrt{(e^2)_\mathrm{m}}\, \sqrt{(i^2)_\mathrm{m}}\, \cos\varphi = E_\mathrm{eff}\, I_\mathrm{eff}\, \cos\varphi .$$

On voit que la chaleur développée dans un circuit où agit une force électro-motrice périodique varie avec le retard de la phase du courant sur celle de la force électro-motrice, par conséquent avec la self-induction du circuit. La puissance calorifique est nulle pour $\varphi = \dfrac{\pi}{2}$, c'est à dire pour un retard égal à 1/4 de période.

Dans l'expression

$$p_\mathrm{m} = \frac{1}{2} \frac{E_0^2}{r + \dfrac{a^2 \mathcal{L}^2}{r}},$$

le dénominateur est minimum pour

$$r = \frac{a^2 \mathcal{L}^2}{r};$$

par suite, la valeur de la résistance du circuit qui rend maximum la puissance calorifique moyenne est

$$r = a\, \mathcal{L}.$$

Comme alors

$$\operatorname{tang} \varphi = \frac{a\, \mathcal{L}}{r} = 1,$$

on a

$$\varphi = \frac{\pi}{4},$$

et le retard correspondant à la puissance maximum est égal à un huitième de période. Cette puissance s'exprime par

$$p_\mathrm{M} = \frac{E_0^2}{4\, r}.$$

181bis. — Induction mutuelle de deux circuits. — Supposons que deux circuits de forme invariable, ayant des résistances r et r' et un coefficient d'induction mutuelle égal à $\mathfrak{M}$, § 133, se rapprochent assez lentement l'un de l'autre pour que les courants i, i' qui les traversent puissent être considérés comme constants.

On a, pour un déplacement élémentaire, en appelant E, E' les forces électro-motrices des générateurs produisant les courants,

$$i = \frac{E - i'\dfrac{d\,\mathfrak{M}}{dt}}{r}, \qquad i' = \frac{E' - i\dfrac{d\,\mathfrak{M}}{dt}}{r'}.$$

On tire de ces équations

$$(E\,i + E'\,i')\,dt - (i^2\,r + i'^2\,r')\,dt = 2\,ii'\,d\,\mathfrak{M},$$

$(E\,i + E'\,i')\,dt$ exprime l'énergie fournie par les générateurs pendant un temps dt. $(i^2\,r + i'^2\,r')\,dt$ est la partie de cette énergie transformée en chaleur dans les conducteurs.

$ii'\,d\,\mathfrak{M}$ est le travail des forces électro-dynamiques. Comme l'excès de l'énergie dépensée sur l'énergie transformée en chaleur est double de ce travail, on conclut qu'une partie égale à $i\,i'\,d\,\mathfrak{M}$ s'est emmagasinée dans le système à l'état d'énergie potentielle ou intrinsèque.

On se rappelle en effet, § 133, que l'énergie mutuelle de deux circuits est exprimée par $-i\,i'\,\mathfrak{M}$; sa variation est donc bien $i\,i'\,d\,\mathfrak{M}$.

182. — Induction mutuelle de deux circuits fixes. — Deux circuits de forme et de position invariables ont des résistances r et r', des coefficients de self-induction $\mathcal{L}$ et $\mathcal{L}'$ et enfin un coefficient d'induction mutuelle égal à $\mathfrak{M}$, § 133.

Si, dans ces circuits agissent des piles de forces électro-motrices E et E', les courants seront à un instant quelconque de la période variable

$$i = \frac{E - \dfrac{d}{dt}(\mathfrak{M}\,i' + \mathcal{L}\,i)}{r}, \qquad (1)$$

$$i' = \frac{E' - \dfrac{d}{dt}(\mathfrak{M}\,i + \mathcal{L}'\,i')}{r'}. \qquad (2)$$

Comme les circuits sont fixes, $\mathfrak{M}$, $\mathfrak{L}$ et $\mathfrak{L}'$ sont des constantes, de sorte qu'en multipliant (1) et (2) respectivement par $i\,dt$ et $i'\,dt$, ces deux équations donnent par leur addition,

$$(\mathrm{E}\,i + \mathrm{E}'\,i')\,dt - (i^2 r + i'^2 r')\,dt = \mathfrak{L}i\,di + \mathfrak{L}'i'\,di' + \mathfrak{M}\,(i\,di' + i'\,di).$$

On voit que, dans ce cas, l'excès de l'énergie fournie par les piles sur l'énergie transformée en chaleur est

$$\mathfrak{L}i\,di + \mathfrak{L}'i'\,di' + \mathfrak{M}\,(i\,di' + i'\,di).$$

Cette expression est la différentielle exacte de

$$\frac{\mathfrak{L}i^2}{2} + \frac{\mathfrak{L}'i'^2}{2} + \mathfrak{M}i\,i',$$

quantité qui représente l'énergie potentielle des circuits lorsque les courants ont atteint les valeurs i, i'.

Les deux premiers termes figurent les énergies intrinsèques de chaque circuit et le troisième leur énergie mutuelle.

183. — Quantité d'électricité induite. — Considérons le cas où $\mathrm{E}' = o$, le courant du second circuit provient alors entièrement de l'induction mutuelle et l'équation (2) donne par l'intégration

$$\int_0^t r'\,i'\,dt = -\,\mathfrak{M}\int_0^{\mathrm{I}} di - \mathfrak{L}'\int_0^o di',$$

car le courant induit est nul au commencement et à la fin de la période variable du courant inducteur.

Par suite

$$\int_0^t i'\,dt = q_1' = -\,\frac{\mathfrak{M}}{r'}\,\mathrm{I} = -\,\frac{\mathfrak{M}}{r}\frac{\mathrm{E}}{r'}.$$

Lors de l'ouverture du circuit inducteur, on a de même

$$q_2' = \int_0^\infty i'\,dt = -\,\frac{\mathfrak{M}}{r'}\int_{\mathrm{I}}^o di - \frac{\mathfrak{L}'}{r'}\int_0^o di' = \frac{\mathfrak{M}}{r'}\,\mathrm{I} = \frac{\mathfrak{M}}{r}\frac{\mathrm{E}}{r'}.$$

Les quantités d'électricité induites sont égales et de signes contraires dans les deux cas.

184. — Expression du coefficient d'induction mutuelle. — On a démontré, § 153, que la somme des flux magnétiques qui traversent les spires d'une bobine annulaire à noyau, pour un courant égal à l'unité, s'exprime par

$$\mathcal{L} = 4\,\pi\,n_1\,n\,\mu\,s = 4\,\pi\,n_1^2\,\mu\,l\,s,$$

lorsque le diamètre de l'anneau est très grand vis à vis de sa largeur. Si l'on suppose que la première bobine est entièrement couverte par une seconde, ayant n_1' spires par unité de longueur suivant l'axe et n' spires totales, le coefficient de self-induction de cette seconde bobine est

$$\mathcal{L'} = 4\,\pi\,n_1'\,n'\,\mu\,s = 4\,\pi\,n_1'^2\,\mu\,l\,s.$$

Or le coefficient d'induction mutuelle est le flux produit par une des bobines, parcourue par un courant égal à l'unité, à travers les spires de la bobine voisine.

$$\mathcal{M} = 4\,\pi\,n_1\,\mu\,s \times n' = 4\,\pi\,n_1'\,\mu\,s \times n = 4\,\pi\,n_1\,n_1'\,\mu\,s\,l.$$

On voit donc qu'on a alors la relation

$$\mathcal{M} = \sqrt{\mathcal{L}\mathcal{L'}}.$$

Cette expression simple est applicable chaque fois que les lignes de force créées par l'une des bobines traversent toutes les spires de la bobine voisine. Cette condition est réalisée dans la région moyenne de deux bobines concentriques de très grande longueur et à axe rectiligne ([1]).

185. — Induction dans les masses métalliques. — Dans ce qui précède, nous avons eu particulièrement en vue les phénomènes d'induction développés dans les circuits linéaires ; mais il est clair que l'induction se manifeste dans des masses métalliques de forme quelconque traversant les lignes de force d'un champ magnétique. Le disque de Faraday, § 173, montre le développement de courants

---

([1]) Voir MASCART et JOUBERT, *Électricité et Magnétisme*, pour le développement des calculs relatifs aux coefficients d'induction des bobines.

induits dans le cas d'un disque massif tournant entre les pôles d'un aimant. La détermination des lignes de flux ou de courant électrique présente dans un cas semblable une grande complication.

Pour résoudre ce problème, on appuie sur le disque des pointes de cuivre reliées à un galvanomètre, en procédant suivant la méthode indiquée au § 158. On obtient de la sorte des séries de points au même potentiel, ce qui permet de tracer des lignes équipotentielles. Les lignes de flux sont normales à celles-ci.

Si l'on fait tourner le disque de Faraday sans réunir les contacts glissants par un conducteur, les lignes de courant se ferment dans le disque même, en produisant des courbes qui s'enveloppent sans se couper et qui se partagent en deux groupes séparés par un plan vertical passant par l'axe de rotation du disque.

Suivant la loi de Lenz, le sens de ces courantsest tel qu'ils tendent à s'opposer au mouvement du disque; par suite les courants qui s'approchent des pôles sont de sens contraire aux courants du solénoïde équivalent à l'aimant inducteur. Les courants qui s'en éloignent sont de même sens que les courants solénoïdaux.

186. — Courants de Foucault. — Cette conséquence de la loi de Lenz se démontre de diverses manières. On doit à Foucault l'expérience suivante. Un mouvement de rotation rapide est communiqué à un disque embrassé par les pièces polaires d'un fort électroaimant. Au moment où l'on fait passer un courant dans celui-ci, la résistance mécanique occasionnée par les courants induits provoque l'arrêt du disque. Si l'on continue le mouvement par une dépense de force motrice suffisante, le disque s'échauffe en vertu de l'effet Joule.

On réduit très notablement les courants induits et, par suite, la résistance à la rotation et l'échauffement en divisant le disque par des traits de scie normaux à la direction des forces électromotrices d'induction et coupant ainsi les lignes de flux. Dans le cas actuel, ces divisions seront des cercles concentriques au disque et ce dernier devra être constitué par des anneaux de diamètres croissants, séparés par une matière isolante.

On comprend habituellement sous le nom de *courants de Foucault* les courants induits dans les masses métalliques.

La résistance mécanique occasionnée par les courants induits dans les masses est mise à profit pour amortir le mouvement des aiguilles des galvanomètres.

Si, en effet, on entoure un aimant mobile autour d'un axe de suspension d'une masse de cuivre dans laquelle on a ménagé une cavité suffisante pour permettre les oscillations de l'aimant, celui-ci développe dans le cuivre des courants induits qui s'opposent à son mouvement et provoquent son arrêt.

Lorsqu'on déplace une barre conductrice faisant partie d'un circuit à travers les lignes de force d'un champ présentant des variations d'intensité en ses divers points, outre la force électro-motrice d'induction observée dans le circuit, il se forme des cou-rants de Foucault dans la masse même du conducteur. En effet, les filets élémentaires constituant celui-ci coupent au même instant des nombres de lignes de force différents. Ces courants parasites échauffent la barre sans profit pour le circuit. On les évite en remplaçant le conducteur unique par un faisceau de conducteurs minces isolés ayant la même section totale que le premier.

187. — Noyaux des électro-aimants traversés par des courants variables. — Des courants de Foucault tendent à prendre naissance dans le noyau d'un électro-aimant dont la bobine est parcourue par un courant périodique. Pour atténuer ces courants, qui échauffent inutilement la masse de fer, on constitue le noyau à l'aide de lames minces, isolées les unes des autres par un vernis ou par du papier et empilées de manière que leurs surfaces de sépara-tion soient parallèles à l'axe de la bobine et coupent, par suite, les directions des forces électro-motrices d'induction.

On forme parfois le noyau d'un faisceau de fils de fer vernis, mais il est à remarquer que la place perdue par le fait des interstices compris entre les fils composants est bien plus grande que dans le cas d'un noyau feuilleté. Comme les fils ne se touchent que suivant des génératrices, leur isolement ne doit pas nécessairement être aussi soigné que celui des feuillets. La division du noyau parallèlement à son axe permet d'éviter l'échauffement dû aux courants de Fou-cault, mais non celui qui résulte du phénomène d'hystérésis, § 61. Sous l'action du courant périodique de la bobine, le noyau est, en effet, soumis à des aimantations successives de sens contraires

qui entraînent une perte d'énergie en rapport avec les variations de
la force magnétisante et la force coercitive du noyau.

**188. — Self-induction dans la masse d'un conducteur cylin-
drique. Expression du coefficient de self-induction d'un tel conducteur.** — Lorsqu'un courant variable circule dans un conducteur
cylindrique, la densité du courant n'est pas constante dans toute
l'étendue de la section du conducteur ; elle est plus grande à la
périphérie qu'au centre. Pour se rendre compte de ce fait, on peut
diviser par la pensée le courant total en une infinité de courants
élémentaires parallèles, susceptibles de réagir les uns sur les autres.
Le courant qui passe dans un filet tend à induire dans les filets
voisins des courants inverses. Ces réactions mutuelles sont d'autant plus fortes que les filets sont plus condensés. Il en résulte une
réduction dans l'intensité qui est maximum vers le milieu de la
section du conducteur et minimum à la périphérie.

Ces réactions constituent, à proprement parler, une self-induction
dans la masse du conducteur, en vertu de laquelle celui-ci
présente, pour les courants variables, une résistance apparente
supérieure à sa résistance aux courants permanents.

L'induction dans la masse du conducteur est encore accrue
dans le cas d'un fil magnétique, tel qu'un fil de fer, par suite de
l'aimantation circulaire que prend alors le métal et qui est due
aux lignes de force circulaires créées par les filets de courant
intérieur, § 125. En vertu de l'observation présentée au § 170,
cet effet n'apparaît toutefois que dans le cas de courants alternatifs;
avec les courants intermittents de sens constant, les molécules
du fer conservent leur polarisation en constituant des chaînes
fermées et ne produisent aucune réaction d'induction ; avec les
courants alternatifs, il est préférable de faire usage de conducteurs en métal non magnétique.

Lorsque la période de variation est excessivement courte, comme
c'est le cas lors de la décharge d'un condensateur, on conçoit que
les réactions mutuelles portent tout le courant vers les couches
extérieures du fil. A mesure que la période du courant diminue,
on est ainsi conduit à écarter de plus en plus les filets élémentaires
et à donner aux conducteurs la plus grande surface possible. Les
bandes, les tubes, les cordes métalliques seront alors préférées
aux conducteurs de section circulaire.

Pour arriver à établir la valeur du coefficient de self-induction d'un conducteur cylindrique, cherchons le coefficient de self-induction d'un circuit formé par deux conducteurs C, C', parallèles et assez longs pour pouvoir être considérés comme indéfinis. Tel serait le cas de deux fils télégraphiques voisins. Soient i le courant qui traverse le circuit, r le rayon des conducteurs et d l'écartement de leurs axes.

Déterminons le flux de force produit par les conducteurs dans l'espace limité par leurs axes et par deux plans normaux à ceux-ci, distants de 1 cm. Chacun des conducteurs entre évidemment pour la moitié dans la production du flux. Appelons μ la perméabilité du milieu qui environne les fils et μ' la perméabilité de ceux-ci.

Le conducteur C détermine en un point extérieur, situé à une distance a de son axe, un champ dont l'intensité est la même que si le courant était condensé suivant cet axe, soit $\dfrac{2i}{a}$, § 136. L'induction magnétique correspondante est, par suite, $\dfrac{2\mu i}{a}$. Si l'on considère dans l'espace désigné ci-dessus une tranche parallèle à C et d'épaisseur da, le flux qui traverse cette surface élémentaire est $\dfrac{2\mu i\,da}{a}$. Le flux total, dû à C, qui coupe la surface comprise entre le bord de C et l'axe de C' est donc par unité de longueur

$$\int_{r}^{d} \frac{2\mu\,i\,da}{a} = 2\,\mu\,i\,\log_{\text{nép.}}\frac{d}{r}.$$

Dans la partie de l'espace considéré occupée par C, le champ a une expression différente. En un point pris dans l'intérieur de C à une distance b de l'axe, le champ est le même que celui qui serait produit par un courant condensé suivant l'axe et dont l'intensité serait à l'intensité totale comme la section de rayon b est à la section totale du conducteur.

On aura donc pour l'intensité du champ

$$\frac{2i}{b} \times \frac{\pi b^2}{\pi r^2} = \frac{2ib}{r^2},$$

et pour la valeur de l'induction magnétique au point b

$$\frac{2\mu'\,i\,b}{r^2}.$$

Le flux traversant la moitié de la section longitudinale de C et qui parcourt la masse du conducteur, sera, par unité de longueur comptée suivant l'axe,

$$\int_o^r \frac{2\mu' \, i \, b \, db}{r^2} = \mu' \, i.$$

Le flux total dû à C est donc

$$i \left(2\mu \, \log_{\text{nép.}} \frac{d}{r} + \mu' \right).$$

Comme C′ fournit, à travers l'espace considéré, un flux identique, on aura en tout

$$2i \left(2\mu \, \log_{\text{nép.}} \frac{d}{r} + \mu' \right).$$

Par définition, le coefficient de self-induction du circuit sera donc, par unité de longueur,

$$\mathcal{L}_1 = 2 \left(2\mu \, \log_{\text{nép.}} \frac{d}{r} + \mu' \right). \qquad (1)$$

Dans le cas de conducteurs en cuivre suspendus dans l'air, on a sensiblement $\mu = \mu' = 1$, d'où

$$\mathcal{L}_1' = 2 \left(2 \log_{\text{nép.}} \frac{d}{r} + 1 \right). \qquad (2)$$

On remarquera que l'expression logarithmique donnant la valeur du flux dans l'espace qui sépare les conducteurs montre que l'induction diminue très rapidement à mesure qu'on s'écarte de ceux-ci, c'est-à-dire qu'à partir d'un certain écartement des conducteurs, on n'accroît pas sensiblement le flux en augmentant leur distance.

On peut donc dire que, dans un circuit de forme quelconque, la self-induction est proportionnelle à la longueur des conducteurs qui composent le circuit, pourvu que ceux-ci soient suffisamment éloignés.

La part du coefficient de self-induction due aux dimensions en section de chaque conducteur est simplement exprimée par μ'. Cette quantité est négligeable lorsque, μ étant égal à μ', la distance d est grande relativement à r, ou encore lorsque la perméabilité μ

est très considérable vis à vis de μ'. On a un exemple du premier cas dans deux fils de cuivre tendus dans l'air à la manière des fils télégraphiques. Le second cas est réalisé dans un conducteur en cuivre enroulé autour d'un noyau en fer de grand diamètre.

Le raisonnement qui précède a montré que le flux qui traverse la masse des conducteurs croît de l'axe à la périphérie de ceux-ci. Ce raisonnement suppose que la répartition initiale du courant est uniforme dans la section du conducteur. Si le courant est variable, l'effet de l'inégale répartition du flux dans la section est de créer des forces électro-motrices d'induction qui tendent à accroître la densité du courant vers la périphérie et, par suite, à accroître encore le flux dans cette région. La conséquence de ces réactions est un accroissement apparent de résistance, et si la fréquence du courant est suffisamment grande, les couches superficielles du conducteur sont seules intéressées dans le déplacement électrique.

Voici un tableau calculé par M. Mordey et présentant les accroissements apparents de résistance qu'éprouvent les conducteurs cylindriques en cuivre traversés par des courants de périodes décroissantes.

FRÉQUENCES.	DIAMÈTRES m/m.	ACCROISSEMENTS APPARENTS DE RÉSISTANCE POUR 100.	INTENSITÉS DU COURANT. AMPÈRES.
	10	Moins de 1/100	·55
	15	2 $^1/_2$	133
	20	8	220
80	25	17 $^1/_2$	»
	40	68	»
	100	380	»
	1000	3500	»
	9	Moins de 1/100	45
100	13,4	2 $^1/_2$	98,5
	18	8	178
	224	17 $^1/_2$	»
	7,75	Moins de 1/100	32
133	11,61	2 $^1/_2$	74
	15,5	8	131,4
	19,36	17 $^1/_2$	»

La dernière colonne indique l'intensité du courant que le conducteur peut transporter, si l'on prend comme base une densité de courant de 70 ampères par cm².

Le tableau montre qu'au-delà d'un certain diamètre il y a avantage à employer des tubes en cuivre plutôt que des conducteurs pleins.

ROTATIONS SOUS L'ACTION DE COURANTS INDUITS.

189. — La réaction des courants induits, régie par la loi de Lenz, permet de réaliser divers mouvements rotatifs.

Arago avait remarqué que, si un disque de cuivre tourne sous une aiguille aimantée pivotant au-dessus du centre du disque, l'aiguille est entraînée dans le sens du mouvement de celui-ci.

De même, si l'on fait tourner un fort aimant au-dessus d'un disque métallique mobile, ce dernier tend à prendre le même mouvement que l'aimant. En se reportant à l'explication donnée au § 185, on voit que les courants induits en avant des pôles sont repoussés par les courants solénoïdaux équivalant à l'aimant. Les courants induits en arrière des pôles sont, au contraire, attirés.

Cette expérience permet de formuler une règle générale :

Chaque fois que les lignes de force d'un champ magnétique se déplacent dans un conducteur, celui-ci tend à suivre le mouvement du champ.

190. — **Disposition de M. Ferraris.** — On doit à M. Ferraris des dispositifs ingénieux basés sur l'application de cette règle.

Soit un disque conducteur mobile autour de son axe O et

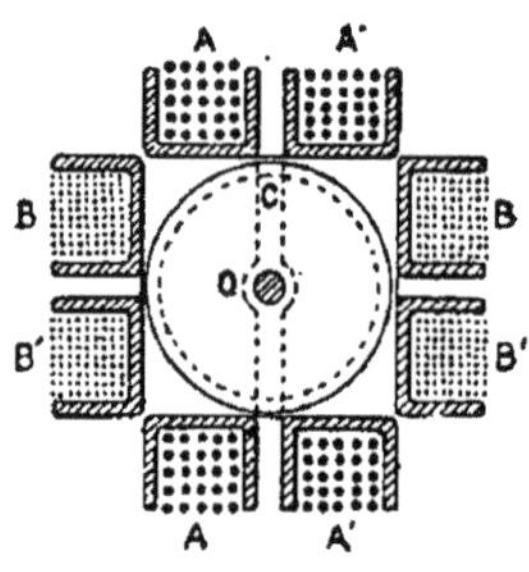

Fig. 83.

enfermé entre deux paires de bobines A A′, B B′ que l'on voit en coupe sur la figure.

On fait passer dans ces bobines des courants périodiques semblables, mais dont les phases diffèrent de 90°.

Une partie des lignes de force ainsi produites traversent la masse du disque en y pénétrant par la tranche. Désignons par $\mathfrak{H}$ l'intensité moyenne du champ créé, à un moment quelconque, dans le disque, par les bobines A A′ et dirigé suivant l'axe de celles-ci. $\mathfrak{H}_m$ étant l'intensité maximum, on a

$$\mathfrak{H} = \mathfrak{H}_m \sin at.$$

Si l'on suppose que les bobines B B′ produisent un champ dont l'intensité maximum est aussi égale à $\mathfrak{H}_m$, mais en retard d'un quart de période, son intensité moyenne dirigée normalement à $\mathfrak{H}$ est

$$\mathfrak{H}' = \mathfrak{H}_m \sin\left(at - \frac{\pi}{2}\right) = - \mathfrak{H}_m \cos at.$$

Les deux champs se composent suivant une résultante ayant à chaque instant pour intensité

$$\mathfrak{H}'' = \sqrt{\mathfrak{H}^2 + \mathfrak{H}'^2} = \mathfrak{H}_m.$$

On voit que l'intensité résultante est constante en grandeur, mais que sa direction varie. Pour $at = 0$, $\mathfrak{H}''$ a la même direction que $\mathfrak{H}'$; lorsque at croît de 0 à $\frac{\pi}{2}$ le champ résultant tourne autour de O et arrive à se confondre avec $\mathfrak{H}$. Pour les valeurs de at comprises entre $\frac{\pi}{2}$ et π, la direction de la résultante accomplit un nouveau quart de révolution; elle revient à la position initiale pour $at = 2\pi$.

En résumé, le champ magnétique produit par l'action combinée des deux paires de bobines pivote autour du point O. Le disque conducteur est donc parcouru par des courants induits dont la réaction l'entraîne à tourner dans le même sens que le champ.

Si les deux groupes de bobines étaient traversés par des courants de même phase, la direction du champ résultant resterait constamment dans le plan bissecteur des bobines, mais l'intensité varierait de

$$+ \mathfrak{H}_m \sqrt{2} \text{ à } - \mathfrak{H}_m \sqrt{2}.$$

Pour toute différence de phase comprise entre 0° et 90°, on

obtiendra un champ tournant; l'extrémité de la droite représentant
l'intensité résultante décrira, non pas une circonférence comme
dans le premier cas examiné, mais une ellipse dont le grand axe
sera dirigé suivant le plan bissecteur.

191. — Disposition de M. Shallenberger. — M. Shallenberger a
imaginé un dispositif qui permet d'obtenir une rotation analogue
à l'aide d'un seul courant périodique et qu'il a appliqué à un
compteur électrique représenté par la figure 84. Une bobine de

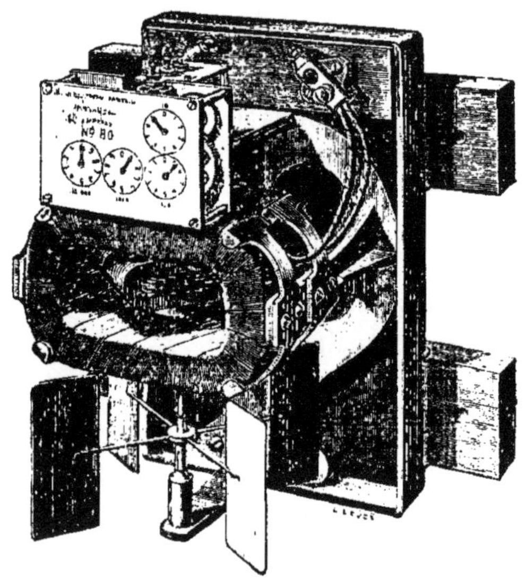

Fig. 84.

forme oblongue, parcourue par un courant périodique, entoure
une seconde bobine plus petite dont l'axe est incliné à 45° sur celui
de la première. Si l'on désigne par $\mathfrak{M}$ le coefficient d'induction
mutuelle des deux bobines, la force électro-motrice induite dans
la seconde est

$$e' = - \mathfrak{M} \frac{di}{dt}.$$

Cette expression montre que la force électro-motrice induite est
en retard d'un quart de phase sur le courant inducteur. Par suite
de la self-induction, le courant induit est lui-même en retard sur
la force électro-motrice, de sorte que les phases du courant induit

et du courant inducteur diffèrent d'un angle compris entre 90° et 180°. Il résulte de là que le milieu des bobines est le siège d'un champ magnétique tournant qui entraîne dans son mouvement un disque mobile autour d'un axe vertical. On amplifie l'effet en employant un disque en fer dont la perméabilité accroît l'intensité du champ. On verra l'usage de l'appareil de M. Shallenberger dans les distributions d'énergie électrique.

192. — Répulsion exercée par un courant inducteur sur un courant induit. — Si l'on représente, par le procédé graphique du § 180, deux courants voisins en retard l'un sur l'autre d'un quart

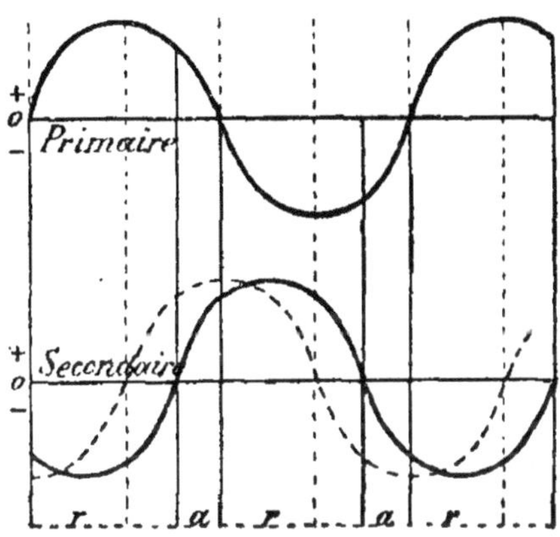

Fig. 85.

de période, il est facile de voir que, pendant la moitié de leurs phases, ils sont de même sens et s'attirent; pendant l'autre moitié, ils sont de sens contraires et se repoussent; la résultante des forces attractives est, du reste, égale à la résultante des forces répulsives, en sorte que les réactions mutuelles pourront donner lieu à des vibrations, mais il n'existera aucun effort de translation résultant. On vient de voir que l'avance d'un courant inducteur sur le courant qu'il induit est toujours supérieure à 90° à cause de la self-induction du circuit induit. Tel est le cas pour les courants représentés par des traits pleins dans la fig. 85.

La période répulsive, pendant laquelle les courants sont de sens contraires, a alors une durée supérieure à celle de la période attractive ; en outre, la figure montre que, pendant la durée de la répulsion, les courants ont une intensité moyenne plus grande que pendant la période d'attraction. Il en résulte qu'un courant inducteur périodique repousse le courant induit avec une force d'autant plus grande que le coefficient de self-induction du circuit induit est plus considérable.

M. Elihu Thomson a basé sur ces observations quelques expériences intéressantes. Si, par exemple, on dispose un anneau métallique A autour de la partie supérieure d'un électro-aimant droit B parcouru par des courants alternatifs, on constate que l'anneau est repoussé vers une position A'. En interposant entre

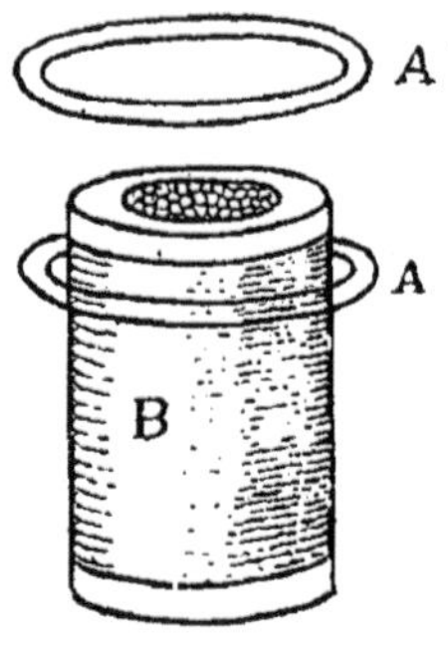

Fig. 86.

l'électro-aimant et l'anneau une plaque métallique, on ne constate plus la répulsion de l'anneau. C'est que l'écran est lui-même le siège d'un courant induit, dont l'effet sur l'anneau neutralise celui du courant inducteur. On verra, dans le chapitre suivant, qu'un écran semblable intercepte les ondes électro-magnétiques en vertu desquelles naissent les effets d'induction.

Les curieuses dispositions de MM. Ferraris et Elihu Thomson contiennent en germe les électro-moteurs à courants alternatifs.

On doit à M. Fleming un appareil propre à décéler les courants périodiques et dans lequel on utilise les phénomènes de répulsion décrits ci-dessus. Un disque en cuivre D, fig. 87, est suspendu au centre d'une bobine C, parcourue par les courants ondulatoires.

Le disque disposé en $a\,a'$, sous un angle de 45° avec la bobine, est le siège de courants induits, et, en vertu de la répulsion exercée par le courant inducteur, tend à se placer dans la position $b\,b'$. Le miroir M permet de lire par réflexion l'angle d'équilibre

de la pièce mobile, soumise d'une part aux forces électro-dynamiques, d'autre part à la réaction de torsion du fil de suspension.

Le disque doit être placé obliquement par rapport à la bobine,
car s'il était parallèle aux spires de celles-ci, il prendrait un mouvement d'oscillation ininterrompu, le courant communiquant au
disque une impulsion nouvelle à chaque passage dans le plan
normal à $b\,b'$.

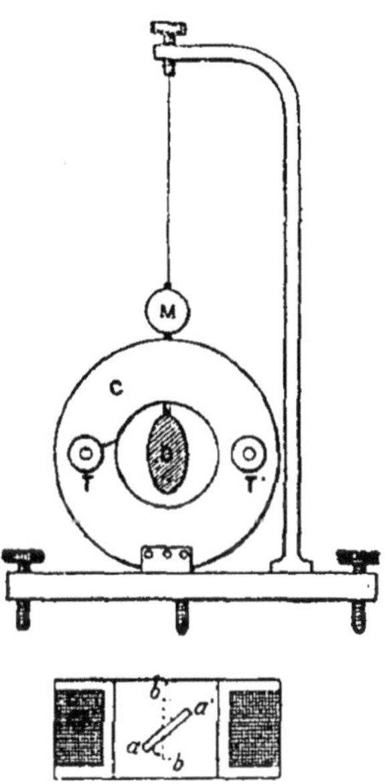

Fig. 87.

COMPLÉMENT THÉORIQUE.

CONSIDÉRATIONS GÉNÉRALES SUR LA PROPAGATION DES COURANTS.

193. — Phénomènes qui accompagnent la propagation du courant dans un conducteur. — Ohm a donné une expression du courant permanent dans un conducteur en se basant sur une assimilation entre le flux électrique et le flux calorifique.

Si l'on appelle r la résistance d'un conducteur par unité de longueur, $-\dfrac{dV}{dl}$ la variation de potentiel par unité de longueur dans la direction l du conducteur, on a

$$-\frac{dV}{dl} = ri. \qquad (1)$$

Sir W. Thomson a complété cette loi de manière à la rendre applicable à la période variable du courant qui s'établit dans un conducteur pourvu d'une certaine capacité. Imaginons un câble isolé et plongé dans l'eau. Ce câble forme un condensateur cylindrique dont l'eau supposée à un potentiel nul constitue l'armature extérieure. Au moment où l'on établit une différence de potentiel entre les deux extrémités du conducteur, un courant prend naissance ; mais en même temps, chaque portion du conducteur se charge d'une quantité d'électricité en rapport avec sa capacité et la différence entre les potentiels des armatures. Il s'ensuit, à travers le diélectrique du câble, un courant de charge ou de *déplacement* (Maxwell) que l'on peut considérer comme dérivé par rapport au courant dans le conducteur. Ce courant de déplacement cesse lorsque la tension du diélectrique fait équilibre à la différence de potentiel des armatures.

Il existe alors dans le diélectrique un champ électrique dont les lignes de force réunissent les armatures et aboutissent à des quantités d'électricité égales et contraires, § 76.

La période de charge écoulée, il ne reste plus que le courant permanent exprimé par l'équation (1).

Le même phénomène se produit, mais à un degré moindre, quand on envoie un courant dans un circuit suspendu dans l'air, car la charge du conducteur provoque une charge contraire sur les conducteurs voisins séparés par l'air ou tout autre diélectrique.

Appelons c la capacité du conducteur par unité de longueur ; la charge correspondante, pour une différence de potentiel V, est

$$q = c\mathrm{V}. \quad (2)$$

L'énergie du champ électrique par unité de longueur est $\frac{1}{2} c \mathrm{V}^2$.

Exprimons que la quantité d'électricité qui entre dans le segment considéré du câble est égale à celle qui en sort, augmentée du courant à travers le diélectrique. $-\dfrac{di}{dl}$ représente la variation du courant dans le conducteur par centimètre, $\dfrac{dq}{dt}$ est le courant de déplacement, d'où la condition

$$-\frac{di}{dl} = \frac{dq}{dt} = c \frac{d\mathrm{V}}{dt}. \quad (3)$$

En combinant (1) et (3) on arrive à l'équation

$$\frac{d^2\mathrm{V}}{dl^2} = r\, c \frac{d\mathrm{V}}{dt}. \quad (4)$$

Cette loi élémentaire a permis à sir W. Thomson d'étudier la période variable dans les câbles sous-marins, où les phénomènes de condensation jouent un rôle capital.

Il est à remarquer que le courant qui traverse un conducteur se manifeste par une dépense d'énergie transformée en chaleur suivant l'effet Joule.

Le courant de déplacement dans le diélectrique représente au contraire un emmagasinement d'énergie, à l'état potentiel, accusé par la tension du diélectrique. Cette énergie produit à son tour des phénomènes calorifiques lors de la décharge du câble.

Pour étudier les manifestations observées pendant la période variable dans toute leur généralité, il faut, en outre, faire intervenir les phénomènes magnétiques produits par le courant dans le milieu qui l'entoure.

Nous venons de voir que le courant développe un champ électrique dont l'intensité dépend de la capacité inductive spécifique du diélectrique et dont les lignes de force sont dirigées normalement au conducteur. Mais, en outre, le courant crée un champ magnétique caractérisé par des lignes de force formant des courbes fermées autour du conducteur ; l'intensité de ce champ est proportionnelle à la perméabilité du milieu ambiant aimanté par le courant.

L'intensité du champ magnétique diminue rapidement à mesure qu'on s'éloigne des conducteurs. Aussi l'on peut dire que la self-induction d'un circuit est sensiblement proportionnelle à la longueur des conducteurs qui le composent, à la condition que ceux-ci soient assez éloignés les uns des autres pour que les lignes de force qu'ils développent n'empiètent pas les unes sur les autres.

Un tel empiètement existe dans le cas de deux fils cordés ensemble et réunis en série. Les deux fils tendent, sous l'influence du courant électrique, à produire des lignes de force de sens opposés dans le milieu ambiant, en sorte que le coefficient de self-induction des deux fils est sensiblement nul. Il en est de même pour une bobine enroulée à l'aide d'un fil plié en double, § 170.

Ces cas étant mis de côté, appelons $\mathcal{L}$ le coefficient de self-induction d'un circuit par unité de longueur des conducteurs. L'énergie magnétique du courant, représentée par l'aimantation du milieu, est, par centimètre, $\dfrac{1}{2}\,\mathcal{L}\,i^2$.

Le milieu oppose à l'aimantation une certaine inertie, laquelle a pour effet de développer une force électro-motrice contraire à celle qui donne naissance au courant. Cette force électro-motrice est $-\,\mathcal{L}\,\dfrac{di}{dt}$ par centimètre, en sorte que la formule d'Ohm complétée devient

$$-\frac{dV}{dl} = r\,i + \mathcal{L}\frac{di}{dt}. \qquad (5)$$

Les équations (3) et (5) permettent de traiter le problème de la période variable dans toute sa généralité, en tenant compte de la production du champ électrique et du champ magnétique créés par le courant.

Nous avons admis que le courant est entouré d'un isolant parfait. S'il y avait des pertes d'électricité à travers le diélectrique, on devrait ajouter au second membre de l'équation précédente un terme pour tenir compte des courants dérivés dus à la conductibilité électrique du milieu.

Les équations (3) et (5) sont analogues à celles que l'on rencontre dans la théorie de la propagation des ondes sonores, lorsqu'on admet que la résistance passive du milieu est proportionnelle à la première puissance de la vitesse et, en outre, que la résistance électrique correspond au frottement, la self-induction à l'inertie du milieu et la capacité à l'inverse d'une pression. Il résulte de ce rapprochement que, si l'on soumet un circuit à une force électro-motrice périodique, les ondes électriques engendrées se propagent suivant des lois identiques à celles de la propagation du son. Si, en particulier, une force électro-motrice périodique est appliquée à l'une des extrémités d'une ligne isolée à l'autre extrémité, les ondes électriques créées sont réfléchies à l'extrémité isolée et reviennent au point de départ où elles se réfléchissent de nouveau, à la manière des ondes sonores envoyées dans un tuyau bouché à l'un des bouts.

Le rapprochement signalé ci-dessus intéresse particulièrement la téléphonie, car il montre que les ondes électriques transmettent la parole suivant des lois identiques à celles qui président à sa propagation dans un milieu pondérable. (¹)

193bis. — Caractères particuliers manifestés par les courants alternatifs. — Ainsi qu'on l'a montré au § 180, les courants alternatifs ne s'ajoutent pas à la manière des courants continus, mais ils se composent comme des vecteurs suivant le parallélogramme des forces. C'est ainsi que deux forces électro-motrices périodiques égales, agissant dans un circuit, ne donnent pas, en général, un courant résultant double du courant susceptible d'être produit par chacune d'elles. La résultante moyenne n'est égale à la somme des courants moyens composants que si les phases de ceux-ci concordent ; elle est nulle si les phases diffèrent de 180°, de même que la résultante de deux forces est nulle lorsque celles-ci sont égales et directement opposées.

Cette manière de voir explique certains effets singuliers produits par les forces électro-motrices périodiques.

Considérons, par exemple, un courant alternatif bifurqué suivant des dérivations présentant des résistances et des coefficients de self-induction différents (²). Les courants dérivés présenteront des différences de phase par rapport l'un à l'autre et par rapport au courant total, § 179 ; à chaque instant le courant total sera égal à la somme des courants bifurqués, mais l'intensité totale moyenne ne sera nullement égale à la somme des intensités moyennes des courants dérivés. Si la différence de phase de ceux-ci est assez grande, il pourra même arriver que l'intensité moyenne de chacun d'eux soit supérieure à l'intensité totale. Il suffit pour cela que l'angle de retard dépasse 120°, car le parallélogramme des forces montre que lorsque deux vecteurs égaux font entr'eux un angle de 120° leur résultante est égale à chacun des vecteurs composants.

Voici un autre cas indiqué par M. Smith. On intercale entre

(¹) Voir DEMANY, *Théorie de la propagation de l'électricité.* Bull. de l'Ass. des ing. sortis de l'Institut Montefiore, 1890.

(²) LORD RAYLEIGH, *On forced harmonic oscillations. Philosophical Magazine,* mai 1886.

deux points *a* et *c* soumis à une différence de potentiel alternative de valeur moyenne constante, deux résistances *ab* et *bc* en série, l'une possédant un coefficient de self-induction considérable, l'autre non-inductive. Sur chacune des résistances on dispose en dérivation une lampe à incandescence. Les deux lampes sont semblables et l'on fait varier la résistance non-inductive jusqu'à ce qu'elles brillent avec le même éclat. Ce résultat témoigne que des courants égaux traversent les foyers et que la différence de potentiel aux points *a*, *b* est identique à celle des points *b*, *c*. On sépare ensuite le fil qui réunit les lampes du fil qui relie les résistances et l'on constate que l'éclat des lampes diminue, bien que la différence de potentiel des points *a*, *c* ait conservé la même valeur moyenne ; ce qui prouve que cette dernière est inférieure à la somme des différences moyennes constatées aux points *a*, *b* et *b*, *c*. Ce fait s'explique encore une fois par une différence de phase dans les différences de potentiel auxquelles les deux résistances en série sont soumises. Comme la résultante est restée constante, il a fallu que les deux composantes dont les phases sont en désaccord prissent des valeurs supérieures à la moitié de la différence de potentiel agissante.

Au lieu d'employer des lampes à incandescence pour déceler les différences de potentiel, on aurait pu faire usage de l'électromètre à quadrants en adoptant la disposition signalée au § 92 (2°).

Il va sans dire que, dans ces expériences, il n'y a aucune contradiction avec le principe de la conservation de l'énergie. Si, dans une branche de circuit on constate un accroissement de puissance consommée, on relève une dépense correspondante à la source d'électricité, par l'accroissement de la puissance moyenne de cette dernière,

$$P_m = E_{eff} I_{eff} \cos \varphi.$$

194. — Effets comparés de la self-induction et de la capacité d'un circuit. — Il est intéressant de remarquer qu'au point de vue du flux d'électricité qui s'écoule pendant la période variable, la capacité et la self-induction jouent des rôles opposés. En effet, le courant de charge ou de déplacement dû à la capacité s'ajoute au courant qui traverse le conducteur, en sorte que le phénomène de condensation équivaut à une diminution apparente de la résistance du circuit pendant la période variable.

Dans un conducteur de résistance r et de capacité c, dont les extrémités sont, l'une au potentiel V, l'autre à un potentiel nul, la charge à la fin de la période variable est $q = cV = cir$. Cette charge s'ajoute à la quantité d'électricité qui a traversé le circuit.

Au contraire l'induction magnétique produit un accroissement de la résistance apparente et une diminution du flux d'électricité pendant la période variable de fermeture égale à, § 175,

$$\frac{\mathcal{L}i}{r} = q'.$$

Il résulte de ces effets opposés une certaine compensation qui peut être mise à profit dans la transmission des signaux par les câbles.

La différence des flux d'extra-courant et de charge est

$$q' - q = \frac{\mathcal{L}i}{r} - cir = \frac{i}{r}(\mathcal{L} - cr^2).$$

On voit que, par rapport au flux d'électricité transmis pendant la période variable, l'effet de la condensation correspond à une diminution de la self-induction égale au produit de la capacité par le carré de la résistance du conducteur.

194bis. — Effet d'une capacité dans un circuit parcouru par des courants alternatifs. — Un condensateur peut être intercalé dans un circuit parcouru par des courants alternatifs sans interrompre le passage de ces courants, comme ce serait le cas si l'on avait affaire à une force électro-motrice continue. En effet, à chaque inversion du courant, le condensateur se décharge et se recharge en sens opposé. Il faut toutefois, si l'on veut obtenir un courant moyen intense, que la capacité du condensateur soit assez grande pour absorber le flux électrique transporté par les ondes du courant.

Imaginons que, dans un circuit de résistance r et dépourvu de self-induction, on intercale un condensateur de capacité c.

En appelant $E = E_0 \sin at$ la force électro-motrice périodique et v la différence de potentiel des armatures à un instant t, on a

$$E = E_0 \sin at = v + r\,i. \qquad (1)$$

Mais

$$c\, dv = i\, dt. \quad (2)$$

En différenciant (1) et en y remplaçant dv par sa valeur tirée de (2), on arrive à

$$a\, E_0 \cos at\, dt = \frac{i}{c}\, dt + r\, di. \quad (3)$$

Cette équation est de formé semblable à l'équation (3) du § 179. En la résolvant par le même procédé et en supprimant le terme exponentiel qui s'annule au bout d'un temps très court, on trouve pour l'expression du courant de régime

$$i = \frac{E_0}{\sqrt{r^2 + \dfrac{1}{a^2\, c^2}}} \sin(at + \varphi), \quad (4)$$

avec la condition

$$\varphi = \operatorname{arc\ tang} \frac{1}{a\, c\, r}. \quad (5)$$

Ce résultat montre que la capacité a pour effet d'*avancer* la phase du courant sur celle de la force électro-motrice.

On a d'ailleurs

$$I_{\text{eff}} = \frac{E_{\text{eff}}}{\sqrt{r^2 + \dfrac{1}{a^2\, c^2}}} < \frac{E_{\text{eff}}}{r}\,;$$

ce qui prouve que le condensateur réduit l'intensité du courant d'autant plus que la capacité est plus faible. Le courant s'annule pour $c = o$. Une capacité infinie produit le même effet que la suppression du condensateur.

On aurait trouvé directement les équations précédentes en remplaçant dans les formules du § 179 le facteur $a\,\mathcal{L}$ par $-\dfrac{1}{ac}$. Ce fait s'explique si l'on observe que la self-induction introduit une force électro-motrice $e = -\mathcal{L}\dfrac{di}{dt}$, tandis qu'un condensateur amène une différence de potentiel, tirée de (2),

$$e' = -v = -\frac{1}{c}\int i\, dt.$$

En substituant à i sa valeur I $\sin at$ dans ces expressions, on trouve

$$e = - a\,\mathcal{L}\,I\,\cos at,$$

$$e' = + \frac{1}{a\,c}\,I\,\cos at;$$

valeurs qui sont égales à la condition de poser $a\,\mathcal{L} = \dfrac{1}{a\,c}$.

194ᵗᵉʳ. — Effets combinés d'une capacité et d'une self-induction dans un circuit parcouru par des courants alternatifs. — Si l'on introduit dans un circuit parcouru par des courants alternatifs une self-induction et une capacité, comme la première tend à faire retarder la phase du courant et que la seconde provoque une avance de phase, il se produira une neutralisation plus ou moins complète des deux effets.

Analysons la combinaison indiquée, en conservant les notations précédentes. Nous aurons les deux équations

$$E = E_0 \sin at = \mathcal{L}\frac{di}{dt} + ri + v \qquad (1)$$

$$c\,dv = i\,dt, \qquad (2)$$

dont la combinaison amène

$$\mathcal{L}\,c\,\frac{d^2i}{dt^2} + r\,c\,\frac{di}{dt} + i - E_0\,a\,c\,\cos at = 0. \qquad (3)$$

La solution générale de cette équation différentielle est de la forme

$$i = A\,e^{mt} + B\,\sin at + C\,\cos at. \qquad (4)$$

En dérivant deux fois cette équation et en introduisant dans (3) les valeurs de i, $\dfrac{di}{dt}$ et $\dfrac{d^2i}{dt}$ ainsi trouvées, on parvient à déterminer les coefficients arbitraires m, B et C. Si l'on remarque d'ailleurs que le terme exponentiel s'annule très vite avec t, la valeur de régime de i se réduit à

$$i = \frac{E_0}{\sqrt{r^2 + \left(a\,\mathcal{L} - \dfrac{1}{a\,c}\right)^2}}\,\sin(at - \varphi) \qquad (5)$$

avec la condition

$$\varphi = \text{arc tang } \frac{a\,\mathcal{L} - \dfrac{1}{a\,c}}{r}. \qquad (6)$$

L'intensité efficace est

$$I_{\text{eff}} = \frac{E_{\text{eff}}}{\sqrt{r^2 + \left(a\,\mathcal{L} - \dfrac{1}{a\,c}\right)^2}}. \qquad (7)$$

Cette expression aurait pu être trouvée directement en supposant un circuit pourvu de deux self-inductions $\mathcal{L}$ et $\mathcal{L}'$ et en substituant à la seconde une capacité telle que $a\,\mathcal{L}' = -\dfrac{1}{a\,c}$.

L'équation (6) montre que la phase du courant sera en retard ou en avance par rapport à celle de la force électro-motrice suivant que $a\mathcal{L}$ sera plus grand ou plus petit que $\dfrac{1}{a\,c}$, soit $a^2\,\mathcal{L}\,c \gtrless 1$. Dans tous les cas, l'intensité du courant sera plus faible que s'il n'y avait ni self-induction, ni capacité, à moins que $a^2\,\mathcal{L}\,c = 1$.

Si l'on détermine, d'après l'équation (5), l'expression moyenne des forces électro-motrices

$$e = -\,\mathcal{L}\frac{di}{dt} \qquad \text{et} \qquad e' = -\frac{1}{c}\int i\,dt$$

dues à la self-induction et à la capacité, on constate que la somme de ces valeurs est supérieure à la force électro-motrice moyenne totale, ce qui s'explique par la composition des forces électro-motrices, ainsi qu'on l'a vu au § 193bis. Il peut même arriver que chacune des forces électro-motrices composantes devienne supérieure à la résultante.

Il suit de l'ensemble des déductions ci-dessus que la capacité d'un circuit corrige les effets de la self-induction en diminuant la résistance apparente créée par cette dernière ainsi que le retard de phase. La capacité à donner à un circuit pour neutraliser complètement les effets de la self-induction est indiquée par la relation $a^2\,\mathcal{L}\,c = 1$. Si $a = 100$ par exemple, et $\mathcal{L} = 1$ quadrant, on aura $c = \dfrac{1}{10000}$ farad, soit 100 microfarads. On pourrait réduire cette capacité, qui ne s'obtient qu'avec le secours de condensateurs coûteux, en accroissant artificiellement la self-induction par des électro-aimants à circuit magnétique fermé.

Le problème de la division d'un courant périodique suivant une branche pourvue d'une self-induction et une autre comprenant un condensateur donne également lieu à des observations intéressantes. Le courant dans la résistance inductive présentera un retard de phase sur le courant résultant, tandis que le flux dans le condensateur sera en avance. Par suite, la somme des deux flux dérivés sera supérieure au flux résultant et chacune des dérivations pourra même être traversée par un courant moyen supérieur au courant total.

195. — Décharge oscillante. — Reprenons l'étude de la décharge d'un condensateur par laquelle nous avons abordé l'examen du phénomène du courant, en nous guidant à la lumière des lois de l'induction.

Soit un condensateur de capacité c dont les armatures sont à une différence de potentiel V. Appelons r et $\mathcal{L}$ la résistance et le coefficient de self-induction du circuit de décharge. Il est bon de noter que r exprime la résistance totale du circuit de décharge, lequel peut être complété par une étincelle qui jaillit en un point d'interruption des conducteurs et dont la résistance doit entrer en ligne de compte.

Le courant de décharge est égal au taux de variation de la charge, soit

$$i = -\frac{dq}{dt} = \frac{V - \mathcal{L}\frac{di}{dt}}{r};$$

mais $q = cV$,
d'où

$$i = \frac{\frac{q}{c} + \mathcal{L}\frac{d^2q}{dt^2}}{r}$$

et

$$\frac{d^2q}{dt^2} + \frac{r}{\mathcal{L}}\frac{dq}{dt} + \frac{q}{c\mathcal{L}} = 0.$$

Pour résoudre cette équation, on pose $q = e^{mt}$ et l'on obtient

$$e^{mt}\left(m^2 + \frac{r}{\mathcal{L}}m + \frac{1}{c\mathcal{L}}\right) = 0.$$

L'intégrale générale est de la forme

$$q = A\,e^{m_1 t} + B\,e^{m_2 t}, \qquad (1)$$

A et B étant des constantes d'intégration ; m_1 et m_2, les racines de l'équation obtenue en égalant à zéro le trinome entre parenthèses, soit

$$-\frac{r}{2\,l} \pm \sqrt{\frac{r^2}{4\,l^2} - \frac{1}{c\,l}}.$$

En substituant ces valeurs dans (1) et en posant $\dfrac{l}{r} = \tau$, on obtient

$$q = e^{-\frac{t}{2\tau}}\left(A\,e^{\sqrt{\frac{1}{4\tau^2} - \frac{1}{c\,r\,\tau}}\cdot t} + B\,e^{-\sqrt{\frac{1}{4\tau^2} - \frac{1}{c\,r\,\tau}}\cdot t} \right). \qquad (2)$$

Si les racines du trinome sont imaginaires, le radical exposant prend la forme

$$\sqrt{\frac{1}{c\,r\,\tau} - \frac{1}{4\tau^2}}\sqrt{-1}\cdot t$$

et l'équation (2) se réduit, suivant la formule d'Euler, à

$$q = e^{-\frac{t}{2\tau}}\left(M \cos\sqrt{\frac{1}{c\,r\,\tau} - \frac{1}{4\tau^2}}\cdot t + N \sin\sqrt{\frac{1}{c\,r\,\tau} - \frac{1}{4\tau^2}}\cdot t \right). \qquad (3)$$

Les constantes d'intégration sont déterminées par les conditions simultanées

$$t = 0 \quad i = 0 \quad q = Q$$

introduites dans les équations (2) ou (3) et dans l'expression

$$i = -\frac{dq}{dt}.$$

En substituant alors dans cette dernière les valeurs trouvées, on arrive dans le cas des racines réelles à

$$i = \frac{Q}{2\,c\,r\,\tau\sqrt{\frac{1}{4\tau^2} - \frac{1}{c\,r\,\tau}}}\,e^{-\frac{t}{2\tau}}\left(e^{\sqrt{\frac{1}{4\tau^2} - \frac{1}{c\,r\,\tau}}\cdot t} - e^{-\sqrt{\frac{1}{4\tau^2} - \frac{1}{c\,r\,\tau}}\cdot t} \right). \qquad (4)$$

Dans le cas des racines imaginaires, la valeur de l'intensité prend la forme

$$i = \dfrac{Q}{c\,r\,\tau\sqrt{\dfrac{1}{c\,\tau\,r} - \dfrac{1}{4\,\tau^2}}}\; e^{-\frac{t}{2\,\tau}} \sin\sqrt{\dfrac{1}{c\,r\,\tau} - \dfrac{1}{4\,\tau^2}} \cdot t. \qquad (5)$$

L'équation (4) montre que, pour

$$4\,\tau < c\,r \quad \text{ou} \quad r > \sqrt{\dfrac{4\,\tau}{c}},$$

la décharge se produit sous forme d'un courant continu, de sens constant, dont l'intensité, d'abord nulle, s'élève jusqu'à une valeur maximum, puis décroît rapidement.

Quand

$$r < \sqrt{\dfrac{4\,\tau}{c}},$$

le courant de décharge oscille périodiquement entre des valeurs positives et négatives décroissant rapidement.

L'équation (5) montre que le courant oscillant repasse par les mêmes phases pour

$$\sqrt{\dfrac{1}{c\,r\,\tau} - \dfrac{1}{4\,\tau^2}} \cdot t = 0,\ 2\,\pi,\ 4\,\pi,\ \ldots$$

On en déduit que la période du courant oscillant est

$$T = \dfrac{2\pi}{\sqrt{\dfrac{1}{c\,r\,\tau} - \dfrac{1}{4\,\tau^2}}} = \dfrac{2\pi}{\sqrt{\dfrac{1}{c\,\tau} - \dfrac{r^2}{4\,\tau^2}}}.$$

Les fig. 88, 89 et 90 montrent une représentation graphique des phénomènes étudiés plus haut.

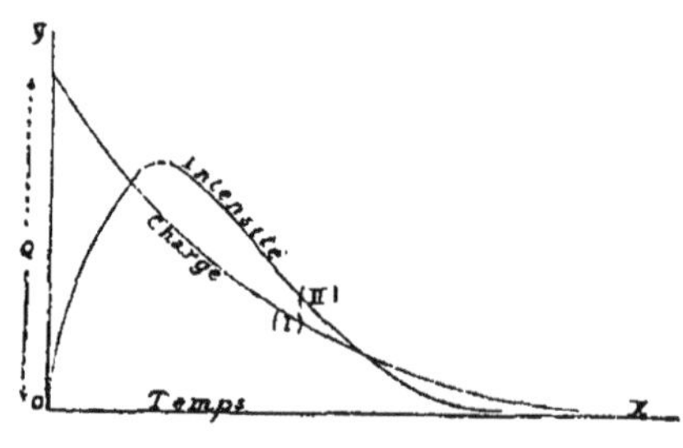

Fig. 88.

La courbe (I) représente les variations de la charge en fonction du temps dans le cas d'une décharge continue, et la courbe (II) montre les variations du courant qui, nul à l'origine de la décharge, prend rapidement une valeur maximum pour décroître ensuite asymptotiquement vers zéro.

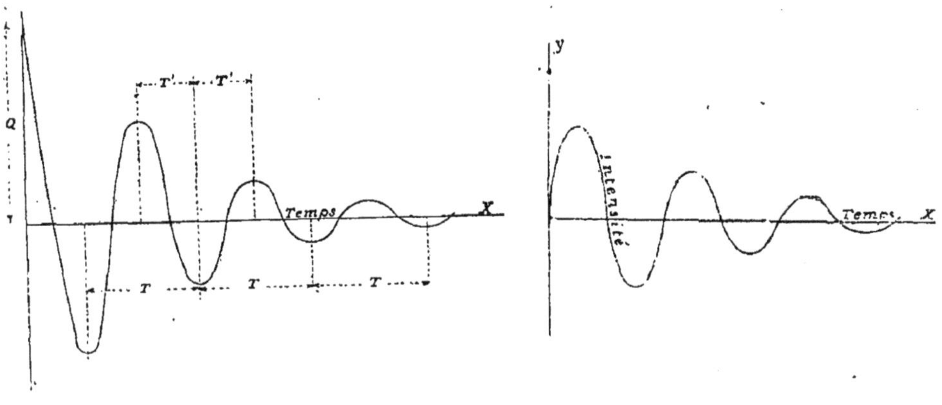

Fig. 89.   Fig. 90.

La fig. 89 indique les variations de la charge dans le cas de la *décharge oscillante* et la fig. 90, celles de l'intensité. Ces variations se traduisent par des ondulations décroissantes dont la période est égale à T.

C'est à sir W. Thomson que l'on doit la première étude analytique du phénomène de la décharge oscillante qui, dans ces dernières années, a fait l'objet d'expériences suivies de la part de MM. Hertz et Lodge entr'autres.

Pour s'expliquer ces phénomènes, on se rappellera que le diélectrique d'un condensateur chargé est soumis à une tension que l'on peut comparer à celle d'un ressort. Si la cause qui produit la tension vient à disparaître brusquement, le diélectrique revient à sa position initiale après avoir effectué des oscillations comparables à celles que décrit un ressort subitement détendu.

Pour empêcher le ressort d'osciller, il faudra opposer une résistance à son mouvement, par exemple, en le plongeant dans un fluide visqueux. De même, en présentant une résistance électrique suffisante à la décharge d'un condensateur, on rend celle-ci continue.

La période des oscillations d'un ressort dépend de sa masse ou de son inertie. De même, la période de la décharge électrique varie avec le coefficient de self-induction qui représente l'inertie magnétique du milieu qui entoure le circuit.

En accroissant ce coefficient, on augmente de plus en plus la durée de la période. Pour atteindre ce résultat, il suffit de faire passer la décharge à travers une bobine dont le nombre de spires croît progressivement. Fait curieux, il ne sert à rien de mettre un noyau de fer dans la bobine, car, par suite de la rapidité des interversions de la décharge, les courants de Foucault, induits dans le noyau, se concentrent dans les couches extérieures du fer et tendent à produire une aimantation inverse de celle déterminée par les courants inducteurs. Le résultat est donc nul au point de vue de l'aimantation.

En procédant comme on vient de le dire, c'est à dire en intercalant un nombre de spires croissant entre les armatures du condensateur, on provoque une décharge oscillante de période croissante. L'étincelle de décharge qui se produit en tout point d'interruption des conducteurs paraît unique par suite de la rapidité du phénomène, mais si on la regarde par réflexion dans un miroir tournant, elle se montre composée d'une succession de points lumineux. En augmentant suffisamment la durée de la période, le chapelet de points lumineux devient visible pour un observateur qui vise l'étincelle à l'aide d'une lorgnette qu'il déplace rapidement. Enfin lorsque le coefficient de self-induction du circuit de décharge et la capacité du condensateur sont suffisants, les impulsions communiquées à l'air par les ondulations électriques atteignent la limite des vibrations perceptibles par l'oreille et les spires rendent un son dont on peut diminuer à volonté la hauteur.

M. Lodge est parvenu, en faisant varier convenablement les valeurs de r, c, $\mathcal{L}$, à obtenir une gamme de vibrations électriques dont les périodes s'étendaient de un cent millionième à un cinq centième de seconde.

196. — Transmission des ondes électriques dans le milieu ambiant. — La comparaison des oscillations de la décharge électrique avec celles d'un corps élastique vibrant peut être poussée plus loin encore. Un diapason engendre dans l'air ambiant des ondes sonores qui se répandent dans l'espace et que l'on met en évidence au moyen d'un diapason *résonateur* accordé à l'unisson avec le premier. Si des ondes sonores viennent frapper normalement une paroi solide, elles sont réfléchies; les ondes incidentes interfèrent avec les ondes renvoyées par la paroi et il se produit des nœuds et des ventres de vibration qui se suivent alternativement. Le résonateur reste muet à l'endroit des nœuds et il accuse fortement la position des ventres. La longueur d'onde est égale au double de la distance entre deux nœuds consécutifs. La vitesse de transmission des ondes est le quotient de la longueur d'une onde par sa durée.

Des phénomènes analogues apparaissent dans la propagation des radiations calorifiques et lumineuses formées de vibrations transversales par rapport à la direction des rayons.

M. Hertz a démontré expérimentalement que les oscillations de la décharge entre les corps électrisés produisent dans le milieu ambiant des ondes électriques dont les propriétés sont identiques à celles des radiations émises par les corps à hautes températures, c'est à dire qu'elles donnent lieu à des phénomènes de réflexion, d'interférence, de réfraction, de polarisation et de diffraction. Pour arriver à mettre ces propriétés en évidence, il fallait tout d'abord un appareil produisant des oscillations électriques continues.

Fig. 91.

M. Hertz s'est servi dans ce but d'une bobine de Ruhmkorff (voir transformateurs), fig. 91, dont les bornes secondaires sont reliées à deux conducteurs qui constituent un *vibrateur* ou *excitateur électrique* et qui ont reçu des formes très variables. Dans la fig. 91, le vibrateur V est constitué par deux tiges conductrices situées dans le prolongement l'une de l'autre et terminées aux extrémités voisines par des boutons métalliques, les extrémités opposées portant des sphères de métal. Celles-ci peuvent être remplacées par des tôles ou des disques suspendus aux tiges. La bobine d'induction a pour but d'entretenir des charges électriques sur les deux parties du vibrateur.

En vertu de ces charges alternativement opposées, le milieu qui environne le vibrateur est le siège d'un champ électrique, dont les lignes de force, de sens périodiquement interverti, réunissent les deux parties de cet appareil. La direction moyenne du champ, c'est à dire des forces électriques, est l'axe des tiges conductrices. Par suite du potentiel élevé des charges, celles-ci se recombinent sous forme d'étincelles jaillissant d'une manière continue entre les deux boutons métalliques. Les oscillations de cette décharge prolongée sont en relation avec la capacité du vibrateur, ainsi qu'avec la résistance et la self-induction des conducteurs qui le composent.

Ces oscillations, qui produisent des courants alternatifs rapides dans les tiges du vibrateur, se propagent dans le milieu ambiant.

Pour le démontrer, M. Hertz a employé un appareil susceptible de vibrer à l'unisson avec le *vibrateur électrique* et qui est appelé *résonateur électrique.*

Le résonateur sera identique au vibrateur, comme c'est le cas dans la fig. 91, ou bien il aura une forme entièrement différente, pourvu que les trois grandeurs caractéristiques, capacité, résistance et self-induction des conducteurs qui le composent satisfassent à la même équation de condition que les quantités correspondantes du vibrateur, ce que l'expérience même permet d'ailleurs de vérifier.

Cela étant, si l'on dispose le résonateur dans le voisinage du vibrateur, de manière que leurs axes soient parallèles, on constate un flot d'étincelles entre les boutons du premier appareil. Ces étincelles, causées par les variations de la force électrique parallèlement à l'axe des conducteurs, vont en diminuant à mesure qu'on éloigne le résonateur. La distance explosive décroît naturellement avec les maxima de la force électrique.

Lorsqu'on provoque la décharge oscillante dans une salle contenant des objets métalliques rapprochés, on voit souvent jaillir des étincelles entre ces objets, de même qu'un instrument de musique fait vibrer les corps voisins suceptibles de produire le même son.

Le phénomène de résonance électrique se produit même si l'on intercale entre le vibrateur et le résonateur une paroi solide isolante, telle qu'une cloison verticale en bois ou en maçonnerie. Mais l'action cesse lorque la cloison est conductrice. Dans ce dernier cas, si l'on promène le résonateur entre le vibrateur et la cloison, on constate qu'en certains points l'étincelle cesse d'apparaître et qu'en d'autres elle est renforcée.

Ces extinctions, qui se répètent à des intervalles de longueur égaux, prouvent que la transmission des forces électriques a lieu sous forme d'*ondes* susceptibles d'être réfléchies par une paroi conductrice, les ondes renvoyées par la paroi pouvant interférer avec les ondes incidentes pour donner les nœuds de vibration constatés. La distance entre deux nœuds correspond à une demi-longueur d'onde.

Pour obtenir plusieurs nœuds dans les limites de la salle où l'on expérimente, il est nécessaire de produire des ondes suffisamment courtes. En employant comme vibrateur un tube de laiton de 26 cm de long et de 3 cm de diamètre, partagé en deux parties et dont les extrémités en regard étaient terminées par des calottes sphériques, M. Hertz est arrivé à provoquer des ondes de 30 cm de longueur seulement. Le résonateur était un fil droit de 1 m de longueur également partagé en deux et terminé par des boutons métalliques entre lesquels jaillissaient les étincelles.

Le même savant a réalisé une série d'expériences très intéressantes à l'aide d'un réflecteur parabolique en métal destiné à concentrer les ondulations électriques dans une direction déterminée et à produire ainsi des effets plus caractérisés.

Le réflecteur se compose d'une feuille de zinc de 2 m de haut, cintrée et maintenue sur un châssis en bois de manière à affecter la forme d'une surface cylindrique ayant une section parabolique. La ligne focale est alors parallèle aux génératrices du cylindre.

Si l'on place le vibrateur de manière que son axe coïncide avec la ligne focale, les ondulations se propagent dans la direction du plan de symétrie du réflecteur et elles sont perceptibles par le résonateur à une distance beaucoup plus grande qu'auparavant. On accroît encore la distance de perception en disposant le résonateur suivant la ligne focale d'un réflecteur semblable au premier placé de manière que les plans de symétrie des deux appareils coïncident.

Un écran isolant, placé entre les deux *miroirs* paraboliques, n'intercepte pas les ondulations; mais un écran conducteur les interrompt et jette une *ombre* derrière lui.

Comme on le voit, ces phénomènes sont identiques à ceux que produisent les rayons lumineux; il n'existe de différence que dans l'ordre de grandeur des longueurs d'onde ; les ondes lumineuses sont près d'un million de fois plus courtes que les ondes électriques produites à l'aide des vibrateurs employés par le savant allemand.

On est donc tout naturellement amené à employer le langage de l'optique pour caractériser les ondulations électriques.

Celles-ci se propagent en ligne droite, comme en témoigne le fait de l'arrêt des rayons par un écran métallique. Le mode de production des vibrations montre que celles-ci sont dirigées parallèlement à l'axe du vibrateur, c'est à dire qu'elles sont transversales et, suivant l'expression consacrée en optique, polarisées rectilignement.

Si l'on intercale sur le passage du faisceau transmis par le premier miroir un écran formé de fils métalliques tendus parallèlement, l'effet de ce cadre est très différent suivant que les fils sont parallèles ou perpendiculaires à l'axe du vibrateur. Dans le premier cas, les ondes électriques passent sans difficulté. Dans le second cas, la force électrique est absorbée par les fils qui lui sont normaux et les rayons sont éteints. L'effet est semblable à celui d'une plaque de tourmaline en optique.

Si, après avoir enlevé l'écran, on fait tourner le résonateur et son miroir d'un angle de 90° autour du rayon électrique, on ne constate plus aucune étincelle. Mais si l'on intercale le réseau ci-dessus normalement aux rayons transmis et en orientant les fils à 45° par rapport aux directions des lignes focales des miroirs, le réseau décompose les ondes incidentes et laisse passer les vibrations inclinées à 45° sur l'axe du résonateur.

Ces composantes peuvent alors agir sur ce dernier. Ce phénomène rappelle l'éclairement du champ de deux nicols croisés par l'interposition d'une plaque cristalline.

Enfin les deux miroirs permettent de mettre nettement en évidence le phénomène de la réflexion et de la réfraction des ondes électriques.

Si, par exemple, on envoie le faisceau électrique sur une cloison conductrice plane, on peut percevoir les rayons réfléchis à l'aide du résonateur à la condition de placer les plans de symétrie des deux miroirs paraboliques de telle manière qu'ils se coupent sur la cloison et que le plan normal mené suivant la droite d'intersection détermine deux dièdres égaux.

Pour obtenir le phénomène de réfraction, M. Hertz s'est servi d'un grand prisme en asphalte ayant un angle réfringent de 30°. Le faisceau incident, dirigé sur le prisme par le vibrateur, faisait avec le faisceau réfracté recueilli dans le résonateur un angle accusant un indice de réfraction de 1,7, valeur un peu supérieure à celle que donnent les expériences d'optique.

Dans ce qui précède, on n'a eu égard qu'au champ électrique dont la direction moyenne coïncide avec celle de l'axe du vibrateur. Mais les courants périodiques de la décharge oscillante créent, en outre, un champ magnétique dont les lignes de force entourent les conducteurs parcourus par le flux d'électricité ondulatoire, § 125.

On doit donc, dans une étude complète du phénomène, examiner à la fois les effets des forces électriques, qui se propagent sous forme d'ondes, et des forces magnétiques normales, qui accompagnent ces perturbations dans le milieu ambiant et dont les effets s'ajoutent aux premiers.

Ainsi que Maxwell l'a prévu, il y a seize ans, dans son *Traité de l'Électricité et du Magnétisme*, les perturbations électriques et magnétiques sont toutes deux à angle droit par rapport à la direction de la propagation de l'onde et à angle droit les unes par rapport aux autres ([1]).

197. — Vues actuelles sur la propagation de l'énergie électrique. — Les expériences de M. Hertz sont une confirmation éclatante des vues émises par Faraday et précisées par Maxwell

---

([1]). Pour les détails des expériences de M. Hertz, voir Roosen, *Oscillations électriques* (Bull. de l'Ass. des ing. sortis de l'Institut Montefiore, 1890).

relativement au rôle du milieu à travers lequel se transmet l'énergie électrique.

On se souvient, § 103, que l'une des hypothèses présentées pour rendre compte de la décharge électrique dans les conducteurs consiste à admettre que ceux-ci sont le siège d'un déplacement d'électricité comparable au mouvement des fluides dans les conduites. De là les expressions de *courant électrique*, de *flux d'électricité*, et les diverses images empruntées à la théorie dynamique des fluides en vue de faciliter au début l'intelligence du phénomène.

Mais l'examen des propriétés du courant électrique montre qu'il existe une différence profonde entre celui-ci et les flux de matières pondérables, malgré les analogies qui se rencontrent dans les lois régissant ces flux, § 193.

Lorsqu'un courant fluide circule dans un tuyau, aucun effet extérieur ne manifeste sa présence ; le phénomène est entièrement concentré dans la conduite même.

Le courant électrique, au contraire, qui se décèle dans un conducteur par un dégagement de chaleur, exerce dans le milieu ambiant des effets particuliers et très frappants. Il aimante le milieu, comme le montrent les fantômes magnétiques ; il modifie les propriétés optiques des corps, § 157, et enfin il produit des phénomènes d'induction dans les conducteurs déplacés dans son champ d'action.

Les coudes d'une conduite amènent une perte de force vive et diminuent le coup de bélier au moment de l'interruption du flux. Au contraire, le contournement d'un conducteur en forme de spires ou de bobine accroît l'énergie de l'extra-courant de rupture.

Un courant fluide peut être alternatif ; c'est le cas dans un tube acoustique où les ondes sonores se propagent sous forme de vibrations longitudinales. On est tenté de comparer un tel mouvement aux courants électriques alternatifs. Mais ici encore les différences s'accusent, non seulement dans l'espace environnant, mais même au sein du conducteur dans lequel on développe de semblables courants. L'onde sonore présente des déplacements maxima suivant l'axe de la conduite, tandis que les courants alternatifs ont leur plus grande intensité vers la surface du conducteur, § 188.

Un courant électrique doit être considéré comme le centre d'une perturbation qui intéresse tout ou partie de la masse du conducteur au point de vue de l'effet Joule et qui s'étend de proche en proche dans le milieu ambiant. Cette propagation ayant lieu dans le vide, il en résulte que c'est l'éther qui sert de véhicule aux ondes électriques.

Un courant provoque, au moment de sa naissance, une onde électro-magnétique qui se transmet dans l'espace entourant le conducteur avec une vitesse égale à celle de la lumière. Lorsque le courant a atteint son régime permanent, c'est à dire lorsque l'intensité a acquis une valeur constante en tous les points d'une section du conducteur, le milieu ambiant est dans un état de tension qui se manifeste par une tendance à se contracter dans le sens des lignes de force magnétique et à se dilater dans une direction normale à celles-ci.

L'éther qui entoure le conducteur est alors dans un état d'équilibre caractérisé par des couches cylindriques tendues concentriquement au conducteur. Quand le courant cesse, l'éther, subitement distendu, retombe sur le conducteur en cédant à celui-ci son énergie potentielle, qui se manifeste alors sous forme d'un extra-courant.

Un courant alternatif provoque des ondes continues qui, comme dans le cas précédent, se propagent dans l'espace à la façon des ondes lumineuses ; la seule différence réside dans la durée de la période des vibrations de l'éther.

On verra que les machines dynamo-électriques à courants alternatifs fournissent de 50 à 200 vibrations par seconde. Étant donnée l'énorme vitesse de propagation dans l'éther, ces courants produisent des ondes ayant plusieurs centaines de kilomètres de longueur. Les vibrations lumineuses développées par la flamme d'une lampe se comptent par 50 trillions à la seconde, en sorte que la longueur d'une onde ne mesure que quelques cent millièmes de centimètre.

Lorsque ces radiations lumineuses frappent un corps qui les intercepte, on constate que leur absorption entraîne un développement de chaleur. De même, les corps conducteurs qui arrêtent les radiations électriques sont le siège de courants induits qui se manifestent par un phénomène calorifique. Le flux d'électricité induite est dirigé suivant la force électrique et il est normal à la force magnétique de l'onde.

Celle-ci pénètre plus ou moins profondément dans les conducteurs, suivant que sa longueur est plus ou moins grande. Les ondes électro-magnétiques courtes n'intéressent que les couches extérieures des conducteurs sur lesquels elles tombent. De là la nécessité de modifier la forme de ceux-ci et d'adopter pour conduire les courants à périodes brèves des tubes, des bandes ou des cordes métalliques de préférence à des conducteurs pleins.

Les ondes électro-magnétiques, comme les radiations calorifiques ou lumineuses, emportent nécessairement avec elles une partie de l'énergie de la source qu'elles abandonnent aux corps conducteurs sur lesquels elles tombent. Pour éviter cette déperdition dont est menacé un circuit parcouru par des courants alternatifs, on compose celui-ci d'un conducteur d'aller et d'un conducteur de retour très rapprochés l'un de l'autre. Les ondes émises par le premier atteignent directement le second, auquel elles restituent, sous forme de courants induits, l'énergie rayonnée. Ce résultat est obtenu de la manière la plus complète lorsqu'on fait usage de deux conducteurs concentriques, un fil et un tube par exemple, car alors le circuit n'a aucune action sur un aimant voisin et le champ magnétique est rigoureusement restreint à l'espace occupé par les conducteurs et le diélectrique.

La découverte de la propagation des actions électro-magnétiques sous forme d'ondes semblables à celles de la lumière a une importance capitale. Elle établit un lien intime entre l'électricité, la lumière et la chaleur et amènera sans nul doute des progrès considérables dans la connaissance des lois qui gouvernent ces agents physiques.

Cependant, on n'a encore soulevé qu'un coin du voile qui cache le mécanisme de la transmission de l'énergie électrique. On a appris que celle-ci se propage sans perte dans les diélectriques, tandis que les conducteurs sont le siège d'effets calorifiques qui absorbent l'énergie disponible en tout ou en partie. Mais le phénomène du courant électrique reste encore inexpliqué, même dans sa forme la plus simple, celle du régime permanent.

Il résulte de l'ensemble des travaux modernes qu'un courant électrique est la manifestation d'un transport d'énergie qui s'accom-

plit dans le milieu entourant les conducteurs. Ceux-ci ne servent
qu'à diriger le phénomène de propagation, rôle qu'ils remplissent aux dépens de l'absorption sous forme de chaleur d'une
partie de l'énergie transmise. Un conducteur doit donc être considéré comme la directrice suivant laquelle s'opère le transfert, de
même que la mèche d'une lampe est le centre de la flamme sans
constituer le siège de l'effet éclairant. Le siège de la propagation de
l'énergie électrique réside dans les tourbillons électro-magnétiques
qui encerclent les conducteurs. Quant au mécanisme intime de
cette transmission, il est aussi mystérieux que le mécanisme de la
gravitation. Avant d'arriver à le définir, les physiciens auront à
approfondir les propriétés de l'éther au sein duquel l'action
s'accomplit. (¹)

(¹) Consulter sur ce sujet : O. Lodge, *Modern views of Electricity ;*
Stoletow, *L'Éther et l'Électricité, Lumière Électrique*, t. 35.

MESURES ÉLECTRIQUES ([1])

ÉTALONS DE MESURE

Les mesures électriques se font le plus souvent en comparant les grandeurs étudiées à des *étalons* de même espèce représentant les unités choisies ou des quantités exactement définies en fonction de ces unités. Certains phénomènes fugitifs, tels que les courants électriques, ne se prêtent pas à l'emploi d'étalons; dans ces cas, on cherche à fixer la valeur de l'unité à l'aide d'indications fournies par un *appareil-étalon*. Quand il s'agit du courant, l'appareil est un électro-dynamomètre ou un voltamètre.

198. — Étalons de résistance. — Pouillet et W. Siemens ont préconisé l'emploi du mercure pour réaliser un étalon de résistance, parce que ce métal peut être amené plus facilement que les métaux solides à un état de pureté et d'homogénéité bien déterminé.

([1]) L'auteur n'a pas l'intention de développer un système complet de méthodes de mesure, lesquelles forment à l'Institut électro-technique Montefiore l'objet d'un cours spécial et approfondi; mais il a cru, pour ne pas laisser une lacune dans le présent ouvrage, devoir examiner brièvement les méthodes les plus employées dans les laboratoires industriels. Indépendamment de leur intérèt propre, ces méthodes constituent une utile application des formules démontrées dans les premiers chapitres de l'ouvrage.

Le Congrès des Électriciens de 1881 avait décidé de définir l'étalon de l'ohm par la résistance à 0°C d'une colonne de mercure de 1 millimètre carré de section, dont la longueur devait être fixée par des mesures absolues. Diverses expériences ayant donné des longueurs voisines de 106 centimètres, on a proposé en 1884 une colonne mercurielle de 1 mm² de section et de 106 cm de long pour représenter l'*ohm légal*, destiné à faire foi dans les transactions commerciales. D'après les dernières déterminations, la colonne de mercure représentant l'*ohm vrai* aurait 106,3 cm à 1/5000ᵉ près.

On trouve encore dans les laboratoires des boîtes de résistance, dont les bobines ont été graduées à l'aide d'un étalon de l'ohm établi en 1864 par l'Association britannique pour l'avancement des sciences. Cet étalon, désigné par les initiales B. A. U., vaut 0,9889 ohm légal.

Les étalons prototypes de l'ohm sont réalisés à l'aide d'un tube de verre soigneusement calibré et terminé par des godets élargis, dans lesquels plongent des électrodes amalgamées destinées à relier le mercure remplissant le tube et les godets à un circuit extérieur.

Les variations de la résistance du mercure avec la température sont indiquées par la formule

$$R_t = R_o \left(1 + 0,0008649\, t + 0,0000012\, t^2 \right).$$

Les étalons prototypes servent à confectionner des copies plus portatives destinées aux laboratoires et aux fabricants. Ces étalons secondaires sont composés de bobines de fil métallique isolé et enroulé en double, afin d'éviter les effets électro-magnétiques extérieurs et les réactions de self-induction.

Les métaux solides ne sont pas employés à l'état de pureté, parce que le coefficient de variation de leur résistance avec la température est trop considérable. On préfère les alliages, tels que le maillechort (50 Cu, 30 Zn, 20 Ni) dont l'accroissement de résistance est d'environ $\frac{44}{100000}$ ᶜˢ par degré centigrade, tandis que celui du cuivre est $\frac{39}{10000}$ ᶜˢ ; le platinoïde, composé de maillechort additionné de 1 à 2 pour 100 de tungstène, qui ne varie que de $\frac{21}{100000}$ ᶜˢ par degré ; la nickeline, alliage également à base de nickel, qui tend à se substituer au maillechort et dont le coefficient de variation est $\dfrac{28}{100000}$ cs. et la résistance spécifique 41,17 microhms-centimètre.

La fig. 92 représente un étalon secondaire formé de spires enroulées en double autour d'une bobine en ébonite et enfermées dans une boîte de laiton V enduite intérieurement de

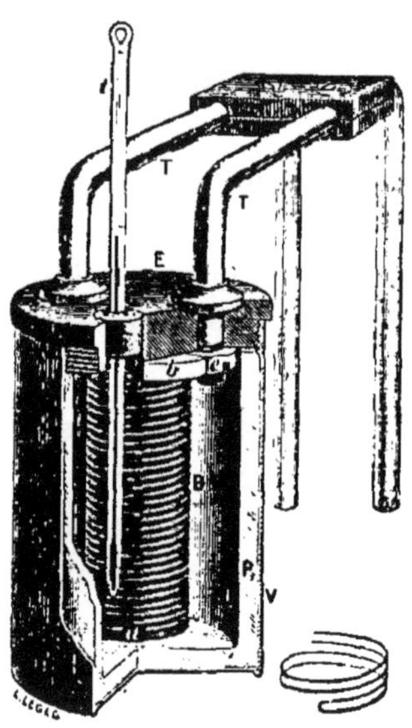

Fig. 92.

paraffine P. Le couvercle laisse passer les électrodes en cuivre T, T, ainsi qu'un thermomètre destiné à mesurer la température du fil au moment d'un étalonnage.

Pour les besoins de la pratique, on construit des résistances artificielles de valeurs diverses suivant l'ordre des expériences à réaliser.

199. — Boîtes de résistance. — Lorsque les résistances artificielles doivent être introduites dans des circuits parcourus par des courants faibles, on les compose de bobines de fil mince, enfermées dans des boîtes en bois munies d'un couvercle en ébonite, fig. 93. Ce dernier porte des blocs de laiton soudés aux extrémités des bobines, lesquelles peuvent être éliminées du circuit par l'insertion de broches métalliques mettant en communication directe les blocs reliés aux deux bouts du fil d'une même bobine. Dans le système représenté par la fig. 93 et appelé rhéostat à décades, les broches ne relient pas entr'eux les blocs soudés aux bouts des bobines,

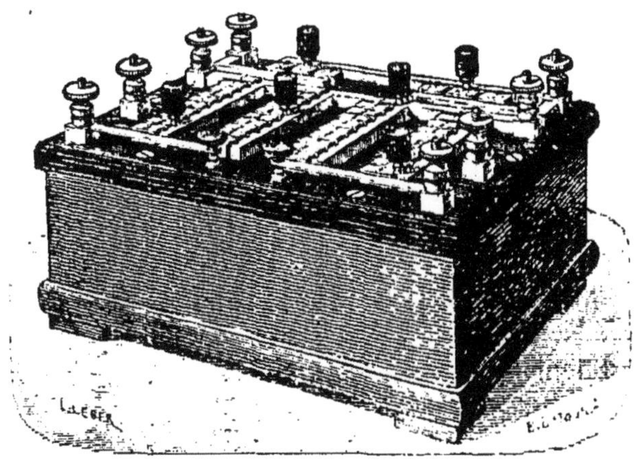

Fig. 93.

mais elles servent à établir la liaison entre une série de bobines de même résistance et une barre parallèle à la rangée de blocs et mise en relation avec le circuit extérieur.

200. — Résistances pour courants intenses. — Lorsque les circuits dans lesquels on introduit les résistances artificielles sont parcourus par des courants intenses, on se sert de fils métalliques plus gros, droits ou tordus en hélice, que l'on tend à l'air libre sur des isolateurs. On peut aussi faire usage d'un bain d'une solution de sel métallique, de sulfate de zinc par exemple, dans lequel plongent des plaques de même métal que celui du sel dissous. Par le rapprochement ou l'écartement des plaques, on modifie à volonté la résistance du bain.

201. — Étalons de quantité et d'intensité. — Les phénomènes d'électrisation et de courant étant temporaires ne se prêtent pas à la réalisation d'étalons permanents, mais on peut déterminer le poids de cathion déposé par un courant d'un ampère en une seconde, c'est à dire par une quantité d'électricité égale à un coulomb. On a ainsi une base fixe pour la représentation de ces unités.

D'après les recherches de Lord Rayleigh et de M. Kohlrausch, un coulomb dépose 0,001118 gramme d'argent ou 0,0003287 gramme de cuivre.

On fait également usage d'électro-dynamomètres étalons de formes particulières, dont les indications correspondent à des intensités de courants déterminées. Sir W. Thomson, en Angleterre, et M. Pellat, en France, ont réalisé des appareils fondés sur ce principe.

202. — Étalons de force électro-motrice. — Le volt vrai vaut 10^8 unités C. G. S. de force électro-motrice. Le volt légal est la force électro-motrice capable de maintenir un courant d'un ampère dans une résistance égale à un ohm légal.

Quelques éléments voltaïques donnent dans des conditions déterminées une force électro-motrice suffisamment constante pour servir d'étalon.

Dans ce cas se trouve l'élément Latimer Clark, qui est constitué par un mélange pâteux de sulfate de zinc, de sulfate mercureux et d'eau, renfermé dans un tube d'essai au fond duquel est disposée une couche de mercure. Le pôle positif est un fil de platine traversant le fond du tube pour venir en contact avec le mercure. Le pôle négatif est un bâton de zinc purifié pénétrant dans la pâte à travers le bouchon qui ferme le tube. A la condition de ne jamais fournir de courant permanent, c'est à dire de n'être employé que pour charger un électromètre ou un condensateur, cet élément a une force électro-motrice mesurée en volts vrais par $1,435 [1 — 0,00077 (t° — 15°)]$.

L'élément Latimer Clark se construit aussi en versant une solution étendue de sulfate de zinc sur du sulfate mercureux en poudre répandu à la surface du mercure. Le sulfate mercureux peut, du reste, être obtenu par l'électrolyse du sulfate de zinc de l'élément même dans lequel on fait passer un courant allant du mercure au zinc. La force électro-motrice est alors 1,465 (Potier).

L'élément Daniell étalon a pour électrodes une lame de cuivre et une lame de zinc plongeant, la première dans une solution concentrée de sulfate de cuivre, la seconde dans une solution à moitié saturée de sulfate de zinc. La force électro-motrice est approximativement 1,07 volts. Dans le modèle du Post-Office de Londres, fig. 94, les deux liquides sont séparés par un vase poreux qu'on place dans l'eau d'un compartiment spécial lorsque la pile ne fonctionne pas. Le zinc est également mis à part pour éviter qu'il ne se

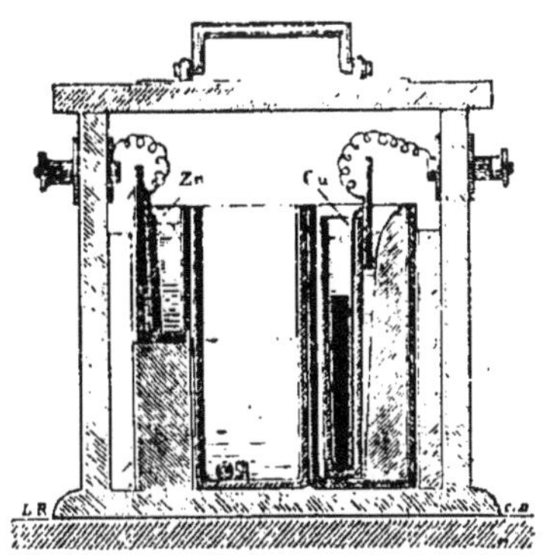

Fig. 94.

recouvre du cuivre dont la solution sulfurique aurait traversé le vase poreux. Les parties constituantes de la pile ne sont réunies qu'au moment de l'emploi. La pile au sulfate de cuivre peut être employée en circuit fermé et les changements de température n'exercent pas d'influence sensible sur sa force électro-motrice.

203. — **Étalons de capacité.** — Les étalons de capacité sont des condensateurs composés de feuilles d'étain séparées par des feuilles de papier paraffiné ou de mica. Le tout est enfermé dans une boîte

Fig. 95.

dont le couvercle, en ébonite, porte des blocs de laiton reliés aux armatures, fig. 95. Les condensateurs usuels sont gradués en fractions de microfarad.

203bis. — **Étalon de self-induction**. — MM. Ayrton et Perry ont réalisé un étalon variable de self-induction en disposant à l'intérieur d'une bobine circulaire fixe une seconde bobine, en série avec la première, et qui pivote autour d'un axe diamétral de manière à pouvoir faire avec elle un angle quelconque compris entre o et 180°. La self-induction du système est minimum lorsque les bobines sont parallèles et parcourues par le courant en sens opposés. Lorsque la bobine mobile a fait un demi-tour, la self-induction devient maximum. Une graduation indique la valeur de la self-induction dans les positions extrêmes et dans les positions intermédiaires.

MÉTHODES DE MESURE. — MESURE DES INTENSITÉS.

204. — **Classification des appareils.** — Les mesures électriques comportent le plus souvent la détermination d'un courant ou la simple constatation de son existence. De là l'importance des appareils qui permettent d'obtenir ce résultat et dont le fonctionnement est basé sur l'un quelconque des effets du courant, à savoir : les *galvanomètres*, sur l'effet électro-magnétique ; les *électro-dynamomètres*, sur la réaction mutuelle des courants ; les *voltamètres*, sur leur action chimique ; enfin la chaleur développée dans les conducteurs par l'effet Joule est susceptible de se prêter, par sa mesure directe ou indirecte, à la détermination du courant qui lui a donné naissance.

205. — **Galvanomètres à aimant mobile.** — On a vu, §§ 137, 140, l'application du galvanomètre à aimant mobile, dont la force directrice est le magnétisme terrestre, à la mesure d'un courant permanent et d'une décharge instantannée, les lectures des déviations se faisant par la voie directe ou par la méthode de réflection, § 50.

Les appareils de ce genre sont d'un emploi difficile dans les laboratoires industriels, par suite de l'influence exercée sur l'aiguille par les aimants, les objets en fer, ainsi que les courants situés à proximité.

205bis. — Galvanomètre de torsion de Siemens. — Le galvano-mètre de torsion de Siemens, dans lequel la force directrice terrestre est remplacée par la réaction de torsion d'un ressort, a acquis, particulièrement dans les laboratoires allemands, une vogue justement méritée par l'étendue de l'échelle des courants qu'il est susceptible de mesurer.

L'aimant est suspendu au milieu du multiplicateur, comme la bobine mobile de l'électro-dynamomètre du même constructeur, fig. 61, par un fil de soie et un ressort auquel on peut donner une torsion mesurée par un micromètre de torsion. L'aimant a la forme d'une cloche ou d'un dé. Une fente verticale passant par l'axe sépare deux branches qui sont aimantées à la manière d'un aimant en fer à cheval. Le rapprochement des pôles ainsi produits est favorable à la conservation du magnétisme de ceux-ci. Un amor-tisseur à ailettes de mica arrête rapidement les oscillations de l'aimant.

L'aimant est orienté de manière que la ligne des pôles soit dans le plan de la bobine lorsqu'il n'est soumis à aucune force autre que celle du magnétisme terrestre. L'effet produit par le courant qu'on fait passer dans le multiplicateur est équilibré par une torsion qui ramène l'aimant dans sa position initiale. L'angle de torsion est proportionnel à l'intensité du courant. Une graduation préalable faite avec un courant connu permet de déterminer le coefficient de proportionnalité. Comme on peut tourner la tête de torsion de 180° sans dépasser la limite d'élasticité du ressort, il s'ensuit que l'appareil permet de mesurer des courants d'intensités très inégales.

Le coefficient de proportionnalité mentionné ci-dessus dépend de l'élasticité du ressort et du moment magnétique de l'aimant. Il résulte de l'expérience que ces facteurs varient très peu avec le temps dans cet appareil.

206. — Galvanomètre Deprez et d'Arsonval. — Un autre appareil très usité est le galvanomètre Deprez et d'Arsonval, fig. 96, dans lequel un aimant fixe en fer à cheval embrasse une bobine rectangulaire, suspendue entre deux fils métalliques qui donnent accès au courant. Dans les appareils employés à l'Institut électro-technique de Liége, ces fils sont tordus sous forme de boudins. L'axe des boudins est occupé par des fils de cocon dont le supérieur supporte le poids de la bobine. Par ce mode de suspension, on rend

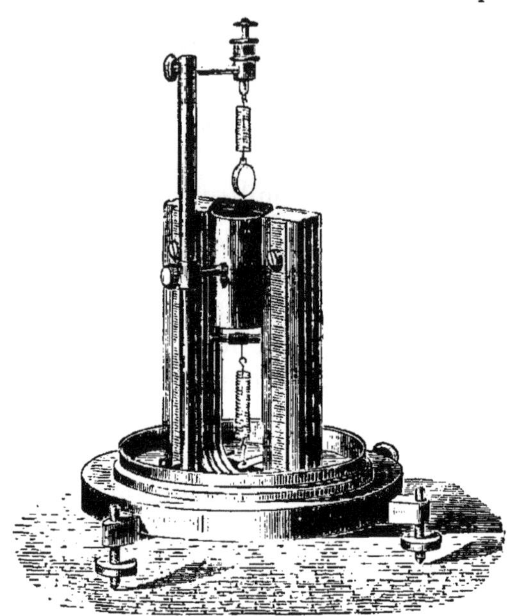

Fig. 96.

le couple élastique directeur très faible, ce qui donne à l'instrument une grande sensibilité, et, en outre, on évite les torsions permanentes qui subsistent dans les fils droits de peu de longueur après une déviation trop forte. On peut également supprimer le cocon de l'axe du boudin inférieur et donner à ce dernier une grande souplesse en le confectionnant à l'aide de cuivre doux. Ainsi la bobine est soutenue par le cocon supérieur de telle manière que son centre de gravité soit dans l'axe de suspension, circonstance qui facilite considérablement la mise en station et le réglage du galvanomètre. L'effort directeur dépend alors tout entier du ressort supérieur. Au milieu de la bobine est maintenu un cylindre de fer qui concentre les lignes de force de l'aimant. L'intervalle libre dans lequel se déplace la bobine est ainsi le siège d'un champ magnétique dont l'intensité est sensiblement constante. Un miroir porté par la bobine permet de lire les déviations par la méthode de réflexion.

Lorsqu'un courant traverse le cadre mobile, celui-ci, situé dans le plan de l'aimant, tend à se placer en croix avec lui, de manière à embrasser le plus grand nombre de lignes de force possible ; mais la torsion des ressorts directeurs exerce un couple antagoniste croissant avec l'angle de déviation. L'action électro-magnétique est proportionnelle à l'intensité du courant i, à l'intensité du champ $\mathfrak{H}$, à la surface et au nombre des spires du cadre s, n.

D'autre part le moment du couple antagoniste peut être représenté par $c\,\alpha$, c étant la constante de torsion des ressorts directeurs.

L'angle d'équilibre α correspond à la condition

$$\mathfrak{H}\,s\,n\,i = c\,\alpha,$$

d'où

$$i = \frac{c\,\alpha}{\mathfrak{H}\,s\,n} = k\,\alpha.$$

Si l'on connaît par des mesures directes la constante k, appelée facteur de réduction du galvanomètre, une simple lecture suffit pour la détermination de l'intensité du courant.

Dans la plupart des cas, on détermine cette constante par une expérience préalable consistant à faire passer dans le galvanomètre un courant d'intensité connue i' ; α' étant la déviation correspondante, on a $k = \dfrac{i'}{\alpha'}$.

On conçoit que l'action sur le cadre du champ magnétique terrestre, ainsi que des aimants et courants voisins, puisse généralement être négligée devant celle de l'aimant de l'appareil.

Ce galvanomètre jouit d'un autre avantage important. Ses oscillations sont amorties par suite de la production de courants induits par le déplacement même du cadre dans le champ de l'aimant. Si le circuit du galvanomètre a une résistance modérée, la réaction électro-magnétique de ces courants absorbe assez d'énergie pour que le cadre prenne sa position d'équilibre sans osciller, c'est à dire pour que le galvanomètre soit *apériodique*. Cette circonstance permet de faire rapidement les lectures. Si le circuit dans lequel le galvanomètre est inséré est très résistant, on arrive au même résultat en reliant les bornes de l'appareil à un shunt, § 139.

Lorsqu'on connaît la résistance du shunt s et celle du galvanomètre g, il est facile de trouver le facteur de réduction de l'appareil et du shunt combinés. D'après la formule des courants dérivés, ce facteur est $\dfrac{g + s}{s} k$, § 117.

Si l'on a à mesurer avec l'appareil des courants de grande intensité, on doit, pour réduire sa sensibilité, faire usage d'un shunt court formé d'un gros fil dont il est difficile de mesurer exactement la résistance comparativement à celle du galvanomètre.

Pour déterminer alors le facteur de réduction du système, galvanomètre et shunt, on forme un circuit comprenant une pile de force électro-motrice aussi constante que possible, un voltamètre, fig. 97, consistant, par exemple, en un bain de sulfate de cuivre dans lequel deux séries de plaques de cuivre parallèles donnent accès au courant, et enfin le galvanomètre pourvu du shunt. Le poids de cuivre déposé sur l'électrode négative en un temps donné permet de

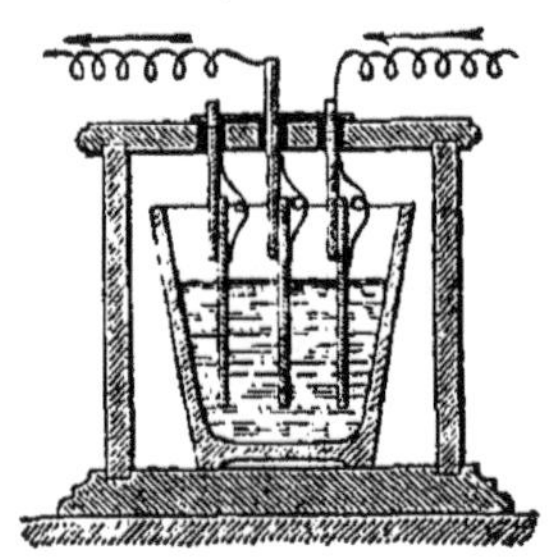

Fig. 97.

calculer l'intensité moyenne du courant, § 122. Celle-ci, divisée par la déviation moyenne du galvanomètre, représente le facteur de réduction cherché. Pour réussir le dépôt électrolytique, on emploiera une solution aqueuse de sulfate de cuivre légèrement acide et ayant une densité de 1,15 à 1,18. La cathode, bien décapée au préalable et placée entre les anodes, ne doit pas avoir une surface inférieure à 100 cm² par ampère.

Le galvanomètre Deprez et d'Arsonval s'emploie aussi à la mesure des décharges instantanées, telles que celles d'un condensateur, à la condition que l'amortissement soit suffisamment faible pour qu'on soit en droit d'appliquer les résultats du paragraphe 140.

207. — Galvanomètre différentiel. — Plusieurs méthodes de mesure utilisent des galvanomètres dits *différentiels*, dans lesquels

deux bobines semblables sont sollicitées par des forces électro-
magnétiques égales et contraires qui s'équilibrent lorsqu'elles sont
traversées par des courants égaux.

L'auteur a rendu différentiel le galvanomètre Deprez et d'Arsonval par le dispositif suivant, fig. 98. Le cadre mobile comprend
deux bobines semblables, parcourues en sens inverses par le

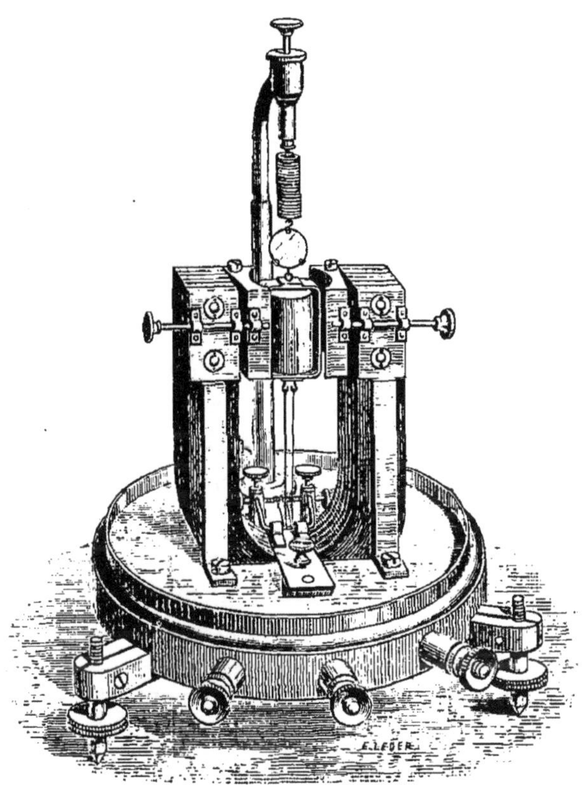

Fig. 98.

courant et supportées par un fil de cocon, autour duquel est un
ressort métallique à boudin qui donne accès au courant dans les
deux enroulements. Les deux flux d'électricité dérivés sortent par
des fils tendus parallèlement et reliés à des bornes distinctes. Si les
résistances des deux branches dérivées sont les mêmes, les courants
partiels sont égaux et les couples électro-magnétiques développés
se font équilibre à la condition que les bobines se déplacent dans
des régions du champ magnétique ayant la même intensité. Afin

de satisfaire à cette condition, les aimants sont munis de pièces polaires mobiles dont la position est réglée par des vis micrométriques. Grâce à cet artifice, l'équilibre peut être obtenu si même, ce qui est le cas général, les deux bobines ne sont pas tout à fait identiques.

208. — Galvanomètres industriels. Ampèremètres. — Il existe un grand nombre de galvanomètres dits industriels, parce qu'ils sont employés dans les ateliers et qu'ils sont destinés à être mis dans les mains des mécaniciens chargés de la conduite des dynamos. Ces appareils, généralement portatifs, sont à lecture directe, l'index de l'instrument se déplaçant sur un cadran gradué en ampères. L'influence des machines voisines sur l'équipage mobile doit être négligeable.

Dans la plupart de ces appareils une pièce en fer, mobile autour d'un axe, est soumise à l'action du champ magnétique produit par une bobine parcourue par le courant à mesurer et tend à se placer dans la région où l'intensité du champ est maximum, § 63. La force antagoniste qui s'oppose à l'action magnétique du courant est le poids de la pièce mobile, l'élasticité d'un ressort ou l'attraction d'un aimant directeur.

Ces divers appareils sont gradués par comparaison avec un galvanomètre à réflexion servant d'étalon. Ils sont désignés fréquemment sous le nom d'*ampèremètres*.

209. — Ampèremètre Deprez et Carpentier. — L'attraction d'un aimant directeur est mise à profit dans le galvanomètre Deprez et Carpentier qui comprend une bobine B, à l'intérieur de laquelle il y a une aiguille en fer doux pivotant entre pointes et orientée par un double aimant recourbé F F', fig. 99 et 100. Le courant traversant la bobine tend à dévier l'aiguille qui, sous l'action des deux couples contraires, prend une position d'équilibre marquée par un index.

Si l'axe de la bobine était normal à la ligne des pôles de l'aimant, le couple dû au courant irait en s'affaiblissant à mesure que l'aiguille dévie. Comme le couple directeur augmente au contraire, les accroissements de déviation correspondant à des augmentations de courant égales seraient de plus en plus petits. Afin d'éviter cet inconvénient, la bobine est inclinée d'un angle inférieur à 90°

sur la ligne des pôles, et le courant y est dirigé de manière à ramener l'aiguille parallèlement aux spires du fil. Le couple déviant

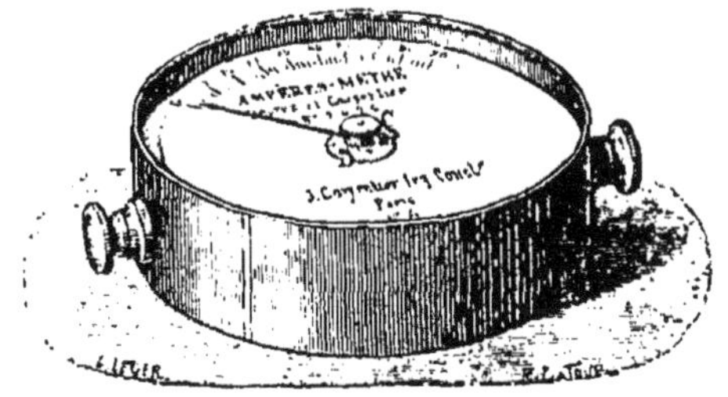

Fig. 99.

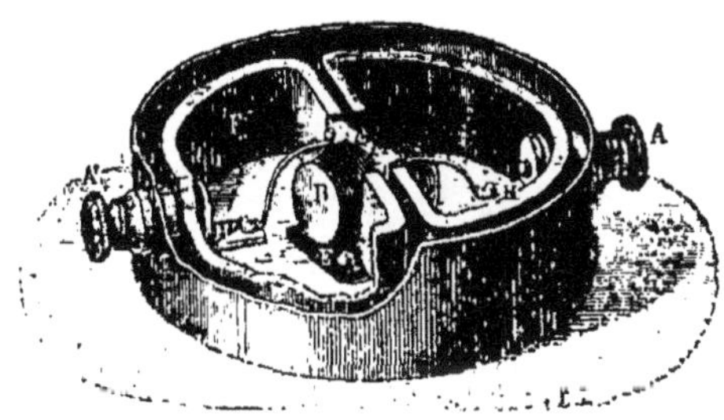

Fig. 100.

croît alors, comme le couple directeur, avec l'angle de l'aiguille, et il y a à peu près proportionnalité entre celui-ci et le courant.

L'appareil est simple, portatif et peut s'installer dans toutes les positions. Grâce à la puissance du champ magnétique directeur, les mouvements de l'aiguille sont rapides et l'influence des aimants et des courants voisins est négligeable.

La graduation de l'instrument doit être vérifiée de temps à autre à cause de l'affaiblissement progressif de l'aimant directeur.

210.— Ampèremètre Hummel.— Dans l'appareil de M. Hummel, une palette courbe de fer doux E peut pivoter autour d'un axe et entraîne dans son mouvement un indicateur en cuivre Z dont l'extrémité se déplace devant une graduation. L'équipage mobile est en équilibre sous l'action de la pesanteur quand l'index pointe le zéro. Un petit écrou vissé sur Z et faisant office de contrepoids permet de ramener l'index à l'extrémité de la graduation, lorsque l'on met l'appareil en place.

Quand on envoie dans le conducteur L L le courant à mesurer, la palette est sollicitée à s'approcher de celui-ci en vertu de la tendance qui pousse les corps magnétiques à se déplacer vers les

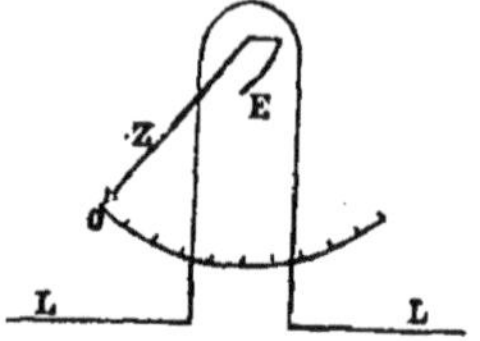

Fig. 101.

parties du champ où l'intensité est maximum, § 63. Il en résulte que l'index est dévié d'un angle correspondant à l'équilibre entre le couple électro-magnétique et le couple de la pesanteur.

Lorsque le courant est intense, une seule boucle d'un gros conducteur suffit, comme le montre la fig. 101, pour produire le champ magnétique nécessaire au déplacement de la palette E. Si le courant est faible au contraire, on enroule autour de celle-ci un nombre de spires de fil fin suffisant pour arriver à l'intensité de champ voulue.

Il faut avoir soin d'employer une palette en fer très doux et de masse faible, capable de s'aimanter à saturation par les courants mesurés par l'appareil. S'il n'en est pas ainsi, la force agissant sur la palette est influencée par l'hystérésis qui fausse les indications de l'instrument en occasionnant une déviation trop forte ou trop faible suivant que le courant qui a traversé antérieurement le conducteur a été plus ou moins intense que le courant à mesurer.

On a varié d'un grand nombre de manières la forme de la pièce de fer mobile. Parfois les constructeurs ajoutent à l'intérieur du multiplicateur une pièce de fer découpée de manière à accroître à la fois l'intensité du champ et l'hétérogénéité de celui-ci.

211. — Appareils basés sur l'action mutuelle des courants. — On a vu, § 142, le principe et la description de l'électro-dynamomètre, appareil dans lequel une bobine mobile autour d'un axe tend à se placer parallèlement à une bobine fixe, disposée préalablement en croix avec la première et parcourue par le même courant. L'action mutuelle des bobines est équilibrée par la réaction de torsion de la suspension.

On doit à Sir W. Thomson une série d'appareils appelés *ampè-remètres-balances*, dans lesquels deux bobines sont suspendues horizontalement aux extrémités d'un fléau de balance, au-dessus de deux bobines fixes parallèles aux premières. Les quatre bobines sont parcourues par le même courant, de telle manière qu'il y ait répulsion entre les deux bobines situées d'un côté du fléau et attraction entre les deux autres bobines. Des poids mobiles sur les bras du fléau permettent de ramener celui-ci dans la position horizontale et d'estimer l'intensité du courant traversant l'appareil.

Dans ces instruments, basés sur les effets électro-dynamiques, les actions sont proportionnelles aux carrés des intensités du courant.

Si le courant est continu, son intensité est proportionnelle à la racine carrée de l'indication de l'électro-dynamomètre

$$i = k \sqrt{\alpha}.$$

Si le courant est périodique, les indications de l'appareil sont reliées à l'intensité efficace par l'expression

$$\sqrt{(i^2)_m} = k \sqrt{\alpha}.$$

Dans le cas où la variation du courant est exprimée en fonction du temps par une sinusoïde simple, l'intensité moyenne du courant est égale à

$$i_m = \frac{2\sqrt{2}}{\pi} \sqrt{(i^2)_m} = 0{,}9 \sqrt{(i^2)_m}. \qquad \S\ 181$$

212. — Méthodes basées sur l'échauffement des conducteurs par le courant. Appareil Cardew. — Suivant la loi de Joule, la chaleur développée dans un conducteur est exprimée par $w = i^2 r t$.

Si donc on enferme un conducteur de résistance connue dans un calorimètre, on pourra déduire de la chaleur dégagée en un temps donné l'intensité moyenne du courant qui a traversé ce conducteur. Cette méthode de mesure est applicable, comme la précédente, aux courants continus et aux courants alternatifs.

Les calorimètres ordinaires sont d'un maniement compliqué, ce qui limite leur emploi. On doit à M. Cardew un instrument dans lequel la chaleur développée est estimée par la dilatation linéaire du conducteur traversé par le courant.

Un fil mince, en alliage platine-argent, fixé par ses extrémités à deux vis A et B, passe sur une série de poulies en ivoire P_1, p_1, P_2. La poulie mobile p_1 est tirée par un fil de soie qui fait un tour autour d'une poulie W et se termine par un ressort à boudin S_1.

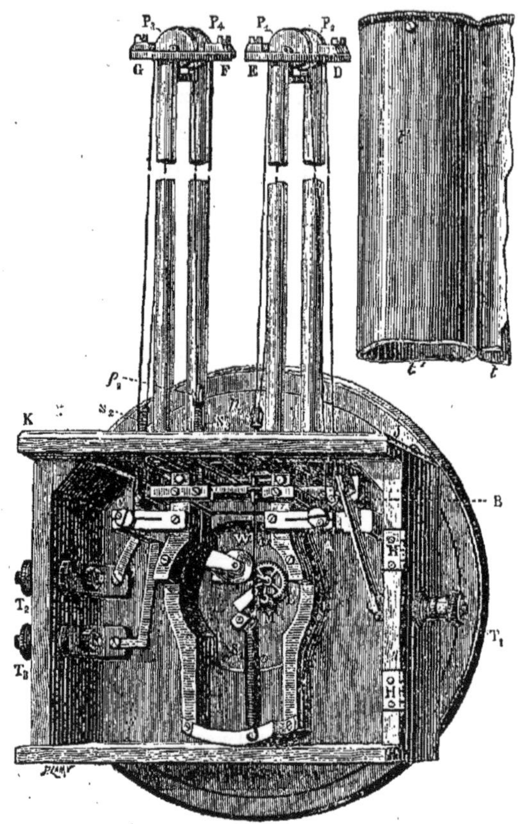

' Fig. 102.

Lorsqu'un courant passe dans le fil d'alliage, celui-ci se dilate, la poulie p_1 descend sous l'action du ressort et la rotation de la poulie W, amplifiée par un rouage L M, est indiquée par une aiguille sur un cadran situé sur la face postérieure de l'appareil.

L'indication de l'aiguille est proportionnelle à la dilatation du fil, et, par suite, au carré de l'intensité efficace du courant. L'appareil est gradué empiriquement. Un second fil, semblable au premier, est mis à la suite de celui-ci lorsque le courant à mesurer devient trop intense.

Les tiges supportant les poulies P_1, P_2, P_3, P_4 doivent avoir le même coefficient de dilatation que les fils pour que les variations de la température ambiante n'amènent pas une dilatation différentielle et un déplacement de l'index de l'appareil. Un double tube de laiton, noirci à l'intérieur, protège les fils. Cet appareil a sur les précédents l'avantage de ne présenter qu'un coefficient de self-induction négligeable, ce qui facilite, comme on le verra ci-après, la mesure des forces électro-motrices périodiques.

213. — **Appareil Geyer et Bristol.** — L'ampèremètre représenté dans la fig. 103 repose sur la dilatation inégale de deux conducteurs courbes en maillechort C, D, fixés par une de leurs extrémités et traversés successivement par le courant à mesurer.

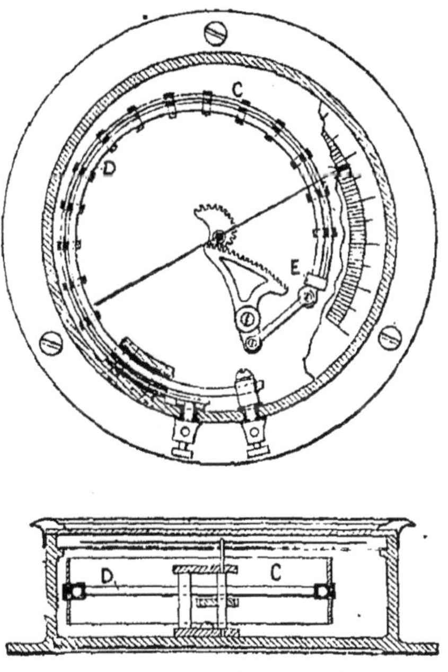

Fig. 103.

En vertu de la différence des dilatations des deux conducteurs, déterminée par une différence des sections, l'extrémité commune se déplace et le mouvement, amplifié par un engrenage multiplicateur, amène la rotation d'une aiguille sur un cadran gradué.

Les deux conducteurs étant de même nature ne subissent pas l'influence des variations de la température extérieure.

214. — **Enregistrement des déviations.** — Il est souvent utile d'enregistrer d'une manière automatique les déviations d'un galvanomètre.

L'enregistreur remplit l'office d'un observateur patient et fidèle lorsqu'il s'agit de phénomènes à allure lente. Il permet aussi de saisir au vol et de fixer des déplacements qui, par leur rapidité, échappent à l'analyse de nos sens.

Fig. 104.

La fig. 104 montre l'appareil Richard employé pour enregistrer les déviations d'un galvanomètre Deprez, lequel est basé sur le même principe que l'instrument décrit au § 209. La palette mobile porte, outre l'indicateur ordinaire, une tige verticale terminée par une plume remplie d'encre à base de glycérine. Cette plume appuie contre un tambour recouvert de papier et animé d'un mouvement de rotation, grâce à un mécanisme d'horlogerie intérieur. La combinaison des déplacements de la plume et du tambour produit sur le papier une courbe continue qui représente les déviations en fonction du temps.

Lorsqu'il s'agit d'enregistrer des mouvements rapides, tels que les oscillations du cadre d'un galvanomètre à réflexion, l'auteur a employé avec succès un procédé basé sur la photographie. ([1])

Dans la fig. 105, m représente le miroir concave d'un semblable galvanomètre traversé par des courants à variations rapides.

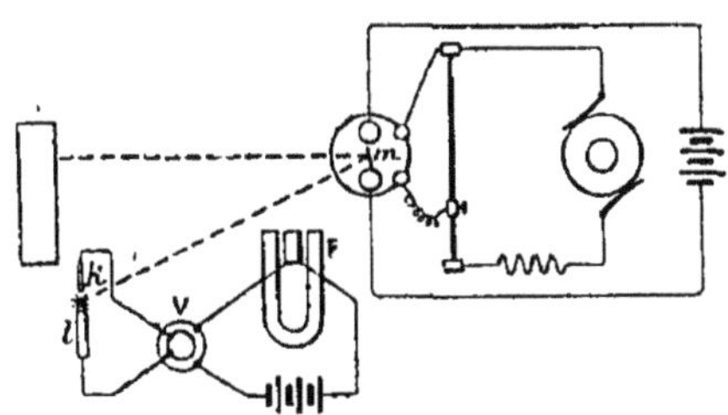

Fig. 105.

Sur ce miroir on envoie un faisceau lumineux intermittent produit par l'étincelle secondaire d'une bobine d'induction éclatant entre une pointe de charbon l et un fil épais de magnésium k. Les interruptions du circuit primaire de la bobine sont réglées par un électro-diapason F, qui possède une période de vibration déterminée. Le faisceau lumineux réfléchi par le miroir et concentré par une grosse lentille biconcave vient former une image de l'étincelle sur une feuille de papier sensibilisé tendue, soit sur un cylindre possédant un mouvement rotatif, soit sur une planchette verticale animée d'un mouvement de descente.

On obtient ainsi une courbe pointillée lors du développement de l'image ; en menant par les points successifs des normales à la direction du déplacement du papier, on gradue l'axe des temps en intervalles de durée égaux et déterminés.

S'il n'est pas nécessaire de connaître la valeur des intervalles, mais si l'on désire simplement diviser l'axe des temps en parties d'égale durée, on peut, au lieu du diapason, employer simplement le ressort interrupteur d'une bobine de Ruhmkorff.

([1]) *Bulletin de l'Académie de Belgique*, 3e série, t. XVI, 1888. *Lumière électrique*, t. 31, p. 16.

Pour obtenir une étincelle bien nette, on ajoutera une bouteille de Leyde en dérivation par rapport aux bornes secondaires. L'étincelle de l'interrupteur du primaire sera combattue, comme dans les bobines de Ruhmkorff, par un condensateur de capacité suffisante.

MESURE DES DIFFÉRENCES DE POTENTIEL.

215. — Emploi de l'électromètre absolu. — On a vu, § 84, qu'en équilibrant par des poids l'attraction qui s'exerce entre les armatures d'un condensateur à anneau de garde, on parvient à déterminer la différence de potentiel entre les armatures par la formule

$$V = \sqrt{\frac{8\pi\, K\, p\, r^2}{s}},$$

dans laquelle K représente $3^2 \times 10^{20}$, si les autres quantités sont exprimées en unités C. G. S.

216. — Emploi de l'électromètre à quadrants. — L'électromètre à quadrants, § 91, d'un usage plus commode que le précédent, est très employé pour les mesures relatives faites par comparaison avec une différence de potentiel étalon, telle que celle qui existe entre les pôles d'un élément Latimer Clark en circuit ouvert.

Si l'on doit mesurer une différence de potentiel constante, on commence par charger les deux paires de quadrants à des potentiels égaux et contraires, en les reliant aux pôles d'une pile isolée réunis, d'autre part, par un conducteur de résistance assez forte dont le milieu est à la terre. Le cadre mobile est mis en communication avec l'un des pôles d'une pile étalon dont l'autre pôle est en relation avec le sol. La déviation obtenue θ est proportionnelle à la force électro-motrice e de la pile étalon

$$\theta = A\, e, \qquad § 92.$$

On répète l'expérience en mettant les deux points dont on cherche la différence de potentiel en relation l'un avec la terre,

l'autre avec le cadre mobile. La nouvelle déviation θ' est liée à
la différence de potentiel V cherchée par la formule

$$\theta' = A\,V;$$

d'où

$$V = \frac{\theta'}{\theta}\,e.$$

On peut aussi charger le cadre mobile à un potentiel élevé à
l'aide d'une pile dont un pôle communique avec le sol et relier
successivement les deux pôles de la pile étalon et les deux points
dont on cherche la différence de potentiel aux paires de quadrants,
en employant la formule

$$\theta = 2\,\frac{c}{\tau}\,(V_2 - V_1)\,V = A'\,(V_2 - V_1)$$

$\dfrac{V_1 + V_2}{2}$ étant négligeable devant V.

Lorsque la différence de potentiel cherchée change périodiquement de sens, comme c'est le cas entre les extrémités d'un conducteur parcouru par des courants alternatifs, on enlève la pile de
charge et on relie le cadre à l'une des paires de quadrants, § 92.
Deux expériences faites en raccordant les quadrants successivement
à la pile étalon e et aux extrémités du conducteur fournissent alors
des déviations θ et θ' du cadre, telles que

$$\theta = B\,e^2,$$

$$\theta' = B\,(V^2)_m;$$

d'où

$$(V^2)_m = \frac{\theta'}{\theta}\,e^2.$$

Si l'expression de la différence de potentiel en fonction du temps
est une sinusoïde simple, sa valeur moyenne est liée à la différence
de potentiel efficace par la relation

$$V_m = 0{,}9\,\sqrt{(V^2)_m}.$$

La fig. 106 représente l'électromètre à quadrants de M. Edelmann,
modifié par l'auteur en 1886, afin de rendre le mouvement du cadre

apériodique, § 206. Dans ce but, les quadrants *cc* sont embrassés
par un aimant en fer à cheval N S, dont les lignes de force sont

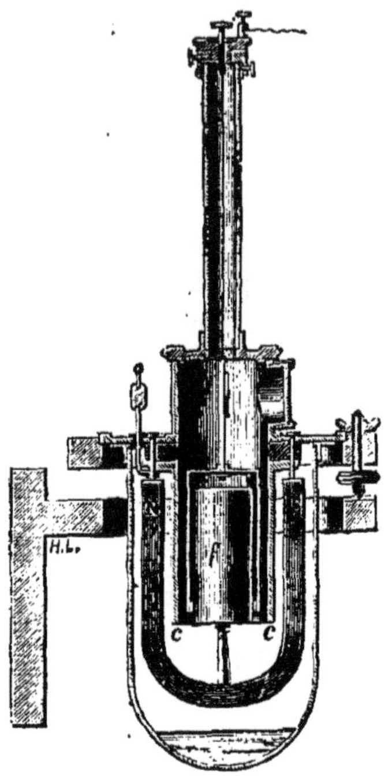

Fig. 106.

concentrées par une pièce de fer doux *f*. Le cadre se termine à la
partie inférieure par une entretoise en forme d'anneau qui joue
librement autour de *f*. Les courants induits développés dans le
cadre pendant son mouvement amortissent complètement ses oscillations. Si le cadre est en aluminium, métal non soudable, il convient de supprimer le noyau *f* afin de pouvoir constituer la partie
mobile d'une seule pièce quadrangulaire, en évitant ainsi les
rivures qui donnent parfois lieu à des résistances de contact élevées.
Au fond de l'électromètre, on verse de l'acide sulfurique concentré
destiné à dessécher l'atmosphère de l'appareil.

L'électromètre de M. Edelmann présente l'inconvénient de ne
pas permettre le déplacement des quadrants dans le but d'arriver à
maintenir l'aiguille au zéro lorsque celle-ci est électrisée et que les
quadrants sont à l'état neutre.

L'auteur a obtenu ce résultat en utilisant dans un électromètre

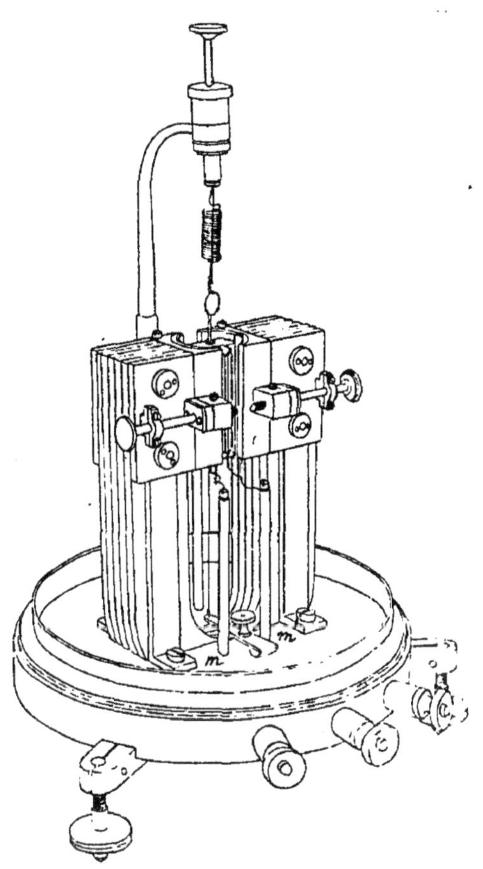

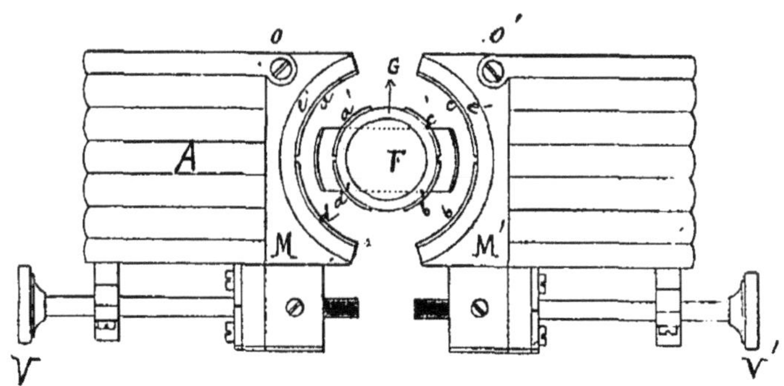

Fig. 107.

la disposition décrite au § 207. Dans ce but, il lui a suffi de remplacer la bobine par un cadre d'aluminium analogue à celui de l'électromètre précédent et de fixer les quadrants aux pièces polaires mobiles, recouvertes au préalable d'une chemise isolante.

La fig. 107 montre une vue perspective de l'instrument ainsi modifié. Le noyau en fer qui sert à concentrer les lignes de force de l'aimant dans l'espace où se meut le cadre, en vue d'amortir les oscillations de ce dernier, est couvert également d'une enveloppe isolante et porte quatre quadrants disposés comme les quadrants extérieurs et reliés à ceux-ci deux à deux de manière à renforcer leur action.

La fig. 108 montre le modèle d'électromètre de Sir W. Thomson, modifié par M. Mascart. Les quadrants sont découpés dans une

Fig. 108.

boîte en laiton, cylindrique et aplatie. La palette mobile, profilée en forme d'un 8, est suspendue dans cette boîte. Elle est supportée par un bifilaire en soie et se termine sous les quadrants par un fil de platine auquel sont attachés le miroir destiné aux lectures et un croisillon plongeant dans une coupe à acide sulfurique. Outre son action desséchante, celui-ci amortit les mouvements de la pièce mobile et permet de la mettre en communication électrique avec l'extérieur.

217. — Emploi du galvanomètre. — Lorsqu'on charge un condensateur de capacité c à l'aide d'une pile étalon de force électromotrice e, on y emmagasine une quantité d'électricité

$$q = c\,e.$$

Cette quantité peut être mesurée en déchargeant le condensateur dans un galvanomètre balistique, § 140. Pour une élongation α de l'aiguille, on a

$$q = c\,e = A\,\alpha.$$

Si l'on répète cette expérience après avoir mis les armatures du condensateur en relation pendant un instant avec les points dont on cherche la différence de potentiel V, on a, par analogie,

$$q' = c\,V = A\,\alpha';$$

d'où

$$V = \frac{\alpha'}{\alpha}\;e.$$

Remarque. Dans cette méthode, comme dans la précédente, la charge cédée au condensateur ou à l'électromètre est censée être sans influence sur la différence de potentiel cherchée. Cette condition se réalise dans la mesure de la force électro-motrice d'une pile et dans la détermination de la différence des potentiels en deux points d'un conducteur parcouru par un courant permanent.

Mais si l'on avait à estimer la différence de potentiel entre les armatures d'un condensateur, la réunion de celui-ci à l'électromètre, qui est un autre condensateur, pourrait changer sensiblement la distribution des charges et il y aurait lieu de calculer le potentiel primitif cherché d'après le potentiel résultant observé, § 93.

218. — Voltmètres. — Dans un grand nombre de cas, il est possible de dériver, par rapport aux points dont on cherche la différence des potentiels, un conducteur de grande résistance, sans faire varier cette différence d'une manière sensible. Le produit du courant qui traverse ce conducteur par la résistance de celui-ci mesure la différence de potentiel inconnue.

Or, le conducteur en question peut être la bobine même du galvanomètre qui sert à mesurer l'intensité. Dans ce cas, ce dernier appareil reçoit le nom de *voltmètre*, qui indique sa destination. Les voltmètres industriels sont gradués directement en volts. Pour cela, on place le voltmètre en dérivation sur des résistances connues et négligeables devant celle de l'instrument. En faisant passer dans ces conducteurs des courants mesurés avec un ampèremètre étalon, on obtient aux bornes du voltmètre des différences de potentiel faciles à déterminer et qui permettent de dresser l'échelle des déviations de l'appareil.

Tous les galvanomètres industriels sont susceptibles de servir de voltmètres à la condition qu'ils soient munis d'une bobine de fil fin suffisamment résistante.

L'appareil de Cardew, qui, par suite de la ténuité du fil qu'il contient, a une résistance élevée, reçoit généralement cette destination. Il convient tout spécialement à la mesure des forces électro-motrices périodiques, car son coefficient de self-induction étant négligeable, il n'y a aucune différence de phase entre le courant qui le traverse et la différence de potentiel appliquée à ses bornes.

Un moyen simple d'étendre l'échelle des indications d'un voltmètre consiste à disposer en série avec ce dernier des résistances représentant des multiples exacts de la résistance de l'appareil. Soit r cette dernière, $n\,r$ la résistance ajoutée, les divisions de l'instrument expriment des tensions égales à la $(n + 1)^e$ partie des tensions indiquées par l'appareil dépourvu de résistance additionnelle.

On verra que, dans plusieurs applications, telles que l'éclairage électrique, il est nécessaire de maintenir la tension du courant très voisine d'une certaine tension normale, 100 volts par exemple. Il en résulte que le voltmètre ne doit montrer de la sensibilité qu'aux environs de cette tension. L'appareil Hummel et ses congénères, § 210, permet de réaliser ce desideratum. En effet, le champ d'une bobine courte varie très peu vers le milieu de celle-ci, l'intensité ne présente une progression rapide qu'au voisinage des spires. Il en résulte que la palette de fer est sollicitée par des forces qui croissent très vite quand elle s'approche du courant et qu'une faible modification de ce dernier est alors accusée par une déviation très sensible de l'index. On constate en effet dans la graduation d'un voltmètre Hummel que, vers l'extrémité de l'échelle, un écart angulaire donné correspond à une différence de tension beaucoup plus petite que vers le zéro de la graduation.

MESURE DES RÉSISTANCES ÉLECTRIQUES.

219. — **Classification des résistances.** — Dans l'échelle des conductibilités apparaissent d'abord les métaux et les alliages ; puis quelques corps tels que le graphite, le phosphore rouge, le chlorure et l'oxyde de plomb, certains sulfures et séléniures. Viennent ensuite les électrolytes et enfin, à l'extrémité inférieure de l'échelle, les corps, dits isolants, dont la conductibilité est incomparablement plus faible que celle des métaux. Les métaux et les alliages augmentent de résistance avec la température, tandis que la résistance des autres corps diminue quand la température croît.

Le tableau suivant donne la résistance spécifique de divers corps usuels, et le coefficient de variation de la résistance par degré centigrade à la température indiquée.

NATURE DES CORPS.	TEMPÉRATURE.	RÉSISTANCE SPÉCIFIQUE EN MICROHMS-CENTIMÈTRE.	COEFFICIENT DE VARIATION PAR DEGRÉ CENTIGRADE.
Argent recuit	0°	1,492	$+$ 0,00377
Cuivre recuit. . . .	0°	1,584	$+$ 0,00388
Cuivre écroui. . . .	0°	1,621	. »
Platine recuit. . . .	0°	8,981	$+$ 0,00247
Fer recuit	0°	9,636	$+$ 0,0063
Plomb comprimé : .	0°	19,465	$+$ 0,00387
Mercure liquide . . .	0°	94,340	$+$ 0,00072
Nickeline	0°	41,17	$+$ 0,00028
Maillechort	0°	20,760	$+$ 0,00044
Platinoïde	0°	33	$+$ 0,00022
$H^2SO^4 + aq$ (dens. 1,21).	18°	$0,83 \times 10^6$	$-$ 0,015
$N\,H^4\,Cl + aq$ (saturat.)	18°	$2,55 \times 10^6$	$-$ 0,015
$Zn\,SO^4 + aq$ (saturat.)	10°	$26,60 \times 10^6$	$-$ 0,023
Eau pure	18°	135×10^{10}	»
Verre	200°	227×10^{11}	»
Gutta-percha	24°	353×10^{18}	»
Gutta-percha	0°	7×10^{21}	»
Charbon à lumière . .	15°	$3,9 \times 10^3$	$-$ 0,00052

220. — **Mesure absolue basée sur l'induction.** — Soit un cadre circulaire, mobile autour d'un de ses diamètres supposé vertical, ayant son plan orienté normalement au méridien magnétique terrestre. Sur ce cadre est enroulée une bobine qui contient n spires de rayon moyen r, et dont les extrémités sont reliées par des contacts glissants à un galvanomètre des tangentes présentant n' spires de rayon r'. ρ étant la résistance totale du circuit, si l'on fait exécuter un demi-tour au cadre mobile, la quantité d'électricité induite est, § 171, en appelant $\mathfrak{H}$ la composante horizontale du champ magnétique terrestre,

$$q = \frac{2\,\mathfrak{H} \times \pi\, r^2\, n}{\rho}. \qquad (1)$$

Lorsque le mouvement du cadre est suffisamment rapide par rapport à la période d'oscillation de l'aiguille du galvanomètre, l'élongation α de celle-ci permet de mesurer la quantité d'électricité qui traverse l'appareil. On a, en effet, § 140,

$$q = \frac{T}{\pi}\, \frac{r'\,\mathfrak{H}}{2\pi\, n'}\, \sin\frac{\alpha}{2}. \qquad (2)$$

On déduit des équations (1) et (2)

$$\rho = 4\pi^3\, \frac{r'^2}{r'}\, \frac{n\, n'}{\sin\dfrac{\alpha}{2}}\, \frac{1}{T}.$$

Si, dans cette formule, r et r' sont exprimés en centimètres et T en secondes, la résistance du circuit sera déterminée en unités C. G. S., sans l'intervention d'un étalon de résistance; d'où le nom de mesure absolue attribué à la méthode. Celle-ci a été employée par Weber et Wiedemann pour la détermination de l'étalon de l'ohm.

221. — Mesure absolue basée sur l'emploi d'un ampèremètre et d'un voltmètre. — Souvent pour mesurer la résistance d'un conducteur de faible résistance, on y fait passer un courant i mesuré à l'aide d'un ampèremètre et l'on relève la différence e des potentiels aux points extrêmes par le moyen d'un voltmètre. Le rapport $\dfrac{e}{i}$ représente la résistance cherchée, étant admis que le courant n'a pas échauffé le fil au point de modifier sa conductibilité d'une manière sensible.

222. — Mesure absolue basée sur la perte de charge. —
Lorsqu'on doit mesurer une résistance très élevée, telle que l'isolement du diélectrique d'un condensateur, on peut, à l'aide d'une des méthodes décrites aux paragraphes 216 et 217, observer la diminution de la différence de potentiel des armatures, après que le condensateur a été chargé. Si, en un intervalle de t secondes, la différence a varié de V_1 à V_2, on a, § 113,

$$ R = \frac{t}{c \log_e \frac{V_1}{V_2}}, $$

où c représente la capacité du condensateur. Celle-ci étant exprimée en microfarads, la résistance sera connue en mégohms.

223. — Mesures relatives. — Les mesures usuelles sont relatives, c'est à dire qu'elles se font à l'aide d'étalons de comparaison. Les étalons habituellement employés sont des boîtes de résistance graduées de 1 à 10 000 ohms.

224. — Méthode du pont de Wheatstone. — L'une des méthodes les plus employées repose sur les propriétés de la combinaison de conducteurs ci-dessous, appelée pont de Wheatstone. On a vu,

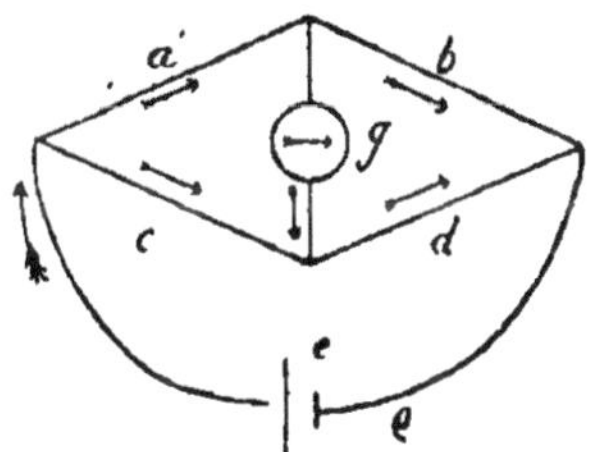

Fig. 109.

§ 118, que, lorsque les quatre résistances a, b, c, d satisfont à la relation

$$ \frac{a}{b} = \frac{c}{d}, $$

la pile e ne produit pas de courant dans le galvanomètre g.

Généralement les côtés a et b, appelés *branches de proportion*, sont composés chacun de trois bobines ayant respectivement des résistances de 10, 100, 1000 ohms, fig. 110. La *branche de comparaison c* comprend des bobines permettant de former toutes les résistances entières comprises entre 1 et 10 000 ohms. Le quatrième

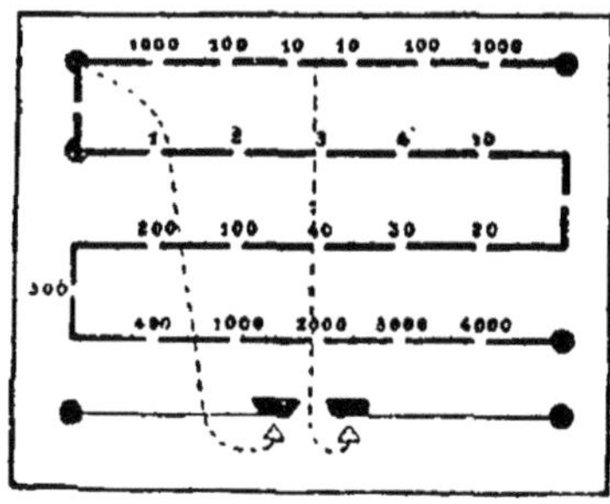

Fig. 110.

côté *d* est constitué par la résistance inconnue. L'appareil comporte, en outre, deux clefs qui permettent de fermer la branche de la pile et celle du galvanomètre au moment de la mesure. Celle-ci consiste à faire varier les résistances des côtés *a*, *b*, *c* jusqu'à ce que le galvanomètre n'accuse plus de courant. On a alors

$$d = \frac{b}{a} c.$$

Si la résistance inconnue est comprise entre 1 et 10 000 ohms, on choisit des résistances *a* et *b* égales.

Lorsque $d > 10\,000$ ohms, on adopte pour *a* et *b* des résistances telles que le rapport $\frac{b}{a}$ est égal à 10 ou à 100.

Quand $d < 1$ ohm, le rapport $\frac{b}{a}$ est rendu égal à $\frac{1}{10}$ ou à $\frac{1}{100}$.

Dans le cas le plus fréquent où aucune combinaison de résistances ne permet de ramener l'aiguille du galvanomètre au zéro, soient α et α' les déviations obtenues de part et d'autre de ce point pour des résistances c et $c + 1$ débouchées dans la branche de comparaison. Il est facile de voir que la résistance inconnue est alors donnée par

$$d = \frac{b}{a} \left(c + \frac{\alpha}{\alpha + \alpha'} \right).$$

225. — Pont à fil divisé. — Les branches *a* et *b* peuvent être constituées par un fil homogène, sur lequel se déplace un curseur relié au galvanomètre et dont la position se lit sur une règle divisée parallèle au fil. Le rapport $\dfrac{b}{a}$ est alors égal au rapport des longueurs des deux segments interceptés par le curseur.

226. — Pont de Sir W. Thomson. — L'appareil décrit au paragraphe 224 ne permet pas de mesurer des résistances inférieures à un centième d'ohm. Il n'est même pas recommandable d'évaluer par cette méthode des résistances aussi faibles, parce que la résistance des contacts avec les bornes d'attache s'ajoute à celle du conducteur qu'on mesure ; on court ainsi le risque d'avoir une erreur notable dans le résultat. Pour l'évaluation des résistances faibles, on emploie des méthodes permettant d'éliminer l'influence des contacts. Telle est la méthode du pont de Sir W. Thomson.

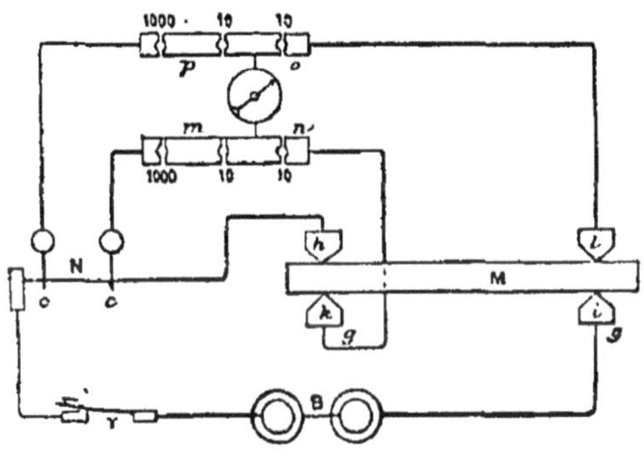

Fig. 111.

La barre métallique M, dont on cherche la résistance, est appuyée sur des couteaux $h\,k$, $l\,i$ écartés l'un de l'autre d'une distance connue. La résistance de comparaison est formée par un gros fil de maillechort N disposé parallèlement à une règle graduée et sur lequel glissent des curseurs $c\,c$. Le fil étalon et la barre à essayer sont intercalés dans le circuit d'une pile B pouvant développer un courant de 5 à 15 ampères. En dérivation sur ce circuit, on dispose quatre résistances p, o, m, n et un galvanomètre sensible jeté comme un pont entre celles-ci.

Les résistances p, o, m, n, égales à 10 ou à 1 000 ohms, sont choisies de manière à satisfaire à la condition

$$\frac{m}{n} = \frac{p}{o}. \quad (1)$$

On déplace alors les curseurs c c jusqu'à ce que le galvanomètre n'accuse plus de courant.

Dans ces conditions la résistance r du segment de fil intercepté est avec la résistance x de la portion de barre limitée par les couteaux dans le rapport $\dfrac{m}{n}$.

En effet, en appelant V_p, V_m, V_n, V_o, les potentiels respectifs des points c, c, k, l; V, le potentiel aux deux bornes du galvanomètre; I l'intensité du courant dans les conducteurs N, M; i_1, i_2, les intensités dans les dérivations $c\,p\,o\,l$, $cm\,n\,k$; on a les relations

$$I = \frac{1}{r}\,(V_p - V_m) = \frac{1}{x}\,(V_n - V_o), \quad (2)$$

$$i_1 = \frac{1}{p}\,(V_p - V\ ) = \frac{1}{o}\,(V\ - V_o), \quad (3)$$

$$i_2 = \frac{1}{m}\,(V_m - V\ ) = \frac{1}{n}\,(V\ - V_n). \quad (4)$$

En combinant ces équations avec (1), on en déduit

$$\frac{r}{x} = \frac{m}{n} = \frac{p}{o}. \quad (5)$$

Les résistances des contacts sont négligeables devant les résistances m, n, p, o, auxquelles elles s'ajoutent.

227. — Méthode par comparaison. — La méthode par comparaison est applicable à la mesure de l'isolement des câbles, c'est à dire de la résistance que la gaine isolante oppose au passage de l'électricité, résistance souvent hors de proportion avec les étalons dont on dispose.

Si le câble a une enveloppe imperméable, on le plonge dans l'eau d'une cuve en ne laissant émerger que ses extrémités soigneusement séchées. L'une d'elles est mise en relation avec un galvanomètre sensible, dont la seconde borne communique avec l'un des pôles d'une pile composée d'un grand nombre d'éléments ; l'autre pôle de celle-ci est relié à l'eau de la cuve Il s'établit alors à travers le diélectrique du câble, dont la résistance d'isolement x est inconnue, un courant exprimé en fonction de la force électro-motrice e de la pile, de sa résistance r et de la résistance g du galvanomètre, par

$$i = \frac{e}{r + g + x} = k\,\alpha. \qquad (1)$$

La déviation α varie généralement avec la durée du passage du courant, parce que, outre la perte à travers le diélectrique, il y a accumulation lente d'une charge résiduelle, § 96; afin d'obtenir des résultats comparables, on convient de prendre la déviation après une ou deux minutes d'électrisation.

Lorsque l'enveloppe isolante n'est pas imperméable, M. Picou propose de faire l'essai en serrant le fil entre deux plaques métalliques parallèles qui servent au retour du courant.

Dans une seconde expérience, on substitue à la résistance du câble celle, aussi grande que possible, d'un étalon R et l'on maintient la déviation du galvanomètre dans les limites de l'échelle en employant un shunt de résistance s, et, au besoin, en diminuant le nombre des éléments de la pile. On obtient de la sorte dans le galvanomètre un courant dérivé

$$i' = \mathrm{I}' \times \frac{s}{g+s} = \frac{e}{r + \frac{g\,s}{g+s} + \mathrm{R}} \times \frac{s}{g+s} = k\,\alpha'. \qquad (2)$$

En combinant (1) et (2), on tire

$$x = \frac{g+s}{s}\left(\frac{g\,s}{g+s} + r + \mathrm{R}\right)\frac{\alpha'}{\alpha} - (r+g).$$

Nous devons faire remarquer que la résistance des diélectriques composés, comme celle des électrolytes, paraît influencée dans une certaine mesure par le courant même qui les traverse, par suite de phénomènes de polarisation encore mal élucidés. Il en résulte que lorsqu'on indique la résistance d'un isolant, il est indispensable de faire connaître le mode de mesure employé et les conditions dans lesquelles l'essai a été fait, car, en variant les méthodes, on peut trouver des résultats différents. Les cahiers des charges relatifs à la fourniture des câbles précisent ordinairement la méthode d'essai, la force électro-motrice à laquelle les câbles seront soumis et le temps pendant lequel cette force électro-motrice doit agir avant qu'on relève l'intensité du courant de perte. Par suite du phénomène de charge, la durée de l'électrisation a, en effet, une influence très marquée sur le résultat. Elle est généralement portée à une minute; après ce temps, le câble a sensiblement pris sa charge électro-statique normale.

228. — Mesure de la résistance des électrolytes. Pont de M. Kohlrausch. — La résistance des électrolytes ne peut pas se mesurer par les méthodes ordinaires, à cause de la force électro-motrice de polarisation qui s'y développe sous l'action des courants continus et qui produit un accroissement apparent de résistance. M. Kohlrausch a eu l'idée d'appliquer à cette classe de conducteurs la méthode du pont de Wheatstone, mais en plaçant dans la diagonale où se trouve habituellement la pile une bobine dans laquelle on développe une force électro-motrice alternative incapable de produire l'électrolyse. Le galvanomètre est alors remplacé par un téléphone qui accuse très nettement à l'oreille les courants variables à courtes périodes. Il faut avoir soin de constituer les branches du pont par des conducteurs sans self-induction, afin d'éviter tout accroissement apparent de leurs résistances, § 179.

La fig. 112 montre le diagramme de l'appareil de M. Kohlrausch. Les branches de proportion sont prises sur un fil gradué B C,

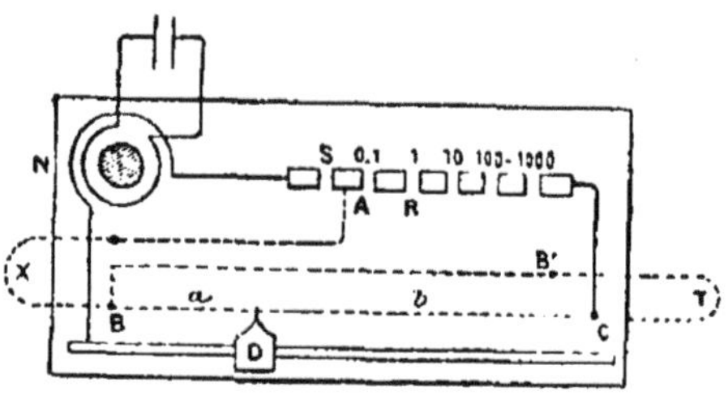

Fig. 112.

au dessus duquel glisse un curseur D. La branche de comparaison est un rhéostat R, et l'électrolyte à mesurer est intercalé dans le quatrième côté du pont. Le courant est fourni par le circuit secondaire d'une bobine d'induction.

Lorsque le téléphone ne rend aucun son, la relation $\dfrac{a}{b} = \dfrac{x}{R}$ est satisfaite.

229. — **Mesure de la résistance intérieure des piles**. — La méthode précédente est applicable à la mesure de la résistance intérieure des piles, dont les liquides sont des électrolytes. Le courant continu qu'elles fournissent est sans action sur le téléphone. Si ce courant était assez intense pour échauffer les branches du pont, on opérerait sur deux éléments d'égale force électro-motrice reliés en opposition, c'est à dire en série par les pôles de même nom.

Une autre méthode, fréquemment employée pour déterminer la résistance d'une pile, consiste à mesurer, à l'aide d'un ampèremètre et d'un voltmètre, le courant i qu'elle produit dans un circuit de résistance appropriée, ainsi que la différence de potentiel v à ses bornes. On mesure également cette différence au moment où le circuit principal est rompu ; la valeur obtenue à cet instant représente la force électro-motrice e de la pile. Soit r la résistance cherchée, on a

$$r = \frac{e - v}{i}.$$

Cette dernière méthode repose sur l'hypothèse que la résistance d'une pile est une quantité constante, indépendante du courant fourni par les éléments. Cette hypothèse est inexacte, ainsi que l'a reconnu M. Paul Bary.

La résistance d'une pile varie dans de très grandes proportions avec le courant qu'elle débite, en sorte qu'on n'est fondé à assigner une valeur à la résistance qu'en indiquant le courant auquel cette valeur correspond.

MESURE DES CAPACITÉS ÉLECTRO-STATIQUES.

230. — Pour comparer une capacité électro-statique, telle que celle d'un fil isolé et immergé dans l'eau, § 85, à celle d'un condensateur étalon, la méthode la plus simple consiste à charger successivement ces deux condensateurs à l'aide d'une pile et à les décharger ensuite à travers un galvanomètre balistique. On a, en conservant les notations usuelles,

$$q = c\,e = k \sin \tfrac{1}{2}\,\alpha,$$

$$q' = c'\,e = k \sin \tfrac{1}{2}\,\alpha';$$

d'où

$$\frac{q}{q'} = \frac{c}{c'} = \frac{\sin \frac{1}{2}\alpha}{\sin \frac{1}{2}\alpha'}.$$

Lorsqu'un shunt doit être employé pour ramener les élongations dans les limites de l'échelle du galvanomètre, il convient de faire la correction signalée au paragraphe 178.

La méthode de la perte de charge, § 222, permet aussi de mesurer la capacité d'un condensateur en fonction d'une résistance connue et considérable, à travers laquelle on opère graduellement sa décharge.

MESURE DE LA PUISSANCE ÉLECTRIQUE.

231. — **Cas d'un courant permanent.** — La puissance électrique développée dans un conducteur soumis à une différence de potentiel e et parcouru par un courant i a pour expression le produit ei.

Ce produit peut être déterminé par voie indirecte en mesurant séparément les facteurs e et i, à l'aide d'une des méthodes indiquées précédemment ou par voie directe au moyen d'appareils appelés wattmètres.

232. — **Wattmètre Siemens.** — Cet appareil, applicable à la détermination de la puissance développée par un courant permanent, est constitué comme l'électro-dynamomètre, § 142, sauf que les circuits des deux bobines sont séparés. La bobine fixe, formée d'un fil fin enroulé suivant un grand nombre de spires, est placée en dérivation par rapport au conducteur dans lequel se développe la puissance à mesurer. La bobine mobile, qui comprend quelques tours d'un gros fil, est en série avec ce conducteur et traversée par le même courant que lui.

L'action mutuelle des deux bobines est proportionnelle au produit des courants qui les traversent. Mais, par suite de la grande résistance de la bobine fixe, on peut admettre, comme dans le cas des voltmètres, que le courant qui la parcourt est proportionnel à la différence de potentiel primitive e des extrémités du conducteur. Le couple électro-dynamique, mesuré par la torsion 0 qu'il faut donner au ressort de la suspension pour ramener la bobine mobile à sa position initiale, représente donc, à un facteur près, le produit ei; par suite

$$0 = k\,ei.$$

On détermine le facteur k en reliant l'appareil à un conducteur de résistance connue r, traversée par un courant d'intensité déterminée; α étant alors l'angle de torsion,

$$k = \frac{\alpha}{i^2\,r}.$$

233. — Cas d'un courant périodique. — Lorsque l'énergie électrique est transportée sous forme de courants périodiques, le choix d'une méthode de mesure de la puissance exige une attention toute particulière.

Il y a alors deux cas à considérer :

1° Le conducteur dans lequel se développe la puissance à mesurer a un coefficient de self-induction négligeable; il en est ainsi avec des fils droits ou tendus en zigzag et des bobines à double enroulement.

2° La self-induction du conducteur n'est pas négligeable.

234. — Conducteurs sans self-induction. — Lorsqu'un conducteur de la première catégorie est soumis à une différence de potentiel périodique, il devient le siège d'un courant dont les phases coïncident avec celles de la différence de potentiel. Par suite, dans le cas où la loi qui relie le courant au temps est une fonction sinusoïdale simple, la puissance moyenne est égale au produit de la différence de potentiel efficace par le courant efficace, car on a alors, § 179,

$$\frac{1}{T}\int_0^T e\,i\,dt = \frac{E_0\,I}{T}\int_0^T \sin^2\frac{2\pi t}{T}\,dt = \frac{E_0\,I}{2} = \sqrt{(e^2)_m}\;\sqrt{(i^2)_m}.$$

On peut déterminer séparément l'intensité efficace à l'aide d'un électro-dynamomètre et la différence de potentiel efficace, soit par l'électromètre, soit par un voltmètre ayant un coefficient de self-induction négligeable, le voltmètre Cardew par exemple.

Si l'on a affaire à une fonction périodique complexe ou à une fonction dont on ignore la forme, la méthode précédente est à rejeter.

On peut alors, dans l'hypothèse où la puissance considérée est transformée intégralement en chaleur dans le conducteur, par l'effet Joule, déduire cette quantité de chaleur de l'intensité ou de la différence de potentiel résultant respectivement des indications d'un électro-dynamomètre ou d'un voltmètre Cardew. On a, en appelant r la résistance supposée connue du conducteur,

$$\frac{1}{T} \int_0^T e\,i\,dt = r\,\frac{1}{T} \int_0^T i^2\,dt = \frac{1}{r}\,\frac{1}{T} \int_0^T e^2\,dt.$$

Le wattmètre Siemens n'est pas applicable au cas des forces électro-motrices périodiques à cause de la self-induction considérable de la bobine fixe. L'intensité du courant produit dans cette bobine dépendrait de la résistance apparente de celle-ci, c'est à dire de la fréquence des périodes. M. Zipernowski a cherché à éluder la difficulté en composant chacune des bobines du wattmètre d'un petit nombre de spires de fil, de manière à rendre faible leur self-induction. A la suite de la bobine qui doit être placée en dérivation, on dispose des bobines supplémentaires à double enroulement, dont la seule fonction est de réaliser la résistance totale voulue dans le circuit dérivé. Appelons ρ cette résistance, r celle du conducteur dans lequel on recherche la puissance développée et R la résistance du second circuit du wattmètre. Les liaisons de l'appareil sont généralement disposées de manière que la résistance ρ soit branchée en dérivation par rapport aux deux résistances r et R placées en série.

Si la self-induction $\mathcal{L}$ de la branche ρ était nulle ou plus exactement si la *constante de temps* $\dfrac{\mathcal{L}}{\rho}$ était négligeable, le courant qui traverse cette branche serait en consonnance de phase avec la différence de potentiel e et l'indication de cet appareil serait directement proportionnelle à la puissance moyenne

$$\theta = k\,\frac{1}{T} \int_0^T e\,i\,dt,$$

la constante k étant déterminée de la même manière que dans le cas du wattmètre Siemens.

Mais souvent la *constante de temps* $\dfrac{c}{\rho}$ de la branche dérivée n'est pas négligeable. Il en résulte un affaiblissement du courant dans cette branche et un retard de la phase du courant sur celle de la différence de potentiel qui ont pour effet de réduire les indications du wattmètre en dessous de la valeur correspondant à la puissance réellement développée dans le conducteur r.

235. — Conducteurs avec self-induction. — Les méthodes précédentes sont encore en défaut quand il s'agit d'un conducteur possédant un coefficient de self-induction non négligeable.

En effet, dans ce cas, il existe un retard de phase entre le courant et la force électro-motrice périodique qui le détermine, de sorte qu'on a

$$\frac{1}{T}\int_{0}^{T} e\, i\, dt < \sqrt{(e^2)_m}\,\sqrt{(i^2)_m}.$$

On a vu que, pour une fonction périodique simple,

$$\frac{1}{T}\int_{0}^{T} e\, i\, dt = \sqrt{(e^2)_m}\,\sqrt{(i^2)_m}\,\cos\varphi,$$

φ étant l'angle caractéristique du retard.

Si l'on applique le wattmètre modifié par M. Zipernowski à un conducteur avec self-induction, il se produit un retard de phase à la fois dans le circuit principal de l'appareil, en série avec le conducteur, et dans le circuit dérivé. Il résulte de là une tendance vers la consonnance des phases dans les deux circuits, ce qui peut avoir pour effet de renforcer les indications de l'instrument au delà de la valeur correspondant à la puissance réelle, contrairement à ce qui se produit dans le cas d'un conducteur sans self-induction.

On arrive à des résultats rigoureux dans l'éventualité que nous considérons par l'emploi du calorimètre.

La fig. 113 est le schéma du calorimètre employé par M. Roïti. Le conducteur T T′, dans lequel se développe la puissance cherchée, transformée tout entière en chaleur par hypothèse, est enfermé dans un récipient en laiton placé à l'intérieur d'une seconde caisse de même métal. Des tubes livrent passage aux fils de connexion. L'espace entre les deux caisses est parcouru par un cou-

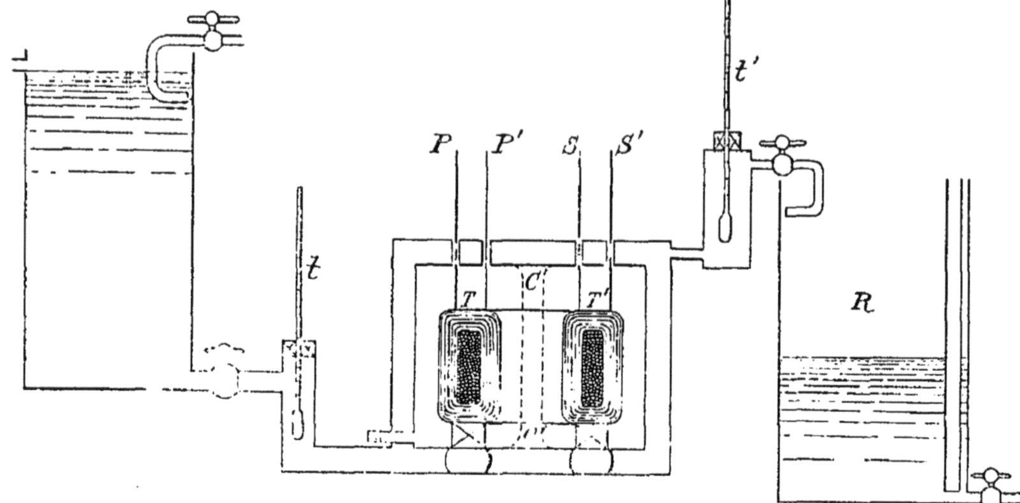

Fig. 113.

rant d'eau qui circule sous pression constante et se déverse dans un bac jaugé R. Des thermomètres indiquent, au dixième de degré près, la température de l'eau à l'entrée et à la sortie de la double enveloppe. Lorsque le régime des températures est établi, ce qui demande parfois plusieurs heures, on note le nombre de grammes d'eau qui s'écoule par seconde et la différence des indications des thermomètres. Le produit de ces quantités, multiplié par l'équivalent mécanique de la calorie-gramme, mesure la puissance cherchée.

MESURE DE L'INTENSITÉ D'UN CHAMP MAGNÉTIQUE.

236. — **Méthode des oscillations.** — Lorsqu'un champ magnétique peut être considéré comme uniforme dans l'espace où se meut une aiguille aimantée, la durée d'une oscillation double est exprimée par

$$t = 2\pi \sqrt{\frac{\Sigma\, m\, r^2}{\mathcal{M}\,\mathfrak{H}}},$$

Σmr^2 étant le moment d'inertie de l'aiguille et $\mathcal{M}\beta$ le produit du moment magnétique de l'aiguille par l'intensité du champ dans lequel elle se déplace. On suppose naturellement que le champ ne modifie pas le moment magnétique de l'aiguille, c'est à dire que l'intensité d'aimantation de celle-ci correspond à une force magnétisante supérieure à celle du champ.

La formule précédente fournit un moyen simple, soit de comparer les intensités en différents points d'un champ, soit de déterminer une intensité en valeur absolue, § 48.

237. — Méthode électro-magnétique. — L'auteur a étudié un appareil qui permet de mesurer l'intensité d'un champ magnétique en utilisant son action sur un conducteur traversé par un courant connu. L'instrument représenté dans la fig. 114 a été réalisé par

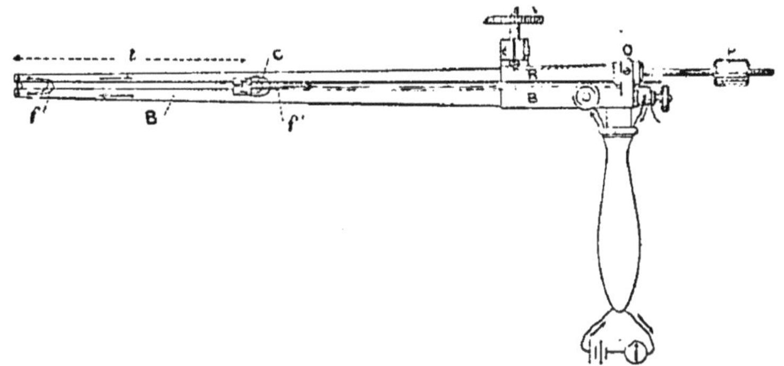

Fig. 114.

MM. F. Pescetto et P. Zunini alors qu'ils étaient élèves à l'Institut Montefiore. Le conducteur A, mobile autour d'un axe O et équilibré par un contrepoids P, est traversé sur une partie l de sa longueur par un courant i ayant accès par des fils flexibles $f\,f'$ et pouvant être mesuré à l'aide d'un ampèremètre.

Si β est la composante de l'intensité du champ normale au plan de déplacement du conducteur, la force électro-magnétique agissant sur ce dernier a pour expression

$$f = i\,\beta\,l.$$

On fait équilibre à cette force par la réaction élastique d'un ressort à lame R fixé au conducteur mobile, et sur lequel on agit à l'aide d'une vis micrométrique V. On gradue cette vis à l'avance, en déterminant les poids qu'il faut appliquer au milieu du conducteur l pour équilibrer le ressort dans ses divers états de tension et ramener les deux tiges A et B au parallélisme. Par suite de la petitesse des réactions électro-magnétiques, cet appareil ne convient qu'à la mesure des champs très intenses, tels que ceux des entrefers de dynamos, dans lesquels on peut glisser les branches aplaties de l'instrument.

238. — Méthode basée sur l'induction. — La méthode la plus généralement employée est celle décrite au § 174 et qui est basée sur l'induction. Ce procédé permet de mesurer l'intensité d'un champ très resserré comme celui que présente l'entrefer des dynamos, car il est presque toujours possible d'introduire dans un champ semblable une petite bobine aplatie, reliée à un galvanomètre balistique. Si l'on retire alors vivement la bobine de manière à l'amener dans une position telle que le flux de force qui la traverse soit négligeable, on produit dans le circuit un déplacement d'électricité mesuré par l'élongation α de l'aiguille du galvanomètre.

On a, en effet, § 140,

$$q = k \sin \frac{1}{2}\alpha.$$

Mais

$$q = \frac{\mathfrak{H}\,a\,n}{R}, \qquad \text{§ 171,}$$

d'où

$$\mathfrak{H} = \frac{k\,R \sin \frac{1}{2}\alpha}{a\,n}.$$

Si la constante balistique k du galvanomètre est inconnue, on la détermine en déchargeant dans l'appareil un condensateur étalon chargé à l'aide d'une pile de force électro-motrice connue, ou encore en introduisant dans le circuit du galvanomètre un inclinomètre, § 174, qu'on fait tourner dans le champ magnétique terrestre de manière à engendrer un flux d'électricité calculable.

MESURE DE LA PERMÉABILITÉ MAGNÉTIQUE.

239. — Méthodes basées sur l'induction. — (1) L'appareil représenté dans la fig. 115 a été employé par M. Hopkinson. Le barreau

de fer, dont il s'agit de mesurer la perméabilité, est formé de deux
tronçons C et C'; il traverse une masse de fer forgé A, deux bobines
magnétisantes B B et une petite bobine D, reliée à un galvanomètre
balistique.

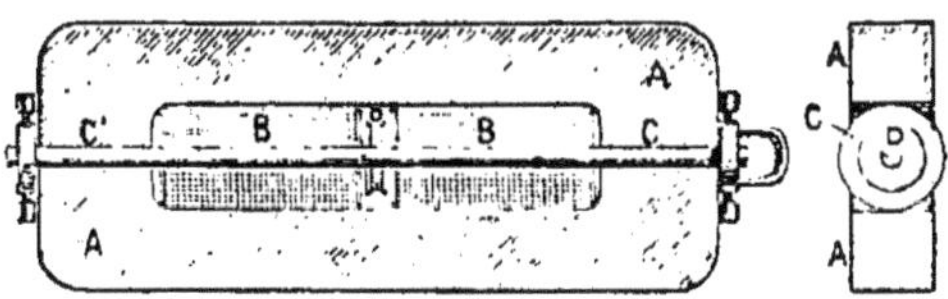

Fig. 115.

Cette bobine D est sollicitée latéralement par un fil élastique, de
sorte que, si on écarte légèrement l'un de l'autre les deux tronçons
C et C', elle est tirée hors de l'appareil et traversée par un flux
électrique en rapport avec l'induction magnétique du barreau.

Le bloc de fer et le barreau constituent un circuit magnétique
traversé par un flux produit par la force magnéto-motrice $4\pi n i$,
n et i étant respectivement le nombre total de spires et le courant
des bobines B B.

Soient $\mathfrak{N}$ le flux total, l la longueur du barreau limitée par le
vide du bloc A, s la section du barreau, μ sa perméabilité, l' le
parcours moyen des lignes de force magnétique dans la masse
A, s' la section de celle-ci, μ' sa perméabilité.

On a, § 154,

$$4\pi n i = \frac{\mathfrak{N} l}{\mu s} + \frac{\mathfrak{N} l'}{\mu' s'}.$$

Dans des essais industriels où l'on n'exige pas une grande
approximation, on peut négliger le second terme du binome vis à
vis du premier et retenir simplement l'équation

$$4\pi n i = \frac{\mathfrak{N} l}{\mu s}. \qquad (1)$$

Or, si n' représente le nombre de spires de la bobine D, le flux
électrique produit par le retrait de cette bobine est

$$q = \frac{\mathfrak{N} n'}{R} = k \sin \frac{1}{2}\alpha, \qquad (2)$$

R étant la résistance électrique du circuit comprenant le galvanomètre balistique.

En faisant varier le courant magnétisant i mesuré à l'aide d'un ampèremètre, on peut déduire des équations (1) et (2) les valeurs de la perméabilité correspondant à diverses valeurs de la force magnétisante. C'est par des expériences semblables que M. Hopkinson a pu réunir les éléments des courbes de la fig. 21, dans laquelle la perméabilité de divers échantillons de fer est représentée en fonction de l'induction magnétique.

240. — (2) La fig. 116 donne le schéma d'une disposition peu différente de la précédente.

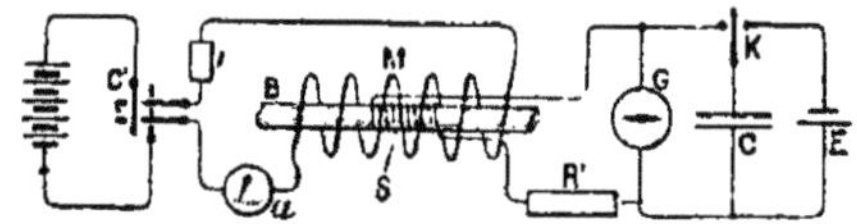

Fig. 116.

Le barreau B, entouré par la masse de fer forgé, est unique et fixe. Il traverse la bobine magnétisante M, parcourue par un courant mesuré à l'aide de l'ampèremètre a, et la bobine S reliée au galvanomètre balistique G. Celui-ci est gradué au préalable à l'aide d'un condensateur étalon C et d'une pile étalon E qui permettent de déterminer la constante balistique k.

Lorsqu'on intervertit le sens du courant dans la bobine M à l'aide d'une clef C′, le flux qui traverse les spires de la bobine S varie de $2\,\mathfrak{N}$. Il en résulte dans le galvanomètre un flux électrique

$$q = \frac{2\,\mathfrak{N}\,n'}{R} = k \sin \frac{\alpha}{2}. \qquad (1)$$

Le rhéostat R′ sert à régler la résistance totale R de manière à obtenir des élongations convenables de l'aiguille et à éviter que le galvanomètre devienne apériodique dans le cas où l'on fait usage d'un appareil Deprez et d'Arsonval.

Si au lieu de renverser le courant magnétisant, on le supprime, il reste dans le barreau un flux dû au magnétisme remanent du système formé par le noyau et son enveloppe. Le flux électrique q' mesure dans ce cas la différence entre le flux magnétique total et le flux remanent.

En joignant à l'équation (1) la relation

$$4\pi n i = \mathfrak{K}\,\frac{l}{\mu\,s}, \qquad (2)$$

on pourra déduire les valeurs de μ des résultats d'expériences.

Pour déterminer d'une manière précise le magnétisme remanent du métal essayé, M. Rowland a donné à la pièce d'essai la forme d'un anneau dont l'épaisseur suivant l'axe est très supérieure à l'épaisseur normalement à ce dernier. En entourant complètement un tel anneau d'une bobine magnétisante, on obtient à l'intérieur de celui-ci un champ uniforme d'intensité $\mathfrak{H} = 4\,\pi\,n_1\,i$, § 143. Une bobine auxiliaire, enroulée autour de l'anneau et reliée à un galvanomètre balistique, permet de mesurer le flux total à travers le noyau. Par ce dispositif, on évite toute masse de fer accessoire et l'on peut mesurer exactement le magnétisme remanent du noyau, mais la confection de celui-ci et son enroulement entraînent des difficultés.

240bis. — Pour obtenir, à l'aide de la méthode basée sur l'induction, les points successifs de la courbe figurant les accroissements de l'intensité d'aimantation correspondant aux accroissements de la force magnétisante, fig. 17, il est indispensable de procéder, non par renversements ni par interruptions du courant dans la bobine magnétisante, mais par augmentations ou par diminutions graduelles de ce courant. Les impulsions correspondantes observées au galvanomètre balistique permettent de calculer les accroissements progressifs du flux magnétique à travers le noyau et, par suite, les valeurs de l'induction magnétique et de l'intensité d'aimantation. En relevant par ce procédé les points se rapportant à un cycle complet de la force magnétisante, on parvient à déterminer la perte par hystérésis dans un tel cycle. Cette méthode a l'inconvénient d'accumuler sur les courbes les erreurs successives commises dans la détermination de leurs divers points.

Il serait possible d'éviter cette accumulation d'erreurs en substituant aux formes de noyaux indiquées par MM. Hopkinson et Rowland la forme cylindrique droite, à la condition de donner aux barreaux ou aux fils une longueur égale à 400 ou 5oo fois leur diamètre, de manière à pouvoir considérer l'aimantation comme uniforme dans la région médiane du barreau introduit dans une bobine magnétisante de longueur et de section analogues, § 55. La bobine reliée au galvanomètre balistique sera alors enroulée à l'extérieur de la bobine magnétisante et amenée vers le milieu de celle-ci. Il suffira de retirer vivement cette bobine témoin pour obtenir dans le galvanomètre une impulsion permettant de calculer le flux total produit par le noyau et la bobine magnétisante. Pour éviter que les vibrations causées par le retrait de la bobine témoin ne se communiquent au noyau et ne modifient l'aimantation de ce dernier, on pourra enrouler la petite bobine sur un tube de verre entourant la bobine magnétisante.

240ter. — Méthode du magnétomètre. — Au lieu de traiter un tel barreau par la méthode basée sur l'induction, on peut déterminer directement son moment magnétique, accru de celui de la bobine magnétisante, à l'aide de la méthode magnétométrique décrite au § 48. Dans ce but, on dispose le barreau dans le plan d'une aiguille aimantée suspendue et, par la déviation de cette dernière, on calcule le rapport du moment total cherché à la composante horizontale du magnétisme terrestre. Cette dernière, ainsi que l'effet de la bobine magnétisante sur l'aiguille, se déterminent séparément. Pour un électro-aimant droit ayant les dimensions relatives indiquées ci-dessus, les pôles sont situés sensiblement aux extrémités du noyau. On peut disposer l'électro-aimant droit verticalement. Dans ce cas, si sa longueur est assez grande et si l'un des pôles est très voisin de l'aiguille, l'effet de l'autre pôle devient négligeable.

Ce procédé permet de relever le moment magnétique et, par suite, l'intensité d'aimantation du noyau pour des valeurs cycliques de la force magnétisante, d'où l'on déduit la perte correspondante par hystérésis. La méthode magnétométrique offre l'inconvénient d'exiger la détermination de la composante horizontale du magnétisme terrestre.

241. — Méthode basée sur la force portante. — La force portante d'un barreau aimanté est exprimée en fonction de l'intensité d'aimantation par la formule

$$p = 2\,\pi\,\mathfrak{I}^2\,s, \qquad \text{§ 56.}$$

Si le barreau est sous l'influence d'un champ magnétique, on doit ajouter un second terme $\mathfrak{H}\,\mathfrak{I}\,s$ et on a

$$p = 2\,\pi\,\mathfrak{I}^2 s + \mathfrak{H}\,\mathfrak{I}\,s. \qquad (1)$$

Or

$$\mathfrak{I} = \varkappa\,\mathfrak{H} \qquad (2),\ \S\ 52,$$

et

$$\mu = 1 + 4\,\pi\,\varkappa. \qquad (3)$$

En combinant (1), (2) et (3), on arrive à

$$\mu = \sqrt{\frac{8\,\pi\,p}{\mathfrak{H}^2\,s} + 1}.$$

Or, pour une bobine très allongée, comprenant n_1 spires par cm de longueur et parcourue par un courant i, $\mathfrak{H}$ est sensiblement égal à $4\,\pi\,n_1\,i$.

MM. Mélotte et Henrard, élèves de l'Institut électro-technique de Liége, ont utilisé ces propriétés pour la réalisation d'un appareil industriel de mesure des perméabilités. d'un barreau. Celui-ci est divisé en deux parties M, F, placées au milieu d'une longue bobine complètement entourée par une enveloppe en fer. Le tronçon M est suspendu à l'une des extrémités d'un fléau de balance A. L'autre extrémité de celui-ci porte un récipient P dans

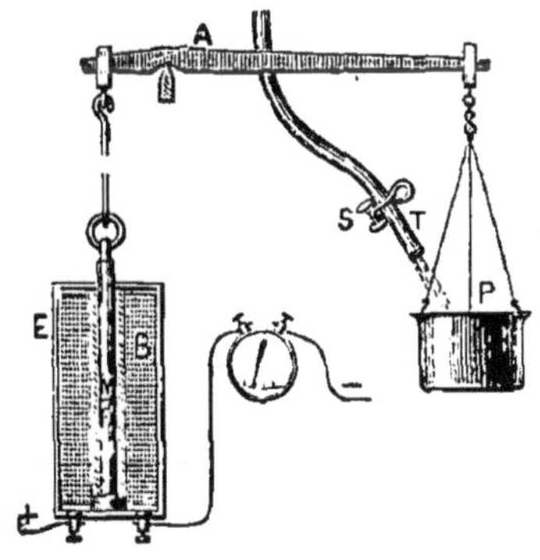

Fig. 117.

lequel on laisse couler du sable par un tube T jusqu'à provoquer la séparation des deux parties du barreau, retenues en contact par l'attraction magnétique que provoque le passage d'un courant dans la bobine B.

Le tronçon M est légèrement conique et s'appuie par sa petite
base sur l'extrémité plus large de F ; de cette manière on obtient
une surface de contact bien définie.

Cette méthode ne peut donner les valeurs de la perméabilité
correspondant à des valeurs faibles de la force magnétisante, pas
plus que les données nécessaires au calcul de la perte par hystérésis ; mais pour les valeurs de la perméabilité qu'on rencontre
dans les dynamos, les résultats concordent pratiquement avec
ceux déduits des méthodes précédentes.

MESURE DES COEFFICIENTS D'INDUCTION.

242. — **Méthode de Maxwell et Rayleigh pour mesurer un
coefficient de self-induction en fonction d'une résistance.** — La
bobine d, dont le coefficient de self-induction est $\mathcal{L}$, est intercalée
dans la quatrième branche d'un pont de Wheatstone, fig. 118,

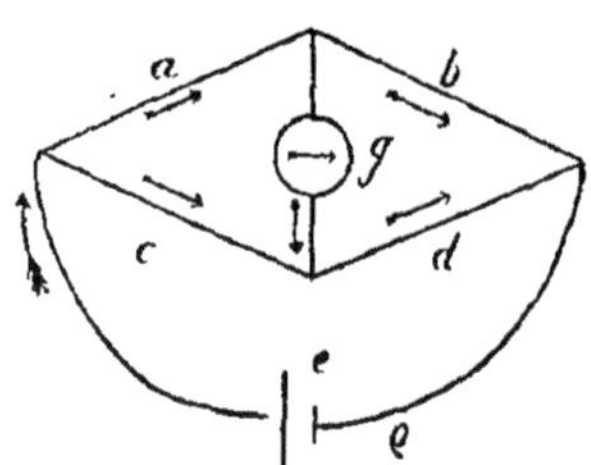

Fig. 118.

monté à l'aide d'un galvanomètre balistique et de trois séries de
résistances non-inductives. Ces dernières sont habituellement formées de bobines à double enroulement dont la self-induction n'est
pas entièrement négligeable et qui possèdent, en outre, une capacité
électro-statique de nature à apporter des erreurs sensibles dans la
mesure des coefficients de self-induction faibles. Mieux vaut dans
un cas semblable employer des fils très minces droits ou tendus
en zigzag.

On règle d'abord les quatre côtés, pour le régime permanent,
à la manière ordinaire.

On ferme ensuite la branche du galvanomètre avant celle de la pile; les réactions de self-induction de la bobine d amènent une élongation α. Lors de l'ouverture du circuit de la pile, on obtient une élongation égale et contraire.

En désignant par D_1 le courant de régime de la branche d, la quantité d'électricité transportée par l'extra-courant d'ouverture est, § 175,

$$Q = \frac{\mathcal{L} D_1}{d + b + \dfrac{g(a+c)}{g+a+c}};$$

la fraction de ce flux dérivée dans le galvanomètre est, § 177,

$$q = \frac{\mathcal{L} D_1}{d + b + \dfrac{(a+c)g}{a+c+g}} \frac{a+c}{a+c+g} = k \sin \frac{1}{2}\alpha, \qquad (1)$$

où k représente la constante balistique du galvanomètre, § 140.

On détruit enfin l'équilibre ohmique du pont en ajoutant à d une petite résistance r, ce qui produit dans le galvanomètre une déviation permanente δ.

Le courant dans le galvanomètre est alors approximativement le même que si une force électro-motrice égale à rD_2 agissait dans la branche D, la diagonale de la pile étant interrompue. On a donc

$$G = \frac{r D^2}{d + b + \dfrac{(a+c)g}{a+c+g}} \frac{a+c}{a+c+g} = K \delta, \qquad (2)$$

K étant le facteur de réduction du galvanomètre.

De la combinaison des équations (1) et (2), on déduit

$$\mathcal{L} = r \frac{D_2}{D_1} \frac{k \sin \dfrac{\alpha}{r}}{K \delta}.$$

Lorsqu'on emploie un galvanomètre sensible, la résistance à ajouter à d est très-faible, de sorte que les courants D_1 et D_2 ne diffèrent que d'une quantité négligeable et que leur rapport est sensiblement égal à l'unité; la formule se réduit alors à

$$\mathcal{L} = r \frac{k}{K} \frac{\sin \dfrac{1}{2}\alpha}{\delta}.$$

Les constantes k et K sont déterminées par des expériences préalables.

242bis. — Méthode de Maxwell, modifiée par M. Pirani, pour mesurer une self-induction en fonction d'une capacité. — La relation existant entre les effets d'une self-induction et d'une capacité dans un circuit parcouru par un courant variable, § 194 et suivants, a suggéré un certain nombre de méthodes permettant de mesurer l'un de ces éléments en fonction de l'autre. La suivante est particulièrement commode.

Un pont de Wheatstone, fig. 119, comprend trois branches sans self-induction a, b, s. Dans la quatrième branche, on dispose la

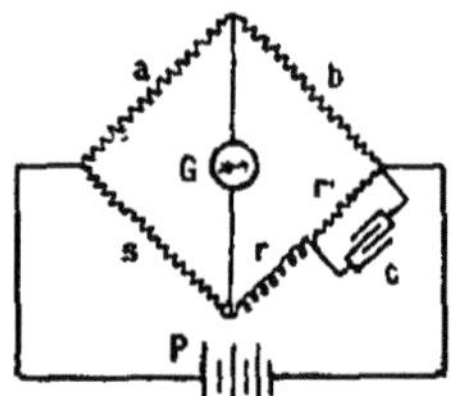

Fig. 119.

bobine r, dont on cherche le coefficient de self-induction $\mathcal{L}$, en série avec une résistance r' sans self-induction. Sur cette dernière, on dérive un condensateur de capacité C.

On commence par équilibrer les quatre branches pour le régime permanent. On cherche ensuite l'équilibre dans le régime variable, par exemple en faisant varier le point de raccord du condensateur avec la résistance non inductive, de manière à modifier la fraction de cette dernière dérivée sur le condensateur. Soit R la résistance de cette fraction lorsque le galvanomètre reste au repos, tant à l'ouverture qu'à la fermeture du circuit de la pile. On a démontré, au § 194, que, par rapport au flux d'électricité transmis pendant la période variable, l'effet de la condensation correspond à une diminution de la self-induction égale au produit de la capacité par le carré de la résistance du conducteur dérivé sur le condensateur.

On aura donc dans le cas présent

$$\mathcal{L} = C\,R^2.$$

242ᵗᵉʳ. — Méthode de MM. Ayrton et Perry pour comparer le coefficient de self-induction d'une bobine à celui d'une bobine étalon. — On a décrit, au § 203ᵇⁱˢ, l'étalon de self-induction de MM. Ayrton et Perry. Cet appareil permet de déterminer de la manière la plus rapide le coefficient de self-induction d'une bobine. Dans ce but, il suffit de former un pont, fig. 120, au moyen de deux

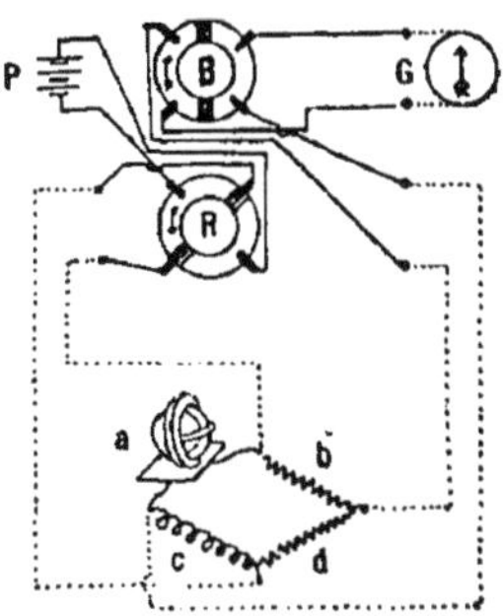

Fig. 120.

branches non-inductives b, d, de la bobine à étalonner c et de l'étalon a. On règle l'équilibre du galvanomètre pour le régime permanent, puis on ouvre et ferme le circuit de la pile en modifiant le calage de la bobine mobile de l'étalon jusqu'à ce que le galvanomètre reste au zéro pendant le régime variable. On a alors la proportion

$$\frac{r_b}{r_d} = \frac{\mathcal{L}_a}{\mathcal{L}_c}.$$

Cette méthode n'entraîne pas les longs tâtonnements exigés par les autres méthodes pour obtenir l'équilibre dans les deux régimes du courant. Si le coefficient de self-induction de la résistance C sort des limites de celui de l'étalon, il suffit de modifier le rapport des branches b et d, comme on le fait quand on compare, par la méthode du pont de Wheatstone, des résistances très-différentes.

MM. Ayrton et Perry ont, en outre, imaginé un commutateur permettant d'accroître notablement la sensibilité de cette méthode, comme aussi des méthodes précédentes, en accumulant les effets sur le galvanomètre des impulsions dues à des fermetures et à des ouvertures répétées du circuit de la pile. A cet effet, les communications du pont avec le galvanomètre et la pile sont établies à l'aide de brosses métalliques appuyant sur deux disques mobiles B, R, composés de segments annulaires conducteurs séparés par des espaces isolants. Les mouvements des disques sont solidaires et réglés de manière que le circuit de la pile soit alternativement ouvert et fermé, tandis que le galvanomètre est successivement raccordé au pont et mis en court circuit. Les raccords du galvanomètre au pont correspondent aux périodes variables d'ouverture et de fermeture, et les connexions sont alternées de telle sorte que les courants instantanés qui en résultent traversent le cadre galvanométrique dans le même sens. Il résulte de cette méthode cumulative qu'un léger défaut d'équilibre s'accuse par une déviation sensible de l'aiguille.

Remarque. — Lorsque, à l'aide des méthodes précédentes, on étudie un électro-aimant, les résultats trouvés pour la self-induction varient avec l'intensité du courant qui traverse ce dernier, attendu que le coefficient de self-induction est une fonction de la perméabilité du noyau, § 170. Il est donc nécessaire d'indiquer la valeur du courant maximum parcourant la bobine magnétisante à côté de chaque valeur du coefficient de self-induction.

243. — Coefficient d'induction mutuelle. Méthode de Carey-Foster. — Soient deux bobines concentriques avec ou sans noyau en fer. Appelons $\mathfrak{M}$ leur coefficient d'induction mutuelle. Intercalons l'une d'elles dans un circuit où l'on fait passer un courant permanent i. Un flux de force magnétique $\mathfrak{M}\,i$ traverse alors la seconde bobine. Si celle-ci communique avec un galvanomètre balistique de manière à former un circuit de résistance totale R, le galvanomètre est traversé par un flux d'électricité mesuré par une élongation α, quand on interrompt le courant dans la première bobine. On a

$$\frac{\mathfrak{M}\,i}{R} = k \sin \frac{1}{2}\alpha. \qquad (1)$$

On charge ensuite un condensateur étalon de capacité c en reliant ses armatures aux extrémités d'une résistance r parcourue par le même courant i. La décharge du condensateur dans le même galvanomètre fournit une élongation α', telle que

$$c\,i\,r = k \sin \frac{1}{2}\alpha'. \qquad (2)$$

Les équations (1) et (2) donnent

$$\mathfrak{M} = c\,r\,\mathrm{R}\,\frac{\sin \frac{1}{2}\alpha}{\sin \frac{1}{2}\alpha'}.$$

M. Carey-Foster a indiqué une disposition permettant d'effectuer simultanément les deux combinaisons précédentes de manière à équilibrer les effets des deux flux électriques sur l'aiguille. Le galvanomètre G, fig. 121, est relié au condensateur et à la résistance

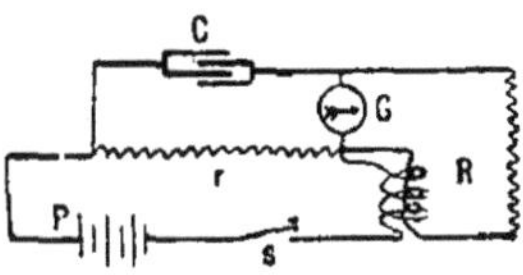

Fig. 121.

r, d'une part, ainsi qu'au circuit de résistance R, d'autre part. En modifiant r jusqu'à ce que l'aiguille reste au zéro, à la fermeture et à l'ouverture de la pile, on a la relation

$$\mathfrak{M} = c\,r\,\mathrm{R}.$$

COUPLES
THERMO-ÉLECTRIQUES

THÉORIE.

244. — Effet Seebeck et effet Peltier. — Seebeck a constaté,
§ 108, la production d'une force électro-motrice dans une chaîne
de métaux dont les jonctions sont maintenues à des températures
inégales. Ainsi, en formant un circuit à l'aide d'un fil de fer et d'un
fil de cuivre, ce dernier comprenant un cadre galvanométrique, et
en élevant la température d'un des points de jonction, on fait
naître dans le système un courant allant du cuivre au fer à travers
la soudure chaude. Un tel circuit porte le nom de *couple thermo-
électrique.*

L'effet Seebeck est réversible, ainsi que l'a montré Peltier ;
lorsqu'un courant dû à une force électro-motrice étrangère traverse
la jonction des deux métaux, du cuivre au fer, celle-ci se refroidit ;
si l'on renverse le sens du courant, elle s'échauffe. Ce phénomène
est distinct de l'effet Joule ; mais comme les deux effets se produisent
simultanément, il convient de prendre certaines précautions pour
les discerner l'un de l'autre.

Le développement de chaleur dû au phénomène de Peltier est
proportionnel à la première puissance de l'intensité du courant,

tandis que l'effet Joule dépend du carré de cette intensité ; il y a
donc avantage à employer des courants faibles pour distinguer les
deux actions.

Suivant Maxwell, l'effet Peltier donne la mesure de la force
électro-motrice de contact, § 97. En effet, la chaleur développée à
la jonction, par un courant i en une seconde, s'exprime par le produit ei, dans lequel e représente la différence de potentiel qui naît
au contact des corps considérés. Si cette chaleur n est donnée en
calories-grammes, e en volts et i en ampères, on a $4,2\, n = ei$, d'où

$$e = \frac{4,2\, n}{i}\ \text{volts}, \qquad § 164.$$

Les valeurs trouvées par ce procédé dépendent de la température
absolue de la jonction ; elles sont très faibles comparativement aux
différences de potentiel qu'on constate en réunissant aux bornes
d'un électromètre deux points des conducteurs, pris de chaque
côté de la jonction, dans le voisinage de celle-ci.

Ainsi la force électro-motrice de contact du zinc et du cuivre
mesurée par le premier procédé est, à $25°$ C, $0,00045$ volt, tandis
que l'électromètre indique environ $0,8$ volt. Mais Maxwell a fait
remarquer que, dans ce dernier cas, on n'a pas seulement affaire
au contact Zn | Cu, mais que ces métaux forment, avec l'air
qui sépare les parties fixes des parties mobiles de l'électromètre,
une chaîne fermée telle que

$$\text{Zn | Cu} + \text{Cu | air} + \text{air | Zn.}$$

Or, la force électro-motrice de contact de l'air avec les parties
métalliques de l'instrument, en vertu de laquelle celles-ci prennent
des charges électriques, peut être beaucoup plus grande que celle
qui se développe dans un contact entièrement métallique, ce qui
expliquerait l'anomalie signalée.

Dans la série thermo-électrique, un métal est dit positif par
rapport à un autre, lorsque la force électro-motrice de contact
est dirigée du premier au second à travers la soudure chaude.

La force électro-motrice qui prend naissance dans un arc métallique formé de deux métaux hétérogènes dépend, comme on
pouvait s'y attendre, de la chaleur communiquée à l'une des soudures et l'idée la plus simple est d'exprimer cette force électro-

motrice en fonction de la différence des températures des deux points de jonction des métaux formant le circuit. Mais on a reconnu que cette force électro-motrice est aussi liée à la température absolue des deux soudures ou autrement dit à la moyenne de leurs températures. Ainsi lorsque, dans le cas du couple cité ci-dessus, on chauffe progressivement l'une des jonctions en maintenant l'autre à une température constante, le courant thermo-électrique croît jusqu'à une valeur maximum, puis décroît, devient nul et finit par changer de sens.

245. — Effet Thomson. — En recherchant la cause de cette singularité, Sir W. Thomson a découvert que la force électro-motrice qui donne naissance au courant ne réside pas seulement aux soudures, comme on l'a cru longtemps, mais que les fils homogènes, inégalement chauffés, qui composent le circuit sont aussi le siège de forces électro-motrices qui s'ajoutent à celles des jonctions hétérogènes.

Ainsi, dans une barre métallique, une répartition inégale de température amène des différences de potentiel entre les divers points. Si la température croît d'une extrémité à l'autre de la barre, on observe un accroissement parallèle de potentiel pour certains métaux, tandis que d'autres métaux donnent lieu à une diminution de potentiel dans le sens correspondant à l'élévation de température.

Le plomb est, d'après M. Leroux, le seul métal dans lequel il ne se manifeste pas de phénomènes électriques semblables, lorsqu'on place les diverses parties d'une pièce de ce corps dans des états thermiques différents.

Ces forces électro-motrices se combinent avec celles qui naissent aux points de soudure et donnent lieu à une force électro-motrice résultante, dont le rapport à la résistance du circuit constitue l'intensité du courant thermo-électrique. Si la somme des différences de potentiel qui naissent au sein des métaux est de sens opposé à la somme des différences de potentiel existant aux soudures, on conçoit qu'il existe des températures pour lesquelles ces sommes s'équivalent et le courant thermo-électrique s'annule. La moyenne des températures des jonctions pour laquelle ce phénomène se produit s'appelle *température neutre* ou *température d'inversion.*

Les propriétés découvertes par Sir W. Thomson, et qui ont reçu le nom d'*effet Thomson*, sont, à un certain point de vue, réversibles.

Ainsi lorsqu'on fait passer un courant dans un fil dont les extrémités sont maintenues à des températures différentes et qui présente, par suite, une répartition propre de potentiel, le courant refroidit le fil s'il est dirigé vers les potentiels croissants, il l'échauffe dans le cas contraire.

Afin de mettre ces effets en évidence, indépendamment de l'effet Joule, on procède comme suit. Une barre métallique est chauffée vers le milieu de sa longueur, tandis que ses extrémités sont maintenus à $0°$ dans la glace fondante. Lorsqu'un courant passe dans la barre, on vérifie que les points situés symétriquement par rapport au milieu ne sont pas à la même température; il y a, en effet, échauffement plus considérable d'une des moitiés où les effets Joule et Thomson s'ajoutent; dans l'autre moitié, l'effet Thomson absorbe une partie de la chaleur due à l'effet Joule. Tout se passe comme s'il y avait un transport de chaleur dans la tige. Le transport se fait dans le sens du courant pour certains métaux, en sens inverse pour d'autres. Le plomb est le seul métal qui conserve une parfaite symétrie sous le rapport de la distribution de la température.

Il est intéressant de remarquer que, dans une chaîne thermo-électrique, dont les jonctions sont maintenues à des températures inégales, la somme algébrique des différences de potentiel est nulle, comme d'ailleurs dans tout circuit électrique fermé. Il en résulte que les échauffements observés aux points où le courant éprouve une chute de potentiel, compensent exactement les refroidissements correspondant aux élévations de potentiel; en d'autres termes, la chaleur totale produite dans le circuit par les effets Peltier et Thomson est nulle. Il n'en est pas de même de la chaleur correspondant à l'effet Joule, dont la valeur, nécessairement positive, représente, aux pertes par rayonnement et par conductibilité près, la quantité de calorique fournie à la soudure chaude.

246. — Lois des actions thermo-électriques. — Les deux lois suivantes ont été découvertes expérimentalement par Becquerel.

Loi des températures successives. Dans un couple thermo-électrique formé de deux corps hétérogènes, la force électro-motrice correspondant à deux températures t_1 et t_2 des soudures, est égale à la somme algébrique des forces électro-motrices correspondant aux températures t_1 et t d'une part, t et t_2 d'autre part.

Loi des métaux intermédiaires. Si deux métaux sont séparés dans un circuit par un ou plusieurs métaux intermédiaires, maintenus tous à une même température, la force électro-motrice est la même que si ces métaux étaient unis directement et leur jonction portée à la même température.

Par suite, la soudure interposée entre deux métaux est sans effet sur la force électro-motrice du couple.

Ces lois sont complétées par celle de Thomson, laquelle peut s'énoncer comme suit :

Loi de Thomson. Si les extrémités d'une barre homogène sont maintenues à des températures t et t', il existe dans la barre une force électro-motrice proportionnelle à $t'-t$; le coefficient de proportionnalité, variable lui-même avec la température, a reçu de Thomson le nom de *chaleur spécifique d'électricité.*

Ces lois posées, considérons un couple formé de métaux A et B dont les soudures sont maintenues à des températures t et t' ; soient V et V' les variations brusques de potentiel aux soudures, σ et σ' les chaleurs spécifiques d'électricité de A et B ; la force électro-motrice totale sera

$$e = V - V' + \int_{t}^{t'} (\sigma - \sigma')\, dt.$$

247. — Pouvoirs thermo-électriques. — Les forces électromotrices qui naissent dans les couples thermo-électriques sous l'effet de variations de température progressives, se déterminent par l'observation des courants qui en résultent dans des circuits de résistance connue. L'accroissement de résistance provoqué par l'élévation de température de l'une des soudures est rendu négligeable en introduisant dans le circuit une résistance supplémentaire assez élevée qui peut être de même nature que l'un des métaux du couple ou d'une nature différente, à la condition d'être maintenue à la même température en tous ses points (loi des métaux intermédiaires).

Supposons l'une des soudures maintenue à une température invariable, par immersion dans la glace fondante, par exemple, et l'autre soudure portée à des températures croissantes, par immersion dans un bain chauffé contenant un thermomètre. On observera simultanément les différences des températures et les forces électro-motrices totales. Pour avoir une représentation graphique du phénomène, il suffit alors de porter les premières valeurs en abscisses et les secondes en ordonnées. Les courbes ainsi dressées sont très sensiblement des paraboles à axe vertical, dont le sommet correspond à la température d'inversion (Gaugain).

Leur équation est de la forme

$$e = k + at + \frac{bt^2}{2}.$$

On tire de là

$$\frac{de}{dt} = a + bt.$$

Cette dérivée, qui constitue le coefficient angulaire de la tangente à la parabole, est la force électro-motrice correspondant à une différence de température de $1°$ entre les deux soudures, à la température moyenne t. Cette valeur a reçu de Sir W. Thomson le nom de *pouvoir thermo-électrique* du couple à la température considérée.

A la température neutre, la tangente est parallèle à l'axe des abscisses, d'où

$$\frac{de}{dt_n} = 0 = a + bt_n \qquad \text{et} \qquad t_n = -\frac{a}{b}.$$

La force électro-motrice totale correspondant à des températures t et t' des jonctions résulte de la connaissance des coefficients a et b,

$$e = \int_{t'}^{t} (a + bt)\, dt = a\,(t - t') + \frac{b}{2}\,(t^2 - t'^2) = b\,(t' - t)\left[t_n - \frac{t + t'}{2}\right].$$

Cette formule montre que, lorsque les températures t et t' sont également distantes de t_n, la force électro-motrice est nulle.

Pour déterminer les couples de paramètres a et b ou b et t_n, il suffit d'opérer à des températures t et t', t_1 et t'_1; on obtient ainsi deux équations où les valeurs cherchées sont les seules inconnues :

$$e = a\,(t - t') + \frac{b}{2}\,(t^2 - t'^2)$$

$$e' = a\,(t_1 - t'_1) + \frac{b}{2}\,(t_1^2 - t'_1{}^2).$$

Afin de représenter graphiquement les variations du pouvoir thermo-électrique d'un couple A | B avec la température, il suffit de tracer la droite M M′ dont l'équation est

$$\frac{de}{dt} = a + b\,t.$$

Pour un autre couple A | C on obtiendra une seconde droite N N′ coupant généralement la première.

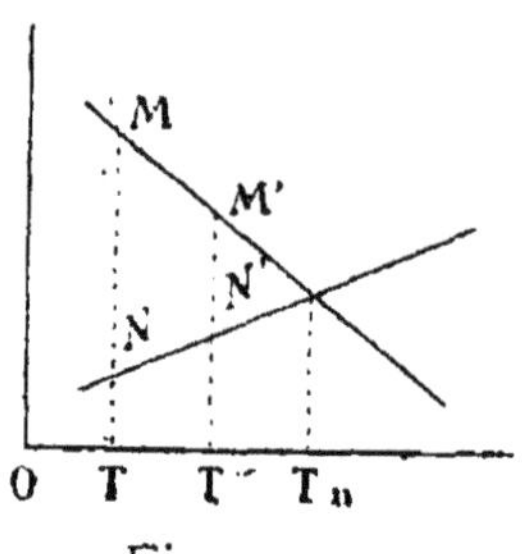

Fig. 122.

Or, d'après la loi des métaux intermédiaires, le pouvoir thermo-électrique du couple C | B sera représenté par la différence des ordonnées des droite M M′ et N N′.

Connaissant les paramètres des deux couples A | B et A | C

$$\left(\frac{de}{dt}\right)_{A\,|\,B} = a + bt$$

$$\left(\frac{de}{dt}\right)_{A\,|\,C} = a' + b't,$$

on déduit ceux du couple C | B de la formule

$$\left(\frac{de}{dt}\right)_{A\,|\,B} - \left(\frac{de}{dt}\right)_{A\,|\,C} = \left(\frac{de}{dt}\right)_{C\,|\,B} = a - a' + (b - b')\,t.$$

Il suffit donc de dresser les diagrammes des pouvoirs thermo-électriques de tous les métaux pris séparément avec l'un d'eux, pour connaître les valeurs des pouvoirs thermo-électriques de tous les métaux considérés deux à deux.

On adopte généralement le plomb comme métal de comparaison, parce que sa chaleur spécifique d'électricité est nulle.

Dans ces diagrammes, l'intersection de deux droites a pour abscisse la valeur de la température d'inversion.

On remarquera que la force électro-motrice d'un couple A | B, entre deux températures t et t', a pour expression

$$\int_{t}^{t'} (a + b\,t)\, dt,$$

celle-ci étant représentée par l'aire comprise entre la droite M M', l'axe des abscisses et les ordonnées extrêmes correspondant à t et t'. De même, la force électro-motrice du couple C | B, entre les mêmes températures, est figurée par l'aire M M' N' N. Celle-ci peut aussi représenter le travail effectué par une quantité d'électricité égale à un coulomb parcourant le circuit C | B.

Voici les valeurs des paramètres a et b permettant de calculer en microvolts les pouvoirs thermo-électriques de divers corps par rapport au plomb.

	a	b
Cuivre	— 1,34	— 0,0094
Alliage (90 Pt + 10 Ir)	— 5,90	+ 1,0133
Fer	— 17,15	+ 0,0482
Maillechort	+ 11,94	+ 0,0506

D'après ces chiffres, on voit que le couple fer-maillechort a un pouvoir thermo-électrique de

$$(- 29,09 - 0,0024\,t)\ \text{microvolts.}$$

Le courant va du maillechort au fer à travers la soudure chaude. La force électro-motrice, pour les températures 0° et 200° des soudures, est 5,866 millivolts.

Ces résultats montrent que les couples thermo-électriques ne produisent que des forces électro-motrices extrêmement faibles et qu'il faut, par suite, réunir un grand nombre de couples semblables en tension pour obtenir des différences de potentiel comparables à celles des piles hydro-électriques. Il est vrai que les couples étant formés de corps très conducteurs sont susceptibles de produire des courants assez intenses dans un circuit extérieur peu résistant.

Divers corps donnent des forces.électro-motrices très supérieures à celles des métaux usuels, mais il ne peuvent supporter des

21

températures aussi élevées. D'après Becquerel, à la température
de 5o° C, le pouvoir thermo-électrique du couple bismuth-plomb
est + 4o microvolts et celui du couple sulfure de cuivre fondu-
plomb, — 352 microvolts. L'alliage antimoine-zinc (en proportions
égales) fournit avec le plomb — 98 microvolts. La conductibilité
de ces différents corps est très inférieure à celle des métaux et l'on
est obligé de les employer sous forme de barreaux assez épais.

**248. — Application des lois de la thermo-dynamique à l'étude
des phénomènes thermo-électriques.** — On peut arriver par des
considérations théoriques déduites des lois de la thermo-dynamique à établir directement les résultats que Gaugain a obtenus
par la voie expérimentale.

Le principe de la conservation de l'énergie apprend que chaque
fois que, dans une chaîne thermo-électrique, il apparaît ou disparaît une quantité donnée d'énergie électrique, il doit y avoir
absorption ou dégagement d'une quantité de chaleur équivalente.

Ainsi, aux soudures, un courant i détermine par seconde, suivant le sens dans lequel il est dirigé, une action calorifique mesurée
par $+ iV$ ou $- iV$, V représentant la force électro-motrice de
contact. C'est là le phénomène de Peltier. Dans un conducteur
homogène, compris dans la chaîne, il se produit par seconde,
entre deux points à des températures absolues T et $T + dT$, une
absorption ou un dégagement de chaleur représenté par $i \sigma\, dT$.
C'est là le phénomène de Thomson.

M. Tait a reconnu que la chaleur spécifique d'électricité σ est
sensiblement proportionnelle à la température absolue; on peut
donc poser $\sigma = k\,T$, k étant une constante pour un métal donné.

Par suite, entre deux points du conducteur considéré dont les
températures sont T' et T, l'effet Thomson sera exprimé par

$$\int_{T'}^{T} k\,i\,T\,dT = \frac{k i}{2}\,(T^2 - T'^2).$$

On peut concevoir une chaîne comprenant deux jonctions dont
l'une est chauffée à la température T et l'autre refroidie à la température T', de manière à produire un courant permanent employé à
faire tourner un moteur tel que la roue de Barlow.

La puissance électrique $e\,i$, développée dans le circuit, a, d'une part, pour expression, § 246,

$$ei = (V - V')\,i + \int_{T'}^{T} i\,(\sigma - \sigma')\,dT; \quad (1)$$

d'autre part, elle équivaut à la puissance mécanique $\theta\,i$ développée par le moteur, augmentée des pertes calorifiques dues à l'effet Joule, qui se produisent dans les conducteurs du circuit. Si R est la résistance totale de ce dernier, on a

$$e\,i = \theta\,i + i^2\,R. \quad (2)$$

Sir W. Thomson a fait remarquer qu'il est possible de diminuer indéfiniment le courant de manière à ce que le deuxième terme du second membre de (2) devienne négligeable devant le premier, car si i est infiniment petit, i^2 est infiniment petit du second ordre.

Dans ces conditions, le système est réversible, car on peut, en faisant tourner le moteur par une dépense d'énergie θi par seconde, restituer intégralement la puissance électrique $e\,i$.

La combinaison considérée est donc, dans les limites énoncées, une machine thermique parfaite, à laquelle le théorème de Carnot est applicable.

On a donc

$$\frac{(V - V') + \displaystyle\int_{T'}^{T} (\sigma - \sigma')\,dT}{V'} = \frac{T - T'}{T'},$$

d'où

$$\frac{V}{T} - \frac{V'}{T'} + \int_{T'}^{T} \frac{\sigma - \sigma'}{T}\,dt = 0. \quad (3)$$

Si $T - T'$ est infiniment faible, on peut écrire

$$\frac{d}{dT}\left(\frac{V}{T}\right) + \frac{\sigma - \sigma'}{T} = 0, \quad (4)$$

ou

$$\frac{1}{T}\frac{dV}{dT} - \frac{V}{T^2} + \frac{\sigma - \sigma'}{T} = 0,$$

ou encore

$$\frac{V}{T} = \frac{dV}{dT} + \sigma - \sigma'.$$

Mais on tire de (1)

$$\frac{de}{dT} = \frac{dV}{dT} + \sigma - \sigma',$$

d'où

$$\frac{de}{dT} = \frac{V}{T} \qquad \text{et} \qquad e = \int_{T'}^{T} \frac{V}{T} \, dT.$$

Cette équation montre qu'il suffit de multiplier le pouvoir thermo-électrique $\frac{V}{T}$ ou $\frac{de}{dT}$ par la variation de température des deux soudures pour obtenir la force électro-motrice totale agissant dans le circuit.

Si l'on pose avec Tait $\sigma = k\,T$, $\sigma' = k'\,T$, on obtient, en remontant à l'équation (4),

$$\frac{d}{dT}\left(\frac{V}{T}\right) + k - k' = 0;$$

d'où en intégrant

$$\frac{V}{T} + (k - k')\,T + C^{te} = 0.$$

Mais, à la température T_n,

$$\frac{V}{T} = 0,$$

d'où

$$(k - k')\,T_n + C^{te} = 0.$$

En substituant la valeur de la constante, on a

$$\frac{V}{T} = (k - k')\,(T_n - T)$$

et enfin

$$e = \int_{T'}^{T} \frac{V}{T} \, dT = (k - k')\,(T - T')\left(T_n - \frac{T + T'}{2}\right).$$

On arrive ainsi par des déductions théoriques aux mêmes résultats que ceux trouvés par l'expérience, à savoir que les courbes des forces électro-motrices totales sont des paraboles et celles des pouvoirs thermo-électriques des droites.

Reprenons le diagramme représentant les pouvoirs thermo-électriques de deux métaux M et N, rapportés au plomb, pour lequel σ est nul.

Les droites M et N seront représentées par

$$\frac{V}{T} = k_1 \, (T_n - T)$$

$$\frac{V}{T} = k_2 \, (T'_n - T).$$

Le contour A B B′ A′ figure le cycle parcouru par l'unité de quantité d'électricité dans le couple M | N , dont les soudures sont maintenues à des températures T et T′, T étant la température

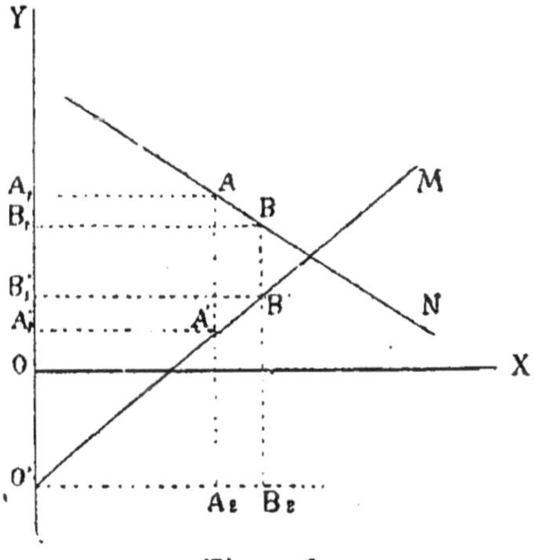

Fig. 123.

la plus élevée ; tandis que les aires comprises entre les côtés du trapèze et l'axe OY représentent les travaux accomplis par l'unité d'électricité dans les parcours correspondants.

Ainsi la ligne A′ B′ figure le passage de l'unité d'électricité de la température T′ à la température T dans le métal M. Le travail dû à l'effet Thomson est dans ce parcours

$$\frac{k_1}{2} \, (T^2 - T'^2).$$

Or

$$k_1 \, \mathrm{T} = \mathrm{B}' \, \mathrm{B}_2 \qquad \frac{k_1 \, \mathrm{T}^2}{2} = \text{surf. } \mathrm{O}' \, \mathrm{B}' \, \mathrm{B}_2 \qquad \frac{k_1 \, \mathrm{T}'^2}{2} = \text{surf. } \mathrm{O}' \, \mathrm{A}' \, \mathrm{A}_2$$

$$\frac{k_1}{2} \, (\mathrm{T}^2 - \mathrm{T}'^2) = \text{surf. } \mathrm{A}' \, \mathrm{B}' \, \mathrm{B}_2 \, \mathrm{A}_2 = \text{surf. } \mathrm{A}' \, \mathrm{B}' \, \mathrm{B}'_1 \, \mathrm{A}'_1.$$

La ligne B′ B indique le passage de l'unité d'électricité du métal M au métal N à la température T. L'effet Peltier correspondant est

$$\mathrm{T} \, \frac{d\mathrm{V}}{d\mathrm{T}} = \text{surf. } \mathrm{B} \, \mathrm{B}' \, \mathrm{B}'_1 \, \mathrm{B}_1.$$

L'effet Thomson relatif au transfert d'un coulomb de B en A dans le métal N est, de même, figuré par la surface A B B₁ A₁.

Enfin le passage du métal N au métal M, à travers la soudure froide, produit un travail, de sens opposé aux précédents, mesuré par l'aire A A₁ A′₁ A′.

La différence entre les trois premières aires et la dernière, c'est à dire la surface A B B′ A′, est le travail accompli par l'unité d'électricité pendant le cycle, § 248.

249. — Pile thermo-électrique. — Pour former une pile thermo-électrique, on compose une chaîne dont les chaînons sont alternativement formés des deux corps choisis pour constituer un couple, et l'on chauffe toutes les soudures de même rang.

Afin de ne pas employer autant de foyers qu'il y a de couples, on replie la chaîne en zigzag, en isolant par de l'amiante les chaînons accolés ; de cette manière, on obtient un bloc dont les soudures impaires occupent l'une des faces, et les soudures paires la face opposée ; il suffit alors d'une seule source calorifique pour chauffer l'ensemble des soudures situées d'un même côté. Les soudures opposées peuvent être refroidies par un courant d'air ; souvent aussi on les pourvoit d'épanouissements destinés à favoriser le rayonnement de la chaleur transmise à travers les couples par conductibilité ; on emploie à cet effet des feuilles minces de cuivre ou de fer qu'on noircit afin d'accroître leur pouvoir émissif.

Il arrive fréquemment que les corps employés dans la constitution des couples supportent mal l'action directe des flammes destinées à chauffer les soudures. Dans ce cas, on recouvre ces dernières d'un revêtement solide, qui est léché par la flamme et qui transmet la chaleur aux couples par conductibilité. Cette disposition a aussi l'avantage de rendre moins brusques les variations de température des couples à l'allumage et à l'extinction du foyer, et, par suite, de diminuer la désagrégation qui en résulte dans les blocs d'alliage employés.

DESCRIPTION DE QUELQUES PILES THERMO-ÉLECTRIQUES.

250. — Pile de Nobili et Melloni. — La pile thermo-électrique de Nobili et Melloni est un parallélipipède constitué, comme il est dit ci-dessus, à l'aide de petits barreaux de bismuth et d'antimoine. Ces couples ont un pouvoir thermo-électrique d'environ 100 microvolts, à la température de 20° C. Lorsque l'on fait communiquer les chaînons extrèmes avec un galvanomètre de résistance faible et comparable à celle de la série des couples, on peut accuser de très petites différences de température entre les faces opposées de la pile. Cet appareil a rendu de grands services dans la mesure de la chaleur rayonnante.

251. — Thermomètre différentiel de Becquerel. — Les couples thermo-électriques sont aussi employés à la détermination de la température en des endroits peu accessibles. Si l'on soude par les bouts deux fils isolés et accolés, l'un en fer, l'autre en cuivre, il suffit d'observer le courant électrique produit dans ce couple pour déterminer la différence des températures des soudures, la résistance du couple étant supposée constante. L'un des bouts peut se placer dans un laboratoire, l'autre dans le sol ou dans un puits dont on cherche la température. Afin d'éliminer l'influence de la résistance du couple, Becquerel a proposé de plonger la soudure libre, gardée dans le laboratoire, au milieu d'un liquide, tel que l'alcool, n'attaquant pas les fils. On place un thermomètre dans ce liquide, dont on modifie la température à l'aide d'une lampe ou d'un réfrigérant, tel que l'éther pulvérisé, jusqu'à ce que le galvanomètre intercalé dans le circuit ne donne plus de déviation. A ce moment le thermomètre accuse la température de la soudure enfoncée dans le sol ou dans l'eau du puits.

252. — Pile Clamond et Carpentier. — Parmi les nombreuses piles thermo-électriques proposées, l'une des mieux étudiées, au point de vue de l'emploi courant dans les laboratoires, est celle de MM. Clamond et Carpentier. Les couples sont constitués par des lames de fer ou de nickel, soudées à des barreaux d'alliage antimoine-zinc, en proportions égales. Une dizaine de couples en série sont disposés en couronne circulaire. Chaque élément est logé dans une des alvéoles d'une couronne en terre réfractaire qui emprisonne les extrémités intérieures des couples.

On superpose un certain nombre de couronnes semblables en réunissant les groupes d'éléments en série ou en dérivation sur un montant latéral. Les divers plateaux circulaires sont séparés par des rondelles d'amiante et la colonne est serrée par des boulons entre deux cadres de fonte. Le foyer est alimenté par du gaz arrivant par un tuyau central en terre réfractaire percé d'orifices latéraux. Un régulateur à valve mobile maintient le débit du gaz constant quand la pression varie.

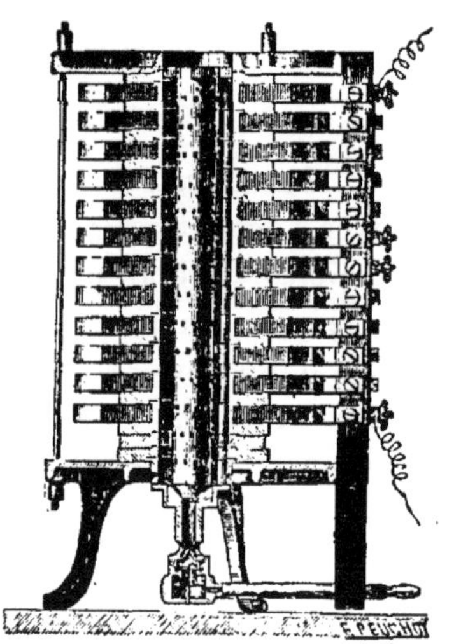

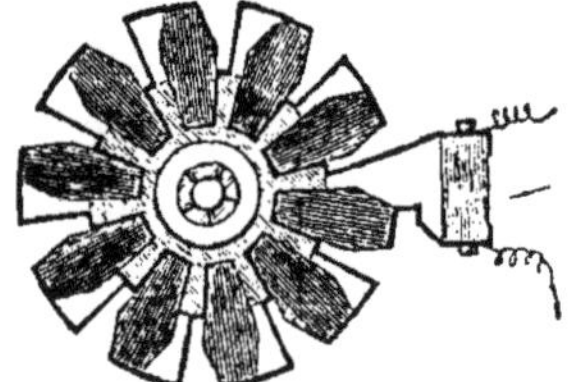

Fig. 124.   Fig. 125.

Par ces dispositions, les éléments ne reçoivent pas l'atteinte directe des jets enflammés, mais les soudures intérieures sont chauffées par conductibilité à travers l'enveloppe en terre réfractaire, laquelle protège aussi les soudures contre un refroidissement trop brusque lors de l'extinction du foyer. Si un excès de pression du gaz produisait une surchauffe momentanée et un commencement de fusion des soudures intérieures, l'enveloppe réfractaire servirait de moule et empêcherait la matière de couler. Lors du refroidissement, la masse reprendrait son état primitif.

Le modèle à 12 couronnes de 10 éléments donne, lorsque ceux-ci sont disposés en tension, une force électro-motrice de 8 volts, la résistance intérieure étant d'environ 3,2 ohms. La dépense de gaz est de 180 litres à l'heure. Si l'on admet qu'un litre de gaz est susceptible de fournir 13,2 calories, la consommation de 0,05 litre de gaz par seconde peut donner 0,66 calorie ou $0,66 \times 4\,200 = 2\,772$ watts.

Or, le maximum de puissance utile que la pile est susceptible de fournir correspond à un circuit extérieur de résistance égale à 3,2 ohms, § 256 ; elle est donc

$$\frac{8^2}{4 \times 3,2} = 5 \text{ watts.}$$

Le rendement maximum est 5/2 772, c'est-à-dire moindre que un cinq centième.

M. Clamond a essayé de réaliser des piles de grandes dimensions, à foyers au coke, capables d'alimenter des lampes électriques. Les foyers de ce genre rendent difficile une chauffe régulière et exposent les couples à recevoir des coups de feu. Pour de tels usages, les générateurs hydro-électriques et dynamo-électriques sont préférés à cause de la supériorité de leur rendement.

253. — Pile de Noé et Rebicek. — Les couples de cette pile sont formés de lames de maillechort soudées à des barreaux en alliage zinc-antimoine. Ils sont disposés radialement de manière à se chauffer par un foyer intérieur unique. Les soudures chaudes sont engagées dans un cône de cuivre dont le sommet reçoit l'action directe de la flamme. Les soudures extérieures portent des épanouissements en tôle de cuivre noircie destinés à favoriser le rayonnement.

254. — Emploi des piles thermo-électriques. — Par suite de la simplicité de son fonctionnement, la pile thermo-électrique a tenté de nombreux inventeurs, mais, d'après ce que nous avons vu ci-dessus, le rendement obtenu avec les meilleurs systèmes actuels est peu encourageant. Ces résultats pourront sans doute être améliorés par l'emploi de couples donnant une plus grande force électro-motrice, mais il ne faut pas se dissimuler que, par sa nature même, ce générateur électrique a un effet utile forcément limité. La plus grande partie de la chaleur fournie passe par conductibilité des soudures chaudes aux soudures froides, et, pour maintenir une différence de température convenable, on est obligé de refroidir artificiellement ces dernières en éliminant ainsi sans profit la majeure fraction du calorique dépensé. M. Clamond a bien pensé à utiliser l'air ou l'eau servant de réfrigérant pour alimenter un calorifère destiné au chauffage domestique d'une habitation qui utiliserait l'énergie électrique produite pour l'éclairage; mais ce procédé n'a pas reçu de sanction pratique jusqu'à présent.

A première vue il semble que l'on pourrait diminuer la quantité de calorique qui traverse la pile sans produire d'effet utile en choisissant, pour former les couples, des corps présentant une faible conductibilité calorifique et en leur donnant une grande longueur. Mais il faut remarquer que par ces moyens on accroît la résistance intérieure de la pile. En effet, les résistances électriques augmentent avec la longueur comme les résistances thermiques et l'ordre dans lequel se rangent les corps relativement à la conductibilité est sensiblement le même pour la chaleur et l'électricité. Il suit de là qu'en cherchant à utiliser une quotité plus grande du calorique dépensé, on accroît la perte d'énergie électrique en chaleur à l'intérieur des couples, de sorte qu'à partir d'une certaine limite, on diminue le rendement au lieu de l'augmenter.

A moins que l'on ne trouve des substances dont les conductibilités suivent des lois différentes pour la chaleur et l'électricité et qui fournissent des pouvoirs thermo-électriques relativement élevés, il est donc peu probable qu'on arrive à faire de la pile thermique un générateur économique.

Il y a toutefois des applications pour lesquelles la question de rendement est secondaire et où l'on attache plus d'importance à la réduction de la surveillance et de l'entretien du générateur électrique. L'analyse électrolytique, par exemple, qui emploie des courants faibles, constants et de longue durée tire un parti avantageux des piles thermo-électriques.

GROUPEMENT DES ÉLÉMENTS DES PILES EN GÉNÉRAL.

255. — Association en tension et en quantité. — On a supposé dans ce qui précède que les divers couples ou éléments de la pile étaient réunis de manière à former une chaîne dans laquelle les forces électro-motrices des divers couples sont dirigées dans le même sens et produisent des accroissements de potentiel successifs. Ce mode de réunion, très employé avec les piles thermo-électriques dont la tension par couple est faible, porte le nom de groupement en *série* ou en *tension*. Si l'on dispose n couples semblables en réunissant les chaînons extrêmes par un conducteur de résistance R, on a, en appelant e et r respectivement la force électro-motrice et la résistance propre de chaque couple, § 114,

$$i = \frac{ne}{n\,r + R} = \frac{e}{r + \dfrac{R}{n}}.$$

Au lieu de procéder de la sorte, on peut assembler les couples de la manière suivante. Les deux barreaux formant chaque élément sont soudés à la manière ordinaire à l'extrémité chaude. A la face refroidie, on sépare les barreaux composants et l'on réunit par des conducteurs spéciaux les extrémités froides des barreaux de même nature. Ces conducteurs de jonction sont enfin reliés à la résistance extérieure R..

Par cette disposition, qui porte le nom de groupement en *dérivation*, en *quantité*, en *surface* ou en *arc multiple*, les n éléments font l'effet d'un seul dont les barreaux auraient une section n fois plus forte que celle qu'ils ont dans les couples. Par conséquent, la résistance intérieure sera $\frac{r}{n}$, et l'intensité du courant aura pour expression

$$i = \frac{e}{\dfrac{r}{n} + R}.$$

La comparaison des deux formules ci-dessus conduit à la conclusion suivante : le groupement en tension donne un courant d'intensité supérieure, égale ou inférieure à celle du courant fourni par le groupement en quantité, suivant que la résistance extérieure est supérieure, égale ou inférieure à la résistance intérieure d'un des éléments.

Si l'on suppose R très grand par rapport à r, on aura approximativement avec l'arrangement en tension

$$i = \frac{ne}{R}.$$

Si, au contraire, la valeur de r est très supérieure à celle de R, le groupement en surface donnera

$$i = \frac{ne}{r}.$$

Dans ces deux cas particuliers, on peut admettre que l'intensité du courant est proportionnelle au nombre des éléments employés.

Il est possible de combiner les deux modes de groupement en tension et en surface, en formant plusieurs séries d'éléments et en plaçant ces séries en dérivation les unes par rapport aux autres.

256. — Puissance et rendement des piles. — La puissance d'une pile de force électro-motrice e et de résistance r, produisant un courant i, est P $= ei$.

Une partie seulement de cette quantité est utilisable dans le circuit extérieur pour produire un effet calorifique, chimique ou mécanique ; l'autre partie, absorbée au sein des éléments par le phénomène de Joule, est perdue pour l'effet utile. L'expression de cette dernière étant $i^2 r$, la puissance disponible est

$$P_u = ei - i^2 r = ei \left(1 - \frac{ri}{e} \right) = ri \left(\frac{e}{r} - i \right).$$

Le rendement a donc pour valeur

$$r_i = \frac{ei \left(1 - \dfrac{ri}{e} \right)}{ei} = 1 - \frac{ri}{e} = \frac{\varepsilon}{e}.$$

ε désignant la différence de potentiel aux bornes de la pile.

En appelant I le courant maximum que peut fournir la pile, valeur qui correspond à une résistance extérieure nulle, on a

$$I = \frac{e}{r},$$

d'où

$$P_u = ri\,(I - i), \qquad (1)$$

$$\eta = \frac{I - i}{I}. \qquad (2)$$

Les équations (1) et (2) montrent que lorsque $i = I$ la puissance utile est nulle ainsi que le rendement. A mesure que i décroît, la puissance utile augmente, jusqu'à un maximum correspondant à $i = \dfrac{I}{2}$. A ce moment l'énergie utile est la moitié de l'énergie totale, laquelle est par seconde $\dfrac{eI}{2} = \dfrac{e^2}{2\,r}$. Le rendement est alors de 5o pour 1oo. A partir de la valeur $i = \dfrac{I}{2}$, la puissance utile décroît avec le courant, tandis que le rendement tend vers l'unité. En résumé, la pile fournit le plus grand travail utile lorsque la différence de potentiel aux bornes est la moitié de la force électro-motrice, c'est à dire lorsque le courant est la moitié du courant maximum. Mais si l'on désire un rendement supérieur à 5o pour 1oo, il convient de faire croître la différence de potentiel ou de diminuer l'intensité.

On remarquera que, si le circuit extérieur ne contient pas de force contre-électro-motrice, la puissance utile maximum correspond à une résistance extérieure égale à la résistance intérieure.

Les considérations qui précèdent, relatives à la variation du travail utile et du rendement électrique des piles, sont applicables à tous les générateurs de courant dont la force électro-motrice peut être considérée comme indépendante des conditions du circuit extérieur dans lequel ces générateurs agissent.

PILES HYDRO-ÉLECTRIQUES

PILES PRIMAIRES.

257. — **Polarisation.** — On sait que, lorsqu'un courant traverse un électrolyte, il se produit dans celui-ci une force contre-électro-motrice dite de polarisation, si la réaction développée au sein du liquide est endothermique, § 124. Cette force électro-motrice est liée à la chaleur de réaction du composé. Toutefois, la polarisation croît progressivement; elle n'atteint sa valeur normale que lorsque la décomposition est nettement établie et dépend de la nature et de l'état physique des électrodes.

Ainsi la chaleur de réaction de l'eau, qui est de 34,4 calories (kg — d) par équivalent chimique, correspond à une force électro-motrice de $0,043 \times 34,4 = 1,48$ volt, § 164; cependant un élément Daniell, dont la tension maximum n'est guère supérieure à un volt, fournit dans un voltamètre à eau acidulée et électrodes de platine un courant momentané qui s'affaiblit graduellement jusqu'à une valeur nulle, ainsi qu'on peut s'en assurer en intercalant un galvanomètre dans le circuit.

Le courant cesse parce qu'il naît dans l'électrolyte une force contre-électro-motrice qui atteint, en une faible fraction de seconde, la valeur de la force électro-motrice de l'élément Daniell. Pour constater la polarisation, il suffit de séparer le voltamètre du circuit et de réunir rapidement les électrodes aux bornes d'un électromètre. On peut aussi se servir d'un galvanomètre ; dans ce cas, on observe que celui-ci est traversé par un courant momentané de sens inverse à celui du courant que la pile envoyait à travers l'électrolyte.

Cette charge et cette décharge sont comparables à celles d'un condensateur et l'on a donné le nom de *capacité de polarisation* au rapport de la quantité d'électricité déplacée à la force électro-motrice de la pile. Cette capacité est d'ailleurs assez grande et hors de proportion avec la capacité propre des électrodes.

La force électro-motrice de polarisation dépend des électrodes et de la *densité* du courant, c'est à dire du quotient de l'intensité du courant par la surface d'une électrode. Si les électrodes sont des fils de platine brillants, la polarisation est comprise entre 2 et 2,3 volts. Avec des électrodes en platine platiné, elle tombe à 1,8 volt. Entre deux pointes métalliques, elle peut atteindre 3,3 volts. En résumé, la polarisation est d'autant moindre que la densité du courant est plus faible, c'est à dire que la surface des électrodes est plus grande pour une intensité déterminée. Les électrodes à surface grenue, telles que les lames de platine platiné, les lames de charbon de cornue, exercent une influence favorable à la dépolarisation, probablement parce que les bulles gazeuses ne s'y attachent pas comme sur les lames lisses et qu'il n'y a pas réduction de la surface utile des électrodes.

La variabilité de la force électro-motrice de polarisation paraît en opposition avec la loi de Thomson, § 124, mais il peut se faire que, dans certaines conditions de densité du courant et d'état physique des électrodes, il se forme de l'ozone et de l'eau oxygénée d'une part, et de l'hydrure de platine d'autre part, qui occasionnent une dépense d'énergie.

En outre, les ions déposés sur les lames métalliques y produisent des forces électro-motrices de contact variables avec la nature de ces lames, et les effets Peltier qui en résultent doivent être combinés avec la chaleur de réaction de l'électrolyte pour le calcul de la force contre-électro-motrice.

258. — Pile de Volta proprement dite. — La première pile, imaginée par Volta, peut être considérée comme un voltamètre à eau acidulée sulfurique dont l'anode est en zinc et la cathode en cuivre. Lorsqu'on réunit ces électrodes par un conducteur, il se produit un courant du cuivre au zinc à l'extérieur de la pile et du zinc au cuivre à l'intérieur.

Par suite de ce fait que la lame non attaquée a un potentiel plus élevé que la lame attaquée, la première a reçu le nom de *plaque positive* ou *pôle positif* et la seconde est appelée *plaque négative* ou *pôle négatif.*

Voici les réactions chimiques qui fournissent l'énergie représentée par le courant. L'eau acidulée est électrolysée, l'hydrogène se porte à la lame de cuivre et l'oxygène s'unit au zinc pour donner de l'oxyde qui se dissout à l'état de sulfate dans l'acide sulfurique. La chaleur de formation du sulfate de zinc est supérieure à l'énergie dépensée pour décomposer l'eau. La première est, par équivalent chimique, de 54,8 calories, tandis que la seconde ne représente que 34,4 calories. Suivant la loi de Thomson, la force électro-motrice de la pile serait, § 164,

$$0,043 \left(54,8 - 34,4\right) = 0,877 \text{ volt.}$$

259. — Moyens de combattre la polarisation. — Lorsqu'on réunit les pôles de la pile Volta à un galvanomètre de faible résistance, on observe que le courant décroît très rapidement. Cet effet est dû, pour la plus grande partie, à la force électro-motrice inverse de polarisation qui naît au sein même de l'élément par suite de la décomposition de l'eau. Dans le calcul ci-dessus, on suppose que cette polarisation correspond à 34,4 calories, mais on a vu au paragraphe 257 qu'elle peut être en réalité notablement supérieure.

Pour diminuer la polarisation, il faut employer une plaque positive dont la partie immergée est considérable et lui donner, autant que possible, une surface grenue par un dépôt électrolytique préalable de platine ou d'argent. Les lames de charbon de cornue ou de charbon artificiel conviennent aussi très bien.

La diminution du courant est aussi due en partie au dépôt des bulles d'hydrogène qui réduit la surface utile du pôle positif et accroît la résistance intérieure de la pile. La transformation de l'acide en sulfate de zinc augmente de même la résistance de l'électrolyte.

On favorise le départ de l'hydrogène par l'agitation du liquide ou du pôle positif. Cette agitation se prête, du reste, à l'uniformisation de la solution, laquelle tend à s'appauvrir en acide au contact de la lame de zinc.

Le meilleur moyen de se débarrasser de l'hydrogène, qui est comme on le voit la cause d'affaiblissement essentielle de la pile de Volta, consiste à l'absorber par un agent chimique dont le rôle est caractérisé par son nom de *dépolarisant*.

Supposons, par exemple, que la lame de cuivre de la pile de Volta soit placée dans un vase en porcelaine poreuse rempli d'une solution aqueuse de sulfate de cuivre. Suivons la marche de l'électrolyse qui se produit au moment de la fermeture du circuit par un fil conducteur réunissant le zinc au cuivre. L'eau acidulée et la solution cuivrique sont décomposées par le courant : la première en oxygène et hydrogène, l'autre en radical acide et cuivre. Au contact du zinc, il se forme du sulfate de zinc ; à la limite de séparation des deux liquides, dans les pores de la cloison en porcelaine, l'hydrogène d'une part et le radical SO^4 d'autre part reconstituent l'acide sulfurique ; enfin, la cathode se couvre d'un dépôt de cuivre et reste par conséquent inaltérée. L'équation chimique suivante rend compte de ces réactions :

$$Zn + H^2 SO^4 + Cu SO^4 = Zn SO^4 + H^2 SO^4 + Cu.$$

En résumé, les actions chimiques se bornent à la formation d'un équivalent de sulfate de zinc et à la réduction d'un équivalent de sulfate de cuivre.

La chaleur de combinaison du premier sel étant 54,8 calories et celle du second 29,5 calories, la force électro-motrice disponible devient

$$0,043 (54,8 - 29,5) = 1,09 \text{ volts,}$$

ce qui correspond sensiblement à la valeur trouvée par une mesure électrométrique.

260. — Choix des corps à employer dans les piles. — La puissance utile maximum que procure un élément de pile est donnée par $\dfrac{e^2}{4\,r}$, e étant la force électro-motrice, r la résistance intérieure, § 256. On devra donc rechercher les substances développant des forces électro-motrices élevées et ayant la conductibilité la plus grande possible.

Si deux éléments *voltaïques* d'égales résistances ont des forces électro-motrices, l'un d'un volt, l'autre de deux volts, il faudra, pour arriver à la même force électro-motrice, assembler en tension deux éléments du premier système. Mais comme alors la résistance intérieure est doublée, il sera nécessaire d'avoir recours à deux séries de deux éléments, associées en dérivation, pour ramener la résistance intérieure à la valeur r. On est donc obligé, pour arriver à la même puissance utile, de faire usage de quatre fois plus d'éléments du premier système que du second.

La force électro-motrice d'un élément dépend de la nature des corps composants; la résistance intérieure est, en outre, en rapport avec la grandeur des électrodes et leur écartement. Pour caractériser un élément, il est nécessaire de joindre à l'indication des corps constituants, celle des dimensions des électrodes et de leurs positions relatives.

On désigne abusivement sous le nom de *constantes* d'une pile sa force électro-motrice et sa résistance. Ces deux quantités varient pendant le fonctionnement par suite de la polarisation et de la formation de composés nouveaux due aux actions chimiques. Pour définir nettement l'effet utile qu'on peut attendre d'une pile, il convient d'indiquer sa force électro-motrice et sa résistance moyennes dans les conditions d'emploi données.

Parmi les métaux usuels, le plus positif est le zinc; aussi est-ce celui qu'on choisit généralement comme corps oxydable dans les piles. On pourrait employer des métaux moins chers, mais cette substitution n'aurait aucun avantage, car la diminution d'activité qui en résulterait ne serait pas compensée par l'économie réalisée; les matières les plus dispendieuses employées dans les piles sont, en effet, les dépolarisants.

Le zinc pur n'est attaqué par une solution sulfurique que s'il est touché par un corps moins positif baignant dans le liquide.

Le zinc commercial contient des impuretés, fer, carbone, qui, à sa surface, donnent lieu à des couples locaux; chaque grain impur devient le pôle positif d'une pile et le zinc est attaqué par l'acide tout autour de ce pôle. L'expérience a montré qu'on empêche cette action par l'amalgamation du zinc.

On peut expliquer la passivité d'une solution sulfurique en présence du zinc pur et du zinc amalgamé par l'adhérence de l'hydrogène à la surface de ces corps. Le zinc étant négatif vis à vis de l'hydrogène est soustrait à l'action de l'acide. Si l'on fait le vide au-dessus de la solution, le gaz se dégage et l'attaque commence aussitôt.

L'amalgamation du zinc s'effectue de diverses manières. La plus simple est l'immersion de la plaque métallique dans une solution aqueuse d'un sel mercurique tel que le nitrate additionnée de son volume d'acide chlorhydrique. On peut aussi frotter la lame avec une brosse en fils de fer plongée au préalable dans un vase plat contenant du mercure recouvert d'une solution sulfurique.

Ces procédés ne produisent qu'une amalgamation superficielle qu'il faut renouveler après un certain temps. On évite cet ennui en employant des zincs coulés et amalgamés dans la masse. Dans ce but, on chauffe en vase clos 4 parties de mercure avec 96 parties de zinc jusqu'à la fusion. Cette préparation double le prix du zinc, mais elle réduit beaucoup l'usure de ce métal en circuit fermé, en empêchant les réactions parasites, et elle rend l'usure à peu près nulle en circuit ouvert. Un dernier procédé simple et peu couteux consiste à faire plonger la lame ou le bâton de zinc dans un godet rempli de mercure placé au fond de la pile. Le zinc s'unit alors graduellement au mercure sous l'effet du courant et l'action chimique se porte sur la couche amalgamée. On utilise les déchets de zinc en les baignant dans le godet. Le mercure n'étant pas intéressé dans les réactions ne doit pas être remplacé.

Le pôle positif de la pile doit avoir la plus grande surface possible; il est constitué par un corps non attaqué par le liquide au sein duquel il plonge. On fait fréquemment usage du charbon artificiel, qui a l'avantage de présenter une surface rugueuse sur laquelle les bulles d'hydrogène s'attachent difficilement.

On peut aussi se servir d'une lame métallique mince, recouverte par le platinage d'une pellicule de métal inattaquable aux acides.

Le liquide employé à la dissolution du zinc est généralement l'eau acidulée au vingtième par de l'acide sulfurique au soufre. L'acide fabriqué avec les pyrites contient des produits arsénicaux qui attaquent le zinc même amalgamé. On peut aussi se servir d'eau acidulée chlorhydrique; le chlorure de zinc est plus soluble que le sulfate et présente, par suite, une tendance moindre à la formation des sels grimpants qui salissent la pile. En outre la chaleur de combinaison du chlorure est légèrement supérieure à celle du sulfate. Par contre, l'acide chlorhydrique, au contact de certains dépolarisants, donne lieu à un dégagement de chlore sous forme de vapeurs délétères.

Lorsque les piles produisent des sels grimpants, on parvient à retarder l'ascension de ceux-ci en enduisant les bords des vases d'une matière non hygroscopique, telle que la paraffine ou les vernis. ⟨ Les dépolarisants entourant la plaque positive sont des corps capables d'absorber l'hydrogène naissant. Sont dans ce cas : les sels facilement réductibles, les peroxydes et en général toutes les substances riches en oxygène ou en chlore. Parmi les matières les plus employées, nous citerons les peroxydes de manganèse et de plomb, l'oxyde cuivrique et l'hydrate ferrique, l'acide nitrique, l'acide chromique, l'eau de chlore, l'eau régale, le chlorure d'argent et le sulfate de cuivre. Pour les piles énergiques, on choisira les matières, telles que l'acide nitrique et l'acide chromique, dont la décomposition entraine une faible dépense d'énergie. L'acide nitrique et l'eau régale ont l'inconvénient de dégager des vapeurs nitreuses et du chlore. Ce dernier élément, de même que l'eau de chlore, forme avec l'hydrogène de l'acide chlorhydrique dont la chaleur de combinaison est, par équivalent dans la réaction, supérieure à la chaleur de décomposition de l'eau acidulée. L'eau ne retenant qu'une faible quantité de chlore, la pile à eau chlorée a une durée assez limitée. Pour y remédier, M. Upward a eu l'idée de fabriquer le chlore sur place en le dissolvant dans l'eau de la pile au fur et à mesure de l'emploi.

261. — Cloisons et récipients poreux. — Quelques-uns des dépolarisants précédents sont insolubles et doivent être employés à l'état solide. Cette circonstance est peu favorable à l'activité des réactions, mais elle présente l'avantage de l'emploi d'un seul liquide dans la pile, ce qui rend d'une conservation plus facile les éléments destinés à fournir des courants à intervalles éloignés.

Lorsqu'on emploie un dépolarisant en solution, on est amené, comme on l'a vu plus haut à propos de la pile à sulfate de cuivre, à faire usage de cloisons poreuses qui ont l'inconvénient de coûter assez cher et d'accroître très sensiblement la résistance intérieure des éléments, attendu que le passage de l'électricité ne peut se faire que par les canaux capillaires que présente la cloison.

Pour la fabrication des vases poreux, on choisit ordinairement la porcelaine dégourdie, dont le degré de porosité peut être défini par la quantité de liquide suintant en un temps donné. Ces vases sont exposés à se briser par suite des cristallisations qui se produisent au sein des pores dans les parties non immergées et aussi à cause des dépôts métalliques, tels que les dépôts de cuivre des piles à sulfate de cuivre, qui se forment dans les parois de la cloison en contact avec la lame positive.

On fabrique aussi des vases cylindriques poreux en charbon artificiel, qui servent de pôle positif en même temps qu'ils enferment le dépolarisant.

M. Reynier a préconisé l'emploi du papier parcheminé dont il fait des récipients par un pliage convenable. Cette substance est peu coûteuse, mais elle n'a pas la durée des précédentes. Comme cloison temporaire, une couche de collodion desséché est également recommandable (d'Arsonval).

Les deux liquides de certaines piles ont peu de tendance à la diffusion, tel est le cas de la pile zinc, solution de sulfate de zinc, solution de sulfate de cuivre, cuivre. En concentrant l'une des solutions, l'autre restant diluée, on peut, avec quelques précautions, superposer les deux liquides qui restent séparés par leur différence de densité, s'ils sont soustraits à toute cause d'agitation. Ce procédé, recommandé par Meidinger, rend les vases poreux inutiles.

Lorsque les piles doivent être transportées, certaines précautions sont nécessaires pour éviter le mélange et les projections des liquides. Diverses dispositions ont été proposées dans ce but.

Les solutions peuvent être renfermées dans des corps poreux tels que l'éponge, le plâtre ou le mélange de plâtre et de sable, le cofferdam (poudre tirée de la noix du cocotier et qui peut absorber son volume de liquide en formant une sorte de gelée), et enfin la gelée minérale à base de silicate de soude. On compose, de cette manière, les piles dites *sèches*, parce que les liquides ne sont pas apparents, dans lesquelles l'évaporation est nécessairement très lente, ce qui permet aux éléments de fonctionner pendant longtemps sans renouvellement de la solution. Cette combinaison n'est guère employée qu'avec les piles à faible débit, car l'emprisonnement des liquides actifs n'est pas favorable aux réactions chimiques.

262. — Groupement des éléments voltaïques. — Pour obtenir au moyen des piles des courants intenses, il faut chercher à diminuer leur résistance intérieure en groupant les éléments en *dérivation*, en *quantité* ou en *surface*, par la réunion des pôles de mêmes noms. Pour ne pas multiplier les récipients on se sert avantageusement de réservoirs rectangulaires de grandes dimensions, dans lesquels on immerge une série de plaques négatives et de plaques positives alternant entr'elles. Les premières sont reliées par un conducteur et constituent le pôle négatif, les secondes, également réunies, forment le pôle positif.

Par suite de la faible force électro-motrice des couples voltaïques, on est presque toujours amené en pratique à assembler plusieurs éléments en *série* ou en *tension* pour arriver à des différences de potentiel convenables. Dans ce cas, les couples sont disposés à la suite les uns des autres et reliés par leurs pôles de noms contraires.

La multiplicité des couples rend le montage et l'entretien de la pile longs et difficiles. Pour parer à cette difficulté, on a préconisé de réunir les divers éléments dans un même récipient, fig. 126, en les

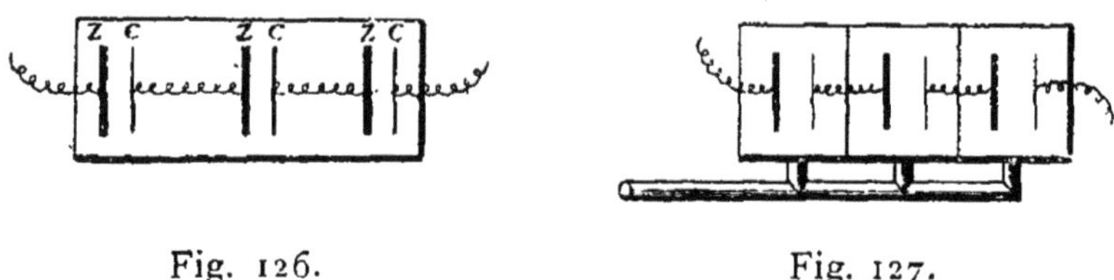

Fig. 126.   Fig. 127.

y séparant suffisamment les uns des autres afin de diminuer les dérivations du courant qui se produisent inévitablement, à travers le liquide commun, entre les plaques de noms contraires appartenant aux couples successifs.

Une disposition préférable, fig. 127, consiste à cloisonner le récipient et à relier les divers compartiments par des ajutages latéraux à un canal commun, par lequel on peut retirer le liquide ou le renouveler. Les dérivations du courant qui ont lieu par les tuyaux peuvent être rendues négligeables si ceux-ci ont une section assez réduite.

On a aussi proposé de relier les auges successives d'une pile par des siphons en verre amorcés, fig. 128. Lorsque le liquide commence à s'épuiser, on en retire une certaine quantité du premier

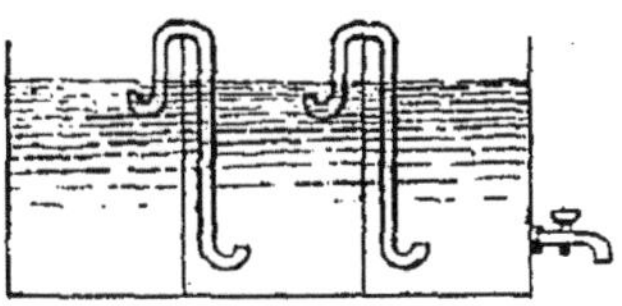

Fig. 128.

élément figuré à droite et on verse une quantité équivalente de liquide frais dans le dernier compartiment de gauche. Grâce aux siphons les niveaux s'égalisent dans les auges intermédiaires. Les tubes de communication sont recourbés aux extrémités pour que les bulles gazeuses qui se forment dans les couples ne montent pas dans ces tubes en provoquant le désamorcement des siphons.

Cette disposition a l'inconvénient d'amener des différences dans la composition des liquides des diverses auges. On se soustrait à ce reproche en raccordant directement par des siphons tous les vases d'une pile, d'une part à un grand récipient contenant le liquide de renouvellement, d'autre part à un second récipient servant à recevoir le liquide épuisé. En vidant ce dernier récipient, on provoque le liquide altéré des éléments à s'y décharger par les siphons de communication, tandis que l'autre série de siphons permet au liquide frais de s'écouler simultanément dans les diverses auges de la pile.

263. — Piles au sulfate de cuivre. Éléments à ballon. — Nous avons donné, au § 202, la description de l'élément étalon au sulfate de cuivre. Les piles au sulfate de cuivre sont surtout employées pour produire des courants constants et de longue durée dont l'intensité ne dépasse pas une fraction d'ampère.

L'un des modèles les plus usités dans la pratique est celui de Daniell, dans lequel les deux solutions, eau acidulée sulfurique et sulfate de cuivre, sont séparées par un vase poreux.

La fig. 129 montre une des dispositions connues sous le nom de pile à ballon. Un récipient en verre contient un cylindre de zinc communiquant avec l'extérieur par une lame de cuivre et baignant dans l'eau acidulée. Au centre du bocal, un vase en terre poreuse reçoit la solution concentrée de sulfate de cuivre et la lame de cuivre formant le pôle positif. L'appauvrissement de la solution

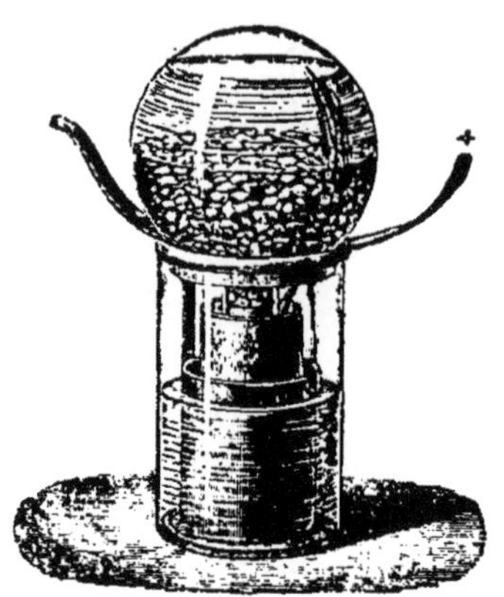

Fig. 129.

cuivrique est évité par l'emploi d'un ballon renversé, rempli de cristaux de sulfate et plongeant par le col dans le vase poreux. Un bouchon troué ferme imparfaitement le goulot et laisse pénétrer le liquide appauvri dans le ballon, tandis que la solution enrichie au contact des cristaux descend dans le vase poreux par suite de sa densité plus grande.

La pile ainsi conditionnée est susceptible de fournir un courant constant de longue durée. Cependant, la solution acidulée se charge peu à peu de sulfate de zinc qui la rend moins conductrice et qui a l'inconvénient de produire des cristaux grimpants lorsque la quantité en devient notable.

Aussi, il est bon de renouveler de temps à autre le liquide extérieur.

Lorsque l'élément est laissé en circuit ouvert, la solution cuivrique diffuse lentement à travers le vase poreux dans la liqueur acide et vient en contact avec le zinc, lequel précipite le cuivre en dépôts boueux.

Meidinger, en Allemagne, et Callaud, en France, ont supprimé les vases poreux et rendu la pile au sulfate de cuivre plus simple et plus économique en adoptant comme liquides une solution légère de sulfate de zinc et une solution concentrée de sulfate de cuivre, qui se maintiennent séparées par différence de densité.

264. — **Élément Callaud.** — Le pôle positif consiste en une spirale de cuivre disposée au fond d'un bocal en verre et reliée à l'extérieur par un fil de cuivre recouvert d'un isolant. L'électrode soluble est un cylindre de zinc suspendu à la partie supérieure du bocal par des crochets de cuivre ou des saillies venues de fonte.

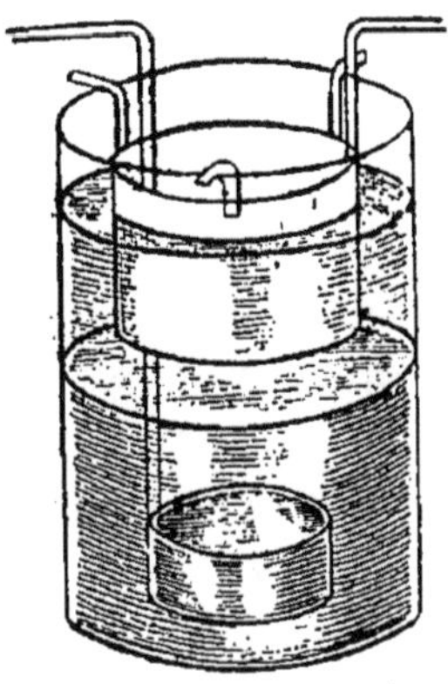

Fig. 130.

On commence par remplir à moitié le vase d'une solution à cinq pour cent de sulfate de zinc, puis on verse au fond, à l'aide d'un entonnoir à queue longue et effilée, la solution cuivrique, qui, par suite de sa densité plus grande, reste dans le bas du bocal et oblige la liqueur zincique à remonter pour venir baigner la lame de zinc. L'élément est alors prêt à fonctionner.

Par le travail de la pile, le liquide inférieur tend à s'appauvrir et le liquide supérieur à se concentrer. On laisse tomber de temps à autre des cristaux de sulfate de cuivre dans le bocal, et l'on soutire, à l'aide d'une pipette, une partie de la solution zincique que l'on remplace par de l'eau de pluie.

Quand l'élément ne travaille pas ou lorsqu'il est soumis à des vibrations, le sulfate de cuivre remonte en petite quantité à la partie supérieure du bocal et produit un dépôt de cuivre sur le cylindre de zinc. Ce dépôt forme des filaments qui finissent par réunir les pôles et mettre l'élément en court circuit. Il est donc nécessaire de passer de temps à autre une baguette de verre sous le cylindre de zinc, de manière à en détacher les dépôts cuivreux.

265. — Éléments Meidinger et Krüger. — L'élément Meidinger, qui est antérieur au précédent, n'en diffère que par des détails de construction. La spirale de cuivre est placée avec la solution cuivrique dans un petit gobelet en verre disposé au fond du bocal. Un ballon renversé, comme au § 263, maintient la concentration de la liqueur cuivrique.

Cette disposition permet de conserver plus efficacement la séparation des deux liquides. Si, en effet, l'on voit la liqueur du gobelet se décolorer, c'est que le trou percé dans le bouchon du ballon est insuffisant pour fournir la quantité de sel de cuivre requise par la pile. Si, au contraire, la liqueur bleue déborde du gobelet et s'étale au fond du bocal, c'est que l'alimentation de la solution cuivrique est trop active et qu'il convient de réduire l'orifice de sortie du ballon. Lorsque cet élément est réglé soigneusement, il peut fournir des courants faibles et constants pendant des mois entiers sans surveillance. Il faut avoir soin de donner au bocal un volume suffisant pour que la solution zincique ne se concentre pas trop rapidement.

La pile Krüger ne diffère de celle de Callaud qu'en ce que la spirale de cuivre et le fil isolé qui la prolonge sont remplacés par une plaque de fer reposant à plat au fond du bocal et une tige rigide de même métal disposée dans l'axe de l'élément et établissant une communication avec l'extérieur; plaque et tige sont recouvertes de plomb, métal qui n'est pas attaqué par les liquides de la pile.

266. — Pile O'Keenan. — Les éléments précédents ne se construisent que dans des dimensions assez réduites et ne fournissent en général que des courants inférieurs à un ampère. Pour obtenir des intensités supérieures, il est nécessaire d'associer des couples en quantité, ce qui accroît la dépense et les difficultés du montage. Diverses tentatives ont été faites en vue d'arriver à faire produire à la pile au sulfate de cuivre des courants intenses, tels que ceux qu'on utilise pour l'éclairage domestique. Parmi les plus intéressantes, nous citerons la disposition de M. O'Keenan, représentée dans la fig. 131.

La pile, comprenant une dizaine d'éléments, est enfermée dans une caisse rectangulaire à paroi en verre permettant de surveiller les liquides intérieurs. La caisse est divisée par des cloisons qui ne descendent que jusqu'à un ou deux centimètres du fond, de manière que les divers éléments communiquent entr'eux par le bas.

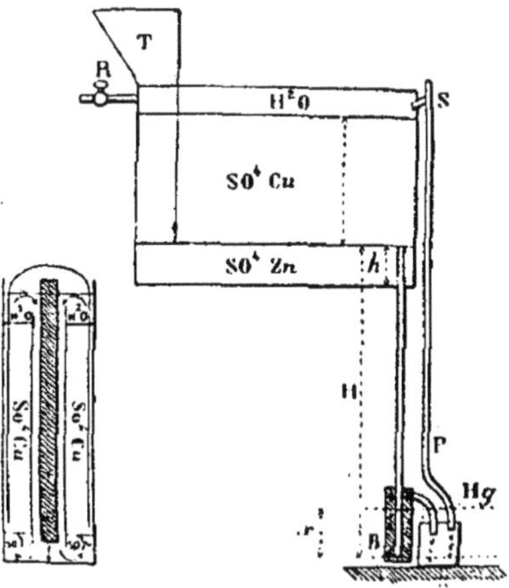

Fig. 131.

Les couples, dont l'un est représenté sur le côté de la figure, comprennent une lame épaisse de zinc (hachurée dans le dessin) enveloppée dans une gaîne poreuse de papier parchemin ouverte par le haut et par le bas, et autour de laquelle une tôle de plomb repliée constitue le pôle positif. Ces lames métalliques descendent jusqu'au niveau inférieur des cloisons.

Au fond du récipient, on verse une solution concentrée de sulfate de zinc et au-dessus, jusqu'à la hauteur indiquée dans la fig. 131, une solution concentrée de sulfate de cuivre, dont la densité est moindre que celle de la précédente. La pile, qui est destinée à produire un courant ininterrompu pour charger des accumulateurs, est alimentée, goutte à goutte, d'eau pure s'écoulant d'un réservoir par le robinet R. Un trop plein S P enlève l'excès d'eau qui pourrait déborder. Une trémie T à paroi percée de trous et remplie de cristaux de sulfate de cuivre entretient la saturation de la liqueur cuivrique. Par suite du fonctionnement de la pile, l'eau qui pénètre, par le haut, dans la gaîne poreuse se sature de sulfate de zinc au contact de ce métal et descend entre la lame métallique et la cloison de papier jusqu'au fond du récipient commun.

Un artifice ingénieux permet d'évacuer automatiquement l'excès de cette solution zincique : Un tube de verre, dont l'extrémité supérieure s'ouvre au niveau de séparation des deux liqueurs salines, plonge, par le bas, dans une éprouvette B remplie de mercure dont la hauteur x est réglée de façon à faire précisément équilibre à la colonne de sulfate de cuivre H qui remplit le tube. Lorsque la solution zincique dépasse le haut du tube, elle prend la place du sulfate de cuivre et, comme elle est plus dense, rompt l'équilibre et s'élimine à travers le mercure dans un vase latéral. Cet écoulement prend fin quand le sulfate de zinc a repris son niveau normal.

267. — Élément Bunsen. — La pile Bunsen est l'une des plus employées dans les laboratoires pour la production de courants de dix à quinze ampères pendant quelques heures.

L'élément comprend un vase en grès contenant de l'eau acidulée sulfurique au vingtième, dans laquelle plonge un cylindre de zinc qui constitue le pôle négatif. Au centre du bocal, un vase en terre poreuse renferme de l'acide nitrique du commerce ainsi qu'un prisme de charbon qui forme le pôle positif.

Lorsqu'on ferme le circuit, les liquides sont électrolysés, l'eau acidulée en radical acide et hydrogène, l'acide nitrique en oxygène et peroxyde d'azote. Le radical SO^4 dissout l'anode en zinc, l'hydrogène s'unit à l'oxygène dans la zone de séparation des liquides et le peroxyde d'azote qui se forme autour de la cathode s'élimine sous forme de vapeurs rutilantes. Ces réactions sont représentées par l'équation chimique

$$Zn + H^2 SO^4 + 2\,H\,NO^3 = Zn\,SO^4 + 2\,NO^2 + 2\,H^2O.$$

Lorsque l'action chimique est très rapide et quand la liqueur nitrique s'épuise, il y a formation de bioxyde d'azote à la cathode, mais, au contact de l'air, ce gaz se transforme en peroxyde. On constate parfois aussi la production d'anhydride azoteux.

La force électro-motrice de la pile Bunsen est, en moyenne, 1,8 volt; elle varie peu pendant les premières heures, mais à partir du moment où la densité de l'acide nitrique tombe à 1,26, la pile s'affaiblit brusquement.

Un élément Bunsen essayé par M. Meylan renfermait 1,5 litre d'eau acidulée sulfurique, ayant une densité de 1,085, et 0,425 litre d'acide azotique marquant 1,33. La surface active du zinc amalgamé était de 7,5 dcm². L'élément fonctionnant sur une résistance extérieure de 1,27 ohm, la force électro-motrice a varié pendant 3o heures de 1,93 à 1,73 volt et la résistance intérieure de 0,04 à 0,12 ohm. Le travail fourni après 3o heures était 0,07 kilowatt-heure ou environ 0,252 mégajoule.

D'après les expériences de M. d'Arsonval, le poids d'acide nitrique dépensé est plus que décuple de celui du zinc, parce qu'on n'arrive pas à épuiser suffisamment la liqueur dépolarisante. Afin d'améliorer le rendement des matières, M. d'Arsonval a préconisé de substituer à l'acide sulfurique l'acide chlorhydrique comme dissolvant du zinc ; le vase poreux reçoit alors une charge contenant de l'acide nitrique et de l'acide chlorhydrique en proportions égales. Le mélange des acides forme une eau régale d'un pouvoir dépolarisant considérable et la pile peut être épuisée beaucoup plus complètement qu'avec la composition ordinaire.

268. — Éléments à l'acide chromique. — Poggendorff a remplacé l'acide nitrique de l'élément Bunsen par une dissolution de 100 grammes de bichromate de potasse dans 5o grammes d'acide sulfurique et 1 kilogramme d'eau. Il se produit de l'acide chromique qui cède son oxygène à l'hydrogène naissant dû à l'électrolyse de l'acide sulfurique. L'action chimique peut se représenter par l'équation suivante

$$3\,Zn + K^2Cr^2O^7 + 7\,H^2SO^4 = 3\,ZnSO^4 + Cr^2(SO^4)^3, K^2SO^4 + 7\,H^2O.$$

Il résulte de cette équation que, pour dissoudre 1 gramme de zinc, il faut 1,52 gr. de bichromate et 3,5 gr. d'acide sulfurique. La force électro-motrice de l'élément est voisine de deux volts. La résistance intérieure est faible, vu la conductibilité assez grande des liquides composants. La pile peut donc produire un courant intense, avec cet avantage sur la précédente de ne dégager aucune vapeur nuisible, le résidu de la réduction étant l'alun de chrôme. Malheureusement, le bichromate est coûteux et s'épuise incomplètement sans donner lieu à des produits vendables. Pour épuiser davantage la solution, M. d'Arsonval a proposé d'ajouter à de l'eau saturée à froid de bichromate de potasse un volume égal d'acide chlorhydrique ordinaire.

Fréquemment, la pile au bichromate ne contient qu'un seul

liquide dans lequel plongent les deux électrodes. Comme alors l'attaque du zinc est assez vive en circuit ouvert, on adopte une disposition mécanique propre à permettre de retirer aisément les électrodes hors du liquide et de ne les immerger qu'au moment où la pile doit fonctionner.

Voici des résultats d'expériences faites par M. Meylan sur un élément à deux liquides contenant 0,5 litre d'acide sulfurique dilué au dixième, 1,65 litre d'un mélange de 200 grammes de bichromate, 425 cm³ d'acide sulfurique et 1300 cm³ d'eau. La surface active du zinc amalgamé était 6,1 dcm² et la résistance extérieure 1,16 ohm. Pendant 30 heures de fonctionnement, la résistance intérieure a varié de 0,231 à 0,3 en passant par un minimum de 0,22 ohm. La force électro-motrice a décru de 2,015 à 1,86 volt, et le travail fourni a été de 0,075 kilowat-heure ou 0,27 mégajoule environ.

Le bichromate de soude, plus soluble et meilleur marché que celui de potasse, a été employé avec succès au lieu de ce dernier.

Depuis quelques années, le prix de l'acide chromique diminue notablement, de sorte qu'il devient avantageux de l'introduire directement dans les piles, au lieu de l'y former par la réaction de l'acide sulfurique sur les bichromates alcalins.

269. — Élément Renard. — M. le commandant Renard a employé pour son ballon dirigeable une pile présentant une très grande énergie sous un petit volume. Les éléments, à un liquide, consistent en longs tubes, fermés par le bas, contenant chacun un bâton de zinc non amalgamé entouré d'une feuille cylindrique en argent platiné servant de pôle positif. Le liquide est un mélange, à équivalents égaux, d'acide chromique et d'acide chlorhydrique. Les électrodes sont retirées du liquide quand la pile ne fonctionne pas.

Une pile composée de 36 éléments semblables de 3 cm de diamètre et pesant ensemble 15 kg. fournit, pendant plus de deux heures, une puissance de 250 watts sous une différence de potentiel utile de 1,2 volt par élément.

M. Renard a substitué l'argent platiné au charbon à cause de la plus grande surface utile du premier et de sa conductibilité élevée. Le recouvrement de platine obtenu au laminage n'a que 1/400e de mm d'épaisseur.

Pour les piles portatives de peu de capacité, M. Renard a adopté la disposition suivante, qui permet de séparer aisément le liquide et les électrodes. Chaque couple est enfermé dans une épouvette en verre effilée et ouverte vers le bas. Les orifices inférieurs des éprouvettes plongent dans le mélange liquide renfermé dans un récipient qui communique avec l'air extérieur par une tubulure fermée par un robinet. Si, après avoir ouvert celui-ci, on insuffle de l'air par une poire en caoutchouc, on fait remonter le liquide dans les éprouvettes, de manière à baigner les électrodes sur une partie plus ou moins grande de leur surface. On ferme le robinet jusqu'au moment où l'on veut arrêter l'action de la pile ou renforcer cette action. Dans le premier cas, on laisse sortir l'air en excès de manière à rétablir le niveau primitif du liquide. Dans le second cas, on accroît la pression intérieure par une nouvelle insufflation et l'on augmente ainsi la surface baignée des électrodes, ce qui diminue la résistance intérieure des éléments.

270. — Éléments Leclanché. — Beaucoup d'applications de l'électricité ne demandent que des courants faibles et intermittents; tel est le cas des sonneries électriques, des téléphones et des télégraphes établis entre les stations peu importantes.

Pour ces usages, il convient d'adopter des éléments dans lesquels les réactions en circuit ouvert sont nulles ou négligeables. Les piles à liquides excitateurs neutres ou alcalins et à dépolarisants solides résolvent très bien le problème. Il convient de remarquer que le dépolarisant solide fait partie intégrante du pôle positif. L'hydrogène le réduit à la surface ; il est donc nécessaire que les dépolarisants solides soient conducteurs.

Parmi les combinaisons proposées, l'élément Leclanché jouit d'une faveur très marquée. Tel que le représente la fig. 132 , il se compose d'un bocal en verre contenant une solution concentrée de chlorure ammonique dans l'eau et un bâton de zinc. Au centre du bocal se trouve un vase poreux rempli d'un mélange de charbon de cornue concassé et de bioxyde de manganèse (bioxyde aiguillé du commerce, pyrolusite). Une lame de charbon de cornue, plongée dans ce mélange et portant une borne soudée au charbon par un empâtement de plomb fondu, constitue le pôle positif. Le vase poreux est obturé au dessous de l'empâtement de plomb par de la cire percée d'un trou pour l'évacuation des gaz.

En circuit fermé, la solution est électrolysée en chlore d'une part, hydrogène et ammoniaque d'autre part. Le zinc se dissout

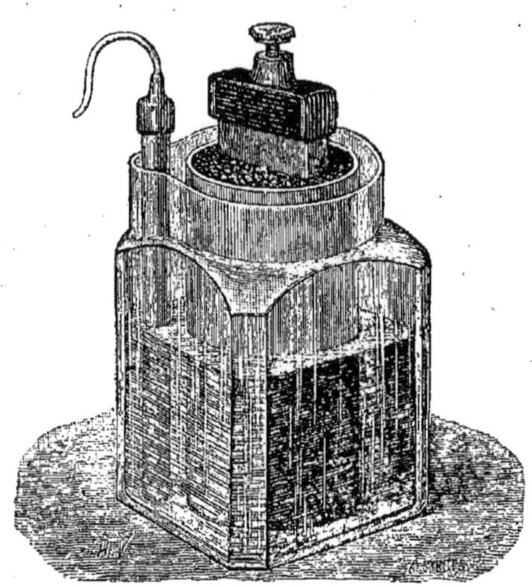

Fig. 132.

partiellement à l'état de chlorure de zinc. L'hydrogène réduit le bioxyde de manganèse en sesquioxyde et l'ammoniaque se dégage. La réaction principale est représentée par l'équation chimique

$$2\,NH^4.Cl + 2\,MnO^2 + Zn = Zn\,Cl^2 + 2\,H^3N + H^2O + Mn^2O^3.$$

Des réactions secondaires donnent lieu à du chlorure double de zinc et d'ammonium et à de l'oxychlorure de zinc. Ce dernier sel peu soluble se forme particulièrement lorsque l'élément est inactif ; il s'attache au zinc et doit en être gratté après un certain temps.

La dépolarisation est lente par suite de l'état solide de l'agent oxydant ; d'où la grande surface donnée à la cathode.

La force électro-motrice de l'élément est moyennement de 1,4 volt. Sa résistance intérieure varie de 3 à 5 ohms dans le modèle représenté par la figure.

Le chlorure ammonique peut être remplacé par le chlorure de zinc qui n'attaque pas la lame négative, mais dont l'activité est moindre.

Dans ces dernières années, la firme Leclanché a préconisé diverses combinaisons destinées à supprimer le vase poreux. Dans la dernière, connue sous le nom d'élément Leclanché-Barbier, le zinc est maintenu dans l'axe du bocal. Concentriquement se trouve un cylindre creux formé par l'agglomération de graphite et de bioxyde de manganèse pulvérisés : ces matières sont mélangées avec du brai et un peu de soufre, puis moulées à la forme voulue sous pression et soumises à l'action d'une température de 350°.

Le produit ainsi obtenu est solide, en même temps que poreux, de sorte que l'hydrogène naissant peut pénétrer jusqu'au bioxyde de manganèse.

270bis. — Élément Warnon. — M. Warnon a accru notablement l'activité de la pile précédente en mélangeant au bioxyde de manganèse du bioxyde de baryum. Le mélange est renfermé dans des sacs traversés par des crayons de charbon servant d'électrodes positives. La force électro-motrice de cet élément est 1,5 volt environ.

271. — Élément Gassner. — L'élément Gassner, qui s'applique à peu près aux mêmes usages que l'élément Leclanché, doit être rangé dans la catégorie des piles sèches. Le récipient est en zinc et constitue le pôle négatif ; au milieu est un cylindre creux en charbon

Fig. 133.

artificiel imprégné de chlorure ferrique et servant d'électrode insoluble. Entre les électrodes est coulée une pâte de plâtre gâché avec de l'eau, du chlorure ammonique, du chlorure de zinc et de l'oxyde de zinc.

Par l'électrolyse de la solution contenue dans les pores du plâtre, il se forme du chlore au pôle négatif. L'ammoniaque libérée au pôle positif décompose le chlorure de fer et met en liberté de

l'hydrate ferrique qui sert de dépolarisant pour l'hydrogène qui se
dégage à la même électrode.

Cet élément est d'un transport facile et n'exige aucun entretien.
Sa force électro-motrice est approximativement 1,3 volts. Par suite
du rapprochement des électrodes, la résistance intérieure est inférieure à un ohm.

272. — Élément De Lalande et Chaperon. — Comme dans les
trois exemples précédents, le dépolarisant de cette pile est solide
et le liquide excitateur est sans action sur le zinc à circuit ouvert.

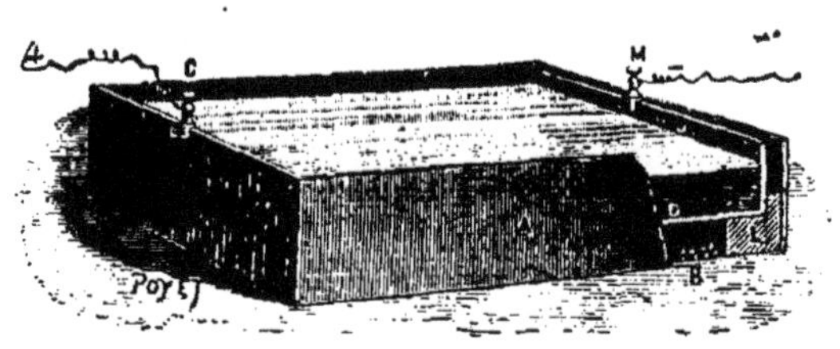

Fig. 134.

Une cuve en tôle de fer A servant de pôle positif contient une
solution concentrée de potasse caustique. Au fond est déposée une
couche d'oxyde de cuivre provenant du grillage des battitures de
ce métal. La plaque de zinc D, relevée à l'un des bords, s'appuie
sur des isoloirs en faïence L disposés aux angles de la cuve.

Le liquide doit être recouvert de pétrole brut ou de paraffine
fondue pour éviter l'attaque de la potasse par l'acide carbonique
de l'air.

L'action chimique est nulle en circuit ouvert. En circuit fermé
l'eau est électrolysée, l'oxygène qui se porte à l'anode forme de
l'oxyde de zinc qui se dissout à l'état de zincate de potasse. L'hydrogène dégagé à la cathode réduit l'oxyde de cuivre en cuivre métallique. Équation chimique :

$$Zn + 2\,KHO + CuO = K^2\,O^2\,Zn + H^2O + Cu.$$

La force électro-motrice ne dépasse pas 1 volt. Par suite des
grandes dimensions en surface de la pile, la résistance intérieure
descend à 0,05 ohm dans le modèle représenté par le dessin.

273. — **Pile Perreur.** — A diverses reprises, on a tenté de réaliser des piles donnant des sous-produits utilisables et couvrant une fraction plus ou moins notable de la dépense de production de l'énergie électrique.

Depuis longtemps, dans les grandes stations télégraphiques, on a coutume de recueillir, pour en tirer profit, le cuivre déposé dans les piles du genre Daniell.

M. Fournier a récemment proposé de traiter les sels verts de chrome qui se forment dans les piles à bichromate de potasse pour en extraire des sels de teinture de grande valeur.

M. Perreur a présenté de son côté une disposition permettant d'utiliser les combinaisons voltaïques comme mode de production industrielle de certains sels qui trouvent un grand débouché commercial.

La pile Perreur est, dans la pensée de son inventeur, un appareil propre à la fabrication de certains produits chimiques et disposé de manière à recueillir l'énergie électrique comme sous-produit utilisé à la charge des accumulateurs.

Imaginons, par exemple, la combinaison voltaïque cuivre, acide sulfurique, acide nitrique et charbon. Le fonctionnement de ce couple fournit du sulfate de cuivre et des vapeurs hypoazotiques, comme le montre l'équation chimique

$$Cu + H^2 SO^1 + 2 H N O^3 = SO^1 Cu + 2N O^2 + 2 H^2 O.$$

En employant des déchets de cuivre pour former l'électrode soluble, on obtiendra du sulfate de cuivre dont la consommation annuelle dépasse 50 000 tonnes sur le continent.

Le sel formé est concentré à chaud dans la pile au moyen de jets de vapeur qui activent en même temps les réactions chimiques. Par le refroidissement de la liqueur amenée dans des réservoirs appropriés, on obtient une cristallisation rapide du sulfate de cuivre. Les vapeurs nitreuses, provenant de la réduction du liquide dépolarisant, sont aspirées dans des tours de condensation semblables à celles que l'on emploie dans la fabrication de l'acide sulfurique. En présence de la vapeur d'eau, elles s'y transforment en un mélange d'acide nitrique et d'acide nitreux propre à servir de dépolarisant.

Le générateur, dont nous empruntons le dessin au journal *l'Electricien*, se compose d'une cuve en lave *a* divisée en compartiments distincts par des cloisons en verre *v*.

La partie supérieure des compartiments reçoit les électrodes, qui se composent de lames de charbon *c* enfermées avec la solution nitrique dans des vases poreux oblongs et de lames de cuivre *p* alternant avec les premières.

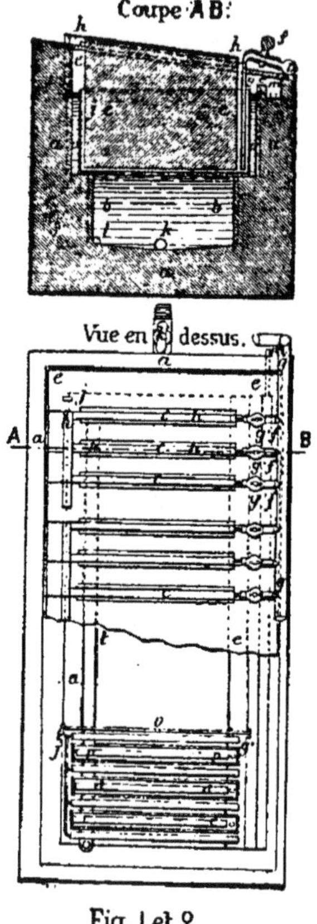

Fig. 135.

Des plaques de verre inclinées *e* couvrent les générateurs en laissant dépasser la partie supérieure des vases poreux dont les produits gazeux sont éliminés vers les tours de condensation par une cheminée d'appel qui surplombe l'appareil. Des tuyauteries mettent les récipients et les vases poreux en communication avec des réservoirs contenant la solution excitatrice et la solution dépolarisante.

A mesure que la première se charge de sulfate de cuivre, elle gagne la partie inférieure *b* des compartiments où des jets de vapeur, arrivant par une tuyauterie *t*, produisent la température suffisante pour atteindre le degré de concentration voulu. Lorsque ce résultat est obtenu, la solution est écoulée par la conduite *k* vers les cristallisoirs.

274. — Force électro-motrice des piles. — On a admis, au § 124, d'après Sir W. Thomson, que les données thermo-chimiques correspondant aux réactions de l'électrolyse permettent de prévoir exactement la force électro-motrice développée ou absorbée dans les actions électrolytiques.

Cette loi nous a permis de calculer approximativement la force électro-motrice de la pile au sulfate de cuivre. Cet élément est réversible, c'est à dire qu'un courant de sens inverse à celui que la pile développe détermine des réactions exactement opposées à celles qui se produisent lorsque l'élément fonctionne comme générateur. En outre, la force électro-motrice varie peu avec la température.

Mais pour d'autres couples, la loi de Thomson est en défaut et donne généralement une force électro-motrice plus forte que celle trouvée par expérience. Le fait contraire forme l'exception. Comme pouvait le faire prévoir le principe de la conservation de l'énergie, on observe dans les premiers éléments un échauffement pendant leur fonctionnement; dans le second cas, il y a refroidissement, une partie de l'énergie électrique se développant aux dépens de la chaleur propre de la pile.

En soumettant les piles réversibles à une analyse basée sur la thermodynamique, M. von Helmholtz est arrivé à exprimer la force électro-motrice réelle par une somme de deux termes, dont le premier représente la valeur calculée d'après la loi de Thomson; le second est de la forme $T \dfrac{de}{dT}$, T représentant la température absolue du couple, $\dfrac{de}{dT}$ la variation de sa force électro-motrice par degré de température. Selon que cette variation est positive ou négative, on obtient un résultat expérimental supérieur ou inférieur à la valeur calculée d'après la règle de Thomson.

Pour le couple Latimer-Clark, par exemple, $\dfrac{de}{dT} = 0,008$ volt, tandis que pour le couple au sulfate de cuivre $\dfrac{de}{dT}$ est sensiblement nul.

Toutefois l'exactitude de la formule de M. von Helmholtz n'est pas encore nettement établie; l'expérience donne des résultats conformes à la formule quant aux signes, mais il existe parfois des différences marquées en ce qui concerne les valeurs absolues du terme correctif.

L'interprétation physique des anomalies observées n'est pas encore bien connue. Quelques physiciens pensent que l'énergie chimique, comme l'énergie calorifique, n'est pas intégralement transformable en énergie électrique ou mécanique: les réactions ne développeraient qu'une quantité déterminée d'*énergie libre*, transformable à volonté en travail électrique ou mécanique, le résidu de l'énergie de réaction devant nécessairement apparaître sous forme de chaleur.

MM. Chrouschoff et Sitnikoff ont remarqué que l'expression $T\,\dfrac{de}{dT}$ a la même valeur que la force électro-motrice de contact, § 97, et se sont demandé si les divergences observées ne sont pas dues à des effets Peltier apparaissant au contact des corps qui composent la pile. Quelques expériences engagées dans cet ordre d'idées semblent confirmer cette opinion.

Il faut remarquer que les forces électro-motrices de contact, mesurées par l'effet Peltier, entre les solides et les liquides possèdent des valeurs beaucoup plus considérables que celles dues au contact des solides entr'eux. Ainsi M. Bouty a étudié le contact cuivre-solution de sulfate de cuivre et le contact zinc-solution de sulfate de zinc. Les électrodes étaient des dépôts de cuivre entourant les boules de deux thermomètres plongeant dans la solution de sulfate de cuivre. L'une des électrodes manifestait une chute, l'autre une élévation égale de température. Cet accroissement était ensuite reproduit en enroulant autour de la boule d'un des thermomètres, maintenu dans les mêmes conditions, un fil isolé, de résistance connue, traversé par un courant. L'effet Joule, $i^2\,r\,t$, mesurait, par comparaison, la chaleur dégagée dans la première expérience par l'effet Peltier. M. Bouty a trouvé de la sorte $0,212$ volt pour le contact cuivre-sulfate de cuivre et $0,241$ volt pour le contact zinc-sulfate de zinc.

La comparaison de ces chiffres montre que les variations de température, au contact des électrodes et des liquides dans la pile au sulfate de cuivre, doivent se compenser approximativement. Mais dans d'autres piles, il peut y avoir des différences beaucoup plus marquées.

275. — Coût de l'énergie fournie par les couples voltaïques. — Appelons n le nombre des couples d'une pile dont la force électro-motrice totale est E et soit q l'équivalent électro-chimique (rapporté à un coulomb) de l'un des corps intéressés dans les réactions.

Le poids de ce corps réagissant pendant le passage d'un courant égal à i ampères est $P = n\,q\,i$ par seconde.

La puissance $E\,i$ de la pile peut donc être mise sous la forme

$$E\,\frac{P}{n\,q} = e\,\frac{P}{q},$$

e désignant la force électro-motrice d'un couple.

La puissance d'un cheval correspond à

$$E\,\frac{P}{n\,q} = 736,$$

d'où

$$\frac{P}{q} = 736\,\frac{n}{E} = \frac{736}{e}.$$

On remarquera que le poids total engagé est indépendant du nombre des couples, puisqu'on peut varier à volonté les éléments, pourvu que la puissance reste constante.

Pour l'hydrogène $q = 0,1035 \times 10^{-4}$ grammes, d'où

$$P = \frac{736 \times 0,1035}{e \times 10^4}\ \text{grammes par seconde.}$$

La dépense par heure sera 3 600 fois plus grande ou

$$\frac{27,42}{e}\ \text{grammes.}$$

Les autres corps donneront des dépenses proportionnelles à leurs équivalents.

Ainsi, pour la pile Daniell, où e est sensiblement égal à l'unité, on obtient les dépenses en poids suivantes par cheval-heure :

$$\text{Zinc} \quad . \quad . \quad . \quad . \quad . \quad . \quad \text{kilog. } 0,905.$$
$$\text{Acide sulfurique} \quad . \quad . \quad . \quad \text{» } \quad 1,344.$$
$$\text{Sulfate de cuivre} \quad . \quad . \quad . \quad \text{» } \quad 3,42$$

Le poids de cuivre déposé est 0,875 kilog. En comptant le zinc à fr. 0,60 le kilog., l'acide sulfurique à fr. 0,10, le sulfate de cuivre à fr. 0,45 et le cuivre impur recueilli à fr. 0,75, on trouve le prix total de fr. 1,55 par cheval-heure.

Il va sans dire qu'une partie seulement de cette énergie est disponible dans le circuit extérieur. Si l'on s'arrête, par exemple, à un rendement de 70 pour 100, il faut majorer d'environ un tiers la somme précédente. Il convient, en outre, de tenir compte des réactions parasites de la pile (dépôts de cuivre sur le zinc, etc.), des déchets de matière lors des renouvellements (bouts de lames de zinc, etc.) et des frais d'entretien.

En faisant entrer tous ces éléments en ligne de compte, on arrive à plus de 3 fr. pour l'énergie d'un cheval-heure fournie utilement par la pile Daniell. Les autres éléments voltaïques usuels donnent des valeurs comparables.

Ces résultats sont peu encourageants si on les compare à ceux fournis par les machines dynamo-électriques actionnées par des machines à vapeur. Cette dernière combinaison ne permet d'utiliser que la dixième partie environ de l'énergie totale du charbon, mais ce combustible s'obtient à bas prix. Dans les couples voltaïques, on parvient à retirer une fraction beaucoup plus considérable de l'énergie de combustion du zinc, mais le prix de ce métal est plus de cinquante fois celui du charbon, et, en outre, les dépolarisants des piles occasionnent généralement une dépense bien supérieure à celle du zinc.

Si la production industrielle de l'électricité ne trouve pas, dans l'état actuel de nos connaissances, sa solution dans les piles voltaïques, ces appareils ont néanmoins un champ d'application très étendu. Ce sont, en effet, des générateurs toujours prêts, pouvant développer des puissances électriques minimes sans grande dépense d'installation et sans autre mise en train que la fermeture d'un circuit. Dans les applications domestiques aux sonneries, pour la télégraphie, la téléphonie et certains travaux de laboratoire, les piles voltaïques rendent les plus grands services.

PILES SECONDAIRES OU ACCUMULATEURS.

276. — Définitions. — On a vu, § 274, que la pile zinc—sulfate de zinc—sulfate de cuivre—cuivre est régénérable par le courant; lorsqu'on fait passer dans l'élément un courant de sens opposé à celui qu'il tend à produire, le sulfate de zinc est réduit et le métal se dépose sur la plaque de zinc, tandis que le cuivre rentre en solution à l'état de sulfate de cuivre.

Beaucoup de couples sont de la sorte *réversibles* et lorsqu'on dispose d'une source d'énergie électrique économique, il peut être plus avantageux de régénérer les éléments constitutifs par l'électro-lyse que par le remplacement des métaux et des liquides. Envisagée à ce point de vue, la pile devient un réservoir ou accumulateur dans lequel on emmagasine, sous forme d'énergie chimique poten-tielle, l'énergie électrique d'un générateur. On reproduit celle-ci, au moment du besoin, en insérant la pile dans un circuit utile donné. De là le nom de *pile secondaire* ou *accumulateur voltaïque* que reçoit une pile formée par l'électrolyse. Cette pile ne diffère que par le mode de formation d'une pile primaire de même composition.

277. — Rendement d'une pile secondaire et constantes spécifiques. — Appelons E la différence de potentiel appliquée aux bornes de la pile secondaire en vue d'effectuer sa *charge*, e la force contre-électro-motrice développée par les réactions et r la résis-tance intérieure de l'élément; on a

$$E = e + ir.$$

Généralement, toutes ces quantités varient pendant la charge, en sorte que l'énergie totale dépensée pendant cette opération, dont la durée est T, doit être mise sous la forme

$$\int_0^T E\, i\, dt.$$

L'énergie perdue en chaleur par l'effet Joule est

$$\int_0^T i^2 r \, dt,$$

et la fraction emmagasinée est la différence ou

$$\int_0^T e \, i \, dt.$$

D'un autre côté, si l'on désigne par E' la force électro-motrice de la pile au moment de son utilisation ou de la *décharge*, par e' la différence de potentiel aux bornes et par r' la résistance intérieure, on obtiendra de même, si ces quantités sont variables, une énergie totale restituée

$$\int_0^{T'} E' \, i' \, dt,$$

T' étant la durée de la décharge. La fraction

$$\int_0^{T'} i'^2 \, r' \, dt$$

est perdue en chaleur dans le couple, de sorte que la différence

$$\int_0^{T'} e' \, i' \, dt$$

représente l'énergie utilisable rendue par l'accumulateur.

En conséquence, le *rendement en énergie* de ce dernier est exprimé par

$$\eta = \frac{\int_0^{T'} e' \, i' \, dt}{\int_0^T E \, i \, dt}.$$

Les diverses quantités variables ci-dessus ne sont pas, en général, reliées par une loi connue, aussi les énergies doivent-elles être déterminées empiriquement. Dans ce but, on relève, à des intervalles de temps assez rapprochés pour observer leurs variations, la différence de potentiel et l'intensité du courant, pendant la charge comme pendant la décharge.

On dresse des courbes dont les abscisses représentent les temps et les ordonnées respectivement les produits Ei, $e'\,i'$. Les intégrales entrant dans le rapport η s'obtiennent en mesurant les aires limitées par ces courbes, soit à l'aide d'un planimètre, soit par la méthode de Simpson.

Souvent on dresse aussi les courbes $i = f(t)$, $i' = f(t)$, dont les aires

$$\int_0^T i\,dt, \qquad \int_0^{T'} i'\,dt$$

représentent respectivement la quantité d'électricité absorbée par les couples secondaires et la quantité d'électricité restituée ou *capacité voltaïque* utile de ces couples. Le rapport

$$\eta' = \frac{\displaystyle\int_0^{T'} i'\,dt}{\displaystyle\int_0^T i\,dt}$$

est le *rendement en quantité* des couples.

Si, par un artifice quelconque, on maintient constants le courant de charge i et le courant de décharge i', le rendement en énergie est simplement

$$\eta_1 = \frac{\displaystyle i'\int_0^{T'} e'\,dt}{\displaystyle i\int_0^T E\,dt},$$

et le rendement en quantité

$$\eta_1' = \frac{i'\,T'}{i\,T}.$$

Les données par lesquelles on définit un accumulateur sont le courant de charge normal et le *débit* en ampères, la *capacité voltaïque* utile en ampères-heures et le rendement en quantité, l'*énergie disponible* en watts-heures et le rendement en énergie, enfin la *puissance utile* à la décharge en watts.

Comme le poids constitue souvent un facteur important dans les accumulateurs, on a coutume de diviser les indications précédentes par le poids en kilogramme des électrodes. On obtient ainsi les courants de charge et de décharge spécifiques, la capacité spécifique, l'énergie spécifique et la puissance spécifique par kilogramme de plaques. Parfois, ces mêmes données sont rapportées au dcm² de surface totale d'électrodes ou encore au kilogramme de poids de l'élément (liquide, récipient et accessoires compris).

Comme, dans le cas des piles primaires, on réserve le nom de plaque ou pôle positif à l'électrode qui possède le potentiel le plus élevé à la charge comme à la décharge.

278. — Piles à gaz de Grove, de Scharf et de Mond et Langer. — Le voltamètre à eau acidulée fournit l'exemple d'un accumulateur voltaïque, si l'on a soin d'introduire les électrodes de platine, non par le fond du vase, mais par le sommet des cloches à gaz, de manière à ce qu'elles pendent dans le liquide. Lorsque les éprouvettes contiennent les éléments provenant de la décomposition de l'eau et que les électrodes sont réunies à un galvanomètre, on constate dans l'électrolyte un courant de sens inverse à celui qui a produit l'électrolyse; en même temps, les gaz disparaissent et les cloches se remplissent d'eau peu à peu.

C'est là la pile à gaz de Grove, que l'on peut former directement en remplissant les cloches de gaz, oxygène et hydrogène, préparés par les procédés chimiques ordinaires.

Le courant fourni par un élément semblable est très faible, parce que l'action chimique est confinée dans chaque cloche à la ligne de séparation de l'électrode, du liquide et du gaz.

Diverses tentatives ont été faites pour perfectionner la pile à gaz, de manière à accroitre les surfaces d'action.

M. Scharf a proposé d'enfermer la liqueur acidulée dans un tube de verre gros et court, terminé par des plaques de charbon poreux servant d'électrodes. En forçant les gaz, oxygène et hydrogène, à traverser les plaques et à arriver au contact du liquide, après avoir eu soin de réunir les électrodes par un conducteur, on observe un courant dû à la recombinaison des éléments de l'eau.

MM. Mond et Langer préconisent d'enfermer la solution sulfurique dans les pores d'une plaque de plâtre portant sur chacune des faces opposées un grillage de plomb dont les orifices sont remplis de noir de platine. On fait passer à travers ces trous les gaz qui se recombinent en formant de l'eau et en produisant un courant électrique. La force électro-motrice de l'élément fonctionnant avec l'air et l'hydrogène est d'un volt.

279. — Accumulateur Commelin et Desmazures. — Les inventeurs dont les noms précèdent sont parvenus à rendre la pile De Lalande et Chaperon, § 272, régénérable par l'électrolyse. La solution de zincate de potasse à réduire est enfermée dans un récipient en tôle étamée, contenant des électrodes en toile de fer étamée alternant avec des électrodes en cuivre poreux obtenues en comprimant à une pression très élevée (500 à 1000 kg par cm²) du cuivre réduit dans les mailles d'un support en toile de cuivre. Les plaques de cuivre poreux ainsi produites sont enfermées dans des sacs en parchemin qui les isolent des toiles étamées.

Pendant la charge, les toiles de fer servant de cathodes se revêtent d'un dépôt de zinc, les anodes en cuivre sont le siège d'un dégagement d'oxygène naissant qui, grâce à la porosité du métal, oxyde ce dernier dans la masse.

D'après les renseignements publiés par les inventeurs, un élément contenant 6 grilles de fer et 5 plaques de cuivre pesant ensemble 6 kg et ayant une surface totale, les premières de 70 dm² et les secondes de 62 dm², possède un poids total, liquide et récipient compris, de 18 kg. La force électro-motrice est d'un volt et la résistance intérieure d'environ 0,002 ohm.

Le régime de charge est de 27 ampères, celui de décharge de 60 ampères et le travail électrique total à la décharge de 0,5 kilowatt-heure ou 1,8 mégajoule.

280. — Accumulateurs à électrodes de plomb. — Une observation fortuite a fait découvrir une combinaison voltaïque qui constitue la base de la grande majorité des accumulateurs actuels. Planté remarqua qu'en employant dans l'électrolyse de l'eau acidulée d'acide sulfurique deux électrodes en plomb, il naît une force électro-motrice de polarisation considérable d'environ 2 volts, pouvant fournir un courant secondaire intense en raison de la grande conductibilité de la solution sulfurique.

Voici comment on peut expliquer les réactions qui se produisent pendant le passage du courant de charge. L'oxygène se porte sur l'anode et s'unit au plomb pour donner du peroxyde à teinte brune caractéristique, tandis que la cathode se couvre d'hydrogène qui se dégage. Après un certain temps, la surface de l'anode est recouverte d'une couche peroxydée compacte qui s'oppose à l'attaque du métal et l'oxygène se dégage également.

On arrête alors le courant et l'on opère la décharge en réunissant les électrodes par un conducteur ; il se produit une électrolyse inverse. L'hydrogène, libéré à la plaque positive, y réduit le peroxyde en protoxyde qui se combine à l'acide sulfurique pour composer du sulfate de plomb. L'oxygène, dégagé sur la plaque négative de plomb, oxyde celle-ci et cet oxyde produit également du sulfate en réagissant sur l'acide du bain.

Ces réactions, qui ont donné lieu à beaucoup de discussions, sont généralement résumées par l'équation chimique suivante, dans laquelle le premier membre représente l'état des matières après la charge, le second après la décharge :

$$Pb + 2\,H^2\,S\,O^4 + Pb\,O^2 = Pb\,S\,O^4 + 2\,H^2\,O + Pb\,S\,O^4.$$

D'après M. Tscheltzow, le dégagement de chaleur dû aux réactions de la décharge, dans l'hypothèse de la sulfatation des deux électrodes, correspond à 1,93 volt, nombre peu différent de la force électro-motrice trouvée par expérience.

Si, par les plaques sulfatées, on envoie un nouveau courant de charge de même sens que le premier, le sulfate de plomb est réduit à l'anode, où se dégage l'oxygène, en peroxyde de plomb et acide sulfurique. A la cathode, l'hydrogène ramène le plomb à l'état métallique. Les électrodes reviennent donc au même état qu'après la première charge, si ce n'est que la quantité de peroxyde de plomb formée sur le pôle positif est plus considérable, parce que la couche réduite est poreuse et laisse pénétrer plus avant l'action chimique. La plaque négative s'est couverte d'une couche pulvérulente de plomb réduit qui se prête mieux que la surface lisse initiale aux actions chimiques. Par suite de ces deux circonstances, la seconde charge ainsi que la décharge consécutive auront une durée plus grande.

En renouvelant un grand nombre de fois les deux opérations, on arrive à former des couches actives assez épaisses pour que les quantités de matières intéressées dans les réactions fournissent des courants de longue durée. Cette série d'opérations s'appelle la *formation* de la pile.

On remarquera que, par suite de l'attaque du plomb par l'oxygène, la formation de l'anode est plus rapide que celle de la cathode. Il y a avantage, en vue d'obtenir plus rapidement sur les électrodes la quantité de matières pulvérulentes requise, à recourir à des procédés chimiques. Planté a conseillé de plonger les électrodes pendant un ou deux jours dans de l'acide nitrique étendu de son volume d'eau. Une petite quantité de plomb se dissout et le métal devient spongieux à la surface des lames, circonstance favorable à la pénétration des actions chimiques en profondeur.

Toutefois, il faut plusieurs mois de préparation avant que l'elément Planté ait atteint la capacité d'emmagasinement suffisante pour un service industriel. Il en résulte une dépense considérable d'énergie électrique, même dans l'hypothèse où le courant des décharges est utilisé pour concourir à la formation d'autres éléments.

281. — Dispositions données aux électrodes du type Planté. — Dans l'une des formes classiques de l'élément Planté, les électrodes sont formées de deux feuilles de plomb rectangulaires, séparées par des bandes de caoutchouc et enroulées ensemble de manière à pouvoir se placer dans un vase cylindrique plein d'une solution d'acide sulfurique au dixième. Des bandes de plomb, fixées aux électrodes par une soudure autogène, font communiquer celles-ci avec l'extérieur.

Par cette disposition, on obtient une grande surface d'action en même temps qu'un rapprochement des électrodes réduisant à une valeur minime la résistance intérieure de la pile.

Planté a également construit des éléments rectangulaires contenant une série d'électrodes planes et parallèles, les anodes alternant avec les cathodes comme dans les piles à grande surface.

L'action chimique se produisant tout entière à la surface des lames, il y a avantage à réduire le plus possible l'épaisseur de celles-ci en vue d'alléger l'accumulateur. On est toutefois limité dans cette voie par la nécessité d'assurer la solidité et la durée de l'élément. A mesure que la pile travaille, l'oxydation amincit de plus en plus le support de plomb, et il arrive un moment où celui-ci n'a plus la rigidité nécessaire. Il convient de donner aux lames une épaisseur en rapport avec la durée du service exigé de la pile.

Diverses modifications ont été faites au couple primitif de Planté en vue d'activer la formation ou d'accroître la surface utile des électrodes.

282. — Électrodes diverses. Modèles de Montaud, Arnould et Tamine. — M. de Montaud donne aux électrodes la forme représentée dans la fig. 136. Les plaques de même polarité sont réunies à une barre de plomb antimonieux, portant une borne d'attache. Des peignes en bois paraffiné, obtenus en entaillant des planchettes par des traits de scie, permettent de maintenir l'écartement des plaques voisines.

M. de Montaud arrive à une formation rapide des plaques en électrolysant entre celles-ci une solution de litharge dans l'eau chargée de soude caustique par un courant de 5 ampères environ par dm^2 d'électrode. En très peu de temps, les anodes se couvrent

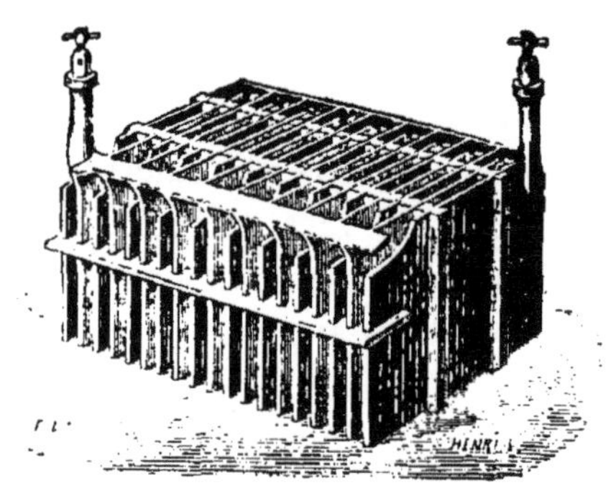

Fig. 136.

de peroxyde de plomb et les cathodes de plomb réduit. Le premier dépôt est assez adhérent ; le second l'est moins et doit être soumis à une pression énergique qui le consolide sur les plaques de plomb.

Se basant sur cette observation que, à poids égal, des fils de plomb ont une surface plus grande que des plaques de même épaisseur, MM. Arnould et Tamine ont formé les électrodes d'un accumulateur en assemblant des fils en faisceaux plats et en les réunissant par des soudures autogènes transversales vers les extrémités du faisceau et, au besoin, dans la partie médiane.

283. — Électrodes Faure. — Le principal perfectionnement apporté aux accumulateurs au plomb est dû à M. Faure, qui, au lieu de déposer les matières actives sur les électrodes par une formation électrolytique longue et coûteuse, a eu l'idée d'appliquer directement sur des plaques de plomb une pâte composée d'oxyde de ce métal malaxé avec une dissolution sulfurique qui transforme partiellement l'oxyde en sulfate. Après l'application de la pâte, les électrodes sont séchées à l'air libre de manière à laisser à la réaction le temps de s'achever et de donner au dépôt une consistance suffisante pour qu'il supporte l'immersion dans l'eau acidulée sans se désagréger. Il suffit alors d'une seule charge prolongée pour amener le sulfate à l'état de peroxyde puce à l'anode, et de plomb réduit à la cathode. Ainsi on dispose en quelques heures d'un accumulateur contenant une grande quantité de matière active et doué, par conséquent, d'un pouvoir d'emmagasinement considérable.

Dans les premiers accumulateurs de M. Faure, la pâte d'oxyde était simplement appliquée sur des feuilles de plomb, et celles-ci étaient ensuite cousues dans des sacs de feutre. Mais cette dernière substance a l'inconvénient de s'altérer dans l'eau acidulée.

284. — Formes diverses données aux électrodes par MM. Sellon, Drake et Gorham, Gadot, Reckenzaun, Laurent Cély, Pescetto, Pollak et Tudor. — Une modification heureuse, due à M. Sellon et connue dans le commerce sous la marque E. P. S., consiste en électrodes formées de grilles de plomb fondu dont les trous sont remplis à l'aide d'une pâte à base de minium pour les anodes et de litharge pour les cathodes.

Afin de pouvoir retirer les grilles du moule, on est obligé de donner aux barreaux de celles-ci une section en losange, fig. 137. Il en résulte que le foisonnement des oxydes, qui se produit pendant les réactions, tend à détacher les pastilles enfermées dans les trous.

Pour atténuer cet inconvénient, MM. Drake et Gorham laminent

les grilles de manière à les écraser et à produire des cellules
intérieures propres à retenir les pastilles comme le montre la
figure 138.

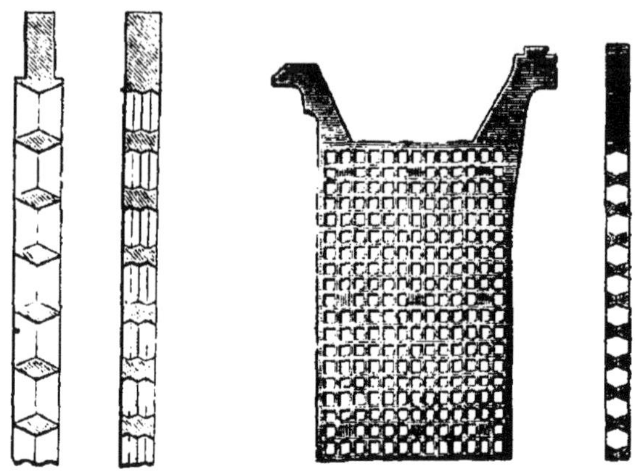

Fig. 137. Fig. 138.   Fig. 139.

M. Gadot est arrivé à un résultat plus net en réunissant par
des rivets de plomb deux plaques coulées séparément, fig. 139.

D'autres artifices ont été imaginés pour retenir les matières
actives dans leurs supports de plomb. M. Reckenzaun emploie des
électrodes obtenues de la manière suivante. On prépare de petits
boudins en pâte d'oxyde de plomb que l'on sèche et dispose suivant
des rangées régulières, comme l'indique la fig. ci-dessous, au

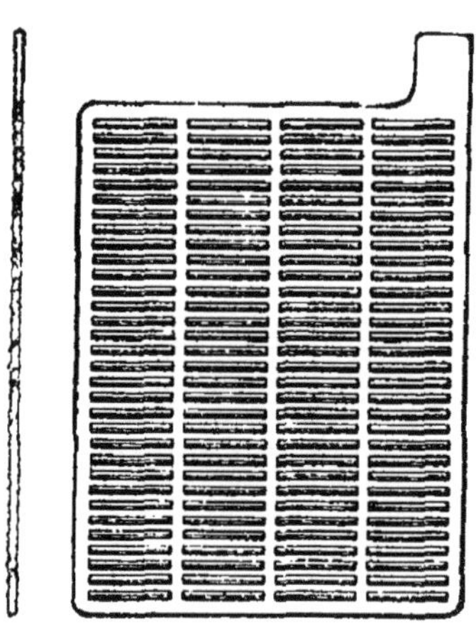

Fig. 140.

milieu d'un moule dans lequel on coule du plomb. Les boudins sont emprisonnés dans la masse de plomb et l'ensemble constitue une électrode possédant une grande souplesse et que l'on peut plier suivant sa largeur, sans provoquer la chute de la matière active.

M. Laurent Cély prépare de longues pastilles, de forme analogues à celles qu'obtient M. Gadot dans ses plaques, par le moulage du chlorure de plomb fondu. Ces pastilles sont disposées régulièrement et serrées dans un moule à plaques dans lequel on coule du plomb qui les emprisonne latéralement. Le traitement du chlorure de plomb par l'électrolyse ramène le composé métallique au même état que dans les accumulateurs précédents.

M. Pescetto coule des grilles de plomb dont les nervures présentent des surfaces intérieures rentrantes, en employant des moules où il a placé, au préalable, des pastilles à bords biseautés d'une matière soluble. La dissolution de ces pastilles donne des grilles dans lesquelles on mastique la pâte d'oxyde.

M. Pollak prépare très simplement des plaques destinées à retenir les matières actives en passant des feuilles de plomb entre des cylindres de laminoirs pourvus de saillies propres à produire sur les deux faces des feuilles des rainures croisées dans lesquelles on loge la pâte.

M. Tudor coule des plaques de plomb épaisses pourvues de rainures horizontales très rapprochées dans lesquelles on mastique la matière active. Au début, ces accumulateurs se comportent comme des couples Faure, grâce aux matières ajoutées, mais, après quelques mois de service, c'est l'oxyde formé par l'attaque des supports de plomb qui joue le rôle principal, comme dans l'accumulateur Planté. En raison de la forte épaisseur donnée aux plaques, 8 à 16 mm, les couples Tudor ont une durée très prolongée, mais, par contre, leur poids est considérable par rapport à la capacité utile.

284bis. — Dispositions des éléments secondaires à grilles. — Les figures 141 et 142 montrent deux dispositions des électrodes de l'accumulateur à grilles. Dans la première, les grilles de plomb reposent sur des tasseaux en bois transversaux disposés au fond du récipient en verre. Les plaques de même polarité sont soudées à des bandes de plomb réunies par des boulons.

La seconde disposition, fig. 142, présente des plaques négatives
appuyées par des pieds sur le fond d'un récipient en bois. Les
positifs portent à mi-hauteur des rebords qui sont soutenus par

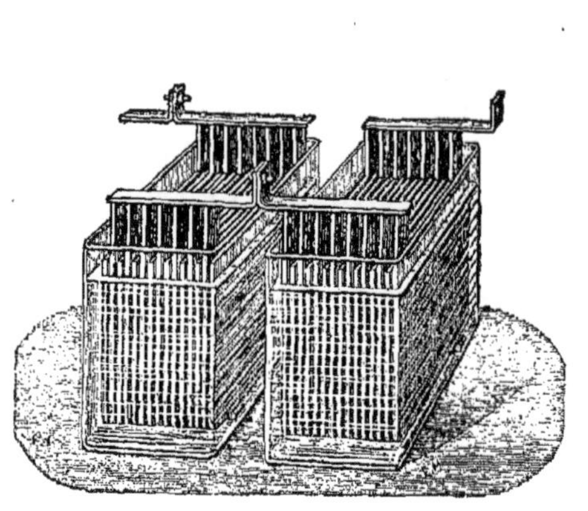

Fig. 141.

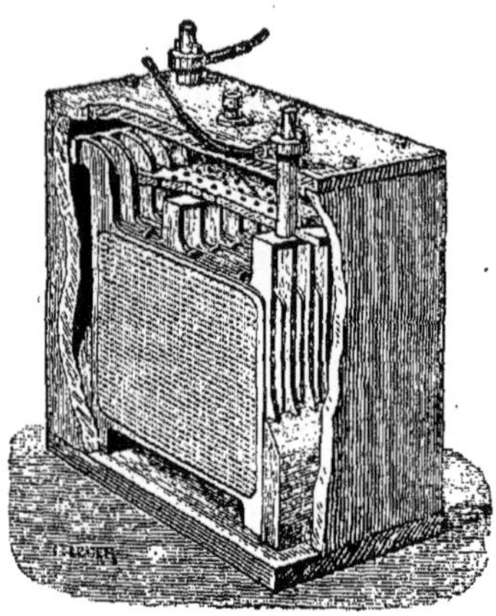

Fig. 142.

des supports en ébonite. Les plaques voisines sont maintenues
écartées par des bagues de caoutchouc entourant les positifs.
Les bandes de plomb, qui réunissent les lames de même nom
par une soudure autogène, portent des appendices cylindriques se
projetant hors des boîtes. Sur ces tiges, on passe des anneaux de
plomb dur que l'on fixe par des clavettes et qui, par l'intermédiaire
de câbles flexibles, permettent de connecter aisément les éléments
entr'eux, ainsi qu'avec le circuit extérieur. Ce mode de jonction
supprime les écrous en cuivre que le liquide oxyde et dont l'enlèvement est difficile. Les plaques supportent une planchette trouée
dont la fonction est d'éviter les projections de liquide lorsque l'accumulateur est placé sur un véhicule et soumis à des ballottements.

Le groupement représenté dans la fig. 143 permet de supprimer
complètement les connexions mobiles entre les couples successifs
d'une batterie secondaire. Deux lames, une positive et une négative,
sont jumellées par une bande arquée formée en soudant ensemble
des appendices venus de fonte avec les plaques.

Des couples de lames semblables sont plongés dans des récipients
contigus, en ayant soin d'alterner les plaques positives et négatives
à la manière ordinaire. La seule différence est que chaque lame

communique individuellement avec une lame opposée de l'élément
suivant, au lieu que les lames soient réunies par groupes entre les
éléments voisins. Cette disposition facilite le montage et le net-
toyage des lames. On peut, en effet, enlever une des plaques jumel-

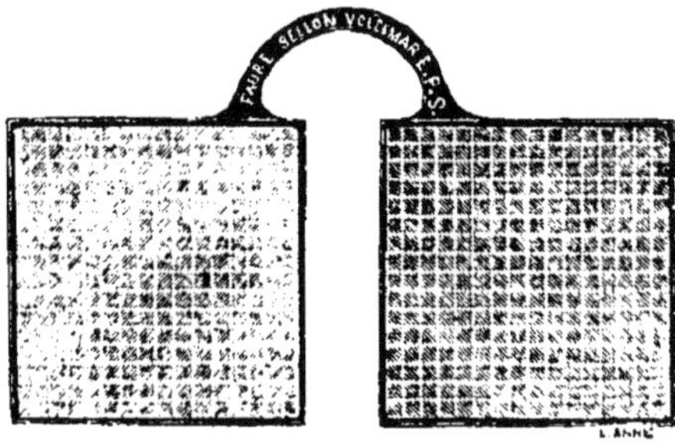

Fig. 143.

lées d'une batterie pour la visiter sans interrompre le courant.
Toutefois, cette combinaison pêche par certains côtés. Lorsqu'on
veut retirer un élément d'une batterie, on est obligé de dégarnir les
deux éléments voisins. En outre, les plaques étant disposées parallèlement à la ligne des éléments, il n'est pas possible de voir,
comme dans la fig. 141, si les intervalles entre les électrodes sont
exempts de parcelles détachées de celles-ci.

Lorsque les points d'entrée et de sortie du courant sont à la
partie supérieure des électrodes, la densité du flux électrique est
plus grande vers le haut des plaques que vers le pied de celles-ci,
d'où résultent des actions chimiques plus actives vers la surface supérieure des électrodes. En vue d'éviter cet inconvénient, la Société
d'Oerlikon fait arriver le courant par le bas de l'un des groupes
de plaques à l'aide d'une tige de plomb pénétrant jusqu'au fond du
vase.

285. — Accessoires des accumulateurs. — Les vases des accumulateurs sont généralement en verre, en bois doublé intérieurement de plomb ou en ébonite. La première substance est préférée
pour les installations fixes. Elle permet de voir l'état des électrodes
et de s'assurer de l'isolement des plaques voisines. Comme le verre
est hygroscopique, il est bon d'enduire le bord des vases de paraffine,
de vaseline ou d'une couche de peinture à l'huile pour empêcher
le grimpement de l'acide.

Les récipients en bois, rendus étanches par une chemise intérieure en plomb, sont réservés pour les couples secondaires de grandes dimensions.

Afin d'éviter les pertes d'électricité par les dépôts d'humidité qui se forment à la surface des vases, il est prudent de placer ceux-ci sur des isolateurs en porcelaine ou en verre paraffiné. On emploie. avec succès des isolateurs à rainure circulaire remplie d'huile minérale, § 473. Lorsque le fond des vases en verre est irrégulier, on dispose ceux-ci dans des baquets plats en bois, remplis de son et posés sur les isolateurs. On évitera l'accès direct des rayons solaires sur les récipients en verre, car ils occasionnent fréquemment des ruptures.

Pour séparer les plaques d'un élément, on utilise des tubes de verre, des peignes en ébonite ou en bois paraffiné ou des bagues de caoutchouc, comme on l'a vu aux § 282, 284bis. D'autres fois, on dispose sur les plaques des cavaliers en bois ou en verre qui les maintiennent écartées. M. Elwell-Parker adopte des grilles en ébonite qui tiennent les plaques à distance et les empêchent de se gondoler. Toutefois, il est préférable d'employer des moyens de séparation permettant aux éclats qui se détachent des plaques de tomber au fond des récipients. C'est dans cette vue que l'on maintient les électrodes à une certaine distance du fond ; de la sorte, les déchets qui s'y accumulent n'amènent pas de courts-circuits.

Le dégagement de gaz qui se produit à la fin de la charge d'un accumulateur entraîne des projections de poussière liquide qui endommagent les objets métalliques voisins et qui gênent la respiration. On empêche ces projections en recouvrant le liquide d'une feuille de verre ou mieux en coulant sur lui de la paraffine liquide qui se prend en une pellicule facile à enlever. Il faut avoir soin de ne pas s'approcher des éléments avec une lumière à flamme libre parce qu'il se forme, sous la feuille de verre ou de paraffine, des bulles de gaz détonnant, dont l'inflammation produit des projections dangereuses. MM. Drake et Gorham arrêtent les vésicules liquides entraînés avec les gaz en répandant sur le liquide des accumulateurs de la poudre de liége paraffinée.

Pour abriter les liaisons des électrodes contre l'oxydation résultant des projections liquides, on les enduit de paraffine.

286. — Accumulateur plomb-zinc. — Avant de terminer la description des accumulateurs, nous mentionnerons la combinaison imaginée par M. Reynier, et qui consiste à employer des plaques négatives en plomb lisse et à charger de sulfate de zinc l'eau acidulée. Le courant primaire précipite le zinc sur la plaque négative et la plaque positive se peroxyde ; à la décharge, le zinc se redissout et l'hydrogène réduit l'oxyde puce en sous-oxyde. Ce couple a une force électro-motrice élevée, 2,3 volts environ ; mais il présente un vice capital pour un accumulateur : le zinc se dissout dans l'acide sulfurique en circuit ouvert, de sorte que la charge se perd rapidement, tandis que, dans les accumulateurs précédents, la déperdition de charge provenant de réactions locales dans les matières utiles est très lente.

CONDITIONS DE FONCTIONNEMENT DES ACCUMULATEURS A ÉLECTRODES DE PLOMB.

287. — Électrolyte. — Les réactions que nous avons indiquées au § 280 montrent que la teneur en acide du liquide qui mouille les électrodes varie nécessairement pendant la marche d'un accumulateur, puisque le plomb se transforme en sulfate à la décharge, tandis que ce sel est réduit et que l'acide rentre dans le bain à la charge. Il convient donc d'adopter une proportion d'acide telle qu'à la fin de la décharge il en reste une quantité suffisante pour assurer les réactions et pour maintenir la conductibilité du liquide. L'expérience a démontré que la densité de la solution sulfurique peut varier entre 1,12 et 1,22 ; ce qui correspond à des teneurs d'environ 16 et 30 pour 100 en poids d'acide sulfurique normal, H^2SO^4. Il convient d'employer de l'acide sulfurique au soufre, exempt de produits arsénieux qui attaquent le plomb.

La variation de densité de la solution dépend naturellement de la quantité totale d'électrolyte. Cet élément étant connu, le densimètre fournit un moyen commode de s'assurer du degré de charge des éléments.

On construit des densimètres plats susceptibles de glisser entre les électrodes des accumulateurs. Il existe aussi des densimètres avertisseurs qui signalent, par la fermeture d'un circuit de sonnerie, la fin de la charge et de la décharge. M. Roux a imaginé un densi-mètre dont le plongeur déplace une aiguille qui indique à chaque instant sur un cadran l'état de charge des éléments.

Lorsque les piles secondaires sont abandonnées à elles-mêmes pendant quelque temps, il se forme à la surface des matières actives une croûte compacte de sulfate blanc, peu conductrice, qui nuit considérablement au fonctionnement des couples. Ce dépôt apparaît surtout lorsque les éléments sont déchargés; aussi faut-il avoir soin de charger les accumulateurs qui doivent être laissés au repos pendant quelques semaines, et de les recharger de mois en mois si la période d'inactivité doit se prolonger.

M. Barber a remarqué qu'on évite la formation du sulfate blanc en ajoutant à l'électrolyte du sulfate de soude. M. Preece recom-mande de former l'électrolyte à raison de 39 parties en volume d'eau, de 5 d'acide sulfurique et de 1 de sulfate de soude en solution saturée.

S'il s'est formé sur les électrodes une croûte blanche de sulfate, on peut la faire disparaître en chargeant l'accumulateur avec un courant dépassant notablement le courant normal. Il naît alors une effervescence provenant du dégagement gazeux qui détache le dépôt des plaques. Si ce dernier est trop épais, le mieux est de vider l'élément à l'aide d'un siphon et de frotter les électrodes avec une brosse à carder qu'on glisse entre les plaques voisines.

Il est bon de laisser entre les électrodes un espace suffisant pour que le liquide circule facilement et que les pastilles qui se détachent des grilles tombent librement au fond du vase, sans occasionner de courts-circuits entre les plaques voisines de polarités contraires.

L'écartement des plaques ne modifie pas notablement la résistance intérieure, attendu que le principal terme de cette résistance réside dans les matières actives qui couvrent les grilles.

Toutefois, lorsqu'on cherche à réduire le volume et le poids des éléments, par exemple pour les piles portatives, on est bien obligé de sacrifier l'écartement des plaques et de rapprocher celles-ci. Il faut alors avoir soin de passer fréquemment entr'elles une lame de verre destinée à faire tomber au fond des vases les oxydes qui se sont détachés des électrodes.

Pour les accumulateurs portatifs, la Société d'Oerlikon emploie un électrolyte en gelée obtenu en ajoutant à 3 volumes de solution sulfurique à la densité 1,1, 1 à 3 volumes de silicate de soude dissout à la densité 1,2. Le mélange est coulé dans un moule et se prend en une masse qu'on découpe en tranches destinées à être glissées entre les électrodes des couples secondaires. La gelée est arrosée d'eau de temps en temps. Ce système, imaginé par M. Schoop, maintient les pastilles dans leurs alvéoles et s'oppose à leur chute. Mais comme l'état de l'electrolyte contrarie la diffusion, la capacité et le rendement sont moindres que dans les couples à électrolyte liquide. La résistance électrique est sensiblement accrue.

288. — Électrodes. — Les électrodes à grille, les plus répandues, se coulent dans des moules en fonte rappelant le fer à gaufres. Les grilles sont consolidées par un cadre solide renforcé vers le point d'entrée du courant qui doit supporter les actions mécaniques et chimiques les plus grandes. Dans les grandes électrodes, des nervures intermédiaires plus larges assurent la solidité de la plaque.

On observe que les électrodes des accumulateurs se gondolent parfois par suite d'une action chimique inégale sur les deux faces. Cette tendance au gondolement est plus accusée dans les positifs, surtout lorsque ceux-ci sont placés aux extrémités de la série des électrodes. C'est pourquoi on a coutume d'employer deux négatifs extrêmes. On réduit le gondolement en donnant une épaisseur suffisante aux plaques. Lorsque le fait se produit, on démonte l'élément afin de redresser les électrodes.

Les grilles des accumulateurs sont en plomb, auquel on ajoute parfois des métaux étrangers pour donner de la raideur aux grilles. Ainsi on allie, dans ce but, au plomb 5 à 8 pour 100 d'antimoine. M. Julien a réussi à obtenir des grilles résistant aux actions chimiques de la pile secondaire en alliant quelques centièmes de mercure au plomb antimonieux. Cet amalgame s'obtient sans perte de mercure, comme l'a montré M. Pescetto, en projetant dans le bain liquide de plomb antimonieux un tuyau de plomb fermé aux deux bouts et rempli d'un amalgame riche de plomb, obtenu en laissant digérer de la grenaille de plomb dans le mercure. Pour obtenir l'amalgame riche ajouté au plomb, avant le moulage des grilles, M. Smith a conseillé d'électrolyser le nitrate de plomb en solution entre une anode en plomb et une cathode de mercure. Ce dernier se transforme peu à peu en amalgame.

Par suite du peu d'altérabilité des grilles ainsi amalgamées dans la masse, il est possible de renouveler plusieurs fois le dépôt de matières actives lorsque celles-ci sont tombées par l'usage.

Les positifs se préparent à l'aide d'une pâte de minium ($Pb^3 O^4$) malaxé dans l'acide sulfurique dilué à la densité de 1,1 ; c'est la litharge (Pb O) qu'on emploie dans les négatifs en la malaxant avec une solution acide de densité 1,2. Ces pâtes s'appliquent à l'aide d'une truelle en bois. Aux États-Unis, on fait usage d'un outil mécanique qui donne un produit plus consistant.

Les plaques ayant été desséchées à l'air libre, afin d'assurer une bonne consistance aux mélanges ainsi sulfatés, on les *forme* comme suit : Les plaques positives sont chargées pendant 18 heures, avec un courant d'une densité de 0,43 ampère par dcm^2 et les plaques négatives pendant 120 heures sous un courant d'une densité de 0,36 ampère par dcm^2.

La dimension des trous de grille est loin d'être indifférente. Les réactions qui se poursuivent dans la masse de matière active se propagent graduellement de la surface pulvérulente au support en plomb et elles sont d'autant plus lentes que la distance à franchir est plus considérable. Il en résulte que, si les trous sont trop grands, une partie du noyau d'oxyde est inactive. Si l'on calcule d'après la formule du § 275 la quantité d'oxyde sulfatée, on reconnaît qu'en réalité une assez faible fraction de la charge des grilles est utilisée. Il y a donc intérêt à multiplier les trous autant que possible, mais comme par ce fait on alourdit la grille dont l'épaisseur des barreaux ne peut pas décroître indéfiniment, il y a une juste limite à adopter.

Dans les accumulateurs fixes, on préfère employer des plaques épaisses de longue durée ; pour la traction électrique, on est obligé d'alléger les grilles en faisant un sacrifice sur le temps de service.

Suivant des expériences faites par l'auteur, en 1886, sur des accumulateurs Julien du type tramway, on n'utilise qu'un sixième environ des matières supportées par les grilles de plomb ([1]). S'ins-

---

([1]) *Comptes rendus des travaux du Comité international chargé des essais électriques à l'Exposition d'Anvers.* — 1887. — Liége. — Vaillant-Carmanne.

pirant de cette remarque, M. Huber a perforé les pastilles contenues dans les trous des grilles. Par ce moyen, il a accru la surface utile d'attaque en allégeant les électrodes et en permettant aux matières actives de se dilater plus librement, ce qui en retarde la chute..

En opérant sur des accumulateurs E. P. S. du type 1888, MM. Ayrton et Robertson ([1]) ont reconnu que la moitié du peroxyde des plaques positives est transformée en sulfate de plomb à la décharge. Ils ont constaté, en outre, que la matière active forme à la fin de la décharge des granules présentant une couche extérieure sulfatée blanchâtre et un noyau foncé de peroxyde. La proportion de peroxyde transformé en sulfate diminue d'ailleurs à mesure que l'on s'écarte de la surface.

289. — Densité du courant. — La densité normale des courants de charge et de décharge dépend de la forme et des dimensions des électrodes. On a intérêt, en vue de diminuer le temps pendant lequel l'accumulateur n'est pas utilisé, à accroître le courant de charge autant que possible. Mais si l'intensité est trop grande, les réactions n'ont pas le temps de se produire au sein des matières actives, et une partie des gaz provenant de l'électrolyse de l'eau se dégagent à l'état de bulles en occasionnant une dépense d'énergie en pure perte, car il n'y a pas de restitution correspondante à la décharge.

Au commencement de la charge, les réactions se produisent plus facilement qu'à la fin; parce que toute la masse de matière active est prête à absorber les gaz naissants, dont l'action s'exerce d'abord sur la surface des électrodes, tandis qu'à la fin les réactions ont lieu dans les couches profondes d'un accès difficile aux gaz et à la solution acide.

Il serait donc rationnel de faire décroître progressivement l'intensité du courant pendant la durée de l'opération. Toutefois, le régime

([1]) AYRTON, LAMB et SMITH : *Working efficiency of secondary cells. — Notes on the chemistry of secondary cells. — Journal of the Institution of Electrical Engineers,* 1890.

des machines servant au chargement exige fréquemment qu'on
s'arrête à une valeur moyenne du courant et qu'on maintienne
celle-ci constante. Cette valeur varie, suivant le type des éléments,
de 0,5 à 1,5 ampère par kg d'électrodes. Elle est indiquée par les
fabricants.

Les mêmes observations s'appliquent à la décharge des éléments,
bien que, eu égard au mode d'utilisation des accumulateurs, on
soit souvent forcé d'adopter des régimes variables de courant.
L'intensité normale varie de 1 à 2 ampères par kg d'électrodes dans
les types usuels.

On remarquera que, pendant la décharge, l'acide baignant les
matières actives se transforme peu à peu en sulfate. Si l'opération
se produit trop rapidement, l'afflux de l'acide n'est pas suffisamment actif et la sulfatation est limitée à la couche extérieure des
oxydes. Suivant le régime de décharge admis, l'épaisseur du dépôt
de matière active devra donc varier.

290. — Variations de la force électro-motrice. — La force électro-motrice de l'accumulateur au plomb est loin d'être constante
pendant la charge et la décharge. Au début de la charge, la force
électro-motrice s'élève rapidement jusqu'à une valeur voisine de
2,1 volt, comme le montre la fig. 144, qui représente les variations
de force électro-motrice rapportées aux temps de charge. La progression devient ensuite très lente et ce n'est qu'à la fin de l'opération que l'on constate de nouveau une élévation rapide allant
jusque 2,3 et 2,4. Si l'on continue la charge au delà des limites
ordinairement adoptées, on constate un accroissement lent de force
électro-motrice, laquelle peut atteindre 2,6 volts.

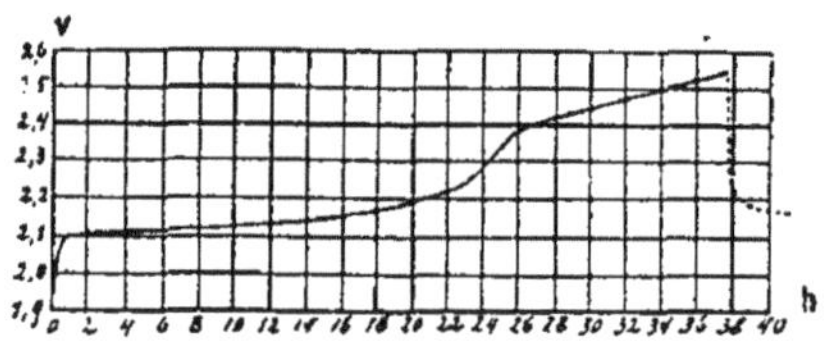

Fig. 144.

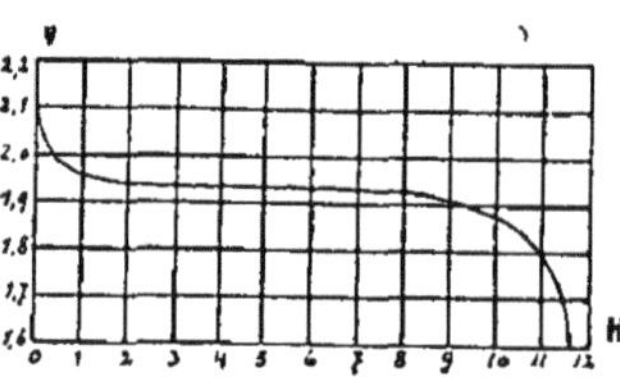

Fig. 145.

Cette valeur élevée peut être due à la formation d'hydrure de
plomb sur la cathode et d'eau oxygénée à l'anode. On observe en

même temps un bouillonnement dans l'électrolyte dû à un dégagement gazeux abondant. Il convient d'arrêter la charge lorsque ce dégagement commence à se produire, car la dissociation des gaz absorbe de l'énergie en pure perte, et leur foisonnement au sein des matières actives peut désagréger celles-ci.

Si on laisse l'élément au repos après la charge, la force électro-motrice tombe progressivement à 2,1 volts, comme le montre la fig. 144. Cette valeur décroît ensuite avec une grande lenteur, par suite des actions locales produites au sein des électrodes. Ces actions consistent dans la combinaison des matières actives avec l'acide sulfurique.

Si l'on décharge l'élément immédiatement après le chargement, la chute de 2,5 volts à 2,1 volts se produit en quelques secondes. La force électro-motrice décroît ensuite lentement jusque vers 1,9, fig. 145, puis de nouveau très rapidement jusqu'à une valeur faible. Il convient de ne pas dépasser la valeur de 1,85 volt.

Lorsqu'on descend en dessous de cette limite, le rendement de la pile décroît et, en outre, on observe à la surface des négatifs la formation d'une croûte de sulfate blanc qui s'écaille et tombe au fond du récipient en occasionnant une perte de matière active et d'acide sulfurique.

Si, après avoir poussé la décharge aussi loin que possible, on abandonne l'élément à lui-même, on observe que la force électro-motrice reprend lentement une valeur peu différente de 2 volts. Ce phénomène paraît tenir au fait suivant. La chute de force électro-motrice est due à la formation de peroxyde de plomb sur la plaque négative. Cet oxyde est rapidement réduit par une action locale, lors de la cessation de la décharge, et l'excès de peroxyde des plaques positives ramène la force électro-motrice normale.

La résistance intérieure d'un accumulateur varie nécessairement par suite du changement progressif de composition de l'électrolyte et des matières actives pendant la charge et la décharge. Pour déterminer cette résistance, on observe successivement la différence de potentiel aux bornes à circuit ouvert et à circuit fermé, ainsi que l'intensité du courant dans ce dernier cas, § 229. Dans les accumulateurs à grilles E. P. S., la résistance intérieure est, en moyenne, d'après M. Ayrton, de 0,12 ohm par dcm^2 de surface totale des plaques positives à la charge et de 0,0835 ohm à la décharge. On constate que la résistance de l'accumulateur, qui, comme on l'a vu au § 288, tient surtout aux matières actives, croît à la fin de la charge et à la fin de la décharge.

291. — Indices de la fin de la charge et de la décharge. — Il est important, au point de vue du rendement et de la conservation des accumulateurs, d'arrêter la charge et la décharge en temps utile.

D'après ce qu'on a vu plus haut, le voltmètre et le densimètre sont les meilleurs guides à suivre en vue de constater l'état des éléments.

A la fin de la charge, le premier appareil marque environ 2,3 à 2,4 volts par élément, tandis que le densimètre accuse un poids spécifique qui, suivant la quantité et la teneur de l'électrolyte, varie entre 1,18 et 1,22.

Un indice plus frappant de la fin de la charge est l'état laiteux de l'électrolyte produit par le dégagement gazeux abondant des éléments de la décomposition de l'eau. Toutefois, si la charge est produite par un courant trop énergique, des bulles apparaissent dès le début de l'opération.

La décharge est arrêtée lorsque le voltmètre marque 1,85 volt. Toutefois, comme la force électro-motrice a pu se relever pendant une interruption du courant, cet indice n'est certain que si la tension aux bornes est prise immédiatement après la décharge.

292. — Rendement des accumulateurs. — Lorsqu'un élément à grilles est déchargé sous un *débit spécifique* de 1 ampère par kg. d'électrodes, on estime que sa *capacité utile spécifique* est d'environ 9 ampères-heure par kg. Avec les électrodes légères employées dans les accumulateurs servant à la traction des véhicules, la capacité peut monter à 11 et même à 13 ampères-heure sous un régime de décharge de 2 ampères par kg d'électrodes. Les éléments du type Planté ne donnent guère plus de 4,5 ampères-heure par kg.

Si la décharge d'une batterie est trop rapide, l'effet utile peut être diminué d'un tiers et même davantage. On déduit des indications précédentes *l'énergie utile restituée* par les couples secondaires. La différence de potentiel moyenne étant voisine de 1,9 volt à la décharge, on obtient *une énergie spécifique* par kg de plaques de 17 watts-heure ou 0,06 mégajoule pour les accumulateurs à grilles destinés aux installations fixes, de 23 watts-heure ou

0,08 mégajoule pour les accumulateurs à grilles légers et de 8,5 watts-heure ou 0,03 mégajoule pour les éléments Planté.

Si l'on cherche le poids d'électrodes nécessaire pour produire une puissance électrique disponible d'un kilowatt, on se basera sur ce fait que la densité du courant de décharge varie de 1 à 2 ampères par kg. Un kg d'électrodes fournit donc une *puissance spécifique* de $1,5 \times 1,9 = 2,85$ watts. Le poids correspondant à la puissance d'un kilowatt sera d'environ 350 kg. Un accumulateur de ce poids est capable de débiter une énergie utile d'environ $0,020 \times 350 = 7$ kilowatts-heure.

Les premiers spécimens d'accumulateurs à grilles ne restituaient guère que 50 pour 100 de l'énergie dépensée. Dans des essais exécutés par l'auteur en 1886 sur des accumulateurs Julien, le *rendement* moyen *en énergie* obtenu au cours de 20 opérations (charge et décharge) effectuées dans des conditions variables et analogues à celles de la pratique, a été 78,7 pour 100.

Le rendement en énergie des piles secondaires s'améliore d'année en année, grâce aux progrès réalisés dans la construction de ces appareils, et l'on peut admettre actuellement le chiffre de 85 pour 100 pour les bons systèmes d'accumulateurs. On retiendra que le rendement des accumulateurs croît à mesure que leur débit diminue, à l'opposé de ce qui a lieu pour les transformateurs à courants alternatifs.

292bis. — Causes de variations du rendement. — Il résulte d'essais très-nombreux et très-attentifs effectués par M. Ayrton que le rendement d'un accumulateur dépend en grande partie de ses états de service antérieurs. Ainsi, si l'on surcharge un couple secondaire, puis le décharge jusqu'à ce que la différence de potentiel tombe à la limite inférieure normale, on peut trouver qu'une charge et une décharge normales faites ensuite donnent un rendement en quantité supérieur à 100 pour 100, la seconde décharge restituant une partie de la quantité dépensée dans la première charge.

Pour obtenir des nombres concordants, il est indispensable de commencer par faire subir aux couples une série ininterrompue de charges et de décharges poussées entre les mêmes limites de différence de potentiel. Si l'accumulateur a été antérieurement trop chargé, on constate que les rendements obtenus vont en décroissant jusqu'à une valeur constante. Lorsqu'il a été trop déchargé ou qu'il a été abandonné pendant un certain temps à lui-même, on reconnaît, au contraire, que les essais successifs donnent des rendements croissant jusqu'à cette même valeur constante qui constitue le rendement vrai. En traitant une batterie d'accumulateurs à grilles avec ces précautions, M. Ayrton est arrivé à un rendement en quantité de 0,97 et un rendement en énergie de 0,87.

La perte en quantité constatée à la décharge provient vraisemblablement des réactions locales qui se produisent sur les électrodes. Dans ses essais, effectués en 1886, l'auteur a constaté un accroissement de poids des électrodes, lors de la décharge, supérieur à l'accroissement indiqué par la formule théorique de la sulfatation. D'un autre côté, M. Ayrton a reconnu que la variation de température de l'électrolyte ne correspond pas à l'échauffement dû au courant, ce qui décèle des réactions chimiques non réversibles dans le couple.

On observe que les actions chimiques ne sont pas les mêmes aux différents niveaux des électrodes. Les différences s'accusent par des colorations différentes et par des duretés inégales des pastilles vers le haut et vers le bas des plaques. On peut attribuer ces divergences à une inégalité dans la répartition du courant dont la densité tend à prendre une valeur plus forte à la partie supérieure des électrodes par où arrive le courant. En outre, les gaz libérés et remontant le long des électrodes ont une action plus marquée vers la partie supérieure de celles-ci.

293. — Durée des couples secondaires. — Le bon fonctionnement d'une pile secondaire ne s'obtient qu'au prix d'une surveillance méticuleuse des éléments. Les indications du voltmètre et du densimètre doivent être l'objet d'une attention spéciale. Si la force électro-motrice d'une batterie n'atteint pas sa valeur normale, il convient de passer chaque élément en revue à l'aide de ces instruments.

Lorsqu'on trouve un élément défectueux, on cherche à voir s'il n'est pas tombé entre les électrodes des pastilles d'oxyde mettant les plaques en court-circuit. Le cas échéant, on fait tomber ces déchets avec une baguette ou une lame de verre. Si une ou plusieurs plaques se sont courbées ou couvertes d'une croûte de sulfate blanc, on vide les récipients et l'on retire les électrodes pour les redresser ou gratter le dépôt avec une lame de verre ou une brosse à carder et l'on renouvelle la solution électrolytique. Généralement, un élément ainsi nettoyé se charge plus rapidement que les autres.

La couleur et l'état de la surface des plaques sont, dans les accumulateurs à grilles, des indices utiles à observer. Si les décharges ont été trop prolongées ou encore lorsque les éléments sont restés trop longtemps abandonnés à eux-mêmes, les plaques se couvrent d'une croûte blanche de sulfate de plomb. Si le mal est plus profond, la surface des lames présente des boursouflures, signes avant-coureurs de la chute de la matière active qui peuvent se manifester également par suite d'un défaut de fabrication ou de qualité des plaques.

Lorsqu'un élément à grilles est bien traité et soumis au régime de décharge normal, on peut estimer, avec M. Preece, que les négatifs ont une durée d'au moins dix ans. Les positifs fatiguent davantage et leur service ne dépasse pas deux à trois ans, après quoi il faut renouveler entièrement la pâte contenue dans la grille. Les accumulateurs de tramways sont soumis à un régime forcé et leur durée est beaucoup plus limitée.

MACHINES
DYNAMO-ÉLECTRIQUES

PRÉLIMINAIRES.

294. — Définitions. — On a vu, dans les deux chapitres précédents, que la transformation directe en énergie électrique de la chaleur ou du travail chimique n'a pas conduit jusqu'à présent à des résultats économiques.

C'est à la transformation du travail mécanique, basée sur les phénomènes d'induction, que l'on doit le mode industriel de production de l'électricité.

Les appareils permettant de réaliser ce résultat sont appelés *machines dynamo-électriques*. Ils comprennent deux parties essentielles :

1º Un système *d'inducteurs*, destiné à produire le champ magnétique dans lequel se développent les phénomènes d'induction. Suivant que les inducteurs sont des aimants permanents ou des électro-aimants, la machine est dite *magnéto-électrique* ou *dynamo-électrique*. Les expressions abrégées, *magnétos* et *dynamos*, sont entrées dans le langage courant pour désigner les machines appartenant à ces deux catégories.

2° *L'induit* ou *armature* que composent les conducteurs déplacés dans le champ magnétique et qui sont le siège de forces électro-motrices d'induction.

295. — Machine simple théorique. — Reprenons le cas traité au § 179 d'une boucle de fil tournant autour d'un de ses diamètres dans le champ terrestre, l'axe de rotation étant supposé vertical.

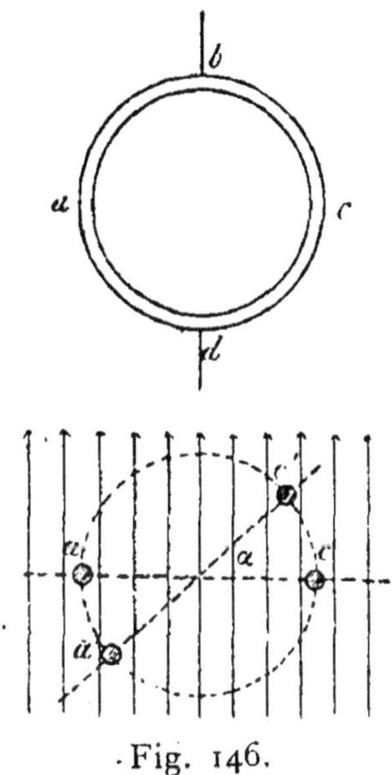

.Fig. 146.

Soit qu'on applique la règle de Maxwell, § 167, ou celle de Faraday, § 168, il est aisé de voir que la spire est le siège d'une force électro-motrice d'induction variable qui change deux fois de sens par révolution, au moment où le plan du fil est normal au méridien magnétique. Un tel arrangement constitue une dynamo réduite à sa plus simple expression. L'inducteur est la terre, et l'induit la boucle de fil.

La force électro-motrice d'induction est exprimée par $S \mathfrak{H} a \sin at$, formule dans laquelle

S est la surface de la spire,

$\mathfrak{H}$ l'intensité de la composante horizontale du champ terrestre,

a la vitesse angulaire,

t le temps écoulé entre la position actuelle de la spire et une position initiale, normale au méridien magnétique.

L'intensité du courant produit est

$$i = \frac{S\,\mathcal{L}\,a}{\sqrt{r^2 + a^2\,\mathcal{L}^2}}\,\sin(a\,t - \varphi) = \frac{E_o\,\sin(a t - \varphi)}{r\sqrt{1 + \dfrac{a^2\,\mathcal{L}^2}{r^2}}},$$

où r est la résistance du circuit, $\mathcal{L}$ son coefficient de self-induction, et φ l'arc dont la tangente est $a\,\dfrac{\mathcal{L}}{r}$.

Cette expression montre que l'intensité du courant ne s'annule pas en même temps que la force électro-motrice, mais que la position de la spire pour laquelle le courant passe par zéro fait un angle φ avec le plan normal au méridien et que cet angle doit être compté dans le sens de la rotation de la boucle. Le retard et la résistance apparente du circuit sont d'autant plus faibles que la *constante de temps* $\dfrac{\mathcal{L}}{r}$ est plus réduite.

296. — Commutateur ou collecteur simple. — Dans l'exemple que l'on vient de considérer, le circuit parcouru par les *courants alternatifs* ne s'étend pas au delà de la spire même. Pour utiliser la force électro-motrice d'induction dans des conducteurs extérieurs à la spire, il est nécessaire d'employer un dispositif spécial que l'on désigne sous le nom de *commutateur* ou *collecteur*.

Si le circuit extérieur doit être parcouru par des courants alternatifs, on ouvre la spire et l'on attache les bouts libres à deux bagues métalliques isolées, dont les axes se confondent avec l'axe de rotation du fil induit, fig. 147. Deux ressorts ou balais fixes s'appuient sur les bagues et maintiennent la liaison entre le conducteur extérieur et la partie mobile du circuit.

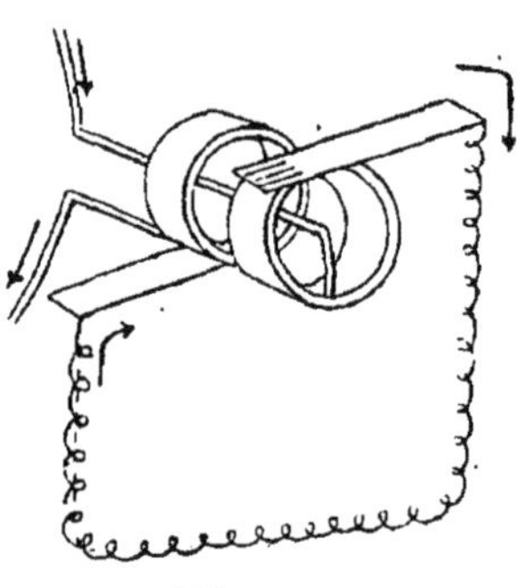

Fig. 147.

L'appareil ainsi disposé pour produire des courants alternés dans le circuit extérieur est appelé *machine à courants alternatifs*, *machine alternative* ou *alternateur*.

297. — Commutateur redresseur. Angle de calage. — On peut par un artifice faire en sorte que les courants recueillis dans la partie fixe du circuit conservent un sens invariable. Le commutateur comprend alors deux coquilles semi-cylindriques isolées, fig. 148. Les ressorts de contact sont calés dans une position

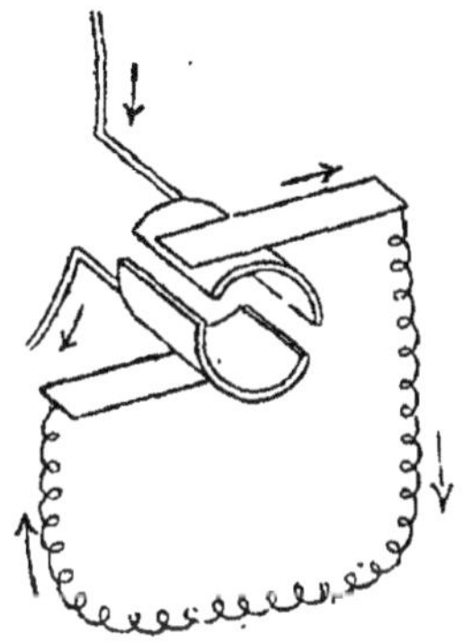

Fig. 148.

telle que leurs communications avec les tronçons cylindriques soient interverties au moment où le courant change de direction dans l'induit. Par ce moyen, les ondes de courant, au lieu de varier périodiquement de sens comme dans la partie mobile du circuit, sont redressées et conservent un sens constant dans le circuit extérieur.

Pour cette raison, l'appareil s'appelle alors *machine à courant continu, dynamo à courants redressés* ou encore *machine continue*.

Supposons pour un instant que les deux parties cylindriques du commutateur soient infiniment rapprochés sans se toucher et que les ressorts appuient suivant deux lignes géométriques situées dans un plan passant par l'axe de rotation et appelé plan de commutation. Si le circuit était dépourvu de self-induction, le plan de commutation correspondrait à la position de la spire, pour laquelle celle-ci est normale au méridien. Mais, comme la self-induction a pour effet de mettre la phase du courant en retard sur la phase de la force électro-motrice, le plan de commutation doit être avancé d'un angle φ dans le sens de la rotation. Cet angle s'appelle *angle de calage* des balais. Il est d'autant plus grand que la constante de temps $\frac{L}{r}$ du circuit est plus considérable.

En réalité, on est obligé d'écarter les deux coquilles du commutateur et d'employer des lames touchant celles-ci suivant des surfaces plus ou moins étendues. Il en résulte qu'au moment de la commutation l'induit tournant est mis en court-circuit pendant une fraction notable de la révolution. De là des réactions complexes que nous analyserons dans la suite et en vertu desquelles le courant ne passe jamais par une valeur nulle dans le circuit extérieur. L'angle de calage pratique se détermine par tâtonnements en faisant varier la position des balais jusqu'à ce que les étincelles de rupture soient réduites à un minimum.

298. — Machine de Siemens. — La force électro-motrice d'une machine telle que celle qui vient d'être décrite serait excessivement faible. Si l'on admet qu'une spire verticale de 100 cm² tourne à raison de 20 révolutions par seconde dans le champ terrestre dont l'intensité horizontale est $0,2$ unité C. G. S., on aura $\mathfrak{H}\,S\,a = 2\,500$ unités C. G. S., soit

$$2\,500 \times 10^{-8} = 0{,}000025 \text{ volt.}$$

En vue d'obtenir des forces électro-motrices suffisantes pour les applications industrielles, on doit chercher à accroître les trois facteurs $\mathfrak{H}$, S et a. Pour augmenter la surface induite, on emploie une bobine d'un grand nombre de spires. Les aires de celles-ci s'ajoutent et la force électro-motrice est, en appelant S la surface d'un tour de fil et n le nombre de tours,

$$E = n\,S\,\mathfrak{H}\,a \sin at.$$

Pour accroître l'intensité du champ, on constitue un système inducteur par des aimants ou des électro-aimants. La bobine induite tourne entre les pôles opposés des inducteurs.

En vue de diminuer l'intervalle d'air que les lignes de force ont à franchir entre les pôles, on place à l'intérieur de la bobine un noyau en fer doux qui a pour effet de réduire la résistance du circuit magnétique et, par suite, d'accroître le flux de force utile. Le fil induit est serré sur ce noyau par des frettes de manière à ce qu'on puisse communiquer à l'ensemble une vitesse angulaire considérable sans courir le risque que la force centrifuge déforme les spires.

Les dispositions précédentes trouvent leur application dans la petite machine magnéto-électrique de Siemens, appareil simple et peu coûteux qu'on emploie souvent pour la production de courants faibles, tels que ceux nécessaires pour les appels téléphoniques.

L'inducteur est un aimant en fer à cheval à feuillets superposés. L'induit représenté dans la fig. 149 tourne entre les faces intérieures

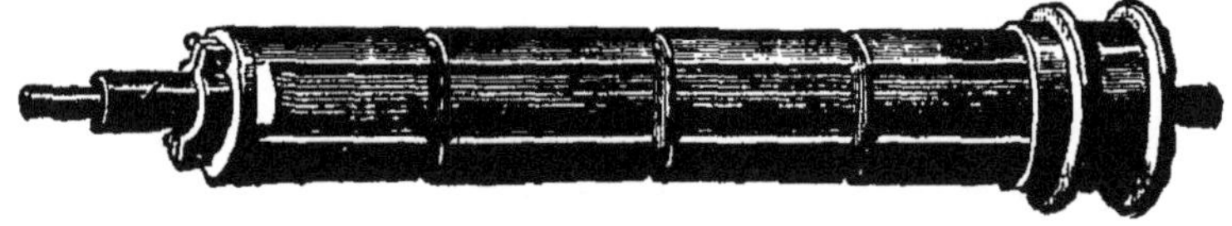

Fig. 149.

excavées des pôles. C'est une bobine allongée en forme de navette dont le noyau de fer doux a une section en double T. Le fil est logé entre les ailes du noyau et enroulé parallèlement aux génératrices du cylindre de manière à remplir à peu près complètement les rainures. Le fil des dynamos est généralement en cuivre et isolé par deux ou trois couvertures de coton enroulées successivement en sens inverses. Des ligatures en fil d'acier ou de bronze, noyées dans de la soudure, consolident la bobine. L'axe de l'induit porte à une des extrémités le commutateur et à l'autre extrémité une poulie ou une roue d'engrenage, par l'intermédiaire de laquelle la bobine reçoit le mouvement du moteur.

Lorsque l'appareil est destiné à fournir des courants alternatifs, l'un des bouts du fil est soudé à l'axe mobile, l'autre bout à une bague entourant l'axe et isolée de celui-ci. Deux ressorts, pressant l'un sur l'axe, l'autre sur la bague, servent à recueillir le courant.

299. — Machines unipolaires. — Le disque de Faraday, décrit au § 173, est, en réalité, une dynamo d'une très grande simplicité qui fournit une force électro-motrice rigoureusement constante, à la condition d'être maintenue à une vitesse invariable. On peut donc obtenir un courant continu sans l'aide d'un commutateur redresseur, en appuyant simplement un balai sur l'axe du disque et un autre sur la périphérie de celui-ci.

Malgré ces avantages, cet appareil n'a pas reçu d'applications à cause de la faible force électro-motrice qu'il développe. On pourrait accroître celle-ci en multipliant les disques et en les mettant en tension, mais on enlèverait au système son grand mérite, la simplicité. Néanmoins la roue de Faraday est utilisable pour la production des courants très intenses et de faible tension que demandent parfois les applications électrolytiques. Montée sur un axe tournant à grande vitesse, la roue de Faraday constitue un frein simple, à action constante, lorsqu'on réunit les balais par un conducteur de faible résistance.

On a donné aux machines basées sur le principe du disque de Faraday le nom assez impropre de dynamos *unipolaires*, par opposition aux machines *bipolaires* ou *multipolaires*, dans l'induit desquelles la force électro-motrice change périodiquement de sens et qui exigent un commutateur redresseur pour fournir des courants de direction invariable.

Nous ne nous occuperons que de cette dernière classe de dynamos, les seules qui aient reçu des applications industrielles. Suivant la forme du commutateur, elles se divisent, comme on l'a vu, en machines à courant continu et en machines à courants alternatifs. Nous étudierons d'abord les premières, dont la théorie est le mieux établie.

MACHINES A COURANT CONTINU.

300. — Classification des induits. — Les induits des dynamos à courant continu se divisent en trois classes : les induits à anneau, les induits à tambour et les induits à disque.

301. — Principe de l'induit à anneau. — Supposons qu'un anneau de fer doux soit disposé dans le champ d'un aimant dont on ne voit que les pôles N, S dans la fig. 150. La présence de l'anneau détermine un fantôme magnétique représenté par les lignes pointillées. La majeure partie des lignes de force traverse la masse de l'armature circulaire et l'*entrefer*, espace compris entre les pôles et l'anneau. Une faible partie du flux, pour laquelle les lignes de force ne sont

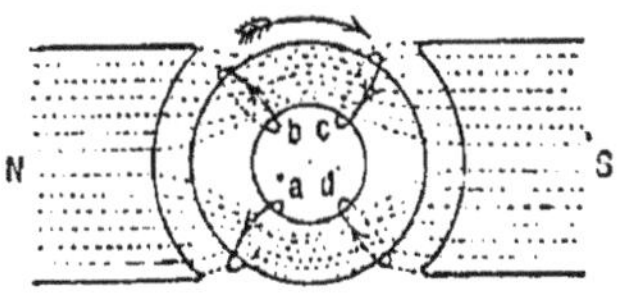

Fig. 150.

pas figurées, trouve son chemin par l'intérieur et l'extérieur de l'anneau. Le champ magnétique est d'ailleurs symétrique par rapport à la ligne des pôles.

Admettons qu'une spire de fil glisse sur l'anneau dans le sens des aiguilles d'une montre et occupe successivement les positions a, b, c, d. L'application de la règle de Maxwell, § 167, permet de vérifier aisément le sens des forces électro-motrices d'induction qui se développent dans les quatre quadrants que traverse la spire.

On peut constater que, comme dans le cas de la machine théorique, § 295, la force électro-motrice d'induction change deux fois de sens par révolution, aux passages de la bobine dans le plan normal à la ligne des pôles. Elle présente des maxima lorsque la bobine traverse cette ligne.

Afin de réaliser plus simplement l'expérience, on enroule le fil à demeure sur l'anneau et l'on communique à ce dernier un mouvement de rotation.

Le champ magnétique dans lequel se meut l'induit n'est guère modifié lorsque l'anneau de fer doux participe ainsi à la rotation du fil; tout au plus y a-t-il une légère déformation des lignes de force due aux courants de Foucault qui se produisent dans le fer.

Si les extrémités des spires induites sont reliées à un commutateur semblable à celui de la fig. 147, disposé sur l'axe de rotation de l'anneau, on obtiendra, dans un circuit extérieur relié aux balais, des courants alternatifs. Pour redresser ces courants, il suffira de faire usage d'un commutateur redresseur.

302. — Induit annulaire à circuit ouvert — La fig. 151 montre une disposition semblable, utilisée dans la machine Brush. Deux bobines A A' sont placées symétriquement par rapport à un commutateur redresseur N. Les communications sont établies de telle manière que les forces électro-motrices d'induction développées dans ces bobines s'ajoutent et sont redressées par rapport à un circuit extérieur.

En une révolution, les bobines A et A′ donnent dans ce circuit deux ondes de force électro-motrice dont les maxima correspondent approximativement aux positions voisines des pôles inducteurs N S et les minima aux positions situées à 90° par rapport aux premières.

La fig. 151 montre une seconde paire de bobines BB′ conjuguées avec un commutateur-redresseur M. Ces bobines fournissent des

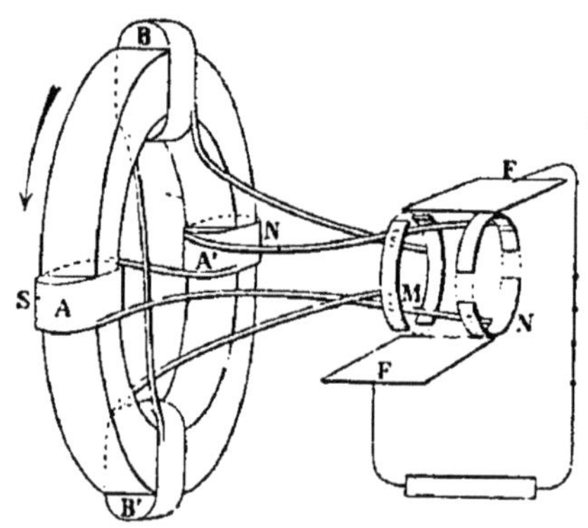

Fig. 151.

ondes de force électro-motrice dont les maxima alternent avec ceux de la première paire de bobines.

Une seule paire de balais très larges met les deux commutateurs en relation avec le circuit extérieur. Dans cette disposition adoptée par M. Brush les deux paires de bobines sont reliées en dérivation. Il en résulte le même effet que si l'on réunissait en quantité deux éléments de pile de forces électro-motrices variables.

Ce groupement diminue la résistance intérieure du générateur et produit une certaine uniformisation de la différence de potentiel aux balais ; les ondulations de celles-ci sont moins marquées que dans le cas d'une seule paire de bobines.

Toutefois, il ne serait pas rationnel de laisser dans le circuit les sections de l'induit qui passent dans la *région neutre*, normale à la ligne des pôles N S, car à ce moment l'induction dans le fil est

sensiblement nulle, et les bobines, loin de concourir à accroître
le courant dans le circuit extérieur, absorberaient une partie du
courant engendré par la seconde paire de bobines qui passe au
même instant dans la région du maximum d'action. Afin de tourner
cette difficulté, on ménage entre les deux coquilles de chaque
commutateur de larges bandes isolées, de sorte que les sections de
l'induit sont mises hors du circuit pendant leur passage dans la
région neutre. Une seule paire de bobines communique alors avec
le circuit extérieur, la seconde paire étant isolée. Dans la figure,
ce sont les sections AA' qui traversent la région des pôles. Cette
disposition a pour effet de produire des fluctuations assez considérables dans la force électro-motrice utile ainsi que dans la résistance
intérieure du générateur. Si l'on fait intervenir les réactions de self-
induction dues aux ruptures de circuit, on conçoit que la détermination du courant présente de grandes difficultés. Nous laisserons
en ce moment cette question de côté pour examiner une disposition de commutateur plus généralement adoptée. Nous nous bor-
nerons à remarquer qu'après enlèvement des balais, les bobines de
l'induit que nous venons d'étudier ont leurs extrémités isolées,
d'où le nom d'*induit à circuit ouvert* donné à cette combinaison.
Par opposition, l'induit que nous allons examiner est dit à *circuit
fermé.*

303. — **Induits annulaires à circuit fermé. Induit Gramme.** —
Dans l'induit Gramme, les bobines entourant l'anneau ont leurs

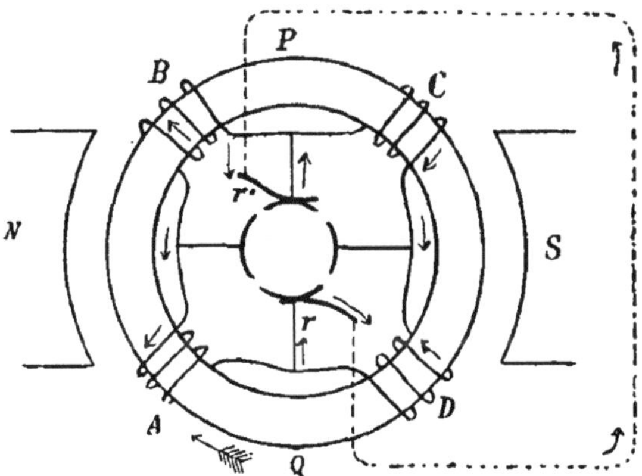

Fig. 152.

extrémités réunies de manière à constituer un circuit fermé. Ces bobines sont reliées à un commutateur ou collecteur unique desservi par une seule paire de balais. Les bouts communs des quatre bobines ou sections A, B, C, D sont rattachés à quatre coquilles cylindriques isolées les unes des autres et constituant, par leur réunion, un cylindre sur lequel frottent les ressorts fixes r et r' unis au circuit extérieur représenté en pointillé. La ligne de contact des balais est voisine de la ligne neutre PQ.

Pour déterminer le sens des forces électro-motrices d'induction dans les diverses bobines, il suffit d'appliquer la règle de Maxwell, § 167. Il est facile de voir que les forces électro-motrices produites dans les bobines A et B s'ajoutent, ainsi que celles des bobines C et D. Les courants engendrés dans les deux enroulements BA, CD s'additionnent dans le circuit extérieur. Quelle que soit la position du système, le courant va du balai positif r au balai néga-tif r' dans le conducteur pointillé.

On remarquera que, pendant que la section A s'approche de la région polaire où l'action est maximum, la section B, en tension avec la première, gagne la région neutre où l'action est nulle. Il se produit là un effet analogue à celui qu'on observe dans les cylindres accouplés des locomotives, où l'un des pistons est au point mort tandis que l'autre est vers le milieu de sa course. Le résultat dans l'induit Gramme est une atténuation des variations de la force électro-motrice utile.

On peut, en effet, figurer les ondes de force électro-motrice dues à l'induction du champ sur l'une des bobines par les courbes $a\,b$, fig. 153, représentées au-dessus de l'axe des abcisses pour tenir

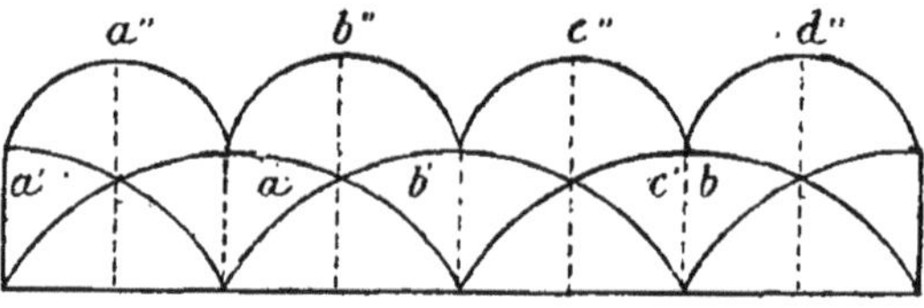

Fig. 153.

compte du redressement par le commutateur. La bobine en série fournira des ondes $a'\,b'\,c'$ qui, en s'ajoutant aux premières, donneront $a''\,b''\,c''\,d''$, dont les ordonnées présentent des fluctuations moindres que celles des courbes composantes.

Si, au lieu de quatre bobines, on disposait sur l'anneau 8 bobines également espacées, auxquelles correspondraient 8 lames au collecteur, les variations de force électro-motrice seraient moindres encore, ainsi qu'on le verrait aisément en additionnant les ordonnées des courbes correspondant aux quatre sections en série de chaque moitié de l'induit.

En pratique, on emploie un nombre de bobines considérable, de sorte que les oscillations de la force électro-motrice due au champ des inducteurs sont très faibles. Le régime du courant dans le conducteur extérieur est plus régulier encore, car la self-induction du circuit empêche les variations soudaines du courant et a pour effet de supprimer les points de rebroussement que présentent les courbes de la figure 153, lesquelles se raccordent en réalité par des courbes adoucies lorsqu'on fait entrer en ligne de compte la force électro-motrice de self-induction.

Dans certaines machines, l'anneau de section rectangulaire est complètement couvert de spires formées par des bandes métalliques soudées de manière à constituer des cadres réunis en une chaîne sans fin. Les cadres contigus sont isolés par des bandes de mica, mais les surfaces externes restent nues. De cette manière, on peut appuyer directement les balais sur la périphérie de l'induit qui constitue son propre collecteur. Dans ce système, chaque section de l'induit ne comporte qu'une spire, et les oscillations du courant sont réduites au minimum.

Mais, en général, les induits comprennent un collecteur distinct, dont les lames sont en nombre égal à celui des sections de l'anneau. Quel que soit le nombre des sections, le système d'enroulement reste le même. Les bobines élémentaires sont réunies en une chaîne continue, et chaque fil de liaison communique avec la lame du collecteur la plus rapprochée.

Pendant la rotation, toutes les sections situées d'un même côté de la ligne neutre sont le siège de forces électro-motrices de même sens qui s'ajoutent ; les courants engendrés dans les deux moitiés de l'induit se réunissent dans le circuit extérieur à la manière des courants produits par deux piles associées en quantité.

304. — Diagramme des potentiels au collecteur. Procédé Mordey. — Il résulte de ce qui précède que, pendant la rotation de l'induit, les potentiels des lames du collecteur vont en croissant des deux côtés de la ligne neutre à partir du balai négatif jusqu'au balai positif.

Supposons le balai négatif maintenu au potentiel zéro par une liaison métallique avec le sol, tandis que le balais positif est isolé, et portons sur le prolongement des rayons du collecteur passant par les diverses lames des longueurs proportionnelles aux potentiels de celles-ci; nous obtiendrons la courbe de la fig. 154, comprenant deux branches symétriques par rapport à la ligne neutre de la machine.

Le développement suivant une droite de la circonférence externe d'une section droite du collecteur transforme le diagramme polaire des potentiels, dont il vient d'être question, en celui de la fig. 155.

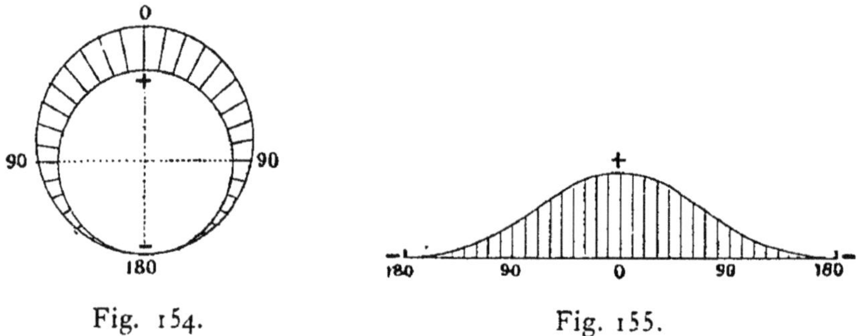

Fig. 154.   Fig. 155.

M. Mordey a indiqué le procédé suivant pour déterminer rapidement les points de la courbe. Le balais négatif est relié à une des bornes d'un voltmètre dont la seconde borne communique avec un petit balai auxiliaire. On appuie ce dernier sur le collecteur en l'écartant progressivement du balai négatif et en réglant les écarts de manière à insérer successivement les diverses sections de l'induit dans le circuit du voltmètre. Les déviations de celui-ci accusent les différences de potentiel entre le balai négatif et les lames du collecteur, et mesurent les ordonnées de la courbe ci-dessus.

L'élément de force électro-motrice fourni par chaque section de l'induit est représenté par la différence entre les ordonnées correspondant aux deux lames voisines du collecteur. Cette différence est maximum aux deux points d'inflexion de la courbe, lesquels correspondent aux bobines passant dans la ligne des pôles. Aux extrémités de la ligne neutre où la courbe présente respectivement un maximum et un minimum, l'accroissement d'ordonnée est nul.

La méthode de M. Mordey est précieuse pour vérifier la symétrie du champ magnétique dans lequel se meut le fil induit. Un défaut de symétrie est immédiatement accusé par une déformation de la courbe des potentiels.

305. — Angle de calage. — Lorsque l'induit tourne en circuit ouvert, c'est à dire sans fil de liaison entre les balais, comme on l'a supposé dans le paragraphe précédent, la ligne neutre est normale à la ligne des pôles inducteurs. Il n'en est plus de même lorsque la machine produit un courant. Déjà on a vu, au § 297, que, dans une machine théorique dont le collecteur ne comporte que deux lames, la ligne de contact des balais doit être avancée dans le sens de la rotation de l'induit, afin de tenir compte du retard de phase du courant provoqué par la self-induction du circuit.

L'angle de calage des balais, aussi appelé *décalage*, correspond à la position des balais pour laquelle les étincelles sont réduites au minimum. Analysons les causes qui amènent ce résultat. Au moment où une section de l'induit arrive en contact avec un des balais par la lame du collecteur reliée à l'une de ses extrémités, elle est le siège d'une force électro-motrice minime, puisqu'elle se trouve dans la région neutre, mais elle est parcourue par le courant de circulation de l'induit. Il en résulte qu'au moment où le balai met la section considérée en court-circuit par suite du contact simultané avec les deux lames du collecteur correspondant aux extrémités de la bobine, il se produit un extra-courant en rapport avec la self-induction de la section. Lorsque le balai quitte ensuite l'extrémité d'avant de la section, celle-ci rentre dans la seconde moitié de l'induit, où elle est traversée par un courant de circulation de sens opposé au précédent. Si cette interversion se produisait brusquement, il y aurait une étincelle entre le balai et la lame qu'il vient de quitter. Pour l'éviter, il faut que, pendant la durée de la mise en court-circuit d'une section, le courant change de sens dans celle-ci et y acquière la même intensité que dans la moitié de l'induit dans laquelle la bobine va entrer. Dans ce but, il convient d'avancer la ligne de contact des balais dans le sens de la rotation de la machine, de manière à amener la bobine au moment de sa mise en court-circuit dans la région du champ capable de produire une force électro-motrice qui, combinée à la force électro-motrice de self-induction de la section, développe un courant qui atteint précisément l'intensité du courant de circulation lorsque le balai quitte l'extrémité d'avant de la bobine. En résumé, pendant le temps du court-circuit le courant doit changer de sens dans la bobine commutée et reprendre son intensité normale.

305ᵇⁱˢ. — Effet de la self-induction des spires induites sur le décalage. — Le déplacement angulaire à donner aux balais dépend de la self-induction de chaque section. Cette self-induction croît avec le nombre de spires de la bobine et la section du noyau. Elle dépend, en outre, de l'état d'aimantation de ce dernier.

Si les inducteurs déterminent un état voisin de la saturation dans le noyau annulaire, vers la région neutre, le courant passant dans la section induite n'exerce qu'une action magnétisante faible sur le noyau et, par suite, il se produit une réaction de self-induction peu supérieure à celle qu'occasionnerait une bobine semblable dépourvue de noyau. Dans le cas contraire, c'est à dire lorsque l'anneau en fer est loin de la saturation, la force électro-motrice de self-induction, qui s'oppose au renversement du courant, est considérable, et l'on doit amener les sections commutées jusque sous la pièce polaire, pour y faire naître une force électro-motrice capable d'établir le courant normal.

On verra, ci-après, que le courant de l'induit et, par suite, l'extra-courant, croissent moins vite que la vitesse de la machine. Par suite, l'effet Joule, qui résulte de l'extra-courant, est proportionnel à une puissance de la vitesse comprise entre la première et la seconde.

306. — Effet de la déformation du champ sur le décalage. — Lorsqu'on fait tourner l'anneau sans relier les balais par un conducteur le courant induit est nul et le champ conserve la forme indiquée dans la fig. 150. Mais si on relie les balais entr'eux, le courant qui naît dans le fil induit provoque une déformation du champ. En considérant, en effet, la fig. 156, dans laquelle on a supprimé le collecteur, en supposant les balais directement appuyés sur les fils de l'anneau, il est facile de voir que les courants circulant dans les deux moitiés de l'induit tendent à y faire naître des flux magnétiques qui traversent, l'un le circuit magnétique formé par

la partie gauche de l'anneau, l'entrefer de gauche et la pièce polaire
N, l'autre le circuit magnétique comprenant la partie droite de
l'anneau, l'entrefer de droite et la pièce polaire S.

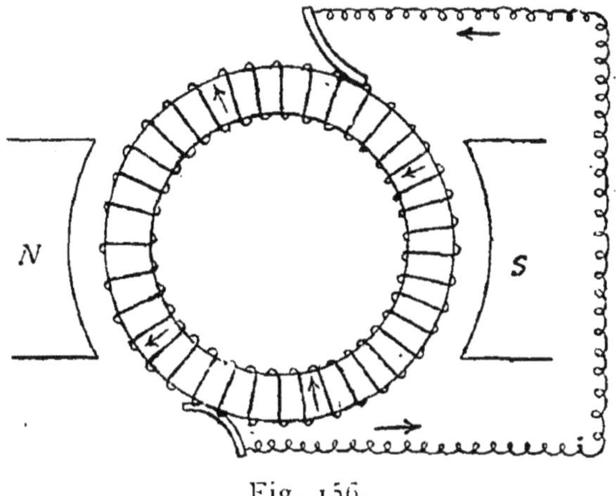

Fig. 156.

La combinaison de ces flux avec le champ dû aux inducteurs
produit un champ résultant dont les lignes de force sont indiquées
en pointillé dans la fig. 157. On constate un renforcement du champ

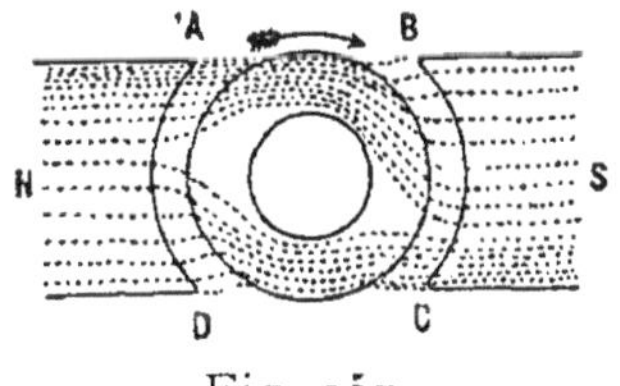

Fig. 157.

vers les cornes A et C des pièces polaires dites *cornes d'avant*, en
considération du sens de rotation de l'anneau, et un affaiblissement
vers les *cornes d'arrière* B et D. Le résultat de cette déformation du
champ est qu'il faut avancer les balais dans le sens de la rotation
d'un angle plus grand que si le flux magnétique avait conservé sa
forme primitive, pour placer les bobines commutées dans un champ
assez intense pour amener le renversement du courant.

On verra plus loin, § 332, que le décalage des balais amène une
réduction dans le flux total de la machine et, par suite, une diminution dans la force électro-motrice de celle-ci. La différence entre la
force électro-motrice de l'induit en circuit ouvert et la force

électro-motrice observée quand les balais sont reliés par un conducteur s'appelle parfois *réaction d'induit*. La réaction d'induit et le décalage sont d'autant moindres que le flux dû aux inducteurs est plus puissant relativement aux flux que tend à provoquer l'induit.

307. — Courants de Foucault dans le noyau et dans le fil induit. — Nous ne nous sommes préoccupés jusqu'à présent que de l'induction dans le fil qui recouvre l'anneau de fer. Mais il ne faut pas perdre de vue que celui-ci traverse les lignes de force produites par les inducteurs et devient également le siège de courants induits dont la direction générale est la même que celle du flux électrique parcourant le fil de l'anneau. Ces courants de Foucault entraînent une dépense d'énergie en pure perte; ils échauffent le noyau, ce qui diminue sa résistance mécanique et peut compromettre l'isolement des fils qui le recouvrent; enfin ils contribuent à accroître le flux magnétique dû à l'induit.

Pour atténuer ces inconvénients, il convient de diviser autant que possible la masse du noyau annulaire.

M. Gramme a employé un noyau constitué par un rouleau de fil de fer verni autour duquel les conducteurs induits sont enroulés transversalement. Les courants de Foucault ne peuvent ainsi se développer que dans les sections très-réduites du fil de fer, au lieu de parcourir la périphérie du noyau entier. Or, comme la somme des périmètres des fils d'une section est considérablement plus grande que le périmètre même de cette section, il en résulte que la résistance électrique opposée aux courants de Foucault est suffisante pour en diminuer beaucoup l'importance et empêcher un échauffement excessif.

L'emploi du fil de fer a l'inconvénient d'accroître la résistance magnétique de l'anneau, car les lignes de force du champ ont non seulement à traverser l'entrefer, mais elles ont encore à franchir l'espace non magnétique compris entre les spires du fil de fer. Afin d'éviter cet écueil et aussi pour simplifier la construction du noyau, on constitue ce dernier à l'aide de disques de fer empilés dans le sens de l'axe de rotation et séparés par du papier ou un vernis isolant. De la sorte, les lignes de force restent dans le fer pendant tout leur trajet à travers le noyau.

Il convient naturellement, dans le calcul de la résistance magnétique du noyau, de décompter le volume occupé par l'isolant, ce qui oblige à accroître la section totale d'autant plus que l'espace perdu est plus grand.

Indépendamment des courants parasites développés dans le noyau, il se produit des courants analogues dans la masse des spires induites qui passent dans les régions du champ magnétique où l'intensité varie rapidement, ce qui se présente vers les bords des pièces polaires. Les divers filets élémentaires composant les conducteurs coupent un nombre variable de lignes de force ; d'où il résulte dans ces filets des forces électro-motrices inégales. Celles-ci étant dirigées parallèlement à l'axe du conducteur donnent par différence un courant dans la masse de ce dernier. On arrive à réduire ces effets parasites en composant les conducteurs de faisceaux de fils isolés les uns des autres et tordus de manière que la force électro-motrice moyenne soit la même dans chaque élément d'un faisceau. Si l'on se sert de bandes de cuivre en guise de conducteurs, il convient de les poser de champ sur le noyau afin de réduire au minimum l'effet signalé.

Enfin, toutes les pièces métalliques qui servent à consolider l'induit et qui coupent les lignes de force sont le siège de courants semblables que l'on combat en divisant ces pièces autant que possible et en veillant à ce que, par leur assemblage, elles ne puissent constituer des circuits conducteurs fermés.

On remarquera que l'intensité des courants de Foucault est sensiblement proportionnelle à la vitesse de rotation de la machine en vertu de la loi générale de l'induction ; de sorte que la chaleur qu'ils développent croît comme le carré de cette vitesse.

308. — Hystérésis. — Outre l'échauffement dû aux courants de Foucault, il se produit une quantité de chaleur de même ordre par suite des variations de l'état magnétique du noyau. Pendant une révolution, ce dernier parcourt un cycle magnétique complet, ce qui, en vertu du phénomène d'hystérésis, §§ 61 et 62, représente une perte d'énergie sous forme de chaleur. Si le flux magnétique reste constant, la perte par hystérésis n'est pas diminuée par le sectionnement du noyau. Par révolution et pour les inductions supérieures à 8 000 C. G. S., elle est approximativement égale au produit, exprimé en ergs, du volume du fer en cm^3 par l'induction magnétique maximum à laquelle ce métal est soumis, diminuée de 5 000. La chaleur développée de ce chef est donc sensiblement proportionnelle à la simple vitesse de la machine, pour un nombre de pôles inducteurs donné. Il est à remarquer qu'au delà d'une induction égale à 8 000 C. G. S. la perte due à l'hystérésis est sensiblement constante pour un flux total donné à travers le noyau de l'armature, car si l'induction augmente, la section et, par suite, le volume du noyau diminuent à peu près dans la même proportion.

On estime que le calorique total dégagé par les courants de Foucault et les effets d'hystérésis du noyau est de l'ordre de celui que le courant produit dans le fil induit.

309. — Machines multipolaires. Enroulement en quantité. — Le type d'induit, décrit dans le § 303, est dit *bipolaire*, parce que les pôles inducteurs entourant l'anneau sont au nombre de deux. Lorsque les dimensions de l'anneau augmentent, on multiplie les pôles inducteurs. On obtient de la sorte des machines *multipolaires* dont nous décrirons quelques types d'après M. Rechnewski. L'induit figuré ci-dessous est tétrapolaire. Les pôles qui l'entourent

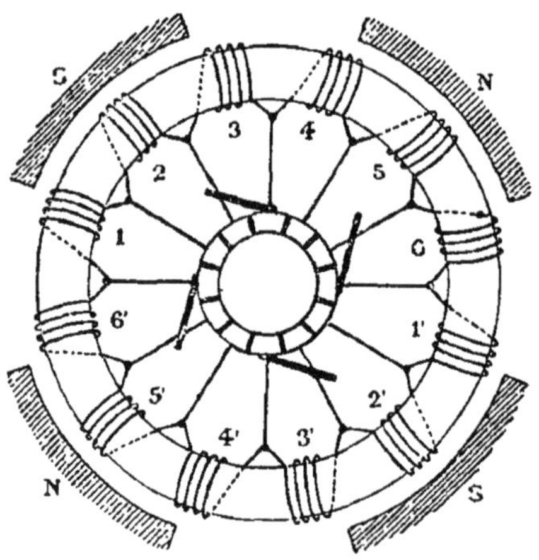

Fig. 158.

sont alternativement de noms contraires et le noyau est traversé par quatre flux magnétiques au lieu de deux.

En appliquant la règle de Maxwell, on vérifie aisément que la force électro-motrice développée dans une section de l'induit change de sens quatre fois en une révolution de l'anneau. Si le nombre des bobines enroulées sur le noyau est pair, les sections symétriques par rapport à l'axe sont le siège de forces électromotrices égales et de même sens. L'induit peut être considéré comme composé de deux induits bipolaires et le courant est receuilli par deux paires de balais appuyés sur le collecteur suivant les lignes neutres. Celles-ci, au nombre de deux, sont légèrement inclinées dans le sens de la rotation par suite des raisons étudiées au § 305. On réunit entr'eux les balais situés aux extrémités d'un même diamètre et qui sont au même potentiel. Les conditions sont alors exactement les mêmes que si l'on employait deux induits bipolaires associés en quantité.

S'il y avait 6, 8.... $2m$ pôles inducteurs, les sections de l'induit resteraient en nombre égal à celui des lames du collecteur, et le nombre des balais serait égal à celui des pôles.

Pour déterminer la perte due à l'hystérésis dans une machine multipolaire, il faut multiplier le volume du fer par la perte par cm^3 sous l'induction maximum à laquelle le fer est soumis et par le nombre de couples de pôles.

310. — Disposition Mordey. — Cette multiplicité de balais exige des supports compliqués. Elle peut être évitée, ainsi que l'a montré M. Mordey, en reliant invariablement à l'intérieur de l'induit les lames du collecteur symétriquement placées. De cette manière, les bobines induites sont groupées deux à deux en quantité, et l'on

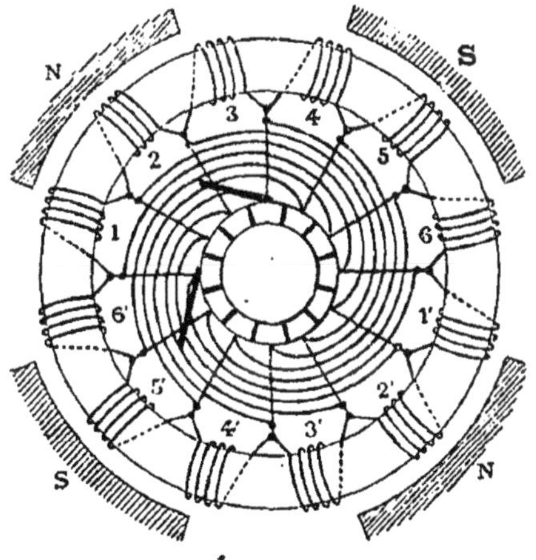

Fig. 159.

n'a besoin que de deux balais placés à angle droit, comme l'indique la fig. 159. On pourrait d'ailleurs relier par un seul fil les lames symétriquement placées, de manière à réduire de moitié le nombre des fils de connexion. Dans une machine à six pôles, les bobines seraient réunies trois par trois en quantité et les balais seraient calés sous un angle de 60°.

La réduction du nombre des balais obtenue par le système Mordey entraîne une complication dans l'enroulement de l'induit et une perte en chaleur due aux courants qui circulent dans les fils de liaison. Enfin ce système exige le croisement de conducteurs à des potentiels très différents, ce qui expose à des courts-circuits, lorsqu'un extra-courant, se produisant au moment de l'interruption du circuit principal, vient à accroître considérablement la force électro-motrice de la dynamo.

Dans les grandes dynamos, on ne considère pas comme un inconvénient l'emploi de plusieurs balais. Généralement, on fixe deux ou trois balais côte à côte sur la même lame du collecteur pour augmenter la surface du contact et permettre de remplacer l'un d'eux sans interrompre le circuit de l'induit.

311. — Enroulement en série. — Pour obtenir une force électro-motrice plus élevée, les bobines de l'induit multipolaire peuvent être réunies en série, comme l'indique la fig. 160, par des fils de liaison représentés en dehors de l'anneau.

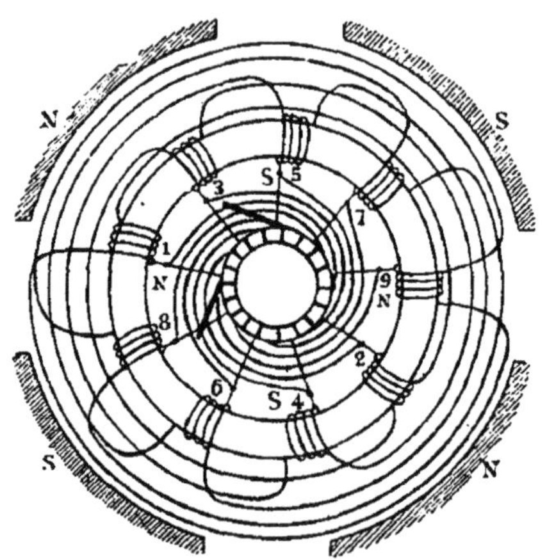

Fig. 160.

Dans cette combinaison suggérée par M. Desroziers, le nombre des bobines n'est plus un multiple de deux, de sorte qu'elles ne sont pas semblablement placées par rapport aux pôles de mêmes noms. En appelant $2m$ le nombre des pôles, le nombre des bobines est $(2mn \pm 1)$ et le nombre de lames au collecteur $(2mn \pm 1)\, n$.

Le courant est recueilli par deux balais situés à angle droit. Cette disposition, qui a été modifiée de diverses manières, est peu en usage, car on préfère, pour l'obtention des grandes forces électro-motrices, recourir aux machines bipolaires dans lesquelles les fils à des potentiels très différents sont éloignés les uns des autres. Dans le cas de la fig. 160, au contraire, il y a des conducteurs croisés qui sont à des tensions très inégales, de sorte que des étincelles peuvent jaillir entr'eux lorsqu'ils ne sont pas écartés et isolés avec soin. Cet accident est particulièrement à craindre quand on interrompt le circuit de la machine dont la self-induction produit alors un extra-courant de tension élevée.

312. — Résistance intérieure de l'induit. — On remarquera que, dans une machine bipolaire, les deux moitiés de l'induit sont reliées en dérivation, de sorte qu'en désignant par r la résistance de tout le fil enroulé sur l'anneau, la résistance prise entre balais sera $r/4$.

L'évaluation de la résistance intérieure en fonction de la résistance totale des sections induites donne le même résultat dans le cas d'une machine multipolaire enroulée en série.

Dans une machine à 4 pôles, où il y a quatre circuits dérivés, si r' représente la résistance totale des spires induites, la résistance entre balais sera $r'/16$.

Les machines multipolaires s'emploient particulièrement dans le but d'accroître le diamètre des induits et de réduire les vitesses angulaires.

313. — Examen critique des induits annulaires. — Si au lieu d'étudier le développement des courants induits dans une dynamo à anneau en appliquant la règle de Maxwell, on adopte la manière de voir de Faraday, § 168, en considérant la force électro-motrice d'induction comme prenant naissance dans les conducteurs qui coupent les lignes de force, on arrive exactement aux mêmes conclusions quant au sens et à l'intensité des courants. Toutefois, la règle de Faraday a l'avantage de montrer qu'une partie seulement du fil de l'anneau joue un rôle actif par rapport à l'induction.

Considérons, en effet, un induit dont, pour des raisons pratiques, la section reçoit généralement une forme rectangulaire allongée dans le sens de l'axe de rotation et présentant, par suite, l'aspect d'un tronçon coupé hors d'un tube épais. Les lignes de force, issues des inducteurs, pénètrent dans le noyau par la surface externe, et la surface intérieure est traversée par un flux très faible, de même sens que le flux extérieur. En appliquant la règle de Faraday, on constate que, dans une boucle de fil, l'effet d'induction est maximum dans la partie du conducteur située sur la génératrice extérieure de l'anneau. Le fil logé à l'intérieur de l'induit est le siège d'une force électro-motrice très minime de même sens que la première et qui tend à neutraliser une partie de celle-ci. Il en résulte que le fil extérieur est seul efficace. Si, en pratique, le fil intérieur n'exerce pas un effet sensiblement nuisible au point de vue de l'induction, sa résistance entraîne une perte d'énergie électrique sous forme de chaleur. C'est là un inconvénient inhérent au mode d'enroulement Gramme, qui se recommande d'ailleurs par des avantages essentiels :

1° la simplicité de construction et de réparation provenant de la séparation nette des bobines et de leur liaison simple avec le collecteur ;

2° la possibilité d'employer des induits de grand diamètre et tournant à une faible vitesse angulaire ;

3° la facilité d'obtenir des forces électro-motrices élevées sans danger pour l'isolement, parce que les potentiels des spires échelonnées sur l'anneau croissent progressivement et, qu'à moins de recourir aux enroulements représentés dans les fig. 159 et 160, il n'existe pas de conducteurs superposés à des potentiels très différents.

314. — Induit à tambour. Enroulement Siemens. — En vue d'arriver à utiliser pour l'induction une plus grande partie du fil mobile entre les inducteurs, on a recours à la combinaison suivante. Le noyau monté sur l'axe a la forme d'un tambour allongé constitué par des rondelles en fer isolées et enfilées sur l'arbre de la machine. Celui-ci porte également un collecteur analogue à celui de l'induit Gramme. Supposons que le noyau tourne entre des inducteurs bipolaires. L'enroulement d'une section de l'induit se fait alors suivant les génératrices du cylindre diamétralement opposées, ainsi que le montre la fig. 161, qui représente le mode de

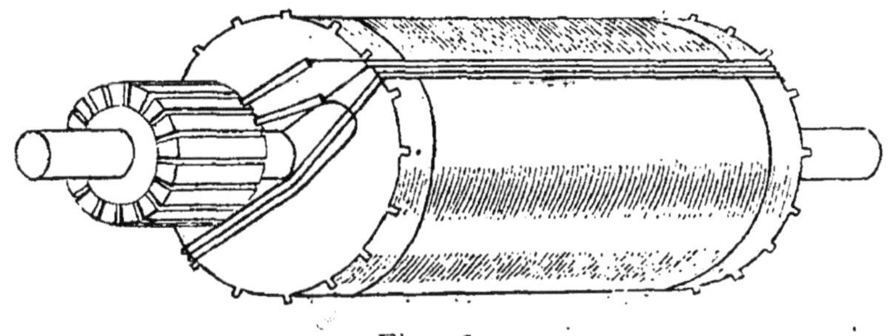

Fig. 161.

bobinage de l'*armature Siemens*. Les spires de fil sont soutenues par des saillies portées par les rondelles isolantes en fibre vulcanisée terminant le tambour.

Les parties de spires situées suivant les génératrices opposées du cylindre coupent les lignes de force du champ de l'entrefer en sens contraires. Elles sont le siège de forces électro-motrices opposées qui ajoutent leurs effets dans les spires. On peut donc réunir les deux extrémités de la bobine à deux lames consécutives du collecteur.

La différence entre ce mode d'enroulement et celui de l'induit Gramme consiste en ce qu'au lieu de fermer une spire par l'intérieur du noyau, ce qui introduit dans le circuit un long bout de fil inactif ou nuisible, on tend le fil le long de la génératrice opposée, de manière à produire dans la seconde moitié de la spire une force électro-motrice égale à celle qui prend naissance dans la première moitié. La seule partie d'une spire qui soit inactive est formée par les conducteurs passant sur les abouts du tambour. En donnant à ce dernier une forme allongée, on réduit notablement l'importance relative de la longueur de fil perdue pour l'induction.

S'il y a autant de lames au collecteur que d'intervalles vides ménagés entre les saillies du tambour, il est clair que, comme chaque section remplit deux de ces intervalles, le tambour·sera couvert de fil alors que la moitié seulement du collecteur aura été utilisée. On sera dans les mêmes conditions que si l'on n'avait bobiné que la moitié d'un anneau Gramme. Pour terminer l'induit il conviendra de superposer, au premier enroulement, un second enroulement semblable dont les sections seront raccordées successivement aux lames disponibles du collecteur.

On pourrait toutefois n'enrouler qu'une seule couche de fil en ménageant entre les saillies du tambour un nombre d'intervalles double de celui des lames du collecteur et en laissant un intervalle libre entre chaque section de fil enroulée à la première passe. Ces espaces libres sont remplis dans la seconde passe par du fil réuni à la seconde moitié du collecteur.

Si, au contraire, le nombre des saillies du tambour était moitié moindre que celui des lames du collecteur, on devrait enrouler quatre couches de fil sur le noyau pour terminer l'induit.

Les fils des bases du tambour contournent l'arbre et, en se superposant, forment des bourrelets, en sorte que l'induit achevé ressemble à un cylindre terminé par deux calottes sphériques. Il est nécessaire d'enrouler autour de la partie cylindrique des frettes formées de fil d'acier ou de bronze dont les spires sont empâtées dans la soudure, afin d'empêcher le soulèvement des fils par la force centrifuge.

On remarquera que si l'on veut, comme dans l'induit Gramme, réunir les extrémités d'une section aux lames du collecteur situées dans le même plan diamétral, il est nécessaire de ramener l'un des fils suivant un diamètre. Afin d'éviter d'allonger ainsi le fil de raccord, on peut réunir les deux extrémités d'une section avec les lames du collecteur situées normalement par rapport au plan des

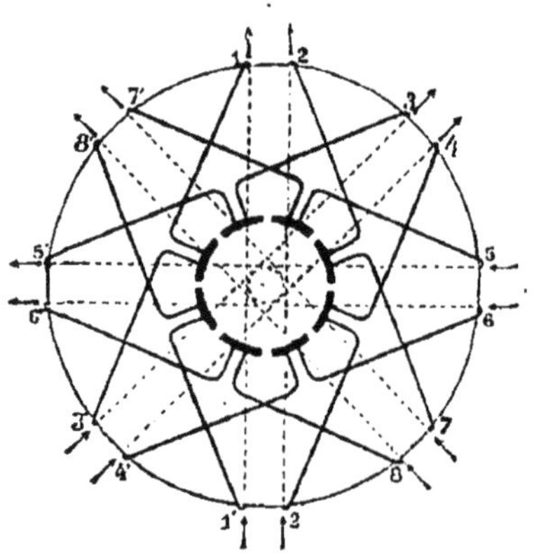

Fig. 162.

spires. L'effet est le même que si l'on avait fait exécuter au collecteur une rotation de 90° autour de son axe. Il en résulte que la ligne suivant laquelle se fait le contact des balais est alors approximativement dans la direction moyenne des lignes de force du champ, au lieu d'être dans une direction perpendiculaire. La fig. 162 montre le diagramme d'un enroulement semblable, dans lequel les lignes pointillées figurent les fils recroisant le fond du tambour opposé au lecteur, les flèches marquant la direction des forces électro-motrices suivant les fils des génératrices. Cette disposition possède encore un avantage sérieux. L'effet magnétisant exercé sur le noyau par le courant circulant dans les raccords d'une des bases est incliné par rapport à l'effet des fils de la base opposée. Il en résulte un affaiblissement du magnétisme propre de l'induit.

315 — **Enroulement Edison.** — L'enroulement Edison représenté dans la fig. 163 ne diffère de l'enroulement Siemens qu'en ce que le nombre des sections de l'induit et des lames du collecteur est impair. Pour saisir l'effet de cette disposition, il suffit de se reporter

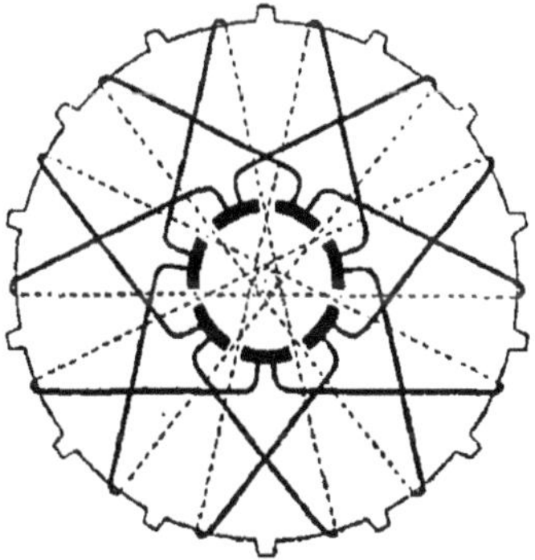

Fig. 163.

à un induit Gramme dont le nombre des bobines est supposé impair. Il en résulte que la moitié de l'induit située d'un côté du plan de commutation a alternativement une section de plus et une section de moins pendant la rotation de la machine et qu'une seule section est mise à la fois en court-circuit, tandis que, dans la disposition ordinaire, les deux sections opposées passent simultanément à la ligne neutre.

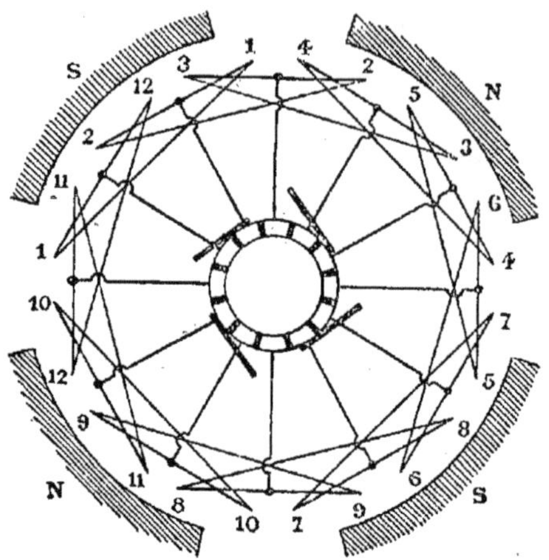

Fig. 164.

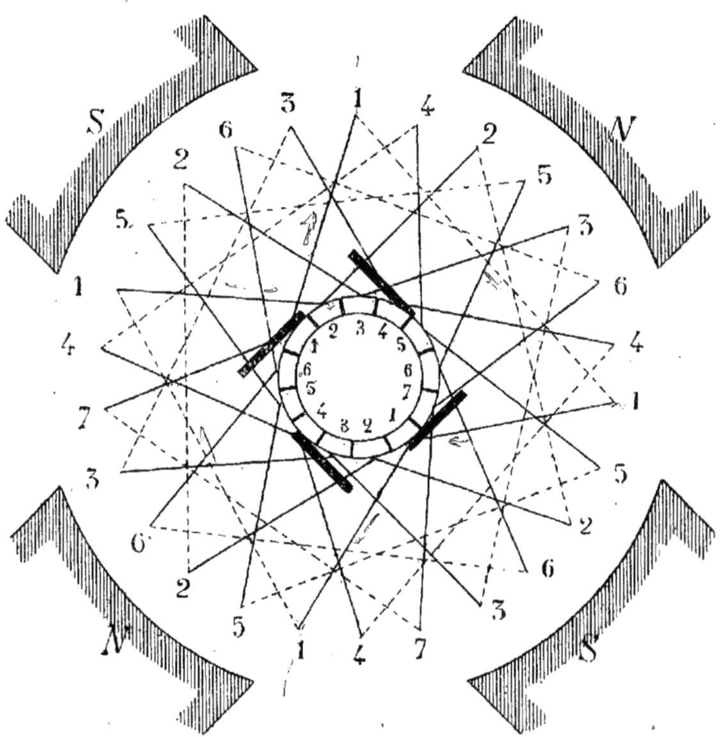

Fig. 165.

316. — Induit à tambour multipolaire, système Thury. —
L'induit à tambour peut recevoir un enroulement compatible avec
des inducteurs multipolaires. La fig. 164 montre l'enroulement
Thury pour une machine tétrapolaire. Les spires successives sont
disposées de telle sorte que les fils d'une section parallèles aux
génératrices du cylindre passent simultanément dans des champs
dont les lignes de force sont opposées. Il se produit alors dans
chaque boucle deux forces électro-motrices qui s'ajoutent. Les
liaisons avec un collecteur à quatre balais se font de la même
manière que dans un induit tétrapolaire à anneau.

317. — Enroulement Pieper. — La disposition multipolaire
brevetée par M. H. Pieper diffère de la précédente en ce que le fil
est enroulé en zigzag sur le tambour, au lieu d'être disposé par
boucles fermées, fig. 165. Chaque fois que le fil repasse sur le
fond portant le collecteur, il est mis en contact avec une lame de
ce dernier.

**318. — Comparaison de l'induit à anneau et de l'induit à tam-
bour. —** On a vu que l'enroulement du système à tambour a l'avantage de diminuer les parties de fil induit inactives et, par suite, de
réduire la résistance et les dimensions de l'armature. Par le fait
même, la déformation du champ et la réaction d'induit sont sensiblement moindres que dans l'enroulement annulaire.

Par contre, les induits à tambour sont plus difficiles à enrouler
et à consolider que les induits à anneau et la force centrifuge a
un effet plus sensible sur les fils, par suite du grand développement
de ceux-ci parallèlement à l'axe de rotation. On remarquera d'ailleurs que, par suite du diamètre relativement faible du tambour,
on est conduit à adopter de grandes vitesses angulaires pour
donner au fil induit des vitesses tangentielles moyennes de 15 à
20 m par seconde.

Le rapprochement sur les bases du tambour de fils à des potentiels très différents rend l'isolement de la machine plus précaire.
Aussi, le système d'enroulement que nous venons d'examiner
n'est-il pas approprié à la production des grandes forces électro-
motrices, lesquelles sont susceptibles d'occasionner des étincelles
à travers la couverture de coton des fils, accident particulièrement

à craindre lors des réactions de self-induction que provoque une rupture de circuit.

La réparation d'une section ainsi endommagée exige fréquemment le déroulement entier de l'induit, alors que, dans l'anneau Gramme, les bobines sont nettement séparées et peuvent se réparer isolément.

318bis . — Enroulement Eickemeyer pour l'induit à tambour. — M.Eickemeyer a évité très heureusement la superposition des bobines induites sur les fonds du noyau à tambour en donnant aux sections la forme indiquée dans la fig. 166, par un enroulement préalable du

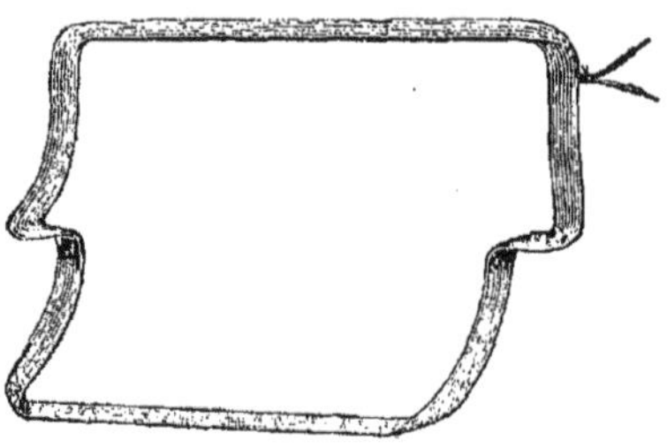

Fig. 166.

fil sur un mandrin spécial, les spires étant maintenues en place par un vernis qui les empâte. Ces bobines, qui sont interchangeables, sont disposées librement les unes à côté des autres sur un tambour formé de disques en fer empilés, isolés et maintenus par des cales sur l'arbre de la machine. Les bobines sont séparées par des chevilles en bois et le tout est consolidé par des frettes en fil, fig. 167.

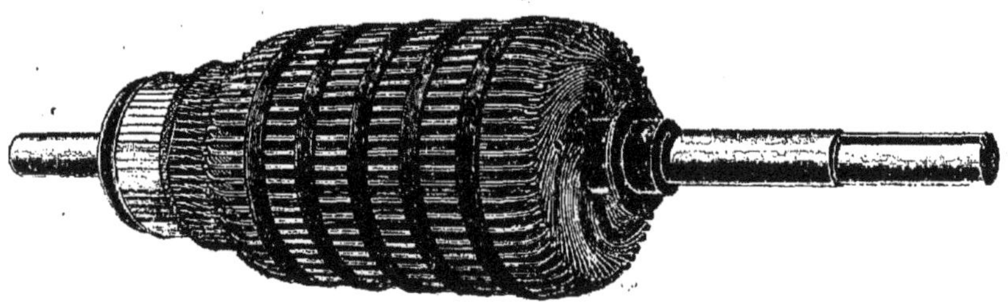

Fig. 167.

Comme on le voit dans la figure, les sections se disposent les unes à côté des autres sur les fonds du tambour. Les bouts libres des bobines voisines sont réunis deux à deux et vissés aux lames du collecteur. Si l'une des sections vient à être endommagée, il suffit d'enlever les frettes, de détacher la section et de la remplacer, sans qu'il soit nécessaire de toucher aux autres sections de l'induit, ce qui constitue un perfectionnement pratique important.

319. — Induit à disque. — Imaginons pour un instant que le noyau de l'armature à tambour soit rendu immobile et que le fil induit, porté par des bagues mobiles sur l'axe fixe du noyau, tourne seul autour de celui-ci. On aura constitué de la sorte une armature qui présentera l'avantage de n'être soumise ni aux courants de Foucault ni aux pertes par hystérésis dans le noyau. Cette disposition a été réalisée par M. Siemens, mais la consolidation du fil induit présente des difficultés sérieuses qui obligent à accroître notablement l'épaisseur de l'entrefer et, par suite, à affaiblir le champ magnétique utile de la machine.

Ces difficultés mécaniques, qui tiennent à la forme cylindrique affectée par l'induit, disparaissent en grande partie si l'on y substitue la forme en disque, en supprimant le noyau de fer mobile et en faisant tourner les conducteurs dans un plan, de manière à ce qu'ils coupent successivement les lignes de force développées par deux séries de pôles aplatis, situées de part et d'autre du disque dans deux plans parallèles à celui-ci.

La fig. 168 montre l'enroulement à disque de M. Edison. Les fils induits tournent entre les quatre pôles indiqués par des hachures

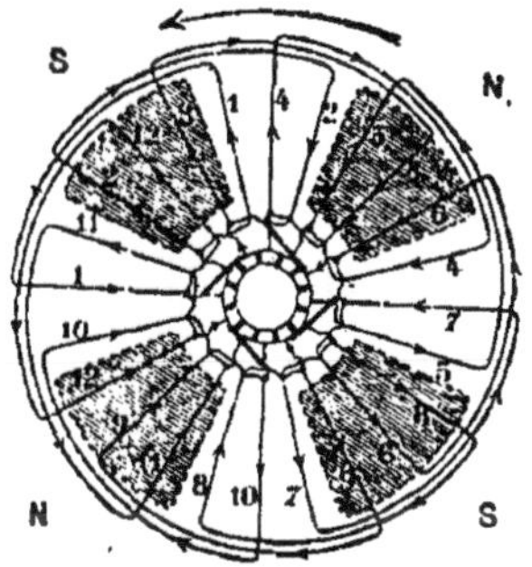

Fig. 168.

et quatre pôles de noms contraires situés en regard des premiers en avant des conducteurs.

Il résulte de cette disposition que les fils induits traversent alternativement des champs magnétiques de directions contraires et que les conducteurs rayonnants sont le siège de forces électro-motrices indiquées par des flèches. Le mode d'enroulement des fils peut être rattaché à celui de la machine Thury, avec cette différence que, dans cette dernière, les lignes de force sont radiales et les fils actifs groupés en un cylindre, tandis qu'ici les fils actifs sont les rayons d'un disque traversant un champ dont les tubes de force sont cylindriques.

Les rayons actifs du disque sont unis par des fils circulaires, de sorte que chaque boucle constitue un tronçon de secteur de cercle. Les liaisons extérieures inactives ont, comme on le voit, un développement assez grand. On peut les réduire en augmentant le nombre des pôles inducteurs ; aussi cet enroulement n'est-il avantageux qu'avec des dynamos à pôles multiples. Les liaisons avec le collecteur se font comme dans l'induit Thury.

320. — Enroulement Desroziers. — M. Desroziers a également fait breveter un enroulement à disque qui est, par rapport au précédent, ce que l'induit Pieper est à l'induit Thury. Au lieu de disposer le fil en boucles, on l'enroule en zigzag.

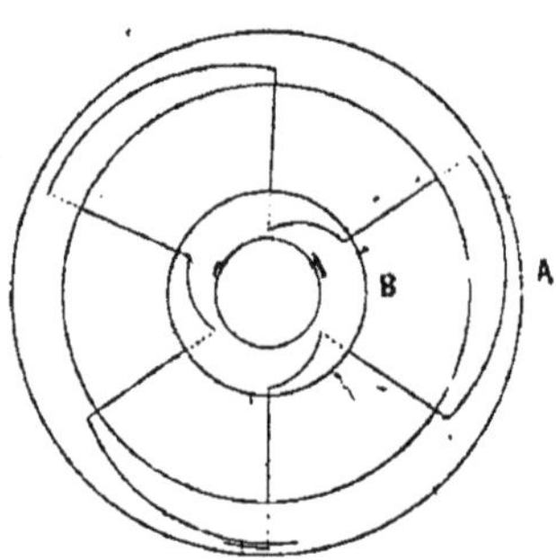

Fig. 169.

La fig. 169 montre cette combinaison dans l'hypothèse de six pôles inducteurs doubles. On verra, dans la description de la machine Desroziers, les dispositions pratiques employées pour effectuer l'enroulement de l'induit. La règle exposée au § 311 régit le rapport du nombre des pôles à celui des lames du collecteur et des faisceaux de fils radiaux.

321. — **Examen critique des induits à disque.** — L'enroulement à disque supprimant le fer de l'induit écarte du même coup les pertes par hystérésis, les courants de Foucault et la réaction magnétique qui résultent de l'emploi de ce métal.

Par contre, la multiplicité de pôles à laquelle on est entraîné accroît, comme on le verra, le coût de l'excitation des inducteurs. En outre, l'espace entre les pôles doit être agrandi pour permettre le jeu de l'induit, et il en résulte une diminution de la conductibilité des circuits magnétiques. Enfin, au point de vue mécanique, il est clair qu'il est plus difficile d'assurer la rigidité d'un induit à disque que celle d'un induit à anneau ou à tambour.

321bis. — **Enroulement à disque de M. Fritsche.** — M. Fritsche a cherché à obvier à l'inconvénient résultant de l'accroissement de résistance de l'entrefer en employant, au lieu du cuivre, pour l'enroulement du disque induit, des bandes de fer qui servent de conducteurs à la fois pour le flux magnétique et pour le courant électrique ; mais ce dispositif accroît notablement les courants de Foucault dans les conducteurs mobiles, à cause des variations de résistance magnétique et par suite du flux utile, causées par la rotation des conducteurs en fer. Ceux-ci sont aussi le siège de pertes par hystérésis. Dans l'induit de M. Fritsche, les balais appuient directement sur la périphérie des conducteurs mobiles, ce qui supprime le collecteur.

322. — **Calcul approché de la force électro-motrice des machines à courant continu.** — Considérons un induit à anneau bipolaire dans lequel le noyau de fer est parcouru par un flux de force $\mathfrak{N}$ issu d'un des pôles inducteurs et se partageant suivant les deux moitiés de l'induit en deux parties égales. Une spire, effectuant une révolution complète autour de l'anneau, passe deux fois à la ligne neutre, où le flux qui la traverse est $\dfrac{\mathfrak{N}}{2}$ et deux fois à la ligne des pôles, où ce flux est nul. Si donc T est la durée d'une révolution, la force électro-motrice moyenne induite dans la spire a pour expression, en vertu de la règle de Maxwell, § 166,

$$\frac{4 \times \frac{1}{2}\,\mathfrak{N}}{T} = \frac{2\,\mathfrak{N}}{T}.$$

Si l'on compte n fils tout autour de l'anneau, comme il y a $\frac{n}{2}$ spires en tension, la force électro-motrice totale devient

$$\frac{n \, \mathfrak{N}}{\mathrm{T}}.$$

Enfin le nombre de tours par seconde étant

$$\mathrm{N} = \frac{\mathrm{I}}{\mathrm{T}},$$

la force électro-motrice moyenne de la machine s'exprime en volts par

$$n \, \mathrm{N} \, \mathfrak{N} \times 10^{-8}.$$

On obtient exactement la même expression, que sa forme fait retenir aisément, dans le cas d'un induit à tambour, si l'on a soin de représenter par $\mathfrak{N}$ le flux total à travers le noyau, et par n le nombre des fils simples recouvrant la surface cylindrique de celui-ci.

La même expression s'obtient aussi pour une dynamo multipolaire à noyau ou à disque enroulée en quantité, en désignant par $\mathfrak{N}$ le flux traversant l'induit et émanant, comme dans les cas précédents, de l'*un* des pôles inducteurs. Dans le cas d'un disque, n est le nombre total des fils radiaux.

. Il est utile de vérifier que l'application de la règle de Faraday, § 168, dans laquelle on considère les conducteurs coupant les lignes de force de l'entrefer, conduit au même résultat que la règle de Maxwell. A cet effet, on notera que le rapport de l'intensité du champ de l'entrefer à l'induction magnétique dans le noyau de l'induit est égal à l'inverse du rapport de la surface de l'entrefer à la section totale du noyau. Afin d'arriver à des résultats comparables avec les divers systèmes d'induits, où la section réelle de l'intervalle d'air interpolaire que traverse le flux est très-variable, on considère parfois une surface fictive d'entrefer égale à la surface extérieure du noyau de l'induit divisée par le nombre des pôles.

Appliquons la règle de Faraday à un induit bipolaire à anneau, dont le diamètre extérieur est d. Le noyau de section rectangulaire a par hypothèse une longueur l suivant l'axe de rotation et une épaisseur e.

Dans ces conditions, le flux moyen dans l'entrefer défini comme ci-dessus est donné par

$$\frac{\mathfrak{H}}{\mathfrak{M}} = \frac{2\,e\,l}{\dfrac{\pi\,d l}{2}}, \qquad \text{d'où} \qquad \mathfrak{H} = \frac{2\,\mathfrak{IC}}{\pi\,d l}.$$

La force électro-motrice moyenne induite dans un des fils extérieurs de longueur l qui parcourt un chemin $\dfrac{\pi\,d}{T}$ en l'unité de temps, a pour expression

$$\mathfrak{H}\,l\,\frac{\pi\,d}{T} = \pi\,d\,l\,\mathfrak{H}\,N,$$

et comme il y a $\dfrac{n}{2}$ fils semblables en tension, la force électro-motrice totale devient, en unités C. G. S.,

$$\pi\,d\,l\,\frac{n}{2}\,\mathfrak{H}\,N = \pi\,d\,l\,N\,\frac{n}{2}\,\frac{2\,\mathfrak{IC}}{\pi\,d l} = n\,N\,\mathfrak{IC},$$

et en unités pratiques

$$n\,N\,\mathfrak{IC}\times 10^{-8}\ \text{volts.}$$

CIRCUIT MAGNÉTIQUE DES DYNAMOS. — MODES D'EXCITATION.

Les dispositions données aux inducteurs des machines sont très variables. Pour le moment, nous supposerons qu'ils forment un circuit magnétique simple, comprenant deux *noyaux* réunis par une *culasse* et portant des *épanouissements* ou *pièces polaires* embrassant l'*armature*.

323. — **Machines magnéto-électriques.** — Pour une raison que nous étudierons au § 335, dans les petites dynamos de laboratoire, les inducteurs sont souvent constitués par des aimants permanents, tandis que dans les machines industrielles à courant continu, on se sert généralement d'électro-aimants.

Les aimants permanents semblent à première vue plus avantageux ; l'entretien du champ magnétique qu'ils développent ne demande aucune dépense, tandis que le courant i qui excite les

électro-aimants nécessite, en vertu de l'effet Joule, une dépense
par seconde de i^2r watts, r étant la résistance des bobines magnétisantes. Mais cet avantage n'est qu'apparent, car les électro-aimants
prennent une aimantation beaucoup plus grande que les aimants
artificiels et fournissent, par conséquent, des champs magnétiques
bien plus intenses; or, comme la force électro-motrice d'induction
est proportionnelle à l'intensité du champ, il en résulte que l'excitation électro-magnétique permet de réduire le développement du fil
de l'armature dans de notables proportions, par suite, de diminuer
sa résistance, la perte en chaleur due à l'effet Joule dans l'induit,
ainsi que les réactions magnétiques de ce dernier.

Enfin, les machines à électro-aimants ont, à égalité de puissance,
un volume beaucoup moindre que celui des dynamos à aimants
permanents; d'où résulte une sérieuse économie sur les frais de
fabrication.

324. — **Excitation indépendante.** — Le courant qui parcourt le
fil des électro-aimants d'une dynamo peut être fourni par une
petite machine spéciale appelée *excitatrice*. La dynamo est dite
alors à *excitation indépendante*. Dans une telle machine, le circuit
des inducteurs est complètement distinct du circuit induit; cependant le champ magnétique dans lequel se meut l'armature n'est pas
indépendant du courant qui parcourt celle-ci. La réaction du
courant de l'armature affaiblit en effet le champ dû aux inducteurs.
Sans cette réduction, la force électro-motrice d'une machine excitée
séparément serait proportionnelle à sa vitesse, en vertu de la
formule

$$e = n \, N \, \mathfrak{H} \times 10^{-8} \text{ volts.}$$

Mais, à cause de la réaction de l'induit sur le champ, $\mathfrak{H}$ décroît
à mesure que le courant produit devient plus intense.

325. — **Auto-excitation.** — Les premières machines dynamo-
électriques étaient excitées par une petite machine magnéto-électrique. Cette complication fut évitée par la découverte du système
d'auto-excitation dans lequel le courant même produit par la
machine parcourt les électro-aimants inducteurs.

Voici comment dans ces conditions le courant commence à se
produire, ou, suivant l'expression admise, comment la machine

s'amorce. Les noyaux des inducteurs une fois aimantés par un procédé quelconque conservent des traces plus ou moins importantes de magnétisme rémanent. Quand la machine est mise en mouvement, l'induit tournant dans ce champ résiduel produit un courant que l'on envoie, en tout ou en partie, dans les bobines des inducteurs. Si ce courant est supérieur à celui qui correspond à l'aimantation rémanente de ceux-ci, le magnétisme des inducteurs croît. Par suite, le champ magnétique augmente et le courant induit est renforcé. Grâce à ces réactions mutuelles, les noyaux des électro-aimants arrivent rapidement à un degré d'aimantation en rapport avec la vitesse de la machine et la résistance extérieure.

326. — **Inducteurs en série.** — Il existe un certain nombre de systèmes de machines auto-excitatrices différant par la manière dont le circuit des bobines des inducteurs est rattaché au circuit principal formé par l'induit et le fil extérieur. Le système le plus simple consiste à intercaler les bobines de l'électro-aimant dans le circuit principal, fig. 170. La machine est alors appelée *dynamo*

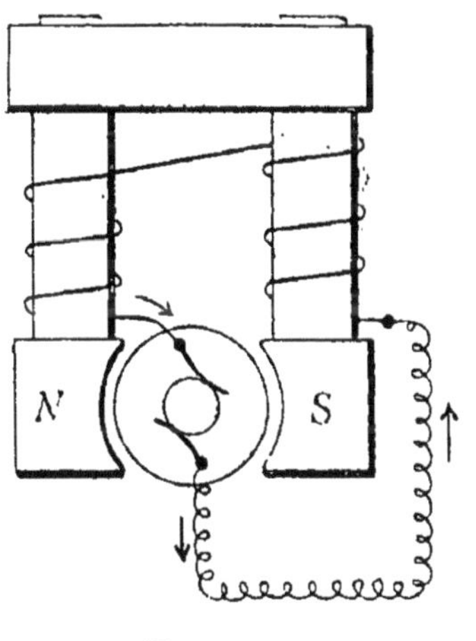

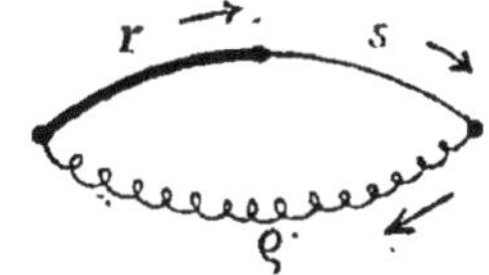

Fig. 170.   Fig. 171.

en série. Les bobines des inducteurs ont, dans ce cas, la résistance la plus faible possible, afin de réduire la perte d'énergie due à l'effet Joule.

Le diagramme, fig. 171, montre nettement la disposition du circuit.

La force électro-motrice a pour expression

$$e = n \, N \, \mathcal{H} \times 10^{-8} \text{ volts,}$$

et le courant

$$i = \frac{e}{r + s + \rho} \text{ ampères;}$$

r désignant la résistance de l'induit prise entre les balais,
s la résistance des inducteurs,
ρ la résistance du circuit extérieur, dans lequel on suppose qu'il n'existe aucune autre force électro-motrice. Toutes ces résistances sont exprimées en ohms.

La puissance électrique totale ei, fournie par la machine, se divise en une partie $i^2\rho$ disponible dans le circuit extérieur, et une partie $i^2 (r + s)$ dépensée dans l'échauffement du fil de l'induit et des inducteurs.

La différence de potentiel aux bornes reliées au conducteur extérieur est

$$e \times \frac{\rho}{r + s + \rho}.$$

On verra qu'avec une vitesse donnée, la résistance extérieure ne doit pas dépasser une certaine valeur maximum, pour que *l'amorcement* ait lieu. Si la résistance diminue progressivement à partir de cette valeur, le courant croît rapidement, car, d'une part, la résistance électrique totale du circuit s'affaiblit, et, d'autre part, la force électro-motrice augmente, par suite de l'accroissement d'intensité du champ magnétique.

En dessous d'une certaine valeur de la résistance extérieure, l'intensité du courant atteint une limite dangereuse pour la conservation de la dynamo ; il faut éviter avec soin tout court-circuit accidentel en intercalant, à la suite de la machine, un fil fusible qui interrompt le courant, lorsque celui-ci dépasse la limite de sécurité. Lors d'un court-circuit, le couple résistant de la machine croît brusquement et provoque souvent la chute de la courroie de transmission ou l'arrêt du moteur, si ce dernier n'a pas une puissance considérable. Si la courroie ne saute pas, l'induit brûle ou se rompt.

Il faut aussi éviter de couper brusquement le circuit d'une dynamo en pleine marche, lorsqu'elle développe une force électro-motrice considérable, car l'extra-courant de rupture peut occasionner à l'intérieur des bobines des accroissements excessifs de potentiel et par suite des étincelles à travers l'isolant. A plus forte raison ne faut-il jamais rompre le circuit en marche par le soulèvement des balais, car, indépendamment du danger signalé ci-dessus, on provoquerait au collecteur de fortes étincelles d'extra-courant qui endommageraient rapidement celui-ci.

On peut, pour réduire progressivement l'intensité du courant avant l'interruption, intercaler des résistances croissantes dans le circuit extérieur. Une autre solution est de dériver par rapport aux inducteurs des résistances décroissantes qui affaiblissent graduellement le courant d'excitation.

Supposons qu'une machine en série, préalablement excitée sur un circuit conducteur entièrement métallique, soit reliée à une batterie d'accumulateurs de manière à ce que la force électro-motrice e' de ceux-ci s'oppose à la force électro-motrice e de la dynamo. R étant la résistance totale du circuit, l'intensité du courant sera

$$i = \frac{e - e'}{R}.$$

Si à un moment donné la machine ralentit progressivement, la force électro-motrice d'induction e diminue et peut devenir inférieure à la force électro-motrice e' des accumulateurs. Dès lors, le courant change de sens dans le circuit et les électro-aimants inducteurs prennent une aimantation inverse. Il s'ensuit que la force électro-motrice induite change de signe et que, si même on rend à la dynamo sa vitesse initiale, le courant ne peut reprendre sa direction primitive. La dynamo décharge alors les accumulateurs au lieu de les charger.

327. — **Inducteurs en dérivation.** — Pour remédier aux inconvénients dont il vient d'être question, on a imaginé de monter les inducteurs en dérivation par rapport à la résistance extérieure, ainsi que l'indiquent les diagrammes ci-contre. Il est aisé de voir que, par cette disposition, le sens du courant dans les bobines magnétisantes reste invariable, même si une force contre-électro-motrice

existant dans le circuit extérieur devient supérieure à la force électro-
motrice induite.

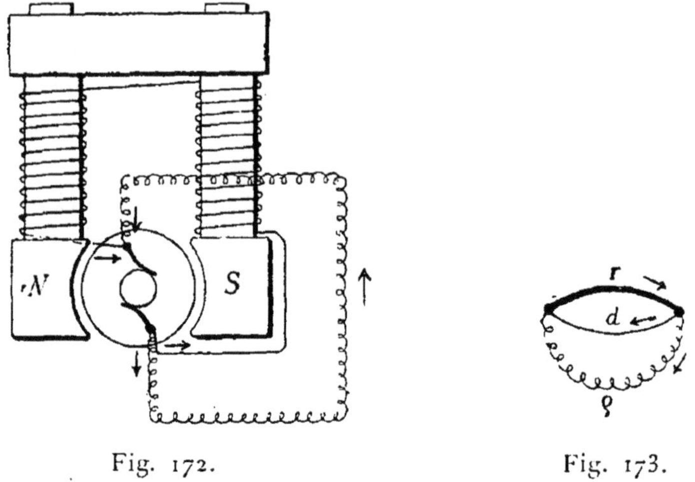

Fig. 172.

Fig. 173.

Il en résulte que le renversement accidentel du courant dans
l'induit ne peut amener le changement de polarité des inducteurs et
que, lorsque la dynamo reprend sa vitesse normale après un ralen-
tissement momentané, le courant utile revient à sa valeur initiale.
Tout ce qu'on peut craindre en cette occurrence, est que le courant
produit par la source extérieure ne dépasse une limite dangereuse
pour la conservation de l'induit.

La disposition des conducteurs indiquée dans la fig. 173 montre
que l'intensité du courant dans l'induit a pour expression

$$i = \frac{e}{r + \dfrac{d\,\rho}{d + \rho}},$$

d désignant la résistance des bobines en dérivation, lesquelles sont
traversées par le courant

$$i_d = i \times \frac{\rho}{d + \rho}.$$

Il importe, au point de vue de la bonne utilisation de la machine,
que ce courant soit une faible fraction du courant total produit
par l'induit. Dans ce but, on compose le circuit des inducteurs de fil

fin enroulé en un grand nombre de spires et présentant une grande résistance électrique.

La dépense d'excitation des inducteurs sera d'ailleurs sensiblement la même que dans le cas précédent si le volume occupé par le fil ainsi que la densité du courant dans le cuivre restent constants, § 153.

Lorsque la résistance des électro-aimants n'est pas trop élevée, la dynamo s'amorce en circuit ouvert, c'est à dire lorsque la résistance extérieure est infinie, car alors la machine fonctionne comme une dynamo en série. Lorsque la résistance extérieure décroit au delà d'une certaine limite, la machine se désamorce, car les bobines placées en dérivation ne sont plus alors alimentées par un courant suffisant pour maintenir l'état magnétique de la machine.

A l'inverse de ce qui a lieu pour les dynamos en série, il n'y a donc aucun inconvénient à mettre en court-circuit une machine en dérivation. C'est même là un moyen souvent employé pour interrompre sans danger le fonctionnement d'une machine en dérivation.

On remarquera que, pour une induction magnétique donnée à travers les noyaux des inducteurs, la self-induction de ceux-ci est proportionnelle au carré du nombre des spires, § 153. Elle est donc bien plus grande dans les dynamos en dérivation que dans les machines en série. L'effet de la self-induction est de s'opposer aux variations brusques du courant, et, par suite, de maintenir la constance du flux magnétique utile lorsqu'il se produit des changements momentanés dans la force électro-motrice de la machine.

Cette self-induction peut aussi déterminer des extra-courants de tension dangereuse, si l'on interrompt brusquement le circuit des inducteurs. Pour éviter cet inconvénient, on a préconisé divers palliatifs, dont le plus simple consiste à garnir les bobines excitatrices d'une gaine massive de cuivre, dans laquelle les variations du flux magnétique font naître des courants de Foucault qui absorbent l'énergie intrinsèque du circuit des inducteurs et empêchent les réactions trop vives dans ce dernier. Malheureusement, la gaine gêne le rayonnement de la chaleur développée par l'effet Joule dans les bobines. Un autre moyen consiste à disposer en dérivation sur les inducteurs une série de petits couples secondaires très résistants, et donnant, lorsqu'ils sont chargés, la même différence de potentiel totale que la machine. Le courant est nul, dans les accumulateurs, en temps normal; mais l'extra-courant y trouve une issue en cas d'interruption du circuit extérieur.

Par suite de la faible résistance généralement donnée à l'induit des dynamos en dérivation, la chute de potentiel, dans cette partie, est minime, et la différence de potentiel aux bornes ne diffère pas très notablement de la force électro-motrice totale.

328. — Régularisation de la différence de potentiel des dynamos par une excitation composée. — Dans certaines applications des dynamos, il convient que, pour une vitesse constante des machines, la différence de potentiel aux bornes de la dynamo reste invariable entre des limites assez écartées de la résistance utile ; c'est le cas lorsqu'on doit alimenter des lampes électriques en nombre variable placées en dérivation.

Les modes d'enroulement précédents ne résolvent pas ce problème. Considérons, en effet, une machine en dérivation et supposons que la résistance extérieure décroît, par exemple, par l'addition de lampes ajoutées successivement en arcs parallèles entre les bornes de la dynamo. Le courant d'excitation dérivé par rapport à celui des lampes diminue et provoque l'affaiblissement de la force électro-motrice de la dynamo. La différence de potentiel aux bornes décroît donc progressivement et, à partir d'une valeur minimum de la résistance extérieure comprise généralement hors des limites de fonctionnement de la machine, la tension utile tombe brusquement à zéro.

On peut, toutefois, obtenir une différence de potentiel constante pour de grandes variations de la résistance extérieure, en insérant, dans le circuit des bobines excitatrices, des résistances variables réglées de manière à modifier convenablement le courant et, par suite, l'aimantation des inducteurs.

Pour obtenir une régularisation automatique de la différence de potentiel utile, on munit les inducteurs de deux enroulements distincts, placés l'un en dérivation et l'autre en série. On obtient ainsi les machines à excitation composée ou *machines compound*.

La fig. 174 montre un exemple d'une telle combinaison. Lorsque, la résistance extérieure diminuant, l'excitation tend à faiblir par suite de la décroissance du courant dérivé, les bobines en série traversées par un courant croissant viennent renforcer le magnétisme des noyaux et augmenter la force électro-motrice de la dynamo, de manière à maintenir la tension constante aux

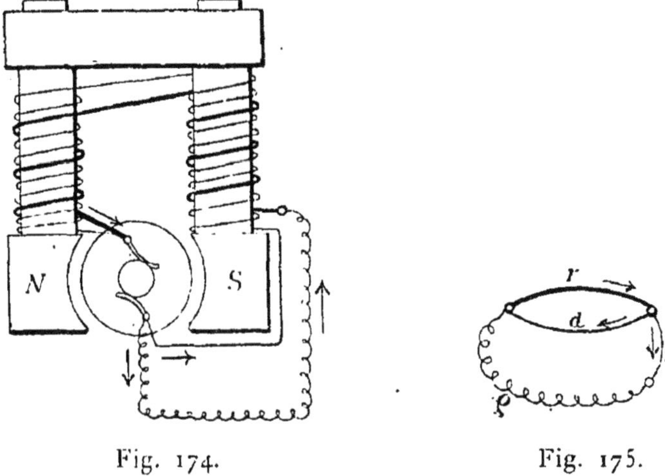

Fig. 174.   Fig. 175.

bornes. Toutefois, on verra que cette régularisation ne peut se faire qu'entre certaines limites et pour une vitesse déterminée.

Le problème posé peut aussi consister à faire croître la différence de potentiel utile, suivant une loi donnée, de manière à obtenir une tension constante en deux points du circuit extérieur plus ou moins éloignés de la machine. L'excitation en série doit alors avoir une action plus grande que dans le premier cas, et la différence de potentiel aux bornes doit croître avec le courant extérieur. Les machines résolvant ce problème sont parfois dites *hypercompound*.

Les bobines en dérivation peuvent être branchées sur les balais de la machine ou sur les bornes extérieures. Le premier de ces enroulements est dit à courte dérivation; le second, à longue dérivation.

Dans le premier cas, le courant total est

$$i = \cfrac{e}{r + \cfrac{d\,(s + \rho)}{d + s + \rho}};$$

dans le second,

$$i = \cfrac{e}{r + s + \cfrac{d\,\rho}{d + \rho}}.$$

Le système à courte dérivation est le plus logique, car le courant dérivé y subit des variations moindres que dans le second cas; d'où résulte une réduction dans le nombre d'ampères-tours de l'enroulement en série nécessaire pour maintenir la tension constante aux bornes de la machine.

Dans les stations électriques importantes, où il y a toujours des agents préposés à la surveillance des dynamos, on préfère adopter le montage en dérivation qui, comme on le verra, rend plus commode le couplage des machines.

Les dynamos compound sont réservées pour les petites installations privées, où les machines ne sont pas soumises à un contrôle incessant, et où l'on peut craindre qu'une variation du courant de régime produise des modifications de tension susceptibles de détériorer des lampes électriques. On a vu que les réactions d'induit des machines à anneau sont supérieures à celles des machines à tambour. Par suite, la tension utile est, d'une manière générale, exposée à de plus grandes variations dans le premier système que dans le second, ce qui rend l'enroulement compound plus utile avec les machines à induit annulaire.

329. — Régularisation du courant fourni par les machines. — Lorsque les dynamos ont à alimenter des lampes en nombre variable disposées en série dans le circuit extérieur, on demande souvent que le courant qui parcourt celui-ci reste constant entre certaines limites. Le problème posé est, par conséquent, de faire varier la force électro-motrice de la machine proportionnellement à la résistance totale ou, comme la résistance intérieure est généralement faible, à la résistance extérieure.

L'enroulement en série ne peut résoudre seul le problème; car, en admettant que le courant diminue, l'excitation décroît ainsi que la force électro-motrice. Mais si l'on ajoute un second enroulement dérivé, on peut concevoir la possibilité d'atteindre le résultat cherché. En effet, à mesure que la résistance extérieure ajoutée au circuit d'une machine en série augmente, la différence de potentiel aux bornes tend à se relever, si l'on admet que la force électro-motrice ne varie pas sensiblement, hypothèse qui se vérifie comme on le verra entre certaines limites de fonctionnement pour les dynamos en série. Par suite, le circuit dérivé est parcouru par un courant croissant et la force électro-motrice totale augmente en même temps que la résistance extérieure.

Toutefois cette solution est peu satisfaisante et l'on préfère, pour arriver à maintenir constant le courant d'une dynamo, faire intervenir l'action de régulateurs électro-mécaniques.

Ceux-ci sont commandés par l'armature d'un relais ou électro-aimant parcouru par le courant principal. Le déplacement de l'armature, provoqué par une variation du courant, peut avoir pour effet de modifier l'excitation de la machine par l'introduction de résistances variables dans le circuit des inducteurs ou en dérivation par rapport à ce circuit.

Ainsi, dans la machine Brush excitée en série, le courant parcourt deux solénoïdes E E, fig. 176, qui soulèvent des noyaux en

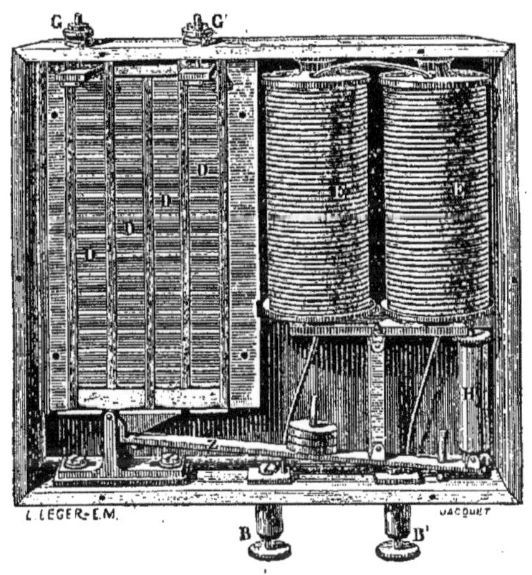

Fig. 176.

fer réunis par une traverse A. Celle-ci agit sur un levier Z qui comprime 4 piles de plaques de charbon D, D, D, D, inter-calées en dérivation par rapport aux inducteurs de la machine. Selon que la pression est plus ou moins grande, la résistance de contact des plaques est plus faible ou plus forte et le courant dérivé dans les piles réduit plus ou moins l'excitation. Chaque fois que le courant de la machine varie, l'action du levier Z, adoucie par une cataracte H, entre en jeu pour modifier le courant d'excitation de manière à ramener l'intensité à sa valeur normale.

Dans d'autres appareils, l'oscillation de l'armature du relais modifie l'angle de calage des balais de manière à amener ceux-ci dans une position donnant la différence de potentiel convenable.

Les machines à décalage mécanique possèdent en général une forte réaction d'induit due à une self-induction considérable des bobines de l'armature. On est, en effet, obligé d'amener les bobines commutées jusque sous les pièces polaires pour réduire la différence de potentiel aux balais. L'induction due au champ, est alors très intense dans les bobines en court-circuit. Celles-ci seraient parcourues par des courants énormes, si leur self-induction n'y mettait opposition en créant une force électro-motrice antagoniste. Si le champ de l'entrefer est réglé de manière que la différence entre la force électro-motrice due au champ et la force électro-motrice de self-induction reste constante, quelle que soit la position de la bobine commutée, les étincelles aux balais seront les mêmes pour toutes les positions de ceux-ci.

THÉORIES DES DYNAMOS A COURANT CONTINU.

On a vu, § 322, que la force électro-motrice d'une dynamo a pour expression

$$e = n\,\mathrm{N}\,\mathfrak{K} \times 10^{-8}\ \text{volts,}$$

où N est le nombre de tours par seconde et n le nombre des fils comptés sur la surface extérieure de l'induit.

Le flux utile $\mathfrak{K}$ est une fonction des dimensions de la machine, de l'intensité du courant dans les bobines excitatrices et du courant de l'induit.

Le calcul de la force électro-motrice d'une machine revient, par suite, à la détermination du flux magnétique utile sous les divers régimes de courant.

Cette détermination peut se faire par deux méthodes distinctes. La première, imaginée par MM. J. et E. Hopkinson et Kapp, repose sur la considération du circuit magnétique de la machine et l'application de la loi d'Ohm à ce circuit, § 154. La seconde, développée par MM. Frölich et S. Thompson, utilise la formule empirique de

Frölich, § 58, pour le calcul du flux utile en fonction du courant dans les bobines des électro-aimants.

330. — Méthode de MM. J. et E. Hopkinson. — Considérons une machine à anneau, dont les inducteurs sont formés par un électro-aimant en fer à cheval dans lequel on distingue les noyaux entourés de fil, la culasse et les pièces polaires. Cet électro-aimant constitue

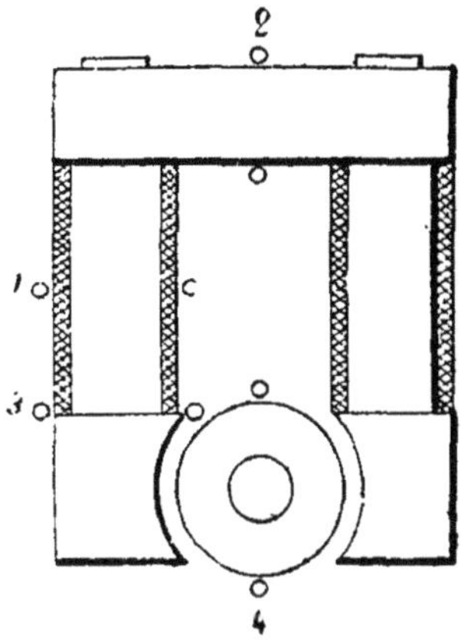

Fig. 177.

avec son armature mobile un circuit magnétique dont nous allons analyser le flux. Parfois les dynamos possèdent des inducteurs plus complexes; nous verrons lors de la description de ceux-ci les réserves à garder dans le calcul du flux magnétique.

Négligeons pour le moment la réaction de l'induit sur le champ et considérons exclusivement l'effet magnétique produit par les bobines de l'électro-aimant. Si l'on désigne par mi le nombre d'ampères-tours des deux bobines, la force magnéto-motrice est $4\,\pi\,mi$, § 154.

Le flux engendré par les bobines magnétisantes passe en majeure partie par les masses de fer constituant la carcasse des inducteurs et le noyau de l'induit. Toutefois, comme ces masses sont environnées d'air, de cuivre et d'autres substances perméables dans une certaine mesure aux lignes de force, il s'ensuit des dérivations de flux assez complexes, qui se produisent particulièrement autour de l'induit, entre les pièces polaires.

La valeur relative de ces dérivations n'est pas constante, car si l'on peut supposer invariable la résistance magnétique de l'air et des substances autres que le fer, la résistance de ce dernier croît avec l'intensité du flux qui le parcourt.

Pour déterminer les dérivations de flux correspondant à une excitation déterminée des électro-aimants, c'est à dire à un courant donné à travers les bobines, on enroule autour du milieu de l'une d'elles une spire de fil 1, fig. 177, reliée à un galvanomètre balistique. Si l'on supprime brusquement le courant excitateur, en adoptant par précaution un dérivatif tel que ceux décrits au § 327, on obtient dans le galvanomètre une élongation permettant de mesurer la quantité d'électricité induite, § 140, et, par conséquent, § 171, la variation du flux magnétique à travers les noyaux. Cette variation représente le flux total diminué du flux rémanent. Le flux total pourrait être obtenu en renversant le courant aussitôt après son interruption, ce qui occasionne une variation égale au double du flux cherché. Mais comme la période d'établissement du courant est assez longue dans les bobines excitatrices, il faudrait un galvanomètre à oscillations extrêmement lentes pour obtenir des résultats satisfaisants. Aussi l'on se contente, en général, de procéder par la première méthode et de considérer le résultat obtenu comme représentant le flux total, le flux rémanent étant négligé.

On répète la même expérience à l'aide de spires 2, 3, 4, enroulées autour de la culasse, de la naissance des pièces polaires, des extrémités de celles-ci et enfin de l'induit. Les décharges correspondantes dans le galvanomètre balistique donnent la mesure des flux qui traversent ces diverses parties. Il faut remarquer que, puisqu'on cherche simplement les rapports des flux, il suffit de comparer entr'elles les élongations obtenues dans les mesures successives. La variation de la surface de la spire d'essai est du reste indifférente, si la résistance du circuit de décharge reste constante.

Comme les dérivations de flux les plus importantes se produisent autour de l'induit entre les épanouissements polaires, on peut admettre dans une première approximation que le flux reste constant dans la culasse, les noyaux et les pièces polaires. Dans cette hypothèse, appelons v le rapport entre l'élongation du galvanomètre balistique obtenue avec une spire entourant le milieu d'un noyau de l'électro-aimant et l'élongation correspondant à une spire enroulée sur l'induit. Le flux utile dans ce dernier étant $\mathfrak{N}$, le flux total est $\nu\,\mathfrak{M}$ et le flux $(\nu - 1)\,\mathfrak{M}$ est perdu pour l'effet utile.

On déterminera ensuite la section et la longueur moyenne du flux de force dans les diverses parties composant le circuit magnétique utile; ces longueurs se mesurent approximativement sur le dessin de la carcasse en fer de la machine suivant les axes des divers conducteurs magnétiques raccordés par des courbes adoucies.

La perméabilité de chaque partie du circuit s'obtiendra par des expériences préalables effectuées sur des échantillons du fer, de la fonte ou de l'acier qui entrent dans la construction de la carcasse de la machine. A l'aide de méthodes analogues à celles décrites aux § 239, 240 et 241, on obtiendra des courbes indiquant les variations de la perméabilité en fonction de l'induction magnétique. Si l'on ne peut procéder à des essais de ce genre, on utilisera les résultats indiqués dans les formulaires et déduits d'expériences faites sur des matériaux analogues à ceux employés dans la dynamo étudiée.

Ces données recueillies, la perméabilité de chaque partie de la machine est connue dès qu'on indique l'induction magnétique actuelle, c'est à dire le rapport du flux total à la section.

Soient l_a, s_a et μ_a la longueur moyenne des lignes de force dans l'armature, la section et la perméabilité de celle-ci; l_e, s_e et μ_e les éléments correspondants pour l'entrefer. On remarquera que l_e est égal au double de l'écartement entre le noyau de l'induit et les pièces polaires; s_e est plus grand que la surface d'un des épanouissements polaires, attendu que les lignes de force entre les pôles et l'armature débordent des deux côtés des pièces polaires. Pour tenir compte de cette circonstance, MM. Hopkinson ajoutent en dessous et au dessus de la surface polaire une bande latérale dont la largeur est égale aux $^8/_{10}$ de l'épaisseur de l'entrefer. La perméabilité de l'air étant prise comme unité, $\mu_e = 1$. Le flux dans l'entrefer est considéré comme égal à celui qui traverse l'induit.

l_p, s_p et μ_p sont respectivement la longueur moyenne, la section et la perméabilité des pièces polaires; l_i, s_i et μ_i, l_c, s_c et μ_c représentent les mêmes éléments pour les noyaux des inducteurs et la culasse.

Cela posé, la seconde loi de Kirchhoff appliquée au circuit magnétique de la machine montre que la force magnéto-motrice $4\,\pi\,m_i$

est égale à la somme des produits des flux dans les diverses parties du circuit par les résistances magnétiques correspondantes, § 154.

Le courant d'excitation étant donné en ampères, on a d'une manière générale

$$4 \pi\, m\, i \times 10^{-1} = \Sigma\, \mathfrak{N}\, \frac{l}{\mu\, s},$$

ou, en développant le second membre de cette expression, dans le cas actuel

$$4 \pi\, mi \times 10^{-1} = \mathfrak{F} = \mathfrak{N} \left[\frac{l_a}{\mu_a\, s_a} + \frac{l_c}{s_c} \right] + \nu\, \mathfrak{N} \left[\frac{l_p}{\mu_p\, s_p} + \frac{l_i}{\mu_i\, s_i} + \frac{l_c}{\mu_c\, s_c} \right], \quad (1)$$

$\mathfrak{F}$ désignant la force magnéto-motrice.

Par analogie avec les expressions servant à définir un circuit électrique, on peut considérer les différents termes du second membre de cette équation comme les chutes de potentiel magnétique dans les parties correspondantes du circuit de la machine ; la somme de ces différences de potentiel magnétique équivalant à la force magnéto-motrice.

331. — Établissement de la courbe du magnétisme d'une machine.

La courbe $\mathfrak{N} = \mathfrak{F}$ qui représente le flux total dans l'induit en fonction de la force magnéto-motrice peut être tracée directement d'après l'équation (1). En effet, toutes les dimensions de la machine sont supposées connues, ainsi que le rapport ν. Et si l'on se donne une valeur de l'induction magnétique $\mathfrak{B} = \dfrac{\nu\, \mathfrak{N}}{s}$ dans une partie quelconque de la carcasse de la dynamo, la perméabilité correspondante se déduit des courbes $\mu = f(\mathfrak{B})$ tracées au préalable.

Au lieu de tracer la courbe (1) d'emblée, on peut dresser séparément les courbes

$$\mathfrak{F}_a = \frac{\mathfrak{N}\, l_a}{\mu_a\, s_a},\quad \mathfrak{F}_c = \frac{\mathfrak{N}\, l_c}{s_c},\quad \mathfrak{F}_p = \frac{\nu\, \mathfrak{N}\, l_p}{\mu_p\, s_p},\quad \mathfrak{F}_i = \frac{\nu\, \mathfrak{N}\, l_i}{\mu_i\, s_i},\quad \mathfrak{F}_c = \frac{\nu\, \mathfrak{N}\, l_c}{\mu_c\, s_c},$$

en prenant comme abscisses les valeurs de $\mathfrak{F}$ calculées par ces formules et correspondant à une série de valeurs choisies pour $\mathfrak{N}$ prises comme ordonnées.

Chacune de ces équations de forme

$$\nu\, \mathfrak{N} = \mathfrak{F}\, \frac{\mu\, s}{l}$$

représente la valeur du flux magnétique dans un circuit fermé idéal de longueur l et de section s, où la force magnéto-motrice est $\mathfrak{F}$ et la perméabilité μ. En ouvrant ces circuits partiels et en les réunissant en série, on obtient le circuit magnétique de la machine considérée.

Les courbes de la fig. 178 ont été tracées par MM. Hopkinson d'après les résultats fournis par une dynamo bipolaire Edison-Hopkinson du modèle représenté dans la fig. 177. Les courbes A, B, H, C, G se rapportent respectivement à l'induit, à l'entrefer,

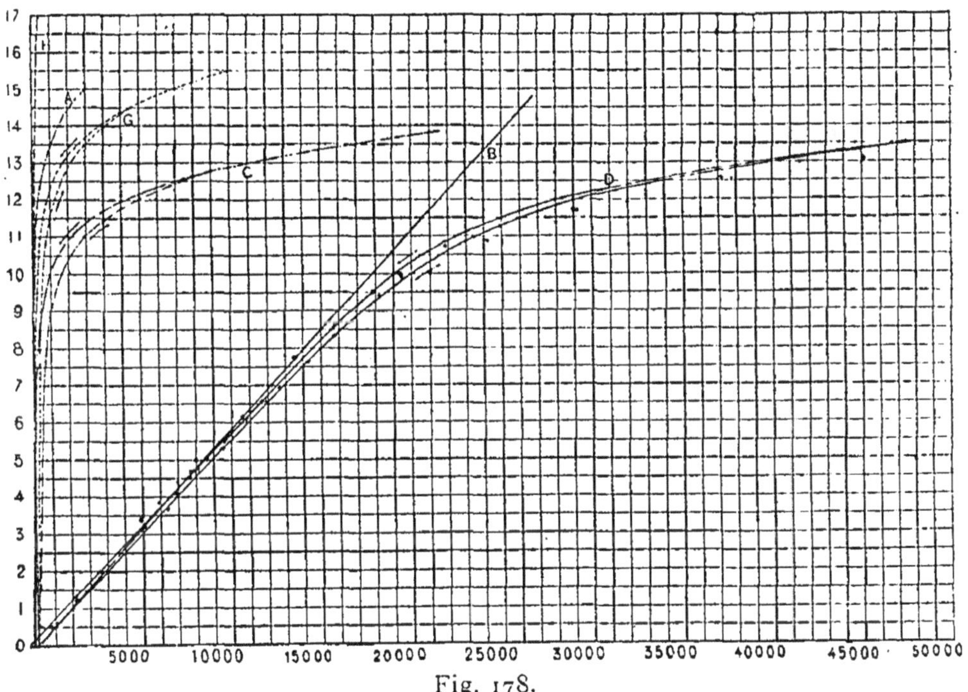

Fig. 178.

aux pièces polaires, aux noyaux et à la culasse. Les ordonnées expriment le flux magnétique total dans l'armature en unités égales à 10^6 C. G. S. Quelques-unes de ces courbes sont doubles, parce qu'on a considéré successivement les valeurs de la perméabilité correspondant aux aimantations croissantes et aux aimantations décroissantes.

Si l'on fait pour chaque ordonnée la somme des abscisses des diverses courbes, on arrive à la ligne D, qui représente l'équation (1), c'est à dire le flux utile en fonction de la force magnéto-motrice totale. En effet, pour obtenir dans l'induit une valeur donnée $\mathfrak{N}$ du flux circulant dans le circuit magnétique formé par la réunion des diverses parties de la machine, il faut une force magnéto-motrice égale à la somme des forces magnéto-motrices susceptibles d'engendrer des flux $\nu\,\mathfrak{N}$ dans les différents circuits partiels, supposés fermés sur eux-mêmes.

La courbe D est appelée *la courbe du magnétisme* dû aux inducteurs de la machine. Moyennant des changements d'échelles, elle peut aussi représenter le flux magnétique utile en fonction des ampères-tours inducteurs, ou encore l'induction magnétique utile $\left(\mathfrak{b}_a = \dfrac{\mathfrak{N}}{s_a} \right)$ en fonction du courant d'excitation. Ces divers modes de représentation sont adoptés indifféremment dans la pratique ; mais il est bon, une fois les coordonnées arrêtées, de s'en tenir toujours aux mêmes échelles afin d'arriver à des courbes comparables entr'elles.

Dans sa partie initiale, la caractéristique D ne s'écarte pas sensiblement de la droite B. C'est parce qu'au début de l'aimantation de la machine, la résistance magnétique du fer de la carcasse est négligeable devant celle de l'entrefer. Mais à partir d'une valeur déterminée de l'aimantation, le fer se sature et sa résistance croît rapidement. A l'extrémité de la courbe D, on peut constater que la résistance de la carcasse en fer est peu différente de celle de l'entrefer.

L'avantage du procédé synthétique employé pour dresser la courbe D est de montrer l'influence de chacune des parties du circuit magnétique sur l'aimantation utile de l'induit. Lorsqu'un des éléments du circuit donne une ligne surbaissée telle que C, il en résulte un abaissement hâtif de la courbe du magnétisme, ce que l'on peut corriger, soit en renforçant la section de l'élément considéré, soit en augmentant sa perméabilité ou en diminuant sa longueur.

La courbe D se calcule, comme on le voit, sans que la machine ait été mise en marche. Afin de vérifier le calcul, on peut dresser le diagramme des valeurs réellement obtenues pour le flux utile lorsque la machine tourne sous des régimes d'exitation progressifs. Dans ce but, on relève à l'aide d'un volmètre la différence de potentiel aux bornes à circuit ouvert, la dynamo étant excitée par une source indépendante, et l'on calcule $\mathfrak{R}$ d'après la formule

$$e = n\ N\ \mathfrak{R} \times 10^{-8}\ \text{volts}.$$

De petites croix marquent sur la fig. 178 les points relevés par ce procédé sur la machine étudiée par MM. Hopkinson. On ne peut espérer d'obtenir une concordance parfaite avec la courbe théorique, car le calcul qui conduit à celle-ci n'est qu'approximatif. On a, par exemple, supposé constant le coefficient v, alors qu'en réalité il varie avec l'état magnétique de la carcasse en fer.

Quoi qu'il en soit, une telle étude est de la plus haute utilité pour apprécier les proportions relatives d'une dynamo, puisque chaque élément y montre sa part d'influence sur le résultat final.

332. — **Effets magnétiques de l'armature. Flux antagoniste et flux transversaux.** — On a admis dans ce qui précède que l'induit tourne à circuit ouvert ou qu'il est traversé par un courant négligeable. Si, au contraire, l'induit fonctionne à circuit fermé et débite un courant croissant, il est nécessaire de faire entrer en ligne de compte les effets magnétiques de celui-ci. Dans ce but, M. Swinburne a adopté le mode de représentation suivant pour le cas d'un induit à tambour, fig. 179. Les spires qui entourent l'ar-

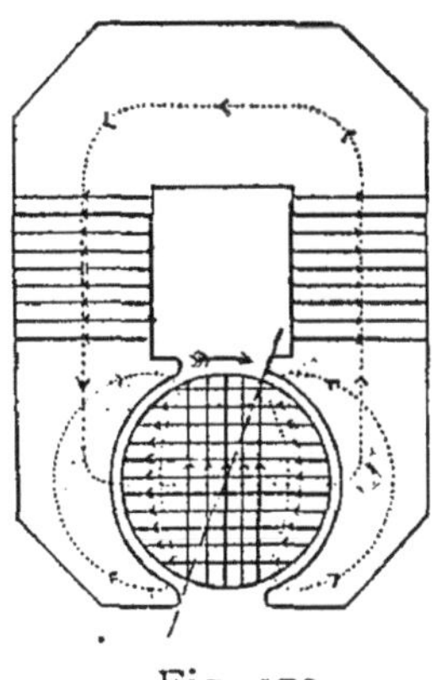

Fig. 179.

mature sont divisées en deux groupes, dont l'un comprend toutes les spires situées dans un angle double de l'angle de calage et l'autre les spires situées en dehors de cet angle. En représentant par la droite inclinée la ligne de contact des balais, le premier groupe sera figuré par des verticales et le second par des horizontales. En réalité, les spires sont enroulées diamétralement sur l'armature, mais, au point de vue magnétique, elles produisent les mêmes effets que si elles étaient disposées suivant deux directions perpendiculaires.

Il est facile de voir que les spires verticales tendent à produire dans le circuit magnétique de la machine un flux de force opposé à celui qu'engendrent les inducteurs ; d'où le nom de *spires antagonistes* qui leur a été donné, leur effet étant un *flux antagoniste* qui affaiblit le champ utile de la dynamo.

Les spires horizontales déterminent deux *flux transversaux* figurés en pointillé ; chacun de ces flux parcourant une partie de l'induit et la pièce polaire voisine.

La combinaison de ces flux avec le flux principal amène un renforcement du champ vers les cornes d'avant des pièces polaires et une réduction vers les cornes d'arrière. Comme les balais sont déplacés vers ces dernières pour trouver le champ favorable à l'inversion du courant pendant la commutation des sections induites, il en résulte que l'affaiblissement du champ sous les cornes d'arrière oblige à accroître l'angle de calage.

On voit qu'il y a intérêt à diminuer l'importance des flux transversaux. Un excellent moyen de les réduire consiste à faire usage d'un double circuit magnétique comme celui de la fig. 180,

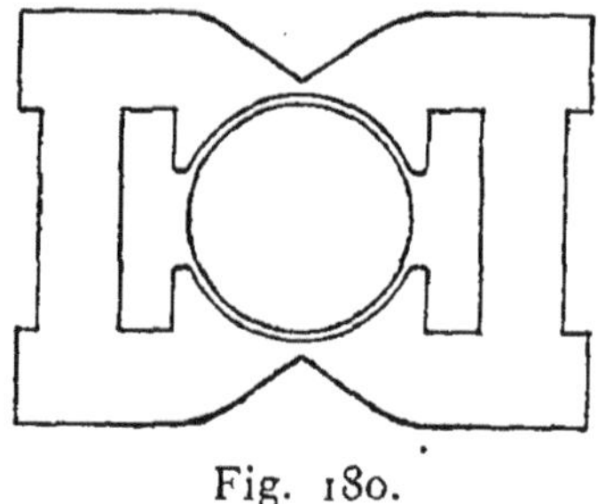

Fig. 180.

dans laquelle le système inducteur est composé de deux noyaux d'électro-aimants verticaux réunis par des pièces polaires embrassant l'armature.

Les inducteurs forment ainsi deux circuits magnétiques dérivés par rapport au noyau mobile. Les pièces polaires portent des étranglements qui s'opposent au passage des flux transversaux.

332bis. — Calcul du flux réduit par la réaction de l'armature. — Afin d'évaluer la réaction de l'induit, MM. Hopkinson procèdent comme suit, en considérant un induit à tambour. Les résultats sont, du reste, identiques pour un induit à anneau.

Soit n le nombre de fils compté sur la périphérie de l'induit et α l'angle de calage. Le nombre des spires antagonistes est $\frac{\alpha n}{\pi}$. Par suite, la force magnéto-motrice antagoniste est, en appelant i_a le courant total fourni par l'induit et en remarquant que chaque spire de ce dernier est parcourue par la moitié de ce courant,

$$4\,\pi \times \frac{\alpha\,n}{\pi}\,\frac{i_a}{2}.$$

La force magnéto-motrice résultante est donc

$$4\,\pi\left(mi - \frac{\alpha}{\pi}\,n\,\frac{i_a}{2}\right).$$

Il convient de remarquer que la résistance magnétique de la machine varie avec le courant dans l'induit, par suite de la déformation plus ou moins accentuée des lignes de force qui allonge le parcours moyen de celles-ci. Le calcul qui précède n'est d'ailleurs possible que lorsque l'expérience a montré la valeur de l'angle de calage. On appelle *nombre d'ampères-tours de l'armature* le produit $\frac{n\,i_a}{2}$ des brins comptés à la périphérie de l'induit par la moitié du courant total fourni par ce dernier.

Un des résultats intéressants des formules précédentes est de montrer que, si l'on diminue l'angle de calage d'une machine, on accroît sa force électro-motrice. Toutefois, en pratique, on est astreint à choisir la position des balais qui correspond au minimum d'étincelles au collecteur. Du reste, dans les bonnes machines et particulièrement avec les induits à tambour, le décalage est très faible.

Si l'on calait les balais en arrière de la ligne neutre, α deviendrait négatif et la force magnéto-motrice due à l'induit s'ajouterait à celle des inducteurs pour donner une somme croissant avec le courant. Il va sans dire que ce mode de calage occasionnerait des étincelles très nuisibles au collecteur. Les formules précédentes font voir également qu'une machine peut, à la rigueur, dans ces conditions, fonctionner sans courant dans les inducteurs. Si, en effet, on a $i = 0$, la force magnéto-motrice due au courant i_a de l'induit est, dans certains cas, suffisante pour déterminer l'amorcement de la dynamo, en supposant une aimantation résiduelle suffisante du circuit magnétique.

332ter. — Expression des flux transversaux. — La force magnéto-motrice qui produit les flux transversaux est

$$\frac{\pi - 2\,\alpha}{2\,\pi}\, n \times 4\,\pi\, \frac{i_a}{2}.$$

La principale résistance magnétique opposée à ces flux est celle de l'entrefer. En négligeant donc devant cette dernière la résistance des pièces polaires et de l'armature et en conservant les notations du § 330, on a, pour l'expression de chacun des flux transversaux,

$$\mathcal{R}' = \frac{(\pi - 2\,\alpha)\,n\,i_a}{\dfrac{l_c}{\frac{1}{2}\,s_c}} = \frac{(\pi - 2\,\alpha)\,n\,i_a\,s_c}{2\,l_c}.$$

Le flux qui traverse la demi pièce polaire située du côté des cornes d'avant est accru de cette quantité, tandis que celle-ci est déduite du flux traversant la demi-pièce polaire située du côté de la corne d'arrière.

333. — Formes diverses de la courbe du magnétisme. — Dans la construction graphique dressée par MM. Hopkinson, fig. 178, on peut se faire une image grossière de la courbe du magnétisme en se représentant deux droites, dont l'une part de l'origine, raccordées par un coude de courbure peu prononcée, fig. 181, courbe 1. Cette forme caractérise les machines à faible résistance magnétique. Si le circuit magnétique offre au contraire peu de conductibilité pour les lignes de force, ce qu'on observe parfois dans les machines à carcasse de fonte, la courbe du magnétisme prend sur tout son développement une courbure prononcée, comme le montre

la ligne 2. Il est bien évident que, pour obtenir des courbes comparables, il convient de choisir toujours les mêmes échelles pour les

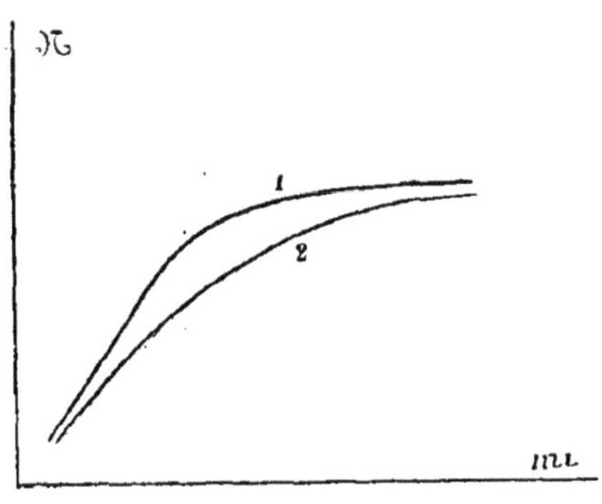

Fig. 181.

coordonnées. Si, par exemple, on augmentait l'échelle des abscisses
dans le tracé de la courbe 1, le coude serait de moins en moins
prononcé.

**334. — Procédé de M. Forbes pour calculer le flux perdu d'une
dynamo.** — Les pertes de flux, qui peuvent être considérées comme
des dérivations magnétiques par rapport aux pièces de fer qui
composent le circuit de la machine, se calculent par approximation en effectuant certaines hypothèses sur le chemin suivi par
les flux dérivés. Pour faciliter le calcul, M. Forbes a indiqué
les trois lemmes suivants :

a) La conductibilité magnétique de l'air entre deux surfaces
parallèles opposées, de dimensions à peu près égales, est la moyenne
de leurs aires divisée par leur distance. C'est cette règle que l'on
applique dans l'évaluation de la résistance d'entrefer d'une
machine.

b) Le flux dans l'air entre deux surfaces rectangulaires égales,
placées parallèlement l'une près de l'autre dans un même plan,
peut être considéré comme formé de lignes de force semi-cir-
culaires, ayant leurs centres sur une droite menée dans le plan
considéré entre les deux surfaces, à égales distances de celles-ci.
La conductibilité moyenne est, en appelant *a* la dimension des

rectangles parallèle à la droite moyenne et r_1, r_2 les distances de celle-ci aux deux côtés parallèles des rectangles,

$$a \int_{r_1}^{r_2} \frac{dr}{\pi\, r} = \frac{a}{\pi} \log_e \frac{r_2}{r_1}.$$

c) Si les deux surfaces rectangulaires sont très éloignées l'une de l'autre, les lignes de force suivent des trajectoires qu'on peut réduire à deux quarts de cercle, dont les centres sont sur les côtés intérieurs des rectangles ; ces quarts de rond étant raccordés par une droite parallèle au plan des deux figures. En appelant a et c les dimensions des rectangles, et b leur écartement, la conductibilité magnétique de l'espace traversé par le flux devient

$$a \int_{o}^{c} \frac{dr}{\pi\, r + b} = \frac{a}{\pi} \log_e \frac{\pi\, c + b}{b}.$$

Les deux derniers lemmes serviront, par exemple, pour déterminer les flux perdus entre les faces voisines semblables des deux pièces polaires d'une machine.

Il est à remarquer qu'une erreur même assez forte, commise sur le coefficient de perte de flux, n'entraîne pas une modification considérable dans la valeur des ampères-tours inducteurs d'une machine. Si l'on se reporte en effet à l'équation (1) du § 330, on voit que le coefficient v affecte trois termes qui sont généralement faibles, relativement aux deux premiers termes du second membre. Souvent, la résistance magnétique des inducteurs n'est que le sixième de celle de la machine. Il s'ensuit qu'une erreur de 10 pour cent commise sur v n'entraîne qu'une erreur de 1 soixantième environ sur la valeur des ampères-tours *mi*.

335. — **Méthode de M. Kapp.** — On aurait pu simplifier les calculs précédents en admettant que le flux est le même dans toutes les parties du circuit magnétique de la machine.

C'est ce qu'a fait M. Kapp, qui s'est occupé de la question avant MM. Hopkinson. En désignant par $\mathcal{R}_a$ la résistance magnétique de l'armature, $\mathcal{R}_c$ celle de l'entrefer et $\mathcal{R}_i$ celle des inducteurs, et en

adoptant un système d'unités différent du système C. G. S.,
M. Kapp posait simplement

$$\mathfrak{K} = \frac{mi}{\mathfrak{R}_a + \mathfrak{R}_c + \mathfrak{R}_i}.$$

Afin de tenir compte de l'état de saturation du fer et des dérivations croissantes du flux, résultant en particulier de la saturation de l'induit, $\mathfrak{R}_a$ et $\mathfrak{R}_i$ étaient exprimés en fonction de paramètres calculés d'après une formule empirique dont la forme a été indiquée au § 59.

La méthode de MM. Hopkinson a l'avantage de reposer sur des données recueillies directement sur les machines étudiées. Il est vrai que le coefficient de perte de flux est variable, mais, dans les limites du fonctionnement normal d'une dynamo, sa variation est peu importante.

336. — Condition d'auto-excitation. — La formule approchée

$$\mathfrak{K} = \frac{4\,\pi\,mi}{\mathfrak{R}_a + \mathfrak{R}_c + \mathfrak{R}_i}$$

a permis à M. Sylv. Thompson de déterminer très simplement la condition d'auto-excitation d'une dynamo, § 325.

Considérons, par exemple, la dynamo en série et désignons par r, s et ρ les résistances électriques respectives de l'induit, des inducteurs et du circuit extérieur.

On a

$$i = \frac{e}{r + s + \rho} = \frac{n\,\mathrm{N}\,\mathfrak{K}}{r + s + \rho} = \frac{n\,\mathrm{N} \times 4\,\pi\,mi}{(r + s + \rho)\,(\mathfrak{R}_a + \mathfrak{R}_c + \mathfrak{R}_i)},$$

d'où

$$4\,\pi\,n\,\mathrm{N}\,m = (r + s + \rho)\,(\mathfrak{R}_a + \mathfrak{R}_c + \mathfrak{R}_i).$$

Cette équation montre qu'à une vitesse N donnée, le produit de la résistance magnétique par la résistance électrique est une constante. Or, au début de l'excitation la résistance magnétique du fer de la machine est négligeable devant celle de l'entrefer, ainsi que le montrent nettement les courbes de la fig. 178. A ce moment on peut donc écrire

$$4\,\pi\,n\,\mathrm{N}\,m = (r + s + \rho)\,\mathfrak{R}_c.$$

Il en résulte que, pour un nombre de tours N, la valeur maximum que la résistance extérieure est susceptible de recevoir est

$$\rho \text{ max.} = \frac{4 \pi n \, N \, m}{\mathcal{R}_e} - (r + s).$$

Pour qu'une dynamo en série puisse devenir auto-excitatrice, elle doit s'amorcer tout au moins en court-circuit, c'est à dire que la plus grande valeur de $\mathcal{R}_e$ doit être

$$(\mathcal{R}_e) \text{ max.} = \frac{4 \pi n \, N \, m}{r + s}.$$

Dans les très petites dynamos, il arrive fréquemment que cette condition n'est pas remplie, par suite de la grande résistance électrique intérieure résultant de l'emploi de fil fin et de la faible surface d'entrefer. C'est pour cette raison que ces machines ont généralement pour inducteurs des aimants permanents.

Si l'on considère une dynamo en dérivation, on obtient, en conservant les notations du § 327,

$$i = \frac{e}{r + \dfrac{d\,\rho}{d + \rho}} = \frac{n \, N \, \mathcal{R}}{r + \dfrac{d\,\rho}{d + \rho}} = \frac{n \, N \times 4 \pi \, m \, i_d}{\left(r + \dfrac{d\,\rho}{d + \rho}\right)\left(\mathcal{R}_a + \mathcal{R}_c + \mathcal{R}_i\right)}.$$

En remarquant que

$$\frac{i_d}{i} = \frac{\rho}{d + \rho},$$

on a

$$\mathcal{R}_a + \mathcal{R}_c + \mathcal{R}_i = \frac{4 \pi n \, N \, m}{d + r + \dfrac{r\,d}{\rho}};$$

équation qui témoigne de l'existence d'une valeur ρ minimum en dessous de laquelle la dynamo se désamorce.

La dynamo s'amorce en circuit ouvert lorsque la résistance de l'entrefer satisfait à la condition

$$\mathcal{R}_e \leq \frac{4 \pi n \, N \, m}{d + r}.$$

Ces divers exemples sont une preuve de la facilité avec laquelle la considération du circuit magnétique permet de résoudre les

problèmes les plus délicats concernant les dynamos. On lui doit
les progrès les plus considérables réalisés dans la construction des
machines.

337. — Méthode de M. Frölich. — Avant qu'on eût ainsi fait
intervenir les résistances magnétiques des machines, le calcul de
celles-ci s'appuyait entièrement sur des règles empiriques.

L'une des méthodes les mieux développées dans cet ordre
d'idées est celle de M. Frölich. Elle repose sur l'hypothèse que la
courbe du magnétisme peut être assimilée à une branche d'hyperbole passant par l'origine et ayant une asymptote parallèle à l'axe
des abscisses.

Voici comment M. Frölich a été amené à formuler cette
supposition.

Considérons une machine en série et, conservant les notations
précédentes, désignons le courant par

$$i = \frac{n\,N\,\mathfrak{N}}{r + s + \rho}.$$

Représentons le flux magnétique utile par une fonction de
l'intensité i, telle que

$$\mathfrak{N} = \varphi\,(i);$$

on aura

$$\frac{n\,N}{r + s + \rho} = \frac{i}{\varphi\,(i)}.$$

En relevant sur une machine Siemens bipolaire les valeurs de
i correspondant à diverses valeurs de

$$\frac{n\,N}{r + s + \rho}$$

et en portant les premières en ordonnées et les secondes en abscisses,
M. Frölich a trouvé une courbe ayant l'allure indiquée dans la
fig. 182 et à laquelle il a donné le nom de *courbe du courant*. Il a
remarqué que, pour le débit moyen fourni par la dynamo fonctionnant à son régime normal, la courbe se confond sensiblement avec
une droite $a\,b$ dont l'équation peut être mise sous la forme

$$i = -\alpha + \beta\left(\frac{n\,N}{r + s + \rho}\right);$$

de là on tire

$$\frac{n\,N}{r+s+\rho} = \frac{\alpha+i}{\beta} = \frac{i}{\dfrac{\beta\,i}{\alpha+i}}$$

On a donc

$$\varphi(i) = \frac{\beta\,i}{\alpha+i},$$

équation qu'on peut écrire

$$\varphi(i) = \frac{a\,m\,i}{1+b\,m\,i},$$

à la condition de choisir les paramètres a et b de manière que m représente le nombre des tours du fil enroulé sur les inducteurs.

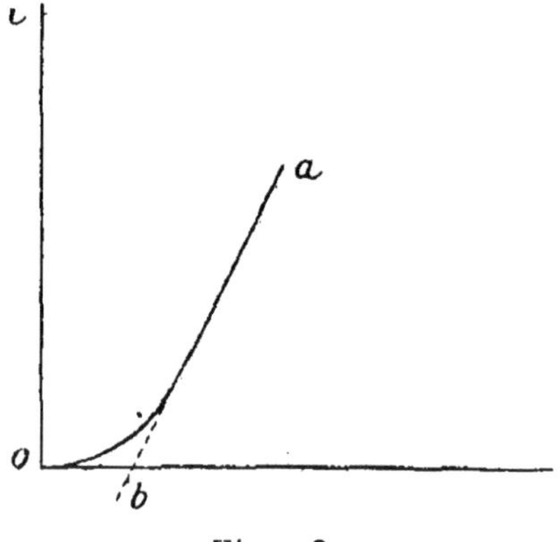

Fig. 182.

Ceci admis, l'équation fondamentale de la dynamo devient

$$i = \frac{n\,N\,\dfrac{a\,m\,i}{1+b\,m\,i}}{r+s+\rho};$$

d'où

$$i = \frac{1}{b}\left(n\,N\,a\,\frac{1}{r+s+\rho} - \frac{1}{m}\right).$$

Cette équation permet de résoudre les problèmes relatifs à la marche et à la construction de la machine. Elle montre immédiatement que i est nul, c'est à dire que la machine ne peut pas s'amorcer, lorsque la valeur de N est trop faible ou la valeur de ρ trop forte.

Nous n'entrerons pas dans le développement des formules résultant de cette équation fondamentale, parce que celle-ci ne paraît pas s'appliquer également aux machines de tous les types. Pour beaucoup d'entr'elles, la courbe du courant a une courbure trop accentuée pour qu'on puisse assigner des valeurs satisfaisantes aux paramètres a et b.

338. — Détermination des enroulements destinés à produire une différence de potentiel constante. — On peut arriver à définir les enroulements qui assurent la constance de la tension aux bornes de la machine, en calculant les ampères-tours nécessaires pour produire, à une vitesse donnée, la différence de potentiel désirée, sous divers états de régime du courant.

Les formules

$$e = n \, N \, \mathfrak{N} \times 10^{-8} \qquad (1)$$

$$4 \pi \left(m \, i - \frac{\alpha}{\pi} n \frac{i_a}{2} \right) \times 10^{-1} = \mathfrak{N} \, (\mathfrak{R}_a + \mathfrak{R}_e) + \nu \, \mathfrak{N} \, \mathfrak{R}_i \qquad (2)$$

servent de base au calcul.

Le coefficient $\frac{\alpha}{\pi}$ est donné par comparaison avec des machines de même type.

On commence par déterminer, à l'aide de la première équation, la valeur à donner à $\mathfrak{N}$ pour que l'induit fournisse la force électro-motrice correspondant au courant utile maximum.

Cette force électro-motrice comprend la différence de potentiel e' à produire aux bornes et la chute de potentiel e'' due aux courants intérieurs traversant le fil de l'armature et celui de l'enroulement en série.

On a donc

$$e = e' + e'' = n \, N \, \mathfrak{N} \times 10^{-8}.$$

De là on conclut la valeur de $\mathfrak{N}$, connaissant l'enroulement de l'induit et la vitesse de celui-ci.

L'équation (2) permet alors de définir les ampères-tours totaux nécessaires pour produire le flux $\mathfrak{N}$.

On recommence ensuite le calcul en supposant nul le courant

utile. L'excitation dépend alors entièrement de l'enroulement en dérivation qui doit être suffisant pour produire une force électromotrice e' en circuit ouvert. On a donc

$$e' = n\,\mathrm{N}\,\mathfrak{N}' \times 10^{-8}$$

et

$$4\,\pi\,m'\,i' \times 10^{-1} = \mathfrak{N}'\,(\mathfrak{R}'_a + \mathfrak{R}'_e) + v\,\mathfrak{N}'\,\mathfrak{R}'_i.$$

On déduit de ces équations les ampères-tours en dérivation $m'\,i'$. La différence $m\,i - m'\,i'$ indique les ampères-tours en série nécessaires pour parer aux diverses pertes intérieures de potentiel. On verra dans la suite les conditions accessoires qui permettent de définir les sections et les longueurs des conducteurs à employer dans les deux enroulements. On aura une preuve de l'exactitude du résultat en vérifiant si, pour un courant intermédiaire, la différence de potentiel a la valeur voulue aux bornes.

Nous aurons l'occasion de revenir sur ce problème, § 356, pour montrer une solution graphique, plus précise que la précédente, qu'il est susceptible de recevoir.

ESSAIS DES DYNAMOS.

339. — **Rendements d'une machine.** — Le *rendement industriel* ou *commercial* d'une machine est le rapport de la puissance électrique disponible dans le circuit extérieur à la puissance mécanique totale absorbée.

Le *rendement électrique* est le rapport de la puissance électrique utile à la puissance électrique totale de la machine.

On voit que le rendement industriel, le plus intéressant à connaître pour qui emploie la machine, est inférieur au rendement électrique, puisque ce dernier ne tient compte ni des pertes intérieures dues aux courants de Foucault et aux effets d'hystérésis, ni des frottements des pièces mobiles contre les coussinets et contre l'air.

La détermination de la puissance et du rendement d'une dynamo exige une série de mesures mécaniques et électriques.

Afin de mesurer la puissance mécanique absorbée par une machine, diverses méthodes sont usitées.

Un premier moyen consiste à découpler le moteur et la dynamo et à appliquer sur l'arbre de commande un frein de Prony ou un appareil qui en tient lieu. On détermine le travail absorbé par le frein après avoir eu soin de reproduire aussi exactement que possible les mêmes conditions de fonctionnement : pression, vitesse, degré d'admission, que lorsque le moteur actionnait la machine électrique. Si la dynamo est conduite par une courroie, il conviendra de déduire du travail mesuré 5 pour 100 environ pour l'absorption par la courroie.

Un autre procédé consiste à mesurer directement l'effort transmis par la courroie à la machine électrique, c'est à dire à relever la différence des tensions dans le brin conducteur et le brin conduit.

Le dynamomètre de transmission de M. von Heffner-Alteneck est fréquemment employé dans ce but. Cet appareil se fixe entre le moteur et la dynamo et porte sept galets entre lesquels passe la courroie, fig. 183. Le galet du milieu peut seul se déplacer, les

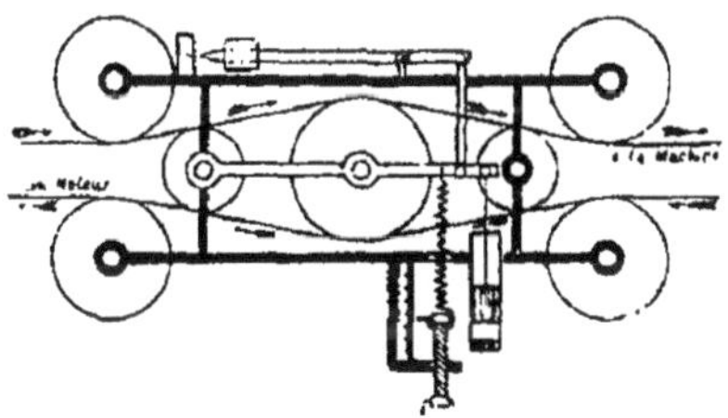

Fig. 183.

autres ne servent qu'à guider les deux brins de manière à ce qu'ils exercent sur la roue médiane des pressions dirigées en sens inverses.

Cette roue médiane pivote autour d'un axe qui se confond avec celui du petit galet de gauche; elle est équilibrée par un contre-poids dont le support oscille devant une ligne de repère et ses mouvements sont amortis par une cataracte à air.

Par suite de la tension prédominante du brin conducteur, situé à la partie inférieure dans la fig. 183, la roue mobile tend à être soulevée au dessus de sa position de symétrie, ce qu'indique l'index qui s'abaisse. Pour la ramener dans cette position, on agit sur un ressort gradué de manière à marquer directement la différence de tension des brins.

Cette graduation s'obtient en fixant verticalement le dynamomètre et en suspendant aux deux brins de la courroie, qu'on empêche de glisser, une série de poids inégaux. Le déplacement à communiquer à l'extrémité du ressort pour ramener l'index du contrepoids au repère est noté pour chaque valeur de la différence des tensions.

En même temps qu'on opère la mesure dynamométrique, on relève la vitesse angulaire de l'induit à l'aide d'un compte-tours. En multipliant le nombre de tours par seconde par la circonférence moyenne d'enroulement de la courroie sur la poulie de la dynamo, on obtient la vitesse linéaire de la courroie. Le produit de cette vitesse par la différence des tensions des deux brins représente la puissance mécanique absorbée par la dynamo.

Il y a toutefois quelques erreurs dues au glissement de la courroie sur la poulie de la dynamo et aux frottements des galets du dynamomètre dont une partie seulement est comprise dans l'effort mesuré.

340. — Mesures électriques et thermométriques. — Les données électriques principales à relever sur une dynamo sont : la différence de potentiel aux bornes en circuit ouvert et en circuit fermé, l'intensité du courant dans le circuit extérieur et éventuellement dans les inducteurs en dérivation, enfin la résistance électrique des diverses parties de la machine et du circuit extérieur. Quelques-unes de ces mesures se prêtent un contrôle mutuel.

La détermination des différences de potentiel se fait en général à l'aide d'un voltmètre; celle des intensités par un ampèremètre. Les mesures des résistances exigent certaines précautions.

Par l'effet des courants intenses et des variations magnétiques de l'induit, les machines s'échauffent, en sorte que les résistances des conducteurs croissent progressivement pendant la marche jusqu'à des valeurs de régime qui ne sont généralement atteintes qu'après plusieurs heures.

La température maximum tolérée dans l'induit est de 70 à 75° C, ce qui suppose une élévation de 30° à 35° environ au dessus de la température ambiante pendant les jours les plus chauds.

On détermine approximativement la température des conducteurs pendant la marche, en appliquant sur ceux-ci la boule d'un thermomètre qu'on protège par du coton contre le rayonnement. Si l'on emploie ce procédé pour relever la température du fil induit au moment de l'arrêt, il est nécessaire de chauffer le thermomètre jusque près de la température de régime du fil, laquelle est déterminée approximativement par une expérience préalable. On remarque, en effet, qu'après l'arrêt de l'armature, la température du fil induit se relève parfois dans des proportions considérables, car la cessation du courant d'air occasionné par le mouvement diminue le rayonnement de la chaleur intérieure de l'armature. Si donc on doit laisser trop longtemps le thermomètre sur l'induit, on constate non pas la température à l'arrêt, mais une température qui peut être notablement supérieure à cette dernière.

On doit donc mesurer les résistances, non pas à froid avant que la machine ait été mise en train, mais à chaud immédiatement après l'arrêt de la dynamo. La méthode exposée au § 221, et qui peut être employée si l'on dispose d'une source d'électricité auxiliaire telle qu'une batterie d'accumulateurs, a l'avantage de n'exiger pour la mesure qu'un ampèremètre et un voltmètre, appareils moins exposés aux accidents dus aux fausses manœuvres de commutateurs que les ponts de Wheatstone et les autres instruments contenant des fils fins qu'une élévation brusque de courant peut mettre hors de service.

341. — Méthode d'essais électriques. — La fig. 184 indique une des dispositions employées à l'Institut électro-technique Montefiore pour la mesure des éléments électriques des dynamos.

Les résistances artificielles, à l'aide desquelles on constitue le circuit extérieur relié à la machine essayée, sont des fils aériens en bronze tendus parallèlement sur des isolateurs et aboutissant à deux commutateurs c_1 et c_2 formés chacun d'une rangée circulaire de godets à mercure. Les godets de l'un des commutateurs sont reliés aux bouts commençants des fils, les godets du commutateur voisin aux bouts finissants. Au moyen de cavaliers en cuivre et des godets centraux, on peut réunir en série ou en dérivation un nombre quelconque de fils aériens. La combinaison de conducteurs ainsi formée est reliée au commutateur général c constitué également par la réunion d'un certain nombre de godets à mercure.

Un galvanomètre Deprez et d'Arsonval A sert d'ampèremètre; un autre V, de voltmètre. Le courant à mesurer passe dans un conducteur en cuivre s ou s', de fort diamètre, sur lequel on dérive

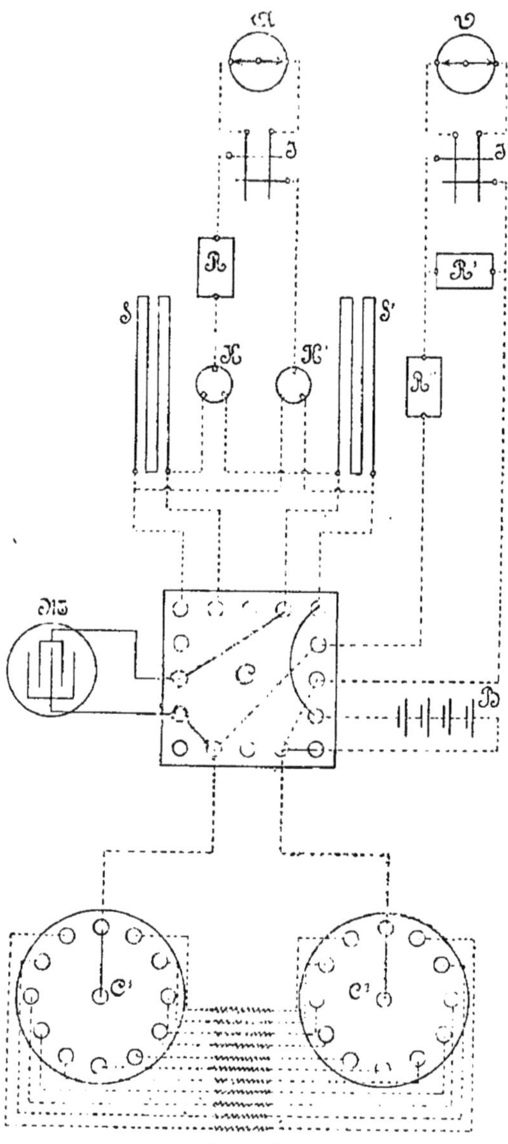

Fig. 184.

l'ampèremètre A. La résistance de A est telle que le courant qui traverse cet appareil peut être négligé devant le courant qui parcourt les conducteurs s, s'.

342. — Graduation de l'ampèremètre. — On gradue l'ampère-mètre en faisant usage d'un courant d'intensité connue, mesurée à l'aide d'un voltamètre, § 206. Dans ce but, les conducteurs s, s' sont reliés au commutateur général c. Au moyen de clefs K, K', on peut mettre l'un ou l'autre de ces conducteurs en communication avec le galvanomètre A, par l'intermédiaire d'une boîte de résistance R et d'une clef I dont la fonction est de permettre l'interversion du courant dans A. Pour procéder à la graduation, on constitue un circuit dans lequel on insère un des shunts, s' par exemple, une batterie d'accumulateurs B susceptible de fournir un courant aussi constant que possible, les résistances artificielles reliées à c_1, c_2 et un voltamètre M à sulfate de cuivre, fig. 185.

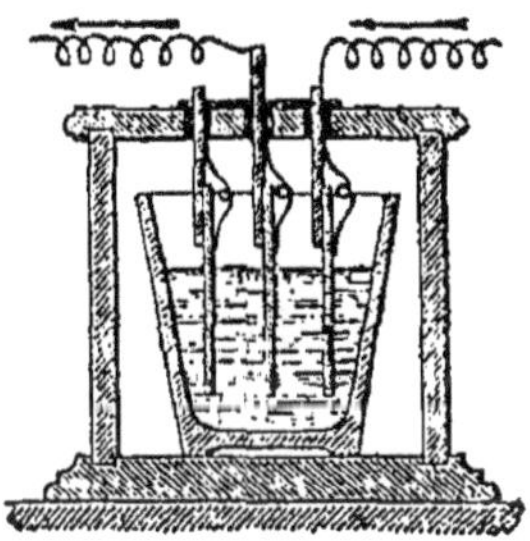

Fig. 185.

Les cathodes de celui-ci sont au préalable soigneusement déca-pées et pesées, et l'intensité du courant est réglée de manière à obtenir une densité inférieure à un ampère par dcm^2 de surface des cathodes. On note à des intervalles de temps égaux et rapprochés les déviations de l'ampèremètre A. Lorsque le dépôt de cuivre est jugé suffisant, on interrompt le courant ; les cathodes sont retirées, lavées soigneusement à l'eau distillée et à l'alcool, desséchées et pesées. Le poids de cuivre déposé par seconde correspond à 0,000328 gr. par ampère d'intensité moyenne. Le courant calculé est propor-tionnel à la moyenne des indications de l'ampèremètre. Par suite, on détermine aisément le facteur de proportionnalité entre l'inten-sité des courants à mesurer et les déviations lues sur l'échelle de l'ampèremètre.

On peut mesurer des courants d'intensités très différentes en faisant varier la résistance insérée au rhéostat R. Connaissant la résistance de A et négligeant celle du shunt devant les résistances de A et R, il est facile de déterminer chaque fois, par le calcul, la nouvelle valeur du facteur de proportionnalité. On est toutefois limité dans cette voie par l'échauffement du shunt s' lorsque le courant dépasse une certaine intensité. Quand cet échauffement peut modifier sensiblement la résistance du shunt, il convient d'en employer un autre de diamètre plus fort, s par exemple.

Pour déterminer le facteur de proportionnalité relatif à ce dernier, on fait passer le même courant dans s et dans s' et on note les déviations du galvanomètre relié successivement à ces shunts. Le facteur nouveau est une quatrième proportionnelle entre le facteur relatif à s' et les déviations observées.

Par cette disposition, le même appareil est susceptible de servir à la mesure des courants les plus faibles comme à celle des courants les plus intenses.

343. — Graduation du voltmètre. — Les différences de potentiel sont déterminées à l'aide du galvanomètre Deprez et d'Arsonval V, fig. 184. Dans ce but, les points entre lesquels on cherche la différence de potentiel sont reliés à un circuit comprenant une résistance R″ de 100 000 ohms et une résistance R′ de 10 000 ohms. Le galvanomètre V, commandé par une clef d'inversion I′, est mis en dérivation par rapport à la résistance R′.

Pour graduer le voltmètre, on relie les extrémités de son circuit, comme l'indique la fig. 184, aux résistances artificielles, aboutissant à c_1, c_2, dans lesquelles on fait passer un courant fourni par les accumulateurs B et mesuré par l'ampèremètre A. En insérant des résistances préalablement mesurées, on réalise des différences de potentiel connues, exprimées par les produits obtenus en multipliant ces résistances par les intensités successives du courant. On note les déviations correspondantes lues au galvanomètre V. Des résultats obtenus, on déduit le facteur de proportionnalité du voltmètre, c'est à dire le rapport des différences de potentiel aux déviations de l'instrument.

344. — Mesures électriques effectuées sur une dynamo. — Ces graduations terminées, on peut mesurer la différence de potentiel aux bornes de la machine à essayer, l'intensité du courant dans le

circuit extérieur et, le cas échéant, dans les bobines en dérivation
des électro-aimants. Ces déterminations doivent être faites simultanément avec la mesure du travail absorbé par la machine. Dans

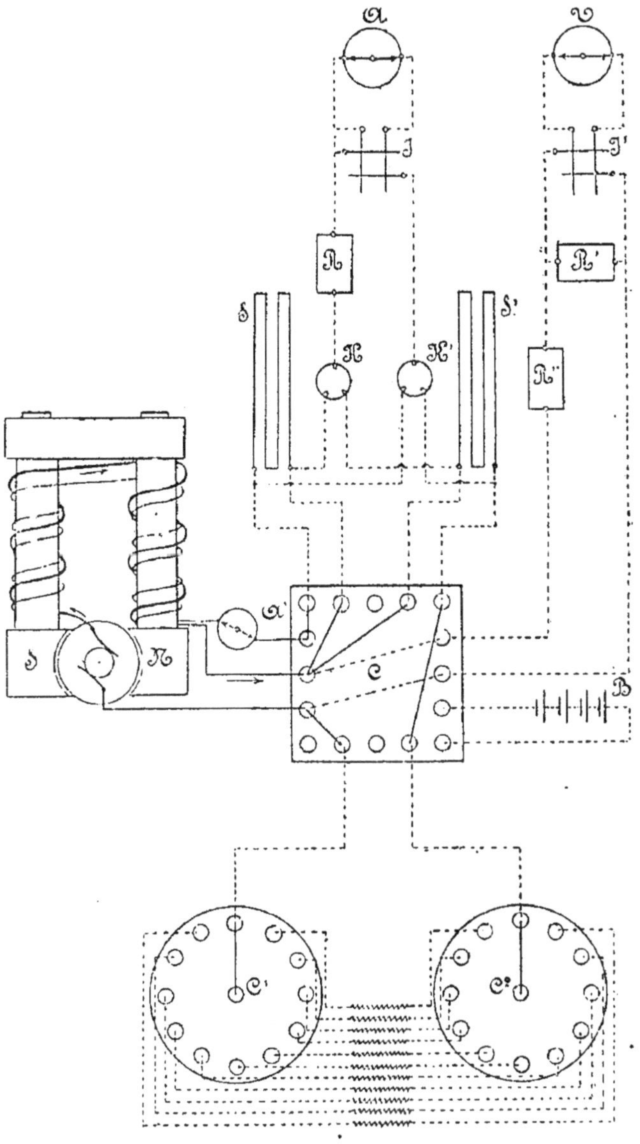

Fig. 186.

ce but, un observateur relève la vitesse de la dynamo à l'aide d'un
compte-tours et frappe sur un timbre au moment où le régime

de vitesse normal est acquis. Aussitôt d'autres observateurs font simultanément les constatations électriques et mécaniques.

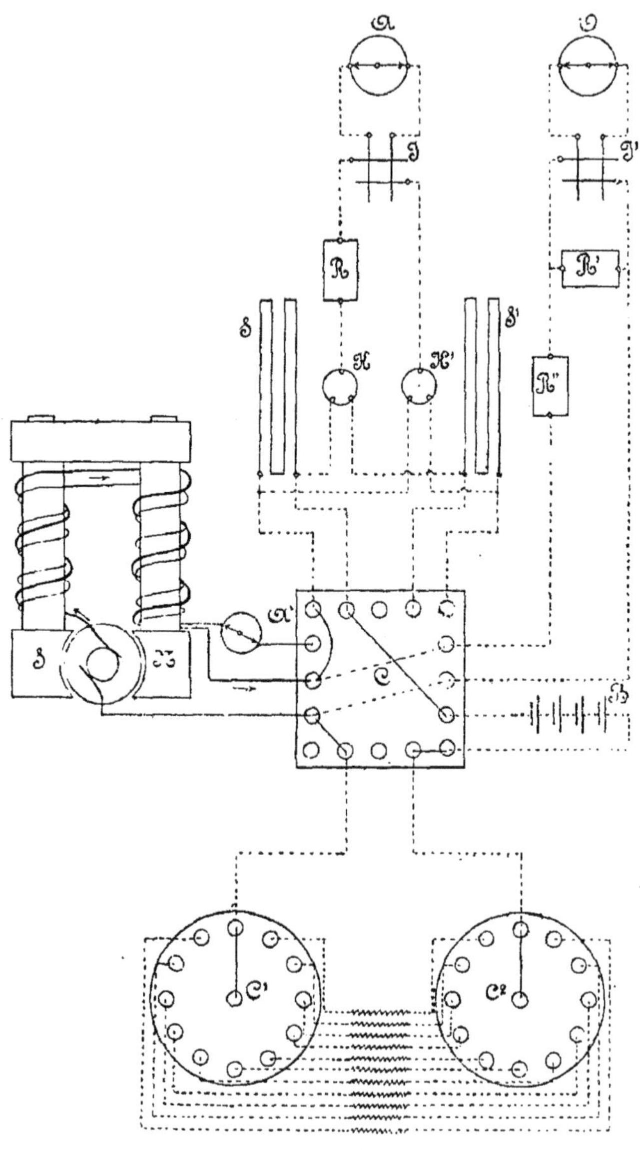

Fig. 187.

On établit une série de régimes de courant différents en maintenant la vitesse invariable et en changeant la résistance extérieure. Pour chaque valeur nouvelle du courant de la dynamo, il est bon de procéder à plusieurs opérations semblables , trois au moins, et de prendre les moyennes des indications recueillies.

Pour mesurer les différences de potentiel et les intensités de courant , on établit les communications indiquées dans la fig. 186. Le circuit extérieur de la machine comprend les résistances reliées aux commutateurs c_1, c_2 et l'un des shunts, s', de l'ampèremètre A.

Dans le cas où il y a un enroulement inducteur en dérivation , comme le montre la fig. 186, on intercale dans ce circuit un ampèremètre A' qui permet de mesurer le courant dérivé. On peut aussi se servir du galvanomètre A et du shunt disponible s.

La différence de potentiel utile de la machine s'estime en reliant les bornes de celle-ci au voltmètre V.

La résistance à chaud des inducteurs en dérivation est le rapport de la différence de potentiel aux extrémités de leur circuit au courant qui parcourt celui-ci.

Pour déterminer la résistance à chaud de l'induit et de l'enroulement en série , on établit, aussitôt après l'arrêt de la machine supposée arrivée à son régime de température, les communications indiquées dans la fig. 187. Les conducteurs intérieurs dont il faut mesurer la résistance sont reliés à une batterie d'accumulateurs B , au shunt s et aux résistances artificielles comprises entre c_1 et c_2. On cale l'induit de la machine de manière à ce qu'il ne tourne pas sous l'influence du courant d'intensité modérée qui le traverse. On mesure ce courant à l'aide de l'ampèremètre A et simultanément on relève au moyen du voltmètre V la différence de potentiel aux bornes. Le rapport de la dernière de ces quantités à la première donne la résistance intérieure de la machine.

344bis.— Mesures propres à déterminer les réactions de l'induit. — Les essais décrits ci-dessus sont particulièrement utiles aux personnes qui doivent se servir d'une machine, en se sens qu'ils leur renseignent les meilleures conditions d'emploi d'un générateur donné.

On peut, à l'aide de la disposition d'appareils indiquée dans le paragraphe précédent, effectuer d'autres séries d'essais qui intéressent au plus haut point le constructeur et lui permettent de relever des données propres au calcul des dynamos, en le fixant sur la valeur d'un type de machine.

Dans ce but, on commence par faire tourner l'induit à sa vitesse de régime, en circuit ouvert, et l'on excite les inducteurs à l'aide de courants fournis par les accumulateurs B et croissant progressivement jusqu'à donner au champ son intensité maximum. On relève au moyen du voltmètre V les différences de potentiel aux balais pour chaque valeur du courant d'excitation, lequel est mesuré par l'ampèremètre A′.

On recommence cette série d'essais en faisant produire à l'induit un courant i mesuré par l'ampèremètre A et maintenu constant à l'aide de résistances convenables insérées au rhéostat $c_1\ c_2$. Pour chaque valeur du courant d'excitation, on cale les balais dans la position qui occasionne le minimum d'étincelles. On note, pour chacune des valeurs du courant d'excitation, la différence de potentiel aux balais indiquée par le voltmètre V.

On répète la même série d'essais pour plusieurs valeurs données au courant de l'induit. Lorsque ce courant approche de sa valeur maximum, on ne peut faire fonctionner la machine qu'entre des limites assez étroites du courant d'excitation, car lorsque celui-ci devient trop faible la réaction de l'armature est telle qu'il n'est pas possible d'éviter les étincelles aux balais.

On verra ci-après, § 349, les courbes tracées à l'aide des résultats des expériences qui viennent d'être décrites. Ces résultats caractérisent les qualités magnétiques d'une machine et sont indépendants du mode d'enroulement des inducteurs.

345. — Expression des rendements d'une machine. — Représentons par

P, la puissance mécanique absorbée par la machine, en watts ;

e, la force électro-motrice totale développée dans la dynamo, en volts ;

$e′$, la différence de potentiel utile, en volts, prise aux bornes extérieures ;

i, $i′$, $i″$, les intensités de courant, en ampères, dans l'armature, dans les inducteurs en dérivation et dans le circuit extérieur ;

r, s, d, ρ, les résistances, en ohms, mesurées à chaud, de l'induit, de l'enroulement en série, de l'enroulement en dérivation et du circuit extérieur.

Supposons, par exemple, qu'on ait relevé, pour une succession de régimes différents de courant, les valeurs de P, e', i', i'', r et s.

Dans une dynamo en série on aura

$$e = e' + i\,(r + s)$$

car dans ce cas $i = i''$.

Pour une machine en dérivation

$$e = e' + (i' + i'')\,r$$

$$d = \frac{e'}{i''}.$$

Pour une machine compound à longue dérivation

$$e = e' + (i' + i'')\,(r + s)$$

$$d = \frac{e'}{i''}.$$

Pour une compound à courte dérivation

$$e = e' + i''\,s + (i' + i'')\,r$$

$$d = \frac{e' + i''\,s}{i''}.$$

Le *rendement électrique* a, suivant les systèmes d'enroulement, les valeurs suivantes :

pour l'enroulement en série $\dfrac{e'\,i}{ei} = \dfrac{e'}{e}$, expression semblable à celle du rendement d'une pile ;

pour l'enroulement en dérivation et l'enroulement compound $\dfrac{e'\,i''}{ei}$.

Le *rendement industriel* s'exprime dans la machine en série par $\dfrac{e'\,i}{P}$, et dans la machine en dérivation ou dans la machine compound par $\dfrac{e'\,i''}{P}$.

Dans les machines à anneau et à tambour le rendement électrique est très-élevé ; il atteint parfois 97 pour 100. Comme il est, du reste, aisé à mesurer, c'est celui que les constructeurs indiquent fréquemment dans leurs catalogues sous le nom de *rendement*. Le rendement électrique est moindre dans les machines à disque où, en revanche, les pertes par courants de Foucault et par hystérésis sont moins grandes que dans les machines à noyau en fer mobile.

Afin de rapporter les divers types de dynamos à une même base de comparaison, il est bon de s'en tenir au rendement industriel, qui, dans les grandes machines bien étudiées, varie de 80 à 94 pour 100. Ce dernier nombre a été constaté dans des dynamos commandées directement par des moteurs à grande vitesse. Le rapport de la puissance utile aux bornes de la dynamo à la puissance indiquée aux cylindres du moteur à vapeur s'élevait à 0,84. Ce résultat classe les dynamos à la tète des transformateurs industriels d'énergie.

346. — Méthode de M. Mordey pour déterminer séparément les pertes par courants de Foucault et par hystérésis dans un induit. — Il est très utile de connaître séparément l'effet des courants de Foucault et de l'hystérésis dans l'échauffement du noyau de fer d'un induit à anneau ou à tambour. L'effet des premiers est proportionnel au carré de la vitesse, § 307; l'intensité de ces courants diminue avec l'épaisseur du fil ou des tôles qui constituent le noyau et peut, par suite, être réduite autant qu'on le veut. Mais le prix de la matière et le coût de la main-d'œuvre de construction varient en sens inverse; il y a donc un juste milieu à garder. L'échauffement par hystérésis est, pour une induction magnétique donnée, proportionnel à la vitesse, § 308, et indépendant du sectionnement du noyau, pourvu que le volume total du fer de ce dernier reste constant.

S'appuyant sur ces propriétés, M. Mordey a combiné une méthode industrielle propre à déterminer séparément l'effet de ces deux catégories de phénomènes.

Il commence par mesurer le travail absorbé par les frottements de la machine marchant à vide à des vitesses différentes. Il obtient ainsi, à l'aide du dynamomètre de transmission, § 339, des valeurs croissant proportionnellement à la vitesse. Il détermine ensuite la puissance absorbée lorsque la dynamo marche à des vitesses croissantes, les inducteurs étant excités séparément à l'intensité normale et les balais de l'induit étant enlevés. Les puissances observées dans ces conditions correspondent aux frottements, aux courants de Foucault et aux effets d'hystérésis.

Par différence, on obtient les puissances absorbées à diverses vitesses par ces deux derniers effets. Soient P et P' ces puissances à des vitesses N et N'.

On sait que la puissance perdue dans les courants parasites peut être mise sous la forme $k\,N^2$, et celle correspondant aux effets magnétiques, sous la forme $k'\,N$.

On a donc

$$P = k\,N^2 + k'\,N$$

$$P' = k\,N'^2 + k'\,N'$$

d'où

$$k = \frac{P'\,N - P\,N'}{N'^2\,N - N'\,N^2}$$

$$k' = \frac{P'\,N^2 - P\,N'^2}{N'\,N^2 - N\,N'^2}.$$

Ces deux coefficients indiquent respectivement la perte d'énergie par tour due aux courants de Foucault et au phénomène d'hystérésis.

Il semble qu'on trouverait des expressions plus approchées de ces coefficients, en considérant une série de couples de valeurs prises à des vitesses différentes et en appliquant la méthode des moindres carrés au calcul des résultats ; mais il faut remarquer que les expressions des pertes $k\,N^2$, $k'\,N$ ne sont qu'approximatives et ne comportent guère l'emploi de la méthode susdite.

En effet, si les forces électro-motrices parasites croissent comme la vitesse, les courants qui en résultent augmentent moins rapidement, car la résistance apparente qui leur est opposée varie elle-même avec la vitesse, § 181. D'autre part, il est probable que le phénomène d'hystérésis dépend de la rapidité avec laquelle le cycle magnétique est parcouru.

Les courants parasites considérés dans la méthode exposée sont ceux du noyau de fer, des pièces de consolidation et des conducteurs induits enroulés sur le noyau. Pour estimer séparément l'influence de ces derniers, on pourrait faire tourner d'abord le noyau seul entre les inducteurs excités. On garnirait ensuite l'induit de ses bobines et l'on renouvellerait l'expérience. Par différence, on aurait la perte due aux courants de Foucault dans l'enroulement, laquelle atteint parfois une importance sérieuse dans les induits à barres de cuivre massives.

347. — Vitesse la plus avantageuse à donner à une dynamo. — Les résultats précédents permettent de calculer la vitesse de la machine qui correspond au maximum de puissance utile, en supposant invariables les pertes dans l'induit, l'excitation des inducteurs étant d'ailleurs constante et indépendante.

La puissance totale de la machine peut être mise sous la forme

$$P = ei = K N \delta, \qquad (1)$$

K étant un coefficient numérique, N le nombre de révolutions par seconde et δ la densité du courant dans le fil induit.

La perte de puissance dans ce dernier, due à la chaleur dégagée par le courant utile et les courants parasites ainsi qu'à l'hystérésis, est

$$P' = a \delta^2 + k N^2 + k' N; \qquad (2)$$

remplaçant dans (1) δ par sa valeur tirée de (2) on a

$$P = K N \sqrt{\frac{P' - k N^2 - k' N}{a}}.$$

Cette fonction de N est susceptible d'un maximum correspondant à

$$\frac{d P}{d N} = 0,$$

condition qui conduit à la vitesse suivante :

$$N = \frac{-3 k' + \sqrt{9 k'^2 + 32 k R'}}{8 k}.$$

REPRÉSENTATION GRAPHIQUE DES RÉSULTATS.

348. — Courbes caractéristiques d'une machine en série. — La méthode graphique est très utile pour arriver à saisir rapidement la valeur des résultats obtenus dans les essais des machines. Elle a été développée par MM. Hopkinson et Deprez.

Considérons une machine en série sur laquelle on a relevé, à vitesse constante de l'induit, les renseignements suivants :

1° Les valeurs de la force électro-motrice e_0 à circuit ouvert, lorsque les balais sont calés invariablement suivant une ligne de contact normal à la ligne des pôles et que les inducteurs sont excités séparément par des courants croissants i. Les valeurs qu'on obtiendrait pendant une période descendante du courant sont supérieures à celles de la période ascendante par suite du phénomène d'hystérésis ; mais, en dehors de cas tout spéciaux, les différences sont pratiquement négligeables.

2° Les valeurs de la différence de potentiel aux bornes e' et de l'intensité du courant i à circuit fermé sur des résistances ρ croissantes ou décroissantes. On tiendra compte de la remarque ci-dessus. Les balais devront, dans ces expériences, être déplacés dans le sens de la rotation à mesure que le courant augmente dans l'induit, afin d'occuper les positions de calage correspondant au minimum d'étincelles.

3° Les valeurs de la force électro-motrice e à circuit fermé, calculées en ajoutant aux valeurs de e' les produits $i\,(r + s)$, $r + s$ étant la résistance intérieure de la machine mesurée à chaud.

Ces divers éléments ayant été réunis sous forme de tableaux, on dresse des courbes ayant comme abscisses des longueurs proportionnelles aux courants i et comme ordonnées des longueurs proportionnelles à e_0, e et e'.

Ces courbes, dont on voit un spécimen dans la figure 188, ont été désignées par M. Deprez sous le nom de *caractéristiques*.

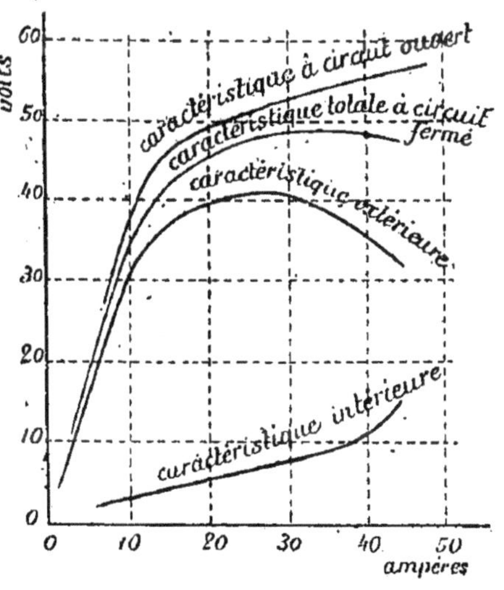

Fig. 188.

La courbe supérieure, qui donne la force électro-motrice à circuit ouvert en fonction du courant d'excitation $e_0 = f(i)$, peut être distinguée sous le nom de caractéristique à circuit ouvert.

Cette ligne a exactement la même allure que la courbe du magnétisme obtenue par la méthode de MM. Hopkinson, attendu que les ordonnées de celle-ci sont proportionnelles au flux total dans l'induit, et les abscisses à la force magnéto-motrice agissant dans les inducteurs.

La même courbe peut donc représenter, moyennant un changement des échelles, les deux fonctions $e_0 = f(i)$ et $\mathfrak{X} = f(\mathfrak{I})$. Souvent aussi les abscisses figurent les ampères-tours. La courbe a alors pour équation $e_0 = f(m i)$.

La caractéristique totale $e = f(i)$ indique les variations de la force électro-motrice totale à circuit fermé en fonction du courant d'excitation. Enfin, la caractéristique extérieure $e' = f(i)$ donne les valeurs de la différence de potentiel aux bornes. La courbe inférieure est obtenue en prenant la différence des ordonnées de la caractéristique à circuit ouvert et de la caractéristique extérieure. Ces différences représentent les chutes de potentiel en volts dues à la réaction de l'induit et à la résistance de l'induit et des inducteurs. La courbe ainsi déterminée peut s'appeler caractéristique intérieure.

On a supposé, dans ce qui précède, que les caractéristiques passent par l'origine des coordonnées, ce qui n'est pas tout à fait exact à cause du magnétisme rémanent. Toutefois la valeur de la force électro-motrice due au flux de force résiduel est assez petite pour qu'on puisse pratiquement la négliger dans la généralité des cas.

Les caractéristiques s'élèvent sensiblement en ligne droite, parce qu'au début de l'excitation le flux de force croît proportionnellement au courant dans les inducteurs.

349. — Courbes indiquant les chutes de potentiel dues à l'induit d'une dynamo quelconque. — Les trois courbes inférieures de la fig. 188 caractérisent le fonctionnement électrique d'une dynamo en série. Nous verrons qu'en variant la résistance extérieure d'une dynamo à enroulement dérivé ou compound on obtient des courbes $e = f(i)$ différentes.

Pour obtenir des courbes à l'aide desquelles les réactions de l'induit peuvent être déterminées, abstraction faite du mode d'enroulement des inducteurs, on suit le procédé décrit au § 344bis. Les

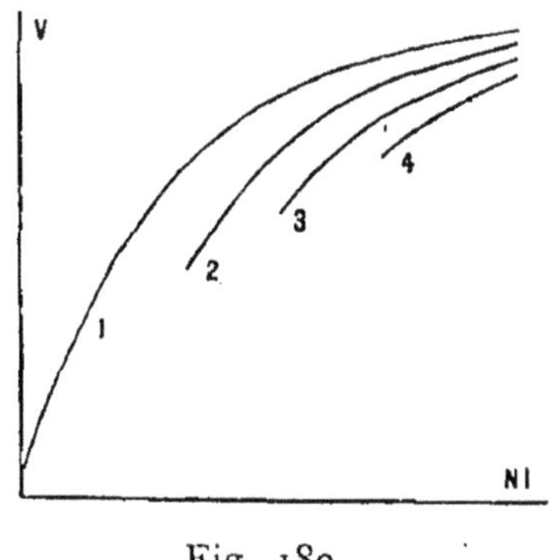

Fig. 189.

inducteurs sont excités progressivement à l'aide de courants indépendants, tandis qu'on maintient dans l'induit des régimes de courant invariables, grâce à un choix judicieux des résistances extérieures. En portant les ampères-tours d'excitation en abscisses, et les différences de potentiel obtenues pour chaque régime de courant en ordonnées, on obtient des courbes telles que 1, 2, 3, 4, fig. 189, la courbe supérieure étant la caractéristique à circuit ouvert, et les courbes 2, 3, 4 correspondant à des courants croissants i_2, i_3, i_4 dans l'induit. On constate que le développement de ces courbes est d'autant moindre que les courants dans l'induit sont plus intenses, ce qui provient du fait que la réaction de l'armature croit avec le courant et rend de plus en plus difficile la suppression des étincelles au collecteur.

Pour une abscisse donnée, la différence entre les ordonnées de la courbe 1 et d'une des autres courbes, 3 par exemple, accuse la chute de potentiel due au courant i_3 dans l'armature et à la réaction magnétique de celle-ci, sous l'excitation considérée des inducteurs.

Ces courbes de réaction d'induit permettent, comme on le verra, le calcul d'un enroulement compound. Elles montrent les modifications que l'on peut faire subir aux enroulements d'une carcasse de dynamo et la réduction dont est capable le champ magnétique avant de provoquer des étincelles aux balais.

350. — Influence de la vitesse. — Nous avons supposé que les données, nécessaires pour le tracé de la caractéristique à circuit ouvert, sont relevées à vitesse constante. Il est utile de connaître l'influence d'une variation d'allure de l'induit.

La force électro-motrice à circuit ouvert e_0 est exprimée par l'équation

$$e_0 = n \, \mathrm{N} \, \mathfrak{N} \times 10^{-8},$$

dans laquelle N est le nombre de tours par seconde, n le nombre de fils recouvrant l'extérieur de l'induit et $\mathfrak{N}$ le flux de force à travers celui-ci. Si le courant excitateur et le nombre de spires sont constants, la force électro-motrice e_0 varie proportionnellement à la vitesse angulaire de l'armature.

Il résulte de là que, pour trouver la caractéristique à circuit ouvert correspondant à une nouvelle vitesse N′, il suffira de modifier toutes les ordonnées de la première courbe dans le rapport $\dfrac{\mathrm{N}'}{\mathrm{N}}$.

Il n'en sera pas de même pour les autres caractéristiques, attendu que le flux utile, dont dépend la force électro-motrice, varie avec le courant dans l'induit et la réaction de ce dernier. Cependant, pour de légères variations de la vitesse, on ne commet pas d'erreur sensible en admettant le rapport d'ordonnées précédent. Cette remarque est utile à noter, car, dans les essais, il est impossible de maintenir la vitesse rigoureusement constante, et il est nécessaire de ramener, par une interpolation, les forces électro-motrices observées aux valeurs qui correspondraient à une vitesse normale.

351. — Représentation graphique des résistances. — Il est aisé de déduire graphiquement de la caractéristique totale à circuit fermé la résistance du circuit correspondant à une valeur donnée de la force électro-motrice ou du courant.

La résistance du circuit, pour un point A de la caractéristique totale, est

$$r + s + \rho = \frac{e}{i} = \frac{\mathrm{A}\,\mathrm{B}}{\mathrm{B}\,\mathrm{O}} = \tang \alpha.$$

Ainsi la résistance est représentée par le coefficient angulaire du rayon vecteur mené de l'origine au point A. De même, la résistance extérieure ρ est le coefficient angulaire du vecteur conduit de l'origine au point de la caractéristique extérieure correspondant à A. On remarquera toutefois que les tangentes ne représentent les

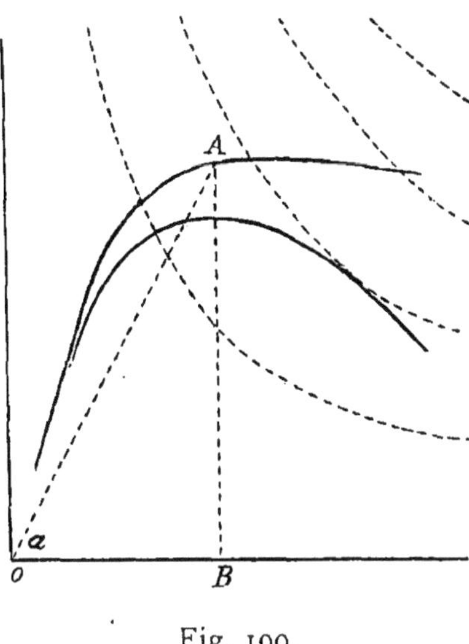

Fig. 190.

résistances que si les échelles adoptées pour mesurer les volts et les ampères sont égales. Souvent, pour mieux accuser la courbure des caractéristiques, on adopte des échelles différentes.

Dans ce cas, pour trouver les résistances, on prend sur l'axe des abscisses une longueur figurant un ampère et l'on élève à l'extrémité une ordonnée indéfinie que l'on divise en segments égaux à la longueur adoptée pour représenter un volt. L'ordonnée ainsi graduée devient l'échelle des résistances. L'intersection d'un vecteur quelconque avec cette ordonnée intercepte sur celle-ci un nombre de divisions mesurant la résistance correspondante.

Le diagramme permet aussi de résoudre graphiquement le problème inverse, à savoir : la résistance du circuit d'une machine étant donnée, déterminer la force électro-motrice et le courant que fournira la machine tournant à la vitesse considérée.

En général, on cherche à réduire autant que possible la réaction d'induit, c'est à dire à relever l'extrémité de la caractéristique extérieure des dynamos, en vue de diminuer la perte de potentiel utile. Cependant, dans certains cas exceptionnels, il est bon que la caractéristique extérieure .descende rapidement vers l'axe des abscisses après avoir dépassé l'ordonnée maximum. C'est le cas, par exemple, lorsque le circuit extérieur se compose d'une lampe à arc voltaïque, dont la résistance est susceptible de baisser brusquement. Si la caractéristique est très infléchie, le courant ne peut pas alors croître au delà d'une certaine limite compatible avec la sécurité.

352. — **Stabilité de fonctionnement.** — Si l'on fait croître progressivement la résistance du circuit d'une dynamo, le vecteur mené de l'origine se relève de plus en plus ; il arrive un moment où ce vecteur est tangent à la caractéristique totale. Dans ce cas, la force électro-motrice et le courant sont nuls, et la machine se désamorce. La résistance à partir de laquelle ce désamorcement se produit est appelée *résistance critique*. Sa valeur dépend de la vitesse de la dynamo, puisque la courbe s'élève ou s'abaisse suivant que la vitesse augmente ou diminue.

Si l'on progresse en sens inverse en partant d'une résistance extérieure infinie, on observe de même une valeur à partir de laquelle la machine s'amorce en donnant brusquement une force électro-motrice assez élevée, attendu que la partie initiale de la caractéristique est sensiblement droite. Si l'on continue à faire décroître la résistance extérieure, la force électro-motrice augmente encore, mais de moins en moins vite jusqu'à ce qu'on arrive à l'ordonnée maximum de la courbe. A partir de ce point, la force électro-motrice diminue, lentement d'abord, puis très rapidement.

Il résulte de ces considérations qu'il convient de faire fonctionner les machines aux environs de l'ordonnée maximum de la caractéristique totale, c'est à dire au delà du coude de la caractéristique à circuit ouvert. En effet, la stabilité de fonctionnement ne permet pas de faire travailler la machine à un régime correspondant au coude de la courbe du magnétisme, car, dans cette région, une faible variation de la résistance extérieure ou de la vitesse provoque une modification relativement considérable de la force électromotrice.

Cependant, au point de vue de la dépense d'excitation, il serait plus avantageux de rester en deçà du coude, car si l'on se reporte à la courbe du magnétisme, on voit aisément que, cette région dépassée, le flux utile croît moins vite que le courant dans les inducteurs. Mais la bonne utilisation de la machine demande à ce que celle-ci donne une force électro-motrice totale voisine de la valeur maximum.

On se rappelle que le coude de la caractéristique à circuit ouvert est d'autant plus net que le circuit magnétique de la machine est moins résistant. Il en résulte que les dynamos à entrefer peu résistant ont une stabilité d'allure plus grande que les machines à grand entrefer.

D'après M. Arnoux, le point de la caractéristique à circuit ouvert qui correspond à une stabilité suffisante de fonctionnement est déterminé par la condition que le rapport du coefficient angulaire de la tangente menée en ce point, au coefficient angulaire de la tangente à l'origine de la courbe, soit égal à un tiers. Cette manière de trouver le point de la caractéristique, sous lequel il convient de ne pas descendre, est très rationnelle; car elle est indépendante de l'échelle adoptée dans les coordonnées du diagramme.

353. — Représentation de la puissance et du rendement électriques. — La puissance électrique se mesure en kilowatts par $\dfrac{ei}{1000}$.

Si l'on pose cette expression égale à l'unité, en considérant e et i comme variables, on obtient une hyperbole équilatère qui a pour asymptotes les axes des coordonnées, fig. 190. Les intersections de cette courbe avec les caractéristiques $e = f(i)$ et $e' = f(i)$ marquent les points pour lesquels la puissance électrique totale et la puissance électrique utile représentent un kilowatt. En dressant une série de courbes semblables correspondant à des valeurs de $\dfrac{ei}{1000}$ différant entr'elles d'une unité ou d'une fraction d'unité, M. S. Thompson est parvenu à montrer très simplement l'effet utile de la dynamo fonctionnant dans des conditions diverses. On remarque que, si la caractéristique présente une inflexion très accusée vers l'axe des abscisses, elle peut être coupée deux fois par une même hyperbole. La puissance maximum correspond dans ce cas a l'hyperbole tangente à la caractéristique.

Si la force électro-motrice et le courant de la machine étaient renversés simultanément, on obtiendrait une caractéristique disposée symétriquement à la première par rapport à l'origine et les puissances électriques seraient figurées par les secondes branches des hyperboles équilatères.

Le rendement électrique $\dfrac{e'}{e}$ est représenté par le rapport des ordonnées des deux caractéristiques $e' = f(i)$ et $e = f(i)$, correspondant à une même valeur du courant i, fig. 190. Ce rapport reste sensiblement constant dans la partie initiale des courbes, puis il décroît d'autant plus que l'on s'éloigne davantage de l'origine sur les caractéristiques.

354.—Caractéristiques des dynamos à excitation indépendante.—

Dans une dynamo à excitation indépendante, de même que dans une machine magnéto-électrique, l'effet des inducteurs est constant, mais la réaction d'induit augmente avec le courant produit, de sorte que la caractéristique extérieure est une ligne qui part d'un point de l'axe des ordonnées correspondant à la force électro-motrice en circuit ouvert et s'abaisse graduellement vers l'axe des abscisses, fig. 191.

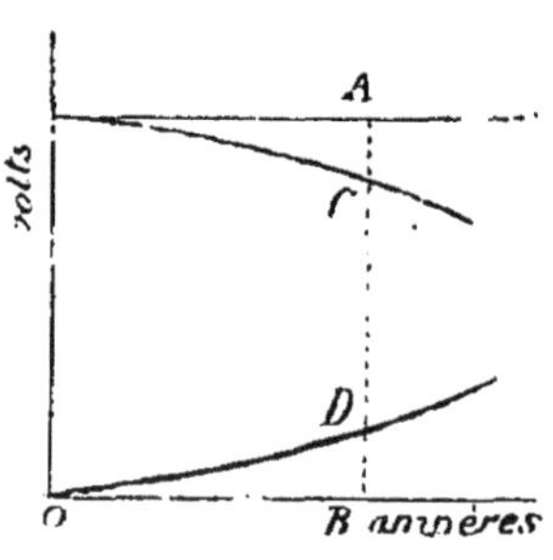

Fig. 191.

Les différences entre les ordonnées de cette ligne et l'ordonnée à l'origine, qui figure la force électro-motrice normale à circuit ouvert, indiquent les réductions de potentiel dues à la réaction de l'armature et à sa résistance. Ces différences étant portées en ordonnées donnent la courbe OD.

355. — Caractéristiques d'une dynamo enroulée en dérivation. —

Dans une dynamo excitée en dérivation il y a trois courants distincts. La caractéristique à circuit ouvert a pour abscisses les valeurs du courant dans les inducteurs, la caractéristique totale celles du courant induit, et la caractéristique extérieure les différences entre les couples de valeurs précédents qui correspondent à un même régime de fonctionnement.

On obtient les données nécessaires au tracé de la première courbe, en relevant les différences de potentiel à circuit ouvert, pour une vitesse constante, les inducteurs étant parcourus par des courants croissants produits par une source extérieure. Cette caractéristique

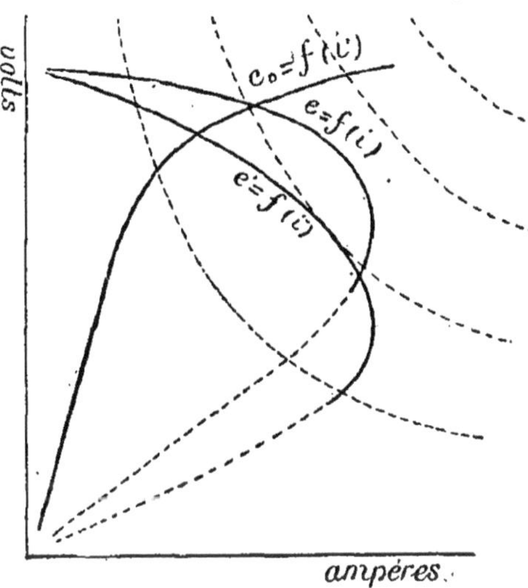

Fig. 192.

à circuit ouvert a naturellement la même allure que dans une dynamo en série, car elle peut représenter dans les deux cas les variations du flux magnétique utile en fonction de la force magnéto-motrice.

La caractéristique extérieure s'obtient en faisant fonctionner la machine à auto-excitation et en relevant, sous divers régimes de courant correspondant à une même vitesse, les valeurs de la diffé-rence de potentiel aux balais e' et les intensités du courant i'' dans le circuit extérieur. La courbe $e' = f(i'')$ part d'un point de l'axe des ordonnées marquant sensiblement la force électro-motrice en circuit ouvert, puis elle s'abaisse vers l'axe des abscisses et a une tendance à s'infléchir pour aboutir à l'origine des coordonnées suivant le trait pointillé. Cette dernière partie de la courbe ne peut être relevée que dans certaines machines, car, par suite des valeurs minimes du courant d'excitation, il existe une grande instabilité de fonctionnement dans cette région.

La caractéristique totale $e = f(i)$ pourra être dressée à l'aide des valeurs calculées du courant et de la force électro-motrice dans l'induit.

De même que dans le cas d'une machine en série, les hyperboles équilatères permettent de faire ressortir la puissance de la dynamo sous ses divers régimes de courant et en particulier de déterminer le point correspondant à la puissance maximum. Les hyperboles rencontrent deux fois les caractéristiques $e = f(i)$ et $e' = f(i''')$, ce qui montre que la dynamo peut fournir la même puissance utile sous deux régimes de force électro-motrice complètement distincts. Mais le fonctionnement de la machine n'est stable que sous le régime correspondant au point d'intersection supérieur des courbes.

La caractéristique extérieure permet de déterminer graphiquement la résistance utile par le procédé décrit au § 351. Cette construction montre que la machine fonctionne en circuit fermé par une résistance extérieure infinie, et que la différence de potentiel aux balais diminue à mesure que la résistance décroît.

La machine se désamorce lorsque le vecteur, dont le coefficient angulaire mesure la résistance, devient tangent à la caractéristique, c'est à dire qu'il y a une résistance critique en dessous de laquelle se produit le désamorcement. On voit que dans la région du coude de la courbe $e' = f(i'')$, la moindre variation de résistance produit une modification très sensible dans la différence de potentiel aux bornes de la machine. Un changement de même ordre peut être amené par une légère modification dans l'allure de l'induit, attendu que les ordonnées des caractéristiques varient comme les vitesses. Enfin on remarque qu'au delà du coude de $e' = f(i'')$, l'effet utile de la dynamo est très réduit. Pour toutes ces raisons, les machines en dérivation ne doivent fonctionner que dans la branche supérieure de leurs caractéristiques.

356. — Détermination des deux enroulements destinés à produire une différence de potentiel constante aux bornes d'une dynamo compound. — Une machine à enroulement compound destinée à produire une différence de potentiel constante devrait avoir pour caractéristique extérieure une droite parallèle à l'axe des abscisses.

Si l'on observe la caractéristique externe d'une dynamo en dérivation, fig. 192, on constate que la branche supérieure s'abaisse d'autant plus lentement que la résistance électrique de l'armature et la réaction magnétique d'induit sont plus faibles. La dépression sera, par conséquent, moindre pour une machine à tambour que pour une dynamo à anneau.

On conçoit qu'en ajoutant sur les inducteurs un enroulement en série qui a pour effet de relever la caractéristique par l'accroissement progressif du flux utile, on puisse arriver à une différence de potentiel utile suffisamment constante pour la pratique. Toutefois, comme l'enroulement en série, une fois établi, doit rester invariable, on n'obtient une constance absolue que pour deux états de régime parfaitement définis, correspondant, par exemple, à la marche à vide et au courant maximum. Dans les états de régime intermédiaires, la tension aux bornes s'écartera plus ou moins de la valeur imposée suivant les proportions et la nature de la carcasse de la machine.

Pour calculer les ampères-tours des deux enroulements des inducteurs, M. Arnoux emploie le procédé graphique suivant, plus certain que la méthode algébrique décrite au paragraphe 338.

Les inducteurs de la machine reçoivent des bobines provisoires faites de fil fin ou de gros fil pouvant être utilisées dans la suite sur une machine semblable en dérivation ou en série. Au besoin, on se servira même des bobines en dérivation calculées pour l'obtention de la différence de potentiel imposée à circuit ouvert.

On relève sur la dynamo ainsi préparée la caractéristique à circuit ouvert à la vitesse normale de l'induit. Les différences de potentiel e_0 aux balais sont portées en ordonnées et les ampères-tours d'excitation en abscisses.

Les inducteurs sont de nouveau soumis à une excitation indépendante et croissante, pendant que l'induit tourne à vitesse constante et que, pour chaque valeur du courant inducteur, on donne à l'armature une résistance extérieure telle que le courant induit conserve une valeur invariable et égale au débit maximum.

On dresse les courbes ayant pour abscisses les ampères-tours inducteurs et pour ordonnées les différences de potentiel relevées aux bornes de la machine. Ces courbes ont des formes telles que 1 et 4, Fig. 189.

On mène l'ordonnée de la seconde courbe correspondant à la tension V imposée. L'intersection du prolongement de cette ordonnée avec la première courbe indique la force électro-motrice à développer en circuit ouvert pour obtenir à pleine marche la tension utile voulue. L'abscisse du point considéré représente le nombre total d'ampères-tours $m\ i$ des inducteurs réalisant cette force électro-motrice.

On détermine, d'autre part, sur la caractéristique à circuit ouvert le nombre d'ampères-tours $m'\ i'$ à enrouler en dérivation pour obtenir une force électro-motrice égale à V, la résistance extérieure étant infinie. La différence $m\ i - m'\ i'$ indique les ampères-tours de l'enroulement en série correspondant au courant maximum, et

$$\frac{m\ i - m'\ i'}{i_s},$$

exprime le nombre de spires des bobines en série. Plus la résistance et la réaction de l'induit seront minimes, moindre sera le nombre de spires en série.

Les carcasses de dynamos qui conviennent à l'enroulement compound pour tension constante donnent une caractéristique à circuit ouvert présentant un coude bien accusé. En effet, le courant qui parcourt l'enroulement dérivé est invariable si la tension aux bornes est constante. On doit, d'autre part, faire croître la force électro-motrice totale, de manière à compenser la perte due aux courants intérieurs et à la réaction d'induit. Cette perte de potentiel est sensiblement proportionnelle au courant de l'armature. Comme d'ailleurs ce courant passe pour la majeure partie dans l'enroulement en série, il s'ensuit que, si la courbe du magnétisme est droite au delà du coude, point que l'on dépasse par l'excitation dérivée seule, il sera possible de trouver un nombre de spires en série donnant une tension constante aux bornes, dans les limites de fonctionnement de la machine.

357. — Autres problèmes rattachés à l'excitation composée. — L'excitation double due entièrement à la machine génératrice même ou dont une partie est empruntée à une source d'électricité extérieure, permet de résoudre avec plus ou moins d'approximation un grand nombre de problèmes pratiques.

Dans l'auto-excitation double, par exemple, il est possible de faire croître la différence de potentiel aux bornes, en même temps que le courant, en accentuant l'effet de l'enroulement en série. Par suite, on peut maintenir une tension constante, en deux points du circuit extérieur, choisis arbitrairement. Les dynamos qui résolvent ce problème sont dites hypercompound.

On a cherché à combiner des dynamos donnant un courant constant avec des résistances extérieures variables, à l'aide de machines compound à forte réaction d'induit, mais cette solution ne paraît pas donner de résultats satisfaisants. On réussit mieux en combinant à une auto-excitation simple une seconde excitation due à un générateur auxiliaire. Si, par exemple, on ajoute des inducteurs à courant indépendant et constant à des inducteurs en dérivation, il est possible de faire croître la différence de potentiel aux bornes suivant une loi donnée, par exemple, proportionnellement à la résistance extérieure.

M. Hoho ([1]) s'est posé un autre problème, dont la solution aurait une grande importance : étant donnée une dynamo soumise, non pas à un régime de vitesse constant, mais à une allure variable, maintenir uniforme la tension aux bornes. Ce problème est susceptible d'une solution approchée en combinant à l'auto-excitation d'une machine une excitation indépendante, due à une dynamo auxiliaire qui participe aux variations de vitesse de la première.

358. — Association des machines à courant continu. — Lorsqu'une machine n'est pas suffisante pour produire la quantité d'énergie requise dans un circuit, on peut, comme dans le cas des piles, associer plusieurs dynamos entr'elles. Le mode d'association à adopter dépend du but à atteindre et aussi du genre d'excitation des inducteurs.

Les dynamos en série de mêmes dimensions peuvent, sans inconvénient, être réunies en tension; mais le groupement en dérivation exige des dispositions spéciales. En effet, dans ce dernier cas, la polarité des inducteurs peut être renversée dans l'une des dynamos, si la vitesse de celle-ci diminue au point que la force électro-mo-

----

([1]) Hoho. *Bulletin de la Société Belge d'Électriciens,* 1889.

trice qu'elle développe devient moindre que la différence des potentiels aux points où elle se relie au circuit extérieur. La dynamo tend alors à fonctionner comme un moteur électrique en absorbant l'énergie fournie par la machine voisine. On évite cet inconvénient en réunissant directement par un fil les balais auxquels aboutissent les extrémités des bobines inductrices, de manière à grouper celles-ci en dérivation. Ainsi, les inducteurs des deux machines sont nécessairement traversés par des courants de même sens.

L'inversion de polarité des inducteurs ne peut survenir dans les dynamos en dérivation groupées en quantité pour la raison même qui rend ces machines propres au chargement des accumulateurs, § 327.

Toutefois, si l'on ne prend pas certaines précautions pour effectuer le groupement, au moment du couplage, l'induit d'une des dynamos peut être traversé par le courant provenant de la dynamo voisine et se mettre à fonctionner comme l'armature d'un moteur électrique. Pour éviter cet accident, on commence par mettre les machines en train séparément et on ne les associe que lorsqu'elles produisent approximativement des différences de potentiel égales. On règle ensuite le champ magnétique des dynamos à l'aide de résistances intercalées en série avec les inducteurs, de telle façon qu'elles débitent chacune un courant proportionnel à leur puissance. Si une machine doit être retirée du circuit, on commence par affaiblir l'excitation de ses inducteurs par l'introduction dans leur circuit de résistances graduées, de manière que le courant circulant dans l'induit devienne sensiblement nul. On peut alors découpler les dynamos sans apporter de perturbations dans le circuit extérieur.

Le groupement en série des machines en dérivation expose à des renversements de pôles, car si les inducteurs de l'une d'elles sont traversés par le courant provenant de l'induit de la machine voisine, elles produisent des forces électro-motrices antagonistes. Pour empêcher cet effet de se produire, on réunira séparément en série les induits et les inducteurs, de manière à ce que ceux-ci constituent une dérivation unique entre les bornes extrêmes. Si alors une des machines ralentit et s'arrête, ses inducteurs sont néanmoins traversés par le même courant que ceux de la machine voisine et le sens de la polarité reste invariable.

Pour l'association des machines compound, on devra employer des précautions analogues.

La fig. 193 montre l'accouplement de deux machines compound à longue dérivation pour tension constante. La seule disposition spéciale est la réunion par un fil, figuré en pointillé, des balais

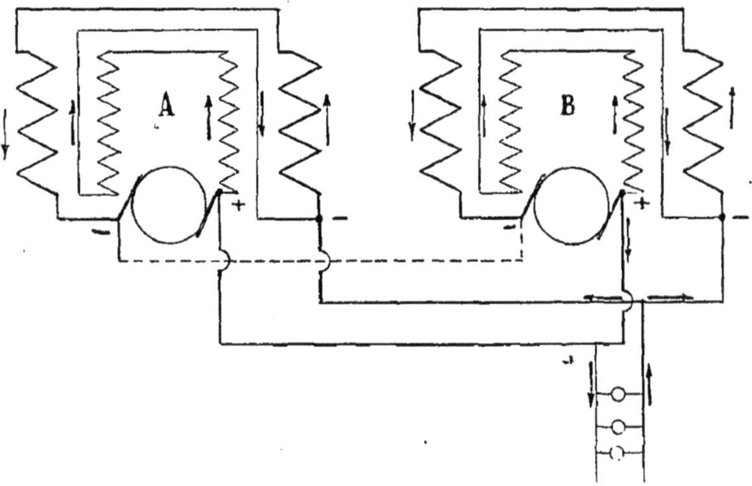

Fig. 193.

auxquels aboutissent les bobines magnétisantes en série, ainsi qu'il a été dit ci-dessus pour le groupement en quantité des machines en série.

CONSTRUCTION DES MACHINES A COURANT CONTINU.

359. — Inducteurs. Formes. — La règle à suivre dans l'étude du projet des inducteurs d'une machine est de chercher à obtenir des circuits magnétiques aussi peu résistants que possible, ce qui conduit à employer des électro-aimants gros et court.

Nous passerons en revue quelques formes typiques d'inducteurs en classant ceux-ci d'après le nombre des circuits magnétiques qu'ils renferment. La disposition adoptée par M. Edison, fig. 194, comporte un seul circuit magnétique formé par les noyaux latéraux, la culasse, les pièces polaires, l'entrefer et l'induit. Cet arrangement place l'armature mobile aussi près que possible de la base de la dynamo, ce qui réduit la hauteur des paliers de

Fig. 194.

la machine et donne beaucoup de stabilité à l'ensemble de celle-ci. Un second avantage du système est d'alléger le poids porté par les coussinets, par suite de l'attraction des pôles sur l'armature. En effet, la tendance des lignes de force à se raccourcir condense celles-ci vers la partie supérieure de l'entrefer en y créant un champ plus intense qu'à la partie inférieure. Par suite, l'armature tend à être soulevée conformément à la loi en vertu de laquelle les corps magnétiques sont sollicités vers les régions du champ où l'intensité est maximum, § 63.

La disposition de M. Edison expose aux pertes de flux par le socle en fer de la dynamo. Pour réduire ces pertes, on interpose entre les pôles et le socle une pièce en métal non magnétique, dont le poids est diminué par un évidement. On peut employer, à cet effet, le zinc ou la fonte contenant 12 pour 100 de manganèse.

Afin d'éviter l'inconvénient que nous venons de signaler, MM. Gramme et Kapp ont renversé la disposition de M. Edison en appuyant l'électro-aimant inducteur sur la culasse, laquelle est empâtée dans le socle dont elle fait partie. Par ce procédé, on simplifie la construction de la dynamo dont toute la carcasse peut alors être coulée avec le socle en une seule pièce, comme on le verra dans la description de la machine Gramme, § 373. Mais on perd deux avantages du système Edison : les paliers surélevés doivent être renforcés pour obtenir une stabilité suffisante et l'arbre demande un surcroît de solidité pour résister aux charges dues au poids de l'induit et à l'attraction magnétique.

Cette attraction, qui résulte d'une dissymétrie dans la distribution des lignes de force, représentait dans une machine Gramme de 60 kilowatts une poussée de 700 kg. Il en résulte un échauffement des coussinets qui doit être combattu par des moyens spéciaux, par exemple par un courant d'eau froide circulant à l'intérieur des paliers.

La dissymétrie du champ a, en outre, pour inconvénient de créer des inductions différentes dans les spires de l'induit symétriquement placées par rapport à l'axe, ce qui, dans une armature annulaire, entraîne à caler les deux balais sous des angles différents. Ce fait ne s'observe pas dans une armature à tambour, attendu que chaque spire est formée de deux brins extérieurs diamétralement opposés.

Pour arriver à corriger le double défaut signalé ci-dessus, il suffit, dans les inducteurs Gramme, de prolonger les cornes polaires supérieures de manière qu'elles soient plus rapprochées que les cornes inférieures. La surface de l'entrefer est alors plus grande vers le haut et le flux qui traverse la moitié supérieure de l'anneau peut être rendu égal à celui qui traverse la moitié inférieure.

Le moyen le plus sûr d'éviter une distribution dissymétrique des lignes de force consiste à employer deux électro-aimants conjugués, formant deux circuits magnétiques distincts, n'ayant de

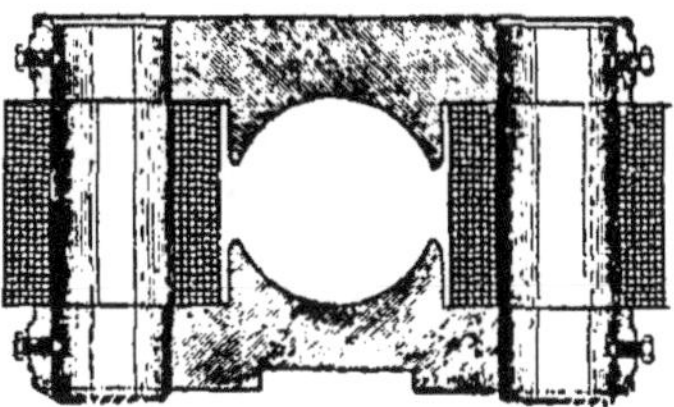

Fig. 195.

commun que l'armature. La fig. 195 représente le type d'inducteurs Manchester, conçu dans cet ordre d'idées et comportant deux noyaux d'électro-aimants.

On remarquera toutefois que l'égale répartition des efforts
magnétiques n'est obtenue qu'aux dépens d'un surcroît de dépense
d'excitation. En effet, à égalité de flux total, le double périmètre des
sections de deux circuits magnétiques est supérieur au périmètre
de la section d'un circuit unique. Par suite, le développement du
fil et la résistance totale des bobines magnétisantes sont accrus par
le dédoublement du circuit. Il est vrai que la surface de refroidissement plus grande des bobines, dans le cas des circuits dérivés,
permet de majorer la densité de courant admissible dans le fil,
par suite de diminuer le diamètre de ce dernier et de ramener le
volume du cuivre sensiblement à la même valeur que dans le cas
d'un circuit unique. Mais la réduction du diamètre accroît encore
la résistance électrique des inducteurs et, par suite, la perte par
l'effet Joule.

Dans les diverses dispositions d'inducteurs décrites, un certain
nombre de lignes de force passent directement d'un noyau au
noyau voisin ou d'une extrémité à l'autre d'un même noyau sans
traverser l'induit. Dans les inducteurs Manchester, les pertes de
flux sont particulièrement fortes par suite du grand développement
des pièces polaires, entre lesquelles se produisent les flux parasites.

M. Eickemeyer a cherché à réduire les dérivations de flux en
emprisonnant une bobine magnétisante unique dans une masse de

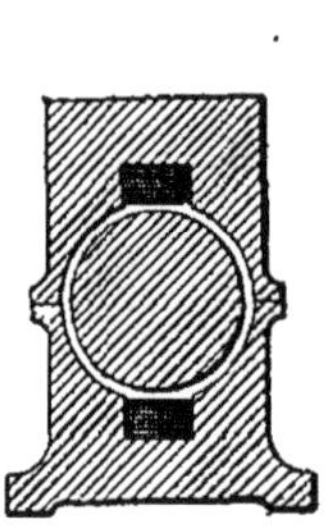
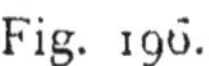

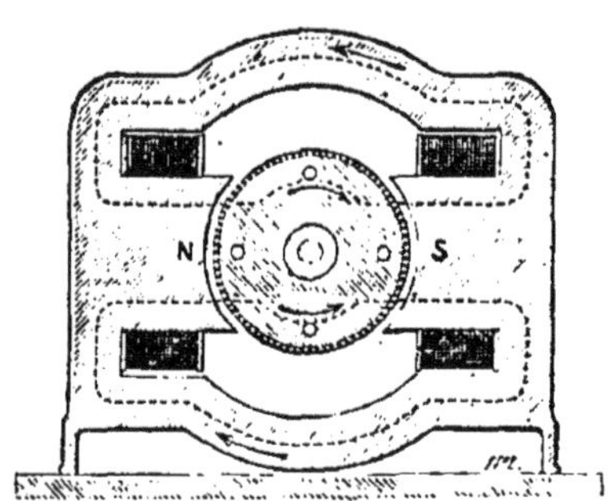

Fig. 196.

Fig. 197.

fonte, fig. 196. De cette manière, il ne peut se produire de pertes
de flux entre les extrémités de la bobine. Cette combinaison a l'inconvénient de restreindre la surface de refroidissement de la bobine
inductrice et oblige, par suite, à réduire la densité de courant qui
peut être tolérée dans le cuivre.

Le modèle Lahmeyer, fig. 197, conçu dans le même esprit que le type Eickemeyer, partage les avantages et les inconvénients de celui-ci.

Les fig. 198 et 199 représentent les modèles d'inducteurs multipolaires de MM. Gramme et Thury. Dans le premier, chaque noyau est commun à deux circuits magnétiques, tandis que, dans le second, chaque bobine excite un circuit distinct et les culasses sont supprimées.

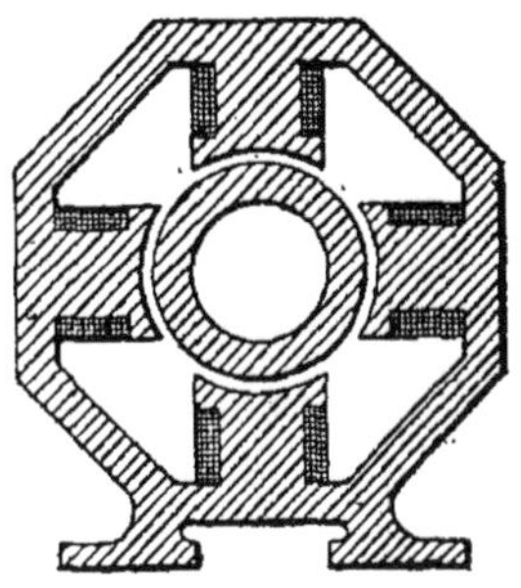

Fig. 198.

Fig. 199.

On peut résumer de la manière suivante les enseignements de l'expérience au sujet de la forme des inducteurs :

Les inducteurs bipolaires à circuit magnétique simple et à circuits dérivés sont employés pour les machines de faibles et de moyennes puissances. Ils permettent de construire des machines économiques, tant à cause de la simplicité de la carcasse que de l'économie d'excitation. Mais, au-delà d'un certain diamètre de l'induit, les réactions magnétiques de ce dernier deviennent trop considérables et l'on doit recourir aux types multipolaires qui, par suite de la division des pièces polaires, permettent de restreindre les flux transversaux de l'armature. Les machines multipolaires se prêtent, en outre, à une diminution de la vitesse angulaire de l'induit. A puissance égale, elles sont plus légères que les machines bipolaires, à cause de la réduction des culasses et des pièces polaires. Par contre, leur construction plus compliquée et la dépense plus grande de cuivre pour l'excitation majorent leur prix.

360. — Métaux employés. — Jusque dans ces derniers temps, le fer et la fonte étaient les seuls métaux employés dans la construction des inducteurs. Le fer jouit d'une grande perméabilité, mais le forgeage des masses constituant la carcasse présente des difficultés qui élèvent le prix des machines. La fonte, qui permet de mouler les carcasses, réduit notablement le coût de celles-ci.

Toutefois, cet avantage est diminué par le fait que, pour obtenir la même conductibilité magnétique qu'avec le fer, on est obligé d'accroître la section des noyaux des bobines et, par suite, le périmètre des spires de celles-ci et le poids de cuivre employé.

Beaucoup de constructeurs associent la fonte au fer en réservant ce dernier pour les noyaux, comme c'est le cas dans le type Manchester, fig. 195. Pour ne pas altérer la perméabilité des circuits ainsi composés de pièces rapportées, il convient de dresser et d'aléser les joints avec beaucoup de soin. Parfois, les noyaux en fer sont pris dans la fonte des culasses ou des pièces polaires. Dans ce but, on les dispose dans le moule et on coule la fonte jusqu'à ce que le fer ait atteint une température suffisante pour assurer une jonction convenable.

On fabrique actuellement, par le procédé Thomas, de l'acier doux qui, par l'addition d'une très minime proportion de ferro-aluminium, est susceptible de se mouler et possède une perméabilité voisine de celle du fer. Abstraction faite de son prix, ce métal semble réunir les conditions exigées pour l'obtention d'inducteurs perméables et faciles à construire. Pour les moteurs électriques devant présenter une grande légèreté, on continue à employer le fer le plus doux possible.

On verra ci-après, dans la description de la machine Rechnewski, que les noyaux des inducteurs peuvent, dans certaines circonstances, être composés de plaques minces en tôle de fer, isolées et réunies par des boulons.

Partant du fait que le fil intérieur des induits annulaires est inactif, certains inventeurs ont préconisé d'ajouter aux inducteurs extérieurs des inducteurs agissant à l'intérieur des anneaux. Mais on remarquera que, si les pôles extérieurs sont suffisants pour saturer le fer de l'induit, les pôles intérieurs n'ajoutent rien à la force électro-motrice développée et ne font que compliquer inutilement la construction de la machine.

L'induction magnétique spécifique admise dans les inducteurs descend jusque 6 000 C.G.S. dans les carcasses en fonte, pour s'élever jusque 14 000 C.G.S. dans les noyaux en fer. Les meilleurs types de machines présentent de notables différences à cet égard.

361. — Bobines magnétisantes. — On doit chercher à réduire autant que possible le poids et la résistance des bobines inductrices, en les disposant de telle manière qu'elles exercent leur effet magnétique maximum. En vue de restreindre les pertes de flux, on cherche à rapprocher les bobines des pôles. On rend minimum le périmètre des spires en adoptant la section circulaire, mais la forme rectangulaire des noyaux a l'avantage de donner de la compacité aux machines et d'accroître, en outre, la surface de refroidissement des bobines, ce qui permet une densité de courant plus grande dans le cuivre.

On a vu ci-dessus qu'à densités de courant égales, un circuit magnétique simple exige un moins grand développement de fil qu'un circuit double formé de deux parties disposées en dérivation par rapport à l'induit. Une disposition vicieuse est celle qui consiste à raccorder plusieurs noyaux, parallèles et rapprochés, à une même pièce polaire, car alors la bobine d'un de ces noyaux exerce une action démagnétisante sur le noyau voisin.

Généralement, les bobines sont enroulées sur un support en carton puis passées sur les noyaux. Parfois, l'enroulement se fait directement sur ces derniers. Le fil de cuivre des inducteurs est garni d'une double couverture isolante en coton imprégné ou revêtu d'un vernis à la gomme laque.

Lorsque le courant inducteur doit être très intense, on préfère employer un faisceau de conducteurs parallèles en dérivation, plutôt qu'un conducteur unique dont l'enroulement serait difficile.

La surface de refroidissement varie, suivant les types de machines, de 10 à 20 cm² par watt transformé en chaleur dans le fil. La densité de courant tolérée dans les conducteurs varie de 1,5 à 2 ampères par mm².

L'échauffement des bobines peut, d'après M. Esson (¹), s'estimer

---

(¹) Esson, *Some points in dynamo and motor design. Journal of the Institution of Electrical Engineers*, 1890.

comme suit, lorsque l'épaisseur de l'enroulement ne dépasse pas 7 à 8 cm. En désignant par w le nombre de watts transformés en chaleur dans les bobines et par s la surface rayonnante de celles-ci évaluée en cm², l'échauffement est exprimé en degrés centigrades par

$$T = \frac{355\,w}{s}.$$

En admettant une température limite de sécurité égale à 75°, l'échauffement maximum sera d'environ 30 à 35° dans les installations ordinaires. Dans certaines chambres de machines, telles que celles des navires, la température étant parfois très élevée, on doit exiger une limite d'échauffement plus basse.

362. — Pièces polaires. — En vue de réduire la résistance de l'entrefer, on est conduit à donner la plus grande surface possible aux épanouissements polaires. Mais il y a une limite à garder au delà de laquelle la perte de flux entre les pôles voisins devient trop considérable.

Dans les machines bipolaires, les pôles s'étendent chacun sur un arc variant de 120° à 140°. Dans les machines multipolaires, l'espace angulaire couvert par les épanouissements est très restreint. La section terminale des pièces polaires est souvent peu différente de celle des noyaux, fig. 198. Avec les anneaux de forme aplatie, les pièces polaires embrassent plusieurs faces de l'induit, afin d'accroître la surface de l'entrefer, § 376.

On observe que les lignes de force ont une tendance à s'accumuler vers les arêtes des masses constituant les pôles. On évite ces groupements anormaux de lignes de flux en arrondissant les arêtes.

En vue de provoquer une répartition uniforme du champ dans l'entrefer par le passage progressif du flux des pôles dans l'armature, on donne aux ailerons ou épanouissements portés par les pièces polaires une section décroissante. Si la section était constante, les lignes de force auraient une tendance à se porter vers les extrémités des ailerons et à y développer une intensité de champ exagérée. Il en résulterait une induction anormale à travers les sections qui passent à la ligne neutre.

363. — Influence des pièces polaires sur le décalage des balais. — On a vu au § 332 que, dans les induits bipolaires à circuit magnétique double, on parvient à réduire les flux transversaux en amincissant les pièces polaires vers le milieu de leur développement et en ne leur laissant, en cet endroit, que l'épaisseur nécessaire pour assurer leur rigidité. Cet amincissement n'a aucun effet sur les deux flux principaux dérivés, mais il accroît notablement la résistance magnétique opposée aux flux transversaux. Il permet, par conséquent, d'étendre les épanouissements polaires et de diminuer le décalage des balais. La même disposition peut être adoptée dans les machines multipolaires.

Ces considérations montrent que les carcasses à circuit magnétique double se prêtent mieux que les carcasses à circuit magnétique simple à la construction des machines de grandes dimensions. Les carcasses multipolaires sont encore préférables à ce point de vue, car la division des pièces polaires réduit les forces magnéto-motrices qui produisent les flux transversaux. Les machines multipolaires à tambour sont celles qui réduisent au minimum les réactions magnétiques de l'induit.

364. — Entrefer. — On sait que l'inclinaison initiale de la courbe du flux d'une dyamo est déterminée par la résistance de l'entrefer. On remarque, en outre, que le coude de la courbe est d'autant mieux accusé que l'entrefer est moins résistant ; il en résulte qu'au point de vue de la stabilité de fonctionnement, § 352, on cherche à accroître autant que possible la conductibilité magnétique de cette partie de la machine. On y arrive en diminuant l'intervalle entre les pôles et le noyau de l'induit et en développant les épanouissements polaires. Nous venons de voir qu'on est limité dans cette dernière voie.

La réduction d'épaisseur de l'entrefer s'obtient en diminuant la couche de fil induit et le jeu entre l'armature et les masses polaires. Ce jeu ne peut cependant pas descendre en dessous de 1 mm, car, par suite de l'usure des coussinets, les fils induits et leurs frettes sont exposés à frôler les pôles.

Si l'on enroule moins de fil sur l'induit, il est nécessaire, pour conserver à la force électro-motrice d'induction totale la même valeur, d'accroître le champ dans l'entrefer et, par suite, l'excitation des inducteurs. Or on sait qu'à partir d'une certaine limite la dépense d'excitation croît très vite comparativement au magnétisme produit. Il résulte de là que l'épaisseur de l'entrefer passe par une valeur correspondant à un effet utile maximum. D'après M. Arnoux, cette valeur critique correspond en général à une intensité de champ dans l'entrefer (rapportée à la demi-surface extérieure de l'induit dans les machines bipolaires) variant de 2 500 à 4 000 unités C. G. S.

365. — **Induits. Noyaux.** — Nous ajouterons aux renseignements généraux fournis précédemment sur les induits des dynamos (voir § 300 à 322) quelques données particulières utilisées dans la construction des armatures.

On a vu que les noyaux des induits à anneau et à tambour sont généralement formés de disques en fer doux séparés par du papier. Ces éléments sont disposés normalement à la direction de la force électro-motrice induite. Ainsi, dans les anneaux et les tambours de petits diamètres, le noyau est formé de disques enfilés sur l'arbre de la machine. Dans les anneaux aplatis en forme de disques, le noyau est souvent constitué par des bandes de tôle ou du fil de fer qu'on enroule dans une sorte de poulie à gorge supportée par l'arbre.

Les tôles de fer employées n'ont pas plus de 4 à 6 dixièmes de millimètre d'épaisseur, en vue de réduire les pertes dues aux courants de Foucault.

L'induction magnétique maximum admise dans le fer de l'induit ne dépasse pas 10 000 à 14 000 unités C. G. S. pour les induits à tambour. Dans les induits à anneau, où la réaction magnétique est plus grande, on cherche à aimanter davantage le fer en vue de restreindre la self-induction des bobines de l'armature, et l'on porte le flux de force par unité de section à 15 000 et même à 17 000 unités C. G. S. Dans les anneaux des machines multipolaires, on dépasse rarement 14 000 C. G. S.

Comme l'a fait remarquer M. Esson, les premières machines présentaient une section d'armature très-faible vis-à-vis de celle des inducteurs; le poids de cuivre était excessif et l'entrefer exagéré. Il en résultait des pertes considérables par dérivation à travers l'air. Un grand perfectionnement a été réalisé en augmentant la section de fer de l'armature et en diminuant le nombre de spires enroulées sur celle-ci. Une machine modifiée dans ce sens s'échauffe moins, donne moins de crachements au collecteur et demande une force magnéto-motrice moindre.

Les dynamos à forte armature sont généralement les plus légères pour une puissance donnée. Le rapport de la section de fer d'une armature à tambour et de celle des inducteurs est compris entre 0,8 et 1. Pour une armature à anneau, le rapport est compris entre 0,6 et 0,75. Au cas où les inducteurs sont en fonte, le rapport tombe entre 0,3 et 0,4 avec un induit à anneau. Si l'on donne aux armatures des sections plus fortes que celles indiquées ci-dessus, leurs réactions deviennent telles, par suite de l'accroissement de la self-induction des sections induites, qu'il est difficile d'éviter les étincelles au collecteur.

M. Arnoux a remarqué que, pendant la rotation de l'induit, les bords extérieurs des disques composant le noyau s'échauffent beaucoup plus que les bords intérieurs, malgré la ventilation plus active à la surface externe. Ce fait a pu être constaté en observant les différences de coloration que présentent après refroidissement les disques d'un induit qui a été surchauffé ; la couleur du fer renseigne avec certitude sur la température du recuit. Il faut attribuer le phénomène en question à ce fait que la région externe du noyau traverse un faisceau de lignes de force plus serré que la région interne et avec une vitesse linéaire plus considérable ([1]).

Il convient de fixer directement le noyau de fer sur l'axe mobile. On adopte dans ce but deux procédés principaux :

Dans le premier, qu'on emploie d'ordinaire avec les induits à anneau, on dispose sur un moyeu, claveté sur l'arbre, des croisillons en métal non magnétique, en bronze par exemple, qui pénètrent légèrement dans des encoches creusées dans le noyau parallèlement à l'axe de ce dernier. Si ces encoches étaient profondes, il y aurait des oscillations du champ magnétique provenant de la variation de section de l'armature.

Le second procédé consiste à serrer la pile de disques entre deux

---

([1]) ARNOUX, *Sur la valeur industrielle et économique des machines dynamo-électriques. Bull. de la Soc. int. des Électriciens,* 1889.

plateaux métalliques vissés ou clavetés sur l'arbre et percés de larges orifices pour la ventilation.

Dans les deux dispositions décrites, la pile de disques contient souvent de distance en distance des plateaux de consolidation plus épais. Dans les machines de grandes dimensions, le tout est fortement serré par des boulons. On a soin de garnir ces boulons de tubes et de rondelles en carton ou en fibre, afin de les isoler des disques et des plateaux extrêmes. Sans cette précaution, ils constitueraient des circuits fermés dans lesquels se produiraient des courants intenses. Les plateaux de consolidation et les boulons peuvent d'ailleurs être constitués par un métal tenace et peu conducteur, tel que le bronze d'aluminium, en vue de diminuer les courants de Foucault. Les plateaux extrêmes et les plateaux intermédiaires sont souvent munis de dents à l'extérieur, afin de limiter les sections de fil induit et de soutenir ce dernier contre la réaction tangentielle due à la force électro-magnétique du champ.

Dans les noyaux des tambours, les disques peuvent ne pas être isolés de l'arbre en acier ou des pièces de support fixées à l'arbre.

On cherche autant que possible à favoriser le refroidissement du noyau. Dans la forme annulaire, il est facile de ventiler l'induit sur toutes ses faces. Dans le système à tambour, on ménage également un vide entre l'arbre et les disques afin de provoquer un courant d'air intérieur. On a même été plus loin dans cette voie en laissant dans la pile de disques des vides disposés radialement et qui déterminent une ventilation dans la masse du fer. Ces vides s'obtiennent en insérant de distance en distance des cales entre les disques. Toutefois, lorsqu'on fait usage de tôles suffisamment minces pour combattre efficacement les courants de Foucault, cette complication est inutile.

Parfois les machines sont placées dans des locaux exigus où le renouvellement de l'air est difficile. Le cas se présente à bord des navires où les dynamos sont voisines des chambres de chauffe et exposées à une température excessive. On peut alors créer un courant d'air artificiel en disposant un ventilateur sur l'axe même de la dynamo ou simplement en munissant la poulie de celle-ci d'ailettes intérieures obliques qui chassent l'air sur l'induit.

366. — Moyen de supprimer le décalage des balais. — La nécessité de faire varier l'angle de calage des balais suivant le débit d'une machine, afin d'éviter les étincelles nuisibles au collecteur, constitue un assujettissement. En outre, le décalage est une cause de réduction de l'effet utile des machines; aussi serait-il désirable d'arriver à le supprimer. Dans ce but, il est nécessaire de développer à la ligne neutre des champs complémentaires, susceptibles de produire l'inversion du courant dans les sections de l'induit passant sous les balais dans cette région. Ce résultat peut être obtenu par des pôles inducteurs auxiliaires de faibles dimensions, excités par un courant croissant avec le débit de la machine et placés à distances égales des pôles inducteurs principaux; malheureusement cette disposition complique sérieurement la construction de la machine et entraîne une dépense d'énergie pour l'excitation de ces inducteurs auxiliaires.

367. — Induits dentés. — Dans certaines dynamos (voir les types Brush et Rechnewski décrits ci-après) les disques en fer du noyau portent des dents saillantes entre lesquelles s'enroulent les sections induites. Cette disposition imaginée par M. Pacinotti et applicable à l'induit à tambour comme à l'induit à anneau, présente l'avantage de réduire considérablement l'épaisseur de l'entrefer, attendu que les dents peuvent passer aussi près des pièces polaires que le permet le jeu de l'armature. Le fil induit étant abrité dans les intervalles entre les dents ne court pas le risque de frôler les pôles et de se dénuder.

La réduction de l'entrefer permet de diminuer la dépense d'excitation pour l'obtention d'un flux donné, en sorte que les machines à induit denté se distinguent par des inducteurs faibles et possèdent un poids total minime relativement à leur puissance. Ce système s'applique avantageusement aux petites machines qui, avec des induits unis, ont des entrefers très résistants.

Mais la diminution de l'entrefer des machines à induit denté n'est pas obtenue sans entraîner quelques inconvénients. Le flux de force utile passe en majeure partie des pôles dans le noyau par les dents, à cause de la résistance magnétique élevée des cavités interdentaires. Le flux se divise donc en faisceaux de lignes de force entraînés avec les dents dans le déplacement de celles-ci. Par suite, les couches voisines des masses polaires deviennent le siège de courants de Foucault, qui atteignent leur maximum d'intensité vers la région où les dents quittent le voisinage des épanouissements polaires et où les faisceaux de lignes de force sautent d'une dent à la suivante, en traversant brusquement les fils situés dans l'intervalle. En même temps que ces courants de Foucault, il se produit dans les masses polaires des variations magnétiques donnant lieu à une perte par hystérésis. Ces variations périodiques du champ s'accusent par un son musical prononcé.

On remédie à ces défauts par divers procédés. On peut multiplier les dents de manière à réduire l'importance des variations mentionnées.

On combat les courants de Foucault par une division des masses polaires analogue à celle du noyau induit. Dans ce but, les pôles sont constitués par des feuillets en fer, isolés les uns des autres et orientés normalement à la direction des fils induits.

Une dernière solution consiste à recouvrir les dents et le fil induit d'une enveloppe mince en fer qui tient lieu des frettes employées ordinairement. Cette enveloppe occasionne, il est vrai, une dérivation superficielle des lignes de force, mais la perte est faible lorsque l'épaisseur du fer n'est pas trop considérable.

Dans le même ordre d'idées, M. Brown fait passer le fil de ses induits à tambour, non à la surface du noyau, mais dans des trous longitudinaux creusés dans celui-ci près de la surface.

On remarquera que la réduction des inducteurs dans les machines à induit denté exagère l'importance des réactions magnétiques du noyau mobile, dont les flux transversaux sont notablement accrus par suite de la diminution de résistance magnétique de l'entrefer. De là, une chute plus accentuée de la caractéristique extérieure et la nécessité d'un nombre de spires en série relativement grand pour l'obtention d'une tension constante par la méthode du double enroulement.

368. — Conducteurs induits. — Les conducteurs en cuivre entourant le noyau de fer mobile se composent, soit de fils ronds ou aplatis, soit de barres de cuivre. L'isolant employé est le coton en deux ou trois couches revêtues d'une matière mauvaise conductrice, telle que le vernis à la gomme laque.

Les barres, utilisées dans les induits à grand débit, ont l'avantage de réduire au minimum l'espace perdu sur le noyau et, par suite, la résistance de l'entrefer. Par contre, elles exposent aux courants de Foucault, § 3o7. On les évite en adoptant des lames ou des fils isolés et disposés en faisceaux tordus une fois sur la longueur de l'induit, de manière que tous les éléments soient le siège de forces électro-motrices moyennes égales (Crompton). Ces faisceaux, auxquels on peut donner par la compression une forme quadrangulaire, sont d'ailleurs d'un enroulement plus commode que les barres massives, lesquelles exigent des soudures à chaque retour d'équerre.

M. Sprague obtient un induit imperméable, pour les machines exposées à l'humidité, en recouvrant le noyau d'un vernis à l'épreuve de l'eau et d'une couche de caoutchouc vulcanisé sur place. Le fil induit est isolé d'une manière analogue.

Lorsque les conducteurs induits ont à supporter des températures élevées, on les isole à l'aide d'amiante ou de mica.

C'est sur le fil de l'induit que s'exerce le couple résistant dû à la réaction du champ de l'entrefer sur le courant. Le couple normal peut être décuplé, si un court-circuit vient à se produire accidentellement dans l'induit. Dans l'armature à anneau, les sections successives de l'induit sont soutenues latéralement par les rayons qui portent le noyau. Dans l'induit à tambour, on ménage aux extrémités du noyau et, au besoin, dans sa région médiane, des plateaux dentés qui servent d'appui au fil.

Les conducteurs induits des machines sont protégés contre les effets de la force centrifuge par des frettes en fil de bronze phosphoreux enroulées avec interposition de mica et dont les spires sont noyées dans la soudure. Les induits annulaires aplatis résistent mieux aux efforts centrifuges que les induits allongés, en sorte qu'ils évitent l'emploi des frettes.

368ᵇⁱˢ. — Température et ampères-tours de l'induit. — La densité de courant admissible dans les conducteurs dépend de la surface de refroidissement et de la ventilation de l'induit.

Généralement, dans les machines à anneau et à tambour, la densité tolérée est de 3,5 à 5 ampères par mm² de section. On compte que la chaleur produite par les courants de Foucault et les phénomènes d'hystérésis est du même ordre que celle due au courant de l'armature.

Les deux premières sources de chaleur n'existent pas dans les induits à disques, où l'on peut admettre sans échauffement excessif des densités de 6 et 8 ampères par mm². Mais on remarquera que, par suite du mode d'enroulement de ces induits, une grande partie du fil est inactive, de sorte que la chute de tension due à la résistance de l'armature est relativement forte. Il convient, pour obtenir un bon rendement, de diminuer cette résistance en forçant la section des conducteurs et en adoptant les mêmes densités que dans les autres systèmes.

La température de régime des induits doit être plutôt inférieure à celle des inducteurs, puisqu'elle peut se relever considérablement à l'arrêt de la machine lorsque le rayonnement de la chaleur intérieure n'est plus favorisé par la ventilation de l'induit. M. Esson estime que, dans des armatures annulaires, lorsque la longueur et le diamètre extérieur de l'âme valent environ une fois et demie le diamètre intérieur, et que la vitesse périphérique est voisine de 15 m. par seconde, on peut exprimer l'échauffement en degrés centigrades par

$$T = \frac{255\,w}{s},$$

où s est en cm² la surface totale de rayonnement exposée à l'air ; w est la puissance perdue dans l'induit en watts. Dans ce nombre est comprise la perte par hystérésis, qui peut atteindre le cinquième de la perte totale dans l'armature. Lorsque la vitesse est moindre que celle indiquée ou que le vide intérieur est plus petit, le coefficient numérique doit être accru, à moins qu'on ne recoure à des moyens de ventilation spéciaux.

La règle précédente correspond à une surface de refroidissement totale de 5 à 10 cm² par watt transformé en chaleur dans l'induit.

La température de 75°C à ne pas dépasser dans un induit se rapporte aux surfaces intérieures les plus difficiles à ventiler. Dans un essai thermométrique, c'est sur celles-ci que la boule du thermomètre devra être appliquée.

Pour qu'il soit possible de trouver une position des balais évitant les étincelles, il faut que la distorsion du champ ne soit pas trop forte. Or cette distorsion dépend du rapport entre le flux direct et les flux transversaux, lesquels sont dus aux ampères-tours de l'armature. En admettant comme première approximation que le flux transversal est proportionnel aux ampères-tours A de l'induit, au développement linéaire a de l'arc polaire et en raison inverse de la distance d d'entrefer ; en remarquant en outre que le flux direct est proportionnel à l'épaisseur radiale r du noyau de l'armature, M. Esson conclut que le nombre d'ampères-tours que peut supporter l'induit est donné par une expression de la forme

$$A = k \frac{d\,r}{a}.$$

L'examen d'un certain nombre de bonnes machines à anneau a montré que ce coefficient oscille autour d'une valeur moyenne qu'on peut fixer à 85 000. La même formule s'applique aux machines multipolaires, si l'on a soin de multiplier le nombre d'ampères-tours par le nombre de paires de pôles. Les ampères-tours sont d'ailleurs définis comme on l'a vu au § 332bis. Dans les premières machines à grand entrefer le nombre d'ampères-tours était exagéré et il était impossible d'éviter les étincelles aux balais.

368ter. — Coefficient de perte de flux. — Le rapport ν entre le flux dans les inducteurs et le flux utile à travers l'induit dépend du type de machine employé. Il se calcule approximativement en traçant avec discernement la forme des flux dérivés entre les inducteurs et en s'aidant des lemnes indiqués par M. Forbes, § 334. Dans des machines d'un même type et de proportions croissantes les flux perdus diminuent légèrement, attendu que les épaisseurs relatives d'isolants décroissent à mesure que les dimensions augmentent. Une petite erreur commise sur la valeur de ν n'a d'ailleurs pas grande influence sur le calcul des ampères-tours inducteurs, comme on l'a vu au paragraphe précité. Voici quelques valeurs de ν pour divers modèles de dynamos.

NOMS DES MACHINES.	NATURE DES CIRCUITS MAGNÉTIQUES.	FORMES DES INDUITS.	REMARQUES.	COEFFICIENT DE PERTE ν.
Edison-Hopkinson.	Simple (2 pôles).	Tambour.	Pôles près du socle.	1,32
Siemens.	Id.	Id.	Id.	1,30
Phoenix.	Id.	Anneau allongé.	Id.	1,32
Id.	Double (2 pôles).	Id.	Bobines horizontales.	1,40
Manchester.	Id.	Id.	Socle coulé avec l'un des pôles.	1,49
Victoria.	Double (4 pôles).	Anneau plat.	—	1,40
Ferranti.	Multipolaire.	Disque.	—	2,00

369. — Vitesse de l'induit. — La vitesse linéaire des fils extérieurs de l'induit est généralement voisine de 15 mètres par seconde. Cette vitesse peut toutefois être notablement dépassée : dans les dynamos Parsons, elle va jusqu'à 70 et 80 mètres, ce qui a l'avantage de fournir des forces électro-motrices considérables pour une longueur de fil donnée et, par suite, d'augmenter la puissance de la dynamo. Mais le rendement ne croît pas en proportion , car on a vu, § 347, que certaines causes de perte augmentent plus vite que la vitesse , et qu'il y a une allure correspondant au rendement maximum.

La vitesse angulaire est liée au type de machine adopté. Les machines à grande vitesse (1 500 à 2 000 tours par minute) sont petites et peu coûteuses, mais le prix des transmissions qu'elles exigent compense l'économie réalisée, à moins que les moteurs ne tournent eux-mêmes très vite, comme c'est le cas pour certaines turbines à eau et à vapeur.

Il y a actuellement, en Europe, une tendance accentuée vers la construction de machines à faible vitesse angulaire, qui permettent d'attaquer l'induit directement par l'arbre du moteur. C'est dans cet esprit que sont conçues les machines multipolaires à armature de grand diamètre qui jouent le rôle de volants.

370. — Autres détails. Collecteurs. Balais. — Les collecteurs des dynamos sont formés de lames de cuivre écroui, de laiton ou de bronze, à section trapézoïdale, disposées en un faisceau cylindrique autour de l'arbre, dont elles sont séparées par une matière isolante. Ces lames, en nombre égal à celui des sections de l'induit, sont séparées les unes des autres par des bandes de fibre vulcanisée ou de mica ; parfois, la fibre est serrée entre deux feuilles minces de mica , afin d'accroître l'épaisseur de l'isolant dans les machines à fortes tensions. Les lames du collecteur portent des appendices radiaux auxquels viennent se visser ou se souder les fils qui établissent la connexion avec l'induit.

La fig. 200 montre une coupe du collecteur de la machine Edison. Les lames de cuivre L sont supportées par un manchon N, avec interposition de mica , et fixées par le serrage des écrous E_1, E_2. Les extrémités des bobines induites sont soudées dans des rainures profondes, creusées dans les appendices A, et y sont maintenues par des fiches logées dans des rainures perpendiculaires et fixées par de la soudure. Ces fiches sont parfois remplacées par des vis. Il est bon d'étamer, au préalable, les

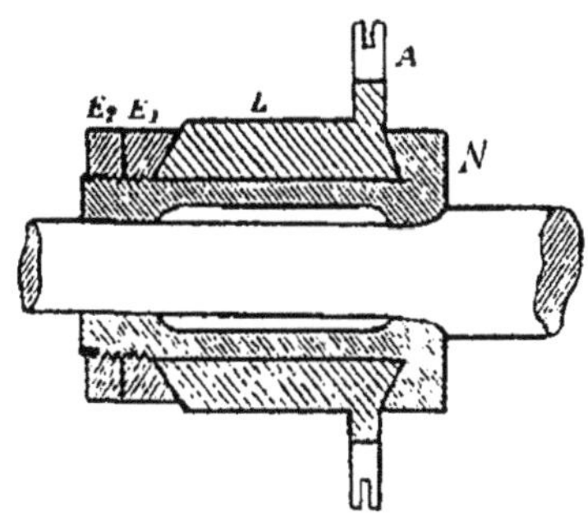

Fig. 200.

extrémités du fil des sections de l'induit, afin de n'avoir pas à employer des sels corrosifs pour préparer la soudure. Il est important, en effet, que ces raccordements au collecteur soient très solides, car, par suite des vibrations et des efforts dus à la réaction du champ sur le courant, les fils de jonction, d'ailleurs peu soutenus, sont exposés à se briser.

Le nombre des lames du collecteur est en relation avec la force électro-motrice dans l'induit. Il convient que la différence de potentiel entre deux lames successives ne dépasse pas 4 à 5 volts.

Le collecteur d'une machine doit, pour fonctionner dans de bonnes conditions, être entretenu dans un grand état de propreté. On le frottera de temps à autre à l'aide de papier de verre.

Si le collecteur a été altéré par des étincelles trop vives, il convient de le placer sur le tour afin de lui rendre une surface cylindrique.

Dans une machine ayant une ligne neutre bien définie, un collecteur entretenu convenablement doit durer pendant de nombreuses années.

Les balais destinés à raccorder l'induit au circuit extérieur peuvent être formés par des faisceaux de fils de cuivre, par des lames de cuivre fendues, empilées et disposées à plat, par des bandes de toile de cuivre superposées ou encore par des couches alternées de fils et de lames de cuivre. Il semble que le succès de ces diverses combinaisons soit lié au système des machines. Ainsi, il y a des dynamos qui fonctionnent bien avec les balais en toile métallique, tandis que d'autres machines, particulièrement celles qui donnent beaucoup d'étincelles, détruisent ces balais en très peu de temps. Pour les dynamos soumises à des régimes de courant très variables et dont le collecteur donne lieu à des crachements, on s'est bien trouvé du remplacement, suggéré par M. E. Thomson, des balais en cuivre par des lames de charbon très dur.

Les balais sont serrés à l'aide de vis dans des porte-balais et appuient obliquement sur le collecteur, de manière que l'usure se fasse suivant un biseau bien net et qu'il suffise d'avancer le balai dans son support pour racheter cette usure. Sauf dans les

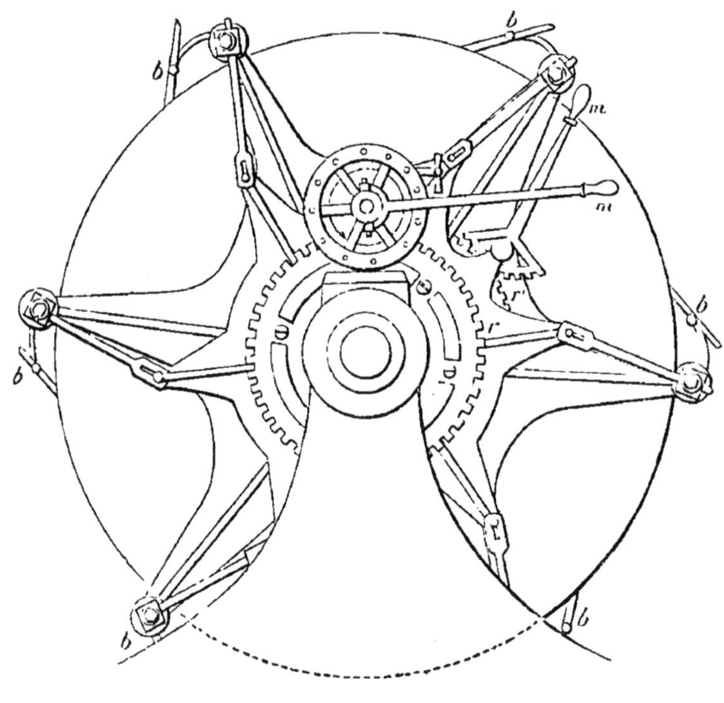

Fig. 201.

petites machines, chaque support soutient au moins deux balais, de sorte qu'on peut retirer l'un deux en marche sans couper le circuit.

Les porte-balais doivent être montés sur un collier mobile

autour d'un des coussinets de la dynamo, de façon à permettre de déplacer simultanément les balais et de les amener à la ligne neutre ; après quoi on fixe le collier par une vis dé serrage. Des ressorts appuient légèrement chaque balai sur le collecteur. Souvent la tige du porte-balais est constituée par des lames flexibles formant ressort, fig. 201 et 210.

Il importe que les porte-balais soient bien isolés du collier. Des conducteurs flexibles les maintiennent en communication avec le circuit extérieur.

Dans les grandes machines multipolaires, le collecteur a parfois un diamètre considérable. Ainsi, dans certaines machines Siemens, le collecteur est constitué par des lames de cuivre disposées à la périphérie de l'induit dont le diamètre dépasse souvent trois mètres. Dans ces conditions, la manœuvre des balais exige des dispositions toutes spéciales. La fig. 201 montre 6 balais b, soutenus par l'intermédiaire de porte-balais élastiques. Ceux-ci sont fixés à des axes portés par les rayons d'une roue étoilée dont la position est commandée par un levier m' et un engrenage r'. La pression des balais s'obtient en faisant osciller les porte-balais autour de leurs axes à l'aide du levier m et de l'engrenage r.

371. — Arbre. Paliers. — La nécessité de restreindre l'épaisseur de l'entrefer le plus possible doit engager les constructeurs à soutenir l'induit de manière à réduire au minimum les vibrations de l'armature et l'usure des coussinets. Dans ce but, on emploie un arbre en acier suffisamment rigide et l'on équilibre parfaitement les masses mobiles autour de l'axe de rotation. Dans le calcul de la section de l'arbre, on aura éventuellement égard aux efforts sur l'armature résultant d'une dissymétrie dans le champ magnétique, § 359.

La longueur des coussinets doit être suffisante par rapport au diamètre des tourillons. M. Perry a reconnu que, dans les bonnes machines, le rapport de ces deux dimensions est donné par la formule empirique suivante, où L est la distance des coussinets en cm et N le nombre de tours par minute.

$$\frac{l}{d} = a + b\, \mathrm{N} \sqrt{\mathrm{L}.}$$

Pour les armatures cylindriques à anneau et à tambour $a = 2$, $b = 0,00018$.

Pour les induits annulaires de grand diamètre et les induits à disque $a = 0$, $b = 0,000063$.

On donne généralement à l'arbre un léger jeu suivant l'axe, afin que le collecteur soit animé d'un balancement longitudinal destiné à empêcher les balais de produire des stries circulaires et à uniformiser l'usure du collecteur.

Le graissage des paliers doit se faire d'une manière continue et uniforme. Dans les très grandes machines, on met les coussinets en relation par des tuyaux avec un réservoir d'huile supérieur, dans lequel l'huile est remontée par une pompe après avoir servi. Dans les machines moins puissantes, un procédé de graissage simple et efficace consiste à disposer dans des encoches pratiquées dans les coussinets des bagues de plomb dur suspendues aux tourillons. Ces bagues sont entraînées dans le mouvement des tourillons et plongent par la partie inférieure dans un réservoir d'huile. Ce liquide est ainsi amené sur les fusées d'une manière continue.

Des mesures seront prises pour que l'huile s'évacue dans des récipients amovibles et qu'elle ne coule pas sur les portes-balais, ce qui rendrait l'entretien du collecteur très-difficile. (Voir à cet égard les détails du dessin de l'alternateur Westinghouse, § 404.)

Les machines de petites dimensions, dont la vitesse est considérable, sont généralement entraînées par une courroie ou des cordes passant sur une poulie disposée en porte à faux à l'extrémité de l'arbre. Lorsque ce système de transmission est appliqué aux grandes machines, on recommande de placer la poulie entre deux paliers afin d'éviter la flexion. Le socle de la dynamo est alors posé sur des glissières qui permettent de tendre la courroie pendant la marche des machines.

Parfois l'axe de l'induit est fixé directement sur le prolongement de l'axe du moteur. Si l'on fait usage d'un manchon d'accouplement rigide, une variation brusque du couple résistant, due à un court-circuit, peut amener la rupture de l'armature. On évite cet accident par l'emploi de manchons élastiques. Dans le système Raffard, par exemple, les deux axes à embrayer sont terminés par des plateaux de diamètres inégaux portant des goupilles à la périphérie. Les goupilles des deux plateaux sont réunies par paires à l'aide de bagues en caoutchouc qui servent à la transmission des efforts.

Dans le système Snyers, l'un des plateaux porte des rainures radiales, l'autre une brosse en fils de fer dont les brins s'engagent dans les rainures voisines et les entraînent par le frottement. Si la résistance est trop forte, les fils de fer se courbent et glissent sur les arêtes des rainures.

Enfin M. Evans a réalisé un entraînement par friction auquel on attribue de bons résultats. La poulie de la dynamo reçoit une courroie dont la longueur ne dépasse que de quelques centimètres seulement la circonférence de la poulie. La jante de la poulie motrice appuie simplement sur cette courroie folle et entraîne par son intermédiaire la poulie réceptrice, sans qu'il soit nécessaire d'employer, comme dans les transmissions par friction ordinaires, une pression de nature à endommager les axes des machines. La courroie est d'ailleurs guidée par des joues portées par la poulie motrice.

372. — Isolement d'une machine aux points de vue magnétique, électrique et mécanique. — On a vu que les inducteurs Edison, fig. 194, sont exposés aux dérivations de flux par le socle en fonte de la dynamo. Dans un cas semblable, il faut isoler le circuit magnétique en interposant entre celui-ci et le socle de la dynamo une couche suffisamment épaisse d'une matière peu magnétique, telle que le zinc.

Il importe d'un autre côté que les circuits électriques d'une machine soient bien isolés de la carcasse métallique. On aura soin, pendant l'enroulement des inducteurs et de l'induit, de s'assurer constamment qu'il n'existe aucun contact électrique entre les fils et le massif qui leur sert de support.

On ne peut cependant garantir que des contacts ne se déclareront pas pendant le fonctionnement de la machine, et il convient de prendre des mesures pour que, si le fait se produit, les circuits ne puissent pas être mis en communication avec la terre par la base de la dynamo. Dans cette vue, on fait souvent porter le socle sur une charpente en bois dur noyée dans les fondations, les boulons de fixation étant séparés de la maçonnerie. On peut isoler plus simplement le bâti de la dynamo en séparant celui-ci des plaques de fondation et des boulons de fixation par des plaques, des tubes et des rondelles isolantes, en caoutchouc par exemple.

Enfin dans beaucoup d'installations, il est très important d'éviter la propagation des vibrations de la machine aux alentours. On arrive à amortir les trépidations en posant le massif des fondations de la machine et éventuellement du moteur sur un matelas en feutre ou en fibres de coco tissées, et en laissant des intervalles libres tout autour du massif. Il y a lieu, dans un cas semblable, de donner à ce dernier une grande rigidité pour éviter qu'il ne se désagrège. On y arrive par l'emploi d'un squelette en charpente ou d'un caisson en fer qui entoure entièrement le massif. On peut d'ailleurs prévoir des moyens pour relever un tel caisson avec le massif entier, au cas où il faudrait remplacer les matières amortissantes.

DESCRIPTION DE QUELQUES TYPES DE DYNAMOS A COURANT CONTINU.

Comme application des indications générales contenues dans les paragraphes précédents, nous décrirons quelques types de dynamos d'un emploi courant.

373. — Machines Gramme. — La fig. 2o2 représente une machine qui a fait époque dans l'histoire des applications de l'électricité et dont un grand nombre de spécimens fonctionnent encore après plus de douze années de service.

Les inducteurs à double circuit magnétique produisent sur l'armature des attractions parfaitement équilibrées. Les noyaux sont en fer, les pièces polaires et les culasses en fonte. Ces dernières servent de flasques au bâti. Les porte-balais sont fixes, ce qui est un inconvénient dans les dynamos soumises à des régimes de courant variables.

Dans les premières machines, l'induit était calé sur l'arbre par l'intermédiaire d'un manchon formé de rondelles en bois assemblées à contre-fil. Il est arrivé fréquemment que ce manchon cédait lors de variations brusques du couple résistant produites par des courts-circuits.

Dans la machine plus récente représentée par la fig. 2o3, M. Gramme a simplifié considérablement la construction par l'adoption d'inducteurs à circuit unique coulés en fonte ou en

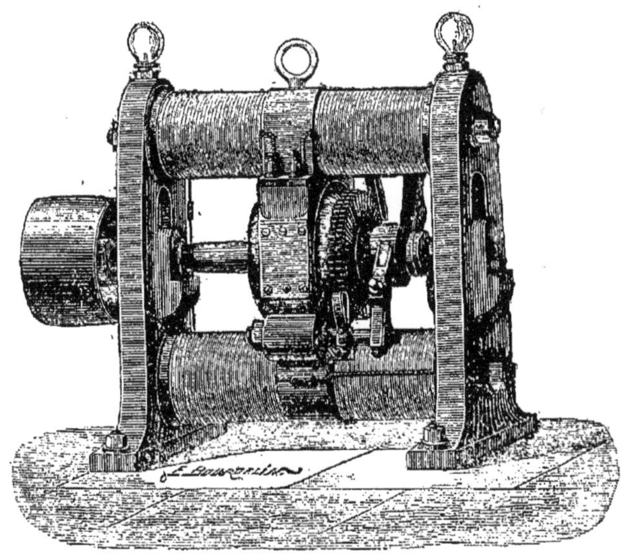

Fig. 202.

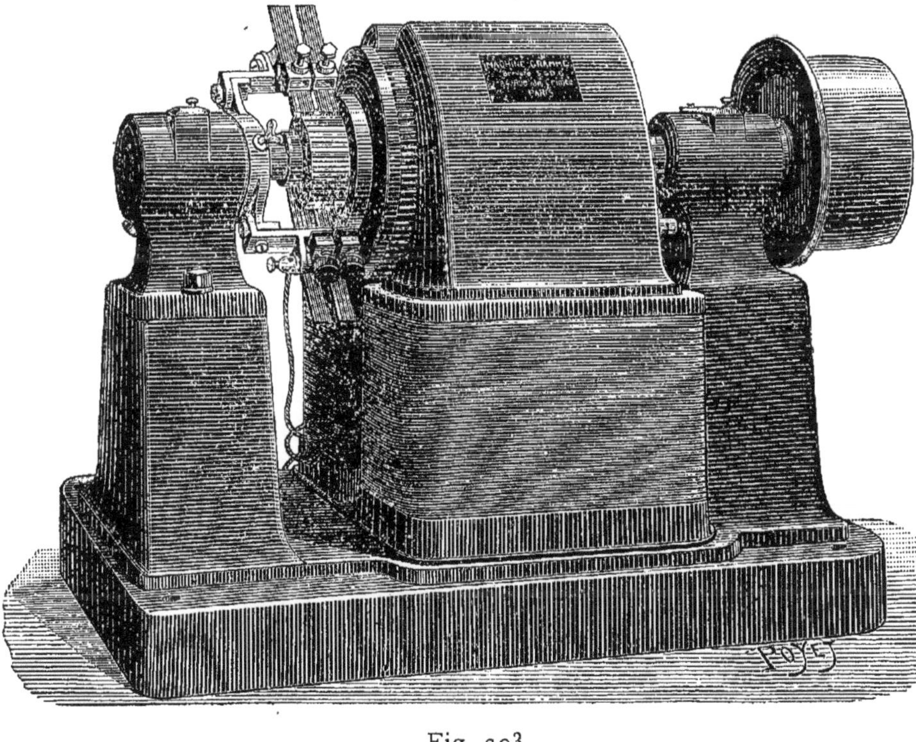

Fig. 2o3.

acier d'une seule pièce avec le socle, le palier de droite et le support du palier de gauche. Les noyaux des inducteurs ont reçu une forme compacte conforme aux idées actuelles sur la constitution des circuits magnétiques. Les cornes polaires supérieures sont prolongées davantage que les cornes inférieures, de manière à diminuer la résistance magnétique vers le haut de l'entrefer et à éviter une attraction magnétique de l'armature vers le bas, § 359. Les bobines enroulées séparément sur des carcasses légères sont passées par dessus les pièces polaires. Il suffit d'enlever le coussinet rapporté, maintenu par des boulons, pour retirer l'induit d'entre les épanouissements polaires. La figure montre nettement les deux paires de balais, ainsi que le collier d'attache avec sa vis de serrage. L'induit est supporté sur l'axe par des croisillons métalliques appuyant directement sur le noyau en fer. Les lames du collecteur sont, comme dans le type précédent, maintenues par une frette métallique isolée.

374. — Machine Edison. — La figure 204 représente une dynamo Edison caractérisée par des inducteurs à circuit magnétique

Fig. 204.

simple ; l'induit à tambour est à la partie inférieure de la machine, ce qui donne de la stabilité au bâti et oppose l'attraction magnétique au poids de l'armature, § 359. Les pièces polaires reposent sur un support évidé en zinc, lequel est lui même vissé sur la plaque de fondation.

On remarquera que la poulie de la dynamo est logée entre les deux paliers.

375. — **Machine Siemens.** — Les fig. 205 et 206 montrent deux coupes d'une dynamo Siemens récente, caractérisée par une faible vitesse angulaire, réduite parfois à 80 tours par minute. Afin d'arriver à fournir aux fils induits une vitesse linéaire suffisante, on est obligé de donner à l'armature un diamètre considérable, ce qui conduit à placer les inducteurs à l'intérieur, au lieu de les disposer à l'extérieur de l'induit.

Ainsi que le représente le dessin, les inducteurs tétrapolaires sont coulés avec l'un des paliers et soutenus par celui-ci en porte à faux. Ils reçoivent les pièces polaires après que les bobines ont été montées sur les noyaux. L'induit est soutenu également en

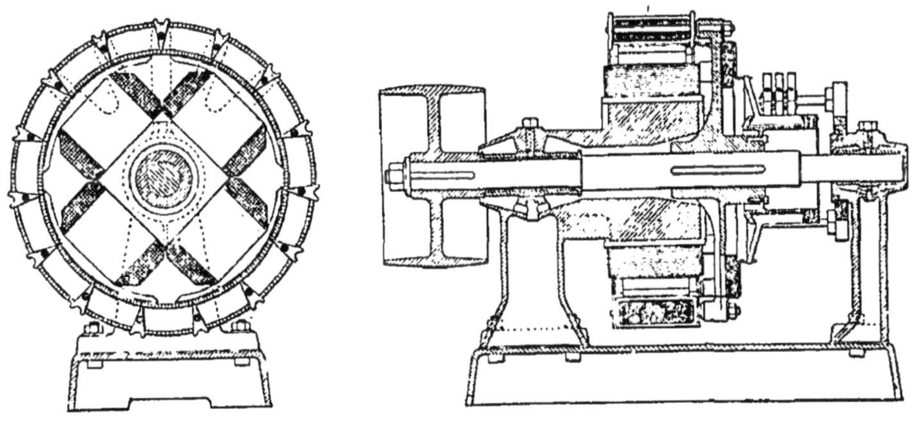

Fig. 205.   Fig. 206.

porte à faux sur l'arbre par un plateau en bronze auquel les disques de l'armature sont fixés par des boulons. Ceux-ci ne sont serrés que lorsque le noyau a été chauffé à sa température de régime par un réchaud au-dessus duquel on fait tourner l'induit. Les disques sont alors tournés sur place à l'aide d'outils fixés au bâti. Ce mode de montage de l'induit exige des pièces de support très robustes pour résister aux efforts dus à la réaction centrifuge et à l'action désagrégeante des échauffements intérieurs de l'armature.

La fig. 206 montre la construction du collecteur dont les barres sont serrées dans un manchon vissé au plateau précédent. Le support des balais est mobile autour du coussinet de droite.

Dans certaines machines de ce type les balais appuient directement sur des barres de cuivre disposées à la périphérie externe de l'induit, fig. 201.

Dans d'autres machines le collecteur est à jours. Ses lames en acier portent des retours d'équerre vissés sur les lames convergentes d'un premier collecteur plan. Ce collecteur se comporte bien et a l'avantage de permettre le remplacement isolé de chaque lame.

376. — Machine Dulait. — La machine Dulait, fig. 207, offre l'exemple d'un induit annulaire aplati de grand diamètre, tournant dans des encoches creusées dans les masses polaires et susceptible,

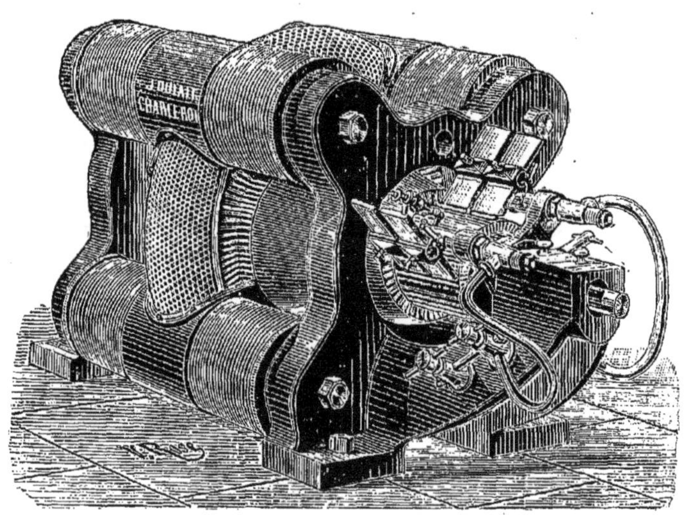

Fig. 207.

par sa forme discoïdale, de recevoir une grande vitesse périphérique tout en conservant une faible vitesse angulaire. Les inducteurs tétrapolaires présentent huit circuits magnétiques dérivés deux à deux, ce qui accroît la dépense d'excitation, § 35g. Les noyaux en fer des inducteurs sont boulonnés aux flasques en fonte qui servent de culasse et dont la forme assure une grande stabilité à la machine. L'induit porte l'enroulement Mordey, § 3ro, qui permet de réduire à deux le nombre des balais. Il est parfaitement ventilé et une tôle perforée le garantit contre les contacts extérieurs.

377. — **Machine Jaspar.** — La machine Jaspar, à induit annulaire allongé, est munie d'inducteurs tétrapolaires. Le tambour en fonte octogonal qui sert de culasse commune est coulé d'une pièce

Fig. 208.

avec des noyaux creux qui se projettent vers l'intérieur. Les connexions entre l'induit et les bobines excitatrices se font par l'intermédiaire de cercles en cuivre visibles à la gauche de la figure.

Fig. 209.

378. — Machines Pieper. — La machine Pieper, représentée
dans la fig. 209, est capable de produire 120 volts et 600 ampères.
Elle possède un induit hexapolaire à tambour, dont l'enroulement
a été décrit au § 317. Le noyau intérieur, formé de disques en tôle
de fer de 0,5 mm d'épaisseur, est garni de barres en cuivre de
5,5 mm sur 4,4 mm, isolées et séparées par les dents de plateaux
en fibre. Les raccordements des barres au collecteur se font par
des arcs de développante de cercle, seule forme géométrique qui
permette de maintenir les conducteurs également espacés. Chaque
barre supporte le sixième du courant total à raison de 4,2 ampères
par mm². La perte maximum dans l'armature est d'environ
3 pour 100 de la puissance totale.

Le diamètre extérieur de l'armature mesure 74,6 cm, ce qui,
à 400 tours par minute, donne une vitesse périphérique de 15,6 m
par seconde.

La culasse, les six noyaux, le socle et les supports des paliers
sont d'une seule pièce de fonte. Les bobines excitatrices, enroulées
en dérivation, prennent en pleine charge 11,5 ampères, ce qui
correspond à 1,9 pour 100 de la puissance de la machine.

Le rendement électrique est donc voisin de 95 pour 100.

Comme plusieurs autres constructeurs, M. Pieper a adopté le
type d'inducteurs Manchester, fig. 210, pour les machines de

Fig. 210.

faible et de moyenne puissance. Ce type se prête à un mode de
construction extrêmement économique. Les pièces polaires, le
socle et les supports des paliers sont coulés en une seule masse de

fonte. Les pièces polaires, qui présentent des étranglements destinés à réduire les flux transversaux , § 332 , tiennent ensemble par les prolongements des cornes polaires qui se rejoignent. Ces prolongements sont amincis par l'alésage et percés d'orifices , de manière à diminuer les pertes de flux qu'ils occasionnent. Les noyaux d'électro-aimants sont en fer, ronds et maintenus par des vis de serrage.

379. — Machine Rechnewski. — La dynamo Rechnewski, représentée dans la fig. 211 , offre l'exemple d'un induit denté à tambour, tournant entre des inducteurs à circuit magnétique

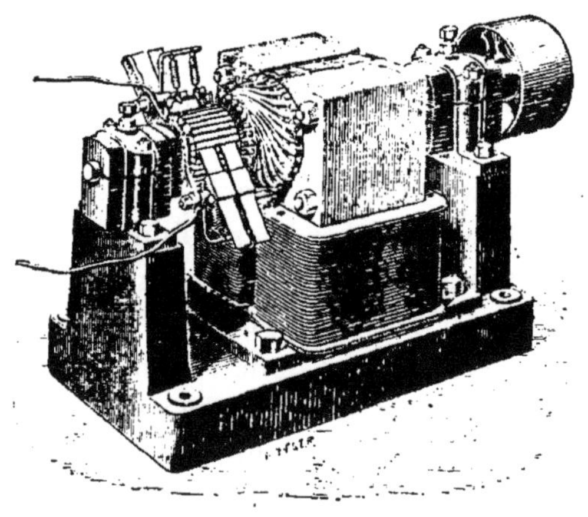

Fig. 211.

simple. Les noyaux et les épanouissements polaires sont formés de tôles fines découpées sur calibre et isolées les unes des autres, de manière à éviter les courants de Foucault dus à la denture, § 367. Les tôles sont maintenues, dans le socle ainsi qu'à la partie supérieure, par des boulons. Les tôles extrêmes sont plus fortes, de manière à assurer la ridigité du faisceau.

380. — Machine Desroziers. — La machine Desroziers possède un induit à disque sans fer, dont le principe a été examiné au § 320.

Cet induit, dont l'épaisseur suivant l'axe est très faible, tourne entre deux couronnes d'électro-aimants comportant chacune six noyaux en fer, soutenus par les flasques du bâti. Les signes des pôles d'une même couronne sont alternés, et les pôles opposés des deux couronnes sont de noms contraires, de sorte que les lignes de force traversent à peu près normalement l'entrefer et y développent des champs dont l'intensité moyenne, rapportée à la surface latérale de l'induit, est d'environ 2 500 unités C. G. S. La division des circuits magnétiques et la longueur de l'entrefer occasionnent, dans ces machines, une dépense d'excitation relativement élevée.

Fig. 212.

L'enroulement de l'induit présente des difficultés qui ont été heureusement résolues par l'inventeur. Le fil, affectant des contours semblables à celui de la fig. 169, est tendu sur un disque en carton comprimé. A chaque retour d'angle, le fil traverse le carton par des orifices percés d'avance à l'aide d'un calibre.

De cette manière, l'enroulement est facilité, et on évite aux croisements le contact des conducteurs. Les raccordements des fils radiaux se font suivant des arcs de développante de cercle.

Lorsqu'un disque est enroulé, on l'évide comme le montre la fig. 169. Deux disques semblables sont réunis par des rivets aux deux côtés d'un plateau en maillechort troué de perforations destinées à réduire les courants de Foucault dont l'intensité est restreinte d'ailleurs par la faible conductibilité de cet alliage. Les spires appartenant aux disques voisins sont réunies, à la périphérie de l'induit, de manière à ce qu'elles se succèdent alternativement sur l'un et sur l'autre plateau.

Ces machines sont bien ventilées et susceptibles de fonctionner à une faible vitesse angulaire. Leur poids, rapporté à l'unité de puissance, est faible. Leur rendement industriel est très peu différent du rendement électrique, par suite de l'absence de fer dans l'induit.

381. — Dynamos à courant constant. — On a vu, au § 357, que la double excitation pour l'obtention d'un courant constant ne donne pas de résultats favorables et que la solution de ce problème est cherchée dans l'emploi de régulateurs mécaniques. Un grand nombre de solutions particulières ont été proposées. Dans les unes, on fait intervenir l'action d'un mécanisme automatique qui agit soit sur le courant d'excitation des inducteurs, soit sur le moteur lui-même dont il modifie la vitesse de manière à réaliser la condition posée. Dans les autres, on agit sur les balais, qui, au lieu d'être maintenus à la ligne neutre, sont décalés de manière à mettre en opposition un nombre plus ou moins grand de sections de l'induit. Ce dernier procédé réduit naturellement le rendement de la dynamo et produit au collecteur des étincelles qu'on atténue par des moyens spéciaux.

En général, les machines à courant constant produisent un courant faible de 8 à 15 ampères sous des tensions élevées qui peuvent atteindre 2 000 à 3 000 volts. Avec des tensions semblables, les collecteurs du genre Gramme demandent un isolement très soigné, car, à partir de 500 à 600 volts, il s'y développe aisément des traînées d'étincelles qui se propagent entre les lames successives du collecteur et mettent les balais en court-circuit. C'est pourquoi on a souvent recours aux induits à circuit ouvert, dont les commutateurs comportent des éléments que l'on peut écarter et isoler davantage que les lames d'un collecteur Gramme. Les inducteurs sont excités en série, car l'enroulement en dérivation exigerait du fil tellement fin que le bobinage entraînerait des frais considérables.

382. — Machine Brush. — On a vu, au § 302, le principe de l'induit Brush à circuit ouvert. Cet induit est réalisé à l'aide d'un noyau annulaire denté, fig. 213, obtenu en enroulant une bande de

Fig. 213.

fer en spirale et en intercalant, entre les spires successives, des lames de longueurs croissantes constituant les dents. Les sections de l'induit comprennent un grand nombre de spires de fil et sont enroulées dans les creux du noyau.

Cet induit tourne entre deux électro-aimants horizontaux en fer à cheval qui présentent en regard des épanouissements de même polarité, couvrant chacun environ les trois huitièmes de la surface verticale du noyau.

Par cette disposition latérale des pôles inducteurs, l'attraction exercée par ceux-ci sur l'armature tend à s'opposer aux effets de la force centrifuge ; lorsque, au contraire, les pôles sont à la périphérie de l'induit, l'attraction magnétique s'ajoute à la réaction centrifuge. Par contre, les pôles latéraux peuvent faire naître, lorsque les entrefers ne sont pas parfaitement réguliers, des efforts obliques qui font voiler l'armature et la désagrègent rapidement.

Les arêtes d'avant des pièces polaires s'échauffent notablement par suite des courants de Foucault qui s'y développent.

L'anneau représenté dans la fig. 213 porte 12 bobines équidistantes. Les deux bobines placées aux extrémités d'un même diamètre sont associées, comme on l'a vu au § 302, avec les bobines situées sur le diamètre perpendiculaire à l'aide d'un commutateur double qui met chaque bobine hors circuit aux passages dans la région neutre. Il y a, par suite, trois commutateurs doubles dont les balais sont reliés en tension. La réaction d'induit de certaines de ces machines est telle qu'on peut mettre l'armature en court-circuit sans danger. La caractéristique extérieure, § 348, se termine par une branche de courbe qui descend jusqu'à l'axe des abscisses.

Les bobines des inducteurs sont excitées en série. Le courant traverse un régulateur automatique, décrit au § 329, qui a pour fonction de modifier le courant excitateur, de manière à assurer la constance du courant extérieur. (¹)

383. — Machine Thomson et Houston. — La dynamo Thomson et Houston est une machine dans laquelle la constance du courant est obtenue par le décalage des balais. Elle présente à divers égards des dispositions très originales. Les inducteurs ont des noyaux I formés de cylindres creux en fonte supportés par un bâti F et terminés à leurs extrémités en regard par des zônes sphériques servant d'épanouissements polaires. La culasse est constituée par des tirants b en fer réunissant les cylindres I. Les bobines excitatrices C sont enroulées dans un espace annulaire ménagé sur les cylindres.

L'armature est sphéroïdale, forme qui réduit au minimum le

(¹) Voir pour la description des détails de cette machine et de la suivante : S. THOMPSON, *La machine dynamo-électrique*, traduction BOISTEL.

périmètre du fil induit. Celui-ci est enroulé sur un noyau de section oblongue et ne comporte que trois bobines disposées à 120° les unes par rapport aux autres, comme l'indique le diagramme ci-dessous. Les trois bobines AA', BB', CC' ont une extrémité commune, tandis que les extrémités libres se rattachent aux trois coquilles d'un commutateur, fig 215. Sur ces coquilles appuient

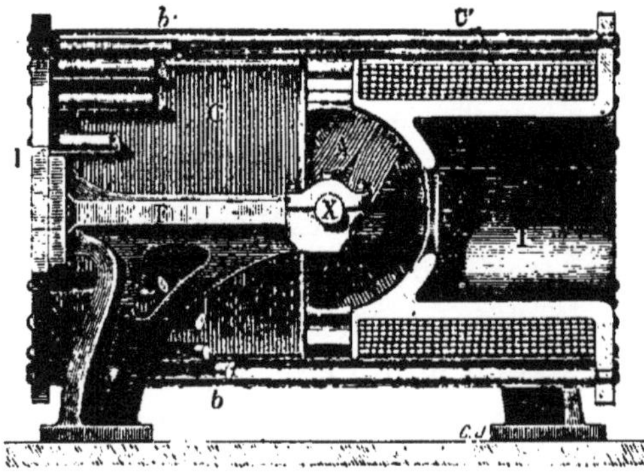

Fig. 214.

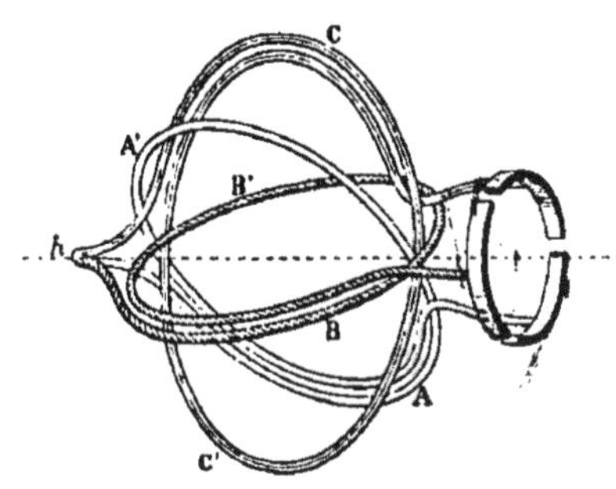

Fig. 215.

deux paires de balais; les balais situés d'un même côté sont en communication électrique et calés normalement avec un écart angulaire de 60°. Au moment où une des bobines passe dans la région neutre, située entre les pôles inducteurs, elle cesse d'être

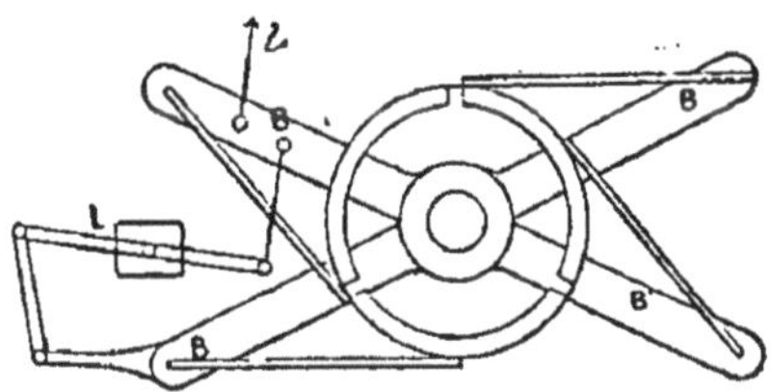

Fig. 216.

en contact avec les balais. Lorsqu'il s'y développe ensuite une force électro-motrice suffisante, elle est réunie en quantité avec une des bobines voisines, la bobine restante étant en tension avec les deux premières.

Quand le courant extérieur augmente, un relais régulateur agit suivant la flèche *l* sur un croisillon B B, B' B', portant les deux paires de balais. Par suite d'un renvoi de mouvement, L, le bras

B' B' tourne comme les aiguilles d'une montre, tandis que le bras
B B pivote en sens inverse; il en résulte un écartement progressif des balais conjugués dont l'intervalle angulaire peut aller
jusqu'à 120°.

Dans ces conditions, deux bobines sont réunies en quantité alors
que l'une d'elles passe dans la région neutre, d'où une réduction
de la différence de potentiel créée. En outre, l'induit entier est mis
en court-circuit six fois par tour, attendu que les balais des paires
opposées communiquent alors avec une même lame du commutateur pendant une durée plus ou moins grande de la révolution.

Cette mise en court-circuit n'entraîne d'ailleurs pas un courant
excessif, par suite de l'énorme self-induction des sections de
l'induit.

Il est difficile d'analyser les réactions multiples auxquelles donne
lieu un tel système ; aussi, la théorie complète du fonctionnement
de cette machine est-elle encore à faire.

Le passage des balais d'une lame du commutateur à la suivante
occasionne des étincelles considérables qui exposent celui-ci à une
détérioration rapide.

MM. Thomson et Houston ont eu l'idée ingénieuse de disposer,
en face du contact mobile du premier balai de chaque paire conju-
guée, une tuyère soufflant de l'air comprimé par un petit ventilateur
actionné par l'arbre de l'induit. Le courant d'air empêche les
étincelles d'acquérir une longueur suffisante pour nuire aux pièces
frottantes.

Nous n'avons fait qu'indiquer le principe du fonctionnement des
deux dynamos précédentes ; pour les détails, nous renvoyons aux
traités spéciaux (¹).

PROJET D'UNE DYNAMO A COURANT CONTINU.

384. — Données. — Les données d'un projet de dynamo de type
déterminé comportent, en première ligne, la puissance électrique

---

(¹) Voir S. Thomson. *Dynamo-electric Machinery*.
    E. Kittler. *Handbuch für Elektrotechnik.*

utile, représentée par le produit du courant à fournir dans le circuit extérieur par la différence de potentiel aux bornes, le mode d'excitation des inducteurs et le rendement électrique.

Ce dernier élément varie, dans les bonnes machines actuelles, de 0,85 à 0,96 ; les pertes par effet Joule admises atteignant dans l'induit de 2 à 8 pour 100 et dans les inducteurs de 2 à 7 pour 100 de la puissance totale. Ces pertes dépendent du diamètre des conducteurs que l'on est libre de faire varier entre certaines limites.

La proportion à adopter dépend du prix de la force motrice. Si celle-ci est à bon marché, on se sert de machines de prix réduit, ayant peu de cuivre et un rendement électrique faible ; si elle est chère, il convient de faire un sacrifice sur le coût de la dynamo, afin d'obtenir un meilleur rendement.

385. — Calcul de l'induit. — Les proportions relatives de l'induit sont connues pour le type de machine choisi. Dans les dynamos à anneau allongé, la longueur suivant la génératrice est peu différente du diamètre, et le rayon intérieur du noyau de fer est voisin de 0,6 du rayon extérieur. Pour les induits à tambour, la longueur représente environ une fois et demie le diamètre et le rayon intérieur des disques du noyau est égal au tiers du rayon extérieur. Enfin pour une machine à disque, on estime que les spires ont la forme de trapèzes formés par trois côtés égaux, le côté extérieur ayant une longueur double des autres.

Connaissant les proportions relatives de l'induit, les dimensions absolues peuvent en être déterminées si l'on impose soit la vitesse linéaire, soit la surface de refroidissement, § 388. L'une des données peut d'ailleurs servir de contrôle à l'autre.

Par suite de l'espace occupé entre les disques de fer par l'isolant, la section utile du noyau varie de 0,8 à 0,9 de la section totale.

La section de fer et l'induction magnétique maximum admises permettent de déterminer le flux magnétique total dans l'induit.

On se rappelle que la formule

$$e = n \, N \, \mathfrak{N} \times 10^{-8}, \qquad \S\,322,$$

s'applique à tous les types de machines enroulées en quantité, si l'on a soin de représenter par n le nombre des fils comptés sur la périphérie de l'armature, et par $\mathfrak{N}$ le flux total issu d'un des pôles inducteurs. La force électro-motrice e représente la différence de potentiel aux bornes extérieures, augmentée de la perte en volts due à la résistance intérieure de la machine.

On connaît e, N et $\mathfrak{N}$; on déduit donc de la formule précédente le nombre de spires à enrouler pour obtenir la force électro-motrice voulue. Ce nombre doit être pair et posséder des sous-multiples, parmi lesquels on puisse choisir un nombre convenable de lames pour le collecteur.

La longueur du fil à disposer sur l'induit résulte des dimensions du noyau et du nombre des spires. L'intensité du courant et la perte consentie dans l'induit définissent d'ailleurs la résistance de ce dernier, et, par suite, la section à donner au fil. On modifiera cette section de manière à couvrir tout l'espace disponible sur le noyau.

Les calculs précédents ne constituent qu'une première approximation. On les vérifiera à l'aide des données relevées sur les bonnes machines, § 388.

386. — Calcul des inducteurs. — Dans le calcul des inducteurs, on se guidera sur les renseignements généraux fournis précédemment. La qualité du métal employé règle l'induction magnétique à admettre. D'autre part, les dérivations de flux ($1/4\ \mathfrak{N}$ à $1/2\ \mathfrak{N}$) sont connues par des expériences faites sur des machines du type étudié.

Soit ν le rapport entre le flux $\mathfrak{N}'$ dans les inducteurs et le flux utile $\mathfrak{N}$, on aura $\mathfrak{N}' = \nu\,\mathfrak{N}$.

L'induction magnétique maximum étant $\mathfrak{B}$ dans les noyaux des électro-aimants, la section de ceux-ci sera $s = \dfrac{\mathfrak{N}'}{\mathfrak{B}}$, en admettant qu'on ait affaire à un circuit magnétique simple.

Les noyaux seront aussi courts que possible ; ils auront juste la longueur nécessaire pour que les bobines possèdent une surface suffisante pour rayonner la chaleur due à l'effet Joule.

Les dimensions à donner à la culasse et aux épanouissements polaires résultent également de la nature du métal qui les compose et de la forme de la carcasse.

Reste le calcul des éléments des bobines magnétisantes.

Pour déterminer le nombre d'ampères-tours à enrouler sur les noyaux, on pourra adopter la formule de MM. Hopkinson simplifiée, § 330 et 332bis,

$$4\,\pi\left(mi - \frac{\alpha}{\pi}\,n\,\frac{i_a}{2}\right)10^{-1} = \mathfrak{IG}\,(\mathfrak{R}_a + \mathfrak{R}_e) + \nu\,\mathfrak{IG}\,\mathfrak{R}_i;$$

équation dans laquelle les résistances magnétiques $\mathfrak{R}$ sont de la forme $\dfrac{L}{\mu\,S}$, L exprimant la longueur moyenne des lignes de force dans chaque élément du circuit magnétique, S la section correspondante et μ la perméabilité dont la valeur dépend de l'induction $\mathfrak{IG}$.

Le rapport $\dfrac{\alpha}{\pi}$ résulte de l'observation de machines de mêmes type et dimensions. On force généralement le rapport observé afin de tenir compte de certains déchets dont les formules ne font pas mention. C'est ainsi que l'on a supposé que tous les tours logés sur un demi-induit sont utilisés, alors qu'une partie des spires situées vers la ligne neutre est perdue pour l'effet utile. Afin de compenser ces pertes, on augmente le nombre d'ampères-tours sur les inducteurs en adoptant pour $\dfrac{\alpha}{\pi}$ une valeur comprise entre $^1/_3$ et $^1/_4$ pour les machines à anneau et entre $^1/_6$ et $^1/_8$ pour les machines à tambour.

Le tableau suivant indique les constantes magnétiques adoptées par la maison Mather et Platt, de Manchester.

FER FORGÉ RECUIT.			FONTE GRISE.		
S	$\mathfrak{IG}$	μ	S	$\mathfrak{IG}$	μ
2	5 000	3 000	5	4 000	800
4	9 000	2 250	10	5 000	500
5	10 000	2 000	21,5	6 000	279
6,5	11 000	1 692	42	7 000	133
8,5	12 000	1 412	80	8 000	100
12	13 000	1 083	127	9 000	71
17	14 000	823	188	10 000	53
28,5	15 000	526	292	11 000	37
52	16 000	308			
105	17 000	161			
200	18 000	90			
350	19 000	54			

Les longueurs et les sections sont relevées d'après le dessin de la carcasse, sur lequel on a eu soin de tracer le parcours moyen des lignes de force dans chaque partie du circuit magnétique.

Dans le cas d'une machine à anneau ou à tambour pourvue d'un électro-aimant inducteur simple, ce tracé ne présente aucune difficulté. Si un inducteur bipolaire possède des pôles conséquents, on doit considérer deux circuits magnétiques comprenant chacun l'un des électro-aimants et la moitié correspondante de l'anneau ou du tambour. On se contentera de faire le calcul pour un de ces circuits, en remarquant que $\mathcal{K}'$ est le flux total issu d'un des pôles et que la moitié de ce flux traverse chacune des branches dérivées.

Les machines multipolaires se divisent également en un certain nombre de circuits magnétiques distincts comprenant parfois des parties communes, lesquelles devront, pour le calcul, être partagées en autant d'éléments qu'il s'y raccorde de branches dérivées. Ainsi dans la machine Thury, fig. 199, le flux $\mathcal{K}'$ émergeant d'un des pôles traverse par moitiés les noyaux raccordés à ce pôle. Le circuit à considérer comprendra donc un des noyaux, la moitié de chacune des pièces polaires qui le terminent et la portion de l'armature limitée entre deux pôles consécutifs. Les ampères-tours correspondants serviront de base au calcul d'une des bobines. Dans la carcasse multipolaire de la fig. 198, chaque bobine est commune à deux circuits magnétiques dérivés. Par conséquent, les ampères-tours calculés seront répartis sur deux bobines, ce qui revient à donner à chaque bobine un nombre d'ampères-tours égal à la moitié de celui qu'on a trouvé dans le cas précédent.

Parfois enfin un même circuit magnétique comprend deux bobines magnétisantes (dynamos Gramme, fig. 202 ; Dulait, fig. 207; etc.), dont chacune développe la moitié des ampères-tours calculés.

La résistance à donner aux bobines magnétisantes résulte de la perte consentie dans les inducteurs. En effet, cette perte est exprimée par $i_s^2\, s$ ou $i_d^2\, d$ suivant que la machine est excitée en série ou en dérivation. Dans le premier cas, le courant i_s est égal au courant extérieur donné ; dans le second cas, i_d est égal à la différence de potentiel aux balais divisée par la résistance de l'enroulement dérivé.

Il ne reste plus qu'à déterminer la longueur l et la section s du fil des bobines dont on connaît la résistance r, le nombre de spires et la surface d'enroulement sur les noyaux.

Généralement on se donne l'épaisseur de l'enroulement qui varie de 5 à 8 cm. On en déduit la longueur de la spire moyenne et, connaissant le nombre de spires, la longueur totale l du fil. Comme d'ailleurs on a la relation $r = \dfrac{l}{cs}$ et que la conductibilité du cuivre employé est connue aux températures moyennes de régime (on adopte une résistance spécifique d'environ 2 microhms-centimètre), on peut déterminer la section à donner au conducteur. Comme vérification, on calculera par la formule de M. Esson, § 361, l'élévation de température qui ne doit pas dépasser une trentaine de degrés. On peut aussi se donner la densité du courant dans le fil et en déduire les autres dimensions des bobines.

Si l'on doit calculer un enroulement compound pour tension constante, après avoir trouvé le nombre total d'ampères-tours à enrouler sur les inducteurs, on déterminera l'enroulement en dérivation propre à réaliser une force électro-motrice égale à la différence de potentiel imposée ; par différence, on obtiendra les spires en série nécessaires pour arriver au nombre d'ampères-tours total précédemment calculé. On remarquera que lorsque la machine fonctionne à circuit ouvert le flux utile est moindre qu'à pleine charge et que, par suite, les valeurs des perméabilités sont plus grandes.

On enroule souvent les bobines en série directement sur les noyaux afin de réduire le périmètre des spires, car celles-ci sont intercalées dans le circuit principal et l'on a intérêt à diminuer leur résistance pour réduire la perte de charge dans ce dernier. En outre, le circuit en dérivation subit l'action calorifique du courant d'une manière continue et il y a avantage à le placer le plus près possible de la surface de rayonnement.

D'un autre côté, lorsqu'on étudie une nouvelle machine compound, il est utile d'enrouler d'abord les bobines en dérivation, parce qu'on peut juger ainsi de la force électro-motrice que développe la dynamo à circuit ouvert, avant de compléter le bobinage des inducteurs.

Dans le cas des machines à disque, on a une autre ressource. Les pôles inducteurs, qui agissent sur une série de sections induites reliées en tension, peuvent être excités, les uns par des bobines en série, les autres par des bobines en dérivation. De cette manière, chacun des noyaux ne porte qu'une seule bobine.

Il existe des applications pour lesquelles la différence de potentiel fournie par les machines compound doit croître suivant une fonction linéaire, de manière à produire une tension constante aux extrémités de deux conducteurs entre lesquels sont branchées des lampes en dérivation. On calculera, dans ce cas, la force électro-motrice totale à développer par la dynamo, en ajoutant à la perte en volts due à la résistance de la machine, la chute de potentiel produite par le courant dans les deux conducteurs alimentant les lampes et la différence de potentiel aux bornes de celles-ci. La marche du calcul sera d'ailleurs la même que précédemment.

Ces divers calculs sont seulement approximatifs. Les différences constatées lors de l'essai de la machine construite pourront être compensées par une modification de la vitesse primitivement choisie.

Le projet terminé, on fera bien de dresser les courbes du magnétisme par la méthode de MM. Hopkinson, § 331, afin de voir si les circuits magnétiques principaux ne présentent pas d'étranglement dans une de leurs parties, ce qu'accuserait l'inclinaison rapide sur l'axe des abscisses de la courbe correspondante. On cherchera à donner à la courbe totale du magnétisme un coude bien accusé, témoignant d'une faible résistance du circuit magnétique et garantissant une bonne stabilité de fonctionnement. Cette forme sera particulièrement recherchée dans les machines destinées à fournir une différence de potentiel constante.

387. — Transformations d'une machine de type donné. — Un problème qui se pose fréquemment est de modifier l'enroulement d'une machine de manière à faire varier les facteurs de la puissance électrique dans un rapport donné.

Appelons I et I' les intensités des courants fournis par deux enroulements; E et E' les forces électro-motrices; r et r' les résistances; n et n' les nombres de spires; d et d' les diamètres des fils; l et l' les longueurs de ceux-ci.

Si l'on admet que le volume occupé par l'isolant reste constant,
on a :

$$\frac{I}{I'} = \frac{E'}{E} = \frac{\sqrt{r'}}{\sqrt{r}} = \frac{n'}{n} = \frac{l'}{l} = \frac{d^2}{d'^2} \qquad \text{(R. Arnoux)}.$$

Dans d'autres occasions, on doit calculer les modifications
apportées au débit d'une machine lorsque ses dimensions linéaires
croissent dans un certain rapport.

Ce problème n'est guère susceptible de recevoir une solution
générale. Il est à prévoir que la puissance doit croître plus vite que
le volume de la machine, car, à mesure que les dimensions de celle-ci
augmentent, le volume relatif occupé par les isolants est de moins
en moins grand. M. Kapp a, en effet, reconnu expérimentalement
que, dans des machines de même type, l'effet est proportionnel a
une puissance des dimensions linéaires comprises entre 3,3 et 3,9.

388. — Données pratiques. — En vue de faciliter l'étude des
projets de machines, nous résumerons dans un tableau quelques
données moyennes relevées sur les bons modèles de dynamos à
courant continu :

Induction magnétique dans les induits à tambour	10 000 à 14 000 C. G. S.
Induction magnétique dans les induits à anneau	12 000 à 17 000 C. G. S.
Induction magnétique dans les inducteurs en fonte.	6 000 à 8 000 C. G. S.
Induction magnétique dans les inducteurs en fer	10 000 à 14 000 C. G. S.
Intensité du champ dans l'entrefer rapportée à la surface périphérique de l'induit . . , ...	2 500 à 4 000 C. G. S.
Rapport de la section de fer d'un induit à tambour à celle des inducteurs . . .	1 à 0,8.
Rapport de la section de fer d'une armature annulaire à celle des inducteurs .	0,6 à 0,75.
Rapport de la section de fer d'une armature annulaire à la section d'inducteurs en fonte.	0,3 à 0,4.

Proportion des ampères-tours de l'armature à ajouter aux ampères-tours induc-

teurs pour compenser la réaction de
l'induit. — Pour les anneaux . . . . . $1/3$ à $1/4$.
                Pour les tambours. . . . $1/6$ à $1/8$.
Vitesse périphérique dans les induits
allongés. . . . .   10 à 15 m. par seconde.
Vitesse périphérique dans les induits
aplatis . . . .   20 à 25 m. par seconde.
Densité de courant dans les induits à
noyau en fer . . . .   3,5 à 5 ampères par mm².
Surface de refroidissement des induits
en cm² par watt transformé en chaleur   5 à 10.
Densité de courant dans les inducteurs .   1,5 à 2 ampères par mm².
Surface de refroidissement des bobines
excitatrices en cm² par watt transformé
en chaleur. . . . .   10 à 20.
Poids total des grandes machines par
kilowatt utile. . . . .   50 à 140 kg.
Prix des grandes machines par unité de
poids. . . . .   1 à 2 fr. par kg.
Différence de potentiel maximum entre
deux lames consécutives d'un collecteur
ordinaire du genre Gramme . . . .   4 à 5 volts.
Épaisseur d'une couverture de coton sur
les conducteurs, par couche, ...   0,15 mm.

APPLICATION NUMÉRIQUE A UNE MACHINE
MANCHESTER.

389. — **Données.** — En vue de préciser les règles développées
dans les paragraphes précédents, nous considérerons un type de
machine défini et nous en calculerons les dimensions en vue de
répondre à certaines conditions déterminées. Nous adopterons le
type Manchester, fig. 217, qui se distingue par sa stabilité, par
la symétrie du champ de l'entrefer due à l'emploi de circuits
magnétiques dérivés et enfin par la simplicité de sa construction.
Les conditions imposées sont les suivantes :

La machine excitée en dérivation doit produire à pleine charge
une différence de potentiel aux bornes de 65 volts.

Débit maximum : 150 ampères.

Puissance utile : 150.65 = 9 750 watts.

Vitesse angulaire : 1 100 tours par minute [1].

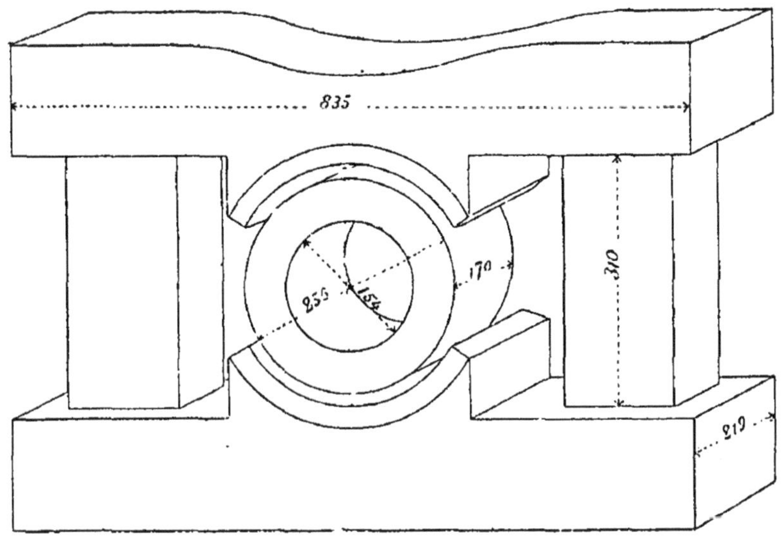

Fig. 217.

On a affecté des indices a, d les quantités qui se rapportent respectivement à l'armature et à l'enroulement en dérivation.

390. — Calcul de l'induit. — L'induit est un anneau Gramme, dont l'âme est constituée par des disques isolés en tôle de fer doux.

Admettons dans le fil induit une perte de 4,5 pour 100 de la puissance utile, soit 438 watts.

La résistance de l'induit est déduite de la condition $r_a\, i_a^2 = 438$, où i_a diffère peu de 150. On en tire $r_a = 0,019$ ohm.

Exigeons pour le noyau de l'induit une surface de refroidissement de 5 cm² par watt transformé en chaleur et soient λ_a, δ_a, ε_a

---

[1] Les détails de ce projet ont été étudiés par MM. De Bast et Grottendieck, élèves de l'Institut électro-technique Montéfiore.

Comme dans tous les projets effectués par les élèves de cet Institut, les opérations numériques ont été faites à la règle à calcul de 26 cm.

respectivement la longueur, le diamètre extérieur et l'épaisseur du noyau de l'armature exprimés en centimètres.

On doit avoir

$$\pi\, \delta_a\, \lambda_a + 2\, \pi\, \delta_a\, \varepsilon_a = 5.438.$$

Adoptons ensuite les rapports

$$\frac{\delta_a}{\lambda_a} = 1,5 \quad \frac{\delta_a}{\varepsilon_a} = 5,$$

il vient

$$\delta_a = 25,6 ;\ \lambda_a = 17 ;\ \varepsilon_a = 5,1.$$

La vitesse périphérique de l'âme est donc

$$\frac{\pi\ .\ 25,6\ .\ 1100}{60} = 1\,470 \text{ cm par seconde,}$$

ce qui n'a rien d'exagéré.

La double section de l'âme de l'induit par un plan axial est

$$2\, \lambda_a\, \varepsilon_a = 174 \text{ cm}^2.$$

En déduisant la section des rondelles de papier interposées entre les plaques de tôle, on obtient pour le fer seul

$$2\, S_a = 0,85\ .\ 174 = 148 \text{ cm}^2.$$

Le nombre de spires à enrouler sur l'induit est donné par

$$n_a = \frac{e}{N\ \mathfrak{N}\ 10^{-8}} \qquad (1)$$

où e représente la différence de potentiel imposée, augmentée de la perte due à la résistance intérieure de la machine, soit

$$e = 65 + 0,019\ .\ 150 = 67,85 \text{ volts.}$$

Adoptons comme induction magnétique maximum dans le fer de l'armature $\mathfrak{M}_a = 17\,000$ C. G. S., ce qui correspond à une densité de flux moyenne à travers la section totale du noyau, isolant compris, de

$$17\,000\ .\ 0,85 = 14\,450 \text{ C. G. S.}$$

On a

$$\mathfrak{N} = \mathfrak{M}_a\ .\ 2\, S_a = 17\,000\ .\ 148 = 2,515\ .\ 10^6.$$

En portant ces valeurs dans la formule (1) où l'on remplace N par $\dfrac{1100}{60}$, on obtient pour n_a environ 148 spires. Avec 74 lames au collecteur, on arrive à deux spires par lame, et, entre deux touches consécutives, à une différence de potentiel d'environ 2 volts. La longueur du fil induit est donnée approximativement par

$$l_a = n_a \cdot 2\,(\lambda_a + \varepsilon_a) = 6\,540 \text{ cm.}$$

D'autre part, la formule suivante relie cet élément à la résistante r_a, au diamètre du fil d_a et à la résistance spécifique ρ, prise égale à $2 \cdot 10^{-6}$ ohm-cm, afin de tenir compte de l'échauffement du fil :

$$r_a = \rho\ \frac{\frac{1}{2}\,l_a}{2\left(\dfrac{\pi\,d_a^2}{4}\right)}\ ;$$

d'où, en remplaçant, $d_a = 0{,}468$ cm.

Avec un guipage en 3 couches augmentant le diamètre d'environ 0,09 cm, on pourra loger aisément toutes les spires à l'extérieur de l'induit en une seule couche ; ce qui donnera à l'anneau bobiné le diamètre de 26,7 cm. En laissant 0,25 cm d'épaisseur pour les frettes et le jeu de l'armature, on arrive à 27,2 cm pour le diamètre d'alésage des pièces polaires et l'on est conduit à un entrefer de 0,8 cm.

Les valeurs ainsi calculées donnent dans l'induit une densité de courant de 4,36 ampères par mm².

On aurait pu procéder d'une manière différente. Étant donnés le nombre de spires et le diamètre de l'armature, on cherche le diamètre à donner au fil recouvert pour remplir l'espace disponible à l'extérieur de l'anneau et pour loger aisément le conducteur entre les croisillons soutenant le noyau sur l'arbre. La résistance et la perte de l'induit sont alors déduites du calcul.

391. — Calcul des inducteurs. — Le flux de force magnétique total qui doit circuler à travers l'induit pour que la machine développe 67,85 volts de force électro-motrice totale en régime normal est

$$\mathfrak{N} = 2{,}515 \cdot 10^6 \text{ C. G. S.}$$

Le système inducteur de la machine Manchester est à circuit magnétique double. Chaque branche dérivée figurée dans le dessin comprend un noyau en fer forgé de section carrée, destinée à recevoir l'enroulement, la moitié des pièces polaires en fonte et un demi-anneau en fer. Il suffit de faire le calcul pour un de ces circuits. Le flux utile dans le demi-anneau est

$$\mathfrak{K}_a = 1{,}258 \cdot 10.$$

lorsque l'induit fonctionne en pleine charge.

En admettant entre le flux dans les inducteurs et le flux dans l'induit le rapport $\nu = 1{,}45$, on obtient pour le flux dans les noyaux des bobines,

$$\mathfrak{K}_i = 1{,}45 \, \mathfrak{K}_a = 1{,}823 \cdot 10^6 \text{ C. G. S.}$$

En se donnant

$$\frac{S_a}{S_i} = \frac{6}{10}$$

on trouve

$$S_i = 123{,}4 \text{ cm}^2$$

et alors

$$\mathfrak{B}_i = 14\,800.$$

Admettons dans les inducteurs une perte en chaleur de 4 pour 100 de la puissance utile, ou 390 watts, et supposons que la hauteur des noyaux soit $H_i = 31$ cm, dimension cadrant avec le diamètre de l'induit.

Les pièces polaires en fonte sont, par hypothèse, traversées par le même flux que les noyaux. En se donnant le rapport de la section de l'armature à celle des masses polaires

$$\frac{S_a}{S_p} = \frac{33}{100},$$

on déduit

$$S_p = 224{,}5 \text{ cm}^2$$

et

$$B_p = 8120.$$

Ces dimensions déterminent la carcasse de la machine qui est esquissée dans la fig. 217. Il y aura lieu d'apporter à cette carcasse certaines modifications en vue de l'adapter au socle de la dynamo.

La pièce polaire inférieure pourra, par exemple, être moulée avec le socle. En outre, il conviendra de ménager des étranglements de section au milieu des pièces polaires dans le plan vertical passant par l'axe de l'induit, afin de réduire les flux magnétiques transversaux, § 332.

On remarquera que les inductions admises dans les diverses parties du circuit magnétique sont assez élevées, particulièrement dans les inducteurs. Dans beaucoup de bonnes machines actuelles, les inductions adoptées sont plus faibles, afin de réduire la résistance du circuit magnétique et de diminuer la dépense d'excitation.

Les dimensions indiquées ci-dessus permettent de calculer les ampères-tours. On a :

$$4\pi\left(m_d\, i_d - \frac{\alpha}{\pi}\, n_a\frac{i_a}{2}\right) 10^{-1} = \mathfrak{K}_a\,(\mathfrak{R}_a + \mathfrak{R}_e) + \nu\,\mathfrak{K}_a\,(\mathfrak{R}_p + \mathfrak{R}_i);$$

$$\mathfrak{R}_a = \frac{L_a}{\mu_a\, S_a}; \quad \mathfrak{R}_e = \frac{L_e}{S_e}; \quad \mathfrak{R}_p = \frac{L_p}{\mu_p\, S_p}; \quad \mathfrak{R}_i = \frac{L_i}{\mu_i\, S_i}.$$

En posant $\mathfrak{K}_a = 1{,}258 \cdot 10^6$, on trouve dans les tables, § 386, les valeurs μ_a, μ_p, μ_i des perméabilités correspondant aux inductions magnétiques

$$\frac{\mathfrak{K}_a}{S_a} = \mathfrak{B}_a, \quad \frac{\nu\,\mathfrak{K}_a}{S_p} = \mathfrak{B}_p, \quad \frac{\nu\,\mathfrak{K}_a}{S_i} = \mathfrak{B}_i;$$

ces valeurs sont

$$\mu_a = 161; \quad \mu_p = 97; \quad \mu_i = 585.$$

Les longueurs moyennes des lignes de flux relevées sur le croquis sont approximativement

$$L_a = 32{,}1\ \text{cm}; \quad L_e = 1{,}6\ \text{cm}; \quad L_p = 60\ \text{cm}; \quad L_i = 31\ \text{cm}.$$

Les sections des diverses parties du circuit magnétique considéré ont des aires

$$S_a = 74\ \text{cm}^2; \quad S_p = 224{,}5\ \text{cm}^2; \quad S_i = 123{,}4\ \text{cm}^2.$$

La section de l'entrefer s'obtient, d'après MM. Hopkinson, en ajoutant à la surface polaire, laquelle s'étend sur un arc de 120°, deux bandes latérales égales aux 0,8 de l'épaisseur de l'entrefer. On arrive, pour la demi-surface englobée dans le circuit magnétique envisagé, à

$$S_e = \frac{1}{2}\pi \cdot \frac{27,2 + 25,6}{2} \cdot \frac{120^\circ}{360^\circ} \cdot 17 + 0,8 \cdot 0,8 \cdot 17 = 246 \text{ cm}^2.$$

A l'aide de ces résultats, on trouve

$$\mathcal{K}_a (\mathcal{R}_a + \mathcal{R}_e) = 11570 \qquad \mathcal{K}_i (\mathcal{R}_p + \mathcal{R}_i) = 5820.$$

Ce sont là les valeurs des forces magnéto-motrices nécessaires pour créer les flux magnétiques dans les diverses parties de la machine en pleine charge ou, en d'autres termes, les différences de potentiel magnétique développées dans les diverses parties de la carcasse de la dynamo, § 154.

Par suite, en admettant $\dfrac{\alpha}{\pi} = \dfrac{1}{3}$, valeur forcée dans le dessein de compenser, par un excès d'ampères-tours inducteurs, les diverses pertes constatées dans les induits, on a

$$4\pi \left(m_d\, i_d - \frac{1}{3} \cdot 148 \cdot \frac{150}{2} \right) 10^{-1} = 17390,$$

d'où $m_d\, i_d = 17\,550$ ampères-tours.

La perte admise dans les inducteurs étant 390 watts, on pose

$$i_d^2\, r_d = 390$$

avec

$$i_d = \frac{65}{r_d},$$

d'où $i_d = 6$ ampères, $r_d = 10,84$ ohms.

Les bobines magnétisantes étant mises en série, chacune d'elles aura une résistance de 5,42 ohms. Le nombre de spires d'une bobine est

$$m_d = \frac{17550}{6} = 2930.$$

En admettant une densité de courant de 2 ampères par mm^2, la section du fil sera 3 mm^2, soit un diamètre de 0,195 cm. Avec un guipage en deux couches donnant un surcroît de diamètre de 0,06 cm, le diamètre extérieur deviendra 0,255 cm.

Sur une hauteur utile de 30 cm, on logera 118 spires et le nombre de couches sera de 25, ce qui donnera à l'enroulement une épaisseur de 6,4 cm et une surface de refroidissement de 2 868 cm².

A titre de vérification, on remarquera que l'échauffement des inducteurs indiqué par la formule de M. Esson, § 361, est

$$t^o = \frac{355 \times \dfrac{390}{2}}{2868} = 24^o\ C.,$$

nombre rentrant dans les limites tolérées.

La perte par hystérésis dans l'induit est par cm³ et par cycle, sous l'induction de 17 000 C. G. S., § 308, 12 000 ergs, et par seconde, dans l'armature entière,

$$\frac{\pi\left(\overline{25,6}^2 - \overline{15,4}^2\right)}{4} \times 0,85 . 17 \times \frac{12000}{10^7} \times \frac{1100}{60} = 106\ \text{watts},$$

soit 1,1 pour 100 de la puissance utile.

Ce calcul donné à titre d'exercice ne peut prétendre à fournir une solution rigoureuse du problème. Les résultats ne constituent qu'une première approximation, car on a dû supposer connue la perméabilité du fer et de la fonte employés et admettre un coefficient arbitraire pour le calcul des spires antagonistes. Les nécessités de la construction peuvent d'ailleurs amener à modifier certaines dimensions.

MACHINES A COURANTS ALTERNATIFS.

Les machines alternatives, que l'on peut considérer comme dérivées de la machine théorique décrite au § 295, ont précédé les machines à courant continu, dans lesquelles le redressement du courant exige des dispositions assez complexes. Les machines alternatives furent délaissées, il y a quelques années, pour les dynamos à courant continu, mais le succès récent des distributions par courants alternatifs et transformateurs a remis les premières en honneur.

En général, les alternateurs sont destinés à la production de
courants à haute tension et à courte période ; la *fréquence*, c'est à
dire le nombre de périodes par seconde, varie, dans la pratique,
entre 40 et 140. Pour cette raison, l'induit de la machine ne peut
être réduit à une seule bobine, comme dans la machine Siemens
décrite au § 298, car il faudrait donner à l'armature une vitesse
angulaire excessive pour atteindre la fréquence désirée, et il y aurait
du danger à superposer, dans l'enroulement, des spires maintenues
à des potentiels très différents. On est obligé de diviser l'induit en
un certain nombre de bobines distinctes, passant successivement
dans des champs magnétiques de directions opposées, produits
par un inducteur multipolaire.

**392. — Classement des alternateurs. Induit à disque. Système
Wilde.** — Les alternateurs peuvent être classés, comme les machines continues, d'après la forme de l'induit, qui est à tambour, à
anneau ou à disque. Cette dernière forme, que l'on emploie
fréquemment, est caractérisée par cette particularité, non rencontrée dans les dynamos continues correspondantes, que les bobines
constituant le disque possèdent parfois des noyaux de fer doux.
Tel est le cas de la machine Wilde.

La fig. 218 montre quelques éléments détachés de l'induit et
de l'inducteur de cet alternateur. Deux séries d'électro-aimants
inducteurs fixes, disposés suivant deux couronnes parallèles, sont
parcourues par des courants continus ; entre les pôles en regard
très rapprochés, se développent des champs magnétiques dont la
direction change d'une paire de pôles à la suivante. L'induit
mobile est constitué par une troisième couronne formée de bobines
pourvues de noyaux en fer doux et représentées par des spires
simples dans le schéma. Le nombre des bobines induites est égal
à celui des champs magnétiques inducteurs. En appliquant la règle
de Maxwell, on voit que la force électro-motrice d'induction
change de sens dans les spires mobiles, au moment où celles-ci
passent dans la ligne des pôles des électro-aimants.

Les forces électro-motrices sont de sens contraires dans deux
bobines consécutives, mais, par suite du mode de liaison des
sections, les courants produits s'ajoutent dans le circuit induit.
Ces courants alternatifs sont recueillis par des balais qui pressent

sur deux bagues métalliques isolées, fixées sur l'arbre et auxquelles aboutissent les extrémités du fil induit. Puisqu'il y a autant de changement de sens du courant que de champs inducteurs, il

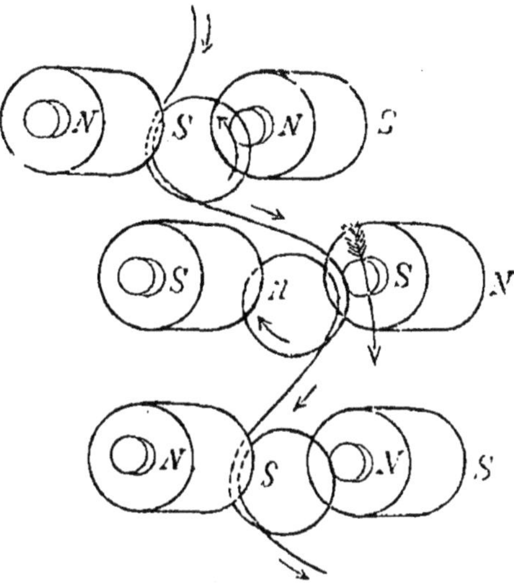

Fig. 218.

est clair qu'en désignant par n le nombre de ceux-ci et N le nombre de tour de la machine par seconde, la période du courant est exprimée en secondes par $\dfrac{2}{n\,N}$.

Au lieu de réunir les bobines en tension, comme c'est le cas ordinaire, on peut aussi les grouper en quantité. On est également libre de constituer plusieurs circuits induits distincts formés chacun d'une ou de plusieurs bobines convenablement associées, chaque groupe communiquant avec un commutateur spécial à deux bagues.

Au besoin, une bague plus large peut servir de prise de courant pour les divers circuits de l'induit, qui ont alors une extrémité commune; chacun d'eux communique d'autre part avec le circuit extérieur correspondant par une bague spéciale.

Rien ne s'oppose à ce que le nombre des bobines induites soit un multiple ou un sous-multiple du nombre des champs inducteurs. La seule précaution à prendre est de n'associer entr'elles que les bobines semblablement placées par rapport aux pôles inducteurs, car celles qui ne sont pas dans ce cas donnent lieu à des forces électro-motrices ayant des phases différentes.

393. — Induit à tambour. — La machine Siemens, décrite au §298 et pourvue d'un commutateur à deux bagues, constitue un alternateur à tambour. On verra ci-après les moyens employés pour multiplier les bobines induites sur une même armature.

394. — Induit à anneau. Système Gramme. — La machine alternative de M. Gramme présente un exemple d'alternateur à induit annulaire.

L'armature qui est fixe se compose, comme l'induit Gramme pour

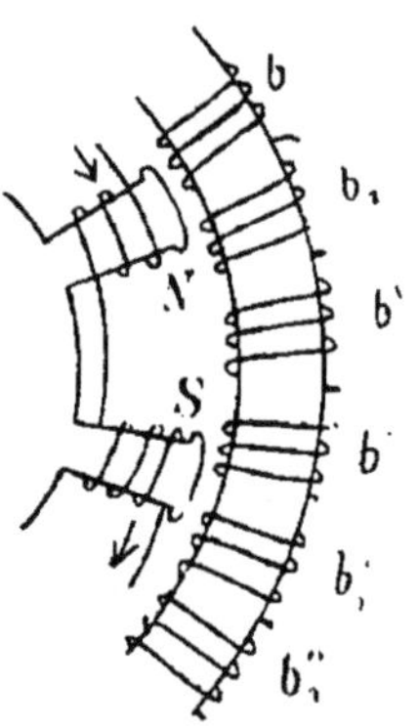

Fig. 210.

courant continu, d'un anneau recouvert d'un nombre pair de sections contiguës, dont quelques-unes sont figurées dans le schéma ci-contre.

A l'intérieur de l'anneau tourne un inducteur en forme de pignon, dont les dents sont entourées de bobines parcourues par un courant continu, lequel est amené par deux balais fixes pressant sur deux bagues portées par l'axe de rotation. Le courant est dirigé de manière à produire des pôles opposés aux extrémités des dents successives du pignon inducteur.

En tournant devant les bobines de l'induit, les pôles inducteurs font naître dans celles-ci des forces électro-motrices d'induction et les courants alternatifs ainsi produits sont utilisés dans des conducteurs extérieurs reliés à l'induit par des contacts fixes.

Le nombre des dents est généralement un sous-multiple du nombre des sections de l'induit; on ne doit donc associer en série que les bobines qui sont à chaque instant placées semblablement par rapport aux pôles. C'est le cas pour les bobines b, b, b du schéma. Si donc il y a n sections induites et n' pôles inducteurs, le nombre minimum de circuits distincts que l'on peut former dans l'induit est $\frac{n}{n'}$.

395. — Modes d'excitation des inducteurs. — A l'exemple de la machine Nollet, quelques alternateurs ont conservé les aimants permanents comme inducteurs. On a vu, au § 323, les inconvénients de ce mode d'excitation. Toutefois, les alternateurs magnéto-électriques ont à leur actif une grande sûreté de fonctionnement qui les a maintenus, malgré leur prix élevé, dans les applications où la sécurité de marche est un élément essentiel ; c'est le cas pour les machines destinées à l'éclairage des phares. Le plus souvent les alternateurs sont dynamo-électriques et les électro-aimants inducteurs sont alimentés par le courant produit par une machine spéciale à courant continu, que l'on désigne pour cette raison sous le nom d'*excitatrice*.

Cependant, dans quelque cas, pour ne pas multiplier les appareils, on a eu recours à l'auto-excitation en dérivation en envoyant dans les inducteurs une partie du courant produit par l'induit, redressée à l'aide d'un commutateur spécial. Dans une machine bipolaire analogue à celle décrite au § 298, l'axe porte alors, outre le commutateur à deux bagues servant à recueillir les courants alternatifs, un commutateur redresseur, § 297, dont les deux coquilles sont réunies respectivement aux deux bagues susdites. Une seconde paire de balais, disposés sous un angle de calage convenable, envoie ainsi dans les inducteurs un courant continu. La self-induction considérable des électro-aimants atténue les ondulations du courant redressé.

On verra, dans la description de la machine Ganz et Cie, l'exemple d'un commutateur redresseur pour machine multipolaire.

Si la dynamo fournit une force électro-motrice très-élevée, il n'est pas à conseiller d'envoyer dans les inducteurs les courants redressés par le procédé que nous venons d'indiquer, car ce mode de faire compliquerait l'enroulement des bobines des électro-aimants et multiplierait sans utilité les parties de la machine amenées à une tension qui peut présenter des dangers. MM. Ganz et Cie envoient dans ce cas une partie du courant de l'induit dans le circuit primaire d'un transformateur. C'est le courant secondaire à basse tension qui est redressé par le commutateur spécial porté par l'arbre de la machine et qui sert à l'alimentation des inducteurs.

396. — Courants de Foucault et hystérésis. — Les alternateurs à disque permettent d'éviter l'emploi du fer dans l'armature, alors que dans les autres types de machines alternatives, le fer est un élément essentiel de l'induit.

L'emploi du fer a l'avantage de diminuer l'entrefer des machines au point de permettre l'obtention de champs magnétiques très intenses sans grande dépense d'excitation. Par contre, ce métal occasionne dans les noyaux et les pièces polaires des courants de Foucault qu'on atténue en divisant ces masses par des couches isolantes, disposées normalement à la force électro-motrice qui détermine les courants parasites. Mais le fer est le siége d'une perte d'énergie inévitable due au phénomène d'hystérésis et proportionnelle au nombre de cycles magnétiques parcourus par le fer induit en une seconde. Tandis que ce nombre ne dépasse guère 20 dans les machines continues, il varie de 40 à 140 dans les alternateurs. A induction magnétique et à quantité de fer égales, les pertes par hystérésis seraient donc 2 à 7 fois plus élevées dans les machines alternatives à induit en fer que dans les machines continues. Enfin les noyaux mobiles accroissent notablement la self-induction de l'armature. Il en résulte une augmentation de la résistance apparente de l'induit et du retard entre la phase du courant et la phase de la force électro-motrice due aux champs magnétiques traversés. Nous verrons que ces deux effets apportent une réduction sensible dans la puissance utile de la machine.

A ces divers égards, il est désirable d'employer une armature à disque sans fer, suffisamment aplatie pour ne pas donner lieu à un entrefer trop considérable.

Si l'on a recours au fer, il ne faut pas dépasser dans l'armature une induction magnétique maximum de 5 000 à 7 000 C. G. S., afin de restreindre autant que possible la perte par hystérésis.

Les courants de Foucault dans le fil induit sont beaucoup plus importants dans les alternateurs que dans les dynamo continues, à cause des nombreux pôles inducteurs employés dans les premiers.

Cette aggravation de l'induction parasite se remarque surtout avec les induits à noyaux de fer, qui donnent lieu à des variations brusques du champ magnétique aux moments où se produit l'inversion de polarité dans les noyaux. On combat les courants de Foucault dans les conducteurs induits en composant ceux-ci de bandes de cuivre étroites, dont le côté le plus large de la section dròite est parallèle aux lignes de force du champ, ou encore de conducteurs minces et isolés formant des faisceaux tordus, § 368.

FORMES DIVERSES D'ALTERNATEURS.

397. — **Alternateur Siemens.** — L'alternateur Siemens est pourvu d'un induit à disque. Les inducteurs sont constitués par deux couronnes annulaires formant les flasques et portant des électro-aimants droits, auxquels elles servent de culasses.

Fig. 220.

Les pôles libres des inducteurs, dont l'excitation se fait par une machine indépendante, portent des épanouissements de forme trapézoïdale, ayant pour objet d'étendre et de régulariser les champs magnétiques dans lesquels se meut l'armature. Celle-ci comporte une troisième couronne formée par des bobines dépourvues de noyaux en fer. Ces bobines sont enroulées sur des carcasses évidées portant des joues en maillechort percées de trous pour la ventilation et la réduction des courants de Foucault, que la résistance électrique de l'alliage contribue également à atténuer.

Les carcasses sont supportées par un double plateau en bronze, fixé sur l'axe de rotation. Généralement l'induit de la dynamo est divisé en deux circuits desservis par deux commutateurs et deux paires de balais. Ces circuits peuvent être réunis en tension ou en quantité selon les exigences de la distribution de l'énergie électrique développée par la machine.

398. — Alternateurs de Ferranti. — Les inducteurs fixes de la machine de M. de Ferranti ont beaucoup d'analogie avec ceux de la machine Siemens, ainsi que le montre la fig. 221. Dans la vue d'ensemble, les flasques sont séparées en deux parties, mobiles sur des glissières, afin de dégager l'induit. Les noyaux en fer des inducteurs sont pris dans la fonte des flasques. L'attraction des électro-aimants inducteurs extrèmes dispense d'employer des moyens de consolidation énergiques pour la réunion des pièces mobiles en regard. L'écartement des pôles n'est que de 1,9 cm. L'induit, dépourvu de fer et de forme très aplatie, est composé de 20 bobines réunies par deux en quantité et 10 en tension. Le conducteur formant ces bobines est un ruban de cuivre nu, dont les spires sont séparées par une lanière de fibre blanche vulcanisée, enroulée avec le ruban sur un noyau en bronze convenablement divisé par des rainures pour éviter les courants de Foucault.

Les bobines sont couvertes d'une couche de gomme laque après leur fabrication. Elles sont montées par l'intermédiaire d'isolateurs en porcelaine sur un disque en bronze fixé à l'arbre de rotation.

Le type de machine représenté dans le dessin est employé à l'usine des Halles de Paris, pour produire 125 kilowatts à la tension de 2 400 volts. La vitesse angulaire est de 180 tours par minute. La densité de courant dans l'armature est de 6 ampères par mm².

Le commutateur, comportant des conducteurs à des potentiels considérables, est entouré d'une cage en verre pour prévenir les accidents. La poulie à gorge de la dynamo est mise en mouvement par une transmission par cordes. Le graissage des paliers se fait par une circulation d'huile qui arrive, par des tuyaux, d'un réservoir

Fig. 221.

supérieur, où elle est refoulée ensuite par une pompe mue par l'axe de la machine. Une petite dynamo à courant continu, dont l'induit est disposé sur le prolongement de l'arbre de la machine alternative, sert à exiter les inducteurs de cette dernière.

On doit à M. de Ferranti les plus grandes dynamos existantes, qui ont été construites pour l'usine de Deptford, près de Londres. Ces machines sont faites pour alimenter 100 000 lampes et nécessitent une puissance motrice de 5 000 chevaux.

Pour les petites machines destinées à la production de tensions modérées, M. de Ferranti a imaginé un système d'induit extrêmement léger. L'armature, fig. 222, ne comporte qu'une seule bobine

Fig. 222.

de forme étoilée, obtenue en enroulant en zigzag un ruban de cuivre accolé à une lanière de fibre. Les boucles intérieures de cet enroulement sont maintenues par des entretoises réunissant deux plateaux en bronze fixés sur l'arbre. Le recouvrement de spires portées à des potentiels très différents ne permet pas de recourir à ce mode d'enroulement pour les dynamos à forces électro-motrices considérables.

Dans le premier modèle, les bobines induites sont en nombre égal à celui des champs inducteurs et elles constituent deux circuits induits reliés en dérivation. Dans le modèle de la fig. 222, il est nécessaire, pour obtenir des forces électro-motrices qui s'ajoutent dans le circuit induit unique, de développer des champs inducteurs en nombre double de celui des branches de l'étoile. L'étoile à 16 rayons représentée dans le dessin est excitée par des inducteurs à 32 pôles doubles.

399. — Alternateur Mordey. — L'alternateur Mordey, représenté dans les fig. 223 et 224, comporte un induit à disque comme les précédents, mais il en diffère par cette circonstance très caractéristique de l'emploi d'une seule bobine pour l'excitation des inducteurs. Cette disposition, justifiée par la réduction de dépense que réalise toujours la concentration de la force magnéto-motrice, n'est pas sans amener quelques difficultés dans la construction d'un

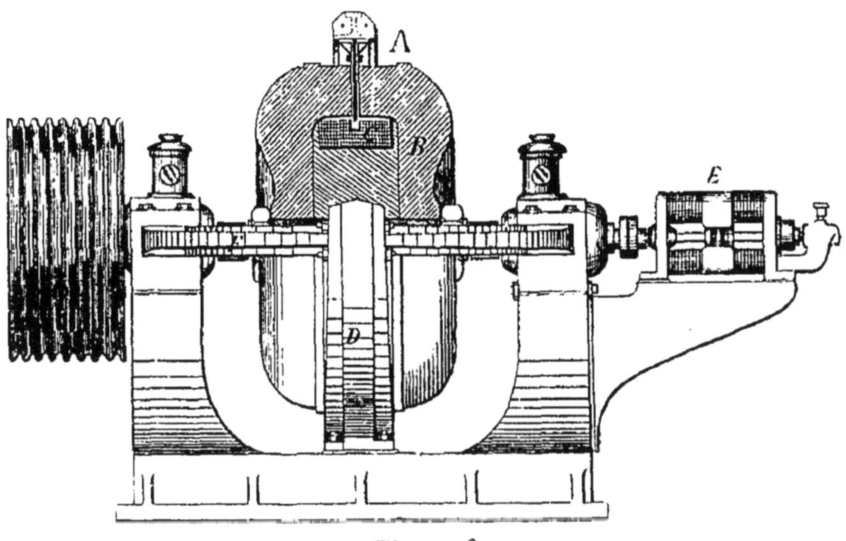

Fig. 223.

inducteur à pôles multiples. Celui-ci, fig. 224, est formé d'un noyau en fer monté directement sur l'arbre mobile et portant, en guise d'épanouissements polaires, deux espèces de pignons dont les dents sont recourbées autour de la bobine magnétisante. Le

Fig. 224.

flux magnétique engendré par cette dernière se subdivise donc en un certain nombre de faisceaux dérivés comprenant des entrefers très réduits.

Cet inducteur, qui restreint notablement les déperditions de flux extérieures, est mobile avec l'axe, lequel porte également l'induit d'une petite machine excitatrice E, destinée à produire le courant nécessaire à la bobine magnétisante.

Dans l'étroit espace ménagé entre les dents opposées des pignons tournants est fixée une couronne formée par les bobines induites, lesquelles sont enroulées sur des noyaux divisés en substance non magnétique et supportées par des carcasses circulaires rigides, se rattachant au socle et aux paliers de la machine.

L'induit d'une dynamo de ce type, pouvant développer 2 000 volts et 18 ampères, a une résistance de 2 ohms environ et possède un coefficient de self-induction de 0,035 quadrant.

400. — Alternateur à anneau de Méritens. — La fig. 225 représente un alternateur pourvu d'un induit à anneau tournant entre

Fig. 225.

des aimants permanents servant d'inducteurs. Les bobines induites sont enroulées autour de segments annulaires, formés de tôles minces et boulonnés sur une roue métallique. Les diverses sections induites sont montées en série et communiquent avec les deux bagues d'un commutateur porté par l'arbre de la machine. Ces machines magnéto-électriques sont très lourdes et, par suite, très coûteuses. Néanmoins, on les a longtemps préférées aux alternateurs dynamo-électriques pour l'éclairage des phares, à cause de la simplicité de leur fonctionnement, qui permet de les confier à des agents peu expérimentés.

401. — Alternateur Gramme. — Le principe de l'alternateur Gramme à induit annulaire a été développé au § 394. La disposition des circuits magnétiques, imitée depuis dans les machines continues de Siemens, réduit au minimum la longueur et, par suite, la résistance de ces circuits. Par contre, le système présente l'inconvénient de rendre inactive une grande partie du fil de l'anneau et, par conséquent, de conduire à une résistance électrique et à une self-induction relativement fortes pour l'induit.

402. — Alternateur Kapp. — M. Kapp a atténué cet inconvénient en faisant usage d'un anneau aplati, analogue à celui de M. Brush, § 382, tournant entre deux séries de pôles qui couvrent la plus grande partie de la surface de l'armature.

Dans une machine de ce type de 60 kilowatts, la dépense d'excitation est de 3 200 watts ; la résistance de l'armature mesure 1,73 ohm et sa self-induction vaut 0,955 quadrant.

403. — Alternateur à tambour Ganz et Cie. — L'inducteur mobile de l'alternateur Ganz et Cie rappelle celui de la machine Gramme. L'armature fixe est un tambour en fer portant des projections intérieures en nombre égal à celui des pignons de l'inducteur, autour desquelles sont enroulées les bobines induites. Il résulte de cette disposition une tendance à la formation des courants de Foucault dans les masses de fer. Aussi une des préoccupations des constructeurs a-t-elle été de diviser ces masses le plus possible.

La carcasse de l'inducteur est obtenue de la manière suivante. Des éléments K, découpés en forme de V dans la tôle de fer doux, sont assemblés de façon à former une étoile. Plusieurs étoiles de ce genre sont superposées et isolées, les joints alternant d'une étoile à la suivante. La pile est fortement serrée par des boulons entre deux disques et le tout est fixé sur l'arbre à l'aide de butées N. Les bobines M sont glissées sur les dents du pignon et maintenues par des pièces spéciales H, fixées au noyau par des boulons.

Les éléments lamellaires des noyaux des bobines induites ont la forme K'. Ils sont réunis entre des plaques de bronze S' et serrés par des boulons C''. Ces noyaux sont assemblés aux traverses T qui entretoisent les flasques du bâti. Leurs bases constituent un

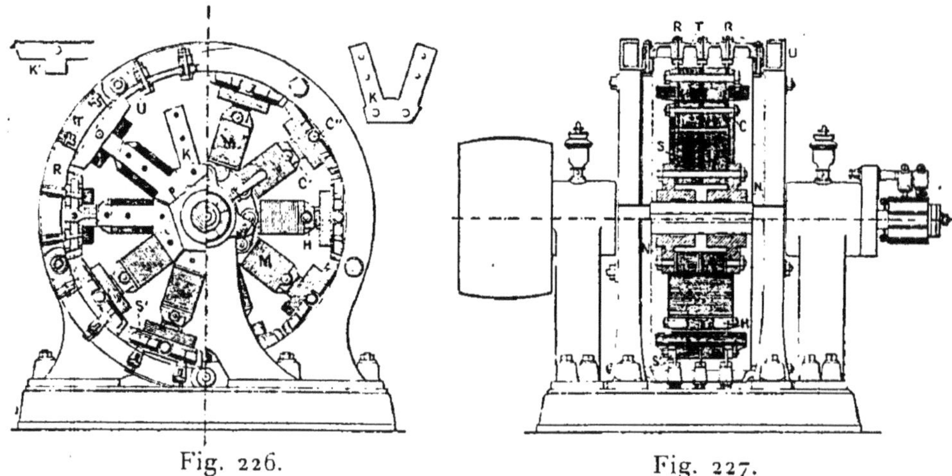

Fig. 226.   Fig. 227.

tambour polygonal feuilleté formant la culasse des inducteurs. Ce montage permet d'enlever séparément chaque section induite et facilite les réparations de l'armature.

Celle-ci peut être reculée d'une pièce sur des glissières de manière à découvrir l'inducteur et à en permettre la visite.

A la droite du dessin se voit le commutateur redresseur de la machine qui est auto-excitatrice. La fig. 228 en indique le schéma pour une machine à six pôles.

Le circuit inducteur communique d'une part avec trois lames p, p', p'', d'autre part avec trois autres lames n, n', n''. Une dérivation prise sur le circuit induit aboutit aux 2 paires de balais. Si la tension de la machine est trop forte, on fait subir à ce courant dérivé une transformation en l'envoyant dans une bobine d'induction dont le circuit secondaire est alors réuni aux deux couples de balais. Les lames du commutateur sont séparées par de larges espaces isolants, qui dans la pratique sont formés de lames métal-

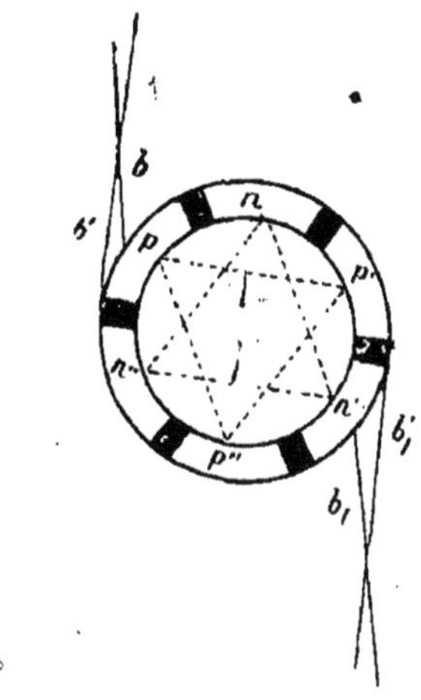

Fig. 228.

liques isolées au mica. Les balais sont calés de telle manière que les communications sont intervertics entre l'induit et l'inducteur lorsque le courant induit est renversé, les bobines excitatrices étant ainsi parcourues par des courants redressés. Les doubles balais ont pour objet de mettre les inducteurs en court-circuit pendant la durée de l'inversion du courant induit. Il naît alors dans les bobines excitatrices un extra-courant qui prolonge le courant antérieur et adoucit les ondulations du flux excitateur. L'angle de calage des balais se détermine pratiquement à la manière ordinaire, en déplaçant ces derniers avec le collier qui les supporte jusqu'à réduire les étincelles au minimum.

404. — Alternateur Westinghouse. — L'alternateur Westinghouse, très répandu aux États-Unis, possède un induit à tambour comme le précédent. L'inducteur fixe comprend, comme l'induit Ganz et Cie, un tambour circulaire portant des projections intérieures sur lesquelles sont glissées les bobines excitatrices. Toutefois, ici le tambour est en fonte et coulé d'une seule pièce

avec les noyaux des bobines, comme dans beaucoup de machines
continues multipolaires. Le noyau de l'armature est un cylindre
formé de disques en fer isolés, empilés sur l'arbre et serrés entre
des butées en bronze. Le corps du noyau est percé de trous
pour la ventilation. Sa surface porte en saillie des lames de laiton

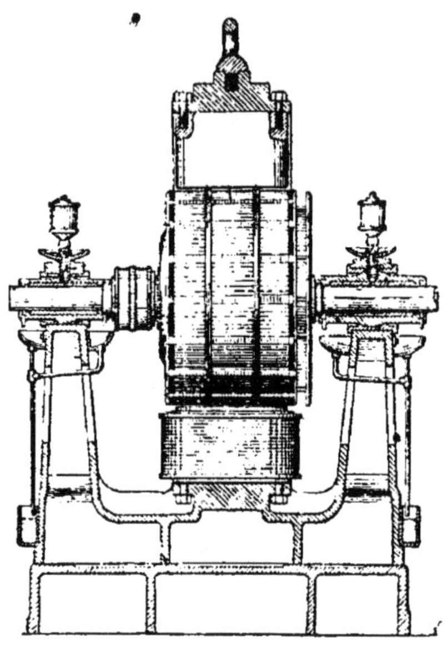

Fig. 220.

rivées aux butées et qui servent de séparations et de supports pour
les bobines induites. Celles-ci sont en nombre égal à celui des
pôles inducteurs et disposées à plat sur le tambour mobile. Des
frettes serrent fortement les bobines méplates sur celui-ci. Des
couches de mica séparent d'ailleurs les bobines des pièces métalliques voisines. Les sections de l'induit forment un seul circuit
communiquant avec les deux bagues de commutateur représenté
entre le palier de gauche et le tambour. Les inducteurs sont excités
séparément par une petite machine à courant continu.

Comme on le voit, les bobines induites n'ont pas, à proprement
parler, de noyaux en fer. De même que dans les induits unis des
machines continues, elles tournent dans le champ développé entre
les pôles inducteurs et le tambour qui les supporte.

405. — **Variation de la force électro-motrice d'une machine à courants alternatifs. Détermination de ces variations.** — La machine à courants alternatifs est la dynamo la plus simple au point de vue de la manière de recueillir le courant, mais sa théorie présente des difficultés beaucoup plus grandes que celle des machines à courant continu, car, alors que dans ces dernières les variations de la force électro-motrice sont généralement négligeables, la force électro-motrice d'une machine à courants alternatifs est essentiellement variable et cette variation peut être soumise à des lois très-complexes.

Pour étudier ces lois, il existe diverses méthodes. Un premier moyen consiste à déterminer, par l'un des procédés décrits au § 237 et 238, la distribution du champ dans lequel se meut le fil induit et à déduire de là, en appliquant la loi générale de l'induction, la courbe qui représente en fonction du temps la force électro-motrice d'un circuit qui se meut dans ce champ avec une vitesse angulaire uniforme.

Cette méthode ne s'applique simplement qu'au cas d'un induit à disque sans fer ou d'un induit à noyau uni, car s'il existe une denture au noyau, la distribution des lignes de force du champ varie avec la position de l'armature et il faut déterminer cette distribution pour un grand nombre de positions successives.

On conçoit qu'en modifiant la forme des pièces polaires, on puisse, dans une certaine mesure, changer le taux de variation du flux qui traverse les bobines induites en mouvement et, par suite, modifier la forme de la courbe figurant la force électro-motrice. Les ondes de cette courbe présenteront des crêtes aplaties ou élancées suivant que les pièces polaires couvrent une surface plus ou moins grande de l'armature.

Un second procédé, employé avec succès par M. Joubert, permet de trouver expérimentalement les points successifs de la courbe qui représente la force électro-motrice en fonction du temps.

Pour obtenir le point correspondant à une position déterminée de l'induit, un condensateur est disposé de manière à être relié à cet induit à l'instant considéré. Dans ce but, l'une des extrémités du circuit mobile communique avec l'une des armatures du condensateur par l'intermédiaire d'une bague fixée sur l'arbre de rotation et d'un balai. L'autre extrémité du circuit est rattachée non pas à une bague fermée, mais à une lame de cuivre étroite, incrustée dans une bague isolante et disposée parallèlement à l'axe de rotation.

Un second balai, relié à l'armature libre du condensateur et pressant sur cette bague touchera un instant la lame à chaque révolution de l'armature. Si l'on fixe le balai dans une position déterminée, les contacts successifs avec la lame tournante chargeront le condensateur à une différence de potentiel précisément égale à la force électro-motrice que développe l'induit dans la position considérée. On déterminera cette différence de potentiel à l'aide du galvanomètre balistique, suivant le procédé décrit au § 217. En répétant l'expérience pour une série de positions du balai, correspondant à des écarts angulaires faibles autour de la bague isolante, on arrivera à tracer par points la courbe considérée.

Cette méthode, appliquée par M. Joubert à la machine Siemens, § 397, à induit sans fer, lui a permis de reconnaître que la force électro-motrice de cette dynamo est liée au temps par une fonction qui peut être représentée pratiquement par une sinusoïde simple :

$$E = E_{max.} \sin \frac{2\pi}{T} t = E_{max.} \sin at,$$

$E_{max.}$ étant la force électro-motrice maximum et T la durée d'une période, c'est à dire d'une oscillation double de la force électro-motrice.

MM. Searing et Hoffman ont trouvé également une forme de courbe se rapprochant de la sinusoïde en opérant sur un alternateur Westinghouse.

Dans ces expériences, il arrive parfois que l'électricité statique, développée par le frottement de la courroie sur la poulie de la machine, donne au condensateur une charge auxiliaire qui peut fausser les résultats. Il faut avoir soin de relier l'arbre de la machine à la terre pour éviter cette perturbation.

Une troisième méthode, employée par l'auteur, repose sur l'enregistrement direct du courant fourni par la machine dans un circuit assez résistant pour que la force électro-motrice due au champ des inducteurs ne soit pas altérée par les réactions d'induit.

A cet effet, la dynamo tourne d'un mouvement lent et uniforme, obtenu par un moteur électrique dont la poulie est considérablement plus petite que celle de l'alternateur. L'armature de ce dernier est reliée à un galvanomètre, du genre Deprez et d'Arsonval, dont le champ est produit par un électro-aimant énergique.

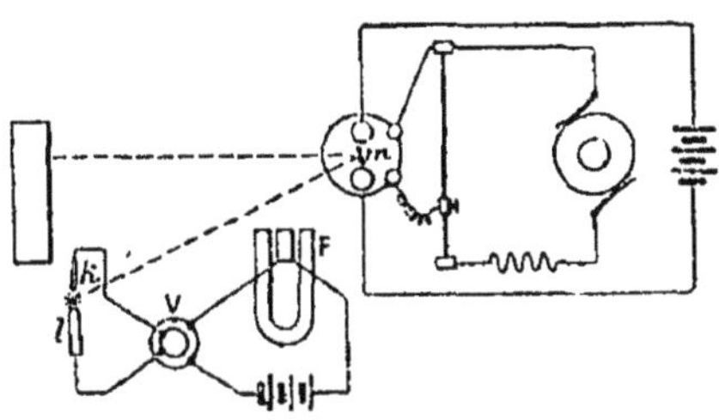

Fig. 230.

Les pièces polaires de celui-ci sont deux plaques de fer parallèles et très rapprochées entre lesquelles oscille une petite bobine très légère portant un miroir. La suspension métallique de cette bobine est réglée de manière que la période d'oscillation en circuit ouvert soit très courte relativement à la période de variation de la force électro-motrice étudiée. Un shunt rend le galvanomètre tout à fait apériodique. Dans ces conditions, les oscillations du miroir, inscrites par le procédé décrit au § 214, fournissent directement la courbe cherchée.

. L'expérience faite sur la machine alternative Siemens que possède le laboratoire de l'Institut électro-technique de Liége a donné une sinusoïde simple.

Pour d'autres machines, particulièrement celles qui possèdent une armature à noyaux de fer, la courbe peut offrir des déformations par suite de l'entraînement des lignes de force par les noyaux et présenter des ondulations plus ou moins complexes.

406. — Cas d'une fonction sinusoïdale simple. — Dans le cas où la force électro-motrice due au champ est une fonction sinusoïdale simple du temps et où le coefficient de self-induction du circuit est supposé constant, on a vu, au § 179, que l'intensité du courant est représentée également par une sinusoïde simple dont l'expression est, en conservant les notations de ce paragraphe et en remarquant que T exprime ici, non pas la durée d'une révolution complète de l'induit, mais celle d'une période :

$$i = \frac{E_{max.}}{\sqrt{r^2 + \dfrac{4\,\pi^2\,\ell^2}{T^2}}}\,\sin\left(\frac{2\pi\,t}{T} - \varphi\right)$$

$$= \frac{E_{max.}}{r\,\sqrt{1 + a^2\,\dfrac{\ell^2}{r^2}}}\,\sin\left(at - \varphi\right) = I_{max.}\,\sin\left(at - \varphi\right)$$

où $\varphi = \operatorname{arc\ tang} a\,\dfrac{\ell}{r}$.

En appelant τ la constante de temps du circuit induit, on peut mettre l'équation du courant sous la forme

$$i = \frac{E_{max.}}{r\sqrt{1 + a^2\,\tau^2}}\,\sin\left(at - \operatorname{arc\ tang} a\,\tau\right).$$

Cette équation montre que la self-induction du circuit, laquelle développe une force électro-motrice antagoniste par rapport à celle due au champ, réduit l'intensité du courant dans le rapport de la résistance réelle r à la résistance apparente

$$r\,\sqrt{1 + a^2\,\tau^2}.$$

En outre, la phase du courant est en retard sur la phase de la force électro-motrice due au champ d'une quantité d'autant plus grande que la constante de temps du circuit induit est plus considérable.

L'angle φ, appelé *angle de phase*, est égal à l'angle décrit par l'armature entre les positions correspondant à la force électro-motrice maximum due au champ et au courant maximum. Cette différence de phase est rendue visible quand un alternateur alimente une lampe à arc voltaïque qui éclaire la machine. Au moment où le courant atteint sa valeur maximum, l'arc subit un accroissement d'éclat qui détache nettement la position occupée par l'armature. On constate, à cet instant, que les bobines induites n'occupent pas une position symétrique par rapport aux pôles, ce qui est le cas lorsque la force électro-motrice due au champ est maximum.

407. — Les valeurs de la force électro-motrice et du courant que l'on mesure respectivement avec le voltmètre Cardew ou l'électromètre et l'électro-dynamomètre sont la force électro-motrice et l'intensité efficaces exprimées par

$$\sqrt{\overline{(e^2)_m}} = E_{eff} \qquad et \qquad \sqrt{\overline{(i^2)_m}} = I_{eff}.$$

Ces valeurs diffèrent, comme on l'a vu au § 181, de la force électro-motrice et de l'intensité moyennes.

Dans le cas d'une fonction sinusoïdale simple, nous rappellerons que les valeurs efficaces sont égales aux valeurs maxima correspondantes multipliées par $\dfrac{1}{\sqrt{2}}$.

L'intensité efficace du courant est la seule importante en pratique. C'est d'elle que dépendent les effets calorifiques et électro-dynamiques qui servent de bases au fonctionnement des lampes et des moteurs électriques. L'intensité moyenne ne régit que les actions galvanométriques et électrolytiques qui ne paraissent pas jusqu'à présent du ressort des courants alternatifs.

Les valeurs maxima de la force électro-motrice et du courant sont, à certains égards, très utiles à connaître. Les effets physiologiques dépendent de la première de ces quantités, tandis que l'action magnétisante est liée à la seconde. Ainsi donc, au point de vue des dangers que peut offrir un circuit parcouru par des courants alternatifs, comme au point de vue de l'aimantation maximum et partant des phénomènes d'hystérésis, on devra posséder les valeurs maxima des deux grandeurs considérées.

Dans l'hypothèse d'une fonction sinusoïdale simple et d'une self-induction constante, les questions que l'on peut avoir à résoudre ne présentent que des difficultés de calcul ; mais ces conditions ne se vérifient guère qu'avec certaines machines à induits sans fer agissant dans des circuits également dépourvus de fer. Dans l'hypothèse contraire, comme aussi lorsqu'il existe dans le circuit extérieur des forces électro-motrices variables telles qu'en occasionnent les lampes à arc, les expressions que nous avons données ne peuvent être considérées que comme une première approximation simplement destinée à donner l'ordre de grandeur des quantités cherchées.

Si la courbe des forces électro-motrices présente une forme plus complexe que celles examinées précédemment, elle peut toujours, comme l'a montré Fourrier, être représentée en fonction du temps par une série de sinusoïdes simples dont les ordonnées s'ajoutent.

Dans ce cas, l'effet de la self-induction ou inertie électro-magnétique du circuit tend à régulariser la courbe des intensités et à adoucir les variations brusques, de même que l'inertie du volant d'une machine corrige les écarts subits de la force motrice.

Toutefois, lorsque la self-induction est produite dans l'armature ou dans le circuit extérieur par des noyaux en fer, la courbe des intensités peut être notablement affectée par les variations de la perméabilité de ces noyaux. Cette perméabilité, qui atteint environ 2 000 dans le fer pour les inductions faibles ou moyennes, tombe à une valeur très faible si l'induction est considérable. Cette circonstance a pour effet d'aplatir les sommets des ondulations de la courbe du courant, lorsque celui-ci atteint des intensités correspondant à des forces magnétisantes supérieures à celles du coude de la courbe du magnétisme.

408. — Puissance des machines à courants alternatifs. — La puissance d'un alternateur dépend de la différence de phase entre la force électro-motrice due au champ et le courant.

Dans le cas d'une fonction sinusoïdale simple, la puissance moyenne est exprimée en fonction des valeurs efficaces et de l'angle de phase par

$$P_m = \sqrt{(e^2)_m} \, \sqrt{(i^2)_m} \, \cos\varphi \qquad \S \, 181$$

$$= E_{eff} \, I_{eff} \, \cos\varphi.$$

Cette équation montre que la puissance d'une machine à courants alternatifs est d'autant moindre que l'angle de phase est plus grand, c'est à dire que la self-induction de l'induit est plus considérable. Toutes autres conditions égales, les induits à noyaux en fer fourniront, par conséquent, pour des dimensions données, un effet utile moindre que les induits sans fer.

La fig. 231 montre, aux pertes de divers ordres près, les valeurs de la puissance dépensée pour mouvoir l'alternateur dans les positions successives de l'armature. Les ordonnées de la courbe des puissances *ei* sont les produits des ordonnées respectives de la courbe des forces électro-motrices dues au champ et de celle des intensités.

Ce diagramme montre qu'il se produit dans les alternateurs un effet curieux comparable à celui du volant dans les moteurs à vapeur. L'inertie du volant absorbe une partie du travail de la vapeur pendant le déplacement du piston pour la restituer à la fin de la course, de sorte que cet organe agit successivement comme résistance et comme puissance.

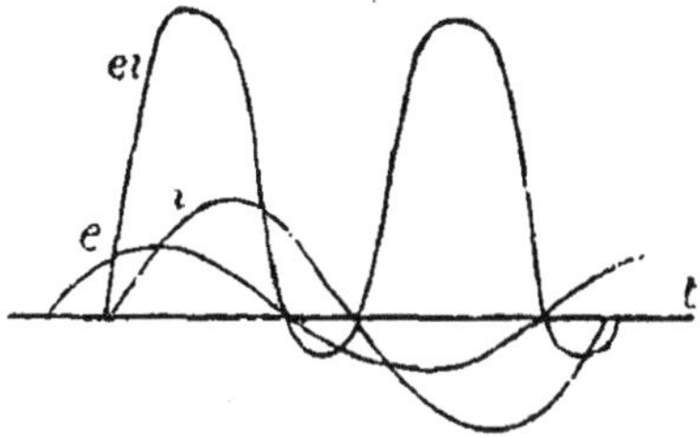

Fig. 231.

Un rôle analogue est réservé à l'inertie magnétique ou self-induction du circuit d'un alternateur. Pendant la période croissante de la phase du courant, la puissance dépensée est absorbée en partie pour créer un flux magnétique dans le circuit, c'est à dire pour aimanter le milieu qui environne ce dernier. Mais, pendant la période de décroissance du courant, l'énergie ainsi absorbée est restituée : de là les ordonnées négatives de la courbe des puissances. La puissance dépensée est alors négative, puisque l'énergie est empruntée à la machine même, cette dernière faisant momentanément office de moteur. A la limite, dans le cas théorique où l'angle de phase correspondrait à un quart de période, les ondes positives de la courbe des puissances seraient égales aux ondes négatives, de sorte que la puissance moyenne deviendrait nulle ; l'énergie fournie au milieu ambiant pendant une moitié de la phase du courant serait restituée pendant l'autre moitié.

Ces réactions qui se produisent dans l'induit des alternateurs et qui sont la cause d'une variation périodique du couple résistant de ces machines, expliquent pourquoi celles-ci occasionnent des vibrations qui se traduisent par un ronflement plus ou moins sonore, particulièrement lorsque l'induit renferme des noyaux en fer, car, dans ce cas, outre l'accroissement des effets de self-induction, il y a des modifications moléculaires et des changements de volumes périodiques des noyaux.

409. — **Essais des alternateurs.** — Les essais mécaniques à appliquer aux alternateurs sont en tout semblables à ceux qu'on fait subir aux machines continues, § 339. Les essais électriques doivent êtres faits en tenant compte des précautions à adopter dans la mesure des courants alternatifs et qui ont été indiquées aux § 233, 234 et 235.

La manière la plus simple de relever les facteurs de la puissance électrique d'un alternateur consiste à relier ce dernier à un circuit extérieur composé de deux conducteurs jointifs tendus en zigzag et parcourus par le courant en sens inverse, ce qui annule pratiquement la self-induction. Supposons que la section de ces conducteurs soit suffisante pour que l'échauffement occasionné par le courant n'accroisse par leur résistance R d'une manière sensible. L'électro-dynamomètre ou le voltmètre permettent alors de déterminer aisément la différence de potentiel aux bornes E_{eff} où l'intensité I_{eff}, ainsi que la puissance moyenne utile.

$$ P_m = E_{eff} \, I_{eff} = I^2_{eff} \, R = \frac{E^2_{eff}}{R}. $$

Souvent, le circuit extérieur est composé de lampes à incandescence, dont la self-induction est négligeable, mais dont la résistance à chaud est difficile à déterminer exactement. Dans ce cas, le wattmètre Zipernowski donne un moyen d'évaluer la puissance utile, sinon d'une manière rigoureuse, du moins avec l'approximation exigée dans les essais industriels.

Dans l'expression du *rendement industriel* d'une machine alternative, le numérateur indique la puissance moyenne disponible et le dénominateur est la puissance mécanique absorbée par l'alternateur, à laquelle il convient d'ajouter éventuellement le travail fourni par la machine excitatrice.

Si l'on admet que la force électro-motrice et le courant obéissent à la loi sinusoïdale simple, on peut déduire la self-induction de l'induit d'un alternateur de la connaissance des résistances intérieure r et extérieure R, cette dernière étant supposée non-inductive.

On a, en effet, la relation

$$ E_{eff} = I_{eff} \sqrt{(r + R)^2 + a^2 \mathcal{L}^2} $$

où E_{eff} représente la force électro-motrice efficace totale de l'alternateur. Donc

$$\mathcal{L} = \frac{1}{a\, I_{eff}} \sqrt{ E_{eff}^2 - I_{eff}^2\, (r + R)^2 }.$$

410. — Caractéristiques. — La courbe par laquelle on caractérise le plus souvent les conditions de fonctionnement d'un alternateur est celle qui, à la vitesse normale, montre la chute de la différence de potentiel efficace aux bornes de l'induit en fonction du courant efficace développé par celui-ci, l'excitation des inducteurs étant constante.

Cette courbe, fig. 232, donne immédiatement une idée de la résistance apparente de l'armature et de son effet démagnétisant sur les inducteurs excités par un courant invariable.

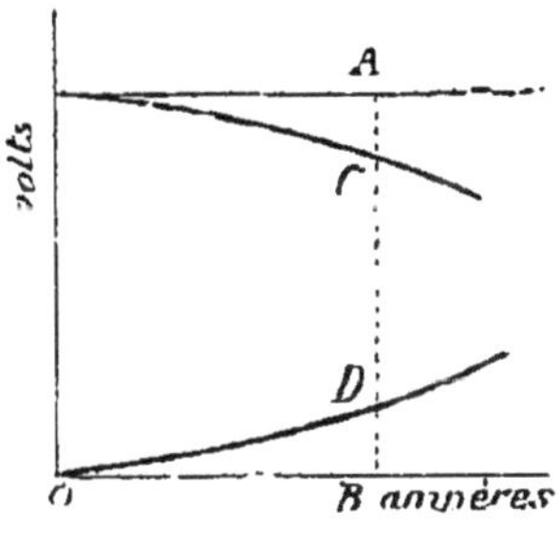

Fig. 232.

La réaction d'induit dans les alternateurs dont l'armature est pourvue d'un noyau de fer est généralement considérable et l'on peut souvent mettre ces alternateurs en court-circuit sans provoquer un courant excessif. Il arrive même, dans les alternateurs à induit et à inducteur dentelés du genre Ganz, que la réaction de l'armature régularise le courant et rend celui-ci constant lorsque la charge varie.

Si l'on excite une machine semblable par une petite dynamo continue, le courant de celle-ci est fortement ondulé par suite des oscillations du flux dans les inducteurs causées par la variation de la résitance des circuits magnétiques.

On peut également tracer les courbes montrant les variations de la différence de potentiel aux bornes en fonction du courant d'excitation, § 349. En opérant ainsi, successivement à circuit ouvert, puis en circuit fermé sur des résistances réglées de manière à maintenir des courants efficaces constants, malgré les excitations croissantes, on obtient une série de courbes qui accusent les réactions d'induit pour diverses valeurs de l'excitation et du courant utile. Si l'induit est dépourvu de fer, sa réaction magnétique est faible et les différences des ordonnées qui, dans les courbes précédentes relatives au circuit ouvert et à un débit donné correspondent à une même abscisse, représentent simplement, pour le courant efficace I_{eff} considéré, la valeur $I_{eff}\, r$ ou

$$E_{eff} - I_{eff} \sqrt{R^2 + a^2\, \mathcal{L}^2},$$

E_{eff} étant la différence de potentiel efficace aux bornes à circuit ouvert et $\mathcal{L}$ le coefficient de self-induction du circuit extérieur.

411. — Association des alternateurs. — M. J. Hopkinson a expliqué le premier les phénomènes qui se produisent lors de l'association des machines à courants alternatifs. Nous suivrons ci-après le mode de raisonnement employé par l'électricien anglais.

Considérons deux alternateurs mus par des courroies ou par des moteurs indépendants et ayant aproximativement la même période et la même force électro-motrice, mais supposons que leurs phases soient en discordance. Représentons par les courbes I et II de la fig. 233 les forces électro-motrices rapportées au temps; la courbe I montrant un retard de phase sur la courbe II. Si les deux alternateurs sont unis en série, de manière à constituer un seul circuit comprenant d'ailleurs une résistance extérieure, les forces

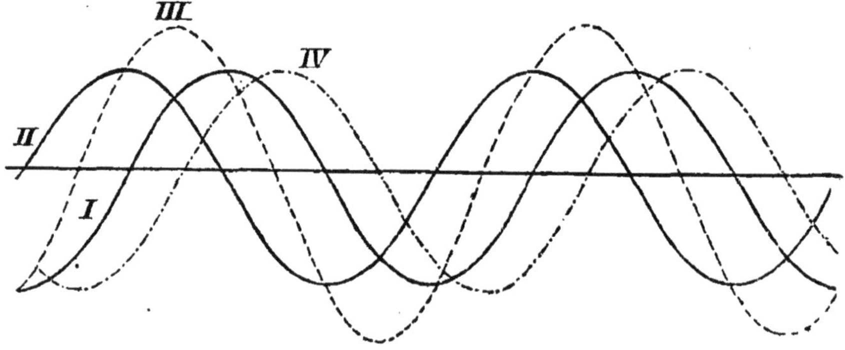

Fig. 233.

électro-motrices s'ajoutent à chaque instant dans ce circuit, de manière à donner une force électro-motrice totale, figurée en fonction du temps par la courbe III. Le courant résultant est en retard sur cette force électro-motrice et peut être figuré par une courbe telle que IV. La différence de phase de celle-ci est, au maximum, d'un quart de période par rapport à la force électro-motrice totale et, par suite, de moins d'un quart de période par rapport à la machine en retard et de plus d'un quart de période par rapport à la machine en avance. La puissance développée par chaque machine est le produit de sa force électro-motrice par le courant. La figure montre clairement que, comme la phase du courant est plus voisine de la phase de la force électro-motrice de la machine en retard que de celle de la machine en avance, la première fournira plus de travail et sa vitesse tendra à décroître. Cette tendance persiste jusqu'à ce que les phases des deux machines soient en opposition, auquel cas le courant devient minimum et l'équilibre du système est stable. Comme on le voit, la mise en opposition des deux machines est due à la self-induction du circuit qui amène un retard entre la force électro-motrice et le courant résultant.

Si les forces électro-motrices des deux machines sont différentes, comme c'est le cas dans la fig. 234, le résultat est exactement le même quant aux phases.

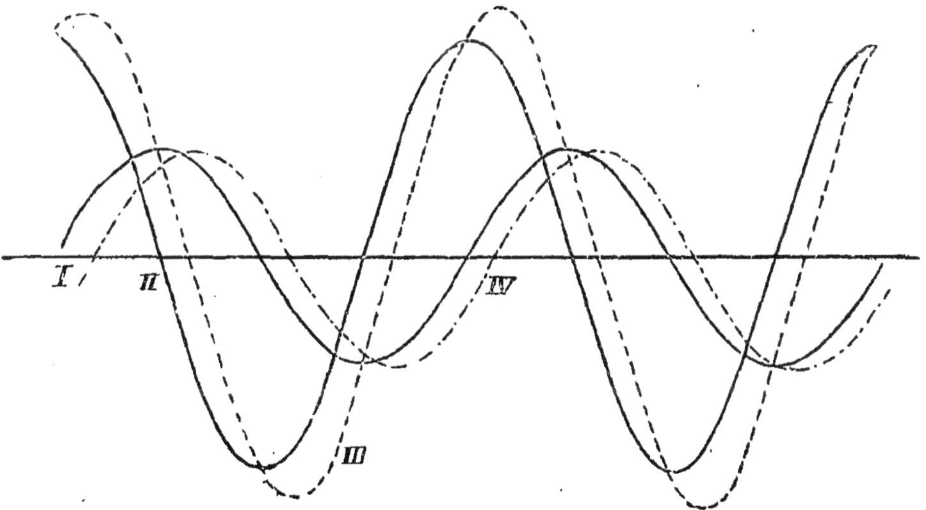

Fig. 234.

Il suit de là que deux alternateurs ne peuvent pas être disposés en série dans le but d'ajouter leurs forces électro-motrices respectives, car, loin d'arriver à ce résultat, on aboutit à l'opposition des forces électro-motrices. Mais si, sur deux alternateurs ainsi reliés borne à borne, on place en dérivation une résistance extérieure, les forces électro-motrices ajoutent leurs effets dans ce nouveau circuit, de la même manière que deux éléments de pile placés en opposition produisent un courant dans un conducteur aboutissant à leurs pôles communs.

Cette remarque explique la possibilité d'associer les alternateurs en dérivation ou en quantité par rapport à un circuit utile. Les réactions qui se produisent alors dans les machines tendent à régulariser les phases de celles-ci, de manière que leurs courants s'ajoutent dans les conducteurs extérieurs.

L'expérience confirme ces déductions. Les alternateurs, comme les machines à courant continu, sont susceptibles d'être associés en dérivation, ce qui est du plus grand intérêt au point de vue de leur utilisation dans les stations centrales, où les éléments qui concourent à la production de l'énergie électrique doivent entrer successivement en action au fur et à mesure de la demande.

412. — Réglage des alternateurs associés en dérivation. — Lorsque le circuit extérieur comprend des lampes qui peuvent souffrir d'un accroissement même momentané de la différence de potentiel efficace, il est nécessaire, avant de relier deux alternateurs en dérivation, d'amener au préalable leurs forces électro-motrices en opposition, tout au moins d'une manière approchée. On emploiera, par exemple, la disposition indiquée dans la fig. 235 et appropriée au cas où les machines produisent des courants de haute tension.

La machine M_1 est supposée en communication avec les conducteurs extérieurs E, grâce aux clefs de circuit I_1. Une dérivation prise sur les bornes de cette machine communique avec un premier circuit C_1 d'une bobine d'induction à noyau de fer. L'alternateur M_2, destiné à fonctionner en quantité avec le précédent, communique avec un second circuit C_2, identique à C_1, et enroulé sur le même noyau. Enfin, ce dernier porte un troisième enroulement C_3 en série avec une lampe témoin L.

L'alternateur M_2, activé par un moteur indépendant, est mis en mouvement à la vitesse convenable. Aussi longtemps que les phases des deux machines sont en désaccord, la lampe subit des

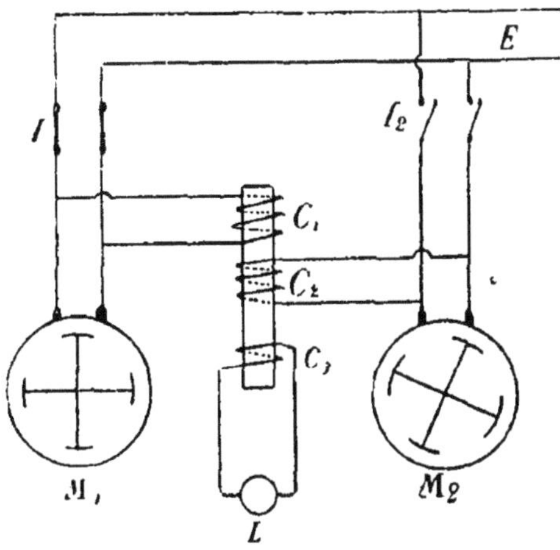

Fig. 235.

fluctuations périodiques comparables aux battements de deux diapasons non à l'unisson. Elle brûle d'un vif éclat au moment où, les phases des deux machines étant opposées, les actions des deux circuits C_1 et C_2 s'ajoutent et elle s'éteint lorsque ces actions se neutralisent. Il convient de saisir l'instant de l'opposition des forces électro-motrices pour relier la seconde machine au réseau à l'aide des clefs de circuit I_2. Les machines continuent alors à fonctionner à l'allure voulue.

Si l'on ne prenait pas ces précautions, les machines finiraient en général par s'accorder, mais, pendant ce réglage spontané, les lampes du circuit extérieur subiraient, comme la lampe-témoin, des oscillations très préjudiciables à leur conservation.

413. — Divergences entre les divers systèmes d'alternateurs. — Tous les systèmes d'alternateurs ne paraissent pas également propres à fonctionner en parallèle et les raisons de ces divergences ne sont pas encore nettement définies.

La fréquence des périodes ne semble pas être un élément caractéristique sous ce rapport, au moins lorsqu'il est considéré isolément, car les alternateurs Ganz et Cie, qui ont, parmi les machines usuelles, les périodes les plus longues (42 par seconde), s'accouplent aussi bien que les machines Westinghouse, dont les périodes sont les plus courtes (132 par seconde).

M. J. Hopkinson est arrivé, par des déductions théoriques, pour le cas où les éléments de fonctionnement des dynamos obéissent à la loi sinusoïdale simple, à une relation entre la résistance intérieure r, la self-induction $\mathcal{L}$ des alternateurs à associer et la période déterminant le maximum d'aptitude au groupement en parallèle. L'équation de condition est

$$r = \frac{2\,\pi\,\mathcal{L}}{T}.$$

Quelques électriciens ont prétendu que les machines, pour être couplées en quantité, doivent posséder un coefficient de self-induction considérable, et ils ont conseillé l'emploi d'induits à noyaux de fer et même l'addition de résistances inductives mises en série avec chacune des machines lors de l'accouplement.

M. Mordey a montré que cette condition est loin d'être indispensable ([1]). Il a fait, avec deux alternateurs semblables à celui décrit au § 400 et dont l'induit, dépourvu de fer, a une self-induction faible (0,035 quadrant), les curieuses expériences suivantes.

Les machines capables de fournir 40 kilowatts, sous une tension de 2 000 volts et à la vitesse de 650 révolutions par minute, furent associées soudainement en quantité sur une résistance extérieure non-inductive. Elles prirent aussitôt une allure concordante. Les deux machines se mirent également au pas dans le cas où la résistance extérieure était infinie.

Un des alternateurs fut ensuite excité de manière à donner 1 000 volts, l'autre produisant 2 000 volts efficaces. Reliés en dérivation sur le circuit utile, ils entrèrent aussitôt en concordance, en donnant une différence de potentiel efficace de 1 500 volts.

Au moment de l'association des machines, supposées en désaccord, on observe un courant très intense à travers les alternateurs,

([1]) MORDEY, *On alternate current working. Journal of the Institution of electrical Engineers,* 1889.

ce qui s'explique par le fait qu'une force électro-motrice résultante considérable agit alors dans un circuit possédant une faible self-induction. C'est aux réactions de ce courant et au retard de sa phase sur celle de la force électro-motrice qu'est due l'obtention de la cadence des deux machines. Dans les alternateurs possédant une forte self-induction, le courant ne peut atteindre subitement une grande intensité, mais par contre le retard est plus considérable.

On voit que la théorie du groupement des alternateurs présente encore des lacunes. Si, comme paraissent l'établir les expériences de M. Mordey, une grande self-induction de l'armature n'est pas nécessaire, on sera amené à employer des induits sans fer pour lesquels l'effet utile n'est pas réduit par suite d'une résistance apparente élevée et d'une réaction d'induit considérable, deux éléments mis en relief par une forte chute de la courbe des différences de potentiel en circuit fermé. On se rappellera d'ailleurs que la condition du minimum de résistance intérieure et de réaction de l'armature est également la caractéristique des bonnes machines à courant continu.

La pratique a démontré que le meilleur moyen de mouvoir les alternateurs destinés à être associés en dérivation est de donner à chacun de ceux-ci des moteurs à vapeur indépendants. On peut aussi les activer par des courroies distinctes, partant d'un arbre de commande commun, mais ce système présente moins d'élasticité, vu que la concordance ne s'obtient que grâce au glissement des courroies. La force élastique de la vapeur agissant dans les moteurs distincts qui entraînent les alternateurs permet au contraire aux efforts régulateurs, qui interviennent entre ceux-ci, d'amener rapidement la cadence désirée.

Il va sans dire que, si les alternateurs étaient réunis sur un même axe par des embrayages rigides, ils fonctionneraient parfaitement à la condition que les angles de calage se correspondissent; mais ce système équivaudrait à employer un seul alternateur de grandes dimensions, puisqu'il ne permettrait pas de réunir ou de séparer les machines en pleine marche.

Nous aurons l'occasion de revenir sur quelques uns des points précédents avec plus de détails, à propos de l'étude des moteurs à courants alternatifs.

414. — **Régularisation du débit des alternateurs. Système Ganz et Cie.** — On peut avoir à résoudre avec les alternateurs les mêmes problèmes de régularisation que ceux examinés aux § 328 et 329 à l'occasion des machines continues, c'est à dire que l'énergie électrique développée doit, dans certains cas, être fournie sous une différence de potentiel efficace constante ou sous une intensité efficace invariable.

Les solutions données à ces questions diffèrent suivant que les machines alternatives ont une auto-excitation ou une excitation indépendante.

MM. Ganz et Cie ont appliqué à l'auto-excitation des alternateurs un enroulement compound destiné à produire une différence de potentiel efficace constante. Dans la fig. 236, les deux transforma-

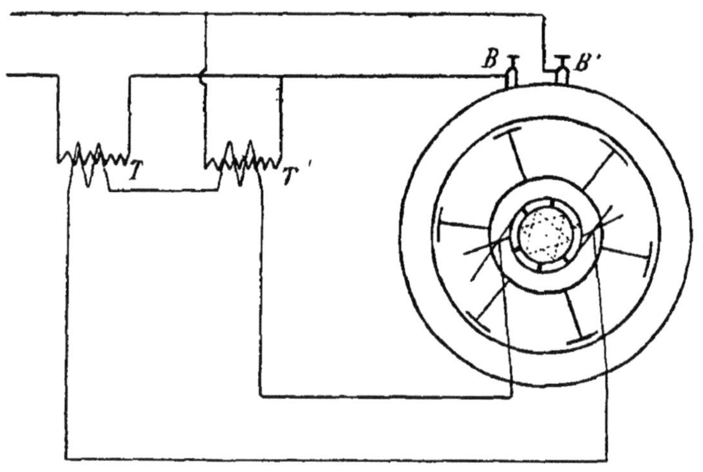

Fig. 236.

teurs T et T', dont les circuits primaires sont respectivement en série et en dérivation par rapport au circuit principal de l'alternateur, sont employés à produire le courant secondaire, qui sert à l'excitation après avoir été redressé par le commutateur de la machine.

Le transformateur en dérivation assure à l'alternateur la force électro-motrice désirée à circuit ouvert. A mesure que le courant extérieur augmente, la force électro-motrice doit croître pour maintenir la tension efficace constante aux bornes. C'est là le rôle que remplit le transformateur en série, dont le circuit secondaire est en tension avec celui du premier transformateur.

415. — Cas d'une excitation indépendante. — Lorsque l'alternateur est pourvu d'une excitation indépendante, on peut modifier cette dernière par un relais régulateur, de manière à obtenir soit une différence de potentiel constante, soit un courant invariable. Envisageons le premier cas. Pour que la tension reste constante, quel que soit le courant de l'induit, il faut que le courant d'excitation croisse avec le courant utile et inversement. On peut arriver facilement à ce résultat à l'aide d'un relais à mercure employé par divers inventeurs, par M. Blathy entr'autres.

Supposons que le courant engendré par l'alternateur traverse un solénoïde dont le noyau équilibré par un ressort supporte une coupe à mercure. Dans celle-ci descendent des fils de longueurs différentes raccordés en divers points d'une résistance artificielle intercallée dans le circuit d'excitation. Le mercure baignant les fils met en court-circuit une fraction d'autant plus grande de la résistance artificielle que la coupe est plus élevée. A mesure que le courant augmente, le noyau descend dans le solénoïde et le nombre de fils baignés dans le mercure diminue, en sorte que le courant d'excitation et, par suite, la force électromotrice de l'alternateur décroissent.

Au lieu d'agir sur le courant fourni par la machine excitatrice, il est plus économique de modifier le courant des inducteurs de la dynamo continue, ce qui est facile si cette dernière s'excite en dérivation, § 328.

416. — Emploi des bobines à réaction. — Dans le cas des courants alternatifs, on peut régulariser le débit, sans grande dépense d'énergie, par l'introduction de résistances inductives dans le circuit principal. Si, en effet, on intercale dans le circuit utile un électro-aimant pourvu d'un coefficient de self-induction considérable, il s'y développe une force contre-électro-motrice susceptible de réduire notablement le courant de circulation.

Afin d'obtenir un courant alternatif d'intensité efficace constante, un mécanisme régulateur est disposé de manière à entrer en jeu lors des variations de l'intensité, pour modifier la position d'un noyau de fer dans un solénoïde allongé, inséré dans le circuit principal. Lorsque le noyau s'enfonce, la self-induction du solénoïde augmente et le courant de circulation est affaibli.

Pour le calcul d'un solénoïde semblable, M. Picou [1] a indiqué la marche suivante, dans le but de réaliser une force contre-électromotrice efficace E_{eff}, le courant efficace du circuit étant I_{eff}.

En supposant que le noyau, de section s et de perméabilité μ, dépasse suffisamment la bobine dont la longueur est l et le nombre total de spires n, le coefficient de self-induction est approximativement

$$\mathcal{L} = 4 \pi \frac{n^2}{l} \mu s, \quad \S 153.$$

La force contre-électro-motrice a pour expression, en appelant I_{max} le courant maximum égal à $\sqrt{2}\, I_{eff}$,

$$e = - \mathcal{L}\frac{di}{dt} = - \mathcal{L}\frac{d}{dt}(I_{max} \sin at) = - \mathcal{L}\, a\, I_{max} \cos at.$$

La force contre-électro-motrice efficace est

$$E_{eff} = \frac{1}{T}\int_0^T e^2\, dt = (\mathcal{L}\, a\, I_{max.})^2\, \frac{1}{T}\int_0^T \cos^2 at\, dt$$

$$= \frac{(\mathcal{L}\, a\, I_{max.})^2}{4\, a\, T}\left[2\, at + \sin 2\, at\right]_0^T = \frac{1}{2}(\mathcal{L}\, a\, I_{max.})^2$$

et en remplaçant

$$E_{eff} = \left(\frac{4\pi\, n^2}{l}\mu\, s\, a\, I_{eff}\right)^2. \quad (1)$$

On sait, d'autre part, que la force électro-motrice est liée au flux magnétique $\mathcal{N}_{eff}$ et à l'induction $\mathcal{B}_{eff}$ par les équations de condition

$$E_{eff} = a\, n\, \mathcal{N}_{eff} = a\, n\, \mathcal{B}_{eff}\, s,$$

---

[1] Picou, *Traité théorique et pratique des machines dynamo-électriques*, 1889.

d'où

$$ns = \frac{E_{eff}}{a\,\mathfrak{M}_{eff}}. \quad (2)$$

Ce sont là les seules équations de condition entre les trois variables s, n et l; l'intensité, la force contre-électro-motrice efficaces, ainsi que la valeur $a = \dfrac{2\,\pi}{T}$, étant connues.

On se donnera l'induction et la perméabilité, ainsi que la longueur de la bobine. Le nombre des spires et la section du noyau résulteront alors des équations (1) et (2). La bobine sera enroulée à l'aide d'un conducteur de section relativement forte, afin que la perte en chaleur $I^2_{eff}r$, due à l'effet Joule, soit négligeable. L'emploi d'un noyau droit feuilleté réduit à une valeur minime les pertes par courants de Foucault et par hystérésis.

417. — Projet d'un alternateur. Calcul de la force électromotrice, du flux utile et de l'enroulement. — Le calcul des alternateurs présente des difficultés particulières, eu égard à la complexité de la loi qui, dans la plupart des cas, relie au temps les facteurs de la puissance électrique de ces machines.

Il n'est pas sans intérêt de rapprocher l'expression de la force électro-motrice moyenne agissant dans un alternateur de celle qui se produit dans une machine continue de même type.

On sait qu'en désignant, dans ce dernier cas, par n le nombre de fils actifs comptés sur l'induit, par $\mathfrak{M}$ le flux émanant d'un des pôles inducteurs et par N le nombre de révolutions par seconde, la force électro moyenne est

$$e_{m.\,c.} = n\,N\,\mathfrak{M} \qquad \text{C. G. S.,}$$

les spires étant généralement groupées en autant de circuits dérivés qu'il y a de champs inducteurs. Dans une machine alternative où toutes les spires sont unies en tension, on devra, pour obtenir la force électro-motrice moyenne, multiplier l'expression précédente par le nombre de champs inducteurs c. Or, $\dfrac{1}{2}\,N\,c$ représente la fréquence $\dfrac{1}{T}$, on aura donc

$$e_{m.\,a.} = n\,N_c\,\mathfrak{M} = \frac{2\,n\,\mathfrak{M}}{T}.$$

On remarquera que les courants moyens auront des expressions différentes dans les deux cas. En appelant r la résistance totale du fil de l'induit et R la résistance extérieure, on a, dans une machine continue,

$$i_{\text{m. c.}} = \frac{n\,N\,\mathfrak{I}}{R + \dfrac{r}{c^2}},$$

et dans une machine alternative, si l'on suppose la self-induction négligeable,

$$i_{\text{m. a.}} = \frac{c\,n\,N\,\mathfrak{I}}{R + r}.$$

Ce qu'il importe de connaître dans un alternateur, c'est la force électro-motrice efficace E_{eff}. Dans le cas d'une fonction du temps représentée par une sinusoïde simple, on sait qu'on a, § 181,

$$E_{\text{eff}} = \frac{E_{\max}}{\sqrt{2}} = \frac{\pi}{2\sqrt{2}}\,e_{\text{m. a.}} = \frac{\pi}{\sqrt{2}}\,\frac{n\,\mathfrak{I}}{T}.$$

Lorsque la fonction est plus complexe, on peut poser en général

$$E_{\text{eff}} = k\,\frac{n\,\mathfrak{I}}{T}.$$

Conservons la première hypothèse, qui se prête à un calcul facile, afin de préciser quelques règles à suivre dans l'établissement du projet d'un alternateur de type donné.

En désignant par $\mathfrak{V}_{\max}$ l'induction maximum admise dans l'induit et par s la section d'une bobine induite, on a $\mathfrak{I} = \mathfrak{V}_{\max}\,s$; d'où en remplaçant

$$E_{\text{eff}} = \frac{k\,n\,\mathfrak{V}_{\max}\,s}{T} \qquad \text{et} \qquad n\,s = \frac{E_{\text{eff}}\,T}{k\,\mathfrak{V}_{\max}}.$$

Supposons qu'on se donne la force électro-motrice et le courant efficaces, l'induction maximum et la période, l'équation est une relation entre le nombre de fils actifs n et la section s d'une bobine. Mais on connaît, pour le type de machines choisi, le nombre m de bobines induites. Par suite, en appelant m' le nombre des spires enroulées sur chaque bobine, on aura, dans le cas d'un induit à anneau $n = mm'$, d'où

$$m'\,s = \frac{E_{\text{eff}}\,T}{k\,\mathfrak{V}_{\max}\,m}. \qquad (1)$$

Dans un induit à tambour ou à disque $n = 2\ mm'$.

Une seconde relation entre les mêmes quantités s'obtient, suivant M. Picou, en déterminant le nombre de spires induites qui rend maximum la puissance électrique de la machine.

Or, de la relation connue

$$E^2_{\text{eff}} = I^2_{\text{eff}}\,[(R + r)^2 + a^2\,\mathcal{L}^2],$$

où $\mathcal{L}$ est supposé constant, on déduit la puissance électrique totale transformée en chaleur

$$(R + r)\,I^2_{\text{eff}} = I_{\text{eff}}\,\sqrt{E^2_{\text{eff}} - a^2\,\mathcal{L}^2\,I^2_{\text{eff}}}.$$

La force électro-motrice E_{eff} est proportionnelle au nombre total de spires n et la self-induction $\mathcal{L}$ au carré de ce nombre. Il existe donc une valeur de celui-ci pour laquelle la puissance est maximum.

Posons $(R + r)\,I^2_{\text{eff}} = P$ et soient E_1 la force électro-motrice efficace et $\mathcal{L}_1$ la self-induction par spire des bobines.

L'équation précédente peut s'écrire, dans le cas d'une machine à anneau,

$$P^2 = I^2_{\text{eff}}\,(E_1^2\,n^2 - a^2\,\mathcal{L}_1^2\,I^2_{\text{eff}}\,n^4)$$

d'où l'on déduit la condition de maximum

$$\frac{dP}{dn} = \frac{n\,I^2_{\text{eff}}\,(E^2_1 - 2a^2\,\mathcal{L}^2_1\,I^2_{\text{eff}}\,n^2)}{P}.$$

Comme n ne peut être nul, le maximum de puissance correspond à

$$n = \frac{E_1}{a\,\mathcal{L}_1\,I_{\text{eff}}\,\sqrt{2}}$$

d'où

$$m' = \frac{E_1}{a\,m\,\mathcal{L}_1\,I_{\text{eff}}\,\sqrt{2}}. \qquad (2)$$

Les équations (1) et (2) déterminent le nombre de spires des bobines induites et la section du noyau de celles-ci. Le calcul des électro-aimants inducteurs nécessaires pour produire le flux $\mathfrak{N}$ requis se fait par la méthode de MM. Hopkinson exposée au § 386.

TRANSFORMATEURS
A COURANTS ALTERNATIFS.

DIVERS TYPES DE BOBINES D'INDUCTION.

418. — But. — On comprend sous la dénomination de transformateurs des appareils susceptibles de modifier en sens inverses les deux facteurs de la puissance électrique, force électro-motrice et courant, c'est à dire de transformer un courant à haute tension et à faible intensité en un courant intense à tension réduite, ou de résoudre le problème inverse.

Les accumulateurs et les condensateurs peuvent, par des groupements successifs en tension et en surface, répondre à un objectif analogue, mais dans ces cas la transformation n'est pas immédiate; elle exige deux opérations. On a appelé ces appareils des transformateurs à action différée, tandis que la solution que nous allons examiner implique une action instantanée. Cette solution repose sur l'emploi de la *bobine d'induction* découverte par Faraday et consistant en *deux circuits disposés de manière à présenter un coefficient d'induction mutuelle considérable.*

Examinons le cas de deux bobines enroulées sur un même noyau en fer. Si l'on envoie dans l'une d'elles un courant d'intensité croissante, on développe dans le noyau un flux de force magnétique qui réagit sur la bobine voisine pour donner un courant induit de sens inverse au courant inducteur. Ces deux courants tendent à produire des flux magnétiques contraires dans le noyau et, par suite, le flux résultant est moindre que si le circuit induit était ouvert; ce qui revient à dire que l'induction mutuelle entre les deux circuits affaiblit l'induction propre de chacun d'eux; car la self-induction des circuits est proportionnelle au flux que chacun d'eux, *pris séparément*, est susceptible de développer dans le noyau.

Le flux de force traversant le noyau et les deux circuits produit dans ceux-ci des forces électro-motrices d'induction qui sont entr'elles comme les nombres de spires des bobines. Il en résulte qu'en exécutant les deux enroulements, on est libre de faire varier à volonté les forces électro-motrices primaire et secondaire. On créera dans le circuit induit une tension forte ou faible suivant que la bobine secondaire contiendra un nombre considérable ou restreint de spires.

Lorsque le courant primaire arrive au régime permanent, l'action inductrice cesse. Pour entretenir celle-ci, on peut interrompre périodiquement le circuit primaire et rendre le courant inducteur intermittent ou employer un courant inducteur alternatif.

La puissance électrique dépensée dans le circuit inducteur se retrouve aux bornes du circuit secondaire, déduction faite des pertes dues à l'effet Joule dans les bobines, ainsi qu'aux courants de Foucault et à l'hystérésis dans le noyau. On verra que ces trois causes de pertes peuvent être réduites au point de ne produire qu'un déchet total de quelques centièmes de la puissance dépensée.

Dans ces conditions, le produit moyen de la différence de potentiel par le courant primaire est sensiblement égal au produit moyen des mêmes éléments dans le circuit secondaire. Par suite, le rapport des courants est, à peu de chose près, égal à l'inverse du rapport des différences de potentiels respectives.

On sait que l'induction mutuelle entre les deux bobines est proportionnelle à la variation du flux de force qui traverse le noyau en fer. Lorsque ce dernier est fermé sur lui-même, la résistance du circuit magnétique est considérablement réduite et, par suite, le flux peut, pour une même force magnéto-motrice, acquérir une valeur bien plus grande que dans le cas d'un noyau ouvert. Aussi l'emploi des noyaux fermés est-il tout indiqué dans le cas des courants primaires alternatifs, lorsqu'on cherche à réduire au minimum les dimensions des transformateurs.

Ainsi qu'il sera démontré, le courant induit agit sur le noyau sensiblement en sens contraire du courant inducteur. D'autre part, ces deux courants sont, en marche normale, à peu près dans le rapport inverse des nombres de spires des bobines correspondantes. Il s'ensuit que la force magnéto-motrice résultante qui aimante le noyau a une valeur assez faible, d'où l'importance de réduire autant que possible la résistance du circuit magnétique.

Dans le cas des courants inducteurs intermittents, on a vu que le magnétisme rémanent d'un noyau fermé tend à réduire les variations du flux de force, lequel garde, lorsque le courant s'annule, une valeur considérable, § 170. On est donc forcé, dans cette éventualité, de conserver les noyaux ouverts, malgré la grande résistance de l'air interposé dans le circuit magnétique.

419. — Bobines d'induction à courants primaires intermittents. Les premières bobines d'induction avaient pour objectif principal l'obtention de courants de tension élevée, par la transformation de l'énergie fournie par les piles.

Ruhmkorff a donné son nom à un appareil approprié à ce but. La fig. 237 est un schéma de la bobine de ce constructeur.

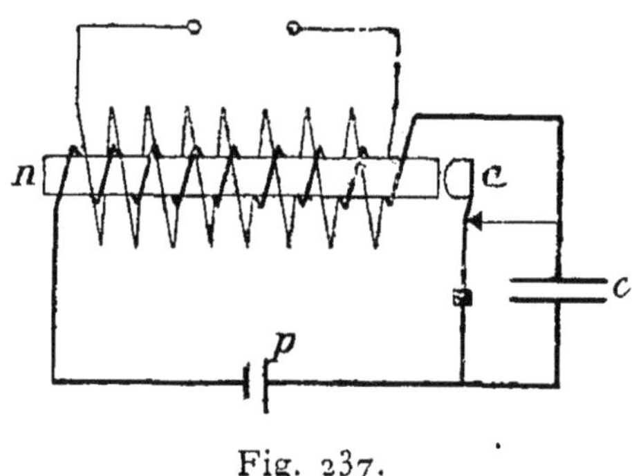

Fig. 237.

Sur un noyau droit formé de fils de fer réunis en faisceaux et vernis, afin d'éviter les courants de Foucault, on enroule séparément deux bobines. La bobine primaire, posée la première sur le noyau, comprend une seule ou un nombre restreint de couches de gros fil. La bobine secondaire, qui entoure la précédente, porte un grand nombre de spires de fil fin. Lorsque le circuit induit est le siège de forces électro-motrices considérables, il faut avoir soin de séparer autant que possible les spires dont les potentiels sont très différents. Dans ce but la bobine secondaire est cloisonnée, c'est à dire qu'elle est composée de bobines plates, réunies en série et séparées par des cloisons isolantes.

Le circuit primaire est traversé par le courant d'une pile, rendu intermittent par un mécanisme trembleur, comprenant une armature a, attirée par le noyau en fer n et qui rompt le circuit au moment où le flux magnétique a atteint une valeur déterminée. En appelant $\mathfrak{M}$ le coefficient d'induction mutuelle des deux bobines, I l'intensité maximum du courant inducteur et r' la résistance totale du circuit secondaire, la quantité d'électricité induite dans ce dernier lors des périodes variables d'ouverture et de fermeture est, § 183,

$$q_2 = \frac{\mathfrak{M} I}{r'}.$$

Pour une valeur donnée de I, la force électro-motrice secondaire et, par suite, l'intensité du courant secondaire varient en raison inverse de la durée de la période variable.

Comme la durée de la période variable de fermeture est supérieure à celle de la période variable d'ouverture, il s'ensuit que la tension est plus forte dans le circuit secondaire pendant la seconde période que pendant la première.

Au moment de la rupture du circuit primaire, il se produit au point d'interruption une étincelle qui prolonge le courant inducteur sous forme d'extra-courant direct. Cet effet affaiblit le courant induit de rupture et peut détériorer l'interrupteur.

Pour réduire l'étincelle, Fizeau a eu l'idée d'interposer entre l'interrupteur et le contact un condensateur c qui absorbe la plus grande partie de l'énergie de l'extra-courant primaire, laquelle s'accumule dans le diélectrique grâce au travail de l'élasticité de ce dernier, § 95. Lors du rétablissement du circuit primaire, cette énergie est utilisée en partie ; elle ouvre la route au courant inducteur, en produisant une légère étincelle de décharge au contact de l'interrupteur.

La capacité du condensateur doit être appropriée à la self-induction du circuit primaire et à la rapidité du trembleur.

La quantité d'électricité que doit absorber le condensateur est peu différente de celle qui correspond à la *capacité électro-magnétique* de la bobine primaire. En désignant par $\mathcal{L}$ la self-induction de cette dernière, par R sa résistance et par e la différence de potentiel à ses bornes au moment de la rupture, la quantité d'électricité entraînée dans l'extra-courant est, en supposant le circuit secondaire ouvert et négligeant la résistance de la pile,

$$q = \frac{\mathcal{L}\,e}{R^2} \quad (1), \quad \S\ 175.$$

Or, comme l'a remarqué M. de Weydlich, on peut exprimer le coefficient de self-induction d'une bobine cylindrique en fonction de sa résistance par une formule simple. En désignant par L sa longueur, S sa section moyenne, D son diamètre moyen, n le nombre des spires, l la longueur du fil et ρ la résistance spécifique du cuivre, on a approximativement, pour une bobine allongée,

$$\mathcal{L} = \frac{4\,\pi\,n^2\,\mu\,S}{L} = \frac{\pi^2\,n^2\,\mu\,D^2}{L}$$

et

$$R = \frac{4\,\rho}{\pi}\frac{l}{d^2} \quad \text{avec} \quad l = n\,\pi\,D;$$

par suite

$$\mathcal{L} = \frac{\pi^2\,\mu}{16\,\rho^2}\frac{d^4}{L}R^2. \quad (2)$$

Cette formule montre qu'il suffit de connaître la longueur de la bobine, sa résistance et le diamètre du fil pour calculer le coefficient de self-induction. On remarquera que, dans une bobine de cuivre de longueur et de volume donnés, le coefficient de self-induction ne dépend que du diamètre du fil.

En combinant (1) et (2) on obtient

$$q = \frac{\pi^2\,\mu}{16\,\rho^2}\frac{d^4}{L}e;$$

telle est la quantité d'électricité que le condensateur doit être susceptible d'absorber. Elle dépend, comme on le voit, de la tension primaire e au moment de l'interruption, laquelle est fonction de la rapidité du trembleur. La capacité du condensateur doit être voisine de

$$\frac{\pi^2}{16}\frac{\mu}{\rho^2}\frac{d^4}{L}.$$

En général, on cherche à diminuer la self-induction du circuit primaire en réduisant le nombre de spires inductrices et en employant une pile à grand débit ou un accumulateur.

Dans les applications médicales de la bobine d'induction le condensateur est ordinairement supprimé, mais on ajoute au transformateur un graduateur destiné à faire varier la tension secondaire.

Dans ce but, la bobine induite peut être rendue mobile sur la bobine primaire et le noyau, de manière à soumettre un nombre de spires variable à l'action inductrice.

Une autre disposition consiste à glisser entre le circuit primaire et le noyau un tube de cuivre qui absorbe, sous forme de courants de Foucault, une partie de l'énergie électrique rayonnée par le système inducteur, § 197.

420. — Transformateurs à courants alternatifs. — Dans la distribution de l'énergie électrique, il est avantageux de transporter cette dernière sous forme de courants de faible intensité, en vue de réduire la section des conducteurs. Si l'on emploie les courants alternatifs, un transformateur peut, au point d'utilisation, ramener l'énergie à une tension assez faible pour que le maniement des conducteurs n'occasionne aucun danger.

Le problème est, comme on voit, l'inverse de celui que résout la bobine de Ruhmkorff. Le circuit primaire doit contenir, dans le cas actuel, un nombre de spires beaucoup plus grand que le circuit secondaire. Ces deux circuits entourent un noyau de fer lamellaire, fermé en général sur lui-même.

421. — Mesure de sécurité. — Le circuit primaire des transformateurs étant porté à des différences de potentiel souvent très élevées (1 000 à 2 500 volts), il importe d'éviter qu'un contact accidentel avec le circuit secondaire, relié aux lampes et aux autres appareils d'utilisation de l'énergie électrique , produise dans ce circuit une tension dangereuse. Il convient d'isoler soigneusement le fil primaire en le séparant du fer du noyau et de l'enroulement secondaire par un intervalle isolant d'au moins 1 cm.

422. — Transformateur Gaulard. — Dans le transformateur Gaulard , les spires de la bobine primaire alternent avec celles du circuit secondaire sur un noyau droit en fer. Deux noyaux semblables sont parfois réunis par des raccordements, de manière à former un circuit magnétique homogène. Les deux enroulements sont constitués par des segments annulaires découpés à l'emporte-pièce dans une tôle de cuivre. Les segments sont superposés , isolés au moyen d'anneaux en carton mince et réunis à l'aide d'attaches saillantes de manière à constituer deux hélices à ruban. L'hélice primaire est continue, mais l'hélice secondaire est divisée en plusieurs sections associées en dérivation.

Dans un transformateur de ce système, destiné à fournir 1 500 watts dans le circuit secondaire , la résistance de l'hélice primaire était de 0,56 ohm, celle de l'hélice secondaire 0,142 ohm et le coefficient d'induction mutuelle 0,0312 quadrant.

L'entrelacement des deux circuits du transformateur a l'inconvénient de multiplier les chances de contact intérieur et expose, par suite, à la production d'une tension élevée dans le secondaire.

En outre, les deux circuits se comportent comme les armatures d'un condensateur ; ce qui , vu les potentiels élevés du primaire , expose à des décharges électriques dangereuses.

423. — Transformateurs Ganz et Cie. — MM. Zipernowski, Déri et Blathy , ingénieurs de la firme Ganz et Cie, ont combiné deux modèles de transformateurs à circuit magnétique fermé. Dans le premier, les bobines en fil de cuivre, constituant les enroulements primaire et secondaire, sont disposées autour d'un noyau annulaire en fil de fer ; le transformateur a l'apparence d'un induit à anneau dépourvu de collecteur. Dans le second type , la répartition des métaux est inverse, c'est à dire que les sections alternées des circuits électriques forment un anneau sur lequel est enroulé le fil de fer.

On voit que, dans les deux dispositions, les circuits électriques sont enlacés avec le circuit magnétique. La seconde forme a l'avantage de réduire la longueur des lignes de force, mais les bobines d'induction y sont plus exposées aux courts-circuits que dans la première forme et leur réparation est plus difficile.

La fig. 238 montre en élévation le modèle du transformateur actuellement construit par MM. Ganz et Cie. Un noyau de fer intérieur est composé de disques annulaires en tôle consolidés par des

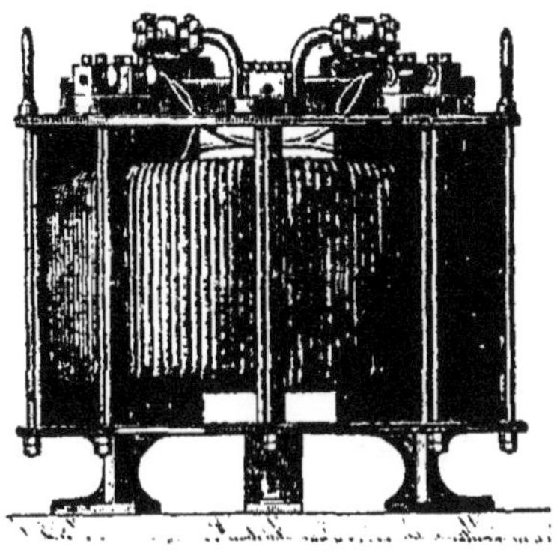

Fig. 238.

cadres qui, avec les deux plateaux extérieurs en fer, forment la carcasse de l'appareil. Les bobines sont enroulées sur les segments annulaires entre les cadres. Les extrémités des circuits électriques sont attachées à des bornes fixées au plateau supérieur par l'intermédiaire de disques en porcelaine. Les raccordements avec les fils extérieurs se font par l'intermédiaire de bandes d'étain qui fondent s'il se produit un court-circuit.

Voici les données se rapportant à un transformateur de ce type pesant 110 k.

	PRIMAIRE.	SECONDAIRE.
Nombres proportionnels de spires	6	1
Résistances en ohms	0,798	0,045
Volts aux bornes	641	105
Ampères	6,53	38

424. — Transformateur Westinghouse. — Le noyau en fer du transformateur Westinghouse, fig. 239 et 240, est constitué par des tôles découpées en forme de 8.

Les ailes f_3 f_4 peuvent ętre relevées de manière à permettre l'introduction du noyau dans les deux bobines c_1 c_2 enroulées préalablement au tour sur un gabarit allongé. On introduit les plaques de fer, puis on rabat les bords relevés sur la nervure centrale *f*, en ayant soin d'alterner les joints pour assurer une bonne

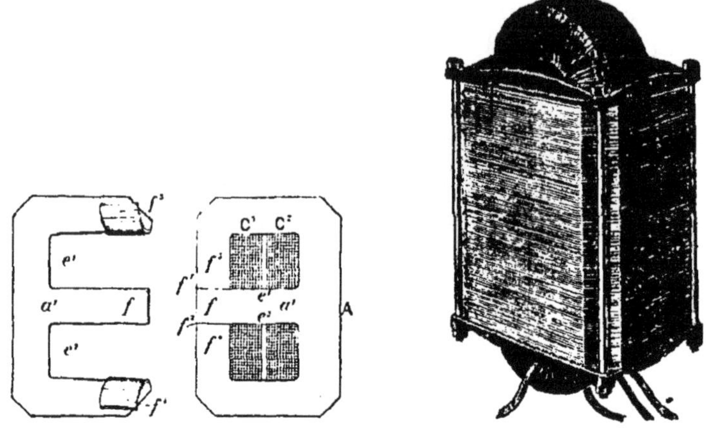

Fig. 239 et Fig. 240. Fig. 241.

conductibilité au circuit magnétique. Les tôles, dont l'épaisseur est de 0,5 mm, sont isolées par une couche de papier et le noyau est consolidé par deux plaques en fonte réunies par des boulons, fig. 241.

425. — Transformateurs de Ferranti. — Les deux circuits électriques du transformateur de Ferranti sont enroulés autour d'un

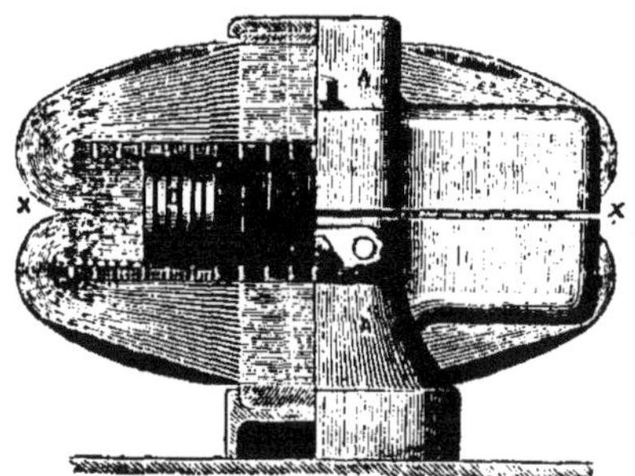

Fig. 242.

faisceau plat de lames de fer isolées, X. Après le bobinage, ces lames sont repliées mi-partie au dessus, mi-partie en dessous des bobines, de manière à constituer un double circuit magnétique fermé. Les lames sont recroisées aux joints et assurent ainsi une perméabilité élevée à ces circuits. Le tout est consolidé par une armure de fonte formée de deux parties boulonnées, la partie inférieure servant de socle à l'appareil.

425bis. — Transformateur Swinburne. — Pour des raisons qu'on verra ci-après, M. Swinburne a cru devoir revenir au circuit magnétique ouvert. Le noyau de son transformateur est formé d'un faisceau droit de fils de fer introduit dans un squelette en bronze autour duquel est enroulé le fil secondaire. Au dessus de ce dernier est disposé le fil primaire enroulé par sections cloisonnées afin de diminuer les chances de courts-circuits. L'enroulement terminé, les extrémités des fils de fer du noyau, en saillie sur les bobines, sont écartées les unes des autres de manière à prendre l'aspect des dards d'un hérisson. Ce dispositif est destiné à guider les lignes de force magnétiques avant leur diffusion dans l'air et à les obliger à traverser les circuits électriques de l'appareil.

Ce système conduit à des appareils plus lourds et plus coûteux que les appareils à circuit magnétique fermé. En outre, les premiers ne peuvent être enfermés dans une boîte en fonte comme on le fait souvent avec les seconds, en vue de soustraire les circuits à l'atteinte du public et à éviter les dangers d'incendie. Les variations magnétiques du noyau droit occasionneraient, en effet, dans le fer de la boîte des pertes par courants de Foucault et par hystérésis.

THÉORIE DES TRANSFORMATEURS.

426. — Théorie algébrique. — La détermination des conditions théoriques de fonctionnement d'un transformateur à noyau de fer est l'un des problèmes les plus difficiles que présente l'électro-technique.

Considérons, par exemple, le cas le plus simple : celui où le circuit primaire est soumis à une différence de potentiel variant en fonction du temps suivant une loi sinusoïdale. Cette différence de potentiel engendre dans la bobine primaire un courant ondulatoire présentant un retard de phase en vertu de la self-induction de ce circuit. Celle-ci détermine une force contre-électro-motrice dont la phase ne coïncide ni avec celle du courant, ni avec celle de la différence de potentiel agissante.

Le courant primaire engendre à son tour dans le noyau une aimantation périodique qui ne peut en général être représentée par une fonction sinusoïdale simple, attendu que la perméabilité du fer n'est pas une quantité constante et que le phénomène d'hystérésis tend à déformer la courbe du magnétisme.

Pour ne pas trop compliquer le problème, nous supposerons que la perméabilité du noyau est invariable et que l'effet d'hystérésis ainsi que les courants peuvent être négligés.

A l'onde de magnétisme dans le noyau succède une onde de force électro-motrice d'induction dans le circuit secondaire; cette force électro-motrice est mesurée par le taux de variation du flux dans le noyau; sa phase retarde par suite d'un quart de période sur la phase de l'aimantation.

Enfin, cette force électro-motrice donne naissance au courant secondaire qui, eu égard au coefficient de self-induction du circuit, présente aussi un retard de phase. Toutefois, on peut supposer que celui-ci est nul, si le circuit extérieur relié à la bobine secondaire ne contient que des lampes ou autres résistances non-inductives; le coefficient de self-induction de cette bobine est, en effet, minime, vu qu'elle contient peu de spires et que l'induction mutuelle des deux bobines affaiblit leur induction propre, § 418.

On voit qu'on est amené, dans la résolution du problème posé, à établir une série d'hypothèses qui se résument comme suit :

La différence de potentiel agissante est représentée par une fonction sinusoïdale simple ;

La perméabilité du noyau est constante, et les effets d'hystérésis de même que les courants de Foucault sont négligeables dans le fer ;

Enfin, la self-induction du circuit secondaire est considérée comme nulle.

Ces préliminaires posés, le problème peut être traité en suivant deux voies différentes.

La première et la plus naturelle consiste à se donner les dimensions et les coefficients de self-induction des deux circuits, leur coefficient d'induction mutuelle, la perméabilité et les dimensions du noyau, ainsi que la différence de potentiel agissante. On recherche alors, en se basant sur la loi générale de l'induction, tous les autres éléments de fonctionnement du transformateur.

La seconde voie, qui est indirecte et a été imaginée par M. Hopkinson, permet de résoudre plus simplement la question : elle prend comme point de départ le flux périodique dans le noyau et en déduit les forces électro-motrices et les courants primaires et secondaires.

Nous adopterons les notations suivantes pour désigner les divers éléments du transformateur :

	PRIMAIRE.	SECONDAIRE.
Nombres de spires	n_1	n_2
Intensités des courants à un instant t	i_1	i_2
Intensités maxima des courants	I_1	I^2
Différence de potentiel agissant dans le primaire à un instant t.	E	
Différence de potentiel maximum dans le primaire.	E_0	
Forces électro-motrices d'induction produites par le flux qui circule à travers le noyau à un instant t.	e_1	e_2
Forces électro-motrices d'induction maxima.	E_1	E_2
Flux dans le noyau à l'instant t.	$\mathfrak{K}$	
Flux maximum dans le noyau	$\mathfrak{K}_0$	

La résistance magnétique $\mathfrak{R}$ du noyau, supposée constante, est de la forme

$$\mathfrak{R} = \frac{l}{\mu\, s},$$

l étant la longueur du noyau, s la section et μ sa perméabilité.

Cela posé, la seconde loi de Kirchhoff, appliquée au circuit magnétique du noyau, donne, § 154,

$$4\,\pi\,(n_1\,i_1 + n_2\,i_2) = \mathfrak{K}\,\mathfrak{R}. \qquad (1)$$

L'hypothèse établie concernant les variations du flux magnétique est exprimée par l'équation

$$\mathfrak{K} = \mathfrak{K}_0 \sin at \qquad (2)$$

a désignant le produit de 2π par la fréquence des périodes du flux.

La force électro-motrice d'induction dans la bobine secondaire est, d'après la loi générale de l'induction, § 166,

$$e_2 = - n_2 \frac{d\mathfrak{K}}{dt} = - n_2 \, a \, \mathfrak{K}_0 \cos at; \qquad (3)$$

la force électro-motrice maximum est par suite $E_2 = n_2 \, a \, \mathfrak{K}_0$. Le courant induit a pour expression, dans l'hypothèse où la self-induction du secondaire est nulle,

$$i_2 = - \frac{n_2 \, a \, \mathfrak{K}_0}{r_2} \cos at \qquad (4)$$

et le courant secondaire maximum

$$I_2 = \frac{n_2 \, a \, \mathfrak{K}_0}{r_2}.$$

Or, on déduit de (1)

$$i_1 = \frac{\mathfrak{K} \, \mathfrak{R}}{4 \, \pi \, n_1} - \frac{n_2}{n_1} \, i_2,$$

d'où, en remplaçant $\mathfrak{K}$ et i_2,

$$i_1 = \frac{\mathfrak{R}}{4 \, \pi \, n_1} \, \mathfrak{K}_0 \, \sin at + \frac{n_2}{n_1} \, I_2 \cos at.$$

La valeur de i_1 peut être mise sous la forme

$$i_1 = I_1 \sin (at + \varphi) \qquad (5)$$

à la condition que la constante φ soit choisie de manière à rendre les deux valeurs de i_1 identiques, pour toutes les valeurs attribuées à t.

Or, en développant l'équation (5) et en identifiant les deux coefficients de sin at et de cos at, on arrive aux équations de condition

$$\sin \varphi = \frac{I_2}{I_1} \frac{n_2}{n_1}, \quad \cos \varphi = \frac{\mathfrak{R} \, \mathfrak{K}_0}{4 \, \pi \, n_1} \frac{1}{I_1},$$

d'où

$$\tan \varphi = \frac{n_2 \, I_2}{\dfrac{\mathfrak{R} \, \mathfrak{K}_0}{4 \, \pi}}. \qquad (6)$$

On déduit d'ailleurs des valeurs de $\sin \varphi$ et $\cos \varphi$

$$n_1^2\, \mathrm{I}_1^2 = n_2^2\, \mathrm{I}_2^2 + \frac{\mathfrak{R}^2\, \mathfrak{N}_0^2}{16\, \pi^2}. \qquad (7)$$

Les équations (6) et (7) montrent que $n_2\, \mathrm{I}_2$ et $\dfrac{\mathfrak{R}\, \mathfrak{N}_0}{4\, \pi}$ peuvent être représentés par les deux côtés d'un triangle rectangle dont $n_1\, \mathrm{I}_1$ est l'hypothénuse et φ l'angle opposé au côté $n_2\, \mathrm{I}_2$.

En poursuivant les déductions, on remarque que la variation du flux magnétique engendre dans le circuit primaire une force électro-motrice d'induction

$$e_1 = -\, n_1\, \frac{d\mathfrak{N}}{dt} = -\, n_1\, a\, \mathfrak{N}_0 \cos at, \qquad (8)$$

ayant une valeur maximum $\mathrm{E}_1 = n_1\, a\, \mathfrak{N}_0$.

Le courant primaire est dû à la somme algébrique de cette force électro-motrice et de la différence de potentiel agissante E.

On a donc

$$i_1 = \frac{\mathrm{E} + e_1}{r_1},$$

d'où l'on tire

$$\mathrm{E} = i_1\, r_1 - e_1 = \mathrm{I}_1\, r_1 \sin (at + \varphi) + n_1\, a\, \mathfrak{N}_0 \cos at. \qquad (9)$$

La différence de potentiel E peut d'ailleurs être mise sous la forme

$$\mathrm{E} = \mathrm{E}_0 \sin (at + \psi). \qquad (10)$$

La constante ψ se détermine par le procédé employé ci-dessus, lequel conduit à

$$\mathrm{E}_0 \sin \psi = \mathrm{I}_1\, r_1 \sin \varphi + n_1\, a\, \mathfrak{N}_0$$
$$\mathrm{E}_0 \cos \psi = \mathrm{I}_1\, r_1 \cos \varphi$$

d'où

$$\operatorname{tang} \psi = \operatorname{tang} \varphi + \frac{n_1\, a\, \mathfrak{N}_0}{\mathrm{I}_1\, r_1 \cos \varphi} = \frac{n_2\, \mathrm{I}_2}{\dfrac{\mathfrak{R}\, \mathfrak{N}_0}{4\, \pi}} + \frac{n_1^2\, a}{\dfrac{r_1\, \mathfrak{R}}{4\, \pi}};$$

en remplaçant I_2 par

$$\frac{n_2\, a\, \mathfrak{N}_0}{r_2},$$

on arrive à

$$\operatorname{tang} \psi = \frac{4\, \pi\, a}{\mathfrak{R}} \left(\frac{n_1^2}{r_1} + \frac{n_2^2}{r_2} \right). \qquad (11)$$

427. — Méthode graphique. — M. Kapp a imaginé un procédé graphique [1], qui permet de montrer simplement les variations relatives des divers éléments de fonctionnement d'un transformateur.

Ce procédé est le développement de la méthode employée au § 180 dans le cas d'un courant ondulatoire unique.

On suppose déterminées les valeurs maxima des courants primaire et secondaire. Ces données s'obtiennent en relevant les intensités efficaces à l'aide de l'électro-dynamomètre et en remarquant que, dans le cas de courbes sinusoïdales,

$$I_1 = \sqrt{(i^2_1)_m} \sqrt{2},$$

$$I_2 = \sqrt{(i^2_2)_m} \sqrt{2}.$$

Prenons une longueur déterminée qui servira à représenter, à volonté, un volt, un ohm, un ampère et un ampère-tour. Traçons deux cercles $n_1 I_1$, $n_2 I_2$, dont les longueurs des rayons sont proportionnelles respectivement aux ampères-tours maxima primaires et secondaires.

Par le centre des cercles concentriques, tirons deux axes de coordonnées Oy et Ox et par le point A menons la tangente A B au cercle intérieur. Du point B, abaissons la perpendiculaire B C et complétons le parallélogramme OBCD. Comme les côtés OB et BC représentent $n_1 I_1$ et $n_2 I_2$, d'après ce qu'on a vu au paragraphe précédent, le troisième côté OC du triangle rectangle OBC figure la quantité $\dfrac{\mathcal{R}\,\mathcal{N}_0}{4\,\pi}$, c'est à dire qu'il est proportionnel au flux maximum dans le noyau. L'angle B O C représente le retard φ de l'aimantation sur le courant primaire.

Mais l'onde du courant secondaire est en retard de 90° sur l'onde du flux dans le noyau, puisque la force électro-motrice induite est la dérivée du flux rapportée au temps et qu'il n'existe aucun retard entre le courant et la force électro-motrice secondaires.

---

[1] Fleming, *The alternate current transformer*, 1889.

Par suite, si l'on porte sur OB un vecteur représentant le courant primaire maximum, le vecteur figurant le courant secondaire maximum sera dans la direction OD, laquelle fait avec OB un angle égal à 90° + φ.

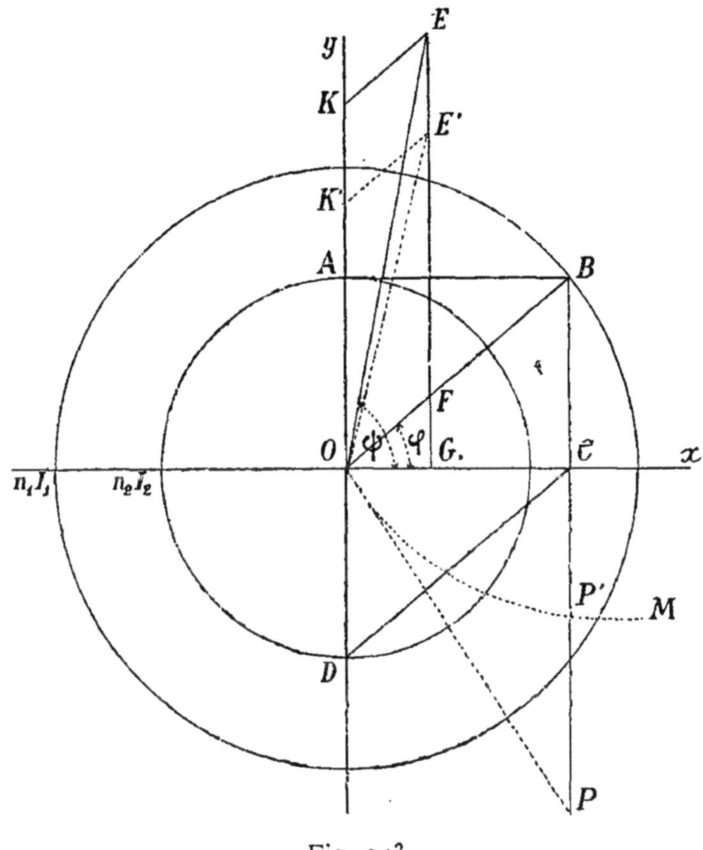

Fig. 243.

Supposons que l'on porte sur les directions OB et OD des longueurs égales à I_1 et I_2, et qu'on fasse tourner, comme au § 180, le parallélogramme OBCD autour de O, en sens inverse du mouvement des aiguilles d'une montre. Les vecteurs égaux à I_1 et I_2 se projetteront sur l'axe oy suivant des longueurs représentant à chaque instant l'intensité des courants primaire et secondaire. La projection de OC fournira une longueur proportionnelle à l'aimantation du noyau.

Portons sur OB une longueur OF, telle que

$$\frac{OF}{OB} = \frac{r_1}{n_1}.$$

Dans ce cas OF représente $r_1\,I_1$ ou la *force électro-motrice effective* maximum du circuit primaire, § 180. Cette force électro-motrice doit naturellement être portée suivant la direction OB, puisqu'elle est en concordance de phases avec le courant primaire.

La force électro-motrice et le courant secondaires étant aussi en concordance de phases, le maximum de cette force électro-motrice, $r_2\,I_2$, sera figuré dans la direction OD.

La force électro-motrice E_1, induite par le flux dans le circuit primaire, agit en sens inverse de E_2 et doit, par suite, être portée suivant Oy.

Comme on a

$$E_1 = a\,n_1\,\mathfrak{N}_0$$

et

$$E_2 = a\,n_2\,\mathfrak{N}_0 = r_2\,I_2,$$

il vient

$$E_1 = \frac{n_1}{n_2}\,r_2\,I_2, \qquad (12)$$

valeur représentée par la longueur O K.

En se rappelant que la différence de potentiel agissante peut être considérée comme résultant de la combinaison des forces électro-motrices E_1 et $I_1\,r_1$ représentées respectivement par O K et O F, on conclut qu'elle est figurée par la diagonale O E du parallélogramme O F E K.

L'angle ψ marque l'avance de la phase de la différence de potentiel sur la phase du flux magnétique.

Dans la rotation du parallélogramme OFEK autour de O, les projections de O E, O K et O F sur Oy représentent à chaque instant la différence de potentiel E aux bornes du primaire, la force électro-motrice antagoniste e_1 et la force électro-motrice effective.

Les constructions géométriques précédentes se prêtent à des déductions importantes.

I. — Il résulte de l'expérience que, dans les transformateurs à noyau fermé, l'angle ψ est très voisin de 90°, en sorte qu'au moment où la différence de potentiel E et la force électro-motrice e_1 passent par leurs valeurs maxima E_0 et E_1, la force électro-motrice effective est sensiblemement $E_0 - E_1$, et si le courant primaire est à cet instant i'_1, on aura

$$E_0 - E_1 = r_1\, i'_1. \qquad (13)$$

Mais à ce moment

$$i'_1 = I_1 \sin \varphi = I_1 \frac{I_2\, n_2}{I_1\, n_1}.$$

En remplaçant dans l'équation (13) i'_1 par cette valeur et E_1 par sa valeur tirée de (12), on arrive à

$$E_0 = r_1\, I_1 \frac{n_2\, I^2}{n_1\, I_1} + \frac{n_1}{n_2}\, r_2\, I_2,$$

d'où

$$I_2 = \frac{E_0}{r_1 \dfrac{n_2}{n_1} + r_2 \dfrac{n_1}{n_2}} = \frac{E_0 \dfrac{n_2}{n_1}}{r_1 \left(\dfrac{n_2}{n_1}\right)^2 + r_2}, \qquad (14)$$

équation qui exprime le courant secondaire maximum en fonction de la différence de potentiel primaire maximum, des résistances et des nombres de spires des deux circuits.

Le rapport $\dfrac{n_2}{n_1}$ est généralement faible, en sorte que le premier terme du dénominateur peut être négligé devant le second, ce qui montre que, dans un transformateur, le courant induit est sensiblement le même que si le secondaire était le siège d'une force électro-motrice égale à la différence de potentiel primaire multipliée par le rapport des spires secondaires aux spires primaires.

II. — L'équation (14) réduite à

$$I_2\, r_2 = E_0 \frac{n_2}{n_1}$$

dégage une conséquence intéressante au point de vue de l'emploi des transformateurs. Si la différence de potentiel maximum aux bornes du primaire reste invariable, il en sera de même de la force électro-motrice secondaire $E_2 = I_2\, r_2$. Et comme, en général, la bobine secondaire a une résistance faible comparativement à la résistance extérieure, la différence de potentiel efficace aux bornes du secondaire restera sensiblement constante.

III. — Dans le triangle rectangle OEG on a

$$\overline{OE}^2 = \overline{OG}^2 + \overline{EG}^2.$$

Mais

$$OG = OF \cos\varphi \text{ et } EG = FG + EF = OF \sin \varphi + OK,$$

d'où

$$\overline{OE}^2 = \overline{OF}^2 + \overline{OK}^2 + 2\,\overline{OF}.\,\overline{OK} \sin \varphi,$$

ou, en substituant aux lignes leurs valeurs,

$$E_0^2 = r_1^2\,I_1^2 + E_1^2 + 2\,r_1\,I_1\,E_1 \sin \varphi.$$

En remplaçant E_1 et $\sin \varphi$, on trouve

$$E_0^2 = r_1^2\,I_1^2 + I_2^2 \left(\frac{n_1^2}{n_2^2} r_2^2 + 2\,r_1\,r_2 \right). \qquad (15)$$

Les équations (14) et (15) permettent de définir deux des trois quantités E_0, I_1 et I_2, connaissant par l'observation l'une d'entr'elles.

Enfin le rendement du transformateur peut être considéré comme le rapport de la puissance secondaire à la puissance dépensée dans le primaire.

La seconde a pour expression

$$\sqrt{\overline{(E_2)m}} \sqrt{\overline{(i^2_1)m}} \cos (\psi - \varphi) = \frac{E_0\,I_1}{2}\, \cos (\psi - \varphi), \qquad \S\ 181.$$

La première est

$$\frac{E_2\,I_2}{2} = \frac{r_2\,I_2^2}{2}.$$

D'où le rapport

$$\eta = \frac{r_2\,I_2^2}{E_0\,I_1 \cos (\psi - \varphi)}.$$

Si l'on admet comme précédemment que ψ est voisin de 90°, on peut remplacer $\cos (\psi - \varphi)$ par $\sin \varphi$ ou

$$\frac{n_2\,I_2}{n_1\,I_1},$$

et, par suite, la puissance primaire prend la forme

$$\frac{1}{2}\,E_0\,\frac{n_2}{n_1}\,I_2.$$

En substituant à E_0 sa valeur tirée de (14) on obtient

$$\frac{1}{2}\frac{n_2}{n_1}\,I_2{}^2\left(r_1\frac{n_2}{n_1}+r_2\frac{n_1}{n_2}\right),$$

et le rendement devient définitivement

$$\eta=\frac{r_2}{\dfrac{n_2}{n_1}\left(\dfrac{n_2}{n_1}\,r_1+\dfrac{n_1}{n_2}r_2\right)}=\frac{1}{1+\left(\dfrac{n_2}{n_1}\right)^2\dfrac{r_1}{r_2}}.$$

428. — Influence de la variation de perméabilité du noyau. — Dans tout ce qui précède, on a supposé constante la perméabilité du noyau. Afin de montrer l'influence de la décroissance progressive de cet élément, traçons la courbe O M, fig. 243, représentant les variations du flux dans le fer en fonction de la force magnétisante.

Pour la simplicité de la construction qui va suivre, nous supposerons que les abscisses de la courbe sont les ampères-tours d'excitation et les ordonnées les valeurs $a\,n_2\,\mho$, $\mho$ étant le flux dans le noyau.

Il résulte de ces conditions qu'à un nombre d'ampères-tours résultants égal à OC, correspond une force électro-motrice secondaire $E'_2 = CP'$, ayant une valeur inférieure à la valeur CP que l'on aurait obtenue si le flux était resté proportionnel à la force magnéto-motrice.

La force électro-motrice primaire induite E'_1 correspondante se détermine en augmentant C P' dans le rapport des nombres de spires $\dfrac{n_1}{n_2}$. On obtient de la sorte une valeur O K' plus faible que O K. Si l'on achève le parallélogramme O F E' K', on voit que l'effet de la diminution progressive de la perméabilité du noyau est de réduire les forces électro-motrices primaire et secondaire, ainsi que le courant secondaire. En même temps, les angles de retard sont également diminués.

On remarquera toutefois que les variations de la perméabilité se font surtout sentir vers le maximum de la phase d'aimantation, de sorte qu'il se produit pendant la phase une variation périodique des angles de retard.

ESSAIS DES TRANSFORMATEURS.

429. — Rendement industriel des transformateurs. — Les essais électriques exécutés sur les transformateurs ont pour objet de relever les données qui servent à établir la puissance électrique dépensée aux bornes du circuit primaire et la puissance électrique recueillie aux bornes du secondaire. En désignant par P_1 et P_2 ces deux quantités, le *rendement industriel* de l'appareil est le rapport de la seconde à la première

$$\eta = \frac{P_2}{P_1}.$$

430. — Méthodes de mesure. Puissance secondaire. — La détermination de la puissance utilisable dans le circuit extérieur à la bobine induite n'entraîne aucune difficulté si ce circuit est dépourvu de self-induction, par exemple s'il est formé de lampes électriques, attendu que, dans ce cas, il n'y a pas de retard entre la différence de potentiel et le courant secondaires.

On déterminera simultanément la différence de potentiel efficace $\sqrt{(v^2{}_2)_m}$ au moyen du voltmètre Cardew ou de l'électromètre, § 218, 216, et l'intensité efficace $\sqrt{(i^2{}_2)_m}$ par l'électro-dynamomètre, § 211.

On aura alors

$$P_2 = \sqrt{(v^2{}_2)_m}\ \sqrt{(i^2{}_2)_m}.$$

Si la résistance utile est formée par deux conducteurs jointifs tendus en zigzag et parcourus en sens inverses par le courant secondaire, la self-induction du circuit extérieur est également nulle. On peut aussi constituer la résistance non inductive par une bobine enroulée à l'aide d'un fil bouclé ou mieux à l'aide d'une bobine formée d'un nombre paire de couches enroulées en sens inverses, ce qui s'obtient en retournant la bobine à chaque couche. Cette dernière disposition permet de séparer les couches par une feuille isolante en vue d'éviter les courts-circuits et d'éloigner les fils à des potentiels très différents. Elle devrait être généralisée dans la construction des boîtes de résistances.

La résistance non inductive est déterminée d'avance ; en l'appelant R et en supposant qu'elle ne soit pas sensiblement modifiée par l'échauffement dû au courant, il suffit de déterminer $(v^2{}_2)_m$ ou $(i^2{}_2)_m$ pour calculer la puissante utile, car, § 234,

$$P_2 = R\,(i^2{}_2)_m = \frac{1}{R}\,(v^2{}_2)_m.$$

Le wattmètre peut aussi être employé à cette mesure, si la self-induction des deux circuits qui le composent à été rendue négligeable par la disposition de M. Zipernowski, § 234.

431. — Puissance primaire. Méthode de MM. Blondlot et Curie et de M. Morelli. — La détermination de la puissance P_1, absorbée par le circuit primaire du transformateur, entraîne des difficultés sérieuses par suite de la différence de phases qui existe entre le conrant et la différence de potentiel primaires.

MM. Bondlot et Curie et M. Morelli ont imaginé séparément une même disposition pour résoudre ce problème.

L'appareil employé, fig. 244, est un électromètre dont la partie fixe se compose d'un tambour fendu suivant deux hémi-cylindres plats 1 et 2. La partie mobile est un disque divisé également en deux

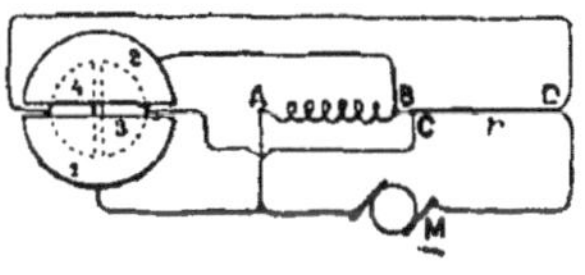

Fig. 244.

hémicycles 3 et 4, isolés l'un de l'autre et communiquant séparément avec l'extérieur par deux fils métalliques constituant une suspension bifilaire.

La résistance inductive, dans notre cas la bobine primaire du transformateur, est disposée en AB et reliée aux demi-cylindres fixes. En série avec cette résistance est un conducteur sans self-induction CD, communiquant avec les hémicycles mobiles. En désignant par V_1, V_2, V_3, V_4, les potentiels des points A, B, C, D, la déviation θ de l'appareil est proportionnelle au produit moyen des différences $V_1 - V_2$, $V_3 - V_4$ et, par suite, au produit moyen de la tension aux bornes de la bobine inductrice par le courant primaire

$(\nu_1\, i_1)_m$, attendu que, dans la résistance CD, le courant reste à chaque instant proportionnel à la différence de potentiel. On a donc

$$\theta = k\,(\nu_1\,i_1)_m = k\,\mathrm{P}_1\,;$$

la constante k se détermine en envoyant dans les résistances AB et CD un courant continu, la puissance développée entre les points A et B étant mesurée d'autre part par les procédés ordinaires.

432. — Méthode calorimétrique. — L'emploi de la méthode précédente a donné lieu à des critiques, lorsque les potentiels dépassent une limite déterminée. La méthode calorimétrique, décrite au § 235, est théoriquement parfaite. Son défaut est·le manque de sensibilité et la durée considérable des mesures, nécessitée par l'obligation d'attendre que le régime des températures soit atteint dans chaque expérience.

La fig. 113 représente un transformateur Ganz et Cie, T T′, enfermé dans le calorimètre, les extrémités P P′, S S′ du primaire et du secondaire sortant de la caisse de celui-ci.

La chaleur entraînée en une seconde par l'eau, lorsque le régime des températures est établi, mesure la puissance totale P_i, absorbée dans les deux bobines du transformateur et dans le noyau sous forme d'effet Joule et d'hystérésis. On détermine séparément la puissance P_2 disponible dans le circuit extérieur rattaché à s S′.

On a évidemment

$$\mathrm{P}_1 = \mathrm{P}_i + \mathrm{P}_2$$

d'où

$$\eta = \frac{\mathrm{P}_2}{\mathrm{P}_i + \mathrm{P}_2}.$$

On peut graduer empiriquement le calorimètre en y enfermant une bobine parcourue par un courant continu et constant, la puissance absorbée par le fil étant mesurée par les procédés habituels. En appelant P cette dernière et θ la différence des températures indiquées par les deux thermomètres, le rapport $\dfrac{\theta}{\mathrm{P}}$ représente la différence correspondant à l'unité de puissance dépensée sous forme de chaleur dans l'appareil.

M. Roïti a employé le calorimètre en même temps que le wattmètre Zipernowski pour la détermination de la puissance primaire

d'un transformateur. Il a trouvé des résultats discordants lorsque
le circuit secondaire est ouvert, parce que, dans ce cas, il existe un
retard considérable entre la différence de potentiel et le courant
primaires. Mais lorsque le courant secondaire a sa valeur normale,
la self-induction du primaire est considérablement réduite, § 418,
de sorte que la différence de phase devient peu sensible et que le
wattmètre Zipernowski fourni alors des résultats concordant sensiblement avec ceux du calorimètre.

Dans les expériences faites par M. Roïti, le rapport des puissances obtenues respectivement par le wattmètre et le calorimètre
était 1,2 dans la marche à vide du transformateur. Ce rapport
descendait à 1,015 pleine charge.

M. Roïti a obtenu, dans ses expériences sur le transformateur
Ganz et Cⁱᵉ de 4 kilowatts décrit au § 423, un rendement industriel
de 96 pour 100, lorsque le débit était maximum. D'autre part, la
Commission d'expériences instituée par la ville de Francfort a
trouvé qu'à demi-charge le rendement est de 93 pour 100 ; à quart
de charge de 90 pour 100 ; enfin à huitième de charge de 80 pour
100. A partir de là, le rendement diminue rapidement.

433. — Méthode de MM. Ryan et Merritt. — Le transformateur
essayé par MM. Ryan et Merritt est un appareil de petites dimensions, d'un modèle analogue à celui du transformateur Westinghouse. Le circuit secondaire peut débiter normalement 500 watts
et alimenter 10 lampes à incandescence de 16 candles.

	PRIMAIRE.	SECONDAIRE.
Nombres de spires	675	35
Résistances en ohms.	21,8	0,04
Volts efficaces aux bornes	1 000	50

Le volume du noyau, formé de tôles de fer de 1/2 mm. d'épaisseur, est de 2 050 cm³. La section et la longueur moyennes du circuit magnétique sont respectivement 63,3 cm² et 30,8 cm.

Ce transformateur a été essayé successivement sous quatre
régimes distincts : à circuit secondaire ouvert, puis avec une, cinq
et dix lampes dans ce circuit.

La résistance des lampes à chaud avait été déterminée par des expériences préalables, à l'aide de l'emploi combiné de l'électro-mètre et de l'électro-dynamomètre, § 221.

Au lieu de déterminer les valeurs efficaces des différences de potentiel et des courants, MM. Ryan et Merritt ont relevé, par un procédé analogue à celui de M. Joubert, § 405, les valeurs de la tension et du courant à divers instants de leurs phases.

Les expériences ont porté sur la différence de potentiel et le cou·rant primaires, ainsi que sur la différence de potentiel secondaire.

Soit, par exemple, à déterminer des valeurs successives de la différence de potentiel primaire. L'une des bornes primaires est reliée à l'une des armatures d'un condensateur; l'autre borne communique avec une lame de couteau portée par un manchon en ébonite fixé sur l'arbre de la dynamo alternative qui alimente le transformateur. La seconde armature du condensateur est en relation avec un ressort d'acier fixe qui peut venir en contact avec la lame à un moment précis et déterminé d'avance de la période de l'alternateur. Dans ce but, le ressort est assujetti sur un bras pivotant autour d'un cadran gradué. Pour éviter que le ressort ne se brise à la section d'encastrement par les chocs du couteau, on le garnit près de cette section d'un bourrelet en caoutchouc.

Le condensateur se charge à la différence de potentiel des bornes primaires à l'instant considéré. La tension des armatures est déterminée par un électromètre. En modifiant la position du ressort appuyé sur ce commutateur à contacts intermittents, de manière à réaliser des calages séparés par des écartements angulaires correspondant à des fractions de la période, on parvient à relever un nombre d'indications suffisant pour tracer par points la courbe de la différence des potentiels pendant une période complète de la machine.

On procède de même pour la différence de potentiel secondaire.

Afin d'obtenir les valeurs correspondantes du courant primaire, on introduit à la suite de la bobine inductrice une résistance connue sans self-induction. On relie les extrémités de cette résistance au condensateur d'une part et au couteau mobile d'autre part. Les différences de potentiel, relevées dans les diverses positions du ressort, sont proportionnelles aux valeurs successives de l'intensité du courant primaire, puisqu'il n'y a pas de retard de phase dans la résistance non-inductive.

Cela compris, pour obtenir les valeurs simultanées des différences de potentiel primaire et secondaire et du courant primaire
correspondant à une position donnée du ressort de contact, il suffit
d'observer l'électromètre en reliant au couteau mobile et au condensateur successivement les bornes primaires, les bornes secondaires et la résistance non-inductive.

En répétant ces trois expériences pour un certain nombre de
positions équidistantes du ressort, on peut dresser les courbes
représentant les variations des trois quantités précitées en fonction
du temps.

Les courbes des fig. 245 et 246 ont été obtenues dans la marche
à vide et dans la marche à pleine charge (10 lampes en dérivation
dans le circuit secondaire).

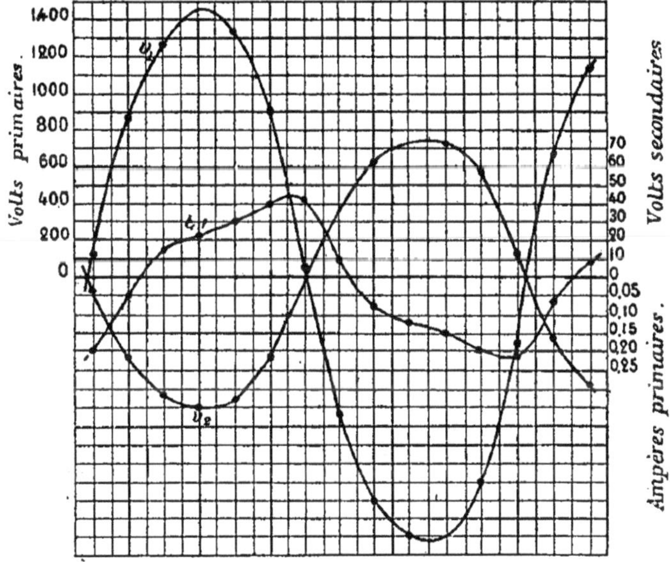

Fig. 245.

L'examen de ces courbes est d'un grand intérêt. Elles montrent
que l'allure du courant primaire à pleine charge n'est nullement
la même qu'à vide. Dans ce dernier cas, la force magnétisante
effective a une valeur notablement supérieure à celle observée dans
le premier cas, car le courant secondaire exerce une action antagoniste sur le noyau. Par suite, l'effet des variations de la perméa-

bilité de celui-ci se fait sentir plus vivement dans la marche à vide ; d'où la déformation qu'on observe sur la courbe du courant. La bosse de la courbe prendrait la forme d'une pointe si le magnétisme du noyau approchait de la saturation. La perte par hystérésis et par courants de Foucault est d'ailleurs maximum en l'absence de tout circuit extérieur.

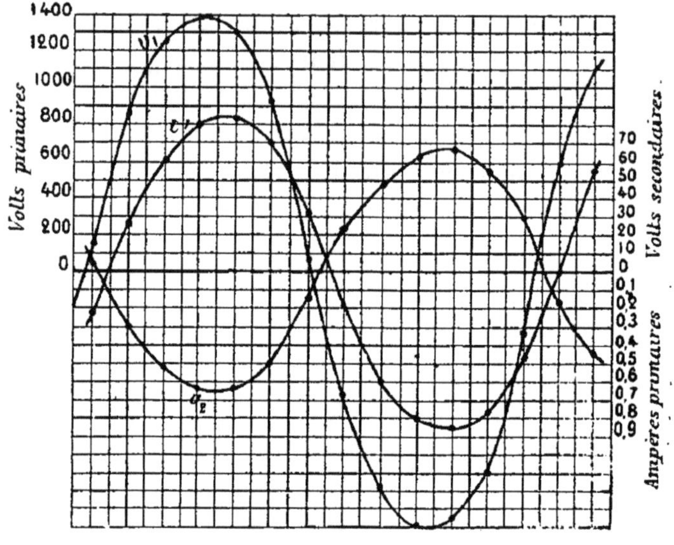

Fig. 246.

On remarque aussi qu'à vide la force électro-motrice secondaire est directement en opposition de phases avec la différence de potentiel primaire, tandis qu'à pleine charge il y a un léger retard de phase, dû probablement aux pertes de flux résultant des forces magnéto-motrices antagonistes provenant des deux circuits électriques.

Le retard entre la différence de potentiel et le courant primaires diminue avec la charge et se réduit à une valeur minime lorsque celle-ci est maximum.

Voici les données recueillies sur le transformateur essayé successivement dans les quatre états de régime indiqués et ramenées à la tension uniforme de 1 020 volts efficaces aux bornes du circuit primaire :

Volts efficaces aux bornes du circuit
secondaire 52,3   52,3   5o,1   47,5

Watts dépensés dans le circuit pri-
maire 96,1   159,1   388,6   6o7,9

Watts utiles dans le circuit secon-
daire 0,0   64,3   3oo,9   525,o

Rendements industriels . . . . . 0,0 %   41,1 %   77,5 %   86,6 %

Pertes totales en watts 96,1   94,8   87,7   82,9

Pertes en watts dans le noyau . . . 95,7   93,9   83,1   69,7

Pertes dues à l'échauffement du pri-
maire 0,4   0,9   3,3   8,7

Pertes dues à l'échauffement du secondaire 0,0   »   1,3   4,5

Les courbes en traits pleins de la fig. 247 indiquent les variations
pendant une période de la puissance primaire exprimée en watts.

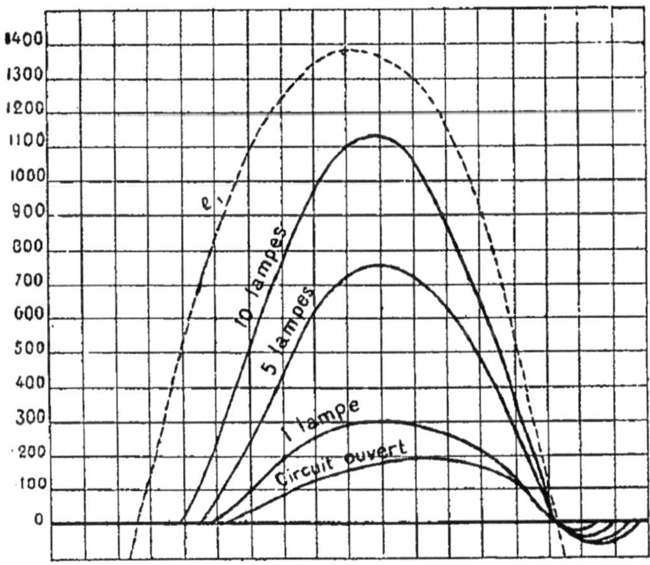

Fig. 247.

Les aires négatives de ces courbes montrent l'énergie intrinsèque
restituée à chaque période au circuit primaire, § 408. Cette énergie
croît avec la self-induction de la bobine primaire et, par suite,
varie en sens inverse du courant secondaire. Le rapport de l'énergie
ainsi restituée à l'énergie totale dépensée est

38

6,8 pour 100 à circuit ouvert,

3,9 pour 100 avec une lampe allumée,

0,96 pour 100 avec cinq lampes allumées,

0,36 pour 100 avec dix lampes allumées.

Les résultats des essais sont résumés dans les courbes de la fig. 248.

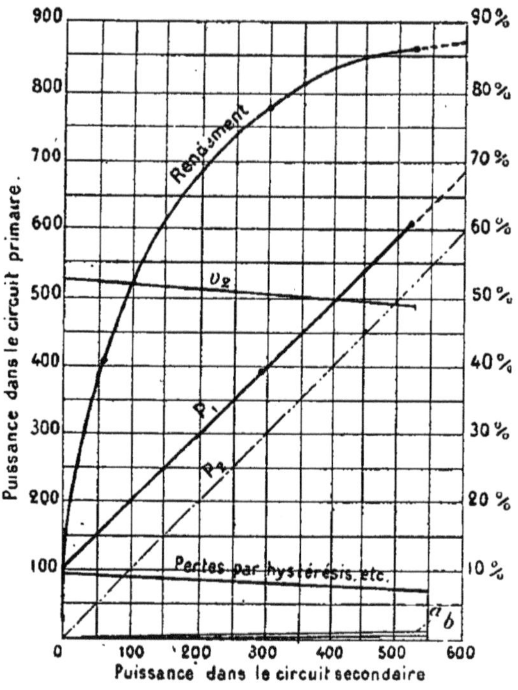

Fig. 248.

Les lignes P_1 et P_2 indiquent les puissances moyennes primaires et secondaires.

La courbe du rendement industriel en fonction de la puissance utile s'élève graduellement à partir de l'origine. MM. Ryan et Merritt font observer que le transformateur aurait pu être chargé au double du courant secondaire normal, sans que l'échauffement des bobines eût dépassé celui du noyau en fer. Le rendement aurait, dans ces conditions, atteint 92 pour 100, mais la chute de la tension secondaire serait tombée au-delà des limites admises.

Les lignes a et b représentent les pertes croissantes dues à l'effet

Joule dans les circuits primaire et secondaire, tandis que les pertes par hystérésis et par courants de Foucault, égales à la différence entre l'énergie dépensée et l'énergie transformée par effet Joule dans les bobines primaire et secondaire et le circuit utile décroissent progressivement avec le flux efficace.

La ligne v_2 indique la différence de potentiel efficace dans le secondaire. La courbe manifeste une différence de 3,5 volts sur 5o entre la marche à vide et la marche à pleine charge. Cette diminution est due en partie à la chute de potentiel dans la bobine secondaire, en partie aux dérivations de flux magnétique qui se produisent à travers l'air autour de la bobine primaire et qui atteignent 1,2 pour 100 à vide et 5,4 pour 100 en pleine marche.

MM. Humphrey et Powell ont essayé un transformateur du type indiqué ci-dessus, mais d'une construction plus récente et d'une puissance quadruple. Ils ont trouvé un rendement industriel à pleine charge de 96,2 pour 100. La perte à vide n'était que la moitié de celle du transformateur de 5oo watts. Ces améliorations paraissent surtout dues à une meilleure qualité du fer employé dans la construction du noyau.

433bis. — Mesure de la perte par hystérésis dans un transformateur. — La courbe des variations du flux magnétique dans le noyau d'un transformateur se déduit, dans la marche à vide, de la courbe de la force électro-motrice secondaire v_2, fig. 245. En effet, les ordonnées de v_2 sont proportionnelles aux variations de celles de la courbe du flux. A un instant donné, l'ordonnée de la courbe de la force électro-motrice est donc égale au coefficient angulaire de la tangente à la courbe du flux. Celle-ci est d'ailleurs en avance de 90° sur la courbe de la force électro-motrice secondaire.

Connaissant les ordonnées de la courbe du flux et celle de la courbe du courant i_1 qui le fait naître, fig. 245, on peut, en prenant les premières comme ordonnées et les valeurs correspondantes des secondes comme abscisses, tracer une courbe fermée qui représente un cycle d'aimantation du noyau et dont l'aire est proportionnelle à la perte par hystérésis en une période.

En usant de ce procédé graphique, MM Ryan et Merritt ont reconnu que l'hystérésis joue le rôle principal dans les phénomènes parasites d'un transformateur.

M. Ryan a suggéré un autre moyen de séparer les pertes par hystérésis de celles dues aux courants de Foucault dans un électro-aimant spécialement construit pour supporter des températures atteignant 300°, les isolants étant en mica ou en asbeste.

On mesure le travail total dépensé pour faire passer dans la bobine magnétisante un courant alternatif et on en déduit l'énergie absorbée par le fil de la bobine. La différence est la perte par hysté-résis et par courants de Foucault. On répète la même expérience en maintenant le courant constant dans la bobine pour diverses températures inférieures à 300°. Sous cette limite, la perméabilité du fer varie peu, en sorte que la perte par hystérésis est sensible-ment constante. Mais la résistance électrique du fer croît rapide-ment avec la température, en sorte que les pertes par courants de Foucault décroissent. Connaissant le coefficient de variation de résistance du fer avec la température, il est facile de déduire des essais la perte par hystérésis. Les valeurs ainsi trouvées dans les transformateurs diffèrent parfois notablement des valeurs obtenues avec le même fer essayé par l'une des méthodes exposées aux § 239 et suivants. Les divergences peuvent tenir à ce que la vitesse de parcours des cycles magnétiques influe sur le travail de l'hystérésis § 61, et que les vibrations, causées par les attractions entre les spires traversées par les courants variables, diminuent la force coercitive du fer.

Si l'on veut déterminer la perte due à l'hystérésis du noyau à l'état de repos et pour des forces magnétisantes variant lentement, il suffit d'envoyer dans le circuit secondaire des courants croissant par degrés et empruntés à une batterie d'accumulateurs. Une bobine auxiliaire, enroulée sur le noyau et reliée à un galvanomètre balis-tique, donne dans celui-ci des indications proportionnelles aux accroissements successifs du flux dans le noyau, § 240bis. En faisant parcourir à ce dernier un cycle magnétique complet, on pourra dresser une courbe telle que celles de la fig. 17, permettant de déterminer la perte cherchée.

434. — Conclusions. Régularisation de la différence de potentiel secondaire. — L'examen des résultats d'essais montre que les transformateurs fournissent des rendements excellents, lorsqu'ils fonctionnent au débit maximum, mais que leur rendement diminue lorsque le débit est faible, à l'opposé de ce qui a lieu avec les accumulateurs. Toutefois, dans les bons transformateurs, le rendement dépasse ordinairement 90 pour 100 à quart de charge.

Dans l'application des transformateurs à la distribution de l'énergie électrique en vue de l'éclairage, la charge maximum est appliquée journellement durant un nombre d'heures très limité.

Pendant le reste de la journée, la charge est faible ou nulle et le courant primaire est dépensé en pure perte. Il est vrai que, dans le cas d'une distribution d'énergie sous tension constante, l'accroissement des effets de self-induction pendant la marche à vide réduit considérablement l'intensité de ce courant. On pourrait interrompre ce dernier pour l'établir au moment de l'allumage des lampes, mais cette manœuvre est assujettissante et, par suite de la haute tension primaire, expose à certains dangers.

La dépense principale d'énergie pendant la marche à vide ou à faible débit est amenée par le phénomène d'hystérésis, très accusé dans un noyau fermé par suite de la force coercitive considérable de celui-ci.

On réduirait notablement la perte moyenne en revenant, comme l'a suggéré M. Swinburne, aux transformateurs à noyaux ouverts, employés au début par Gaulard, dans lesquels la force coercitive est minime. Mais, dans ce cas, on est obligé d'accroître les dimensions des bobines pour atteindre un effet utile donné.

Une autre solution consiste à laisser, dans le noyau d'un transformateur à circuit magnétique fermé, un vide susceptible d'être comblé par un coin en fer. On retire le coin pendant le jour et on le remet aux heures de grande activité. Cette manœuvre ne présente pas les dangers qu'aurait une action directe sur le courant primaire.

M. E. Thomson s'est servi de ce mode d'action sur la résistance magnétique du transformateur pour régler la différence de potentiel utile et obtenir la fixité absolue de cet élément. Un mécanisme automatique, obéissant à un relais, modifie la position du coin en fer de manière à compenser les variations de la tension secondaire causées principalement par les dérivations de flux autour de la bobine primaire.

Enfin, dans certains systèmes de distribution de l'énergie, les transformateurs, au lieu d'être installés isolément dans les habitations, sont réunis en dérivation par groupes dans des postes de distribution secondaires. Dans les cas semblables, MM. Ganz et Cie disposent un mécanisme automatique qui relie successivement ces appareils avec le réseau des alternateurs, au fur et à mesure que la demande s'accroit. De cette manière, le nombre des transformateurs en action est tel que chacun d'eux fonctionne sous une charge voisine de la charge maximum.

M. Mordey a reconnu expérimentalement que la fréquence des périodes a une influence sur le rendement d'un transformateur, ce qui était à présumer, étant donné que les courants de Foucault occasionnent une perte croissant sensiblement comme le carré de la fréquence et que l'échauffement par hystérésis est considéré comme sensiblement proportionnel à la fréquence. Il s'ensuit que l'effet relatif de ces deux pertes est minimum pour une certaine durée de la période, § 347. Dans le transformateur qu'il a essayé, M. Mordey a reconnu que cette fréquence critique est égale à 100.

PROJET D'UN TRANSFORMATEUR.

435. — Marche à suivre. Dimensions qui procurent le rendement maximum. — Admettons qu'on se donne un type de transformateur tel que celui de M. Westinghouse, représenté schématiquement dans les fig. 249 et 250.

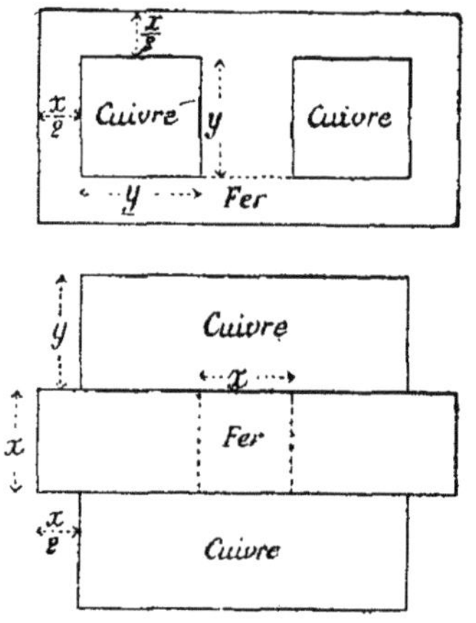

Fig. 249 et 250.

Une méthode, due à M. Swinburne ([1]) permet de déterminer la condition que doivent remplir les dimensions de l'appareil pour que ce dernier fournisse la puissance électrique imposée avec le rendement maximum.

Appelons

n la fréquence des périodes du courant;

δ la densité de courant admise dans les conducteurs;

k_f le rapport du volume du fer seul au volume du noyau, fer et isolant;

k_c le rapport du volume du cuivre seul au volume des bobines, cuivre, isolant et interstices;

$\mathfrak{M}_0$ l'induction magnétique maximum admise dans le noyau;

w la perte correspondante par hystérésis, en une seconde, dans le noyau, exprimée en ergs par cm^3 de fer. A cette perte on ajoute un tantième, $\dfrac{1}{m}$, pour tenir compte des courants de Foucault;

ρ la résistance spécifique du cuivre employé, à la température normale atteinte dans le fonctionnement de l'appareil.

Les valeurs les plus convenables à adopter pour ces quantités sont déduites de résultats d'expériences.

Cherchons d'abord à déterminer la perte totale d'énergie dans le transformateur en fonction de x et de y, dimensions principales de l'appareil, exprimées en cm.

La perte dans le fer est, en ergs,

$$W_f = w \left(1 + \frac{1}{m} \right) . x^2 (4y + 2x) \, k_f.$$

La perte dans le cuivre a pour expression

$$W_c = \delta^2 \rho . y^2 (4x + 4y) \, k_c.$$

La perte totale par seconde est

$$W = W_f + W_c = w \left(1 + \frac{1}{m} \right) \cdot x^2 (4y + 2x) \, k_f$$

$$+ \delta^2 \rho . y^2 (4x + 4y) \, k_c. \qquad (1)$$

([1]) Swinburne, *L'établissement des transformateurs industriels. La Lumière Électrique*, t. 35.

On obtiendra une nouvelle relation entre x et y en remarquant que

$$\mathrm{E}_2 = a\, n_2\, \mathfrak{K}_0 = 2\pi\, n\, n_2\, \mathfrak{K}_0,$$

où $\mathfrak{K}_0 = \mathfrak{V}_0\, x^2\, k_{\mathrm{f}}$.

On peut admettre que les volumes de cuivre sont égaux dans les bobines primaire et secondaire et que la puissance utile donnée P_2 est sensiblement égale à la puissance totale $\sqrt{(e^2{}_2)_{\mathrm{m}}}\,\sqrt{(i^2{}_2)_{\mathrm{m}}}$ du secondaire.

Or on a

$$\sqrt{(e^2{}_2)_{\mathrm{m}}} = \frac{\mathrm{E}_2}{\sqrt{2}} = \frac{2\pi n\, n_2\, \mathfrak{K}_0}{\sqrt{2}}$$

et

$$n_2\, \sqrt{(i^2{}_2)_{\mathrm{m}}} = \delta \cdot \frac{1}{2}\, y^2\, k_{\mathrm{c}}\,;$$

d'où

$$\mathrm{P}_2 = \sqrt{(e^2{}_2)_{\mathrm{m}}}\,\sqrt{(i^2{}_2)_{\mathrm{m}}} = \frac{1}{\sqrt{2}}\pi\, n \cdot \mathfrak{V}_0\, x^2\, k_{\mathrm{f}} \cdot \delta\, y^2\, k_{\mathrm{c}}. \qquad (2)$$

En combinant (1) et (2), on peut exprimer la perte totale W en fonction de x ou de y. On détermine les dimensions qui rendent W minimum en égalant à zéro la dérivée $\dfrac{d\mathrm{W}}{dx}$ ou $\dfrac{d\mathrm{W}}{dy}$.

On calculerait d'une manière analogue les meilleures proportions à donner à un transformateur du genre de celui de la fig. 249, dans lequel les positions du cuivre et du fer seraient interverties. Dans le transformateur Ganz et Cie, § 423, les bobines de cuivre entourent complètement un noyau en fer de forme circulaire. Le calcul ne présente pas de difficultés si l'on suppose que le vide intérieur de l'anneau est complètement comblé par le cuivre et que l'appareil a extérieurement la forme d'un tambour à fonds plats.

Connaissant les valeurs de x et de y, il y a lieu de calculer les deux enroulements du transformateur.

436. — Calcul de l'enroulement secondaire. — En conservant les notations précédentes et en négligeant la self-induction dans le secondaire, on a

$$\mathrm{E}_2 = \mathrm{V}_2 + \mathrm{I}_2\, r_2 = 2\,\pi\, n\, n_2\, \mathfrak{K}_0$$

et

$$\frac{W_c}{2} = \int_0^1 i^2{}_2\, r_2\, dt = \frac{I^2{}_2\, r_2}{2};$$

d'où, en combinant ces équations,

$$V_2 + \frac{W_c}{I_2} = 2\,\pi\,n\,n_2\,\mathfrak{N}_0,$$

ou encore, en divisant les deux membres par $\sqrt{2}$,

$$\sqrt{(v^2{}_2)_m} + \frac{W_c}{2\sqrt{(i^2{}_2)_m}} = \sqrt{2}\,\pi n_2\,\mathfrak{N}_0. \qquad (3)$$

Comme on connaît $\mathfrak{N}_0$ et W_c en fonction de x et de y, cette équation permet de déterminer n_2.

Le diamètre du fil secondaire, sa longueur et sa résistance se déduisent des relations

$$\frac{\sqrt{(i^2{}_2)_m}}{\delta} = \frac{\pi\, d^2{}_2}{4} \qquad (4)$$

$$l_2 = n_2\,(4\,x + 4\,y) \qquad (5)$$

$$r_2 = \rho\,\frac{l_2}{\dfrac{\pi\, d_2{}^2}{4}}. \qquad (6)$$

437. — **Calcul de l'enroulement primaire.** — On peut poser par approximation

$$\frac{\sqrt{(v^2{}_1)_m}}{\sqrt{(v^2{}_2)_m}} = \frac{n_1}{n_2}, \qquad (7)$$

équation de laquelle on déduit la valeur de n_1.

D'autre part, dans la relation

$$P_1 = \sqrt{(v^2{}_1)_m}\,\sqrt{(i^2{}_1)_m}\,\cos\varphi = P_2 + W_f + W_c \qquad (8)$$

il est permis de négliger l'angle φ, qui a une valeur minime dans le régime correspondant au débit maximum. Par suite, l'équation (8), dans laquelle $\cos\varphi$ devient égal à l'unité, donne la valeur de l'intensité primaire efficace

$$\sqrt{(i^2{}_1)_m}.$$

Le diamètre du fil primaire, sa longueur et sa résistance réelle résultent alors d'équations semblables à (4), (5) et (6). La résistance apparente du primaire est

$$r'_1 = \frac{\sqrt{(v^2_1)_m}}{\sqrt{(i^2_1)_m}}. \qquad (9)$$

438. — Application numérique. — Montrons l'application de cette méthode à un projet de transformateur étudié par M. De Bast, élève de l'Institut électro-technique Montefiore. Les calculs ont été exécutés à la règle.

Soient : $\sqrt{(v_1{}^2)_m} = 2\,000$ volts ; $\sqrt{(v_2{}^2)_m} = 100$ volts ; $\sqrt{(i_2{}^2)_m} = 20$ ampères ; par suite $P_2 = 2$ kilowatts ; $n = 100$ oscillations par seconde ; $\delta = 150$ ampères par cm² ; $k_f = 0,7$; $k_c = 0,35$; $\mathfrak{M}_0 = 10\,000$ unités C. G. S. ; $w = 6\,550$ ergs par cycle, soit $0,065$ watt par seconde ; $\dfrac{1}{m} = \dfrac{1}{4}$, rapport qui peut être obtenu en employant des tôles de $0,5$ mm d'épaisseur environ dans la confection du noyau ; enfin $\rho = 2,5$ microhms-centimètre. L'induction de $10\,000$ C. G. S. doit être considéré comme une limite supérieure, dans les transformateurs comme dans les alternateurs. On se contente souvent d'une induction égale à la moitié de la précédente, afin de réduire les pertes par hystérésis.

Meilleures proportions du noyau. Comme les longueurs et les flux sont exprimés en unités C. G. S., il conviendra d'adopter également ces unités pour représenter les grandeurs électriques. L'équation (1) devient, par l'introduction des données numériques,

$$W = 100 \cdot 6\,550 \left(1 + \frac{1}{4}\right) x^2 (4y + 2x) 0,7$$

$$+ (10^{-1} \cdot 150)^2 (10^3 \cdot 2,5) \cdot y^2 (4x + 4y) 0,35$$

$$= 2\,294\,000\, x^2 y + 1\,147\,000\, x^3 + 788\,000\, xy^2 + 788\,000\, y^3.$$

D'un autre côté, l'équation (2) donne

$$(10^8 \cdot 100)(10^{-1} \cdot 20) = \frac{1}{1,414} \cdot 3,14 \cdot 100 \cdot 10\,000\, x^2$$

$$\cdot 0,7 (10^{-1} \cdot 150) y^2 \cdot 0,35$$

d'où $x^2 y^2 = 2\,450.$

On tire de là, $x = \dfrac{50}{y}$ et en substituant dans (1) on arrive à

$$W = (5\,735\,y^{-1} + 143\,400\,y^{-3} + 39,4\,y + 0,788\,y^3)\,10^6.$$

La dérivée $\dfrac{dW}{dy}$ conduit à une équation du 6e degré, qui, réduite au 3e en posant $y^2 = Z$, fournit la condition

$$Z^3 + 16,66\,Z^2 - 2\,425\,Z = 181\,980.$$

Cette équation peut se résoudre simplement par la règle à calcul en appliquant une ingénieuse méthode imaginée par M. Cloeren.

On élimine le terme du premier degré en adoptant une nouvelle variable u satisfaisant à la condition

$$Z = \frac{1}{u} - \frac{16,66}{3},$$

ce qui donne

$$u^3 + 0,014\,97\,u^2 = 0,000\,005\,946,$$

équation qui, en posant $u = 0,01\,u'$, peut s'écrire

$$u'^2\,(u' + 1,497) = 5,946.$$

Par un seul coup de règle, on obtient $u' = 1,426$; d'où

$$Z = 64,55 ; \quad y = 8 \text{ cm et } x = 6,2 \text{ cm.}$$

Enroulement secondaire.

L'équation (3) devient, en remarquant que

$$\mathfrak{N}_0 = \mathfrak{W}_0\,x^2\,k_f$$

$$\text{et} \quad W_e = 197\,000\,y^2\,(4\,x + 4\,y),$$

$$10^8 . 100 + \frac{197\,000 . 8^{-2}\,(4 . 6,2 + 4 . 8)}{2\,(10^{-1} . 20)} = 1,414 . 3,14 . 100 . n_2$$

$$. 10\,000 . 6,2^2 . 0,7 ;$$

d'où $n_2 = 85$ spires.

On tire des équations (4) (5) et (6)

$$d_2 = \sqrt{\frac{4\,(10^{-1} . 20)}{\pi\,(10^{-1} . 150)}} = 0,41 \text{ cm.}$$

$$l_2 = 4828 \text{ cm}$$

$$r_2 = 10^{-6} . 2,5\,\frac{4 . 4828}{3,14 . 0,41^2} = 0,091 \text{ ohm.}$$

Enroulement primaire.

On tire de (7) $n_1 = 1700$ spires.

D'autre part, l'équation (8) devient

$$(10^8 \cdot 2\,000)\left(\sqrt{(i^2{}_1)_m} \cdot 10^{-1}\right) = (10^8 \cdot 100)\,(10^{-1} \cdot 20)$$

$$+ 573\,500 \cdot 6{,}2^2\,(4 \cdot 8 + 2 \cdot 6{,}2)$$

$$+ 197\,000 \cdot 8^2\,(4 \cdot 6{,}2 + 4 \cdot 8)\,;$$

d'où

$$\sqrt{(i^2{}_1)_m} = 1{,}08 \text{ ampère.}$$

On trouvera, comme pour le secondaire,

$$d_1 = 0{,}09 \text{ cm}$$
$$l_1 = 96\,500 \text{ cm}$$
$$r_1 = 38 \text{ ohms.}$$

Enfin la résistance apparente de l'enroulement primaire, déduite de (9) est

$$r'_1 = 1\,850 \text{ ohms.}$$

Table des Matières

INDUCTION ÉLECTRO-MAGNÉTIQUE.

COMPLÉMENT THÉORIQUE.

COUPLES THERMO-ÉLECTRIQUES.

THÉORIE.

PILES HYDRO-ÉLECTRIQUES.

PILES PRIMAIRES.

PILES SECONDAIRES OU ACCUMULATEURS.

CONDITIONS DE FONCTIONNEMENT DES ACCUMULATEURS A ÉLECTRODES DE PLOMB.

MACHINES DYNAMO-ÉLECTRIQUES.

PRÉLIMINAIRES.

MACHINES A COURANT CONTINU.

Pages

MACHINES A COURANTS ALTERNATIFS.

FORMES DIVERSES D'ALTERNATEURS.

TRANSFORMATEURS A COURANTS ALTERNATIFS.

DIVERS TYPES DE BOBINES D'INDUCTION.

THÉORIE DES TRANSFORMATEURS.

ESSAIS DES TRANSFORMATEURS.

PROJET D'UN TRANSFORMATEUR.

FIN DU TOME PREMIER.